16/32 bit-Mikroprozessorsysteme

Von Dr.-Ing. Manfred Rübel
Akademischer Direktor im
Fachbereich Elektrotechnik der
Universität der Bundeswehr Hamburg

Mit 278 Bildern

B. G. Teubner Stuttgart 1991

CIP-Titelaufnahme der Deutschen Bibliothek

Rübel, Manfred:
16/32 Bit-Mikroprozessorsysteme / von Manfred Rübel. -
Stuttgart : Teubner, 1991
ISBN 978-3-519-06129-8 ISBN 978-3-322-91228-2 (eBook)
DOI 10.1007/978-3-322-91228-2

Gesamtherstellung: Zechnersche Buchdruckerei GmbH, Speyer
Umschlaggestaltung: P. P. K, S-Konzepte, T. Koch, Ostfildern/Stuttgart

Vorwort

Das vorliegende Buch ist die Überarbeitung des Skriptes einer Vorlesung für Studenten der Universität der Bundeswehr Hamburg. Bedingt durch die Vorgaben des Studienplans sind den Hörern noch keine tiefergehenden Details von Prozessoren, Rechnern oder der Systemsoftware vermittelt worden. Solches Wissen wird auch beim Leser dieses Buches nicht vorausgesetzt. Die Prinzipien der digitalen Schaltungstechnik sollten bekannt und erste Erfahrungen mit einem Rechner durch das Programmieren in einer Hochsprache sollten gemacht sein. Selbstverständlich kann es für den Leser nur von Vorteil sein, wenn er mit der Welt der 8 bit-Prozessoren vertraut ist.

Mikroprozessoren wurden in den siebziger Jahren vorwiegend für solche Steuerungsaufgaben und Problemstellungen eingesetzt, die durch ein einzelnes Programm gelöst werden konnten. Im Bereich der größeren Minicomputer war es zu dieser Zeit noch üblich, die Zentraleinheit (CPU) aus vielen Integrierten Schaltkreisen auf einer großen Leiterplatte aufzubauen. Computer dieser Art waren frei programmierbar und hatten *interrupt*gesteuerte Betriebssysteme mit der Fähigkeit, mehrere Programme, ihre Ein- und Ausgaben, sowie die Kommunikation zwischen ihnen zu verwalten.

Die Firma Motorola entwickelte mit dem M68000 einen Mikroprozessor, bei dem eine CPU vergleichbar der eines Minicomputers auf nur einem *Chip* integriert ist. Seine Architektur weist Merkmale auf, die ihn für eine Umgebung mit mehreren Programmen besonders geeignet erscheinen läßt; hierauf wird im Einzelfall immer wieder hingewiesen.

Im ersten Teil des vorliegenden Buches (Kap. 1 - 3) wird zunächst eine Einführung gegeben, die nicht prozessorspezifisch ist. Neben der Informationsdarstellung und Erläuterung der Prinzipien der Assemblerprogrammierung wird die Struktur eines Rechners beschrieben; hierbei werden einige Probleme der Betriebssicherheit herausgearbeitet, die sich ergeben, wenn mehrere Benutzer unabhängig voneinander und gleichberechtigt am System arbeiten.

Im Mittelpunkt des umfangreichen zweiten Teils (Kap. 4) steht der Prozessor M68000. Durch die Unterscheidung zwischen dem normalen Benutzerprogramm und Systemroutinen, durch die Hierarchie der möglichen Ausnahmen, die Differenzierung zwischen verschiedenen Fehlern und durch die Codierung der Buszyklen wird die Lösung der o. a. Probleme sehr erleichtert und eine sichere Betriebsmittelverwaltung durch das System ermöglicht. Die *Interrupt*technik und Prioritätsfragen sind der Schwerpunkt bez. der Hardware, die

Fehlerbehandlung und die Beschreibung der Adressierungsarten und einzelner Befehle mit besonderen Eigenschaften stehen im Vordergrund der Softwarebetrachtung.

Im dritten Teil (Kap. 5 - 8) werden Halbleiterspeicher, der Gleitkommacoprozessor 68881, Prinzipien des Direkten Speicherzugriffs und die Ein-/Ausgabe behandelt. Auch hier werden die Randbedingungen eines größeren Computersystems berücksichtigt, z. B. durch verschiedene Betriebsarten des Direkten Speicherzugriffs. Neben der Behandlung der Parallelein-/-ausgabe wird an zwei Beispielen tabellengesteuerter Treiber für einen Seriellen Ein-/Ausgabebaustein gezeigt, wie die Trennung der Anwenderprogramme von der Betriebsmittelverwaltung in der Praxis realisiert wird. Die Beispiele zeigen, daß in Systemen mit solchen Treibern Programme entwickelt werden können, die keinen bausteinspezifischen Code zu enthalten brauchen.

Hamburg, im August 1990

Manfred Rübel

Inhaltsverzeichnis

Anhang

1 Einführung

1.1 Entwicklung der Mikroprozessoren

1948 Erfindung des Transistors (Bardeen, Brittain und Shockley)

1959 Fa. Fairchild: Erstmals mehrere Transistoren auf einem *Chip*. Danach Entwicklung verschiedener Logikfamilien, die sich in den Versorgungsspannungen, der Störspannungssicherheit, der Verlustleistung und Geschwindigkeit sowie der Komplexität unterschieden.

1969 US-Firma Datapoint entwickelte zur Steuerung von "intelligenten" Terminals einen programmierbaren Prozessor. Sie beauftragte die Firmen INTEL und TEXAS INSTRUMENTS, ihn auf einem Baustein zu integrieren. INTEL gelang die Herstellung; der Baustein konnte jedoch aufgrund seiner geringen Verarbeitungsgeschwindigkeit nicht für den geplanten Einsatz verwendet werden. INTEL brachte den Prozessor dann als programmierbaren Logikbaustein mit zwei Verarbeitungs*breiten* heraus, den 4004 mit 4 bit und den 8008 mit 8 bit Datenbusbreite. Dies war der Beginn der Mikroprozessortechnik [1].

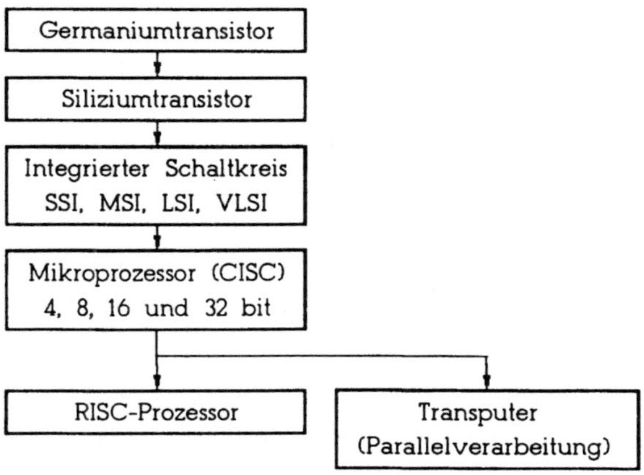

Bild 1-1: Entwicklung der Halbleiterschaltkreise; SSI - *Small Scale Integrated Circuit*; MSI - *Medium Scale Integrated Circuit*; LSI - *Large Scale Integrated Circuit*; VLSI - *Very Large Scale Integrated Circuit*; CISC - *Complex Instruction Set Computer*; RISC - *Reduced Instruction Set Computer*

Bild 1-1 zeigt den Entwicklungsgang der Halbleiterbauelemente. SSI, MSI, LSI und VLSI kennzeichnen verschiedene Stufen mit steigender Anzahl von Logikfunktionen je Baustein. Mikroprozessoren gehören ebenfalls zur Gruppe der VLSI-Schaltkreise; sie wurden zunehmend mit sehr vielen Befehlen und

Befehlsvarianten ausgestattet. In RISC-Prozessoren (engl. ***R**educed **I**nstruction **S**et **C**omputer*) sind weniger Befehle implementiert, deren Verarbeitungsgeschwindigkeit maximiert wurde. Im Gegensatz zum RISC-Prozessor hat man für die übrigen Prozessoren nachträglich die Bezeichnung CISC-Prozessor (***Com**plex **I**nstruction **S**et **C**omputer*) eingeführt. Der Transputer der Fa. INMOS gestattet sehr hohe Verarbeitungsgeschwindigkeiten für Aufgaben, die sich so formulieren lassen, daß eine parallele Verarbeitung möglich ist.

1.2 Informationsdarstellung

Die Schaltungen, die in Mikroprozessoren und den übrigen Komponenten eines Mikroprozessorsystems realisiert sind, sind **logische Schaltungen**. Der Ausgang eines logischen Bauelementes (z. B. eines Gatters, eines Puffers oder eines Flipflops) kann nur zwei stabile Zustände annehmen: einen Zustand mit niedrigem elektrischem Signalpegel (*Low*-Signal, bei der allgemein verwendeten positiven Logik auch logisch "0") und einen Zustand mit höherem elektrischen Signalpegel (*High*-Signal, logisch "1" bei positiver Logik).

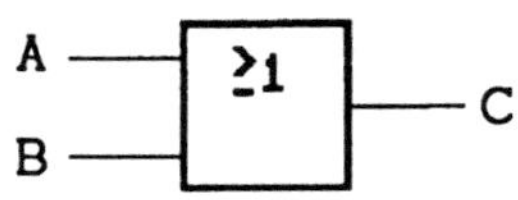

Bild 1-2: ODER-Gatter

A, B, C (**Bild 1-2**) führen logische Signale, die nur die stabilen Zustände 0 oder 1 annehmen können[1].

Die Spannungsbereiche, für die die logischen Zustände definiert sind, sind für die verschiedenen Logikfamilien unterschiedlich. Für die weit verbreitete TTL-Familie gilt:

Low-Signal (L):	$0 \leq u \leq 0{,}8$ Volt,
High-Signal (H):	$2{,}0 \leq u \leq 5$ Volt,
undefiniert:	$0{,}8 < u < 2{,}0$ Volt.

L und H kennzeichnen also den elektrischen Zustand einer Leitung, 0 und 1 den logischen. Wir wollen im weiteren Verlauf hierauf nicht mehr näher eingehen, ebenso wollen wir ausschließlich positive Logik verwenden.

Der Ausgang der logischen Schaltung kann sich also nur in den beiden Zuständen 0 oder 1 befinden. Man sagt auch, er kann die Binärzeichen oder Binärwerte 0 oder 1 annehmen, wobei dem Binärwert 0 das *Low*- und dem Binärwert 1 das *High*-Signal entspricht. Für **Binärzeichen** wurde auch die Kurzform **Bit** (***B**inary Dig**it***) eingeführt (DIN 44300). Mit einem Bit kann man also den logischen Zustand des Ausgangs einer logischen Schaltung oder den Zustand eines zweiwertigen technischen Systems beschreiben (z. B. Lampe brennt/brennt nicht, Schalter ist ein/aus usw.). Zur Beschreibung des Zustandes von n logischen Ausgängen benötigt man n Binärstellen, also n Bit.

1 Häufig können Ausgänge auch in einen hochohmigen Zustand geschaltet werden. Sie geben dann kein definiertes logisches Signal ab und verhalten sich passiv.

In der Codierungstheorie gibt es ebenfalls den Begriff **bit** (klein geschrieben); er kennzeichnet dort die kleinste unterscheidbare Nachrichtenmenge, 2. Schalter ein - Schalter aus sind zwei solche Nachrichten, für die eine Leitung eines binären Systems benötigt wird. 1 bit = ld 2 ist das vereinbarte Maß für die kleinste unterscheidbare Nachrichtenmenge.

Auf n parallelen Leitungen kann man 2^n verschiedene Nachrichten senden. n = ld (2^n) [bit] ist das Maß für die Anzahl der möglichen verschiedenen Nachrichten auf einem Kanal. Immer dann, wenn diese Menge bzw. der Informationsgehalt angegeben werden soll, schreiben wir bit klein. Wollen wir dagegen ein bestimmtes Bit herausheben (z. B. das ausgewählte Flipflop eines Registers), so schreiben wir Bit groß.

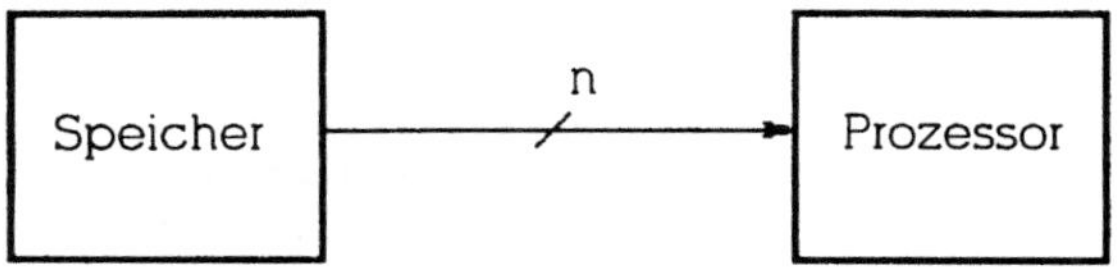

Bild 1-3: Paralleler Datenweg; Speicher und Prozessor sind Beispiele für Quelle und Ziel; n - Anzahl paralleler Datenleitungen

Ein Standardproblem in Computern ist der Transport von Informationen (Daten) von einer Quelle zu einem Ziel. Sie lassen sich nicht mehr mit nur einem Bit darstellen, solche Daten, wie z. B. Zahlen oder Meßwerte, können nur durch viele Bits repräsentiert werden.

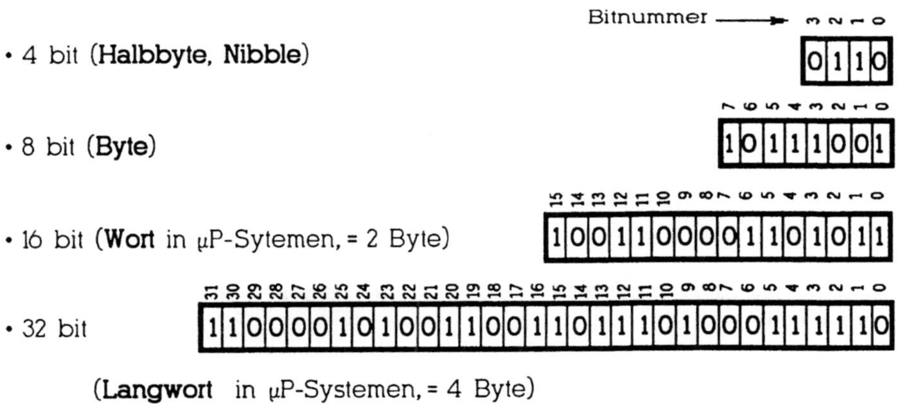

Bild 1-4: Vereinheitlichte Datenbusbreiten in Mikroprozessorsystemen

Um dies effizient durchzuführen, werden die einzelnen Bits nicht seriell, also hintereinander, sondern parallel übertragen (**Bild 1-3**). Parallele Datenstromwege, auf denen **zusammengehörende** Binärzeichen übertragen werden, nennt man **Busse** (Datenbus, Adressenbus, Steuerbus). Für die parallelen Datenwege haben sich die in **Bild 1-4** dargestellten ***Breiten***, d. i. die Anzahl parallel verlaufender Leitungen, durchgesetzt. Der große Vorteil der einheitlichen Breiten der Datenpfade liegt darin, daß standardisierte Bausteine (Speicher, Ein-/Ausgabebausteine) in großen Stückzahlen preisgünstig hergestellt werden können.

Entsprechend den angegebenen Datenbusbreiten gibt es 4-, 8-, 16- und 32 bit-Mikroprozessoren und damit auch entsprechende -Mikroprozessorsysteme (kurz µP-Systeme). Systeme der **höheren Leistungsklasse** sind solche mit **breiteren Datenbussen**; sie gestatten immer auch einen Zugriff auf das einzelne Byte, also auf einen Teil des Busses.

1.2.1 Darstellung von Zahlen, elementare Rechenoperationen

Zahlen werden durch ein **Stellenwertsystem** (**polyadisches System**) dargestellt, bei dem das Gewicht einer Ziffer von ihrer Stelle innerhalb der Zahl abhängt. Jede natürliche Zahl kann durch eine Potenzreihe dargestellt werden:

$$Z = a_n \cdot B^n + a_{n-1} \cdot B^{n-1} + a_{n-2} \cdot B^{n-2} + \ldots + a_0 \cdot B^0 + a_{-1} \cdot B^{-1} + \ldots \qquad (1.1)$$

wobei B die Basis des Zahlensystems ist ($1 < B < \infty$) und die a_i die Ziffern sind ($0 \leq a_i < B$, $B \in \mathbb{N}$ und $a_i \in \mathbb{N}_0$).

Beispiel: $3426 = 3 \cdot 10^3 + 4 \cdot 10^2 + 2 \cdot 10^1 + 6 \cdot 10^0$

Die Potenzen der Basis B nennt man auch Stellenwertigkeiten. Zahlensysteme mit B = 2, 8 und 16 spielen in Zusammenhang mit Computern eine besondere Rolle; dies beruht darauf, daß diese Basen Potenzen von 2 sind, die sich in einem binären System gut darstellen lassen.

B = 2 : **Dualsystem,**
B = 8 : **Oktalsystem,**
B = 16 : **Hexadezimalsystem (Sedezimalsystem)**

1.2.1.1 Umwandlung ganzer Dezimalzahlen in andere Zahlensysteme

Aus einer gegebenen **ganzen** Zahl erhält man die einzelnen Stellen, indem man sie in mehreren Schritten durch die Basis des **gewünschten** Zahlensystems dividiert. Der dabei entstehende Rest ergibt jeweils die nächsthöhere Stelle. Der Vorgang wird solange wiederholt, bis der ganzzahlige Teil des Quotienten gleich Null ist bzw. bis alle Stellen hinter das Komma *geschoben* worden sind.

Beispiele: a) Zehnersystem ins Zehnersystem (trivial)

3426	: 10 = 342,	Rest **6**,	
342	: 10 = 34,	Rest **2**,	
34	: 10 = 3,	Rest **4**,	
3	: 10 = 0,	Rest **3**	

Richtung, in der die konvertierte Zahl gelesen wird.

signalisiert das Ende der Konvertierung

b) Zehnersystem ins Dualsystem:

Beim Teilen durch 2 kann immer nur kein Rest (=0) oder Rest 1 entstehen. Da die letzte Dualstelle die Wertigkeit 2^0 hat und zuerst hinter das Komma geschoben wird, ergibt sich daraus die Ableserichtung für das konvertierte Ergebnis. Zur Unterscheidung von anderen Zahlensystemen wollen wir Dualzahlen durch ein vorangestelltes %-Symbol kennzeichnen.

3426	: 2 = 1713,	Rest **0**,
1713	: 2 = 856,	Rest **1**,
856	: 2 = 428,	Rest **0**,
428	: 2 = 214,	Rest **0**,
214	: 2 = 107,	Rest **0**,
107	: 2 = 53,	Rest **1**,
53	: 2 = 26,	Rest **1**,
26	: 2 = 13,	Rest **0**,
13	: 2 = 6,	Rest **1**,
6	: 2 = 3,	Rest **0**,
3	: 2 = 1,	Rest **1**,
1	: 2 = 0,	Rest **1**

Richtung, in der die konvertierte Zahl gelesen wird.

3426 = %110101100010

signalisiert das Ende der Konvertierung

c) Zehnersystem ins Oktalsystem:

Zur Unterscheidung von anderen Zahlensystemen wollen wir Oktalzahlen durch ein vorangestelltes Q kennzeichnen.

3426	: 8 = 428,	Rest **2**,
428	: 8 = 53,	Rest **4**,
53	: 8 = 6,	Rest **5**,
6	: 8 = 0,	Rest **6**

Richtung, in der die konvertierte Zahl gelesen wird.

3426 = Q6542

signalisiert das Ende der Konvertierung

Im bekannten Zehnersystem benutzt man zur Darstellung der einzelnen Ziffern die zehn verschiedenen Zeichen 0, 1, 2, 3, 4, 5, 6, 7, 8, 9. Im Dual- bzw. Oktalsystem kommt man mit einer geringeren Anzahl von Zeichen zur Zahlendarstellung aus (**Ta-**

belle 1-1). Man hat daher für diese Systeme die entsprechende Untermenge der dekadischen Ziffern ausgewählt. Allerdings haben gleiche Ziffern an gleichen Positionen der Zahlen verschiedene Gewichte:

$$6 \cdot 10^x \neq 6 \cdot 8^x \qquad \text{für eine Stelle x}$$

d) Zehnersystem ins Hexadezimalsystem
In diesem System werden zur Darstellung der Ziffern a_i (Gl. (1.1) 16 verschiedene Zeichen benötigt, so daß man mit den 10 Ziffern des Dezimalsystems nicht auskommt. Man hat daher die Zuordnung gemäß Tabelle 1-1 gewählt. Hexadezimalzahlen werden durch ein vorangestelltes $-Symbol gekennzeichnet. Für das Umwandlungsbeispiel ergibt sich dann:

```
3426  : 16 = 214,  Rest 2,  ↑  Richtung, in der die
214   : 16 = 13,   Rest 6,  |  konvertierte Zahl
13    : 16 = 0,    Rest D   |  gelesen wird.
               ↑
               |   3426 = $D62

            signalisiert das Ende der Konvertierung
```

Dezimal	Dual	Oktal	Hexadezimal
0	0	0	0
1	1	1	1
2	10	2	2
3	11	3	3
4	100	4	4
5	101	5	5
6	110	6	6
7	111	7	7
8	1000	10	8
9	1001	11	9
10	1010	12	A (a)
11	1011	13	B (b)
12	1100	14	C (c)
13	1101	15	D (d)
14	1110	16	E (e)
15	1111	17	F (f)
16	10000	20	10
		usw.	

Tabelle 1-1: Ziffern bzw. Zahlen in Systemen verschiedener Basis

1.2.1.2 Umwandlung ganzer Hexadezimal-, Oktal- und Dualzahlen in das Zehnersystem

Die Umwandlung von einem beliebigen Zahlensystem in das Dezimalsystem geht nach demselben Verfahren.

Beispiel: %1 1 0 1 0 1 1 0 0 0 1 0 in das Dezimalsystem

```
%110101100010 : %1010 = %101010110, Rest 6,   ↑
-%1010                                        |
  %1101                                       |
 -%1010                                       |
   %1110                                      |
  -%1010                                      |
    %10000                                    |
    -%1010                                    |
      %1101                                   |
     -%1010                                   |
       %110                                   |
                                              |
%101010110 : %1010 = %100010,     Rest 2,     |  Richtung, in der
-%1010                                        |  die konvertierte Zahl
  %01011                                      |  gelesen wird
 - %1010                                      |
     %10                                      |
                                              |
%100010 : %1010 = %11,            Rest 4,     |
-%1010                                        |
  %1110                                       |
 -%1010                                       |
  %100                                        |
%11   : %1010 = %0,               Rest 3
                 ↑
                 Ende der Konvertierung
```

Das Verfahren ist zeitraubend, weil uns das Rechnen in anderen Zahlensystemen nicht sehr geläufig ist. Die Umwandlung läßt sich schneller durchführen, wenn Gl. (1.1) direkt ausgewertet wird; hierzu müssen allerdings die dezimalen Stellenwertigkeiten bekannt sein oder zusätzlich berechnet werden. Nach einiger Übung hat man sie für kleinere i gut im Gedächtnis. **Tabelle 1-2** enthält die ersten Potenzzahlen zu den Basen 2, 8 und 16.

Die im vorigen Abschnitt ermittelte Dualzahl läßt sich damit in eine Dezimalzahl zurückwandeln.

i :	11	10	9	8	7	6	5	4	3	2	1	0
a_i :	%1	1	0	1	0	1	1	0	0	0	1	0

$$2^{11} + 2^{10} + 2^{8} + 2^{6} + 2^{5} + 2^{1} = 2048 + 1024 + 256 + 64 + 32 + 2 = 3426$$

Ebenso für die schon ermittelte Hexadezimalzahl:

i :	2	1	0
a_i :	\$D	6	2

$$\longrightarrow \quad \begin{aligned} 13 \cdot 16^2 &= 3328 \\ + 6 \cdot 16^1 &= 96 \\ + 2 \cdot 16^0 &= +\ 2 \\ &\overline{\ 3426\ } \end{aligned}$$

1.2.1.3 Zahlen bei vereinheitlichten Busbreiten

Bei den durch Konvertierung gemäß Abschnitt 1.2.1.1 ermittelten Dualzahlen haben wir nur, wie im Dezimalsystem üblich, die zur Darstellung erforderliche Anzahl von Stellen hingeschrieben. Da wir es aber, wie schon erwähnt, mit vereinheitlichten Datenpfaden von 4, 8, 16 oder 32 bit zu tun haben, müssen die führenden Stellen sinnvoll ergänzt werden, um bei arithmetischen Operationen keine unerwünschten Ergebnisse zu erzielen.

Stelle i	B^i für B = 2	B = 8	B = 16
0	1	1	1
1	2	8	16
2	4	64	256
3	8	512	4096
4	16	4096	65536
5	32	32768	
6	64		
7	128		
8	256		
9	512		
10	1024	usw.	usw.
11	2048		
12	4096		
13	8192		
14	16384		
15	32768		
16	65536		

Tabelle 1-2: Stellenwertigkeiten (dezimal) bei den Basen 2, 8 und 16

Bisher haben wir das Vorzeichen der darzustellenden Zahl nicht explizit erwähnt und stillschweigend positive Zahlen angenommen. Leider ist es üblich geworden, von *vorzeichenlosen* Zahlen (*unsigned numbers*) zu sprechen, wenn der positive Zahlenraum nicht verlassen wird.

Betrachtet man Gl. (1.1), so wird klar, daß bei der Darstellung in den angegebenen Breiten die Zahl ggf. um führende Nullen erweitert werden muß. Für das Beispiel %1101 0110 0010 zeigt **Bild 1-5** jeweils die Repräsentation im Computer.

Die 12 bit-Zahl läßt sich also auch in einem 8 bit-System darstellen. Sie kann aber nicht mit einem Transfer von einer Stelle zu einer anderen, wie z. B. von einer Speicherzelle zur MPU (*Micro Processing Unit*), übertragen werden. Hierzu sind zwei Transfers erforderlich. Entsprechend sind für die Übertragung eines 32 bit-Langwortes in einem 16 bit-System zwei und in einem 8 bit-System vier Transportvorgänge erforderlich.

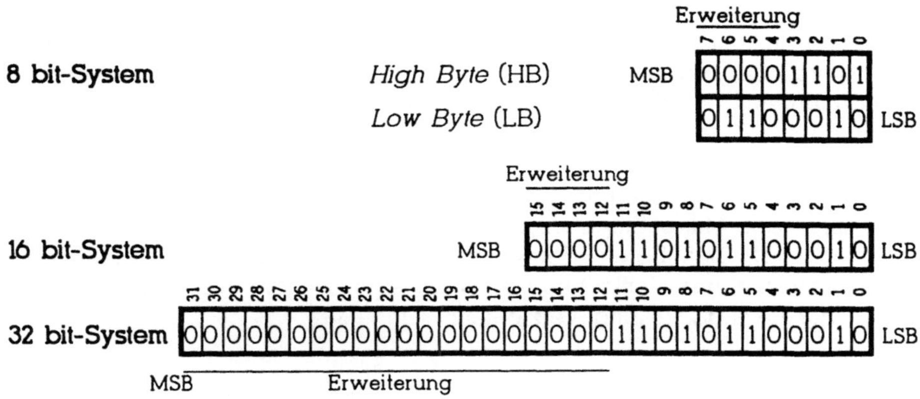

Bild 1-5: Darstellung einer positiven 12 bit Zahl in einem System mit 8, 16 oder 32 bit; LB - ***Low Byte***; HB - ***High Byte***; LSB - ***Least Significant Bit*** (niederwertigstes Bit); MSB - ***Most Significant Bit*** (höchstwertiges Bit)

Die Angabe von 16 oder gar 32 Binärzeichen führt zu langen Ziffernkolonnen. Um weniger Zeichen angeben zu müssen, faßt man je 4 Stellen zusammen. Eine zusammengefaßte Stelle repräsentiert dann den Zahlenbereich [0 . . 15] oder, in Hexadezimalschreibweise, [0 . . F]. Statt der Binärzahl schreibt man die Hexadezimalzahl hin.

16 bit-System:	% 0000	1101	0110	0010	
	0	D	6	2	= $0D62
32 bit-System:					= $0000 0D62

Durch das Zusammenfassen von jeweils 4 Binärstellen zu einem Hexadezimalwert ergibt sich bei positiven Werten dieselbe Hexadezimalzahl, die wir durch Konvertierung berechnet haben. Ursache hierfür ist, daß 16 eine Potenz von 2 ist und vier Binärzeichen genau den Zahlenbereich der Hexadezimalziffern repräsentieren.

Es ist üblich, zu sagen: Eine Speicherstelle hat den Inhalt $0D63. Man meint damit das Muster von Nullen und Einsen, das sich ergibt, wenn man jedes einzelne Hexadezimalzeichen durch das äquivalente 4 bit-Muster ersetzt und diese in gleicher Reihenfolge hinschreibt. **Hexadezimalzeichen stehen in keinem Teil des Computers, sie sind hier immer nur die Kurzangabe für ein entsprechendes 4-stelliges Bitmuster.**

Auch wenn der Inhalt einer Speicherzelle keine Zahl repräsentiert, sondern z. B. die Stellung einer Reihe von Schaltern (ein = 1, aus = 0), gibt man wegen der einfacheren Schreibweise die entsprechende Hexadezimalzeichenfolge an.

Ebenso wie man je 4 Binär- zu einem Hexadezimalzeichen zusammenfassen kann, ist es möglich, je 3 Binärzeichen durch ein Oktalzeichen beschreiben. Bei positiven ganzen Zahlen ergibt sich dieselbe Oktalzahl wie bei den übrigen Konvertierungsmethoden nach Abschnitt 1.2.1.1 (3 Binärstellen repräsentieren den durch ein Oktalzeichen darstellbaren Bereich positiver ganzer Zahlen).

Die Angabe von Oktalzahlen war früher bei Großrechnern üblich; sie wurde im Bereich der Mikrocomputersysteme ganz durch die Hexadezimaldarstellung verdrängt. Dies beruht darauf, daß alle vereinheitlichten Datenpfadbreiten ein ganzzahliges Vielfaches von 4 bit sind. Im folgenden wollen wir daher auf die Oktaldarstellung verzichten.

1.2.1.4 Darstellung binär codierter Dezimalzahlen

Mikroprozessoren sind auch in der Lage, Dezimalzahlen zu verarbeiten, wenn die einzelne Dezimalstelle in den Dualcode abgebildet wird (BCD-Darstellung, ***B**inary **C**oded **D**ecimal Number*).

Beispiel: 3426

BCD: 0011 0100 0010 0110

Für jeweils 4 Binärstellen sind nur die Werte $0,1,...,9 vertreten, die ebenfalls darstellbaren Zeichen $A, ...,F sind nicht zulässig (**Pseudotetraden**). Auf diese Weise können mit 8 bit nur die ganzen Zahlen 0 ...99 dargestellt werden, im Dualcode dagegen 0...255.

Rechenoperationen werden in Computersystemen aufgrund der höheren Geschwindigkeit meistens im Dualsystem durchgeführt; ganze Dezimalzahlen werden nach der Eingabe in ganze Dualzahlen, Dezimalbrüche in Dualbrüche umgewandelt und anschließend die Berechnungen durchgeführt. Für die Ausgabe werden die Ergebnisse in das Dezimalsystem zurückkonvertiert.

1.2.1.5 Addition von ganzen positiven Zahlen

Es gelten die folgenden elementaren Rechenvorschriften (Dualsystem):

```
0 + 0 =  0
0 + 1 =  1
1 + 0 =  1
1 + 1 = 10
        ↑
     Übertrag
```

```
Beispiel (8 bit):   %10111001
                  + %00101111
                      111111  ←—— Überträge
                    %11101000
```

Die Addition zweier Bytezahlen geschieht in einem 8 bit-System in einem Schritt (siehe obiges Beispiel). Ebenso werden Zweibytezahlen in einem 16 bit-

System in einem Schritt addiert. Zwei 16 bit-Zahlen werden in einem 8 bit-System in zwei Schritten addiert:

1. Addition der niederwertigeren Bytes,
2. Addition der höherwertigeren Bytes, wobei ein evtl. auftretender Übertrag vom ersten Schritt berücksichtigt wird.

Beispiel:

```
     2. Schritt   1. Schritt
       (HB)         (LB)
     <------->    <------->

    %00110111   10110100
 +  %10100001   10111011
 ------------------------
     1   111 1  1 11      <------- Überträge
 ------------------------
    %11011001 ^ 01101111
              |
    Übertrag für den 2. Schritt
```

Für den Übertrag wird ein 1 bit-Speicherplatz zur Verfügung gestellt, den man vor dem ersten Schritt zu Null setzen muß, falls er durch die arithmetische Operation automatisch berücksichtigt wird. Man kann seinen Inhalt nach dem zweiten Schritt prüfen, um festzustellen, ob das Ergebnis größer ist als die größte mit 16 bit darstellbare Zahl.

Beispiel für die Addition von BCD-Zahlen:

```
26,  BCD:       00100110
39,  BCD:     + 00111001
               ----------
65,  BCD:       01100101  <--  korrektes Ergebnis bei implemen-
                               tierter BCD-Arithmetik
```

Addiert man wie bei den Dualzahlen, so entstehen häufig Pseudotetraden. BCD-Zahlen werden daher halbbyteweise addiert; tritt dabei eine Pseudotetrade auf, so wird sie beseitigt, indem %0110 (=6) addiert wird. Ein evtl. entstehender Übertrag muß bei der nächsthöheren Stelle (Halbbyte) berücksichtigt werden. In obigem Beispiel ergibt sich folgender Ablauf:

```
BCD        0010    0110
BCD   +    0011    1001
          ---------------
              |----1111   1. Schritt, Pseudotetrade erfordert Korrektur
              1  + 0110   2. Schritt
          ---------------
BCD        0110  X 0101
                 |Übertrag ist schon berücksichtigt; aufgrund der
                 |Pseudotetrade war klar, daß er auftreten muß, so
                 |daß er beim führenden Halbbyte schon im 2. Schritt
                 |berücksichtigt werden konnte.
```

Nach der ersten Addition (im Dualsystem) wird an der Pseudotetrade erkannt, daß das Ergebnis korrigiert werden muß und daß dabei ein Übertrag auftreten wird; er wird im 2. Schritt schon berücksichtigt, obwohl er dabei erst auftreten wird. Durch die Addition von %0110 wird der Bereich der Pseudotetraden *übersprungen*. Mikroprozessoren führen diese Korrektur automatisch durch, wenn ihnen mitgeteilt wird, daß im **BCD-Modus** zu rechnen ist.

1.2.1.6 Darstellung negativer ganzer Zahlen

Bei vorzeichenbehafteten ganzen Zahlen (*signed numbers*) wird das Bit an der höchstwertigen Stelle zum Vorzeichenbit erklärt. Man wählt aber nicht eine Vorzeichen/Betragsdarstellung, da dies eine separate Behandlung von Vorzeichen- und Betragsbits durch das Rechenwerk erfordern würde. Dies tun wir übrigens im Dezimalsystem, Beispiel: A - (-B), wir wissen, daß - (-B) = + B ist und rechnen A + B; es werden also zuerst die Vorzeichen ausgewertet und dann entsprechend gerechnet.

Günstiger ist eine **Komplementdarstellung** negativer Werte, die eine einheitliche Behandlung positiver und negativer Zahlen im Rechenwerk des (Mikro-) Prozessors zuläßt. Allgemein werden in Computern negative Zahlen als **Zwei-(er-)komplementzahlen** dargestellt. Man erhält das Zweierkomplement Z(x) der Zahl x, indem man die Differenz zur nächsthöheren Potenz von 2 bildet:

$$Z(x) = 2^n - x, \quad n = 8,\ 16 \text{ oder } 32 \text{ bei Mikroprozessorsystemen} \qquad \textbf{(1.2)}$$

Z(x) repräsentiert also -x. Man erhält es durch eine Subtraktion, für die im Dualsystem die folgenden elementaren Rechenvorschriften gelten:

```
0 - 0 =  0        Beispiel: Es stehen 8 bit zur Verfügung  (Bit 7...0)
0 - 1 = 11
1 - 0 =  1        - %11:   %1 |00000000 ◄──── nächst höhere Potenz von 2
1 - 1 = |0               -  % |00000011                            (= 2^8)
        |         - %11=  %0 |11111101 ◄──── = - 3
  Entlehnwert
```

Oft bildet man zunächst das Einerkomplement (Kcmplement zur höchsten Zahl) und addiert dann eine 1:

```
                             %11111111 ◄──── höchste mit 8 bit darstellbare
                           - %00000011       Zahl, um 1 kleiner als nächst
                           ───────────       höhere Potenz von 2
(Einer-) Komplement  ────► %11111100
                           + %00000001
                           ───────────
                   - %11=   %11111101
```

Das Zweierkomplement erhält man indem man die einzelnen Dualstellen bitweise invertiert und anschließend eine 1 addiert. Für das Umrechnen im Kopf empfiehlt sich folgende sehr schnelle Vorgehensweise, die sich unmittelbar aus dem zuvor geschilderten ergibt, wie man sich an einfachen Beispielen klarmachen kann:

1. Vom LSB ausgehend zum MSB hin übernimmt man alle Nullen und die niederwertigste 1.
2. Alle davor liegenden Ziffern werden invertiert.

Das Zweierkomplement des Zweierkomplements einer Zahl x ergibt wieder x:

$$Z[Z(x)] = 2^n - (2^n - x) = x \quad (1.3)$$

1.2.1.7 Darstellbare Bereiche ganzer Zahlen bei den verschiedenen Datenformaten

8 bit:

```
Bitnr. ——→  76543210
          % 01111111     =   127
               :
          % 00000001     =     1
          % 00000000     =     0
          % 11111111     = -   1
               :
          % 10000001     = - 127
          % 10000000     = - 128
           ↗
Vorzeichen: Auch in der Zweierkomplementdarstellung
            zeigt das MSB das Vorzeichen an
```

16 bit:

```
Bitnr. ——→ 15 · · · · · · · · · · · ·0
           0111111111111111     =   32767
            :            :
           0000000000000001     =   1
           0000000000000000     =   0
           1111111111111111     = - 1
            :            :
           1000000000000001     = - 32767
           1000000000000000     = - 32768
          ↗
Vorzeichen
```

Nach demselben Schema kann man für das 32 bit-Datenformat den Bereich [- 2 147 483 648 . . . . . + 2 147 483 647] der ganzen Zahlen ermitteln (**Tabelle 1-3**).

Breite (bit)	Zahlenbereich
8	-128 . . . +127
16	-32 768 . . . +32 767
32	-2 147 483 648 . . . +2 147 483 647

Tabelle 1-3: Bereich der darstellbaren Zahlen bei verschiedenen Datenformaten (ganze Zahlen)

Negative Dualzahlen in der Zweierkomplementdarstellung werden ebenfalls durch ein vorangestelltes %-Zeichen dargestellt. Die Angabe eines Minuszeichens entfällt, da es an der führenden 1 zu erkennen ist.

Nach demselben Verfahren kann man negative Dezimalzahlen durch das Zehnerkomplement ausdrücken und im BCD-Code darstellen. Bei 4 Dezimalstellen (Differenzbildung zu 10^4) ergibt sich der Zahlenraum [-5000, 4999].

Dezimalwert	Zehnerkomplement (BCD-Code im µP-System)
4999	4999
0000	0000
- 1	9999
-5000	5000

Der Vollständigkeit halber sei erwähnt, daß Analog/Digitalwandler, die in µP-Systemen zur Meßdatenerfassung eingesetzt werden, häufig den ***Offset Binary***-Code erzeugen. Er muß vor der arithmetischen Weiterverarbeitung entweder durch eine einfache Hardware (schnell) oder per Programm (langsam) in die Zweierkomplementdarstellung umgewandelt werden, indem das Vorzeichen invertiert wird.

Offset Binary:
(für 8 bit-System)

```
 76543210  <---- Bitnummer
%11111111    =   127
    :
%10000001    =     1
%10000000    =     0
%01111111    = -   1
    :
%00000001    = - 127
%00000000    = - 128
```

Vorzeichen: Auch in der *Offset Binary*-Darstellung zeigt das MSB das Vorzeichen an

1.2.1.8 Addition und Subtraktion positiver und negativer ganzer Zahlen

Die schon erwähnte gleiche Behandlung positiver und negativer ganzer Zahlen soll an den folgenden Beispielen gezeigt werden. Hierbei ist zu beachten, daß das Rechenwerk im Prinzip vor einer Subtraktion das Zweierkomplement bildet und dann addiert.

a) Addition A + B, A > 0, B < 0, (A = 5875, B = - 396, A + B = 5479)

```
A:     %00010110 11110011            5875
B:   + %11111110 01110100       + 2^16 - 396
     ----------------------     ------------
     %1 00010101 01100111       2^16 + 5479
                                  (dezimal)
```

Übertrag (%1) — siehe 1.2.1.9

Das Ergebnis ist um 2^{16} zu groß; es wird korrigiert, indem man den Übertrag wegläßt, was einer **Subtraktion von 2^{16}** entspricht.

b) Addition A + B, A < 0, B < 0, (A = - 5875, B = - 396, A + B = -6271)

A:	%11101001 00001101	$2^{16} - 5875$
B:	+ %11111110 01110100	$+\ 2^{16} - 396$
	%1 11100111 10000001	$2 \cdot 2^{16} - 6271$
	Übertrag siehe 1.2.1.9	(dezimal)

Das Ergebnis ist negativ, es muß also 2^{16} - 6271 dargestellt werden. **Wieder wird 2^{16} subtrahiert** indem der Übertrag gestrichen wird.

c) Subtraktion A - B, B > A > 0, (B = 5875, A = 396, A - B = -5479)

A:	%00000001 10001100	396
2' Compl. B:	+ %11101001 00001101	$+\ 2^{16} - 5875$
	%11101010 10011001	$2^{16} - 5479$
	kein Übertrag, Ergebnis richtig	(dezimal)

Es wird das Zweierkomplement des Subtrahenden gebildet und zum Minuenden addiert.

d) Subtraktion A - B, 0 > A > B, (A = -396, B = - 5875, A - B = 5479)

A:	%11111110 01110100	$2^{16} - 396$
2' Compl.(B):	+ %00010110 11110011	$+\ 2^{16} - (2^{16} - 5875)$
	%1 00010101 01100111	$2^{16} + 5479$
	siehe 1.2.1.9	(dezimal)

Das Ergebnis ist um 2^{16} zu groß, **der Übertrag wird wie zuvor gestrichen** und damit das Ergebnis korrekt.

e) Subtraktion A - B, 0 > B > A (A = - 5875, B = - 396, A - B = -5479)

A:	%11101001 00001101	$2^{16} - 5875$
2' Compl.(B):	+ %00000001 10001100	$+\ 2^{16} - (2^{16} - 396)$
	%11101010 10011001	$2^{16} - 5479$
	Ergebnis richtig	(dezimal)

Man erhält in allen diesen Fällen das korrekte Ergebnis, wenn man den Übertrag aus dem Vorzeichenbit nicht beachtet!

1.2.1.9 Bereichsüberschreitung bei Addition und Subtraktion

Mit der festgelegten Anzahl der Stellen (8, 16 oder 32 bit) ist der jeweils darstellbare Zahlenraum begrenzt (**Tabelle 1-3**). Man spricht auch von einem 8-, 16- oder 32 bit-**Ganzzahlen-** oder **-Integerformat** bzw. **-Datenformat**.

Durch Addition bzw. Subtraktion zweier Zahlen kann eine Bereichsüberschreitung auftreten.

<u>Beispiel für Addition zweier 8 bit-Zahlen:</u> (110 + 55 = 165)

```
    %01101110
+   %00110111
-------------
    %10100101     = - 91
     ↑
```

Die Bereichsüberschreitung führt zu einem Übertrag in das Vorzeichenbit und zu einem falschen Ergebnis.

<u>Beispiel für Subtraktion zweier 8 bit-Zahlen:</u> (-110 - 32 = -142)

```
    %10010010              2^8 - 110
+   %11110000            + 2^8 -  32
-------------          -------------
  %1 10000010          2 · 2^8 - 142
```

Streicht man wie zuvor das Übertragsbit entsprechend einer Subtraktion von 2^8, so ergibt sich %10000010 = -126, und das ist falsch! Das Vorzeichen ist richtig, und doch hat der Übertrag ins Vorzeichenbit zu einem falschen Ergebnis geführt.

Im vorangegangenen Abschnitt 1.2.1.8 wird bei einigen Beispielen auf diesen Abschnitt verwiesen; an den markierten Stellen treten Überträge in das Vorzeichenbit auf, die **nicht** zu falschen Ergebnissen führen (keine Bereichsüberschreitung, sondern durch die Rechnung sich ergebender Vorzeichenwechsel).

Da eine Bereichsüberschreitung immer zu falschen Ergebnissen führt, wird in allen Mikroprozessoren ein **Bereichsüberlaufbit** (***Overflow-Flag***) zur Verfügung gestellt, dessen logischer Zustand durch jede Addition und Subtraktion gesetzt wird. Der Programmierer hat damit die Möglichkeit, einen solchen Fehler auszuwerten, z. B. durch eine Korrekturroutine oder den Programmabbruch.

Beim Rechnen mit mehrfacher Genauigkeit, also wenn in einem 8 bit-System 16- oder 32 bit-Zahlen addiert werden, wird das Überlaufbit zwar auch bei der Bearbeitung der niederwertigeren Bytes beeinflußt, **es ist jedoch nur bei dem das Vorzeichenbit enthaltenden höchsten Byte von Bedeutung**. Es wird nicht nur von Additions- und Subtraktionsbefehlen, sondern auch von einigen anderen, auch nichtarithmetischen, Befehlen, beeinflußt. Durch eine spezielle Logik wird es innerhalb des Prozessors in Abhängigkeit von den Operanden und der durchgeführten Operation bestimmt (s. 4.5.1 *Bedingungscodes* und Tabelle A-3 im Anhang).

1.2.1.10 Darstellung von Dezimalbrüchen als Dualbrüche, Festkommaarithmetik

Analog zur Konvertierung ganzer Zahlen in ein anderes Zahlensystem durch sukzessives Teilen durch die Basis B des neuen Zahlensystems (Gl. 1.1) erhält man die einzelnen Stellen des **fraktionellen** Teils durch sukzessives Multiplizieren mit B.

<u>Beispiel (Dezimalbruch ⟶ Dualbruch):</u>

0,703125	· 2 =	**1**,40625
0,40625	· 2 =	**0**,8125
0,8125	· 2 =	**1**,625
0,625	· 2 =	**1**,25
0,25	· 2 =	**0**,5
0,5	· 2 =	**1**,0

↓ Richtung, in der die konvertierte Zahl gelesen wird

0,703125 = %0,101101

↑ (bei 1,0) signalisiert Ende der Konvertierung

Dies kann man ebenso mit den anderen Zahlensystemen durchführen. **Ein Dezimalbruch wird in einen Dualbruch umgewandelt, indem man den ganzzahligen und den gebrochenen Teil separat konvertiert und beide Teilergebnisse zusammensetzt (addiert).**

Bei **Festkommazahlen** wird genau festgelegt, an welcher Stelle das Komma (im englischen Sprachgebrauch der Punkt, also *Decimal Point* bzw. *Dual Point*) liegt. Für das Dualkomma selbst braucht man kein Bit zu reservieren; es wird vereinbart, zwischen welchen Bits es liegt. Alle Bits links davon gehören zum ganzzahligen Teil bzw. Vorzeichen, alle rechts davon zum gebrochenen Teil.

Auch bei Festkommazahlen kann mit der Zweierkomplementdarstellung gerechnet werden.

<u>Beispiel:</u> 58,84375 + (-25,1875) = 33,65625

	%00111010, 11011000	58,84375
+	%11100110, 11010000	+ 2^8 - 25,1875
	%1 00100001, 10101000	2^8 + 33,65625

↑ vereinbartes Dualkomma zwischen Bit 7 und 8 ↑ Ergebnis um 2^8 zu groß

Das Ergebnis ist um 2^8 zu groß; Streichen des Übertrags ergibt das korrekte Resultat % 00100001, 10101000 = 33,65625.

Dies gilt in gleicher Weise für andere Zahlen und für Subtraktionen. Solange die Rechnung mit einer festgelegten Kommastelle ausreichend genau ist, mag es in vielen Fällen vorteilhaft sein, Auswertungen im Festkommaformat mit den normalen Additions- und Subtraktionsroutinen durchzuführen.

Der Übergang zur Festkommazahl verändert nicht notwendigerweise die Stellenzahl. Die Anzahl der Vorkommastellen wird bei gleicher Stellenzahl um die der eingeführten Nachkommastellen vermindert.

$$n = v + i + f, \quad i = n - v - f, \tag{1.4}$$

n = Stellenzahl, i = Vorkammastellen (Integer), f = Nachkommastellen (fraktioneller Teil) und v = Vorzeichen (1 Stelle).

Ermittlung des Zahlenraums für das Beispiel n = 16, f = 8, i = 7:

kleinste darstellbare Zahl: %1000 0000, 0000 0000 (MSB = 1, negative Zahl)
= -128,0 dezimal
größte darstellbare Zahl: %0111 1111, 1111 1111 = $128 - 2^{-8}$
= 127, 99609375

Bei näherem Betrachten fällt auf:

- Der Wertebereich, verglichen mit dem Integerformat, wird bei gleicher Stellenzahl sehr eingeschränkt.
- Die Genauigkeit ist nicht so groß, wie die Anzahl der Nachkommastellen der Zahl 127,99609375 vermuten läßt. Die Dualzahl ist nur auf 2^{-8} genau, also nur auf zwei Stellen nach dem Komma.

Tabelle 1-4 zeigt den Zahlenbereich für einige Werte von n, i und f. Die Beschränkung des ganzzahligen Anteils und die Ungenauigkeiten des fraktionellen Teils können für viele Probleme nicht hingenommen werden. Auch der Übergang auf 32 bit ändert nichts an diesem Mangel der Festkommadarstellung, er erweitert lediglich den Anwendungsbereich. Größere Rechnungen mit Divisionen durch kleine Zahlen, die sich beispielsweise durch eine vorangehende Subtraktion ergeben können, erfordern eine andere Behandlung.

n	f	i	darstellbarer Zahlenbereich
8	0	7	- 128 . . . + 127
8	1	6	- 64,0 . . . + 63,5
8	7	0	- 1,0 . . . + 0,9921875
16	0	15	- 32768 . . . -32767
16	8	7	- 128,0 . . . + 127,99609375
16	15	0	- 1,0 . . . + 0,99993896484375

Tabelle 1-4: Zahlenraum bei einigen ausgewählten 8- bzw. 16 bit-Festkommazahlen

1.2.2 Gleitkommadarstellung

Die allgemein übliche wissenschaftliche Notation stellt Dezimalzahlen in der Form

$$Z = \pm a,\, f \cdot 10^{\pm x} \qquad (1.5)$$

dar, wobei a ϵ {1, ... 9} ist, der fraktionelle Teil f eine beliebige Stellenzahl hat und der Exponent x eine ganze Zahl ist. Die Stellen von f und x sind Dezimalziffern.

Es handelt sich um eine normalisierte Schreibweise, für die das Komma in bekannter Weise so lange verschoben wurde, bis genau eine von Null verschiedene Dezimalziffer vor dem Komma steht. Bleibt das Komma beim Normalisierungsvorgang unverschoben, so ist x = 0, für jede Verschiebung um eine Stelle nach links wird x um 1 erhöht, und für jede Verschiebung um eine Stelle nach rechts wird x um 1 vermindert ($7326{,}4 = 7{,}3264 \cdot 10^3$, $-0{,}043 = -4{,}3 \cdot 10^{-2}$).

Die Darstellung $Z = \pm a,\, f \cdot 10^{\pm x}$ oder Z = Mantisse • Zehnerpotenz ($Z = M \cdot P$) enthält in der Mantisse allein die für die Genauigkeit relevanten Stellen und in der Potenz den Hinweis auf die Lage des Kommas. Sinngemäß kann man für eine Darstellung im Dualsystem auch schreiben

$$Z_2 = M_2 \cdot P_2, \qquad (1.6)$$

wobei jetzt M_2 die Mantisse im Dualsystem und P_2 die Zweierpotenz sind.

$$Z_2 = \pm[1 + a_{-1} \cdot 2^{-1} + a_{-2} \cdot 2^{-2} + \ldots\ldots a_{-n} \cdot 2^{-n}] \cdot 2^{\pm y} \qquad (1.7)$$
$$\text{mit } y = y_i \cdot 2^i + \ldots + y_1 \cdot 2^1 + y_0 \cdot 2^0 \text{ und } a_k, y_k = \epsilon \{0, 1\}$$

<u>Beispiel:</u>

Zehnersystem: $63{,}625 = 6{,}3625 \cdot 10^1$

Dualsystem : %00111111, 101 = % 1, 11111101 • $2^{\%101}$, also

M_2 = 1, 11111101 und E_2 = 101,

wobei $y = E_2$ der Exponent der Zweierpotenz P_2 ist.

Man führt eine Zahlencodierung ein, bei der innerhalb des Datenformats sowohl die Mantisse M_2 als auch der Exponent E_2 enthalten sind.

In der normalisierten Schreibweise (eine Vorkommastelle der Mantisse) wird durch den mitgeführten Exponenten die Lage des Dualkommas angegeben, so daß Zahlen mit sehr unterschiedlicher Größenordnungen dargestellt werden können. Da die Kommaposition nicht mehr fixiert werden muß, sondern in weiten Bereichen variieren kann, spricht man von einer **Gleitkommadarstellung** (***Floating Point Representation***).

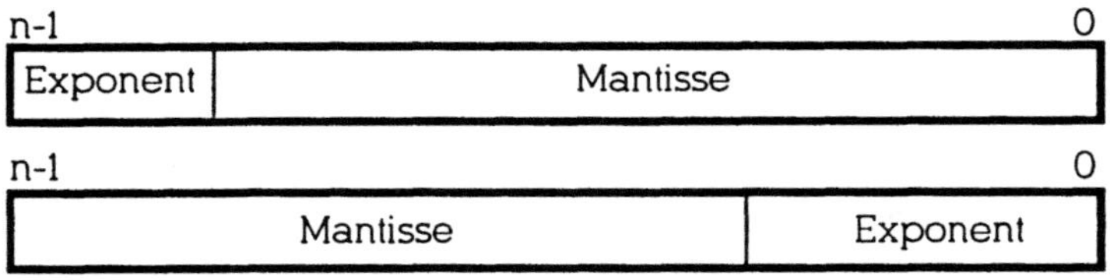

Bild 1-6: Darstellungen von Gleitkommadualzahlen

Im Prinzip ist es ohne Bedeutung, ob man den Exponenten auf den führenden oder den niederwertigeren Bits darstellt (**Bild 1-6**); ebenso ist die Anzahl der Mantissen- und Exponentenbits frei wählbar.

Der Übergang zur Gleitkommadarstellung von Zahlen erfordert eine wesentlich aufwendigere Behandlung der einzelnen arithmetischen Operationen. Beispielsweise muß man im Dezimalsystem zur Berechnung des Ausdrucks

$$1{,}00013 \cdot 10^3 - 3{,}2 \cdot 10^{-1}$$

zunächst die Exponentenangleichung, dann die Subtraktion und abschließend wieder eine Normalisierung durchführen.

$$\begin{array}{rl} 1{,}00013 \cdot 10^3 & \\ -\ 0{,}00032 \cdot 10^3 & \text{Exponent angeglichen} \\ \hline 0{,}99981 \cdot 10^3 & \text{keine normalisierte Darstellung} \\ = 9{,}9981 \cdot 10^2 & \text{normalisierte Darstellung} \end{array}$$

Während bei der Ganzzahlen- und Festkommaarithmetik in Verbindung mit den vereinheitlichten Busbreiten, und damit den Operandengrößen, die Gestaltungsmöglichkeiten der Softwareentwickler ziemlich eingeschränkt sind, hat man bei der Definition eines Gleitkommapaketes mehr Freiheitsgrade:

- Aufteilung in Exponenten- und Mantissenbits,
- Lage des Exponenten im Bitmuster,
- Darstellung des Exponenten,
- Rundungsalgorithmen bei Addition, Subtraktion, Konversion, Reihenentwicklungen, u. a.

Diese Freiheit in der Gestaltung führte in den ersten Jahrzehnten der Computer dazu, daß gleiche Hochsprachenprogrammpakete auf unterschiedlichen Computern mangels einer Vereinheitlichung zu unterschiedlichen Ergebnissen führten. In [2] ist eine Tabelle enthalten, die dies auch für einfachste Operationen schon belegt. Sie wird hier wiedergegeben (**Tabelle 1-5**).

Anomalie	Computertyp
$A \neq B$, aber $A - B = 0$	die meisten nicht IEEE P754-kompatiblen Rechner *)
$1 \cdot A \neq A$	IBM 360
$A \cdot B \neq B \cdot A$	CRAY
$A / A \neq 1$	CRAY

Tabelle 1-6: Gleitkommaverarbeitungsanomalien verschiedener Computer früherer Baujahre; *) - s. Text

Die verschiedene Behandlung gleicher Rechenvorschriften beeinträchtigte die Portabilität von Software; sie verlangte nach einer einheitlichen, genormten Bearbeitung der üblichen, immer wiederkehrenden numerischen Probleme. Nur bei einheitlicher Bearbeitung auf verschiedenen Rechnern sind Programme portabel, können also von einem Rechner auf einen anderen übernommen werden und kommen dort zu denselben Ergebnissen (dies betrifft nur die Algorithmen, nicht den Code!).

Da Gleitkommaarithmetik sich nur durch größere, rechenzeitintensive Softwarepakete realisieren ließ, war es wünschenswert, für diese speziellen, immer wiederkehrenden Programmteile eine Hardware zu entwickeln, um die Ergebnisse in wesentlich kürzerer Zeit zu erhalten.

Die Verwirklichung eines solchen Gleitkommaprozessors, der an verschiedene Rechnerzentraleinheiten angeschlossen werden kann, erfordert zusätzlich eine vereinheitlichte Datenstruktur. In der schon erwähnten Norm IEEE P754 wurden alle Anforderungen zusammengefaßt und

- Datenstrukturen,
- Rundungsmethoden und
- die Behandlung nicht darstellbarer Zahlen und Ergebnisse

festgelegt. Sie erlauben dem Hardwarehersteller eine breite Anwendung seines Gleitkommaprozessors und dem Programmierer, seine Software auf andere Rechner zu übertragen. Da anzunehmen ist, daß diese Norm in Zukunft generell verwendet werden wird, wollen wir uns im folgenden nur noch mit ihr befassen.

Ähnlich wie in der Ganzzahlendarstellung gibt es auch bei den Gleitkommaformaten verschiedene Genauigkeiten (**Bild 1-7**).

Für Zahlen einfacher Genauigkeit (***Single Precision Numbers***) genügt ein Langwort, für solche doppelter Genauigkeit (***Double Precision Numbers***) sind 2 Langworte erforderlich. Abweichend von der bei der Ganz- und Festkommazahlendarstellung üblichen Methode, negative Zahlen durch ihr Zweierkomplement anzugeben, wird hier die Mantisse durch Betrag und Vorzeichen codiert.

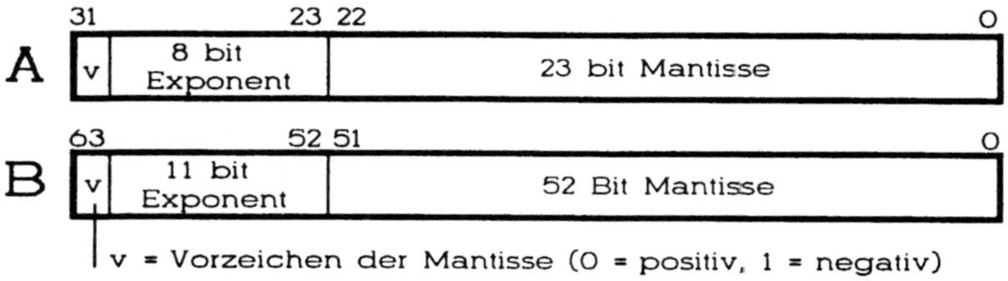

Bild 1-7: Gleitkommazahlenformate nach IEEE P754; **A** - einfache Genauigkeit; **B** - doppelte Genauigkeit

Normalisiert wird, wie zuvor schon angegeben, auf eine Stelle vor dem Komma, im Dualsystem also eine 1. Da sich diese 1 für jede normalisierte Zahl ergibt, braucht sie nicht explizit angegeben zu werden. Die angegebenen 23 bzw. 52 bit der Mantisse sind also jeweils der fraktionelle Teil. Man spricht von einer **implizierten 1 vor dem Dualkomma**, die natürlich bei den arithmetischen Operationen berücksichtigt werden muß. Für den Exponenten, der zur Basis 2 angegeben wird, sind ebenfalls positive und negative Werte möglich. Auch hier wählte man nicht die Zweierkomplementdarstellung: Es wird ein konstanter Wert zum Exponenten addiert und das Resultat ins Exponentenfeld eingetragen. Er beträgt:

- bei einfacher Genauigkeit +127,
- bei doppelter Genauigkeit +1023.

Beispiele:

a) %1011, 10111 $\cdot 2^{14}$ = %1, 01110111 $\cdot 2^{17}$, für einfache Genauigkeit ergibt sich also:
Exponentencodierung: % 01111111 + % 10001 = % 10010000
Gleitkommazahl : % 0 10010000 011101110 0
(0 = Mantissenvorzeichen; 10010000 = Exponent; 011101110 . . . . 0 = fraktioneller Teil der Mantisse)

Für doppelte Genauigkeit ergibt sich der Exponent zu 17 + 1023 = 1040 = %10000010000. Es ist nicht ganz einfach, aus dem Bitmuster einer Gleitkommazahl ihren Wert zu erkennen; etwas Rechenarbeit ist meist erforderlich.

b) 18 493, 248 39 = % 0100 1000 0011 1101, 0011 1111 1001 0110 0111
= % 1, 0010 0000 1111 0100 1111 1110 0101 1001 11 $\cdot 2^{14}$
Exponent (einfache Genauigkeit): 14 + 127 = 141 = % 1000 1101

Gleitkommadarstellung, einfache Genauigkeit:

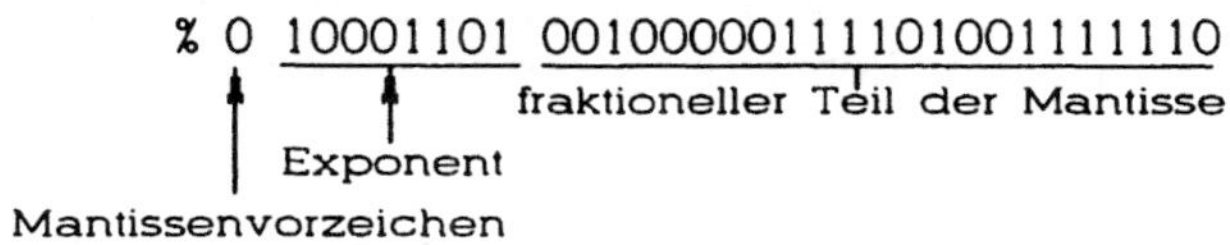

Die normalisierten Zahlen werden gemäß **Bild 1-8** codiert.

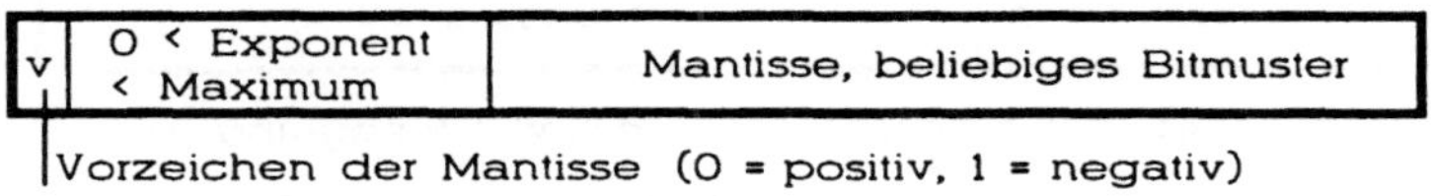

Bild 1-8: Genormte Darstellung von normalisierten Zahlen (nach IEEE P754)

Die beiden Extremwerte, die für den Exponenten möglich sind (0 und $FF bzw. $3FF), werden **nicht** in die Codierung normalisierter Zahlen einbezogen, sie dienen der Beschreibung von Sonderfällen, die nachfolgend besprochen werden.

Bild 1-9 läßt erkennen, daß die Unterscheidung von $+\infty$ und $-\infty$ möglich ist. Unendlich wird angezeigt durch das gleichzeitige Auftreten von Exponentenmaximum und Nullen im fraktionellen Teil der Mantisse.

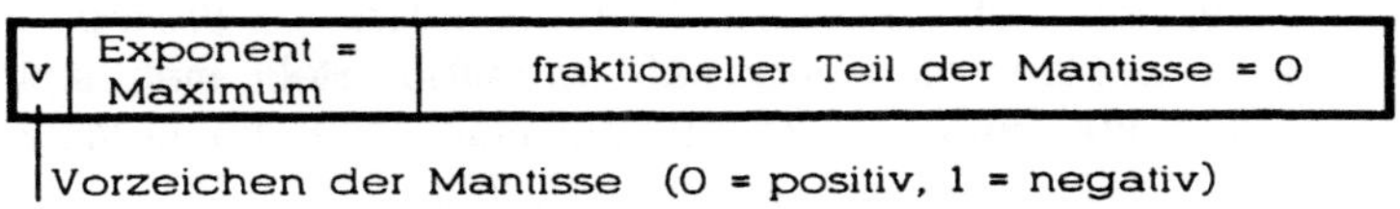

Bild 1-9: Darstellung von $\pm\infty$ nach IEEE P754

Es gibt eine Reihe von arithmetischen Operationen, deren Ergebnis nicht definiert ist; beispielsweise ist das Ergebnis von ∞/∞ oder $0 \cdot \infty$ keine definierte Zahl. Für die Ergebnisse solcher Operationen, die sich ja durch die vorangehende Rechnung ergeben können, wurde der Begriff ***Not A Number*** (**NAN**, keine Zahl) geprägt. Sie wird ähnlich wie Unendlich dargestellt; der Unterschied besteht darin, daß der fraktionelle Teil der Mantisse $\neq 0$ ist, siehe **Bild 1-10**.

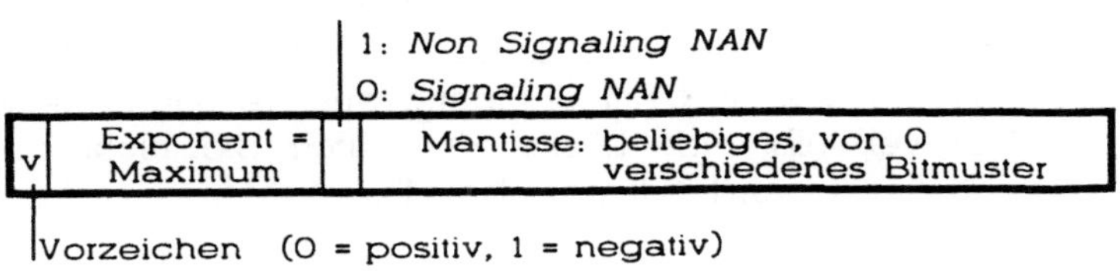

Bild 1-10: Darstellung von NAN (***Not A Number***) nach IEEE P754

Operationen mit einem NAN-Operanden führen immer zu einem NAN-Ergebnis.

Auf den Unterschied zwischen einer anzeigenden NAN (*Signaling NAN*, erstes Nachkommabit = 0) und einer ruhigen (*Non Signaling NAN*, erstes Nachkommabit = 1) wird bei der Behandlung des Gleitkommacoprozessors (Kap. 6) eingegangen.

Bei einer Null, die im IEEE-Format vorzeichenbehaftet ist, werden Exponent und der dargestellte fraktionelle Teil der Mantisse zu Null gesetzt (**Bild 1-11**).

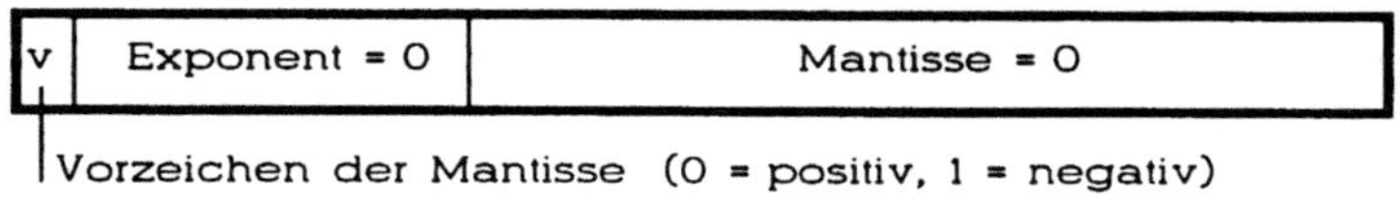

Bild 1-11: Darstellung von Null nach IEEE P754

Die implizierte Vorkommaeins muß man sich bei normalisierten Zahlen jeweils hinzugefügt denken. Mit der angegeben Codierung läßt sich bei einfacher Genauigkeit der folgende Zahlenraum darstellen:

$$-1,111....1 \cdot 2^{127} \text{ bis } 1,111...1 \cdot 2^{127}$$
$$\approx \quad -3{,}4 \cdot 10^{38} \text{ bis } 3{,}4 \cdot 10^{38}$$

Die betragsmäßig kleinsten, von Null verschiedenen Zahlen sind $\pm 1{,}0..0 \cdot 2^{-126}$. Die im Bereich 2^{-126} bis 2^{-125} darstellbaren Zahlen unterscheiden sich um Vielfache von $2^{-23} \cdot 2^{-126}$, also um Vielfache von 2^{-149}. Im Bereich von 2^{-125} bis 2^{-124} unterscheiden sich die darstellbaren Zahlen um Vielfache von 2^{-148} usw. Für negative Zahlen gilt sinngemäß dasselbe. Stellt man sich dies auf der Zahlengeraden vor (**Bild 1-12**), so erkennt man, daß die normalisierte Darstellung zu einer Repräsentationslücke um Null führt.

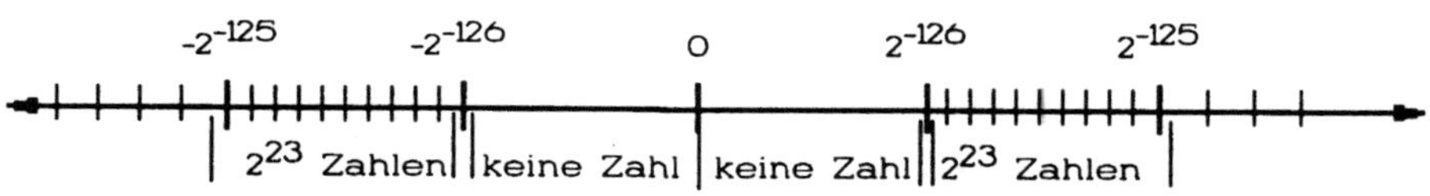

Bild 1-12: Ausschnitt der Zahlengeraden um Null; Darstellung normalisierter Zahlen nach IEEE P754, einfache Genauigkeit

Zwischen je zwei aufeinander folgenden Zweierpotenzen sind $2^{23} - 1$ verschiedene Zahlen darstellbar. Die Differenz zwischen zwei benachbarten Zahlen verdoppelt sich jeweils beim Übergang auf die nächst höhere Zweierpotenz. Um Null verbleibt eine Lücke, die durch die nicht normalisierte Schreibweise noch gefüllt werden kann (**Bild 1-13**).

v	Exponent = 0	beliebige, von Null verschiedene Mantisse

Vorzeichen der Mantisse (0 - positiv, 1 - negativ)

Bild 1-13: Darstellung nicht normalisierter Gleitkommazahlen nach IEEE P754

Das gemeinsame Auftreten eines Exponentenwertes Null mit einer von Null verschiedenen Mantisse im fraktionellen Teil bedeutet, daß die implizierte Vorkommaeins durch eine implizierte Vorkommanull ersetzt wird. Das Bitmuster 1 0000 0000 0100 . . . 0 bedeutet jetzt - $\%0{,}01 \cdot 2^{-127}$. Damit läßt sich die Lücke bei Null ebenfalls mit $2^{23} - 1$ diskreten Werten füllen. Mit der Anzahl führender Nullen nimmt die Anzahl signifikanter Stellen, und damit die Genauigkeit, ab. Die Zahlen, die der Null am dichtesten benachbart und betragsmäßig am kleinsten sind ($\pm 2^{-150}$), sind von allen darstellbaren Zahlen mit der größten Unsicherheit behaftet.

1.2.3 Darstellung alphanumerischer Zeichen

Bit 6-4 (hex.) →	0	1	2	3	4	5	6	7
Bit 3-0 (hex.) ↓								
0	NUL	DLE	SP	0	@	P	`	p
1	SOH	DC1	!	1	A	Q	a	q
2	STX	DC2	"	2	B	R	b	r
3	ETX	DC3	#	3	C	S	c	s
4	EOT	DC4	$	4	D	T	d	t
5	ENQ	NAK	%	5	E	U	e	u
6	ACK	SYN	&	6	F	V	f	v
7	BEL	ETB	'	7	G	W	g	w
8	BS	CAN	(	8	H	X	h	x
9	HT	EM	)	9	I	Y	i	y
A	LF	SUB	*	:	J	Z	j	z
B	VT	ESC	+	;	K	[	k	{
C	FF	FS	,	<	L	\	l	|
D	CR	GS	-	=	M	]	m	}
E	SO	RS	.	>	N	^	n	-
F	SI	US	/	?	O	_	o	DEL

Tabelle 1-6: ASCII-Code-Tabelle; die Zeichen der Spalten 4 bzw. 5 werden erzeugt, indem zusätzlich zur Taste für Spalte 6 bzw. 7 die Großbuchstabentaste (*Shift*-Taste) gedrückt wird; die Zeichen der Spalten 0 und 1 sind Steuerzeichen, sie werden erzeugt, in dem zusätzlich zu den für die Spalten 4 bzw. 5 erforderlichen Tasten die *Control*-Taste gedrückt wird[2]

2 Andere Tastaturbelegungen sind ebenfalls möglich.

Der Bediener kommuniziert über ein Ein-/Ausgabegerät mit dem Rechner. Er gibt Buchstaben und Ziffern über die Tastatur ein und betrachtet die Ergebnisse (Zahlenkolonnen, Wörter, Sätze) auf dem Bildschirm. Ziffern und Buchstaben, sowie zusätzliche Sonderzeichen wie Satzzeichen oder solche zur Steuerung des Datenverkehrs oder zur Einschaltung von Grafikfunktionen am Terminal (Datensichtgerät), werden in codierter Form im Speicher des Computers abgelegt. Als Code hat sich der **ASCII-Code** (***A****merican* ***S****tandard* ***C****ode of* ***I****nformation* ***I****nterchange*) durchgesetzt (**Tabelle 1-6**).

Jedes Zeichen belegt ein Byte. Bit 7 bleibt unbenutzt; es wird oft bei bitseriellen Übertragungen als Paritätsbit zur Datensicherung verwendet. In anderen Systemen kann es zur Kennzeichnung eines zweiten Zeichensatzes oder für landesspezifische Zeichen verwendet werden.

Zahlen werden als einzelne ASCII - Zeichen (*Character*) eingegeben; um im Mikroprozessor nach den im Abschnitt 1.2.1 angegebenen Methoden rechnen zu können, müssen die ziffernweise im ASCII-Code eingegebenen Zahlen zuvor in den Dualcode konvertiert werden. Auch für die Ausgabe müssen die Zahlen zuvor in eine ASCII-Zeichenkette (***String***) umgewandelt werden.

Beispiel: Ausgabe einer ganzen Dualzahl als Hexadezimalzahl

dual:	0 1 1 1	1 0 1 0	1 0 1 1	0 1 1 0
	↑	↑	↑	↑
hexadezimal:	7	A	B	6

Wir sagen: Die Zahl ist $7AB6; um diese Zeichenfolge auf dem Bildschirm ausgeben zu können, muß zuvor aus dem Inhalt der Halbbytes der Code des entsprechenden ASCII-Zeichens erzeugt werden. Die Umwandlung erfolgt für Halbbytewerte von 0 bis 9 durch Addition von %00110000 bzw. $30 und für solche von 10 bis 15 durch Addition von %00110111 bzw. $37 (s. Tabelle 1-6).

Beispiele:	7:	%(0000) 0111		$A:	%(0000) 1010
		+% 0011 0000			+% 0011 0111
		% 0011 0111	← ASCII-Code →		% 0100 0001

Bei Dualzahlen, die durch die den Hexadezimalziffern entsprechenden ASCII-Zeichen zum Datensichtgerät übertragen werden, muß man speziell auf das Vorzeichen achten, um die Ergebnisse nicht falsch zu interpretieren.

-3 = %1111 1111 1111 1101 = $FFFD bei einer 16 bit Darstellung

Will man bei einer Ausgabe den Wert der Zeichenfolge FFFD für eine vorzeichenbehaftete Zahl z. B. mit einem Taschenrechner ermitteln, so muß man 1. wissen, daß keine führenden Stellen unterdrückt sind, und 2. an dem führenden $F = %1111 erkennen, daß das Vorzeichenbit gesetzt ist. Vor der Hexadezimal- zu Dezimalkonvertierung mit dem Taschenrechner muß man also erst das Zweierkomplement bilden oder - ($10000 - $FFFD) rechnen.

2 Struktur eines Mikroprozessorsystems

In diesem Kapitel werden die Hauptkomponenten eines Mikroprozessorsystems (MP-Sytems) vorgestellt und die einzelnen Zyklen der Bearbeitung eines Befehls erläutert. Abschließend wird auf besondere Probleme bei größeren Systemen eingegangen und die zentrale Bedeutung eines Betriebssystems begründet.

2.1 Grundsätzlicher Systemaufbau

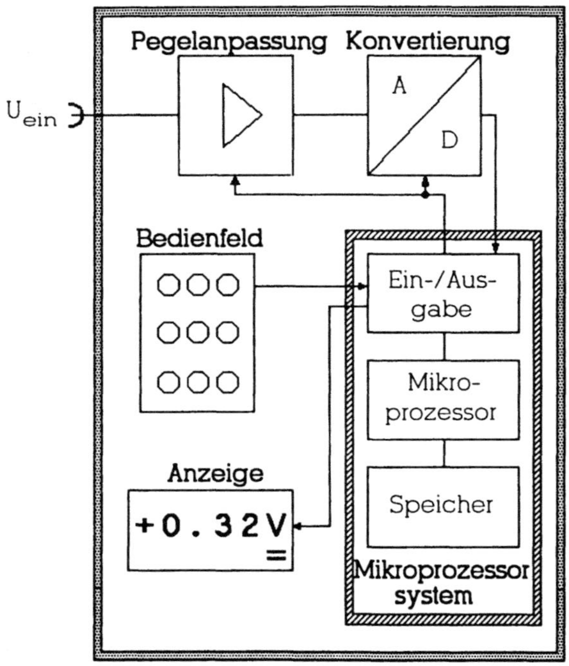

Ein Mikroprozessorsystem hat die Aufgabe, Informationen zu verarbeiten. Hierzu muß es über mindestens eine Schnittstelle zur Außenwelt verfügen, über die die zu verarbeitenden Informationen erfaßt werden; dies können z. B. Eingaben eines Bedieners an der Datenstation oder Meßwerte einer Maschine sein. Im MP-System werden dann arithmetische und/oder logische Operationen ausgeführt. Die Ergebnisse werden über eine weitere Schnittstelle an die Außenwelt gegeben.

Bild 2-1: Digitalvoltmeter

Beispiel: Ein Digitalvoltmeter erfaßt den vom Bediener eingestellten Spannungsbereich, steuert die Messung und Analog/Digital-Konvertierung des Eingangssignals, berechnet den Dezimalwert der Spannung und gibt ihn auf die Anzeige.

Bild 2-1 zeigt ein solches Gerät; die Spannungsmessung geschieht in folgenden Einzelschritten:

- Eingabe des Meßbereichs am Bedienfeld (beispielsweise 10 Volt Gleichspannung); der Meßbereich wird von dort in den Speicher übertragen

- Steuerung der Pegelanpassung; der Bereich des A/D-Wandlers soll möglichst ausgenutzt, aber Übersteuerung vermieden werden
- Erfassung des digitalisierten Meßwertes und Übertragung in den Speicher
- Berechnung der anliegenden Spannung aufgrund des Meßwertes und -bereiches
- Konvertierung des Spannungswertes in eine Dezimalzahl
- Ausgabe des dezimalen Spannungswertes auf die Anzeige

Die Ermittlung und Anzeige der anliegenden Spannung erfolgt also in einer Reihe von Einzelschritten; es sind Anweisungen, die in geordneter Folge als **Programm** im Speicher enthalten sind. Sie werden sequentiell, also nacheinander, aus dem Speicher in den Mikroprozessor geholt und ausgeführt.

Programmverzweigungen treten auf, wenn nach einer Anweisung nicht die unmittelbar folgende ausgeführt, sondern zu einer an anderer Stelle stehenden verzweigt wird. In o. a. Beispiel kann geprüft werden, ob der A/D-Wandler seinen Maximalwert ausgibt. In diesem Fall kann eine Übersteuerung vermutet werden, die nicht zur Berechnung und Anzeige der Spannung (normaler Programmablauf), sondern zu einem an anderer Stelle des Speichers stehenden Programmteil führt, das eine Bereichsumschaltung im Block *Pegelanpassung* (Bild 2-1) durchführt oder eine separate Übersteuerungsanzeige aktiviert (eine Leuchtdiode beispielsweise, in Bild 2-1 nicht eingezeichnet).

Die Koordination des Programmablaufs

- Holen der Anweisungen aus dem Speicher
- Interpretation und Ausführung der Anweisungen im Mikroprozessor
- Holen der Eingaben
- Übertragen der Ausgaben

wird vom **Leitwerk** übernommen (**Bild 2-2**), das im Mikroprozessor selbst enthalten ist. Es steuert nach Maßgabe der Programmanweisungen präzise den zeitlichen Ablauf des Datenverkehrs zwischen dem Prozessor, dem Speicher und den Ein-/Ausgabeschnittstellen (*I/O-Interfaces, Input/Output-Interfaces*), sowie die Ausführung innerhalb des Prozessors. Auch die jeweils folgende Anweisung ist in diesem Sinn ein Datum, das erst zum Prozessor übertragen werden muß, bevor der Befehl ausgeführt werden kann. Es ist üblich, die einzelnen elementaren Schritte des Programms, die ein Mikroprozessor ausführen kann, als **Maschinenbefehle** zu bezeichnen.

Ein **Mikroprozessorsystem** umfaßt den **Mikroprozessor** mit **Leit-** und **Rechenwerk**, den (Programm- und Daten-) **Speicher** sowie die **Ein-/Ausgabeschnittstelle(n)**. Die Ein-/Ausgabegeräte selbst (im Beispiel Bild 2-1 die Anzeige, das Bedienfeld, die Pegelanpassung und der Analog/Digitalwandler, in anderen Fällen beispielsweise ein Datensichtgerät [Terminal] oder ein Plotter), gehören **nicht** dazu.

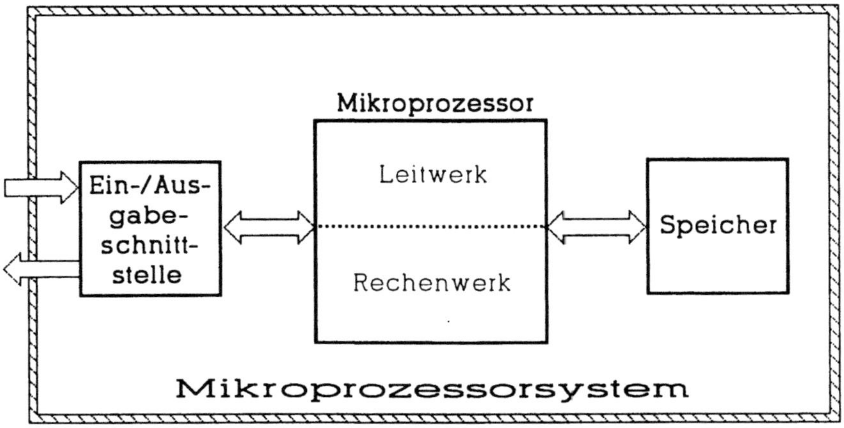

Bild 2-2: Hauptkomponenten eines Mikroprozessorsystems

In kleinen Systemen erfolgen die Datenbewegungen zwischen E/A-Schnittstellen und Speicher immer über den Mikroprozessor, sie werden dort zwischengespeichert.

2.2 Speicher (Lese-, Schreib-/Lesespeicher)

Bei einem mikroprozessorgesteuerten Gerät, wie z. B. dem Digitalvoltmeter in Bild 2-1, ist das Programm permanent gespeichert. Ein solcher Speicher wird entweder direkt bei der Fertigung oder nachträglich in einem speziellen Programmiergerät mit dem Programm versehen. Im ersten Fall spricht man von **Nur-Lesespeicher**, kurz **ROM** (*Read Only Memory*), im zweiten vom **Programmierbaren Nur-Lesespeicher**, kurz **PROM** (*Programmable Read Only Memory*).

Daten sind meistens veränderliche Werte; sie müssen daher so abgelegt werden, daß sie sowohl in Speicherplätze geschrieben, als auch aus diesen gelesen werden können. Speicher dieser Art bezeichnet man als **Schreib-/Lesespeicher**; sie bilden den **Arbeitsspeicher AS** des Systems. Auch Programme können in Schreib-/Lesespeichern enthalten sein; da sie nach dem Abschalten der Stromversorgung verloren sind, muß man Maßnahmen ergreifen, um nach dem Einschalten das gewünschte Programm zu **laden**. Hierauf wird später noch eingegangen.

Um ein bestimmtes Datum wiederverwenden zu können (im Beispiel: der durch den Bediener eingestellte Meßbereich), muß es an vereinbarter Stelle im Schreib-/Lesespeicher abgelegt werden, nur dann kann es an anderer Stelle des Programms wieder verwendet werden. Hierzu ist erforderlich, den Speicher in bestimmter Weise zu organisieren.

Man teilt ihn in Zellen gleicher Größe, d. h. gleicher Anzahl von Bits, auf, die einzeln ansprechbar sind. In MP-Systemen sind diese Zellen ein Byte (= 8 bit) groß. Sie sind durchnumeriert von der Zelle 0 bis zur Zelle mit der höchsten ansprechbaren Nummer. Üblicherweise spricht man aber nicht von der Nummer einer Zelle, sondern von ihrer **Adresse**.

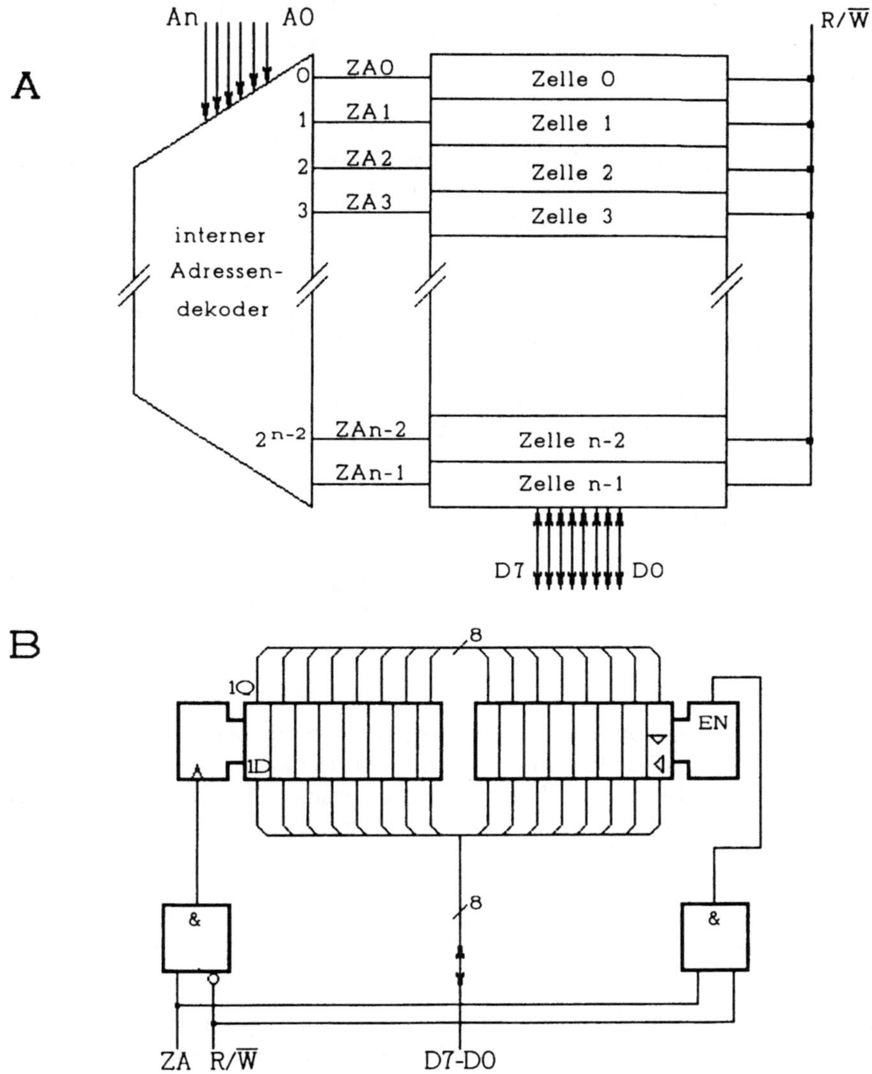

Bild 2-3: **A** - Organisation eines Schreib-/Lesespeichers mit wahlfreiem Zugriff; **B** - Zellenansteuerung (Prinzip); ZA - Zellenauswahl; EN - *Enable* (Aktivierungseingang); An, A0, D7, D0 - s. Text

Um nicht zu viele Leitungen zum Adressieren einer großen Anzahl von Speicherzellen (auch **Speicherstellen**) zur Verfügung stellen zu müssen, werden die Adressen dual codiert. Ein Integrierter Schaltkreis enthält jeweils eine größere Anzahl von Zellen (z. B. 2048 = $2*2^{10}$ = 2 kByte). Der Baustein verfügt intern über einen Adressendekoder, der aus der von außen angelegten codierten Adresse das Ansteuersignal ZA für die einzelne Zelle erzeugt (**Bild 2-3 A**). Eine weitere Leitung $R/\overline{W}$ (READ/$\overline{WRITE}$, **R**EAD = 1, **WR**ITE = 0) steuert die Richtung des Datenflusses. **Bild 2-3 B** zeigt, wie das Schreiben in und Lesen aus einer Zelle prinzipiell organisiert ist.

Für $R/\overline{W}$ = 1 wird der Inhalt der durch An . . . A0 spezifizierten Adresse auf die Datenleitungen D7-D0 gelegt. Für $R/\overline{W}$ = 0 wird die binäre Information auf den Datenleitungen in die adressierte Speicherzelle geschrieben, die Ausgänge der Zelle sind dann im hochohmigen Zustand.

Ein Schreib-/Lesespeicher, auf dessen Stellen wahlfrei, also nicht in einer bestimmten Reihenfolge der Adressen, zugegriffen werden kann, heißt **Speicher mit wahlfreiem Zugriff**, (**RAM**, *Random Access Memory*). ROMs und PROMs sind ebenso organisiert wie sie, bei ihnen ist der $R/\overline{W}$-Anschluß durch einen *Enable*-Eingang ersetzt, der die Datenausgänge vom hochohmigen in den aktiven Zustand schaltet. Auf Halbleiterspeicher wird in Kapitel 5 eingegangen.

2.3 Datenein-/-ausgabe

Die Geräte, die an ein Mikroprozessorsystem angeschlossen werden können, sind sehr vielfältig und stellen sehr verschiedene Anforderungen an die Schnittstellenbausteine.

Beispiele:

- Terminal : bitserielle Übertragung, asynchron (langsam) oder bitserielle Übertragung, synchron (schnell),
- Drucker : bitserielle Übertragung, asynchron (langsam) oder bitparallele, byteserielle Übertragung mit Quittungsbetrieb (ca 1000 Bytes/sec),
- Meßgeräte : parallele Daten- und Steuerleitungen mit komplexem Adressierungs- und Übertragungsprotokoll (IEC-Bus),
- Plattenspeicher: byteparallele (wortparallele) Übertragung mit sehr hohen Transferraten (> 1 Mbyte/sec).

Es wurde eine Reihe von Bausteinen entwickelt, die häufig nicht nur eine einzige Funktion erfüllen, sondern für mehrere Zwecke eingesetzt werden können. Ein Schnittstellenbaustein für die Übertragung von ASCII-Zeichen über Kabel kann beispielsweise zu 2 Terminals senden und empfangen (**Bild 2-4**); beide Geräte können mit unterschiedlichen Übertragungsraten bedient werden, eins oder beide können zur Erhöhung der Datensicherheit im **Quittungsbetrieb** mit dem MP-System verkehren.

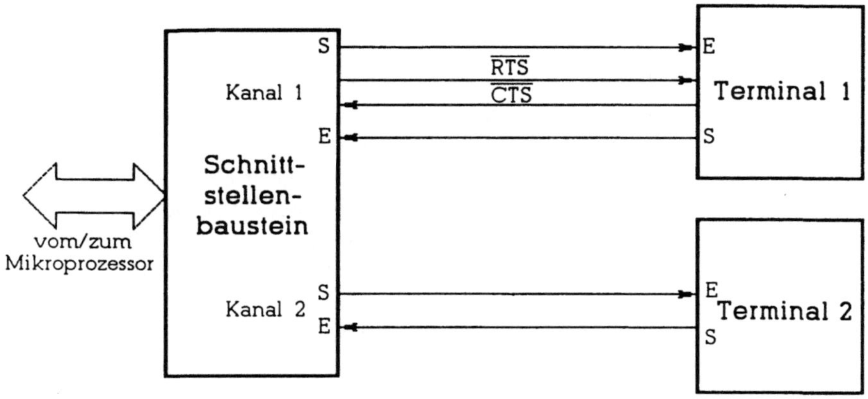

Bild 2-4: Schnittstelle für 2 Terminals; E - Empfangsanschluß; S - Sendeanschluß; $\overline{CTS}$, $\overline{RTS}$ - Leitungen zur Steuerung des Datenverkehrs, siehe Text

Asynchron bedeutet, daß kein zusätzliches Taktsignal übertragen wird: Der Empfänger muß aus den gesendeten Pegelwechseln den Beginn eines Zeichens und die einzelnen Bits erkennen. Wir wollen nicht näher hierauf eingehen. In Bild 2-4 erfolgt nur der Verkehr mit Terminal 1 im Quittungsbetrieb: Der Schnittstellenbaustein signalisiert seine Bereitschaft zum Senden, indem er die Leitung $\overline{CTS}$ (*Clear To Send*) auf *Low* legt; Terminal 1 fordert ihn daraufhin mit $\overline{RTS}$ (*Request To Send*) = *low* auf, das Datum zu übermitteln ($\overline{CTS}$, $\overline{RTS}$ dienen normalerweise der Steuerung von Modems, die bei einer Übertragung über das Telefonnetz zwischen Schnittstellenbaustein bzw. Terminal und Leitung geschaltet werden).

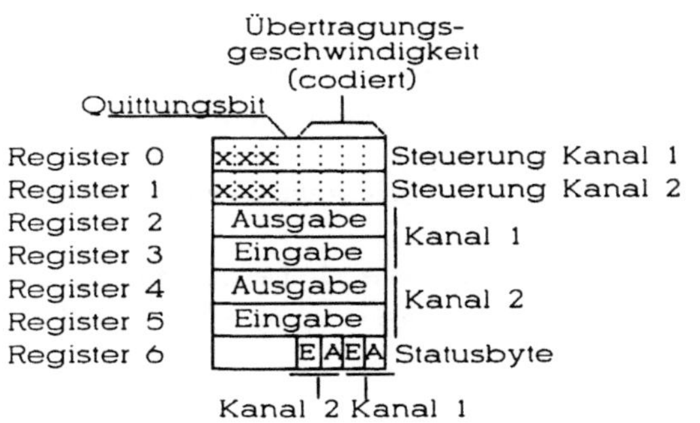

Übertragungsgeschwindigkeit (baud)	Code
0 (gesperrt)	0000
300	0001
600	0010
1200	0011
2400	0100
4800	0101
9600	0110
19200	0111

Quittungsbit = 1: Übertragung mit Quittung
0: Übertragung ohne Quittung

Bild 2-5: Registermodell eines seriellen Ein-/Ausgabebausteins; A - Ausgabe; E - Eingabe

Um die unterschiedlichen Funktionen in der gewünschten Weise durchführen zu können, müssen die Schnittstellenbausteine entsprechend programmiert, d. h. an die spezielle Aufgabe angepaßt werden können. Sie enthalten einige

Speicherzellen (**Register**[1]) für die zu übertragenden Daten und für die Steuerung des Transfers.

Bild 2-5 zeigt das sogenannte **Registermodell** eines solchen Bausteins. Es beschreibt ihn in der Weise, in der ihn der Programmierer sieht: Es enthält alle Bytes und Bits, die der Prozessor lesen oder in die er schreiben kann. Der Bausteinhersteller legt ihre Bedeutung im Datenblatt fest, und der Programmierer muß sie kennen, um die gewünschte Bausteinfunktion zu realisieren. Wir erkennen Register zur Steuerung, zur Datenein-/-ausgabe, und ein Statusregister.

Die Steuerregister geben in diesem Beispiel an, wie die Übertragung hardwaremäßig erfolgt. Sie werden nach dem Einschalten des Mikroprozessorsystems geladen (**initialisiert**) und während des Betriebes meist nicht geändert. Eine Ausgabe wird in folgenden Schritten durchgeführt:

- Der Prozessor schreibt das Datenbyte (ein ASCII-Zeichen gemäß Tab. 1-6) in das Ausgaberegister.
- Der E/A-Baustein gibt das Byte bitseriell mit der programmierten Übertragungsrate auf die Sendeleitung S. Bei Quittungsbetrieb wird zuvor $\overline{CTS}$ = *low* gesetzt und $\overline{RTS}$ = *low* abgewartet.
- Nach Abschluß der Ausgabe setzt der E/A-Baustein das A-Bit des entsprechenden Kanals im Statusregister. Durch Abfragen des logischen Zustandes dieses Bits kann das Programm feststellen, ob der Transfer beendet ist.
- Der Prozessor schreibt das nächste Datenbyte ins Ausgaberegister und löscht damit automatisch das A-Bit.

Eine Eingabe wird in folgenden Schritten durchgeführt:

- Das Terminal überträgt das Datenbyte bitseriell in das Eingaberegister. Übertragungsrate und Quittungsmodus von Peripherie und E/A-Baustein müssen übereinstimmen.
- Der Schnittstellenbaustein setzt das Eingabebit des entsprechenden Kanals im Statusregister.
- Das wartende Programm prüft den logischen Zustand dieses Bits. Es überträgt das Byte in den Mikroprozessor, sobald das Bit gesetzt ist. Mit dem Transfer wird das E-Bit automatisch gelöscht.

Wir erkennen hieraus die folgenden **drei wesentlichen Funktionen eines Ein-/Ausgabebausteins:**

1. Anpassung des Mikroprozessorsystems an die Anforderungen der Peripherie (Transferrate, Quittungsbetrieb),
2. Zwischenspeichern der Daten (Angleichung unterschiedlicher Verarbeitungsgeschwindigkeiten im Mikroprozessorsystem und zur Peripherie).

1 In der Computertechnik versteht man unter einem Register eine Anordnung von Speicherzellen für bestimmte Funktionen, auf die sehr schnell zugegriffen werden kann.

3. Erzeugung und Abgabe von Statusinformationen, die Auskunft geben über den momentanen Zustand der Ein- oder Ausgabe.

Um die Daten zum Baustein zu übertragen bzw. von dort zu holen, müssen seine Register vom Mikroprozessor angesprochen werden können. Das erfolgt bei den modernen Prozessoren über dieselben Adreßleitungen, mit denen die Zellen des Arbeitsspeichers adressiert werden, ebenso werden dieselben Datenleitungen benutzt wie für den Speicher. Die Register der E/A-Bausteine werden praktisch in den Speicherbereich abgebildet (**speicherbezogene Adressierung, *Memory Mapped I/O***). Selbstverständlich darf unter diesen Adressen keine andere Speicherzelle angesprochen werden, die Adreßzuweisung muß eindeutig sein. Es gibt auch Prozessoren, die einen separaten E/A-Adreßbereich haben.

2.4 Busstruktur

In den beiden Abschnitten 2.2 und 2.3 wurde gezeigt, daß sowohl Speicher- als auch Schnittstellenbausteine vom Mikroprozessor über dieselben Adreßleitungen angesprochen und der Datenverkehr über dieselben Datenleitungen abgewickelt wird. **Bild 2-6** berücksichtigt dies; es zeigt die sog. **Busstruktur** eines Mikroprozessorsystems, die in Bild 2-2 noch nicht enthalten ist.

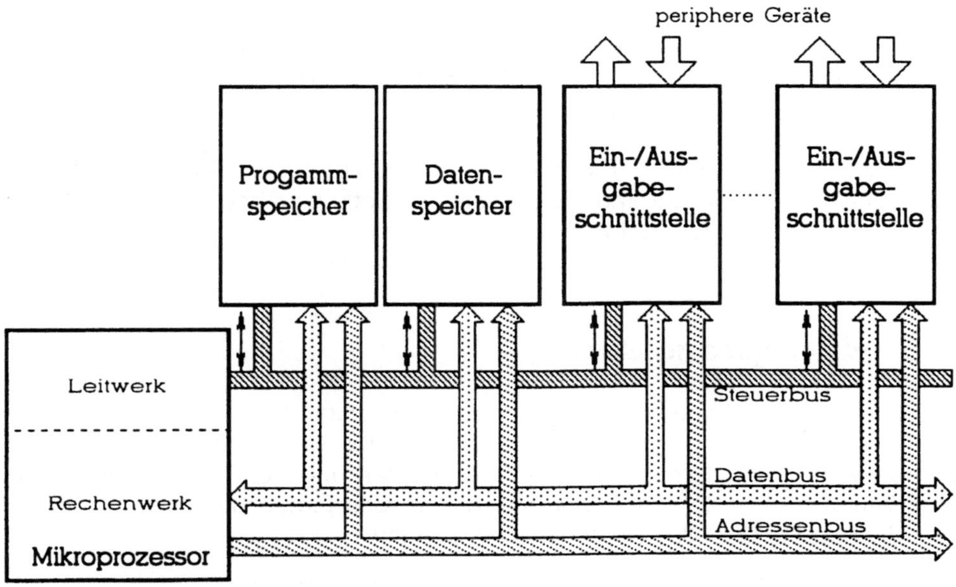

Bild 2-6: Busstrukturiertes Mikroprozessorsystem

In der Digitaltechnik wird der Begriff **Bus** für eine Gruppe von Leitungen verwendet, die von der Funktion her zusammengehören. An einen Bus sind i. a. mehr als zwei Teilnehmer angeschlossen. Zu einem beliebigen Zeitpunkt darf nur einer als Sender aktiv sein, es können aber mehrere Teilnehmer gleichzeitig empfangen. Auf dem Bus eines Mikroprozessorsystems wird immer nur ein Empfänger aktiviert.

Der Prozessor legt eine Adresse auf den **Adressenbus**, um einen Speicherplatz zu selektieren. Auf diesem Bus werden die Adressen immer vom Mikroprozessor vorgegeben (eine Ausnahme werden wir in Kapitel 7 *Direkter Speicherzugriff* kennenlernen), bildlich gesprochen: Die Adreßinformationen *fließen* nur in einer Richtung. Man sagt auch: Der Adressenbus ist **unidirektional**. Auf dem **Datenbus** hingegen fließen Datenströme in beiden Richtungen, also z. B. vom Prozessor zum Speicher oder vom Schnittstellenbaustein zum Prozessor. Aus diesem Grund bezeichnet man den Datenbus als **bidirektional**. Über den **Steuerbus** (***Control Bus***) werden eine Reihe von Signalen geführt, die zum ordnungsgemäßen Zusammenwirken der einzelnen Busteilnehmer erforderlich sind, z. B.

- Taktsignal in synchronen Mikroprozessorsystemen
- Quittungs- und Steuersignale wie *gültiges Datum liegt an, Datum übernommen* oder *Adresse gültig*
- Rücksetzsignal (*Reset*), das einen definierten Anfangszustand herstellt

und andere. Diese Signale werden in den nachfolgenden Kapiteln noch ausführlich besprochen.

In der Aufzählung sind Beispiele für Signalflüsse zum Prozessor hin und von von ihm weg enthalten. Man vermeidet aber, den *Control Bus* als bidirektional bezeichnen, weil die meisten Leitungen für sich genommen unidirektional sind. Als Steuerbus sind praktisch alle Leitungen zusammengefaßt, die durch das gesamte Mikroprozessorsystem geführt sind, und die weder zum Daten- noch zum Adressenbus gehören. Sie dienen der Steuerung des Datenflusses und sind daher mit dem Leitwerk des Prozessors verbunden. Adressen-, Daten- und Steuerbus werden zusammenfassend als **Systembus** bezeichnet.

2.5 Mikroprozessor

In den vorangegangenen Abschnitten wurden einige Komponenten eines Mikroprozessorsystems vorgestellt; es fehlt noch der Mikroprozessor selbst, dessen Leitwerk den externen Ablauf auf den Bussen und den internen Befehlsablauf steuert. Es wurde schon erwähnt, daß er das Programm Befehl für Befehl aus dem Speicher holt, interpretiert und ausführt.

OPCODE	Zieladresse	Quelladresse 2	Quelladresse 1

Bild 2-7: Dreiadressenbefehl

Der einzelne Befehl besteht im allgemeinen aus folgenden Elementen (**Bild 2-7**):

- **OPCODE (Operationscode)**: eine Angabe über die auszuführende Operation, Beispiele: Addition, Datentransport
- **Quelladresse 1**: Spezifikation des Ortes, an dem der erste Operand, der für die im OPCODE bezeichnete Operation benötigt wird, zu finden ist
- **Quelladresse 2**: wie Quelle 1, nur für den zweiten Operanden
- **Zieladresse** : Spezifikation der Stelle, zu der das Ergebnis nach der Ausführung der im OPCODE spezifizierten Operation transportiert werden soll

In der Anweisung

SUMME = SUMMAND1 + SUMMAND2

sind SUMMAND1 und SUMMAND2 die Quelloperanden 1 und 2 und SUMME das Ziel. In einem Befehl werden alle drei durch ihre Speicheradresse spezifiziert. Es soll eine Addition durchgeführt werden.

Nimmt man beispielsweise an, daß jede Adresse 24 bit = 3 Byte umfaßt (**Bild 2-8**), und stellt man für den OPCODE 1 Byte zur Verfügung, so wäre jeder Befehl 10 Byte oder 80 bit *lang*. Bei einer Datenbusbreite von 16 bit wären 5 Leseoperationen Speicher ⟶ Mikroprozessor erforderlich, um den Befehl vollständig zu erfassen; hinzu kämen die Lese-/Schreiboperationen für den Operandentransport (bei 32 bit-Operanden 3∗2 Worte = 6 Operationen). Für die Ausführung eines solchen Befehls wären also 11 Bustransfers erforderlich!

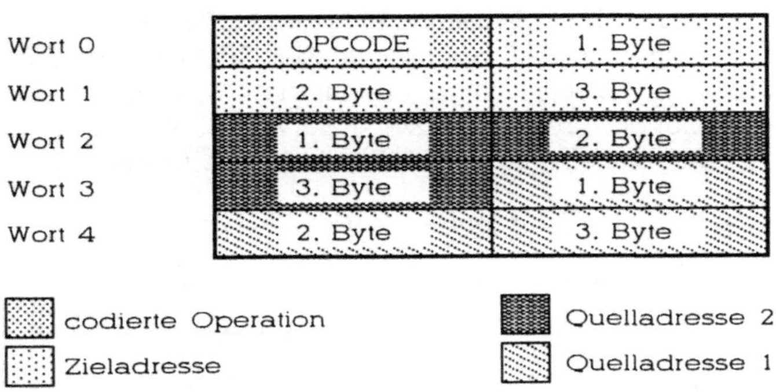

Bild 2-8: Speicherbelegung eines Dreiadressenbefehls

Dem Vorteil des Dreiadressenbefehls - er ist sehr übersichtlich, da beide Operanden und das Ziel (bzw. deren Adressen) explizit angegeben sind - stehen als Nachteile gegenüber, daß er zu viele Speicherzyklen zur Verarbeitung, und damit zuviel Zeit, benötigt, sowie eine große Anzahl von Worten im Programmspeicher erfordert. Zusätzlich erweist sich, daß nicht alle Befehle 2 Operanden benötigen, wie z. B. die Instruktion *Setze den Inhalt einer Zelle zu Null*. Es erscheint wünschenswert, eine Befehlscodierung zu finden, die auch variable Befehlslängen zuläßt.

OPCODE	Zieladresse/ Quelladresse 2	Quelladresse 1

Bild 2-9: Zweiadressenbefehl

Die genannten Nachteile des Dreiadressenbefehls (Bild 2-7) werden durch folgende Maßnahmen vermieden:

- Statt des Dreiadressenbefehls nimmt man einen Befehlsaufbau, bei dem nur zwei Adressen angegeben werden (**Bild 2-9**). Häufig ergibt es sich, daß ein Operand nach der Operation nicht mehr benötigt wird, er kann also durch das Ergebnis überschrieben werden; Ziel- und Quelladresse sind identisch, man spricht von einer **verdeckten** Adressierung. Vorteile:
  - •• Der einzelne Befehl nimmt im Programmspeicher weniger Platz ein.
  - •• Die Zeit zum Hereinholen des Befehls in den Prozessor verkürzt sich.

- Der Mikroprozessor erhält mehrere Registerspeicher, in denen Zwischenergebnisse, Operanden und Adressen über mehrere Instruktionen hinweg intern zwischengespeichert werden können. Der Zugriff auf **Registeroperanden** erfolgt schneller als der auf Speicheroperanden. Register ersparen das mehrfache Lesen aus und Schreiben in den Arbeitsspeicher. Sie verkürzen die Befehlslänge. Weitere Anwendungsmöglichkeiten werden wir im Kapitel 4 bei der Behandlung der Adressierungsarten kennenlernen.

In Verbindung mit den genannten Registern hat man dann bei einem 16 bit-Datenbus die Struktur des **Zweiadressenbefehls** gemäß **Bild 2-10**. Im ersten Wort des Befehls (im folgenden auch als **1. Befehlswort** oder **OPCODE-Wort** oder **Operationswort** bezeichnet) sind jeweils einige Bits für den Operationscode, den ersten und zweiten Operanden bzw. das Ziel reserviert. Die Operandenfelder sind noch zusätzlich aufgeteilt in die Felder **Quelle 1** bzw. **Quelle 2/Ziel** und **Modus**.

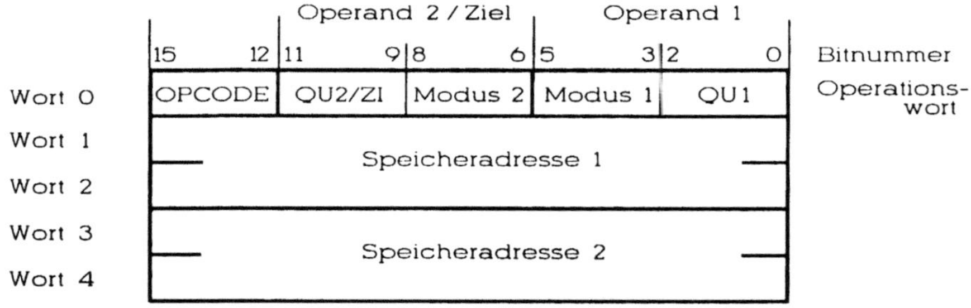

Bild 2-10: Zweiadressenbefehl in einem 16 bit-System; QU - Quelle; ZI - Ziel

Da jeweils nur 3 bit zur Verfügung stehen, kann man im Operationswort keine Speicheradresse angeben; sie reichen aber aus, um eins aus acht Registern auszuwählen, also für den Zugriff auf ein prozessorinternes Register, in dem entweder der Operand selbst oder eine Adresse steht. Das Modus-Feld enthält einen Code, der näher spezifiziert, in welcher Weise auf den Operanden zugegriffen werden soll. 3 bit erlauben acht Zugriffsvarianten; falls kein Register benötigt wird, stehen die 3 bit der Felder QU1 und/oder QU2/ZI für weitere Codierungen zur Verfügung. Im Einzelnen wird in Kapitel 4 bei der Vorstellung des Prozessors M68000 hierauf eingegangen. An dieser Stelle seien folgende drei Zugriffsmöglichkeiten erwähnt:

- Der Operand steht direkt im angesprochenen Register; dann enthalten die Bits QU1 (2) die Registeradresse. Es sind keine weiteren Befehlsworte für diesen Operanden erforderlich.
- Die Speicheradresse des Operanden steht im Register. In diesem Fall muß der Prozessor erst die Adresse in dem durch QU1 (2) spezifizierten Register auf den Adressenbus legen und den Operanden durch eine Leseoperation hereinholen. Es sind keine weiteren Befehlsworte für diesen Operanden erforderlich.
- Die (Speicher-) Adresse des Operanden steht auf dem folgenden Speicherplatz. In diesem Fall ist das Einlesen des Befehls noch nicht abgeschlossen; die Adresse des Operanden wird ermittelt, indem die nächsten 2 Worte (bei 24- oder 32 bit-Adressen) aus dem Programmspeicher gelesen und dann auf den Adressenbus gegeben werden. Eine weitere Leseoperation holt schließlich den Operanden in den Prozessor. Das QU-Feld wird nicht benötigt.

Nur für einen Operanden sind alle Zugriffsvarianten erlaubt. Für den zweiten sowie das Ergebnis sind die Möglichkeiten eingeschränkt, da man sonst nicht mit einem 16 bit-Operationswort auskommen würde[2]. Im nicht benötigten Register-Feld stehen Ergänzungen zum OPCODE, z. B. eine Angabe darüber, ob die Operation mit

- einem Byte
- einem Wort (2 Byte) oder
- einem Langwort (4 Byte)

durchgeführt werden soll. Da mit den 4 bit für den OPCODE nur 16 verschiedene Befehlstypen realisiert werden können, hat man freie Bitkombinationen auch zur Implementierung weiterer Instruktionen ausgenutzt. Freie Bitmuster ergeben sich auch, wenn der Befehl mit einem Operanden auskommt.

Muß die Adresse nur eines Operanden aus dem **Programmspeicher** ermittelt werden, so steht sie auf den beiden folgenden Worten (Speicheradresse 1 in Bild 2-10). Müssen die Adressen beider Operanden von dort geholt werden, so steht die des ersten auf Speicheradresse 1 und die des zweiten auf Speicheradresse 2. Im zuletzt genannten Fall umfaßt der Befehl dann 5 Worte (10 Bytes).

2 Beim Prozessor M68000, der in Kap. 4 behandelt wird, macht der Datentransportbefehl eine Ausnahme, für ihn sind bei beiden Operanden (fast) alle Zugriffsarten erlaubt.

Die Codierungen der Instruktion und der Operandenermittlung im Operationswort bestimmen die Befehlsbearbeitung vollständig. Sie legen fest, ob und ggf. wieviele Worte noch zum Befehl gehören und gelesen werden müssen.

Bild 2-11 zeigt die prinzipielle innere Struktur eines 16 bit-Mikroprozessors. Moderne 16 bit-Prozessoren haben intern eine 32 bit-Architektur, um Langwortoperationen direkt durchführen zu können; dies bedeutet, daß ein 32 bit breiter interner Datenbus (IDB) die meisten Einheiten verbindet. Je nach durchzuführender Operation werden davon nur die unteren 8 oder 16 oder aber alle 32 bit benutzt. Der Registersatz ist aufgeteilt in einen **Satz** D, in dem bevorzugt **Daten** (also die Operanden selbst oder Ergebnisse) und einen **Satz** A, in dem bevorzugt **Adressen** der Operanden enthalten sind. Die Auswahl des Registersatzes erfolgt über das *Mode*-Feld im Befehl.

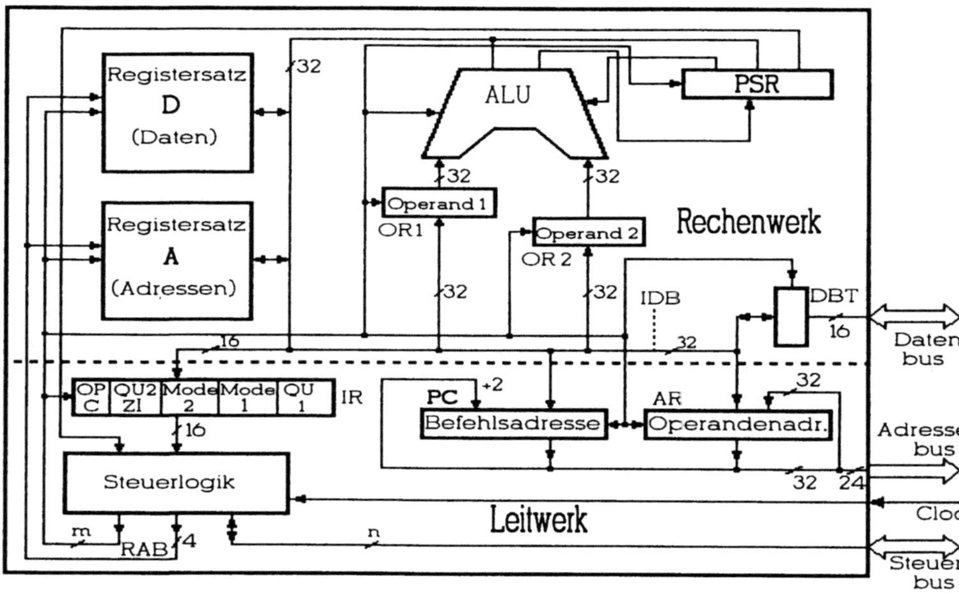

Bild 2-11: Struktur eines 16/32 bit-Mikroprozessors (**Modell**); ALU - Arithmetisch-logische Einheit; AR - Adreßregister; DBT - Datenbustreiber; IR - Instruktionsregister; IDB - interner Datenbus; OR - Operandenregister; PC - Programmzähler; PSR - Prozessorstatusregister; RAB - Registeradressenbus; A, D, PC, und PSR sind vom Programmierer direkt ansprechbare Register

Die **ALU** (*Arithmetic Logic Unit*, **Arithmetisch-logische Einheit**) ist eine **kombinatorische** Schaltung, mit der elementare

- Rechenoperationen (Addition, Subtraktion [dual, BCD], Komplementbildung)
- logische Operationen (bitweise AND, OR, XOR sowie Schiebe- und Rotationsbefehle) durchgeführt werden.

Die beiden Operanden werden über den Datenbus IDB bereitgestellt: Mindestens einer von ihnen muß also zwischengespeichert werden (Operandenregister OR1). Da ein Operand und das Ergebnis denselben Registerplatz belegen können, sind für sie, zeitlich getrennt, ein Lese- und Schreibvorgang erforderlich. Es wird also ein zweites Register zur Zwischenspeicherung benötigt, das entweder das Ergebnis oder den zweiten Operanden enthält. In Bild 2-11 wird ein zweites Operandenregister OR2 vorgesehen. Abhängig vom Ergebnis werden Bits (***Flags*, Flaggen**) des **Prozessorstatusregisters** PSR gesetzt:

- ***Zero-Flag* (*Z-Flag*)** oder Nullbit : Ergebnis = 0
- **Negativ-*Flag* (*N-Flag*)** : Ergebnis < 0, MSB gesetzt
- ***Carry-Flag* (*C-Flag*)** : Übertrag in nächst höhere Stelle
- ***Overflow-Flag* (*V-Flag*)** : Bereichsüberschreitung aufgetreten.

Ein Bit wird gesetzt, wenn die entsprechende Bedingung erfüllt ist: Ist z. B. das Ergebnis einer Operation gleich Null, so wird Z = 1 gesetzt. Bei bestimmten Befehlen werden einzelne Bits des PSRs auch als Eingang zur ALU benötigt (beispielsweise Übertragsbit beim Rechnen mit mehrfacher Genauigkeit).

Das PSR kann auch bei Ladeoperationen vom Arbeitsspeicher AS in ein Register beeinflußt werden. Ist z. B. bei der Anweisung

```
MOVE.B ASPADR,D3
```

(transportiere den Inhalt der Zelle mit der Adresse ASPADR im Arbeitsspeicher nach Register 3 aus dem Satz D) der Inhalt von ASPADR gleich Null, so wird das *Zero-Flag* im PSR gesetzt: Über ein Operandenregister wird das Datum der ALU zugeführt, deren Auswertelogik das *Zero-Flag* durch eine NOR-Verknüpfung aller Bits bildet, das anschließend ins PSR übernommen wird. Das N-Flag wird gesetzt, falls Bit 7 = 1 ist.

In der unteren Hälfte von Bild 2-11 befindet sich das Leitwerk. Der **Programmzähler** PC (*Program Counter*) ist das Register, in dem die Adresse des nächsten Befehlswortes steht. Ein Befehlswort wird in den Prozessor geholt, indem die im PC stehende Adresse auf den Adressenbus gegeben und das an der angesprochenen Speicherzelle liegende Wort über den Datenbus, den **Datenbustreiber** DBT und den internen Bus **IDB** in das **Instruktionsregister IR** übertragen wird. Anschließend wird der PC für das nächste Wort desselben oder das erste Wort des folgenden Befehls um 2 (Bytes) inkrementiert. DBT hat zusätzlich zu seiner Treiberfunktion beim Schreiben auf den externen Datenbus die Aufgabe, den Ablauf auf dem IDB von der Außenwelt zu entkoppeln. Er ist nur durchgeschaltet für die Hereinnahme von Daten- und Befehlsworten und für die Ausgabe von Daten. Das **Operandenadreßregister AR** dient als Zwischenspeicher für Operandenadressen. Sein Inhalt kann ebenso wie der des PC mit einer weiteren, im Modell nicht enthaltenen, Arithmetikeinheit verändert werden.

Die **Steuerlogik** des Leitwerks legt den genauen zeitlichen Ablauf aller internen und externen Vorgänge fest; er wird durch das im IR stehende Operationswort bestimmt.

Nachdem das 1. Befehlswort im IR geladen ist, beginnt die Ausführung. Jeder Befehl wird durch die Steuerlogik in einer Folge von Einzeloperationen realisiert. Die Einzeloperation benötigt eine gewisse Zeit, die immer ein Vielfaches der Taktfrequenz des Prozessors ist. Die Reihenfolge wird vom Hersteller festgelegt. Der grundsätzliche Ablauf eines Zweioperandenbefehls ist in **Bild 2-12** dargestellt.

Um den genauen Ablauf der Bearbeitung eines Befehls zu demonstrieren, sollen die einzelnen Phasen bei der Ausführung von

```
ADD.W SPADR,D3
```

gezeigt werden. Dieser Befehl bedeutet: Addiere den 16 bit-Operanden an den Speicheradressen SPADR (*High* Byte) und SPADR+2 (*Low* Byte) zu den unteren 16 bit des Registers Nr. 3 aus dem Registersatz D. Das Ergebnis wird wieder in die unteren 16 bit von D3 geschrieben, die oberen bleiben unverändert. Je nach Ergebnis werden Flaggen im PSR gesetzt. Die Größe von 16 bit der Operanden wird durch die Ergänzung .W (**W**ort) am Befehlswort ADD vorgegeben.

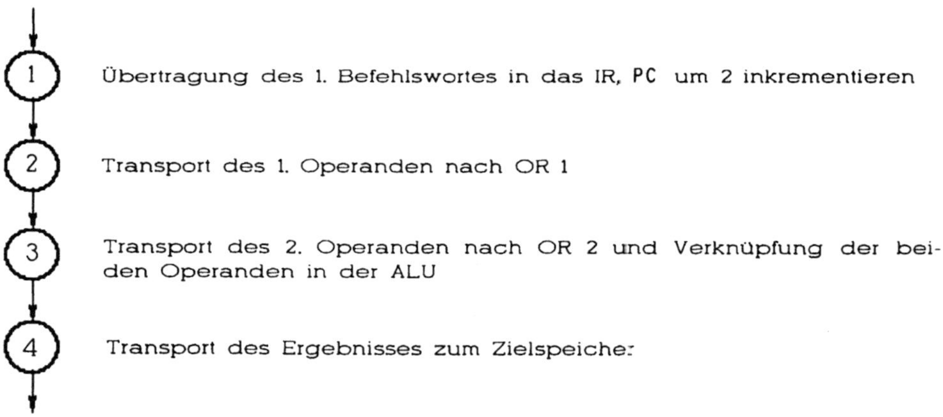

Bild 2-12: Maschinenbefehlszyklus

Für die Speicheradresse SPADR = \$0000654A wird der Befehl im Speicher durch

\$D679	=	1. Befehlswort (Operationswort),
\$0000	=	2. Befehlswort (höherwertiges Wort der Adresse),
\$654A	=	3. Befehlswort (niederwertiges Wort der Adresse)

repräsentiert. Das 1. Befehlswort sagt dabei schon aus, daß

- eine Addition durchzuführen ist
- die Operation mit 16 bit durchzuführen ist

- Quelle 2 und Ziel die unteren 16 bit des Registers Nr. 3 im Registersatz D sind
- die Adresse von Quelle 1 im Programmspeicher auf den folgenden Adressen steht.

Damit ergibt sich aus dem 1. Befehlswort, daß noch zwei weitere Worte zum Befehl gehören, in denen die Speicheradresse steht. Speicheradressen werden trotz der in Bild 2-11 gezeigten 24 bit des Adressenbusses im Befehl mit 4 Bytes angegeben (Befehle werden immer wortweise gelesen). **Bild 2-13** zeigt im Speicher die Adressen von Befehl und Operand 1, den Befehlscode und den Wert des Operanden, sowie, im Mikroprozessor, den 2. Operanden. **Speicherauszüge wollen wir immer so zeichnen, daß die niedrigeren Adressen oben stehen.**

Der Mikroprozessor in Bild 2-11 hat einen externen 16 bit-Datenbus, so daß zwei Bytes parallel übertragen werden können; aus diesem Grund werden Speicher wortweise organisiert und Speicherinhalte jeweils für 16 bit (4 Hexadezimalzeichen) angegeben. Die Operandenwerte und Speicheradressen sind willkürlich gewählt, das Operationswort entspricht dem eines Additionsbefehls des Mikroprozessors 68000. Sein Aufbau wird im nächsten Kapitel detailliert behandelt; wir wollen den angegeben Code daher hier als gegeben ansehen.

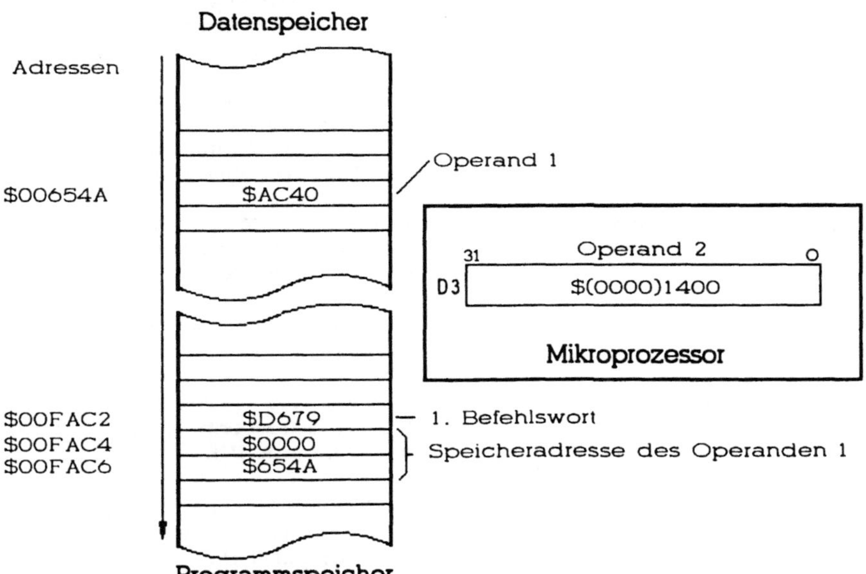

Bild 2-13: Speicher- und Registerauszug für Additionsbeispiel (vor der Ausführung)

Bild 2-14 zeigt detailliert den Befehlsablauf, wie er mit dem in Bild 2-11 gezeigten Modell möglich wäre. **Bild 2-15** enthält die einzelnen Phasen von Bild 2-14. **Es sei noch einmal vermerkt, daß es sich nur um ein Modell handelt, dem kein realer Prozessor entspricht!**

1	[PC] ⟶ AB 1. Befehlswort ⟶ DB/IDB	Adresse ($00FAC2) des 1. Befehlswortes auf Adressenbus; 1. Befehlswort ($D679) auf Datenbus,
2	1. Befehlswort von IDB ⟶ IR [PC] + 2 ⟶ PC	1. Befehlswort (SD679) ins Befehlsregister IR übernehmen; Programmzähler für nächstes Befehlswort um 2 erhöhen ($0000FAC4).
3	Interpretation des Befehls	Auswertung des 1. Befehlswortes; Festlegung der weiteren Phasen bis zum Abschluß der Befehlsbearbeitung;
	[PC] ⟶ AB SPADR (HW) ⟶ DB/IDB	Adresse des 2. Befehlswortes ($00FAC4) auf den Adressenbus; höherwertiges Wort ($0000) der Adresse des Speicheroperanden auf den Datenbus,
4	IDB ⟶ AR (HW) [PC] + 2 ⟶ PC	HW der Adresse des Speicheroperanden ins Adreßregister AR (HW); Programmzähler für den Zugriff auf das nächste Befehlswort erhöhen ($0000FCA6),
5	[PC] ⟶ AB SPADR (LW) ⟶ DB/IDB	Adresse des 3. Befehlswortes ($00FAC6) auf den Adressenbus; niederwertiges Wort ($654A) der Adresse des Speicheroperanden auf den Datenbus,
6	IDB ⟶ AR (LW) [PC] + 2 ⟶ PC	LW der Adresse des Speicheroperanden ins Adreßregister AR (LW); Programmzähler für den Zugriff auf das 1. Befehlswort des Folgebefehls erhöhen ($0000FAC8),
7	[AR] ⟶ AB [SPADR] ⟶ DB/IDB	Adresse $00654A des Speicheroperanden auf Adressenbus; Speicheroperand ($AC40) auf internen Datenbus,
8	IDB ⟶ OR 1	Operand vom Datenbus ins Operandenregister 1
9	QU2/ZI ⟶ RAB QU2 ⟶ IDB	Adresse des 2. Operanden/Zieles auf den Registeradressenbus; 2. Operand ($1400) auf Datenbus IDB,
10	IDB ⟶ OR2 (QU2/ZI ⟶ RAB) Ergebnis ⟶ IDB	2. Operand ins Operandenregister 2; Registeradresse bleibt auf RAB; Ergebnis ($C040) auf IDB,
11	IDB ⟶ QU2/ZI *Flags* ⟶ PSR	Ergebnis in Registerspeicher für Ziel; *Flags* in Prozessorstatusregister (N = 1, C = 0, V = 0, Z = 0) setzen.

Bild 2-14: Detaillierter Ablauf eines Zweiadressenbefehls im Prozessor; [PC] - Inhalt des PC; HW - höherwertiges Wort; LW - niederwertiges Wort

Ähnliche Ablaufdiagramme lassen sich auch für Befehle mit nur einem Operanden (z. B. Komplementbildung) oder für Datentransportbefehle aufstellen. Beim Transport von einer externen Speicherzelle zu einem Registerspeicher werden die Flaggen erzeugt, indem man die Operanden zusätzlich dem Operandenregister 1 zuführt, den Inhalt von OR2 zu Null setzt, die ALU eine Addition ausführen läßt und dabei die Flaggen generiert (andere Methoden sind ebenfalls denkbar).

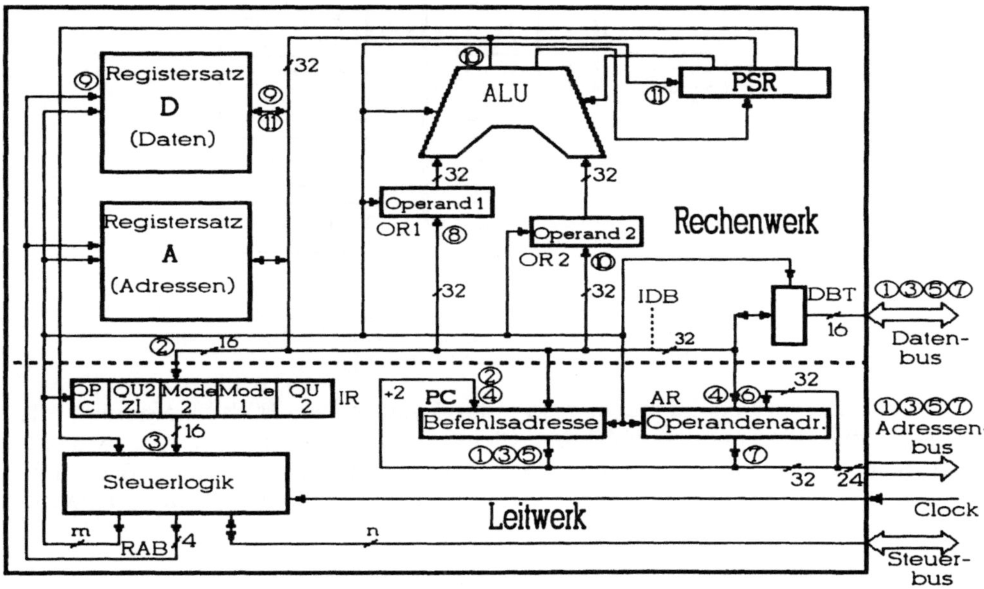

Bild 2-15: Befehlsbearbeitung im Prozessor; Bezeichnungen wie in Bild 2-11; die Nummern im Kreis beziehen sich auf Bild 2-14

2.6 Mikrocomputer und Mikrocomputersysteme

Mikroprozessoren werden nicht nur zur Steuerung einfacher Meßgeräte, sondern auch für größere Systeme mit mehreren Arbeitsstationen und einer Vielzahl verschiedener Peripheriegeräte eingesetzt.

Bei dem in **Bild 2-16** gezeigten Beispiel stehen Bildschirmarbeitsplätze, Plattenlaufwerk, Drucker, Plotter und ein Meßgerätebus zur Verfügung, an den ein Frequenzzähler, ein Signalgenerator und ein Digitalvoltmeter angeschlossen sind. Mit ihnen kann der Frequenzgang eines Verstärkers rechnergesteuert erfaßt und anschließend auf dem Plotter ausgegeben werden. Die Hardware von Mikroprozessorsystem und Peripheriegeräte bezeichnen wir zusammen als **Mikrocomputer**.

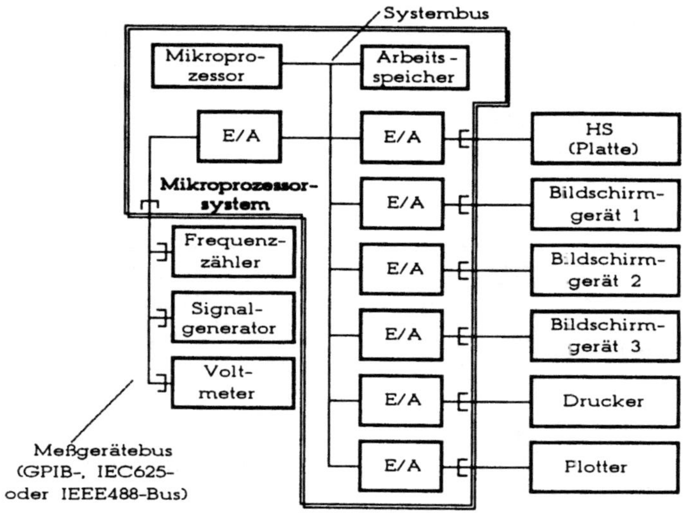

Bild 2-16: Mikrocomputer mit mehreren Arbeitsplätzen; E/A - Ein-/Ausgabeschnittstellenbaustein; HS - Hintergrundspeicher; -E - Steckverbindung

Zu einem bestimmten Zeitpunkt möge der Benutzer an Bildschirmgerät 1 die angegebene Messung durchführen. Gleichzeitig habe er noch ein weiteres Programm, z. B. die zweidimensionale Fouriertransformation eines Bilddatensatzes, gestartet. Der Benutzer an Bildschirmgerät 2 betreibe gerade Software-

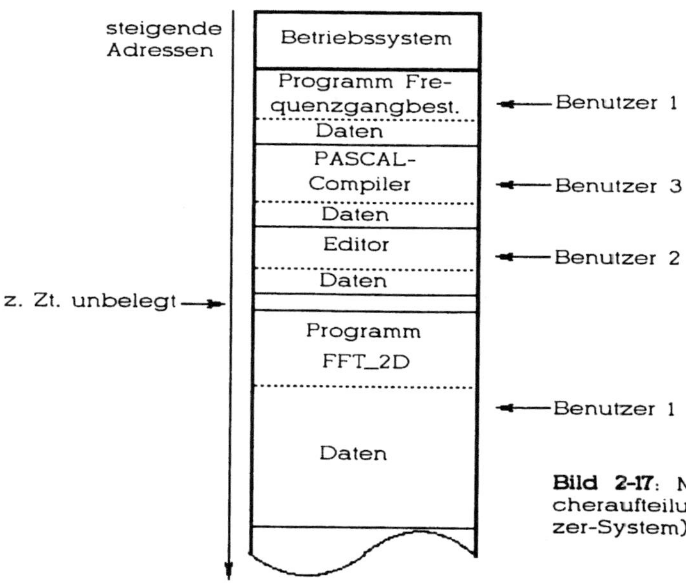

Bild 2-17: Momentane Speicheraufteilung (Mehrbenutzer-System)

entwicklung und editiere ein Quellenprogramm. Der dritte Benutzer habe einen Compiler gestartet. **Bild 2-17** zeigt eine mögliche Speicherbelegung für diese Situation.

Es handelt sich also um ein **Mehrbenutzersystem** (***Multiuser-System***) und um ein **Mehrprogrammsystem** (***Multiprogramming-System, Multitasking -System***). Ein Mehrprogrammsystem liegt vor, wenn mehrere Programme aktiviert, d.h. gestartet, sein können. Die Prozessorzuteilung, also die Zuweisung des Prozessors zu den einzelnen Programmen, erfolgt, nachdem diese erst einmal gestartet wurden, nicht mehr durch den Bediener, sondern durch das System. An einem Mehrbenutzersystem können mehrere Benutzer gleichzeitig und gleichberechtigt arbeiten. Da jeder Programme laufen lassen kann, ist ein Mehrbenutzer- immer auch ein Mehrprogrammsystem.

In einem *Multitasking*-System können zwischen den einzelnen *Tasks* Nachrichten übermittelt und Daten ausgetauscht werden, während beim reinen *Multiprogramming*-System die Programme unabhängig voneinander ablaufen, s. Abschnitt 2.6.4 *Programme*.

2.6.1 Unterbrechungstechnik (*Interrupttechnik*)

Anfänger programmieren Ein- und Ausgaben auf Kleinsystemen (Homecomputern) oft als Warteschleifen: Ein Schnittstellenbaustein wird z. B. auf **Eingabe** programmiert und anschließend das Statusbit solange abgefragt, bis die Eingabe erfolgt ist und angezeigt wird (***Wait for Flag***-Methode, man sagt auch Synchronisation von Programm und externem Gerät durch ***Busy-Waiting*** [3] oder **Aktives Warten, Bild 2-18**). Die Methode ist sehr ungünstig: Ist das Gerät nicht verfügbar, z. B. bei Ausfall, so gibt es keinen Ausstieg aus der Schleife, und der Rechner ist *abgestürzt.* Datentransfers zu peripheren Geräten sind i. a. sehr langsam im Vergleich zum Prozessor, so daß die Zeitdauer, die das Programm in der Warteschleife verweilt, besser für die Bearbeitung anderer Programme genutzt wird.

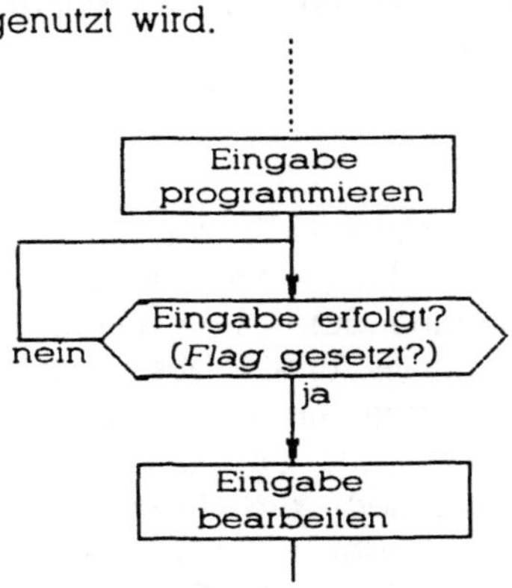

Bild 2-18: Eingabewarteschleife

Die Nachteile der Warteschleife werden mit Hilfe der **Unterbrechungstechnik** vermieden: Soll eine Eingabe durchgeführt werden, so wird sie zuerst initialisiert, d. h. der E/A-Baustein auf Eingabe programmiert, dann das Programm deaktiviert. In dieser Phase befindet sich das Programm in einem Wartezustand. Es wird keine seiner Instruktionen ausgeführt, und es ist vollkommen passiv, der Prozessor wird einem anderen Programm zugeteilt. Nach der Übertragung des

Datums vom Peripheriegerät in den Schnittstellenbaustein meldet dieser **hardwaremäßig**, also über eine oder mehrere Leitungen auf dem Steuerbus, dem **Prozessor** die erfolgte Eingabe. Da diese Funktion nur bei Bedarf wirksam werden darf, muß das Modell Bild 2-5 um entsprechende programmierbare Steuerbits oder zusätzliche Register erweitert werden (s. Bild 4-123). Einzelheiten werden in den folgenden Kapiteln erläutert.

Der Mikroprozessor erkennt die Meldung als **Unterbrechungsanforderung** (***Interrupt Request, IRQ***); er unterbricht das gerade laufende Programm, übernimmt das im E/A-Baustein bereitliegende Datum, gibt es an das darauf wartende Programm, und fährt anschließend (meist) mit der Bearbeitung des unterbrochenen Programms fort. **Bild 2-19** zeigt den Ablauf grafisch. Auf die Frage, wie der Prozessor von der Unterbrechungsanforderung zum wartenden Programm findet, wird in Kapitel 4 näher eingegangen.

Bei Mikrocomputern mit Mehrprogrammsystem und Schnittstellenbausteinen, die Unterbrechungsanforderungen stellen, können eine Reihe von Problemen auftreten, deren Lösung in den nachfolgenden Kapiteln teilweise behandelt wird. Auf einige dieser Probleme sei jedoch hier schon hingewiesen:

- Ein Baustein kann mehrere Peripheriegeräte bedienen, von denen jedes einen IRQ veranlassen kann. Es müssen Hilfmittel verfügbar sein zur Identifizierung des einzelnen Anforderers. Bei dem Seriellen Schnittstellenbaustein in Bild 2-5 kann durch das Statusregister zwischen den Kanälen 1 und 2 unterschieden werden.

- Mehrere Bausteine können **gleichzeitig** Unterbrechungsanforderungen stellen.
  - Die Anforderungen müssen unterschieden werden können (**Lokalisierung** des Anforderers auf dem Bus).
  - Es muß eine klar **definierte Reihenfolge der Bearbeitung** festgelegt sein, die maximale, vom Peripheriegerät geforderte, Reaktionszeiten berücksichtigt und die sicherstellt, daß keine Daten verloren gehen. Die Bearbeitung der Unterbrechungsanforderungen erfordert Zeit, und manchmal wird nach einer bestimmten Zeit automatisch das nächste Datum geliefert.

- Mehrere Programme können **gleichzeitig** Ein-/Ausgaben von einem Gerät (z. B. Platte, Drucker) anfordern. Die einzelnen Programme eines Mehrprogrammsystems sind meist unabhängig voneinander; es kommt also vor, daß nach der Eingabeforderung eines Programms für ein bestimmtes Gerät eine weitere Forderung von einem anderen Programm gestellt wird, bevor die erste beantwortet und abgeschlossen ist. Dies darf auf keinen Fall dazu führen, daß die zweite Eingabe initialisiert wird, bevor die erste beendet ist; ebensowenig dürfen die Eingabedaten für das erste Programm an das zweite weitergegeben werden. Eine **laufende** Ein-/Ausgabe muß **beendet** sein, bevor die nächste gestartet wird. So muß beispielsweise verhindert werden, daß in der Programmliste von Benutzer 3 (Bild 2-16) die Meßergebnisse von Benutzer 1 stehen.

- Die Datenübergabe Programm ⟷ E/A-Baustein und der Weiterlauf des Programms müssen koordiniert sein.

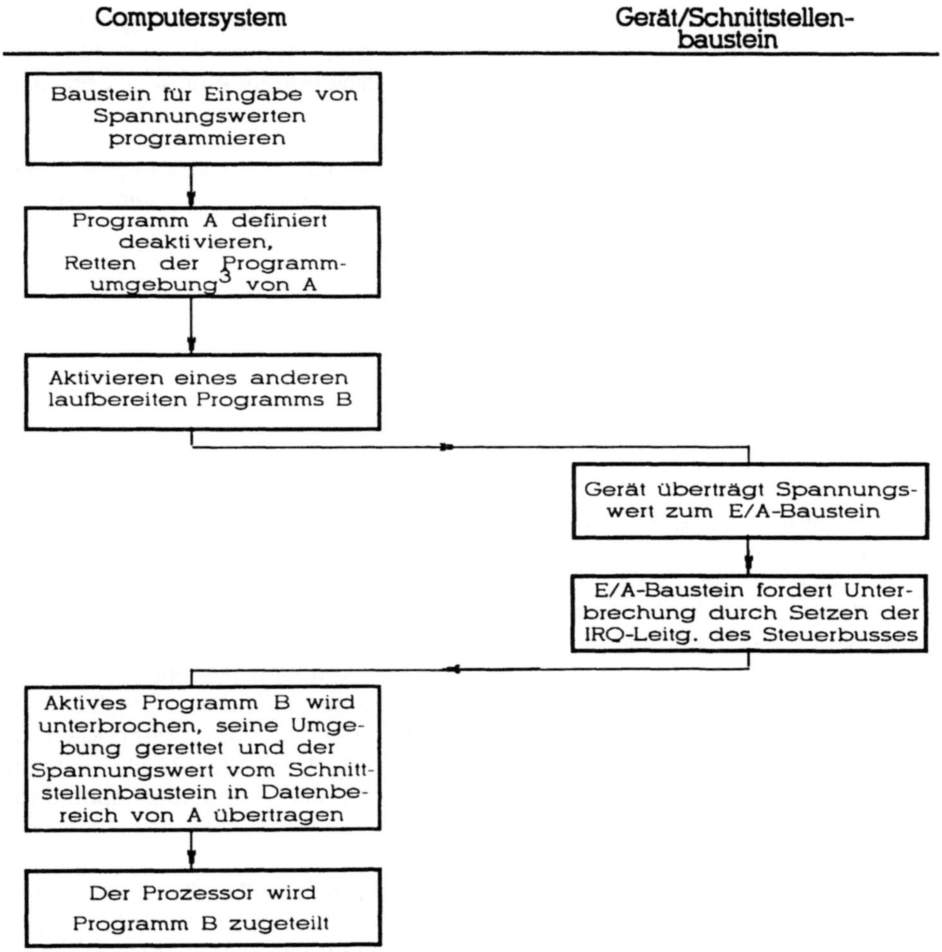

Bild 2-19; Ablaufdiagramm einer Eingabeoperation ohne Warteschleife im Mehrprogrammsystem (Beispiel Spannungswert); Programm A sei das Meßprogramm von Benutzer 1 in Bild 2-17, Programm B sei der von Benutzer 2 gestartete PASCAL-Compiler

3 Die Programmumgebung besteht im weitesten Sinne aus den Informationen, die den momentanen Zustand des Prozessors und evtl. weiterer Hardware beschreiben. Wird sie im Speicher abgelegt und zu einem späteren Zeitpunkt wieder geladen, so stellt sie die ursprüngliche Konfiguration wieder her und das Programm läuft weiter als habe es keine Unterbrechung gegeben.

2.6.2 Speicherverwaltung

Bild 2-17 zeigt eine Speicheraufteilung für das angegebene Beispiel: Alle Programme sind in Adreßbereichen untergebracht, die sich nicht überschneiden. Programmcode- und Datenbereiche sind getrennt (nicht zwingend erforderlich). Falls alle Programme fehlerfrei laufen, stören sie sich nicht. Probleme können beispielsweise dadurch auftreten, daß beim Zugriff auf Datenfelder infolge einer fehlerhaften Berechnung der Elementenummer der eigene oder ein fremder Programm- oder Datenbereich überschrieben wird. Dies führt zu fehlerhaften Ergebnissen und kann bei Programmcodeänderungen den Abbruch zur Folge haben.

Beispielsweise kann im folgenden Auszug aus einem FORTRAN-Programm ein nicht definiertes Element des Feldes `WERT` gesetzt werden, wenn `INDEX` durch einen Programmfehler zu groß wird.

```
          DIMENSION WERT (250)
             :
          DO 200 INDEX = 1, 24 * J
             :
          WERT (INDEX) = 25.0 * A - SIN(B**2)
             :
   200    CONTINUE
```

Bei der Programmcodegenerierung werden genau 250 Langworte für das Real-Feld `WERT` reserviert. Hat `INDEX` nun einen erheblich höheren Wert, also z. B. 1000, so wird mit der Zuweisung `WERT (INDEX) = 25.0 * A - SIN(B**2)` ein Speicherlangwort überschrieben, das hierfür nicht vorgesehen ist. Stehen dort Daten, die für die Rechnung noch benötigt werden, so führt dies zu falschen Ergebnissen. Wird ein Wort des Programmcodes verändert, so entsteht entweder ein falscher Befehl oder gar ein nicht existentes Operationswort. Der Einfluß von solchen Programmierfehlern ist leider nicht auf das zugehörige Programm beschränkt: Bei der Speicherbelegung in Bild 2-17 stehen alle aktiven Programme im Arbeitsspeicher AS, der genannte Fehler kann also auch Programme anderer Benutzer stören.

Solche Probleme können durch eine geeignete **Speicherverwaltung** vermieden werden. Sie sorgt dafür, daß die einzelnen Benutzer gegeneinander abgegrenzt werden. Bei dem Programm, dessen Speicherbelegung in **Bild 2-20** gezeigt ist, sind die **Sektionen** Programmcode, **Initialisierte** und **Nicht initialisierte Daten** getrennt. Programmcode und Initialisierte Daten (das sind ablaufinvariante Daten, wie sie z. B. durch die `DATA`-Anweisung eines FORTRAN-Programms definiert werden) können durch eine Speicherverwaltungshardware zusätzlich schreibgeschützt und damit auch durch fehlerhafte Berechnung der Laufvariablen `INDEX` nicht verändert werden.

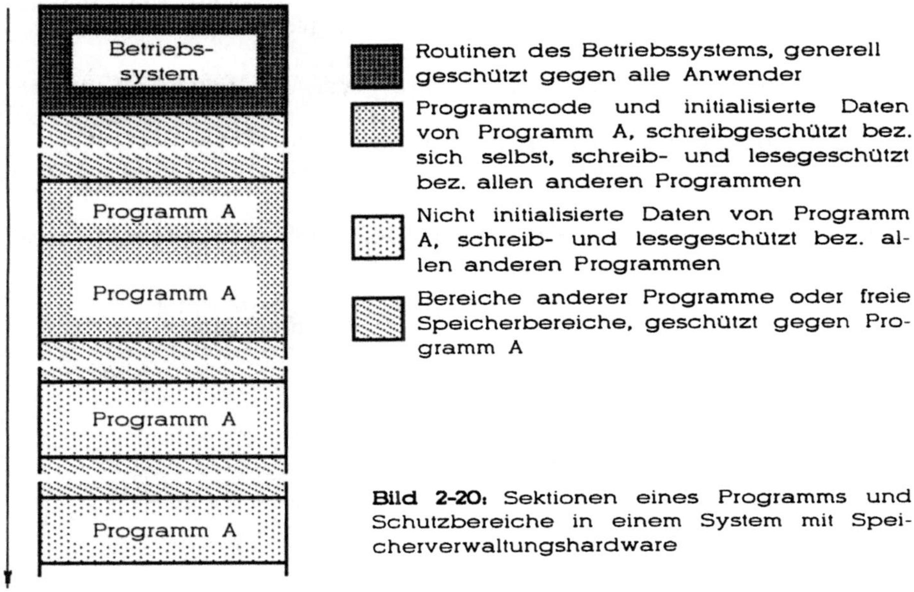

Bild 2-20: Sektionen eines Programms und Schutzbereiche in einem System mit Speicherverwaltungshardware

Bei modernen Maschinen sind für das Beispiel Bild 2-16 immer die Codes und Daten mehrerer Programme im Arbeitsspeicher. Ist der AS nicht groß genug, um alle gestarteten Programme zu fassen, so müssen einzelne Programme, denen trotz Aktivierung der Prozessor nicht zugeteilt werden kann, oder Teile davon, in einen Hintergrundspeicher (Bild 2-16) **ausgelagert (*geswapped*)** werden.

Die Ablaufsteuerung für die Auslagerung und die Protektion der Sektionen der Programme sowie der Programme gegeneinander sind Funktionen der Speicherverwaltung.

In *Multiprogramming*-Systemen wird die Speicherverwaltung durch einen Speicherverwaltungsbaustein (***Memory Management Unit* MMU**) unterstützt. Das Prinzip soll an einem einfachen Beispiel erläutert werden. Wir betrachten nur zwei Programme:

- Programm A: Adreßbereich \$0000 - \$8FFF und
- Programm B: Adreßbereich \$0000 - \$FFFF.

Die angegebenen Bereiche mögen der Einfachheit halber sowohl den Programmcode als auch die Daten enthalten. Beide Programme sollen gleichzeitig im AS präsent sein, so daß sich eine nicht zulässige Überschneidung der Adreßbereiche ergibt. Man kann nun im Prinzip B so umschreiben, daß es erst bei der Adresse \$9000 beginnt und die Überschneidung damit vermeiden. Es gibt eine Reihe von Gründen, dies nicht zu tun, der naheliegende ist der, daß man Programme vor jedem Start an die momentane Speicherbelegung anpassen müßte; auf weitere Gründe wollen wir nicht eingehen.

Beim Einsatz einer MMU unterscheidet man zwei Adreßbereiche (-räume):

- Der **logische Adreßbereich** ist der Bereich, den der Programmcode anspricht. Die o. a. Adressen der Programme sind solche logischen Adressen.
- Der **physikalische Adreßbereich** ist der Bereich, in dem die Programme tatsächlich im AS residieren.

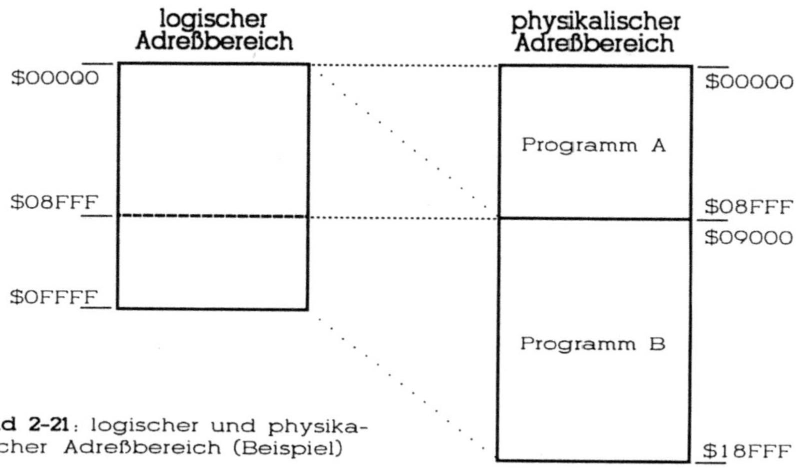

Bild 2-21: logischer und physikalischer Adreßbereich (Beispiel)

Bild 2-21 zeigt: Programm A liegt an den Speicheradressen $0000 - $8FFF, bei ihm sind logische und physikalische Adressen gleich. B liegt an den Speicheradressen $9000 - $18FFF, eine Überlappung mit A tritt nicht auf, aber die vom Programmcode von B angesprochenen Adressen enthalten nicht die gewünschte Information, da logische und physikalische Adressen nicht übereinstimmen. Ohne besondere Maßnahmen ist B nicht lauffähig.

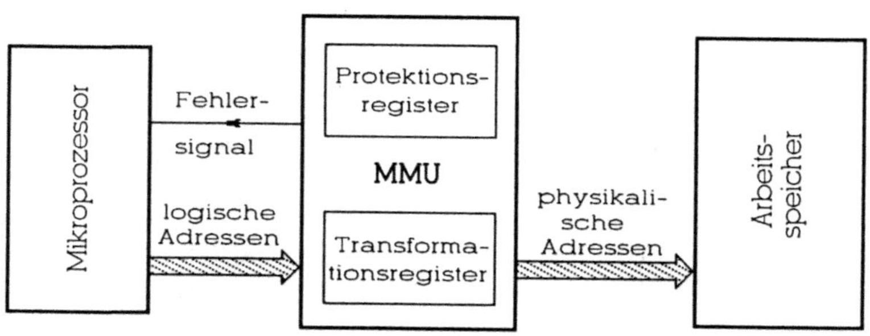

Bild 2-22: Adreßtransformation durch Speicherverwaltungsbaustein (MMU)

Das Problem wird gelöst, wenn die logischen Adressen des Programmcodes durch die MMU in physikalische Adressen des Speichers transformiert werden (**Bild 2-22**). Sie enthält einen Registersatz zur Transformation der Adressen. Wird ein Programm gestartet, so müssen zuvor die Transformationsparameter in die Register geschrieben werden, und erst dann kann der Prozessor an das Programm übergeben werden. Im Beispiel sorgt der Registerinhalt dafür, daß bei A eine 1:1-Transformation erfolgt, während beim Ablauf von B zu jeder logischen Adresse des Prozessors der Wert $09000 addiert wird.

Die MMU in Bild 2-22 enthält zusätzlich programmierbare Protektionsregister. In diese werden, ebenfalls vor Abgabe des Prozessors an das Programm, Protektionsparameter geschrieben. Sie veranlassen die MMU, einen Fehler zu melden, wenn ein Befehl auf eine Adresse außerhalb des Programms zugreift oder wenn eine WRITE-Operation auf den eigenen Programmcodebereich oder die Initialisierten Daten erfolgt.

2.6.3 Betriebssystem

Es wurde gezeigt, daß in Mehrprogramm- und Mehrbenutzersystemen eine Reihe von Problemen auftreten können, die **unbedingt übergeordnet, also nicht vom einzelnen Benutzer, gelöst werden müssen.** Den Benutzern des Computers in Bild 2-16 kann nicht zugemutet werden, die Adreßbereiche, in denen ihre Programme laufen sollen, untereinander abzusprechen. Es ist daher sinnvoll, daß man dem einzelnen Anwender keinen direkten Zugriff auf die **Betriebsmittel** (***Resourcen***) gestattet.

Der Anwender meldet seine Anforderungen

- Programm laden
- Eingabe oder Ausgabe durchführen
- Nachricht an anderes Programm senden
- Programm beenden

u. a. an das **Betriebssystem**, das für ihn den Zugriff auf die *Resourcen* durchführt.

Bild 2-23 zeigt den Ablauf grafisch: Der Bediener oder sein Programm fordern Dienstleistung an, d. h. sie rufen das Betriebssystem auf und spezifizieren mit einigen Parametern die gewünschte Aufgabe. Dieses steuert die angeforderten *Resourcen*, sobald sie verfügbar sind, so, daß die Anforderung erfüllt wird. In vielen Fällen, wie z. B. bei Ein-/Ausgabebausteinen, erfüllt das Betriebsmittel die gewünschte Dienstleistung zu einem gewissen Grad selbständig. Es gibt nach Abschluß eine Rückmeldung an das System (Unterbrechungsanforderung), das wiederum das Programm reaktiviert, falls es auf den Abschluß der Serviceleistung warten mußte (Eingabe!). Betriebsmittel, deren Verfügbarkeit nicht mit einer Rückmeldung quittiert werden, unterliegen der unmittelbaren Steuerung durch das Betriebssystem (z. B. Speicherbereiche).

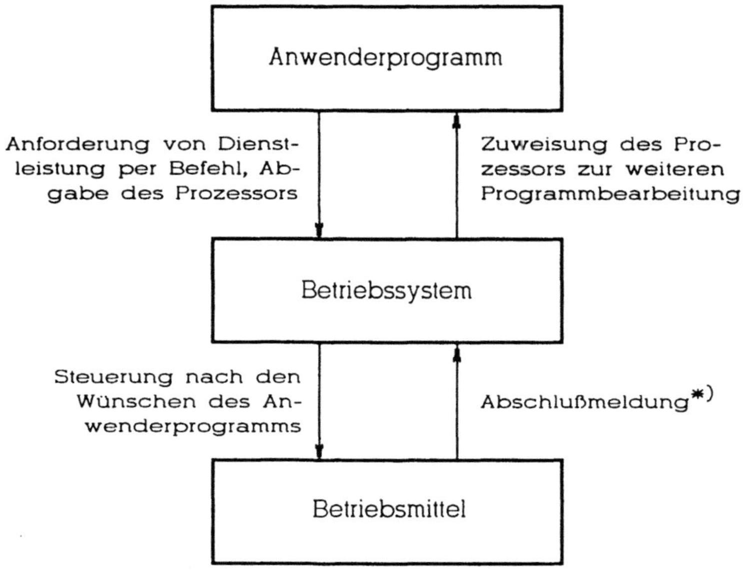

Bild 2-23: Betriebsmittelzugriff; *) - Abschlußmeldung erfolgt nur, wenn eine Hardware selbständig Aufgaben erledigt

Einige der Aufgaben des Betriebssystem sind :

- **Programmverwaltung**; hierzu zählen:
  - Programm aktivieren
  - Programm deaktivieren, Retten aller für einen späteren Weiterlauf relevanten Informationen
  - Programm beenden oder, im Fehlerfall, abbrechen, Speicherbereich freigeben
  - Steuerung des Ablaufs mehrerer gestarteter Programme

- **Speicherverwaltung**; hierzu zählen:
  - Zuweisung von Speicherbereichen für ein Programm
  - Füllen von Lücken in der Speicherbelegung, wie sie durch den Abschluß von Programmen entstehen
  - Transformationwerte der Adressen der Programme und Daten berechnen; die Adressentransformation wird erforderlich, wenn in einem System der Programmierer die Adressen nicht mehr selbst festzulegen braucht und das Programm bei einer nicht zuvor bestimmbaren Speicherkonfiguration laufen soll
  - Schutzmechanismen einsetzen, die Programmcode- und Datenbereiche sowie die einzelnen Programme gegeneinander abgrenzen
  - Ablaufsteuerung der Auslagerung bei begrenzter Speicherkapazität

- **Steuerung der Ein-/Ausgabegeräte**; das System programmiert die Register des Schnittstellenbausteins entsprechend der Anforderung durch das Anwenderprogramm, also entweder Ein- oder Ausgabe.
  - Es prüft, ob das Gerät verfügbar und einsatzbereit ist.
  - Es lokalisiert und löscht Unterbrechungsanforderungen.
  - Es führt den Datentransport zwischen E/A-Baustein und Speicher selbständig durch.

- **Prozessorzuteilung**; zu jedem Zeitpunkt kann der Prozessor nur einem Programm zugeteilt sein. Die Zuteilung erfolgt nach einem Prioritätsschema, in das oft auch die abgelaufene Zuteilungszeit eingeht. Dem Programm mit der höchsten Priorität wird der Prozessor zugewiesen.

Es gibt noch zahlreiche weitere Aufgaben, die ebenso wie die angegebenen vielfältig voneinander abhängen. Auf sie kann hier nicht eingegangen werden.

Das Betriebssystem muß als zentrales Programm zur Verwaltung und Steuerung der Betriebsmittel fehlerfrei laufen. Verschiedene Systeme unterscheiden sich hinsichtlich ihrer Benutzerfreundlichkeit, ihrer Reaktionszeiten und ihrer Schutzmechanismen. Mikrocomputer (Hardware) und zugehörige Betriebssystemsoftware wollen wir als **Mikrocomputersystem** bezeichnen.

In modernen Computern sind die Schutzmechanismen z. T. in Hardwarekomponenten realisiert, mit denen sich dann die gewünschten Schutzwirkungen einfacher und/oder schneller realisieren lassen. Beispiele hierfür sind der Prozessor selbst, prozessorexterne Priorisierung bei mehreren simultanen Unterbrechungsanforderungen (beides in Kap. 4), oder die genannten Speicherverwaltungsbausteine. Sie weisen jedem Programm eine genau definierte, nicht zu verlassende Speicherumgebung zu. Ähnlich wie bei E/A-Bausteinen wird die gewünschte Funktion realisiert, indem die Speicherverwaltungsroutinen des Betriebssystems entspechende Register der MMU mit den Protektionsgrenzen und Transformationsparametern laden.

2.6.4 Programme

In einem *Multiuser*-System wie Bild 2-16 können mehrere Benutzer unabhängig voneinander ein oder mehrere Programme starten. Da zu einem beliebigen Zeitpunkt der Prozessor nur einem Programm zugeteilt sein kann, ergibt sich als weitere Betriebssystemaufgabe, die Zuteilung nach vorgegebenen Prinzipien vorzunehmen. Programmen, die gerade auf eine Ein- oder Ausgabe warten, braucht der Prozessor bis zu deren Abschluß nicht zugewiesen zu werden. Alle laufbereiten Programme befinden sich in der **Warteschlange** (***Queue***). Eine Systemroutine, die als **Warteschlangenverwalter** (***Scheduler***) WV bezeichnet wird, führt die Zuweisung nach Prioritäten durch. Die Priorität wird beim Laden des Programms festgelegt; meist kann sie vom Anwender nicht beeinflußt werden, da sonst jeder seinem Programm Vorrang geben würde. In vielen Systemen wird bei Programmen gleicher Priorität die Zuweisung nach der Verweildauer in der Warteschlange vergeben.

2.6.4.1 *Task* und Prozeß

Ein **Programm** ist eine Folge von Anweisungen zur Lösung einer vorgegebenen Aufgabe. Ihre Bearbeitung kann auf mehrere Teilprogramme verteilt sein, die weitgehend unabhängig voneinander ablaufen. Sie bearbeiten Teilaufgaben, d. h. sie übernehmen Daten von anderen Teilprogrammen, wandeln sie in vorgegebener Weise um und stellen Ergebnisdaten für ein anderes Teilprogramm bereit. Der zeitliche Ablauf muß synchronisiert werden, Daten und Nachrichten müssen übermittelt werden können. Die Teilprogramme nennt man *Tasks*. Teilaufgaben können auch von einer *Task* des Betriebssystems erledigt werden. System*tasks* werden häufig als Prozesse bezeichnet. Nicht alle Routinen des Betriebssystems sind *Tasks*!

Ein Beispiel für einen Prozeß ist der Drucker*spooler*, der Daten für den Drucker übernimmt und die Ausgabe auf das Gerät selbst steuert; er sorgt dafür, daß die Ausgabe auf einer neuen Seite beginnt, mit einem Seitenvorschub abgeschlossen wird, eine Programmkennung vorweggeschickt wird, keine anderen *Tasks* währenddessen den Drucker ansprechen, u. a. mehr.

In einem *Multitasking*-System unterscheidet man meist nicht mehr zwischen Programmen und *Tasks*. Wird eine Aufgabe dann in einem einzigen zusammenhängenden Programmcodeteil bearbeitet, so gibt es hierfür nur diese eine *Task*.

2.6.4.2 *Task*deskriptor

Der Wechsel der Prozessorzuweisung von einer *Task* auf eine andere erfordert, daß alle *task*spezifischen Größen, die für einen späteren Weiterlauf benötigt werden, in einer Tabelle abgelegt sind, die das Betriebssystem verwaltet. Sie wird als ***Task*deskriptor** bezeichnet. In ihm werden festgehalten:

- Prozessorzustand (Registerinhalte)
- Priorität der *Task*
- Adreßtransformationshinweise und
- Protektionsgrenzen für den Speicherverwaltungsbaustein
- Programmzustand (s. folgenden Abschnitt)
- evtl. Zugriffshinweise, wenn die *Task* ausgelagert ist
- Kommunikationsadressen und andere Informationen für den Austausch von Nachrichten mit anderen *Tasks*

und andere.

Das Betriebssystem lädt bei *Task*wechsel vor der Prozessorzuweisung die relevanten Informationen der zu aktivierenden *Task* aus dem Deskriptor in die Speicherverwaltungseinheit und den Prozessor. War sie ausgelagert, so wird sie natürlich zuvor in den AS gebracht. Zuletzt wird der PC auf die Adresse des Operationswortes des nächsten auszuführenden Befehl gesetzt.

2.6.4.3 *Task*zustände

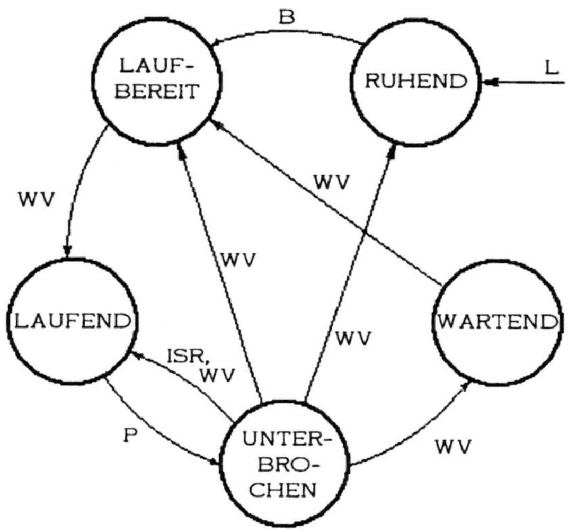

Bild 2-24: *Task*zustandsdiagramm (vereinfacht); B - Benutzer, vom Terminal aus; ISR - *Interrupt*serviceroutine (s. Text); L - Ladevorgang; P - Prozessor; WV - Warteschlangenverwalter

Eine *Task* kann sich in mehreren Zuständen befinden (**Bild 2-24**, vereinfacht):

- **RUHEND** (*DORMANT)* ist eine *Task*, die im Speicher ablauffähig geladen, aber noch nicht durch den Anwender gestartet worden ist. Hierzu zählt auch ein im ROM liegender Compiler, der momentan nicht benötigt wird.
- **LAUFBEREIT** (*READY*) ist jede *Task*, die auf Prozessorzuteilung durch den Warteschlangenverwalter wartet; nur *Tasks* im Zustand *READY* kann er den Prozessor zuweisen.
- **LAUFEND** (*RUNNING*) ist die *Task*, der momentan der Prozessor zugeteilt ist. Von allen *Tasks* im Computer kann höchstens eine in diesem Zustand sein. Hat keine diesen Zustand, so verharrt das Betriebssystem in seiner internen Warteschleife (*Idle Loop*).

- **WARTEND** (*WAITING*) ist eine *Task*, die z. B. auf den Abschluß einer Ein- oder Ausgabe, der als Unterbrechungsanforderung gemeldet wird, wartet. (Andere Möglichkeiten: Warten auf Betriebsmittel wie Speicher, besetztes Ein-/Ausgabegerät, Ablauf einer bestimmten Zeit u. a.)
- **UNTERBROCHEN** (*SUSPENDED*); bei Eintritt einer Unterbrechungsanforderung schaltet der Prozessor ohne Betriebssystemkontrolle selbst auf eine ***Interrupt*serviceroutine** ISR um, d. h. er selbst (und nicht der Warteschlangenverwalter) weist sich dieser Routine zu, um eine möglichst kurze Reaktionszeit zu erzielen. Die ISR ist keine *Task*; während sie abläuft, befindet sich die unterbrochene *Task* im Zustand UNTERBROCHEN, obwohl weiterhin LAUFEND im Deskriptor steht. Der Zustand UNTERBROCHEN besteht nur kurzzeitig. Er kann außer durch IRQ auch mit einem Systemaufruf per Befehl durch die *Task* selbst hervorgerufen werden; dann wird die Bearbeitung einer Serviceroutine des Betriebssystems (kein Prozeß!) begonnen. In den meisten Fällen wird der Zustand durch die letzte Instruktion der Serviceroutine in den vorherigen Zustand LAUFEND übergehen. In anderen Fällen kann der WV die *Task* in einen der Zustände WARTEND, LAUFBEREIT oder RUHEND versetzen.

Am Beispiel des Programms FFT_2D (Bild 2-17) sollen die einzelnen Zustände erläutert werden:

- Anwender lädt das Programm, d. h. er erzeugt ausführbaren Code mit Hilfe eines Systemprogramms, das LADER heißen möge. Es kennt alle Systemparameter und Betriebsmittel. Mit

  RUN,LADER,%FFT_2D

  wird aus der Datei %FFT_2D, die der Compiler aus dem Quellcode erzeugt hat und die noch nicht ausführbar ist, eine lauffähige *Task* erstellt. LADER bringt den Code und Initialisierte Daten in den AS, reserviert einen Bereich für Nicht initialisierte Daten, legt Protektionsgrenzen und Adressentransformationswerte fest, setzt eine Standardpriorität, weist den Zustand RUHEND zu, richtet einen *Task*deskriptor ein und trägt die Parameter einschließlich *Task*name dort ein.

- Der Anwender startet die *Task* mit

  RUN,FFT_2D,Parameter

  WV nimmt FFT_2D in die Warteschlange auf, im *Task*deskriptor wird der Zustand LAUFBEREIT eingetragen.

- Sobald FFT_2D an die Spitze der Warteschlange aufgerückt ist (meistens schon nach wenigen Millisekunden bis Sekunden), trägt WV den Zustand LAUFEND in den *Task*deskriptor und gibt den Prozessor an die *Task* FFT_2D ab, indem er den `PC` auf die Adresse des ersten Operationswortes setzt.

- Ein externes Gerät fordere eine Unterbrechung an. Der Prozessor verzweigt direkt in die ISR und bringt damit FFT_2D automatisch in den Zustand UNTERBROCHEN. Um die Unterbrechungsanforderung möglichst schnell zu bedienen, läuft die ISR ohne Eingriff des Betriebssystems zu Ende, der neue Zustand wird nicht im *Task*deskriptor vermerkt!

- Beim Abschluß der ISR werden zwei Fälle unterschieden.
  - Der Prozessor wird wieder der unterbrochenen *Task* zugewiesen. FFT_2D kommt ohne WV in den im Deskriptor vermerkten Zustand LAUFEND zurück (Normalfall).
  - Die Systemkontrolle geht zunächst an den WV zurück. Hat sich durch die Unterbrechung, die ja mit FFT_2D nichts zu tun hat, eine neue Reihenfolge in der Warteschlange ergeben, so wird ihm der Prozessor entzogen, die Programmumgebung in den Deskriptor gerettet und als neuer Zustand LAUFBEREIT eingetragen. FFT_2D steht wieder in der Warteschlange.

- FFT_2D fordert Dateneingabe von einer Plattendatei an (Betriebsmittelanforderung per Befehl). WV rettet die Umgebung von FFT_2D in den Deskriptor und trägt den Zustand WARTEND ein. Hierin verharrt die *Task* bis zum Abschluß der Eingabe, die durch Unterbrechungsanforderung des Platten*controllers* gemeldet wird. WV ändert den Zustand in LAUFBEREIT.

- Sobald FFT_2D an die Spitze der Warteschlange aufgerückt ist, wird der Zustand LAUFEND in den *Task*deskriptor eingetragen und die gerettete Programmumgebung wiederhergestellt; damit läuft die *Task* an der Stelle weiter, an der sie die Eingabe angefordert hat. Die angeforderten Daten stehen in ihrem Datenbereich zur Verfügung.

- Die *Task* meldet dem System den Abschluß. WV versetzt sie in den Zustand RUHEND.

In realen System existieren weitere Zustände und Übergänge. Bild 2-24 stellt nur einen Auszug aus des *Task*zustandsdiagramms eines modernen *interrupt*-gesteuerten *Multitasking*-Betriebssystems dar.

3 Assemblerprogrammierung

Im Abschnitt 2.5 wurden bei der Erläuterung der einzelnen Phasen eines Maschinenbefehlszyklus zwei verschiedene Darstellungen gewählt:

%1101011101101001	bzw.	$D769
%0000000000000000	bzw.	$0000
%0110010101001010	bzw.	$654A

und ADD.W SPADR,D3.

Beide Darstellungsarten haben dieselbe Bedeutung: Addiere das aus 2 Bytes bestehende Wort, das an der Adresse $0000654A beginnt (MSB) zum Inhalt der beiden niederwertigsten Bytes des Datenregisters D3 (Register Nr. 3 in Registersatz D, Bild 2-11) und speichere das Ergebnis wieder in diese beiden Bytes von D3 ab! Nachdem das erste der drei 16 bit-Worte des Befehls (%110111101101001) in das Befehlsregister IR (Bild 2-11) geladen ist, interpretiert der Mikroprozessor das Bitmuster und führt den Befehl vollständig und richtig aus (es handelt sich um einen vom Hersteller vorgegebenen gültigen Befehl). Liegt das Programm in der o. a. **ausführbaren Form** vor, so sagt man: Es steht im **Maschinencode** oder **Objektcode**. Diese binäre Form ist die einzige, die der Prozessor versteht. (Es sei daran erinnert, daß die hexadezimale Schreibweise nur der verkürzten Darstellung dient!)

Um im Maschinencode programmieren zu können, muß sich der Programmierer aneignen (auswendig lernen), welche Befehle im Mikroprozessor implementiert sind. Verschiedene Prozessoren haben durchaus verschiedene **Befehlssätze**[1], z. B. hat nicht jeder eine Multiplikationsinstruktion. Der Maschinencode ist aber für Menschen kaum lesbar und auch nur sehr mühsam zu erzeugen. Die o. a. zweite Darstellung ist eine **symbolische Beschreibung** des Befehls. ADD ist die Abkürzung für die Addition, SPADR und D3 sind symbolische Namen für Operanden bzw. Ergebnis.

Der Programmierer beschreibt die einzelne Anweisung zweckmäßigerweise in einer abgekürzten sinnverwandten Form, die dem Gedächtnis eine Hilfestellung gibt (**Mnemonik**). Anhand dieser mnemonischen Abkürzungen kann er sein eigenes Programm beim späteren Lesen wieder leichter verstehen, z. B. wird es ihm keine Schwierigkeiten bereiten, aus ADD auf eine Addition oder aus MOVE auf einen Datentransport zu schließen.

In der Praxis ist man noch einen Schitt weitergegangen und hat für jeden Prozessortyp die Abkürzungen vereinheitlicht, so daß ein in dieser Weise geschriebenes Programm von allen Personen gelesen werden kann, die mit dem Prozessor vertraut sind.

1 Befehlssatz = Menge der implementierten Befehle des Prozessors

Der Hersteller legt im allgemeinen die Mnemoniks fest, und stellt eine **Zuordnungstabelle** zur Verfügung, die die Codierung aller Instruktionen enthält und mit deren Hilfe man aus der Befehlsfolge den Maschinencode zusammenstellen kann. In den folgenden Abschnitten sollen für kleine Beispiele alle Phasen der Programmentwicklung gezeigt werden.

3.1 Symbolische Schreibweise

In dem schon gezeigten Beispiel

```
ADD.W     SPADR,D3
  ↑          ↑
Befehl    Operanden
```

unterscheidet man zwischen dem Befehl und den Operanden. Der Befehl gibt an, welche Operation der Prozessor mit den Operanden ausführen soll. Während der Befehl **prozessorspezifisch** ist, seine Abkürzung daher vom Hersteller festgelegt oder doch zumindest allgemein vereinbart werden kann, sind Operanden **anwendungsspezifisch**, also vom Programmierer festzulegen.

Für Operanden im prozessorexternen Datenspeicher verwendet man am besten symbolische Namen, die die Bedeutung klar erkennen lassen. Wird aufgrund der Länge eine Abkürzung erforderlich, so sollte sie ebenfalls eine mnemonische Hilfe geben. **Die Lesbarkeit vieler Programme leidet dadurch, daß Symbolnamen gewählt werden, die keine Beziehung zur Bedeutung des Operanden haben oder erkennen lassen.** Beispielsweise ist

`Preis = Netto + MW_Steuer`

leichter verständlich als `P2 = P1 + S.`

Für die prozessorinternen Operanden in den Registern legt der Hersteller eine symbolische Bezeichnung fest, in unserem Fall `D0, D1, . . . D7` und `A0, A1, . . . A7` für die je 8 Register der Sätze `A` und `D` (Bild 2-11), die sich mit den drei Bits des QU1- bzw. QU2/ZI-Feldes (Bild 2-10) selektieren lassen. Diese Symbole sollten natürlich für Speicheroperanden nicht neu definiert werden. Wird der Übergang von der symbolischen Schreibweise auf den Maschinencode durch ein Serviceprogramm durchgeführt (Normalfall), dann dürfen die vereinbarten Namen für die Register nicht neu definiert werden (**reservierte Symbole**).

Liegt ein Programm in symbolischer Schreibweise vor, so sagt man auch: Es ist in **Assembler** (-sprache) geschrieben (*to assemble* = zusammensetzen), man spricht auch vom **Assemblerprogramm**.

In obigem Beispiel enthält die Befehlsmnemonik die Ergänzung `.W`, die angibt, daß eine Zweibyteoperation durchzuführen ist. Die Ergänzung wird, durch einen Punkt getrennt, an die Instruktion angehängt. Sie ist sinnvoll bei Instruktionen, die auf mehr als eine Datengröße angewandt werden können. Bei einer Größe von 16 bit braucht sie nicht angegeben zu werden. Das Beispiel könnte also auch in der Form

```
ADD SPADR,D3
```

geschrieben werden.

Symbolischer Befehl und (erster) Operand werden durch mindestens ein Leerzeichen, 2 Operanden durch ein Komma getrennt. Die Syntax wird am Ende dieses Kapitels weiter vertieft.

3.1.1 Auszug aus der Befehlsliste

Zur detaillierten Behandlung eines Beispiels werden nun einige Befehle des Mikroprozessors 68000 vorgestellt [4]. Eine Beschreibung aller Befehle befindet sich im Anhang.

MOVE OPD,Dn Transportiere Datum vom Speicherplatz mit der (symbolischen) Adresse OPD nach Datenregister n (**Bild 3-1**)!

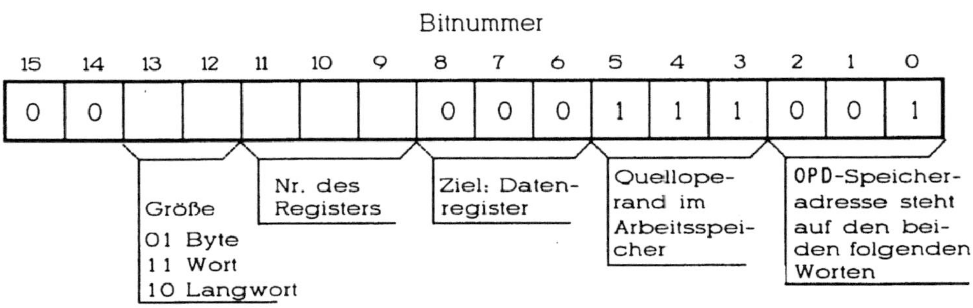

Bild 3-1: Bitmuster des Maschinenbefehls MOVE Speicheroperand ⟶ Datenregister

Der gesamte Maschinenbefehl besteht aus 3 Worten; je nach Bitmuster an den Stellen 13 und 12 werden 1, 2 oder 4 Bytes transportiert.

Beispiele:

MOVE.B OPD,D1	1. Befehlswort:	0001001000111001
	2. Befehlswort:	höherwertiges Wort der OPD-Adresse
	3. Befehlswort:	niederwertiges Wort der OPD-Adresse
MOVE.L OPD,D7	1. Befehlswort:	0010111000111001
	2. Befehlswort:	höherwertiges Wort der OPD-Adresse
	3. Befehlswort:	niederwertiges Wort der OPD-Adresse

`MOVE OPD,D0` 1. Befehlswort: 0011000000111001
2. Befehlswort: höherwertiges Wort der `OPD`-Adresse
3. Befehlswort: niederwertiges Wort der `OPD`-Adresse

MOVE Dn,OPD Transportiere den Inhalt des Datenregisters n zum Speicherplatz mit der symbolischen Adresse `OPD` (**Bild 3-2**)!

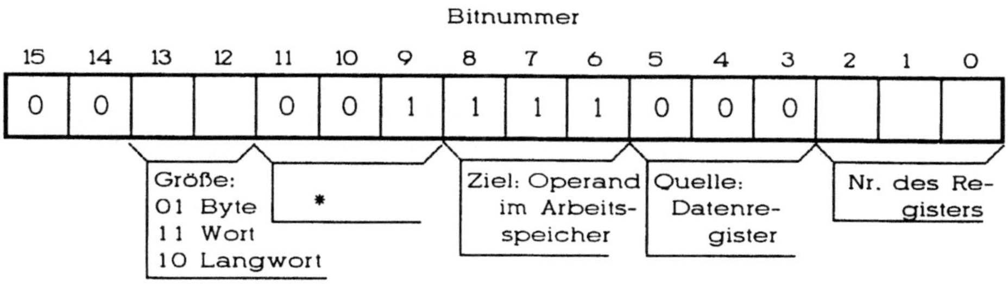

Bild 3-2: Bitmuster des Befehls `MOVE` [Datenregister] ⟶ Speicheradresse; * - `OPD`-Adresse steht auf den beiden folgenden Worten

Beispiele:

`MOVE.B D2,OPD` 1. Befehlswort: 0001001111000010
2. Befehlswort: höherwertiges Wort der `OPD`-Adresse
3. Befehlswort: niederwertiges Wort der `OPD`-Adresse

`MOVE.L D1,OPD` 1. Befehlswort: 0010001111000001
2. Befehlswort: höherwertiges Wort der `OPD`-Adresse
3. Befehlswort: niederwertiges Wort der `OPD`-Adresse

`MOVE D6,OPD` 1. Befehlswort: 0011001111000110
2. Befehlswort: höherwertiges Wort der `OPD`-Adresse
3. Befehlswort: niederwertiges Wort der `OPD`-Adresse

ADD OPD,Dn Addiere Datum von Speicherplatz `OPD` zum Inhalt von Datenregister n (**Bild 3-3**)! Das Ergebnis steht in `Dn`.

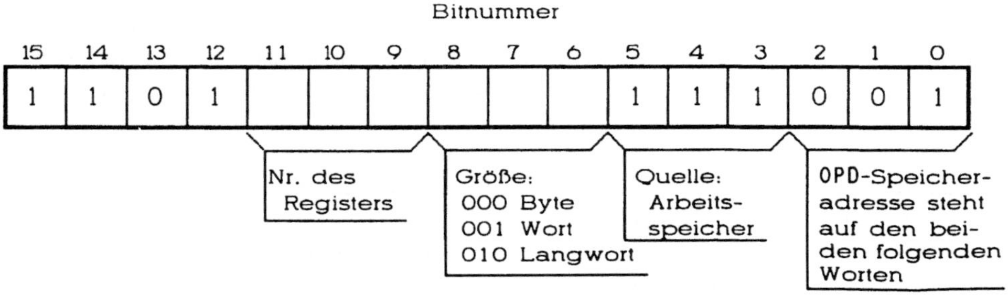

Bild 3-3: Bitmuster des Befehls `ADD` Inhalt von Speicherplatz `OPD` zum Inhalt von Datenregister n

Beispiele:

ADD OPD,D4	1. Befehlswort:	1101100001111001
	2. Befehlswort:	höherwertiges Wort der OPD-Adresse
	3. Befehlswort:	niederwertiges Wort der OPD-Adresse
ADD.L OPD,D1	1. Befehlswort:	1101001010111001
	2. Befehlswort:	höherwertiges Wort der OPD-Adresse
	3. Befehlswort:	niederwertiges Wort der OPD-Adresse
ADD.B OPD,D5	1. Befehlswort:	1101101000111001
	2. Befehlswort:	höherwertiges Wort der OPD-Adresse
	3. Befehlswort:	niederwertiges Wort der OPD-Adresse

JMP MARKE

Verzweige zu dem Befehl, der am Speicherplatz mit der symbolischen Adresse MARKE beginnt (**Bild 3-4**)! (*JUMP* = springe)

Bitnummer

15	14	13	12	11	10	9	8	7	6	5	4	3	2	1	0
0	1	0	0	1	1	1	0	1	1	1	1	1	0	0	1

Bild 3-4: Bitmuster des Befehls JMP

Die Adresse von MARKE folgt auf den beiden nächsten Worten.

BVS MARKE1

(*Branch on OVerflowbit Set*, **Bild 3-5**). Verzweige zum Befehl, der an der symbolischen Adresse MARKE1 beginnt, wenn die Bereichsüberschreitungsflagge gesetzt ist, andernfalls führe den nächsten Befehl aus! BVS ist einer der Befehle, die nur zu einem anderen Teil des Programms verzweigen, wenn eine bestimmte Bedingung erfüllt ist (s. Kap. 2.1). Im Gegensatz zur JMP-Instruktion wird aber nicht die Zieladresse selbst, sondern die Adreßdistanz in Bytes zwischen dem momentanen PC-Stand und MARKE1 im folgenden Wort angegeben. Der PC zeigt aufgrund der in Kap. 2 erläuterten automatischen Inkrementierung auf die Adresse des Operationswortes +2. Eine Anwendung werden wir in Abschnitt 3.2.5 *Erweitertes Additionsbeispiel* sehen.

Bitnummer

15	14	13	12	11	10	9	8	7	6	5	4	3	2	1	0
0	1	1	0	1	0	0	1	0	0	0	0	0	0	0	0

Bild 3-5: Bitmuster des Befehls BVS

Es folgt ein Wort mit der vorzeichenbehafteten Adreßdistanz.

NOP (*No OPeration*, **Bild 3-6**) Führe nichts aus! Der PC wird erhöht und der nächste Befehl geholt. Wir wollen NOP in unserem erweiterten Beispiel als Ersatz für sinnvollere Anweisungen einsetzen, die z. T. in Kap. 4 vorgestellt werden oder dem Anhang zu entnehmen sind.

Bitnummer

15	14	13	12	11	10	9	8	7	6	5	4	3	2	1	0
0	1	0	0	1	1	1	0	0	1	1	1	0	0	0	1

Bild 3-6: Bitmuster des Befehls NOP

3.1.2 Beispiel: Addition zweier Zahlen

Die folgende Beziehung soll in Maschinencode umgewandelt werden:

```
SUMME = SUMMAND1 + SUMMAND2
```

Beide Summanden seien Speicheroperanden, und für das Ergebnis sei ebenfalls Platz im Arbeitsspeicher reserviert. Mit den angegebenen Befehlen läßt sich die Aufgabe in folgende Einzelschritte zerlegen:

1. Transportiere den Operanden SUMMAND1 in das Datenregister D0 (willkürlich gewählt)!
2. Addiere SUMMAND2 zum Inhalt von D0 und speichere das Ergebnis dort wieder ab!
3. Transportiere das Ergebnis nach SUMME!

Die Ergänzung .L zur Befehlsmnemonik zeigt an, daß eine Langwortoperation auszuführen ist. Somit ergibt sich das kurze Programm (**Bild 3-7**).

```
MOVE.L  SUMMAND1,D0
ADD.L   SUMMAND2,D0
MOVE.L  D0,SUMME
```

Bild 3-7: (Vorläufiges) Quellenprogramm Additionsbeispiel

Bevor diese Schritte in ein **ausführbares** Programm umgewandelt werden können, müssen noch folgenden Punkte geklärt sein:

- Adressen der Summanden und der Summe
- Programmzählerstand zu Beginn

Wir wollen **festlegen**:

Speicheradresse von SUMMAND1	=	\$A4A60
Speicheradresse von SUMMAND2	=	\$A4A64
Speicheradresse von SUMME	=	\$A4A68
Programmzählerstand zu Beginn	=	\$4000

Damit können wir das Maschinenprogramm **Bild 3-8** anhand der Bilder 3-1, 3-2 und 3-3 ermitteln. Da man auch das selbst erstellte Maschinenprogramm nur schwer interpretieren und analysieren kann, faßt man das symbolische (Quellen-) Programm und den ermittelten Maschinencode in der sog. **Assemblerliste** (**Bild 3-9**) zusammen. Der Maschinencode wird dabei hexadezimal angegeben. Er ist zur Fehleranalyse mit einem Logikanalysator unbedingt erforderlich. Bei der Ausführung stehen natürlich nur die Befehlsworte im Speicher.

Programmzähler (hexadezimal)	Befehlswort (binär)	Befehlswort (hexadezimal)
4000	0010000000111001	2039
4002	0000000000001010	000A
4004	0100101001100000	4A60
4006	1101000010111001	D0B9
4008	0000000000001010	000A
400A	0100101001100100	4A64
400C	0010001111000000	23C0
400E	0000000000001010	000A
4010	0100101001101000	4A68

Bild 3-8: Maschinenprogramm Additionsbeispiel

Progr. zähler	1. Befehlswort	2.	3.	Befehl	Operanden	Kommentar
004000	2039	000A	4A60	MOVE.L	SUMMAND1,D0	1. Summanden laden
004006	D0B9	000A	4A64	ADD.L	SUMMAND2,D0	2. Summanden addieren
00400C	23C0	000A	4A68	MOVE.L	D0,SUMME	Ergebnis speichern

Bild 3-9: (Vorläufige) Assemblerliste Additionsbeispiel

3.2 Assembler

Die Ermittlung des Programmcodes ist langwierig, mühselig und äußerst fehleranfällig. Im Prinzip handelt es sich dabei um das Nachsehen in der Tabelle der Befehlscodes und um das Eintragen von vorher festgelegten Adressen, also um ein Problem, das leicht, schnell und fehlerfrei von einem Computerprogramm übernommen werden kann. Solche Programme heißen **Assembler**.

An einem Computersystem mit Bedienungskomfort und Dienstleistungsprogrammen Editor und Assembler wird ein Programm in folgenden Schritten erzeugt:

- Der Benutzer lädt vom Terminal per Eingabeanweisung die **Datei** EDITOR vom Hintergrundspeicher HS in den Arbeitsspeicher AS des Mikrocomputers (**Bild 3-10A**). Sie enthält Maschinencode und durch den Ladevorgang wird das lauffähige **Programm** EDITOR erzeugt.

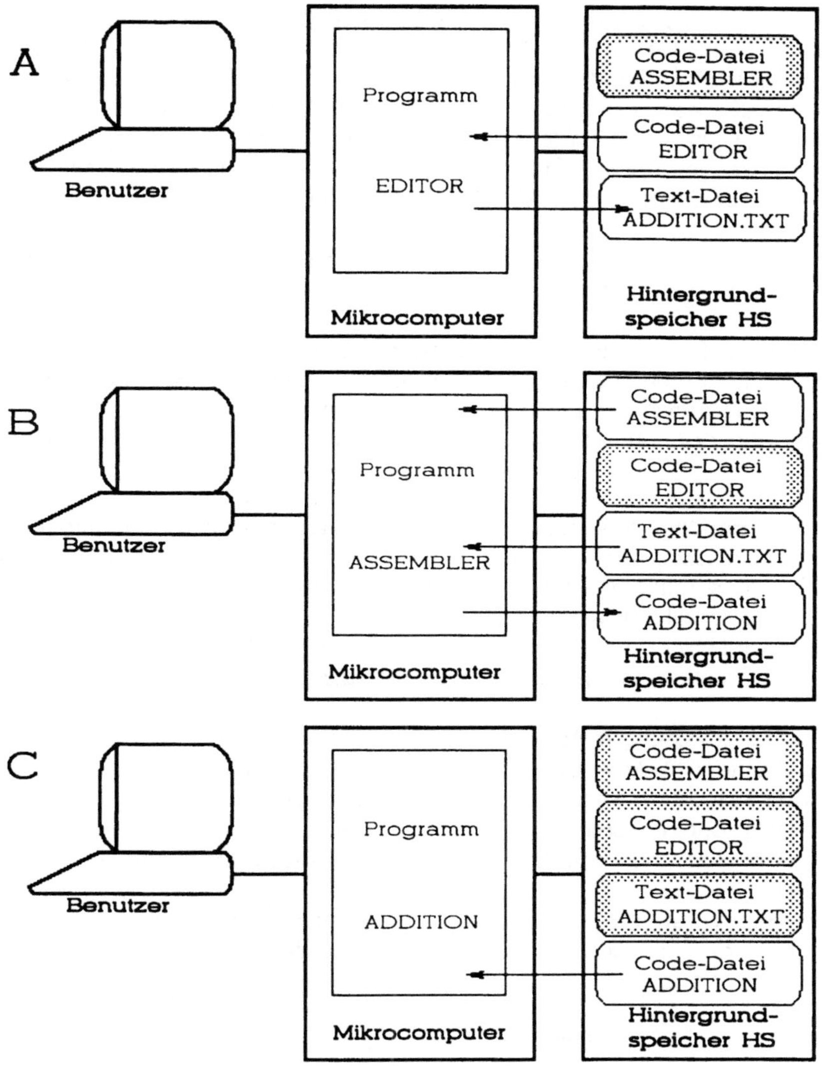

Bild 3-10: Programmerzeugung mit einem Computer; **A** - Textdatei mit Editor erstellen; **B** - Maschinencode mit Assembler erzeugen; **C** - Programm starten

- Er gibt den Quellencode (Bild 3-7) vom Terminal aus ein und der EDITOR erzeugt daraus die **Textdatei** ADDITION.TXT im HS. Am Ende wird der vom EDITOR im AS belegte Speicherbereich freigegeben. ADDITION.TXT wird auch als **Quelle** (***Source***), **Quellenprogramm** oder **Quelldatei** bezeichnet.

- Durch Eingabeanweisung wird die Datei ASSEMBLER aus dem HS in den AS geladen und dadurch als lauffähiges Programm ASSEMBLER verfügbar (**Bild 3-10B**).
- Dieses Programm, das auch die Tabelle der Befehlscodes enthält, bearbeitet es die Textdatei ADDITION.TXT und erzeugt im HS die Datei ADDITION mit dem gewünschten Maschinencode und die Liste, die entweder als Textdatei im HS gespeichert oder direkt auf das Terminal bzw. den Drucker ausgegeben wird. Am Ende wird der belegte AS wieder freigegeben.
- Der Benutzer lädt per Eingabeanweisung das Maschinenprogramm ADDITION aus der Datei in den AS (**Bild 3 -10C**) und bringt es zur Ausführung.

In ganz einfachen, unkomfortablen Systemen ohne Hintergrundspeicher können alle Programme und die Textdatei im AS stehen.

Es sei erwähnt, daß das Mikrocomputersystem über Möglichkeiten verfügt, den Programmzähler auf die Adresse des 1. Befehlswortes des 1. Befehls zu setzen und daß das Programm am Ende entweder in das übergeordnete Betriebssystem zurückkehrt oder in eine Warteschleife geführt werden muß (im Beispiel weggelassen).

Ein Assembler benötigt alle zum Assemblieren erforderlichen Informationen im Quellenprogramm, also auch diejenigen, die wir bisher im Kopf behalten oder in einer Tabelle schriftlich festgehalten und bei der Codeerzeugung verwendet haben. Im Beispiel müssen zusätzlich zu den drei Befehlen (Bild 3-7) der Programmanfang definiert, Speicherplätze für die verwendeten Variablen reserviert und ggf. Konstanten in ausgewählte Speicherplätze geschrieben werden.

Eine bestimmte gewünschte Anfangsadresse teilen wir dem Assembler dadurch mit, daß wir eine `ORG`-Anweisung (*ORiGin*) mit nachfolgender Adresse in die Quelltextdatei schreiben, also `ORG $4000` bei dem gewählten Wert. Programmcode und Datenbereich sollen grundsätzlich getrennt werden; daher sind die Anfänge beider Sektionen durch separate `ORG`-Anweisungen festgelegt.

Wir wollen das vorangehende Beispiel der Addition so verändern, daß die beiden Summanden als Konstanten definiert sind, deren Summe ermittelt werden soll. Wir setzen fest:

`SUMMAND1` = 33 und
`SUMMAND2` = 127

und schreiben die entsprechenden Informationen durch `DC.L` (*Define Constant Long Word*) mit nachfolgendem Wert ebenso in die Textdatei wie den Programmanfang. Die Reservierung eines Langwortes für das Ergebnis erhalten wir mit der Anweisung `DS.L 1` (*Define Storage Long Word* 1). Dann ergibt sich das endgültige Quellprogramm **Bild 3-11**.

```
         ORG    $4000

         MOVE.L SUMMAND1,D0       1. Summanden laden
         ADD.L  SUMMAND2,D0       2. Summanden addieren
         MOVE.L D0,SUMME          Ergebnis speichern

         ORG   $A4A60

SUMMAND1 DC.L 33
SUMMAND2 DC.L 127
SUMME    DS.L 1              Speicherplatz für Ergebnis

         END
```

Bild 3-11: Quelle für Additionsbeispiel (Datei ADDITION.TXT)

Ein kommerzieller Assembler erzeugt daraus die in **Bild 3-12** gezeigte Assemblerliste. Verglichen mit Bild 3-9, ist sie im ersten Teil um die Zeilennummern der Textdatei und um die Definition der Anfangsadresse und der Operanden erweitert; zusätzlich enthält sie einen zweiten Teil, in dem die in der Quelle aufgeführten Symbole enthalten sind. Für jedes Symbol sind die Definitionszeile und Bezugszeilen der Textdatei, sowie die zugeordnete (32 bit-) Adresse angegeben. Beispielsweise ist `SUMMAND1` in Zeile `9` definiert, und in Zeile `3` wird Bezug darauf genommen. Für `SUMME` kann kein Code erzeugt werden; die Angabe `=0004` in Zeile `10` bedeutet, daß 4 Bytes (= 1 Langwort) im Speicher freigehalten werden.

Vergleicht man den Code im Feld `OBJECT` mit der letzten Spalte von Bild 3-8, so stellt man fest, daß der Assembler exakt den schon ermittelten Maschinencode generiert. Zusätzlich werden an den Speicherplätzen, für die Konstanten definiert sind, die entsprechenden Werte eingetragen. Nach dem Laden (Bild 3-10C) ergibt sich der Speicherauszug **Bild 3-13**.

3.2.1 Pseudoinstruktionen

Auf den vorangehenden Seiten wurde an einem einfachen Beispiel gezeigt, welche Informationen der Assembler benötigt, und was er daraus erzeugt. Wir wollen uns jetzt der Frage zuwenden, auf welche Weise die Ausgabedaten (Liste und Code) erstellt werden.

Die Programmliste Bild 3-12 zeigt die Anweisungen `ORG`, `DC.L`, `DS.L`, `END`, **denen kein durch den Prozessor ausführbarer Befehl entspricht**. Es handelt sich hier vielmehr um **ergänzende Anweisungen**; Zeilen mit solchen sog. **Pseudoinstruktionen** geben dem Assembler zusätzliche Informationen zur Codegenerierung, z. B. über den Programmanfang, die Lage, die Größe und den Wert der Konstanten, freizuhaltende Speicherplätze, den Abschluß der Quelle, und andere mehr.

```
  LOC        OBJECT           STMT          SOURCE STATEMENT

004000                          1          ORG $4000
                                2
004000 2039 000A 4A60           3          MOVE.L SUMMAND1,D0     1. Summanden laden
004006 D0B9 000A 4A64           4          ADD.L  SUMMAND2,D0     2. Summanden addieren
00400C 23C0 000A 4A68           5          MOVE.L D0,SUMME        Ergebnis speichern
                                6
                                7
0A4A60                          8          ORG $A4A60
0A4A60 0000 0021                9 SUMMAND1 DC.L 33
0A4A64 0000 007F               10 SUMMAND2 DC.L 127
0A4A68=0004                    11 SUMME    DS.L 1         Speicherplatz fuer Ergebnis
                               12
                               13          END

No errors found in this Assembly

SYMBOL                  DEFN  VALUE       REFERENCES

SUMMAND1                  9   000A4A60     3
SUMMAND2                 10   000A4A64     4
SUMME                    11   000A4A68     5
```

Bild 3-12: Assemblerliste des Additionsbeispieles; DEFN - Definitionszeile des Symbols; LOC - *Location* (Adresse); OBJECT - Objektcode; REFERENCES - Zeilennummer(n), in der (den) auf das Symbol bezogen wird; SOURCE STATEMENT - Zeile des Quellenprogramms; STMT - *Statement* (Zeilennummer des Quellenprogramms); VALUE - Wert des Symbols (hier und in vielen anderen Fällen die Adresse)

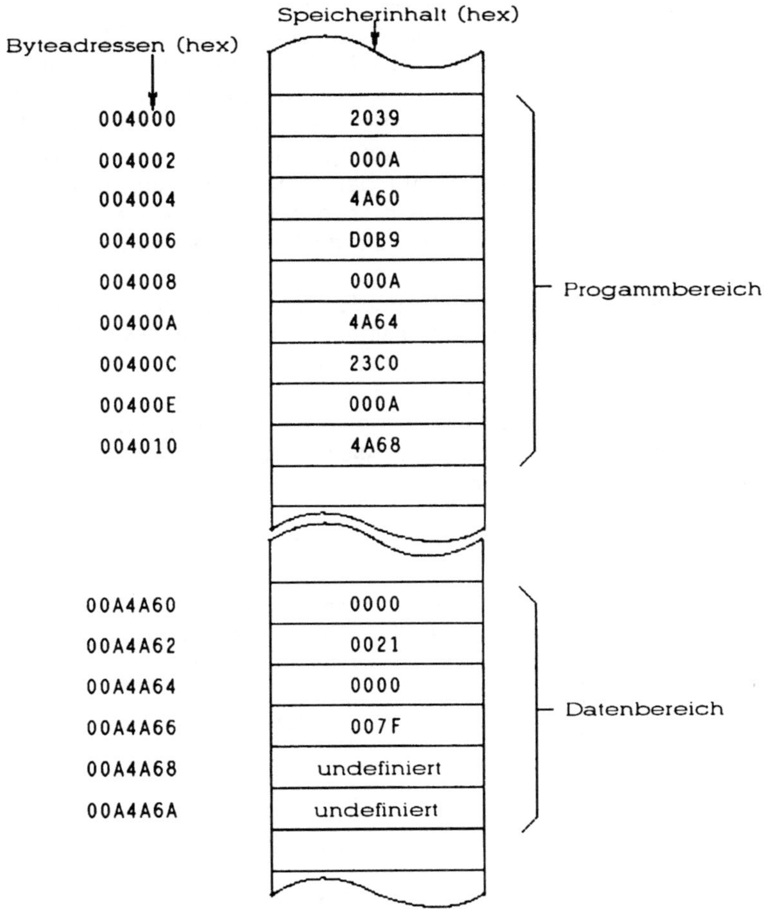

Bild 3-13: Speicherinhalt für das Additionsbeispiel (vor der Ausführung)

Der Assembler arbeitet die Quelle **zeilenweise** ab. Durch die ORG-Anweisung setzt er einen **internen** Zähler[2], der nach jedem Befehl um die Anzahl der benötigten Bytes erhöht wird. Er darf nicht mit dem Programmzähler im Mikroprozessor selbst verwechselt werden, der erst zur Ablaufzeit (***Runtime***) aktiv wird! Sein Inhalt ist allerdings identisch mit dem des PC während der späteren Ausführung.

3.2.2 Symboltabelle

Der Assembler legt **intern** eine **Symboltabelle** an, die eine Zuordnung von Symbolen und Speicheradressen darstellt. Durch Analyse der Instruktion MO-

2 Der Zähler liegt im Datenbereich des Assemblers selbst.

VE.L SUMMAND1,D0 erkennt er, daß ein Speicheroperand zu einem Datenregister zu transportieren ist. Seiner internen Codetabelle entnimmt er, daß hierfür drei Worte erforderlich sind; das 1. Befehlswort ($2039) übernimmt er und trägt es unter der Anfangsadresse $4000 in ein internes Codefeld ein. Dieses wird nach Abschluß der Codeerstellung in die Codedatei ADDITION (Bild 3-10B) übertragen. SUMMAND1 ist noch unbekannt; es erfolgt ein Eintrag in die Symboltabelle mit dem Vermerk *nicht definiert*. Auf den beiden folgenden Worten des Codefeldes kann also die Adresse des Speicheroperanden SUMMAND1 noch nicht eingetragen werden, der Assembler setzt sie zu Null (**Bild 3-14A**).

Für die drei Worte des ersten MOVE.L-Befehls wurde der interne Zähler um 3•2 = 6 Bytes inkrementiert, so daß die zweite Instruktion ADD.L SUMMAND2,D0 bei der Adresse $4006 beginnt. Die Analyse ergibt, daß ebenfalls drei Worte benötigt werden. Das Operationswort ($D0B9) wird wieder aus der internen Tabelle in das Codefeld übertragen und anstelle der noch unbekannten Adresse des Speicheroperanden $00000000 gesetzt. SUMMAND2 wird mit dem Status *nicht definiert* in die Symboltabelle eingetragen.

Adresse	Code		
004000	2039	0000	0000
004006	D0B9	0000	0000
00400C	23C0	0000	0000
0A4A60	0000	0021	
0A4A64	0000	007F	
0A4A68	xxxx	xxxx	

A

Symbol	Status	Wert (Adresse)
SUMMAND1	nicht definiert	-
SUMMAND2	nicht definiert	-
SUMME	nicht definiert	-

B

Symbol	Status	Wert (Adresse)
SUMMAND1	definiert	$000A4A60
SUMMAND2	definiert	$000A4A64
SUMME	definiert	$000A4A68

C

Bild 3-14: Codeerzeugung und Symboltabelle beim ersten Durchgang des Assemblers; **A** - Code nach dem ersten Durchgang; **B** - Symboltabelle nach der Bearbeitung der Befehle; **C** - Symboltabelle nach dem ersten Durchgang; x - nicht definiert

Zu Beginn der Bearbeitung der Zeile MOVE.L D0,SUMME steht der interne Zähler auf $400C; nach der Bearbeitung stehen das aus der Tabelle ermittelte 1. Befehlswort $23C0 und $00000000 für die noch unbekannte Adresse von SUMME im Codefeld. Die ersten drei Zeilen von Bild 3-14A zeigen den bis zu diesem Zeitpunkt erzeugten Code, Bild 3-14B enthält die zugehörige Symboltabelle.

Mit der Anweisung ORG $A4A60 wird der interne Zähler des Assemblers neu gesetzt. Die folgende Zeile definiert SUMMAND1 als Langwortkonstante. In der

Symboltabelle wird der Vermerk *nicht definiert* durch den aktuellen Zählerstand ersetzt, somit wird also die Adresse **$000A4A60** zugewiesen. Eine Konstante ist ein Initialisiertes Datum, im Codefeld wird **$00000021** (= 33) eingetragen und der interne Zähler um 4 (Bytes) erhöht.

Die folgende Zeile **SUMMAND2 DC.L 127** bewirkt, daß in der Symboltabelle der Status *nicht definiert* für **SUMMAND2** durch den momentanen Zählerstand **$000A4A64** ersetzt und im Codefeld **$0000007F** (= 127) eingetragen wird. Der Zählerstand wird um 4 erhöht, so daß bei der Bearbeitung der Zeile **SUMME DS.L 1** dem Symbol **SUMME** die Adresse **$000A4A68** zugewiesen werden kann. Da **SUMME** ein Nicht initialisiertes Datum ist, braucht im Codefeld kein Wert gesetzt zu werden.

Am Ende des ersten Durchlaufs ergibt sich damit der Code Bild 3-14A und die Symboltabelle 3-14C.

Die Adressen von Konstanten und Variablen müssen also unter Berücksichtigung des für vorangehende Variable benötigten Speicherplatzes berechnet werden. Undefinierte, aber angeforderte Variable oder Konstanten erzeugen nach dem ersten Durchlauf eine Fehlermeldung; es ist daher nicht erforderlich, den Status eines Symbols in der Assemblerliste anzugeben. Die Adreßwerte für **symbolische Sprungadressen** (**Marken**) müssen im Programm aufgrund der Anfangsadresse und des für alle vorangehenden Befehle benötigten Speicherplatzes berechnet werden (s. 3.2.5 *Erweitertes Additionsbeispiel*).

3.2.3 Zweiphasenassembler

Die Quelle wird jetzt ein zweites Mal zeilenweise abgearbeitet, und dabei wird der Programmcode unter Berücksichtigung der vom Hersteller vorgegebenen Befehlscodes und der anwendungsspezifischen Adressen aus der Symboltabelle sowie der Konstanten endgültig erzeugt[3]. Ebenso wird die Liste erstellt und mit den zusätzlichen Eintragungen versehen (z. B. Referenzzeilen, s. Bild 3-12).

Assembler, die die Quelle zweimal abarbeiten, werden **Zweiphasenassembler** (***Two Pass Assembler***) genannt. Sie sind immer dann erforderlich, wenn in der Quelle **Vorwärtsadreßbezüge** enthalten sind. Ein solcher liegt vor, wenn auf ein Symbol bezogen wird, dem zuvor noch keine Speicheradresse zugewiesen wurde (im Beispiel gibt es nur Vorwärtsbezüge). Da die meisten Programme solche Vorwärtsbezüge enthalten, sind Assembler in der Regel auch als Zweiphasenassembler geschrieben.

3 Es gibt viele Fälle, in denen das 1. Befehlswort beim ersten Durchgang noch nicht festgelegt werden kann. Andere Assembler erzeugen in der ersten Phase keinen Code, sondern inkrementieren nur den internen Zähler und erstellen die Symboltabelle. In diesen Fällen müssen die Befehle mit Operanden in der zweiten Phase erneut analysiert werden.

Primitivassembler erlauben keine Vorwärtsadreßbezüge und manchmal auch keine symbolische Adressierung; in diesen Fällen müssen immer absolute Adressen im Operandenfeld angegeben werden. Sie machen ein Programm **unleserlich** und erschweren die Fehlersuche und nachträgliche Änderungen ganz erheblich.

3.2.4 Assemblersyntax

Um eine Quelldatei durch den Assembler lesen und auswerten zu können, muß sie nach bestimmten vereinbarten Regeln erstellt werden. Eine Zeile hat das in **Bild 3-15** gezeigte Format.

[Symbol]o. [Marke]	Befehl [.x]	[Operand 1[,Operand 2]]	[Kommentar]

Bild 3-15: Quellprogrammzeilenformat

Sie ist in die Felder Symbol/Marke, Befehl, Operand(en) und Kommentar eingeteilt, die untereinander durch (mindestens) ein Leerzeichen getrennt sind. Bedeutung der Felder und Zeichen:

[ ] : Angabe ist optional, d. h. sie kann entfallen

Symbol: symbolischer Name für eine Variable, eine Konstante oder ein Datenfeld

Marke : Name für eine Programmadresse, die z. B. durch Verzweigung erreicht wird (etwa der Anfang eines Unterprogramms). Das erste Zeichen im Symbol/Marke-Feld muß ein Buchstabe sein, Ausnahme: Ein * an der ersten Stelle definiert eine **Kommentarzeile,** die den Programmablauf in keiner Weise beeinflußt. Die weiteren Zeichen sind alphanumerisch oder das Unterstreichungszeichen (*underscore*). Beispiele:

```
A7324_11
baldur_c
Eis_lecker
* dies ist ein Kommentar
```

.x : Ergänzung zum Befehl, die die Daten*größe* bestimmt

- `.B` Operand ist ein Byte
- `.W` Operand ist ein Wort
- `.L` Operand ist ein Langwort

Im Operandenfeld stehen 0, 1 oder 2 Operanden.

Beispiele: `NOP` : 0 Operanden

`JMP MOPSI` : 1 Operand, verzweige zur Programmadresse mit der symbolischen Bezeichnung `MOPSI`

`MOVE DADADA,A0` : 2 Operanden

Bei zwei Operanden sind beide nur durch ein Komma getrennt, ein zusätzliches Leerzeichen ist **nicht** erlaubt!

In den gezeigten Beispielen sind symbolische Namen für Operanden- oder Programmadressen angegeben, die mit Hilfe der Symboltabelle direkt in absolute Adressen umgewandelt werden können. Es gibt jedoch, wie schon erwähnt, eine Vielzahl von Möglichkeiten, auf ein Datum zuzugreifen, beispielsweise kann seine Adresse schon in einem Adreßregister stehen.

Die verschiedenen Zugriffsarten (**Adressierungsarten**) müssen sich im Objektcode unterscheiden. Der Assembler unterscheidet sie in der Art und Weise, in der die Operanden in der Textdatei geschrieben sind. Die Syntax hierzu werden wir bei der Darstellung der Adressierungsarten des Mikroprozessors 68000 kennenlernen (Kap. 4.4).

3.2.5 Erweitertes Additionsbeispiel

Das einfache Additionsbeispiel in Abschnitt 3.1.2 soll nun erweitert werden:

- Tritt bei der Addition eine Bereichsüberschreitung auf, so soll das Programm zu einer Fehlerbehandlungsroutine **verzweigen**, andernfalls der Folgebefehl ausgeführt werden. Um nicht zu weit vorzugreifen auf Befehle, die noch nicht eingeführt wurden, bestehen die Programmweiterführung und die Fehlerbehandlung aus NOP-Anweisungen; wesentlich ist hier die Verzweigung.
- Nach Programmabschluß oder am Ende der Fehlerroutine kehre das Programm an eine definierte **externe** Adresse zurück.

In der Assemblerliste **Bild 3-15** erkennen wir eine neue Pseudoinstruktion, EQU (*EQUate*), die dem Symbol ZURUECK die Adresse $CC04A zuweist, also die Adresse, auf die der PC am Ende gesetzt werden soll.

Erster Durchgang:

Trifft der Assembler auf die Zeile ZURUECK EQU $CC04A, so wird das Symbol ZURUECK mit dem Wert $CC04A in die Tabelle aufgenommen und damit definiert, bevor in einer Instruktion darauf Bezug genommen wird.

Nach der Addition kann ggf. eine Verzweigung zur Fehlerbehandlungsroutine erfolgen. Sie liegt im Programmbereich; ihr Anfang OVERFLOW ist eine symbolische (Sprung-) Marke, keine Variable oder Konstante. Sie wird mit dem Attribut *nicht definiert* in die Symboltabelle aufgenommen.

Für BVS und die NOP-Instruktionen werden die Befehlsworte in das Codefeld eingetragen und der interne Zähler erhöht. Die Anweisung JMP ZURUECK könnte schon vollständig in Maschinencode konvertiert werden, da die externe Rück-

```
LOC           OBJECT          STMT           SOURCE STATEMENT

004000                          1            ORG $4000
                                2
      =000CC04A                 3 ZURUECK    EQU $CC04A          Rückkehradresse nach Programmende
                                4
004000 2039 000A 4A60           5            MOVE.L SUMMAND1,D0  1. Summanden laden
004006 D0B9 000A 4A64           6            ADD.L  SUMMAND2,D0  2. Summanden addieren
00400C 6900 0014                7            BVS    OVERFLOW     verzweige bei Bereichsüberschreitung
004010 23C0 000A 4A68           8            MOVE.L D0,SUMME     Ergebnis speichern
004016 4E71                     9            NOP                 hier normaler Programmablauf
004018 4E71                    10            NOP                  (sinnvollere Befehle als NOP)
00401A 4E71                    11            NOP                             "
00401C 4EF9 000C C04A          12            JMP ZURUECK         Programmende
                               13
004022 4E71                    14 OVERFLOW   NOP                 Fehlerbehandlung
004024 4E71                    15            NOP                  (sinnvollere Befehle als NOP)
004026 4E71                    16            NOP
004028 4EF9 000C C04A          17            JMP ZURUECK         Programmende
                               18
0A4A60                         19            ORG $A4A60
0A4A60 0000 0021               20 SUMMAND1   DC.L 33
0A4A64 0000 007F               21 SUMMAND2   DC.L 127
0A4A68=0004                    22 SUMME      DS.L 1              Speicherplatz für Ergebnis
                               23
                               24            END

SYMBOL                 DEFN  VALUE        REFERENCES

OVERFLOW                14   4022          7
SUMMAND1                20   000A4A60      5
SUMMAND2                21   000A4A64      6
SUMME                   22   000A4A68      8
ZURUECK                  3   000CC04A     12     17
```

Bild 3-15: Assemblerliste Erweitertes Additionsbeispiel

sprungadresse schon bekannt ist, für sie gibt es keinen Vorwärtsadreßbezug. Bei JMP handelt sich um einen unbedingten Sprungbefehl; der Prozessor verzweigt bei der Ausführung zur angegeben Adresse.

Die Zeile OVERFLOW NOP veranlaßt den Assembler, dem Symbol OVERFLOW den momentanen Wert des internen Zählers zuzuweisen und es damit zu definieren. Der Fehlerbehandlungsteil ist nur durch Programmverzweigung zu erreichen.

Zweiter Durchgang:

Die einzige Besonderheit, verglichen mit dem einfachen Beispiel Bild 3-12, liegt in der Berechnung der Sprungweite für den BVS-Befehl. Aus Kap. 2 wissen wir, daß der Prozessor unmittelbar nach dem Lesen eines Befehlswortes den PC um 2 inkrementiert. In dem Augenblick, in dem das Operationswort von BVS OVERFLOW im IR steht und interpretiert wird, zeigt der PC schon auf der Adresse des Erweiterungswortes. Die Adreßdistanz, die im 2. Befehlswort der BVS-Anweisung stehen muß, wird also zu

Adresse OVERFLOW - (Adresse BVS-Instruktion + 2)

($4022 - $400E = $0014)

berechnet. Sprünge zu höheren Adressen werden als positiv angenommen.

3.2.6 Flußdiagramme

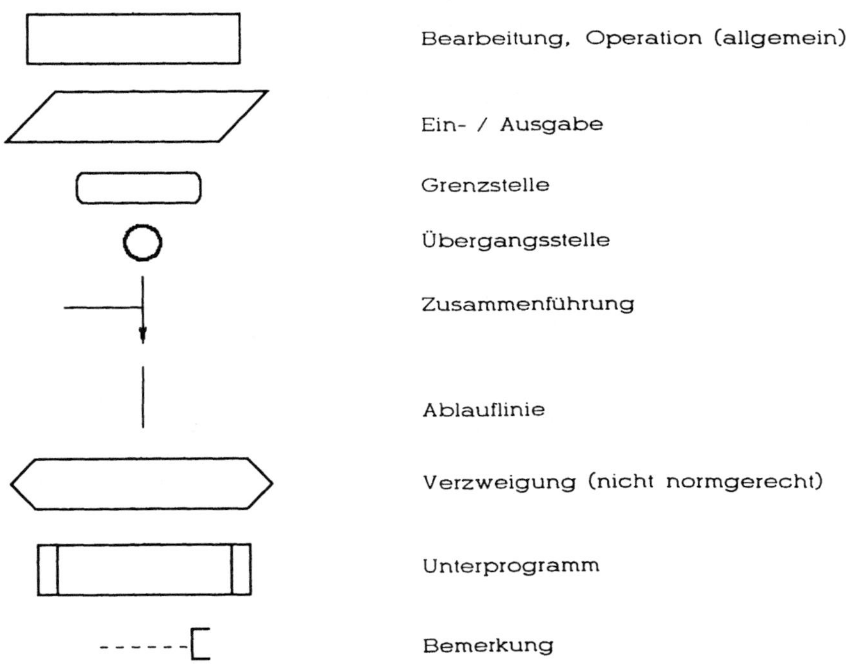

Bild 3-16: Symbole für Flußdiagramme (DIN 66001)

Flußdiagramme stellen einen Programmablauf grafisch dar. Verzweigungen und Zusammenführungen lassen sich damit leichter verfolgen als im Assemblerprogramm. **Bild 3-16** enthält die am häufigsten benutzten Symbole gemäß DIN 66001. Ein Flußdiagramm erlaubt in den einzelnen Blöcken eine verbale Beschreibung des Ablaufs. Es erscheint nicht sinnvoll, nur den jeweils zugehörigen Befehl hineinzuschreiben; vorteilhafter sind Angaben, die den Zusammenhang mit weiteren Programmteilen näher erläutern.

Günstig ist, vor allem bei längeren Diagrammen, die zusätzliche Angabe der Instruktion. Es ist auch möglich, mehrere Anweisungen in einem Block zusammenzufassen.

Die normgerechte Darstellung der Verzweigung ist eine auf einer Spitze stehende Raute; sie läßt zu wenig Platz für die Beschreibung.

Dem Flußdiagramm für das Erweiterte Additionsbeispiel (**Bild 3-17**) kann man entnehmen, daß die Definitionen des Datenbereichs nicht enthalten sind; sie liegen nicht im ausführbaren Programmteil.

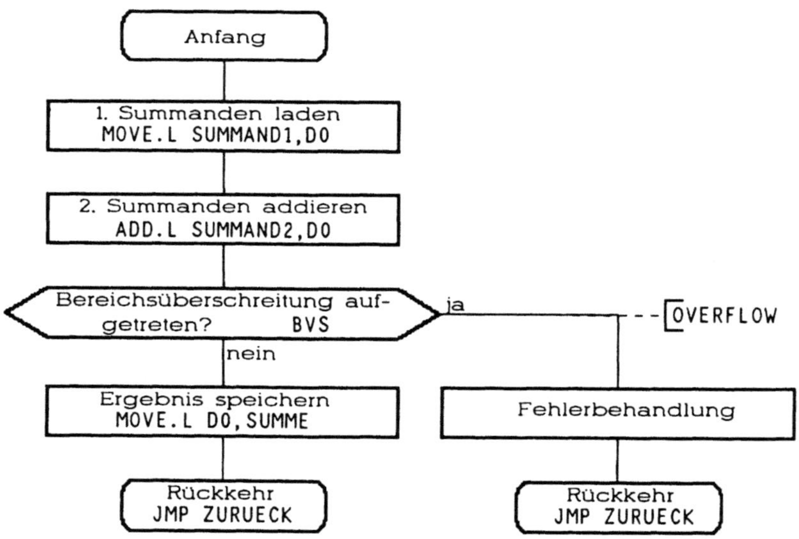

Bild 3-17: Flußdiagramm des Erweiterten Additionsbeispiels

4 Der Mikroprozessor M68000

Die kennzeichnenden Leistungsmerkmale eines Computers sind abhängig von der verwendeten Hard- und Software. In den folgenden Kapiteln wollen wir konkret auf den Prozessor M68000, sowie auf hochintegrierte Bausteine, die für ein optimales Zusammenwirken mit ihm entworfen worden sind, eingehen. Da der Schwerpunkt auf der Hardware liegen soll, werden Softwarefragen nur insoweit behandelt, als sie zur Erläuterung erforderlich sind. Es sei aber darauf hingewiesen, daß das Betriebssystem als Schnittstelle zum Programmierer ebenfalls einen sehr hohen Stellenwert hat.

Bei der Entwicklung des M68000 haben Personen maßgeblich mitgewirkt, die große Erfahrung mit Softwareproblemen und dem Betrieb von Realzeitsystemen hatten. Real- oder Echtzeitbetriebssysteme sind unterbrechungsgesteuerte Systeme, die es erlauben, *Tasks* zu definierten Zeitpunkten auszuführen; eine Uhr unterbricht in gleichen Intervallen (z. B. 10 msec) den Prozessor mit hoher Priorität und erlaubt dem Warteschlangenverwalter die Manipulation der Warte-

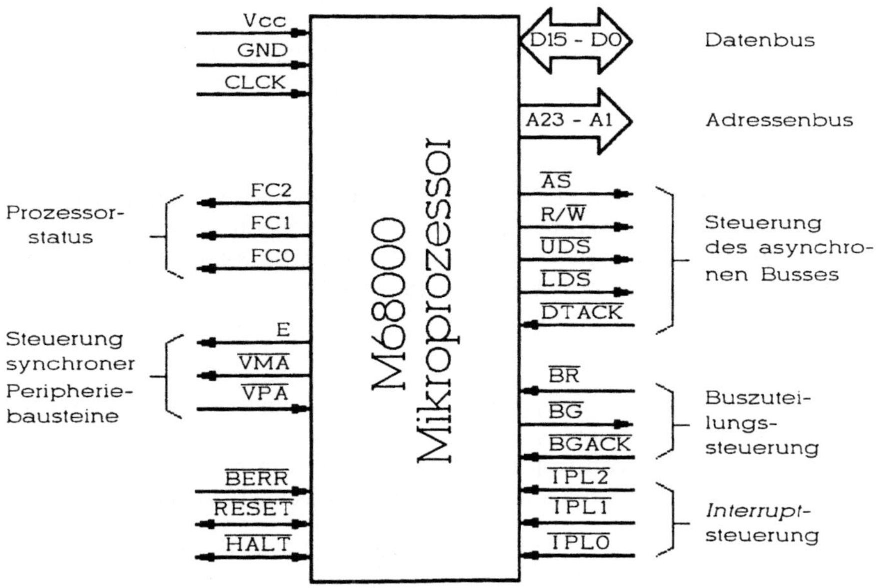

Bild 4-1: Der Prozessor M68000

schlange. Den Entwicklern ist zu verdanken, daß im Prozessor selbst und den Peripherie- bzw. Systembausteinen (man spricht auch von der 68000er Familie) Hardware enthalten ist, die die Lösung solcher Probleme sehr effektiv unterstützt, d. h. mögliche Fehler vermeidet, die Sicherheit vor *Abstürzen* und die Reaktionsgeschwindigkeit erhöht. Hierauf wird im Einzelfall immer wieder hingewiesen.

Der Mikroprozessor M68000 (**Bild 4-1**) wird in einem 64 *Pin Dual in Line*-Gehäuse und drei weiteren Gehäuseformen angeboten. Neben dem Adressen- und Datenbus gibt es die Signale $\overline{AS}$ (***A**ddress **S**trobe*, der Invertierungsstrich soll aussagen, daß es sich um ein *low*-aktives Signal handelt), R/$\overline{W}$ (***R**ead/ **W**rite*), $\overline{UDS}$ (***U**pper **D**ata **S**trobe*), $\overline{LDS}$ (***L**ower **D**ata **S**trobe*) und $\overline{DTACK}$ (***D**ata **T**ransfer **ACK**nowledge*) zur Steuerung des Verkehrs über den Datenbus. **Alle Signale werden in diesem Kapitel ausführlich beschrieben, ebenso werden neue Begriffe noch erläutert.** Die Signale $\overline{BR}$ (***B**us **R**equest*), $\overline{BG}$ (***B**us **G**rant*) und $\overline{BGACK}$ (***B**us **G**rant **ACK**nowledge*) sind von Bedeutung in Systemen mit mehreren Prozessoren, die auf dieselben Betriebsmittel zugreifen, und in solchen mit DMA-*Controller*(n)[1]; in beiden Fällen wird der Prozessor vorübergehend vom Systembus abgekoppelt, wobei er seine Anschlußleitungen in den hochohmigen Zustand versetzt. Die drei genannten Signale steuern die ordnungsgemäße Busübergabe im Quittungsbetrieb (*Handshake*).

Über die drei Leitungen $\overline{IPL2}$, $\overline{IPL1}$ und $\overline{IPL0}$ (***I**nterrupt **P**riority **L**evel*) werden dem Prozessor von außen Unterbrechungsanforderungen mitgeteilt. Hierbei ist der duale Wert, der durch die intern invertierten Signale IPL2, IPL1 und IPL0 (sie sind dann *high*-aktiv) gebildet wird, ein Maß für die Priorität. Beim Wert Null (000) liegt keine Anforderung vor, so daß 7 Prioritätsstufen möglich sind.

Das Signal $\overline{BERR}$ (***B**us **ERR**or*) signalisiert einen Fehler im Verkehr auf dem Daten-/Adressenbus. Ein $\overline{RESET}$ = *low* wird beim Einschalten und nach Systemabstürzen gemeinsam mit $\overline{HALT}$ = *low* von außen angelegt. Sie veranlassen den Neustart des gesamten Systems (Laden des Betriebssystems einschließlich Hardwareinitialisierung). Als Ausgangssignal dagegen (per Maschinenbefehl erzeugt) bewirkt $\overline{RESET}$ = *low* ein Zurücksetzen der übrigen Hardwarebausteine des Computers.

Bei $\overline{HALT}$ = *low* als Eingangssignal (ohne gleichzeitiges $\overline{RESET}$) versetzt der Prozessor seinen Adressen- und Datenbus nach dem laufenden Buszyklus[2] in den hochohmigen Zustand und wird inaktiv. Auf diese Weise können mit einer zusätzlichen externen Schaltung die einzelnen Buszyklen untersucht werden.

Die Signale E (***E**nable*), $\overline{VMA}$ (***V**alid **M**emory **A**ddress*) und $\overline{VPA}$ (***V**alid **P**eripheral **A**ddress*) ermöglichen den Anschluß von Ein-/Ausgabebausteinen, die nur für synchrone Betriebsart vorgesehen sind. Fast alle Steuersignale sind *low*-aktiv und damit störsicherer im aktiven Zustand.

Die Leitungen FC2, FC1 und FC0 (***F**unction **C**ode 2, -1, -0*) zeigen den mo-

1 Steuerbausteine für direkten Speicherzugriff, s. Kap. 7
2 Lesezyklus: Daten- oder Programmcodetransfer zum Prozessor, Schreibzyklus: Datentransfer vom Prozessor

mentanen Befehlsmodus und die Art des aktuellen Zugriffs auf dem Bus an. Sie dienen der Einrichtung von Schutzfunktionen der Hardware und zur Bestätigung einer Unterbrechungsanforderung.

4.1 Speicheradressierung und Datenorganisation

Der Speicher in einem M68000-System ist **byteweise** adressierbar. Bytes mit gerader Adresse sind den Datenbits D15-D8, Bytes mit ungerader Adresse den Datenbits D7-D0 zugeordnet (**Bild 4-2**). Worte (16 bit) beginnen immer an einer geraden Adresse; ihre Adresse ist identisch mit der ihres höherwertigeren Bytes (MSByte, *Most Significant Byte*), A0 ist bei Wortadressierung immer 0.

Langworte werden aufgrund der Tatsache, daß der M68000 extern nur über einen 16 bit-Datenbus verfügt, in zwei Worten nacheinander transportiert; sie können an jeder Wortadresse beginnen. Ein Wort- oder Langwortzugriff auf eine ungerade Adresse erzeugt einen Adreßfehler (s. 4.9.9 *Adreßfehlerausnahme*).

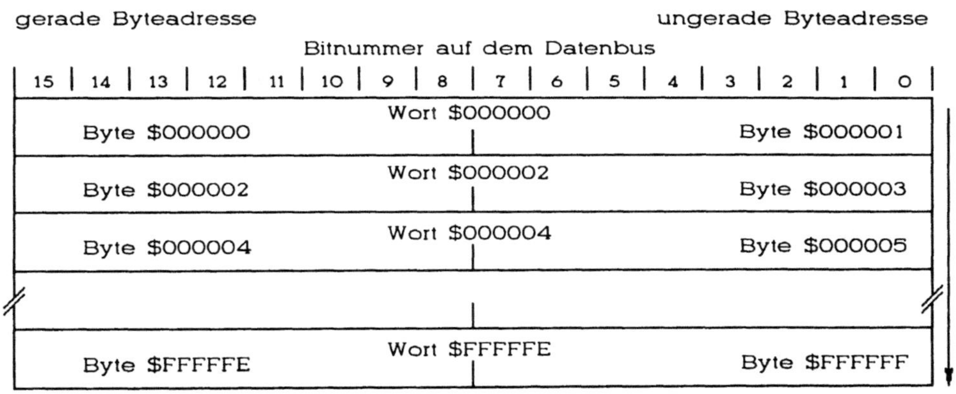

Bild 4-2: Adressierung von Bytes und Worten im Arbeitsspeicher

Folgende Datentypen können vom **Prozessor** verarbeitet werden:

- Bits
- ganze Zahlen von 8 bit (1 Byte Integer)
- ganze Zahlen von 16 bit (2 Byte Integer)
- ganze Zahlen von 32 bit (4 Byte Integer)
- BCD-Zahlen (2 Dezimalziffern dual codiert im *Least Significant Byte* [LSByte])
- Adressen von 32 bit (4 Byte)

Adressenverarbeitung von 32 bit bedeutet, daß **innerhalb des Prozessors** immer mit 32 bit-Adressen gerechnet wird. **Das obere Byte (A31-A24) wird nach außen hin unterdrückt und nicht herausgeführt.** Operandenadressen, die als

Teil eines Befehls über den Datenbus eingelesen werden, belegen im Speicher zwei aufeinanderfolgende Worte (Ausnahme: Kurzadressen, siehe *4.4.11 Adressierungsart Absolut kurz*).

Bits können im Arbeitsspeicher nicht individuell adressiert werden; sie werden angesprochen, indem man das zugehörige Byte adressiert und die Nummer des Bits angibt. Im Beispiel **Bild 4-3** enthält TEST_BYTE nach Ausführung des BCHG-Befehls (*Bit CHanGe*) %10110011. Das Byte WERT wird in den Prozessor gelesen, an Bitposition 5 modifiziert und in den Speicher nach TEST_BYTE zurückgeschrieben. BCHG kann nur mit einem Byteoperanden durchgeführt werden, eine Ergänzung zur Instruktion entfällt daher.

```
        ORG $4000
RUCKSPR EQU $FF800               Rückkehradresse nach Programmablauf

ANFANG  MOVE.B WERT,TEST_BYTE
        BCHG #5,TEST_BYTE        (Bit Change)
        JMP RUCKSPR              Programmende

WERT    DC.B %10010011
TEST_BYTE DS.B 1
        END
```

Bild 4-3: Beispiel Bitmanipulation

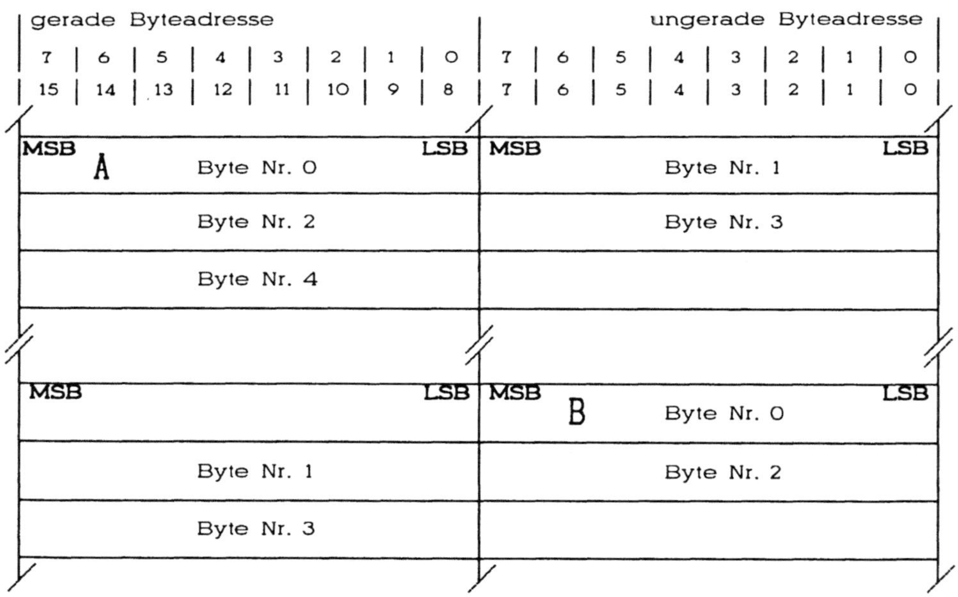

Bild 4-4: Folge von byteweise organisierten Daten im Speicher. **A** - erstes Zeichen auf gerader Adresse. **B** - erstes Zeichen auf ungerader Adresse.

Eine Folge von 8 bit-Integerzahlen oder eine ASCII-Zeichenkette (*String*) kann sowohl an einer geraden (**Bild 4-4 A**) als auch an einer ungeraden Adresse (**Bild 4-4 B**) beginnen.

Der Programmausschnitt

```
         ORG  $70000
Zahlen   DC.B 3,211,255,0,6,7,81
ZEICHEN  DC.B 'Es ist noch kein Feierabend'
```

ist zulässig, wenn auch in dieser Form nicht sinnvoll (keine ausführbare Anweisung), und erzeugt keinen Adreßfehler, wenn auf die Bytes zugegriffen wird. Für das Symbol `Zahlen` generiert der Assembler aus jeder der durch Komma getrennten Zahlen das entsprechende Bitmuster des Dualcodes; bei `ZEICHEN` erkennt er an den Hochkommas Anfang und Ende der Zeichenkette und erzeugt für jedes ASCII-Zeichen das Bitmuster gemäß Tabelle 1-6. Die in Bild 4-4 angegebenen Nummern stehen für die Position in der jeweiligen Kette; im 8 bit-Feld `Zahlen` entspricht Byte Nr. 0 der `3`, Nr. 1 der `211` usw., in der Kette `ZEICHEN` Byte Nr. 0 dem `E` usw.

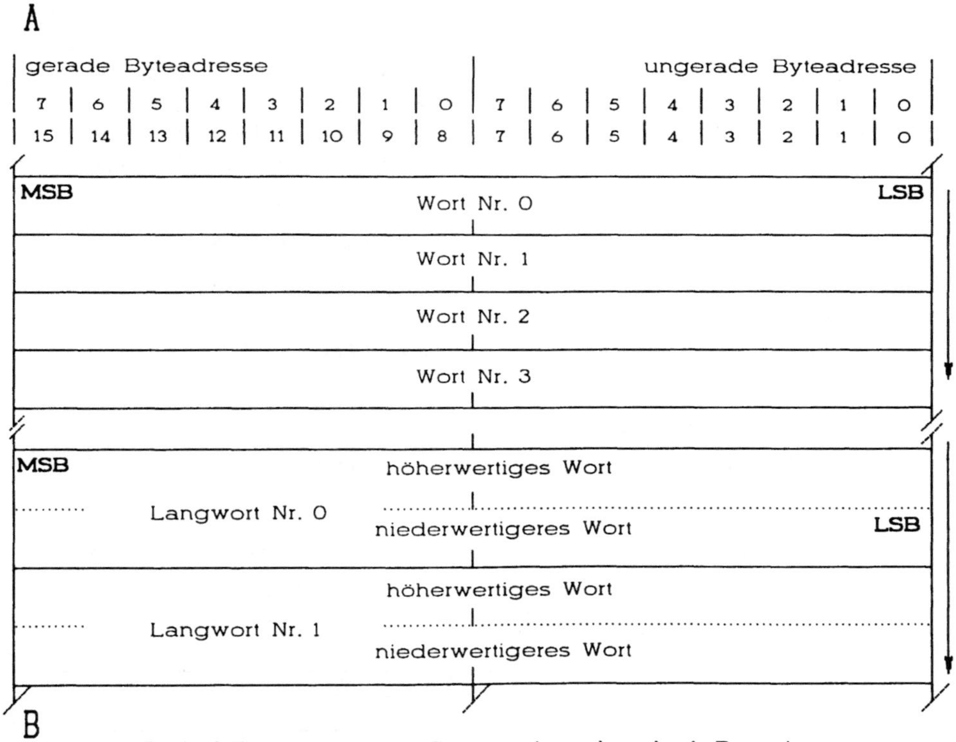

Bild 4-5: Ablage von Daten mit mehr als 1 Byte im Arbeitsspeicher; **A** - 16 bit-Wort (2 Byte); **B** - 32 bit-Langwort (4 Byte); LSB - *Least Significant* Bit; MSB - *Most Significant* Bit

Bei einer Folge von 16 bit-Worten oder 32 bit-Langworten liegt das MSB immer auf Bit 15 (gerade Byteadresse), und die niederwertigeren Bytes folgen mit aufsteigenden Adressen (**Bild 4-5**).

Das Programmbeispiel

```
       ORG $F0000
WORTE  DC.W 25,407
LWORTE DC.L -378,056776,$A3       (0 = Oktal)
       END
```

ist ebenfalls zulässig und, wie zuvor, auch in dieser Form nicht sinnvoll. Das folgende Beispiel

```
      ORG $70000
TELL  DC.B 'HALLO'
WORTE DC.W $FA30,423,%10111011
      END
```

enthält einen Fehler: WORTE beginnt an der ungeraden Adresse $70005. Er wird entweder durch den Assembler erkannt und gemeldet oder korrigiert, indem WORTE auf die nächste gerade Adresse gesetzt wird ($70006), oder während der Programmausführung wird beim Zugriff auf WORTE in der MPU ein Adreßfehler erkannt und in die Adreßfehlerbehandlungsroutine verzweigt (s. 4.9.9). Diese muß natürlich existieren; sie kann das fehlerhafte Programm abbrechen. Die Liste **Bild 4-6** zeigt den Fall, daß der Fehler durch den Assembler korrigiert wird.

```
  LOC         OBJECT          STMT          SOURCE STATEMENT

070000                          1        ORG $70000
070000 4841 4C4C 4F             2 TELL   DC.B 'HALLO'
070006 FA30 01A7 00B9           3 WORTE  DC.W $FA30,423,%10111001
                                4        END

No errors found in this Assembly
```

Bild 4-6: Beispiel Erzeugung von geraden Adressen durch den Assembler

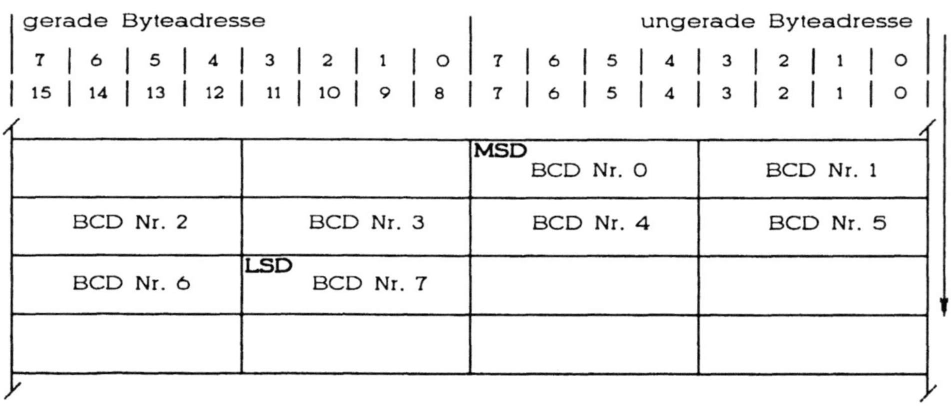

Bild 4-7: BCD-Ziffern im Arbeitsspeicher; LSD - *Least Significant Digit*; MSD - *Most Significant Digit*

Maschinenbefehle, die BCD-Operanden verarbeiten, setzen Byteoperanden mit 2 Ziffern voraus, wobei die höherwertige die Bits 7-4 belegt. Entsprechend sind im Arbeitsspeicher je 2 BCD-Ziffern zu einem Byte gepackt, und die Wertigkeit nimmt bei mehrstelligen Zahlen mit steigender Adresse ab (**Bild 4-7**).

Gepackte BCD-Werte können mit der DC-Pseudoinstruktion durch Angabe der Hexadezimalzeichen eingeben werden, eine ungerade Anzahl von Ziffern muß für die korrekte Ausführung arithmetischer Befehle durch eine führende 0 (%0000 auf Bit 7-4 des Bytes mit der niedrigsten Adresse) ergänzt werden.

4.2 Stapelspeicher

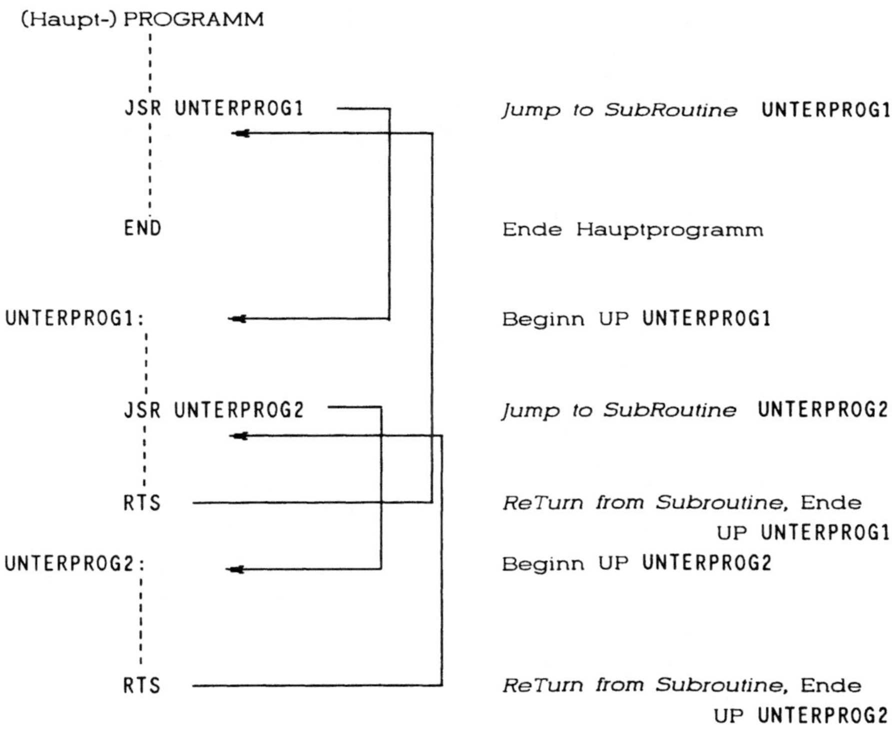

Bild 4-8: Unterprogrammaufruf in 2 Ebenen

Programme schreibt man sinnvollerweise so, daß überschaubare Teilprobleme in Unterprogrammen gelöst werden. Unterprogramme (UP) können selbst wieder andere Unterprogramme aufrufen. Nach der Bearbeitung des Teilproblems will man aus dem UP wieder an die aufrufende Stelle zurückkehren und mit dem nächsten Befehl fortfahren. Dies sollte möglichst automatisch geschehen, also ohne daß der Programmierer sich um Rückkehradressen kümmern muß.

In **Bild 4-8** wird innerhalb des UPs `UNTERPROG1` das UP `UNTERPROG2` aufgerufen. Am Ende von UP `UNTERPROG2` wird in `UNTERPROG1` zurückgekehrt und nach dessen abschließender Bearbeitung in das Hauptprogramm. **Für eine korrekte Bearbeitung müssen die Rückkehradressen gespeichert werden.**

Der Prozessor unterstützt dies hardwaremäßig, indem er beim Befehl `JSR` (*Jump to SubRoutine*, Springe zum Unterprogramm) automatisch die Adresse des 1. Befehlswortes des **Folgebefehls** in einen Speicherbereich schreibt, der hierfür reserviert ist (**Bild 4-9**). Dieser Bereich wird von höheren zu niedrigeren Adressen hin beschrieben, wobei in der MPU ein **Zeiger** verwaltet wird, der auf das Speicherwort dieses Bereichs weist, das die niedrigste Adresse hat **und** schon beschrieben ist. Vor dem automatischen Speichern werden der Wert dieses Zeigers zuerst um 4 (Bytes) erniedrigt (dekrementiert) und dann die 4 Bytes der Rückkehradresse mit steigenden Adressen gespeichert. Werden mehrerer solcher Aufrufe hintereinander durchgeführt, so werden die Rückkehradressen untereinander gestapelt (**Stapelspeicher, Kellerspeicher, *Stack***). Der Zeiger auf diesen Bereich heißt dementsprechend **Stapelzeiger** oder ***Stackpointer***.

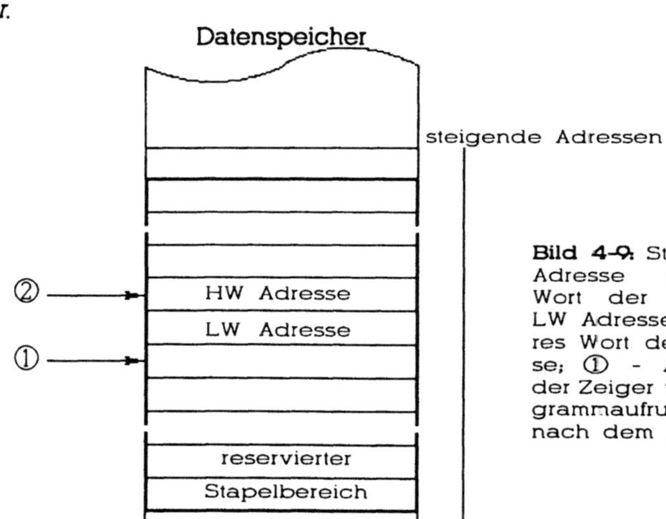

Bild 4-9: Stapelspeicher; HW Adresse - höherwertiges Wort der Rückkehradresse; LW Adresse - niederwertigeres Wort der Rückkehradresse; ① - Adresse, auf die der Zeiger vor dem Unterprogrammaufruf weist; ② - dto. nach dem Aufruf

Der Befehl `RTS` (*ReTurn from Subroutine*, Kehre aus Unterprogramm zurück) bewirkt die Rückkehr in den aufrufenden Programmteil, indem die 4 Bytes ab der Position, auf die der Stapelzeiger weist, in den Programmzähler geladen werden und der Zeigerwert anschließend um 4 (Bytes) erhöht (inkrementiert) wird. Die Position im Stapel, an der die Rückkehradresse gestanden hatte, ist

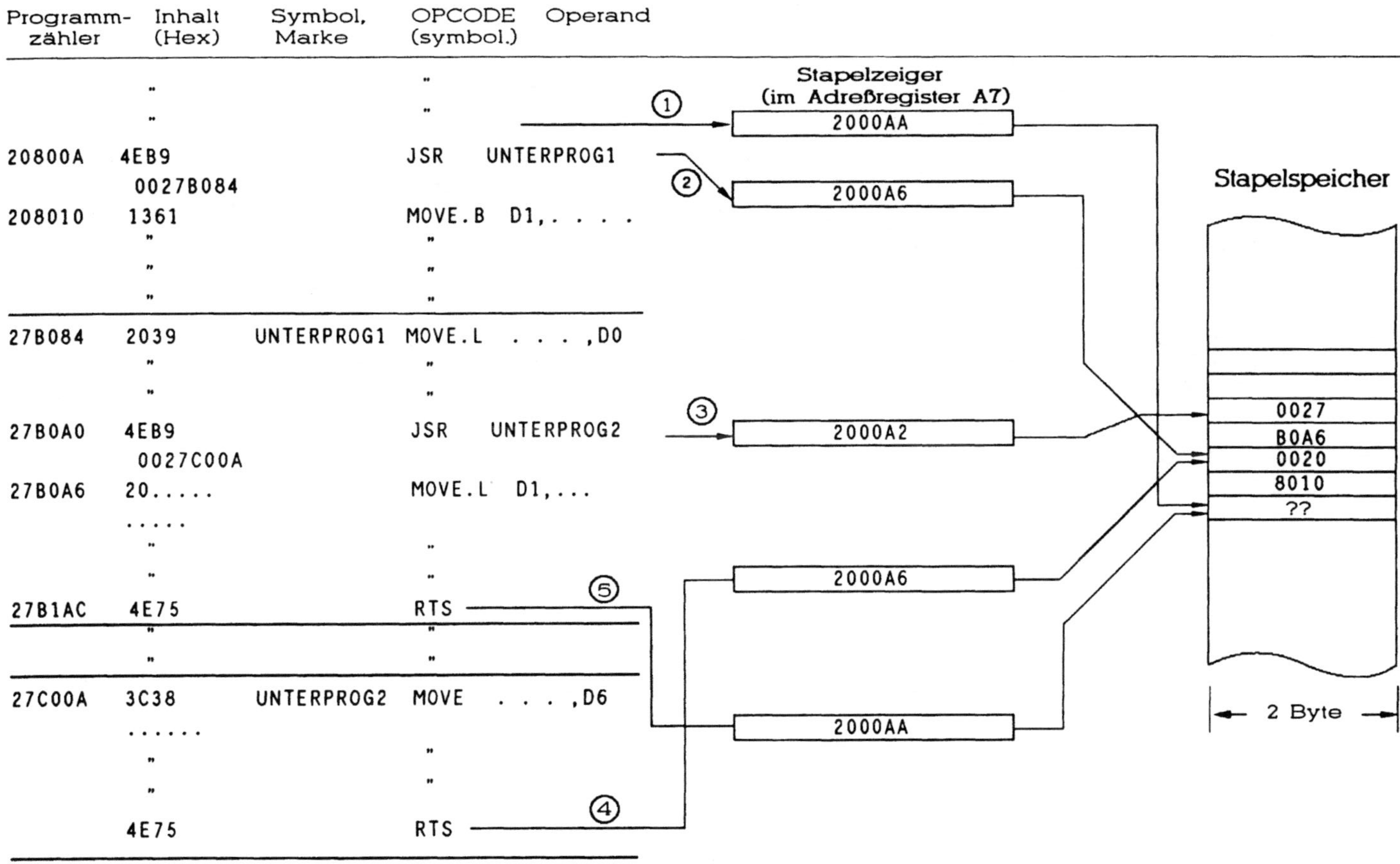

Bild 4-10: Programmausschnitt zum Beispiel Bild 4-8; die eingekreisten Ziffern beziehen sich auf entsprechende Stellen im Text

wieder für nachfolgende Aufrufe verfügbar. Die zuletzt in den Stapelspeicher geschriebene Adresse wird zuerst wieder herunter geholt (**LIFO**-Prinzip, *Last In, First Out*).

Bild 4-10 zeigt einen Programmausschnitt, der das Beispiel Bild 4-8 realisieren könnte. Der aktuelle Stapelzeiger im Adreßregister zeigt vor der Ausführung des Befehls `JSR UNTERPROG1` auf die Speicherposition `$2000AA` (①, gerade Adresse!). Nachdem der Befehlsdekoder im Leitwerk den Befehl `JSR` vollständig eingelesen hat, werden folgende Schritte ausgeführt:

- Der Stapelzeiger wird um 4 erniedrigt (`$2000A6`).
- Der Programmzähler `PC` wird um 4 (Adressenbytes) erhöht (`$208010`), so daß er auf das nächste Befehlswort zeigt.
- Der Inhalt des Programmzählers wird in den Stapelspeicher geschrieben, (`$00208010` ⟶ `$2000A6` bis `$2000A9`), der Stapelzeiger selbst bleibt unverändert. ②
- Der Programmzähler `PC` wird wieder um 4 erniedrigt (`$20800C`).
- Die Zieladresse (`UNTERPROG1`) wird aus dem Speicher geholt und in den Programmzähler `PC` geschrieben (`$0027B084`).
- Das erste Befehlswort des Unterprogramms wird in das Befehlsregister (Instruktionsregister) IR geladen (`$2039`).

(Hinweis: der Vorgang im M68000 läuft wahrscheinlich etwas anders ab; Bild 2-11 ist keine exakte Wiedergabe der internen Prozessorstruktur; die o. a. Folge ist damit aber möglich).

Im Unterprogramm `UNTERPROG1` wiederholt sich bei Befehl `JSR UNTERPROG2` der Vorgang, so daß nach der Ausführung an den Stapeladressen `$2000A2 - $2000A5` die Rückkehradresse `$0027B0A6` steht ③. Wird der Befehl `RTS` (*ReTurn from Subroutine*, `$4E75`) am Ende von `UNTERPROG2` durch das Befehlsregister erkannt, so werden die folgenden Vorgänge durch das Leitwerk gesteuert:

- Der Programmzähler wird mit der Adresse, deren erstes Byte an der Stelle beginnt, auf die der Stapelzeiger zeigt, geladen, hier also `$0027B0A6`.
- Der Stapelzeiger wird um 4 (Adreß-) Bytes erhöht (hier auf `$002000A6`)④.
- Das 1. Befehlswortes des im aufrufenden UP `UNTERPROG1` auf `JSR UNTERPROG2` folgenden Befehls (`MOVE.L D1,. . .`) wird geholt.

Nachdem auch der `RTS`-Befehl am Ende von UP `UNTERPROG1` abgearbeitet worden ist ⑤, läuft das ursprüngliche Programm an dem auf `JSR UNTERPROG1` folgenden Befehl weiter (`MOVE.B D1,. . .`).

Wir sehen, daß das von der Hardware unterstützte Prinzip des Stapelspeichers auch bei mehreren Unterprogrammebenen wieder fehlerfrei an die aufrufende Stelle bzw. den Folgebefehl zurückführt.

Programme bzw. *Tasks* mit einem Stapelspeicher, der vom Prozessor bei JSR- und BSR- (*Branch to SubRoutine*, verzweige zum Unterprogramm) Instruktionen automatisch benutzt wird, müssen diesen vor der ersten Verwendung im RAM-Bereich reservieren und den Stapelzeiger auf die oberste Adresse setzen. **Der reservierte Bereich muß ausreichend groß sein!** Häufig werden Parameter oder Parameteradressen für das UP über den Stapelspeicher übergeben (s. Abschnitt 4.5.7); dies muß bei der Dimensionierung unbedingt berücksichtigt werden!

4.3 Programmiermodell

Bild 4-11: Programmiermodell des M68000-Mikroprozessors. CCR - *Condition Code Register*; SR - Statusregister; SSP - *Supervisor Stack Pointer*, Überwachungsstapelzeiger; USP - *User Stack Pointer*, Anwenderstapelzeiger

Das Programmiermodell (**Bild 4-11**) beschreibt den Mikroprozessor aus der Sicht des Programmierers. Es enthält alle Register, die er durch Maschinenbefehle verändern kann[3]. Die angegebenen Bezeichnungen A7-A0, D7-D0, USP, SSP, PC, CCR, SR sind vereinheitlicht und werden von den Assemblern ohne explizite Definition als Operanden akzeptiert (reservierte Namen). Alle internen Register mit Ausnahme des Bedingungscode/Statusregisters sind 32 bit *breit.* Der Programmzähler PC (siehe auch Bild 2-11) enthält die 32 bit-Adresse des nächsten Befehlswortes. Er wird abhängig vom jeweiligen Befehl durch das Steuerwerk entweder automatisch inkrementiert oder, bei Programmverzweigungen wie z. B. einem UP-Aufruf, neu gesetzt.

4.3.1 Bedingungscoderegister CCR

Das Bedingungscoderegister (CCR *Condition Code Register,* **Bild 4-12**) ist das untere Byte (Bit 7-0) des Prozessorstatusregisters SR; es entspricht dem PSR von Bild 2-11. Seine Bits werden bei arithmetischen und logischen Befehlen in Abhängigkeit vom Ergebnis, bei Datentransporten in die MPU in Abhängigkeit vom Operanden gesetzt oder gelöscht; nicht immer werden alle Bits beeinflußt. Ihr Inhalt kann vom Programmierer durch Anweisungen gezielt verändert werden.

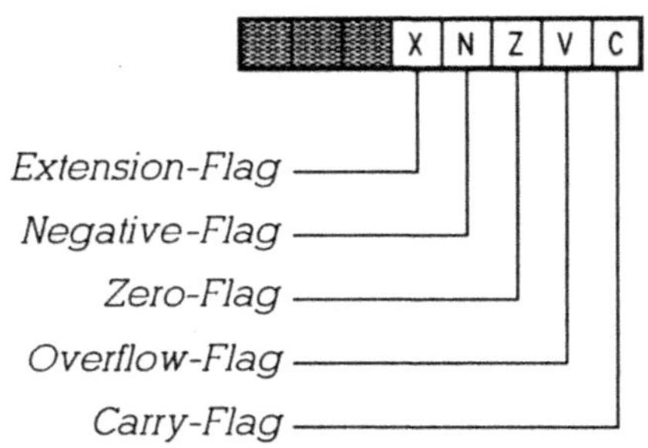

Bild 4-12: Bedingungscoderegister CCR

Zusätzlich zum CCR enthält das Statusregister SR (Bild 4-11) ein Systembyte. Der Zugriff auf dieses ist Einschränkungen unterworfen; aufgrund der fundamentalen Bedeutung dieses Bytes für *Multitasking*betriebssysteme mit der Trennung von Benutzer- und Systembereich wird ihm ein eigener Abschnitt gewidmet (4.4.3 *Systembyte des Statusregisters*).

Im einzelnen haben die Bits des CCR folgende Bedeutung:

Carry-Flag = Übertrags- und Entlehnflagge, Bit 0
= 1, wenn bei Addition ein Übertrag oder bei Subtraktion ein Entlehnwert auftritt
= 0, wenn bei Addition kein Übertrag und bei Subtraktion kein Entlehnwert auftritt
Ferner wird es von Schiebe- und Rotationsbefehlen beeinflußt.

3 Dies bedeutet **nicht**, daß man immer auf alle diese Register Zugriff hat!

OVerflow-Flag = Bereichsüberschreitungsflagge, Bit 1
= 1, wenn bei Addition oder Subtraktion eine Bereichsüberschreitung auftritt
= 0 sonst
Das V-Flag wird auch von Schiebebefehlen beeinflußt.

Zero-Flag = Nullflagge, Bit 2
= 1, wenn das Ergebnis einer Operation gleich Null ist
= 0 sonst

Negative-Flag, = Negativflagge, Bit 3
= 1, wenn das höchstwertige Bit des Ergebnisses einer Operation gesetzt ist (Byteoperation: Bit 7, Wortoperation: Bit 15, Langwortoperation: Bit 31)
= 0 sonst

EXtend-Flag = Erweiterungsflagge, Bit 4
Es wird bei Addition und Subtraktion ebenso gesetzt oder gelöscht wie das *Carry-Flag*. Es gibt je einen speziellen Additions- und Subtraktionsbefehl, die das X-Bit aus einer vorangegangenen Operation einbeziehen und dadurch das Rechnen mit mehrfacher Genauigkeit vereinfachen. Neben den arithmetischen Operationen wird das X-Flag von den Rotationsbefehlen ROXL und ROXR beeinflußt.

Die Bits 5 bis 7 sind unbenutzt. **Die angeführten Regeln für das Setzen/Löschen der einzelnen Bits des CCR gelten nur allgemein.** Zu jedem Befehl, der von der MPU verarbeitet wird, gibt der Hersteller an, welche Bits gesetzt, gelöscht oder unverändert bleiben (s. Tabelle A-3). **Beim Programmieren auf Assemblerebene sollte man sich bei Auswertung des Bedingungscoderegisters in jedem Einzelfall davon überzeugen, ob das oder die Bits wunschgemäß durch die vorangegangene(n) Anweisung(en) gesetzt worden ist (sind)!**

4.3.2 Daten- und Adreßregister

Datenregister dienen bevorzugt der Speicherung von Daten, die durch die Befehle in der MPU verändert werden sollen (Addition, Rotation usw.) oder von Ergebnissen, während Adreßregister bevorzugt der Speicherung und Manipulation von Adressen dienen.

Es hat sich gezeigt, daß Datenzugriffe nicht wahllos, sondern meist in einem gewissen Zusammenhang erfolgen, z. B. indem eine Zahl nacheinander mehrfach verändert wird, oder indem aufeinanderfolgende Werte einer Tabelle in gleicher Weise verarbeitet werden. Im ersten Fall ist es günstig, Zwischenergebnisse innerhalb der MPU zu speichern, um einen mehrfachen, zeitaufwendigen Transport vom/zum Arbeitsspeicher zu vermeiden, im zweiten Fall kann man die Adresse in der MPU belassen und von Zugriff zu Zugriff verändern, anstatt die Adresse des Operanden als 2. und 3. Befehlswort in den Prozessor zu laden und mit einer weiteren Datentransportoperation den Operanden zu holen [5].

Im Prinzip sind möglichst viele internen Register wünschenswert, um durch den schnelleren Zugriff eine möglichst hohe Verarbeitungsgeschwindigkeit zu erzielen. Für ihre Adressierung sind Bits im Befehlswort erforderlich. Um für möglichst viele Anwendungen mit **einem** Operationswort auszukommen, hat man die Zugriffsarten codiert und je 3 bit für das benötigte Daten- oder Adreßregister reserviert. Damit kann eins aus 8 Registern angesprochen werden.

Datenregisteroperationen können mit Byte-, Wort- oder Langwortoperanden ausgeführt werden. Da das Befehlswort die Operandengröße beinhaltet, werden die Statusbits des CCR jeweils korrekt gesetzt. Beispiele: Liegt eine Byteaddition vor, so wird die Negativflagge wie Bit 7, bei einer Wortsubtraktion wie Bit 15, und bei einer Langwortaddition wie Bit 31 gesetzt. **Bei einer Byteoperation mit einem Datenregister bleiben die oberen 3 Bytes (Bits 31 - 8), bei einer Wortoperation die oberen 2 Bytes (Bits 31 - 16) unverändert!**

Adreßregisteroperationen werden grundsätzlich mit 32 bit ausgeführt! Ist nur eine Wortadresse erforderlich, so wird Bit 15 vorzeichenexpandiert bis Bit 31 (d. h. in alle davor liegenden Bits kopiert, s. *4.4.11 Adressierungsart Absolut kurz*) und damit eine Langwortadresse erzeugt.

Auf den ersten Blick erscheint es wünschenswert, Universalregister zu haben und nicht zwischen Daten- und Adreßregister zu unterscheiden. Der Programmierer ist dadurch flexibler. Bei Datenmanipulationen müssen grundsätzlich Bedingungsflaggen gesetzt werden, z. B. für eine nachfolgende bedingte Programmverzweigung oder zum Retten des Übertrags beim Rechnen mit mehrfacher Genauigkeit. Bei komplexen Problemen kann es jedoch vorkommen, daß man zwischen zwei Datenoperationen eine Adreßrechnung einfügen muß. Eine Beeinflussung des Bedingungscoderegisters durch die Adreßrechnung stört die Datenoperation und würde ein Zwischenspeichern einzelner oder aller Flaggen erfordern.

Beim Rechnen mit Adressen

- kommen negative Ergebnisse (Adressen) nicht vor,
- sind 32 bit, entsprechend 4 Gigabyte Adreßraum, ausreichend groß, so daß man ohne Bereichsüberschreitungs- und Übertragsflagge auskommt.

Aus diesen Gründen wurde der M68000 so entworfen, daß man nach Daten- und Adreßregistern unterscheidet, **wobei bei Instruktionen mit Adreßregistern als Zieloperanden das CCR grundsätzlich unverändert bleibt.**

Das Adreßregister A7 hat die besondere Funktion des Stapelzeigers. Es muß immer initialisiert sein, d. h. auf eine Adresse im reservierten Bereich zeigen, wenn Unterprogrammaufrufe durchgeführt werden; sein Wert muß immer gerade sein, da Adressen gespeichert werden. Jedes andere Adreßregister kann ebenfalls einen Stapelzeiger auf durch das Programm definierte Stapelbereiche mit **Daten** enthalten, aber nur A7 wird automatisch für die Programmsteuerung verwendet (s. 4.4.8 *Adressierungsart Adreßregister indirekt mit Predekrement*).

Das Programmiermodell Bild 4-11 weist zwei verschiedene Stapelzeiger A7 (USP, Anwenderstapelzeiger) und A7′ (SSP, Überwachungsstapelzeiger) auf. Da beide vom Prozessor automatisch zur Speicherung von Rückkehradressen benutzt werden, werden sie als **Systemstapelzeiger SP** bezeichnet. Die gleichzeitige Präsenz zweier SP im Prozessor ist eines der konstruktiven Details, die den M68000 besonders zum *Multitasking*-Betrieb befähigen. Wir werden im folgenden Abschnitt hierauf eingehen.

4.3.3 Systembyte des Statusregisters

4.3.3.1 System- und Anwendermodus

In Kap. 2 (Struktur eines Mikroprozessorsystems) wurde gezeigt, daß in *Multitasking*-Betriebssystemen eine Trennung von Anwenderprogrammen und Betriebsmittelverwaltung erforderlich ist. Dies entlastet einerseits das einzelne Programm von der Aufgabe, die Verwaltung selbst durchzuführen, und schützt es andererseits vor unerwünschten Veränderungen der *Resourcen* durch andere Programme oder Benutzer.

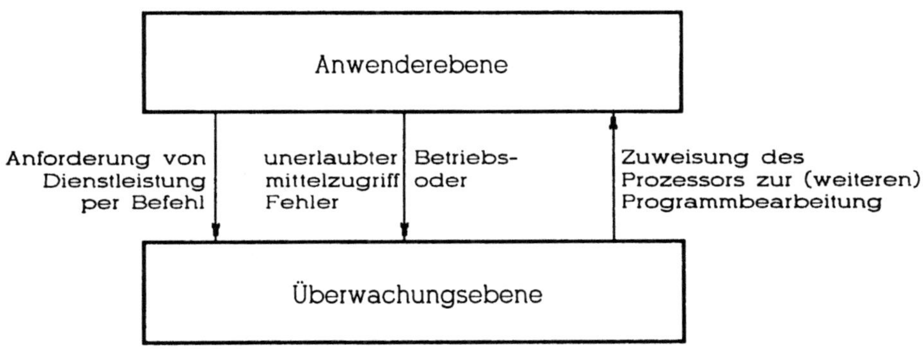

Bild 4-13: Anwender- und Überwachungsebene

Es wurde schon betont, daß der Zugriff auf Betriebsmittel, das Betriebssystem und andere Programme nicht erlaubt ist. Dies ist jedoch nicht ausreichend, um den Zugriff auch wirklich zu verhindern, beispielsweise die unkontrollierte, also nicht vom Betriebssystem überwachte, Veränderung der Steuerbits eines E/A-Bausteins. Ein solcher Zugriff durch ein Anwenderprogramm darf nicht ausgeführt, und der Versuch muß dem Betriebssystem gemeldet werden; es bricht das verursachende Programm in der Regel ab.

Wie wird nun dieser Schutz in der Praxis realisiert? Es existieren zwei Ebenen (**Bild 4-13**):

- die Ebene des Betriebssystems oder Überwachungsebene und
- die Anwenderebene.

In der Überwachungsebene sind alle Befehle erlaubt, in der Anwenderebene dürfen einige Befehle nicht ausgeführt werden (**priviligierte Befehle**). Alle Befehle, die den Inhalt des Systembytes verändern, sind priviligiert. MOVE USP und RESET sind priviligierte Befehle, die das Systembyte nicht verändern.

4.3.3.2 Überwachungsbit

Das S-Bit (*Supervisorbit*, Überwachungsbit) im Systembyte des SR (**Bild 4-14**) unterscheidet die beiden Modi, in denen die **Befehle** ablaufen:

S = 0, Befehlszyklus läuft im Anwendermodus (priviligierte Instruktionen verboten)

S = 1, Befehlszyklus läuft im Überwachungsmodus (*Supervisor Mode*, auch Systemmodus genannt, alle Instruktionen erlaubt)

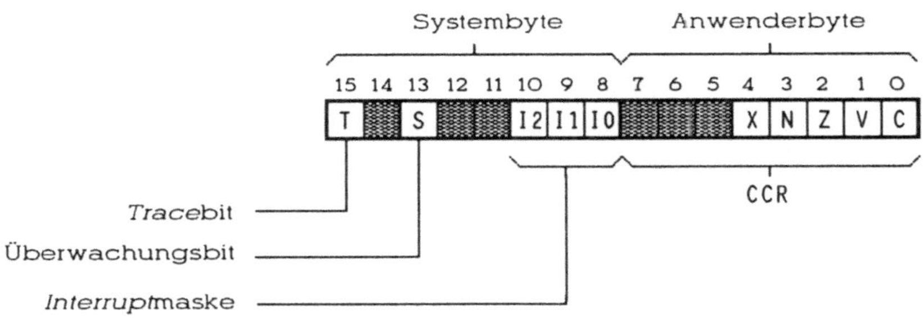

Bild 4-14 Statusregister SR

Der Prozessor selbst kann anhand dieses Bits unmittelbar feststellen, ob eine Anwender*task* unerlaubt einen priviligierten Befehl auszuführen versucht. Er erkennt dies als Fehler und verzweigt über einen definierten Zeiger an einer festgelegten Speicheradresse zu einer speziell hierfür vorgesehenen Fehlerbehandlungsroutine (s. *4.9.2 Privilegverletzungsausnahme*).

Bild 4-15 zeigt in der Darstellungsweise eines Zustandsdiagramms die Übergänge in den Anwender- bzw. Überwachungsmodus. Ein Anwenderprogramm (S = 0) kann durch einen Systemaufruf mit einer der TRAP-Instruktionen des Befehlssatzes (s. 4.9.1 *TRAP-Ausnahme)* einen Wechsel zum *Supervisor*-Befehlsmodus erreichen; hierauf wird eine festgelegte Stelle des Betriebssystems angesprungen. Systemaufrufe erfolgen, wenn Dienstleistung (Service) vom Betriebssystem gewünscht wird. Es deaktiviert in den meisten Fällen das Anwenderprogramm (*Task*zustand WARTEND, s. Kap. 2.6.4.3) und führt den durch gleichzeitig übergebene Parameter näher spezifizierten Betriebsmittelzugriff selbst durch. Hierbei ist S = 1, Haltefunktion *alle sonstigen Befehle* des Zustandes *Überwachungsmodus.*

Nach Erledigung der Aufgabe wird in den meisten Fällen die aufrufende *Task* durch den priviligierten Befehl RTE reaktiviert. S wird damit automatisch wieder auf 0 gesetzt; dies ist auch mit anderen priviligierten Befehlen möglich, die das S-Bit im SR direkt löschen. Die weiteren Instruktionen der *Task* werden im Zustand *Anwendermodus* bearbeitet (Haltefunktion *alle sonstigen nicht priviligierten Befehle* des Zustandes S = 0).

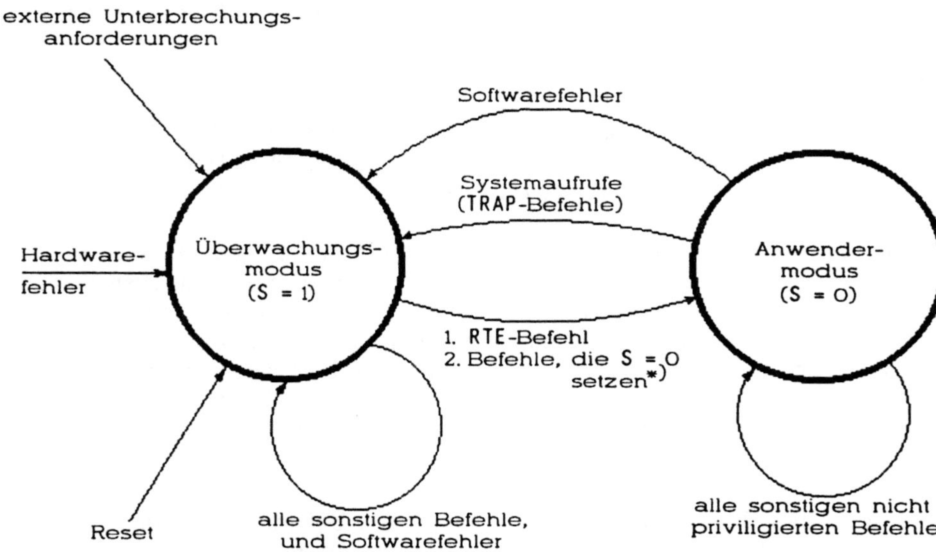

Bild 4-15: Befehlszustandsdiagramm; *) - dies sind immer priviligierte Befehle

Zusätzlich zum beschriebenen normalen und erwünschten Übergang in den Überwachungsbefehlsmodus wird dieser in folgenden Fällen ebenfalls erreicht (Bild 4-15) bei

- Hardwarefehlern, die dem Prozessor von außen gemeldet werden
- Softwarefehlern, die unbedingt eine Behandlung durch das Betriebssystem erfordern (Beispiele: die schon erwähnte Privilegverletzung, Adreßfehler beim Wortzugriff auf eine ungerade Adresse, Division durch Null)
- Softwarefehlern, für die von der *Task* ausdrücklich eine Behandlung durch das Betriebssystem gewünscht wird (Beispiele: Überschreitung der festgelegten Grenzen von Datenfeldern, Bereichsüberschreitung bei arithmetischen Operationen)

- Unterbrechungsanforderungen durch die Schnittstellen- oder andere Bausteine des Mikroprozessorsystems

Wurden die Befehle der *Task* im Anwendermodus bearbeitet, so ist der Zustandsübergang LAUFEND ⟶ UNTERBROCHEN (Bild 2-24) mit einem der Übergänge S = 0 ⟶ S = 1 in Bild 4-15 verbunden. Er wurde entweder durch die *Task* gewünscht (Betriebsmittelanforderung durch TRAP-Instruktion), durch Softwarefehler verursacht (z. B. Privilegverletzung), oder durch Hardwarefehler oder Unterbrechungsanforderung initiiert.

Die *Task* im Zustand UNTERBROCHEN führt keine Befehle aus. Nach dem Übergang auf S = 1 gilt dieser Befehlsmodus für die Betriebssystemroutine, die vom Prozessor gestartet wurde, nicht für die *Task*. Der Übergang von S = 0 ⟶ S = 1 ist immer mit einer Änderung des PCs verbunden, in jedem Fall wird eine Stelle des Betriebssystems *angesprungen*.

Bild 2-24 beschreibt ***Task*zustände**, Bild 4-15 den aktuellen **Befehls**zustand! *Tasks* der Zustände RUHEND, LAUFBEREIT, UNTERBROCHEN und WARTEND sind in Bild 4-15 nicht vertreten, da ihnen der Prozessor nicht zugeteilt ist.

Beim Einschalten (*Reset*) muß der Überwachungsmodus gesetzt werden, da für die Einsprungstellen der Behandlung der verschiedenen Betriebsmittelzugriffe und Fehler erst Zeiger auf die entsprechenden Routinen an definierten (durch den Prozessor **festgelegten**) Stellen im RAM (s. Tabelle 4-8) gesetzt werden müssen. Der Übergang in den Anwendermodus ist erstmals möglich nachdem die Routinen und die auf sie weisenden Zeiger (Vektoren) etabliert worden sind; danach können Anwender*tasks* gestartet und Betriebsmittelanforderungen gestellt werden.

Während des Übergangs von S = 0 nach S = 1 befindet sich der Prozessor in einem besonderen Zustand, der **Ausnahmezustand** genannt wird. **Die Ausnahme beginnt zu dem Zeitpunkt, zu dem der Prozessor die Anforderung akzeptiert. Sie endet mit dem Zugriff auf den ersten Befehl der Ausnahmeverarbeitungsroutine** (auch **A**usnahme**S**ervice**R**outine ASR, *Exception Handler*). Der genaue zeitliche Ablauf wird in 4.9 *Ausnahmeverarbeitung* ausführlich beschrieben. Alle Serviceanforderungen und Fehlerbehandlungen durch das System werden über eine solche Ausnahme eingeleitet.

Das S-Bit im SR verhindert zwar die unerlaubte Ausführung von priviligierten Instruktionen, es verhindert aber nicht den Zugriff auf Betriebsmittel durch nicht priviligierte Befehle. Beispielsweise können die Steuerregister der Seriellen Schnittstelle Bild 2-5 oder die Adreßtransformationsregister eines Speicherverwaltungsbausteins mit dem nicht priviligierten Befehl MOVE.B verändert werden.

Um das zu vermeiden, wird das interne S-Bit extern an der FC2-Leitung zur Verfügung gestellt und zur Festlegung separater Adreßräume für Betriebsmittelverwaltung und Anwenderprogramme herangezogen (**Bild 4-16**). Alle Routinen des Betriebssystems und alle Adressen der Betriebsmittelhardware können nur angesprochen werden, wenn FC2 = 1 ist. Im Adreßraum für Anwender*tasks* befinden sich nur Speicherbausteine, er wird mit FC2 = 0 ausgewählt.

Die FC2-Leitung ist eine von drei Leitungen, deren weitere Bedeutung im Abschnitt *4.8.3 Die Statusleitungen FC2 - FC0* beschrieben wird.

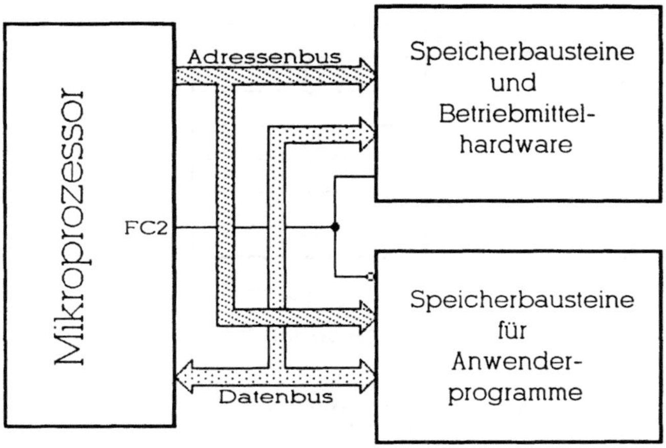

Bild 4-16: Festlegung verschiedener Adreßräume für Betriebssystem und Betriebsmittelhardware sowie Anwenderprogramme; FC2 - ***Function Code 2***-Leitung des Prozessors

Mit dem Übergang vom Anwender- in den Überwachungsbefehlsmodus (S = 0 ⟶ S = 1) ist auch der Wechsel des Systemstapelzeigers SP vom Anwender- (USP) in den Überwachungsstapelzeiger (SSP) verbunden. **Zunächst wollen wir jedoch von einem einzigen SP ausgehen und seine Funktion bei dem Übergang erläutern.**

Bei dem angegebenen Wechsel des Befehlsmodus wird der Prozessor mit der Bearbeitung von Routinen beginnen, die an anderer Stelle des Speichers liegen. Ähnlich wie bei einem Unterprogrammaufruf muß in den meisten Fällen zu einem späteren Zeitpunkt zum unmittelbar folgenden Befehl zurückgekehrt werden; abweichend hiervon kann die Ausnahme aber zu einem **nicht vorhersehbaren Zeitpunkt** erfolgen (externe Unterbrechungsanforderung), so daß zur korrekten späteren Fortsetzung neben der Rückkehradresse weitere Informationen gerettet werden müssen.

Dies betrifft insbesondere das Statusregister, das mit den meisten Befehlen, also auch denen der ASR, verändert wird. Sein Inhalt wird daher ebenso wie der des PC **automatisch** auf den Stapel gerettet. Da häufig nicht alle Register zur Bearbeitung des Betriebsmittelzugriffs oder des Fehlers benötigt werden, werden sie **nicht** automatisch gerettet. Um eine kurze Bearbeitungszeit zu erhalten, überläßt man es der ASR, nur die Inhalte der tatsächlich verwendeten Register zu retten. **Bild 4-17 A** zeigt den Systemstapelzeiger SP vor Eintritt der Ausnahme ① und unmittelbar vor Ausführung des 1. Befehls der ASR ②.

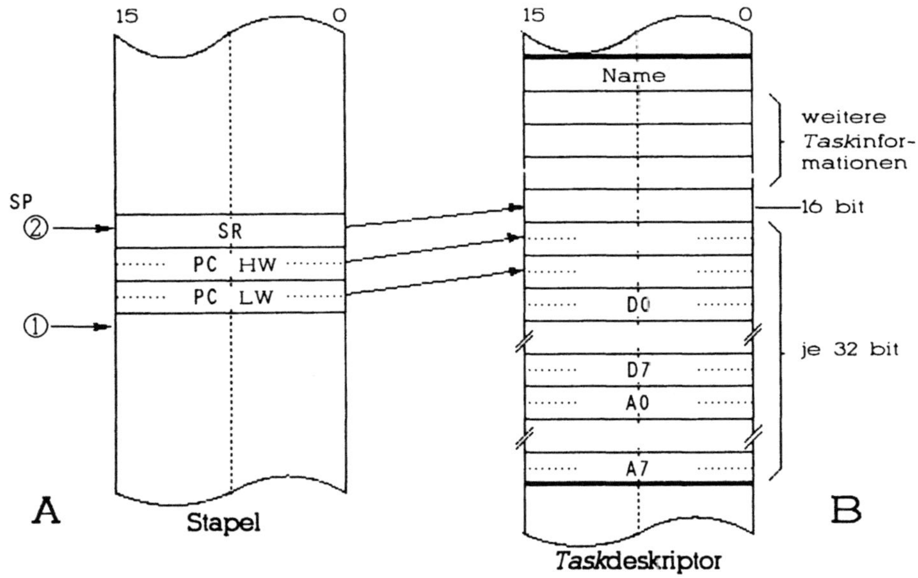

Bild 4-17: Retten der Programmumgebung bei *Task*-wechsel; **A** - Automatisches Retten der Prozessorumgebung bei Eintritt der Ausnahme; **B** - *Task*deskriptor; PC HW - Programmzähler *High Word*; PC LW Programmzähler *Low Word*; SR - Statusregister; SP - Systemstapelzeiger

Wird am Ende der Ausnahmebehandlung eine *Task*umschaltung (*Task Switch*) erforderlich (z. B. bei einer Ausgabeanforderung), so muß der Inhalt aller Prozessorregister in den *Task*deskriptor (s. 2.6.4.2) gerettet werden. In ihm werden alle Registerinhalte (A7-A0, D7-D0 sowie PC und SR) eingetragen. Unter *weitere Taskinformationen* sind Zustand (zu diesem Zeitpunkt WARTEND), Speicherplatzbelegung und eine Reihe anderer Größen, z. T. in codierter Form, enthalten (Bild 4-17 B).

Bild 4-18 zeigt einen Speicherauszug bei einer *Multitasking*-Umgebung mit einem Stapel, der vom Betriebssystem benutzt wird, und drei Stapeln für *Task* A, B und C. Jeder *task*spezifische Stapel wird für Unterprogrammaufrufe, Parameterübergabe oder dynamische Speicherbelegung innerhalb der jeweiligen *Task* benutzt (s. Abschnitt *4.5.9 Die Befehle LINK und UNLK*). Der Stapel ist jeweils ein reservierter Datenbereich, und allen drei *Tasks* möge der Prozessor schon zugeteilt gewesen sein, so daß ein Teil der reservierten Bereiche schon belegt ist.

Task B verweile im Zustand LAUFEND, so daß die Stapelzeiger der *Tasks* A und C nicht im Prozessor, sondern nur im jeweiligen Deskriptor (A7 in Bild 4-17 B) enthalten sind; der Stapelzeiger Sy ist an einer Stelle des RAM abgelegt, die das Betriebssystem verwaltet.

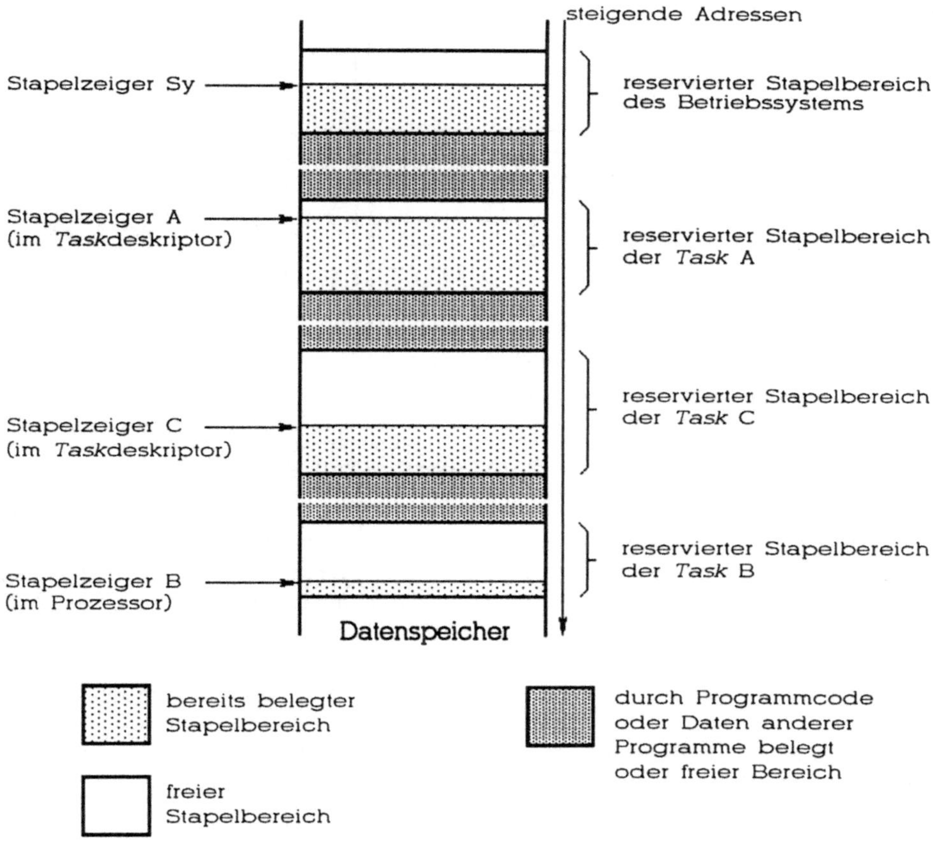

Bild 4-18: Stapelspeicher in einer *Multitasking*-Umgebung, nur ein Stapelzeiger im Prozessor verfügbar, kein Prozessor M68000; *Task* B im Zustand LAUFEND

Tritt jetzt eine externe Unterbrechung auf, so werden `PC` und `SR` auf den Stapel der aktiven *Task* B geschrieben. Für die Bearbeitung der Anforderung (Systemaufgabe!) werden anschließend der Inhalt des Registers `A7` in den *Task*deskriptor B gerettet und Sy in Register `A7` geladen[4]. Am Ende der Bearbeitung werden Sy aus `A7` in die reservierte Speicherstelle im RAM übertragen, der Stapelzeiger von B wieder aus dem Deskriptor in den Prozessor kopiert und die *Task* mit dem Befehl `RTE` wieder aktiviert. `RTE` (*ReTurn from Exception*, Rückkehr von Ausnahme) bringt, wie der Befehl `RTS` am Ende eines Unterprogrammes, die Rückkehradresse vom Stapel in den `PC`; zusätzlich wird der frühere Status vom Stapel ins `SR` transferiert (Bild 4-17 A).

4 Die Umladung sollte stattfinden, da 1. eine Systemaufgabe erledigt wird und 2. nicht bekannt ist, ob hinreichend Platz auf dem *Task*stapel zur Verfügung steht.

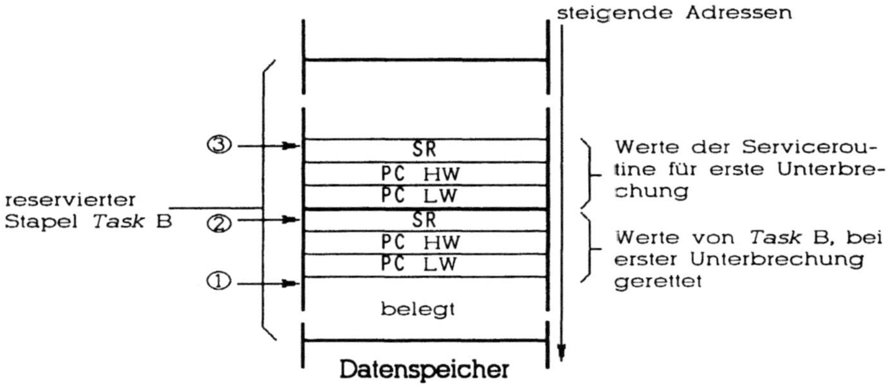

Bild 4-19: Stapel *Task* B bei zwei unmittelbar aufeinanderfolgenden Unterbrechungen (nur ein Stapelzeiger, kein Prozessor M68000); ① - Stapelzeiger vor der Unterbrechung; ② - dto. nach der ersten Unterbrechung; ③ - dto. nach der zweiten Unterbrechung

Ein Problem tritt auf, wenn nach der ersten Unterbrechung **vor** dem Wechsel der Stapelzeiger eine Unterbrechungsanforderung höherer Priorität auftritt (**Bild 4-19**). Da der Stapel von *Task* B immer noch aktiv ist, werden PC und SR der ASR der ersten Unterbrechung dorthin geschrieben, obwohl sie auf den Stapel des Betriebssystems gehören und der Stapelzeiger B durch fremde Daten verändert wird. Zur Lösung dieses Problems gibt es folgende Möglichkeiten:

1. Analyse und Bereinigung durch Software: Der beschriebene Fall wird erkannt, wenn das zuletzt gerettete SR S = 1 zeigt, aber nicht im Stapel des Betriebssystems steht.
2. Der *Interrupt-Handler* vermeidet das Problem, indem er mit seinem ersten Befehl weitere Ausnahmen sperrt bis der korrekte Stapelzeiger im Prozessor steht. Dieser Weg scheidet jedoch aus, weil ein in dieser Phase erzeugter Fehler nicht behoben werden könnte (z. B. Busfehler, Adreßfehler, s. 4.9.8 und 4.9.9).
3. Motorolalösung, im M68000 realisiert: Es werden zwei Stapelzeiger USP (A7, Anwender) und SSP (A7′, Betriebssystem) im Prozessor eingerichtet, von denen zu einem Zeitpunkt nur einer aktiv und als Register A7 ansprechbar ist. Der andere ist zu diesem Zeitpunkt nicht als Adreßregister ansprechbar, ist aber im Prozessor enthalten und behält seine Information. A7 und A7′ sind also verschiedene Register, die zu unterschiedlichen Zeitpunkten aktiv sind und daher beide unter A7 ansprechbar sind.
   Die geschilderte Problemsituation wird vermieden, da das ausnahmebedingte, durch den Prozessor selbst vorgenommene Retten von PC und SR auf den Überwachungsstapel erfolgt. Der SP in Bild 4-17 ist also der SSP. **Bild 4-20** zeigt die zuvor geschilderte Situation mit drei *Tasks* A, B und C in einem 68000er System: A7′ zeigt auf den zuletzt belegten Platz des Überwachungsstapels, A7 (USP) auf den der letzten aktiven *Task* B. PC und

SR der *Task* werden auf dem Überwachungsstapel abgelegt! *Task*-Stapel werden durch eine Ausnahme nicht verändert.

Es sei darauf hingewiesen, daß die Probleme bei der Bearbeitung von mehreren (fast) gleichzeitig auftretenden Ausnahmen sehr komplex werden können und von den Entwicklern eines Betriebssystems in allen Details durchdacht werden müssen. Eine vertiefte Betrachtung führt weit über den Rahmen des Buches hinaus.

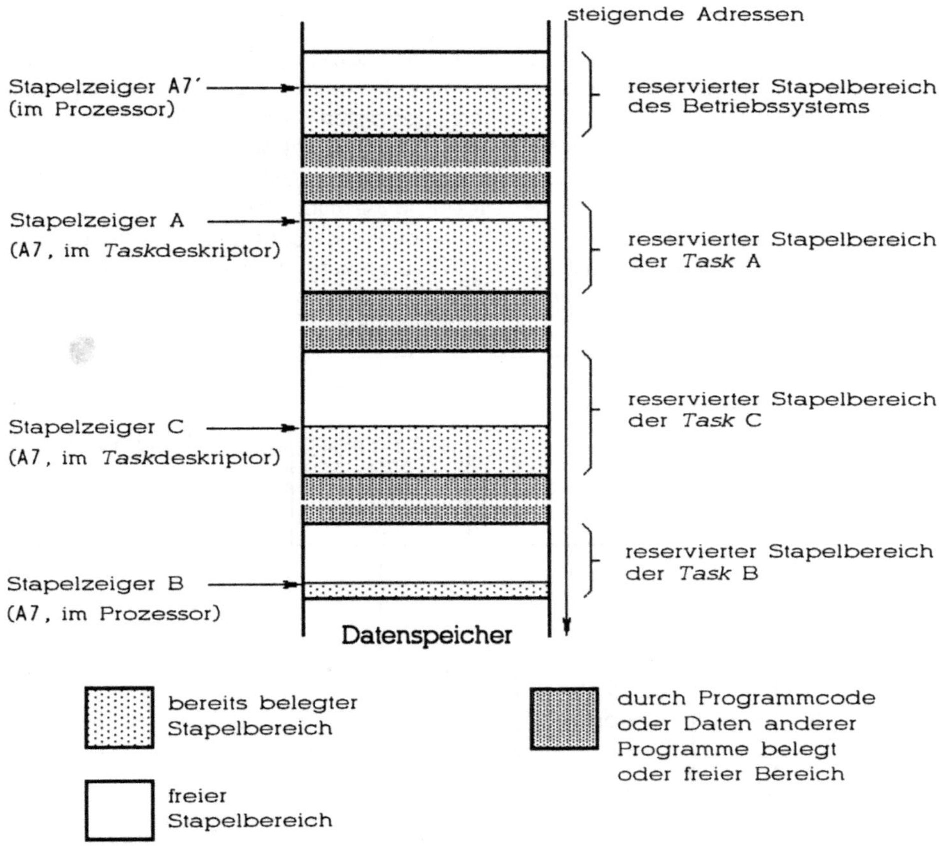

Bild 4-20: Stapelspeicher in einer *Multitasking*-Umgebung; 68000er System, mit zwei Systemstapelzeigern im Prozessor

Ein Problem wird durch die Lösung mit zwei Stapelzeigern verursacht: Wird im Verlauf der Ausnahmebehandlung (ASR oder ISR) ein *Task*wechsel erforderlich, so muß der USP, der zu diesem Zeitpunkt nicht aktiv ist und damit nicht unter der Adresse A7 angesprochen werden kann, gerettet werden. Speziell für diesen Fall wurde der priviligierte Befehl `MOVE.L USP,An` geschaffen, der das verdeckte A7 in ein anderes Adreßregister kopiert, von wo es zur A7-Position des *Task*deskriptors (Bild 4-17 B) gerettet werden kann.

Ebenso existiert für die *Task*, der der Prozessor zugeteilt werden soll, der Befehl `MOVE.L An,USP`, mit dessen Hilfe deren `SP` aus dem Deskriptor über ein Adreßregister in das verdeckte `A7` gebracht werden kann.

4.3.3.3 *Interrupt*maskenbits

Die Bits `I2-I0` der ***Interrupt*maske** (Bild 4-14) treffen eine Aussage über die Priorität der externen Unterbrechungsanforderung, die momentan bearbeitet wird.

Bild 4-21 zeigt einen Auszug aus einem Mikroprozessorsystem mit vielen E/A-Bausteinen, die *Interrupts* anmelden können. In einem solchen System wird man den Anforderungen der einzelnen Bausteine verschiedenes Gewicht beimessen: Die Anforderung eines Platten*controllers* hat wegen seiner Bedeutung für alle Benutzer und *Tasks* und wegen der Datenmengen und Übertragungsraten, die von ihm gesteuert werden, wesentlich mehr Gewicht als die Eingabe eines Zeichens an der Tastatur eines Datensichtgeräts. Beim Entwurf der Hardware wird die Bedeutung der E/A-Bausteine in mehrere Stufen eingeteilt, die man als **Prioritätsebenen** bezeichnet.

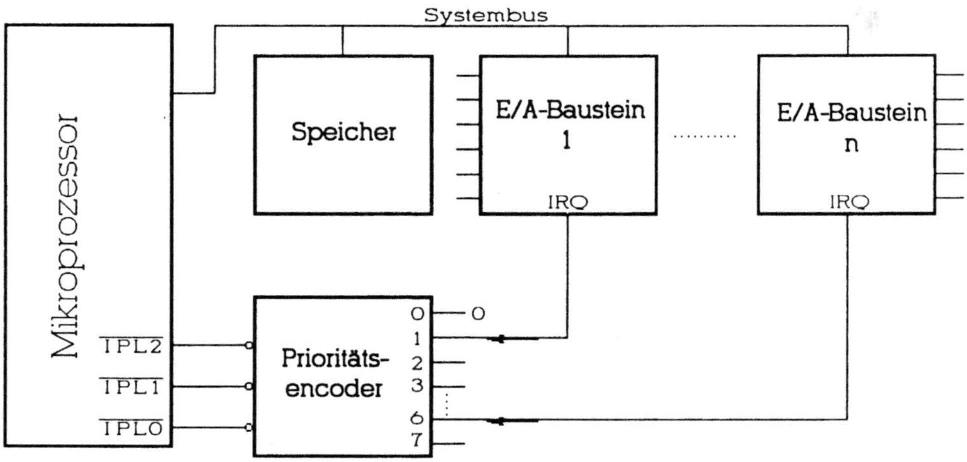

Bild 4-21: Mikroprozessorsystem mit Unterbrechungsanforderungen von vielen E/A-Bausteinen

In 68000er-Systemen sind 7 Ebenen möglich, wobei die mit der Nummer 7 die höchste und die mit der Nummer 1 die niedrigste Priorität hat. Die Anforderungen der einzelnen Ebenen werden über einen sog. **Prioritätsencoder** dem Prozessor zugeführt. Der Prioritätsencoder ist eine logische Schaltung, die ausgangsseitig den Dualcode der höchsten Priorität aller eingangsseitig anliegenden Anforderungen der Hardware erzeugt. Nur diese wird bedient, d. h. der Prozessor verzweigt über eine Ausnahme in die zugehörige *Interrupt*serviceroutine (ISR). Um nach deren Abschluß nicht erneut eine Ausnahme für dieselbe Anforderung einzuleiten, muß

- die Anforderung des E/A-Bausteins vor Abschluß der ISR zurückgenommen und
- die Priorität in der *Interrupt*maske gespeichert werden.

Vom Augenblick der Rücknahme an kann der Prioritätsencoder eine bestehende oder neu auftretende Anforderung gleicher oder niedrigerer Priorität nicht mehr ausblenden. Dies bewirkt jetzt der Prozessor durch Vergleich des in der *Interrupt*maske gespeicherten Prioritätswertes mit dem der Anschlüsse $\overline{IPL2}$ - $\overline{IPL0}$ (dabei wird berücksichtigt, daß diese *low*-aktiv sind).

Tabelle 4-1 zeigt den Zusammenhang zwischen Maskenbits und Prioritätsebenen. Hat die *Interrupt*maske den logischen Zustand 000, so werden normale Anwender*tasks* oder Prozesse durchgeführt; es wird gerade kein *Interrupt* bearbeitet. Beim Zustand 001 wird eine Unterbrechungsanforderung der Priorität bzw. der Ebene 1 bearbeitet.

Ebene	I2 I1 I0	Bedeutung
0	0 0 0	keine Priorität, normale Bearbeitung von *Tasks*
1	0 0 1	niedrigste Priorität
2	0 1 0	
3	0 1 1	↓ steigende Priorität
4	1 0 0	
5	1 0 1	
6	1 1 0	
7	1 1 1	höchste Priorität

Tabelle 4-1: Hardwareprioritäten

Signale an den Anschlüssen[5] $\overline{IPL2}$ - $\overline{IPL0}$	Hardwarepriorität der Unterbrechungsanforderung	momentane Prozessorpriorität I2-I0	Reaktion
L H H	100	011	wird bedient
H L H	010	011	wird nicht bedient

Bild 4-22: Beispiel Prioritätsebenen

Ist also die Hardwarepriorität der Unterbrechungsanforderung größer als der Wert der Maskenbits, so unterbricht der Prozessor die laufende *Task* oder den aktuellen Prozeß, übernimmt für sich selbst die Priorität der Anforderung, indem er sie in die *Interrupt*maske kopiert, holt nach der Rettung der Prozessorumgebung den ersten Befehl der neuen *Interrupt*serviceroutine und beginnt deren Bearbeitung. Nach deren Abschluß muß eine zuvor bearbeitete ISR niedrigerer Prioritätsebene weiterlaufen.

Der Maskeninhalt bleibt erhalten bis entweder eine Unterbrechungsanforderung höherer Priorität eintrifft oder die Priorität per Instruktion erniedrigt wird

5 Spannungspegel; auf die Problematik der Pegelangaben bei *low*-aktiven Signalen wird in 4.8.2.4 *Beispiel Dekodierung und* DTACK-*Logik* eingegangen.

(priviligierte Befehle wie z. B. RTE). Anforderungen gleicher oder niedrigerer Priorität werden erst dann bedient (**Bild 4-22**). Man sagt auch: Diese Anforderungen werden **ausmaskiert. Der Maskeninhalt ändert sich nicht, wenn die externe Anforderung zurückgenommen wird!** Die Priorität 7 ist nicht maskierbar, d. h. es wird erneut eine Ausnahme eingeleitet, wenn beim Maskeninhalt 111 eine neue Anforderung gleicher Stufe eintritt.

Dadurch, daß der Prozessor aufgrund des Inhalts der Maskenbits selbst entscheidet, ob eine Anforderung bearbeitet wird, hat er sich auf die Priorität des momentan bearbeiteten *Interrupts* gesetzt. Man sagt daher auch, daß die *Interrupt*maske die **Hardwarepriorität des Prozessors** reflektiert.

Hinweis: Hardwarepriorität des Prozessors und Befehlszustand (Anwender-, Überwachungsmodus) haben nicht direkt etwas miteinander zu tun! Auch ein Prozeß (S = 1) wird durch einen IRQ der untersten Ebene 1 unterbrochen. Ebenso ist die *Task*priorität ein von den genannten unabhängiger Begriff: Eine *Task* der höchsten Priorität wird von einer Unterbrechungsanforderung der niedrigsten Ebene unterbrochen!

4.3.3.4 *Trace*bit

Das ***Trace*bit** T des Systembytes des SR (Bild 4-12) unterstützt die Abarbeitung einer *Task* im **Einzelschrittverfahren** (Instruktion für Instruktion). Dabei wird nach jedem Befehl einer *Task* der *Trace*prozeß über eine Ausnahme gestartet. Ist am Ende der Bearbeitung eines Maschinenbefehls T = 1, so laufen folgende Vorgänge ab:

- S ⟶ 1, Übergang in den *Supervisor*modus
- T ⟶ 0, da der *Trace*prozeß im *Supervisor*modus nicht selbst *getraced* werden soll
- Start des *Trace*prozesses, dessen Startadresse der Prozessor über den *Trace*ausnahmevektor an festgelegter Stelle findet (s. Tabelle 4-8)

Bild 4-23 zeigt den Vorgang: Am Ende eines Befehls verzweigt der Prozessor aufgrund des gesetzten T-Bits über den durch die Prozessorhardware festgelegten Ausnahmevektor in den *Trace*prozeß, an dessen Ende zur nächsten Instruktion zurückgekehrt wird. Dieser gibt Informationen über die *Task* aus und erwartet vom Bediener eine Anweisung. Mit Hilfe von solchen Anweisungen können Register- und Speicherinhalte (Daten oder Instruktionen) oder der weitere Programmablauf modifiziert werden.

Am Ende des *Trace*prozesses wird die Anwender*task* wieder mit S = 0 und T = 1 aktiviert, so daß der folgende Maschinenbefehl abgearbeitet werden kann (evtl. mit geänderten Register- oder Speicherinhalten). Wurden der PC oder Befehle geändert, so ergibt sich ein anderer Programmverlauf. Auch ein

Prozeß kann im Einzelschrittverfahren bearbeitet werden; dann erfolgt die Rückkehr mit S = 1.

Bei **funktionsfähiger Computerhardware** ist das *Tracen* ein sehr effektives Verfahren zur Fehlersuche. Umfangreiche *Trace*prozesse, sog. ***Debugger*** erlauben den Zugriff auf die Symboltabelle, sofern sie vom Assembler zur Verfügung gestellt wird, sowie das Überspringen von Teilen der *Task*, die fehlerfrei ablaufen und für die daher eine Einzelschrittbearbeitung überflüssig ist. Sie ermöglichen auch, den interaktiven Teil erst innerhalb einer Schleife und erst ab einem wählbaren Stand des Schleifenzählers zu beginnen und manches andere mehr. **Da nach jedem Befehl zur *Trace*routine verzweigt wird, läuft die *Task* sehr viel langsamer ab!**

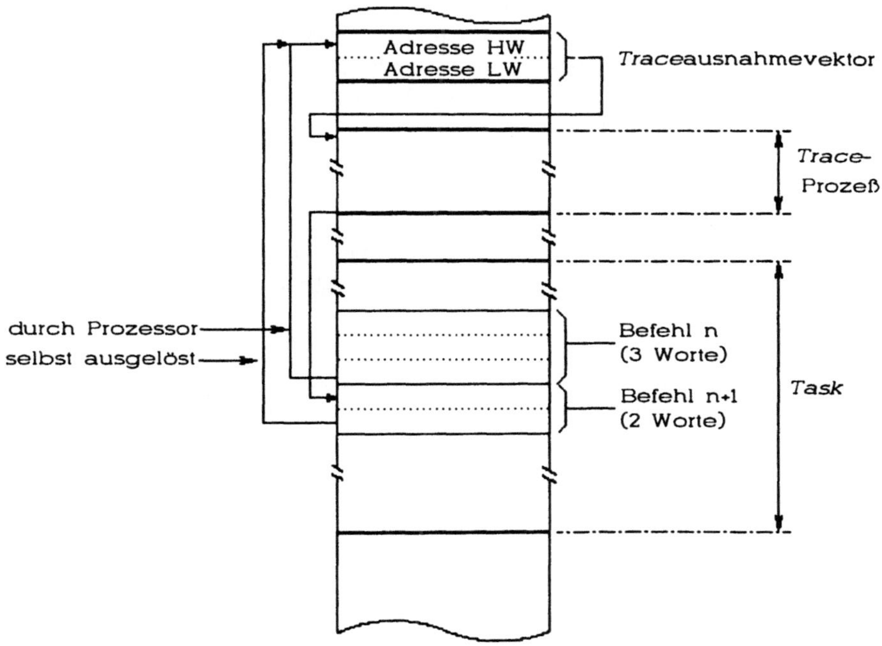

Bild 4-23: Einzelschrittbearbeitung einer *Task*

Da das T-Bit im Systembyte des SR liegt, kann es der Anwender nicht selbst setzen. Der Vorgang wird entweder direkt durch Start des *Debuggers* vom Terminal eingeleitet, wobei ihm der Name der *Task* mitgeteilt werden muß, oder die *Task* stellt eine entsprechende Anforderung an das Betriebssystem (TRAP-Befehl). Beendet wird der Vorgang durch eine Anweisung im interaktiven Betrieb oder durch eine entsprechende Anforderung der *Task* selbst an das System.

4.4 Adressierungsarten

In Kapitel 2 wurden die Operanden durch Angabe der absoluten Adresse spezifiziert; in Kapitel 3 wurden Beispiele angegeben, bei denen ein Operand des Befehls in einem internen Register des Prozessors enthalten ist, und schließlich wurde schon darauf hingewiesen, daß ein Operand auch durch Angabe seiner Adresse in einem Adreßregister spezifiziert werden kann.

Als **Adressierungsart** bezeichnet man die Art und Weise, in der ein Operand aus dem Befehl ermittelt wird. Im Laufe der Zeit wurden neu entwickelte Prozessoren mit immer komplexeren Adressierungsarten ausgestattet, die, bezogen auf den Speicherplatzbedarf, kurze Programme ermöglichen. **Nicht in jedem Fall ergibt sich damit automatisch auch eine größere Übersichtlichkeit!** So geht beispielsweise bei Registeroperanden oder durch Register spezifizierten Operanden nach einigen Programmzeilen der Bezug für den Betrachter der Liste leicht verloren. Der M68000 verfügt über 14 Adressierungsarten, die einzeln und mit Beispielen vorgestellt werden.

4.4.1 Operationswort

Aus Kapitel 2 kennen wir die allgemeine Struktur des Zweiadressenbefehls (Bild 2-10). Das Operationswort wurde in der Form **Bild 4-24** angegeben.

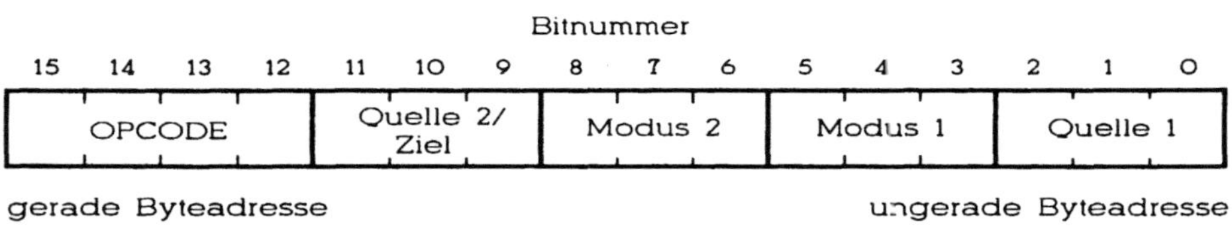

Bild 4-24: Befehlswort (allgemein) eines Zweiadressenbefehls

Für Quelle 1 bzw. Quelle 2/Ziel sind jeweils drei Bits reserviert, so daß die Nummer des Daten- oder des Adreßregisters direkt angegeben werden kann. Modus 1 bzw. 2 geben an, ob es sich um ein Daten- oder Adreßregister handelt, oder definieren genauer, wie die Operandenadresse ermittelt wird. Mit den Modusfeldern wird also die Adressierungsart in codierter Form angegeben. Es ist nicht möglich, alle Zweiadressenbefehle mit allen Adressierungsarten für beide Operanden durchzuführen, wie die folgende einfache Überlegung zeigt: Reserviert man für beide Operanden jeweils 6 bit für die Adreßspezifikation, und sieht zusätzlich die Operandenlänge Byte, Wort und Langwort vor, so sind allein durch einen Befehl

$$3 \cdot 2^{12}/2^{16} \cdot 100\% = 18{,}75\%$$

aller verfügbaren Bitmuster des Operationswortes reserviert. Es wären also nur 5 verschiedene Befehlstypen realisierbar [6]. Aus diesem Grund gilt diese Vielfalt für beide Operanden nur für den Datentransportbefehl `MOVE`. Bei allen anderen Befehlen wurde sie wesentlich eingeschränkt, und statt dessen wurden zusätzliche Instruktionen implementiert.

Register- und Modusfeld faßt man als **Effektive Adresse EA** (**Bild 4-25**) zusammen. Je nach im Modusfeld spezifizierter Adressierungsart sind für den Befehl außer der Registerangabe Operanden- oder Operandenadreßerweiterungsworte erforderlich.

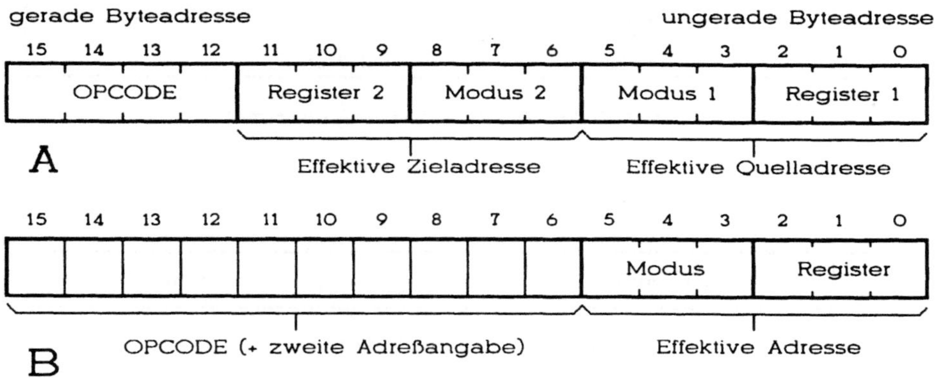

Bild 4-25: Format des Operationswortes; **A** - MOVE-Befehl, es sind je eine Effektive Adresse für Quelle und Ziel angegeben; **B** - sonstige Befehle, eine Effektive Adresse für Quelle 1 **oder** Quelle 2/Ziel[6]

Die 14 Adressierungsarten lassen sich nicht mit den 3 bit eines Modusfeldes codieren. Man hat dieses Problem dadurch gelöst, daß die Anzahl der Adressierungsarten, die eine Registerangabe benötigen, auf 7 beschränkt wurde, was sich mit 3 bit codieren läßt (Bitmuster 000 bis 110). Fünf weitere sind durch ein Modusfeldbitmuster 111 und ergänzende Codierung im Registerfeld gekennzeichnet.

Allgemein ergeben sich damit Operationsworte nach dem Schema in Bild 4-25. Die meisten Befehle enthalten nur noch eine Effektive Adresse auf den unteren 6 Bits. Für den evtl. benötigten zweiten Operanden wird häufig nur noch eine Adressierungsart vorgesehen, so daß alle Varianten einer Instruktion insgesamt wesentlich weniger Bitkombinationen benötigen als bei Ausnutzung aller Arten für beide Operanden.

4.4.2 Allgemeines Befehlsformat

Mit den aufgeführten Möglichkeiten ergibt sich das allgemeine Befehlsformat **Bild 4-26** (vergleiche mit Bild 2-10!). Im folgenden soll statt *Quelladresse 2/Zieladresse* nur noch *Zieladresse* angegeben werden. In den Fällen mit zwei Quelloperanden stimmen beide sowieso überein, und in anderen Fällen gibt es keine zweite Quelle, so daß diese Kurzform als zulässig erscheinen mag.

6 Es gibt auch Befehle, die kein Effektive Adresse-Feld haben

gerade Byteadressen — Bitnummer — ungerade Byteadressen

15 14 13 12 11 10 9 8 7 6 5 4 3 2 1 0
Operationswort (spezifiziert Operation und Adressierungsarten)
unmittelbarer Operand (falls vorhanden, 1 oder 2 Worte)
Erweiterung Effektive Quelladresse (falls vorhanden, 1 oder 2 Worte)
Erweiterung Effektive Zieladresse (falls vorhanden, 1 oder 2 Worte)

Bild 4-26: Allgemeines Befehlsformat

Eine Quellprogrammzeile in Assemblerschreibweise hat dann (abweichend von Bild 3-15) das Format **Bild 4-27**.

[Symbol,] [Marke]	Befehl [.x]	[[Quelle[.y],] Ziel[.z]]	Kommentar

Bild 4-27: Quellzeilenformat

[ ] kennzeichnet wieder optionale Angaben. Bei symbolischen Adressen geben die Ergänzungen .y und .z an, ob eine Kurzadresse (16 bit-Adresse, ein Ergänzungswort) für den Operanden angegeben werden soll[7]. Sie können entfallen, wenn der Assembler am Symboltabelleneintrag (schon) erkennen kann, ob eine Kurzadresse genügt oder ob eine volle Adresse eingesetzt werden muß. Falls eine Kurzadresse angegeben wurde und er beim zweiten Durchlauf erkennt, daß sie nicht verwendet werden kann, erfolgt eine Fehlermeldung; die Adressen aller folgenden Befehle wurden im ersten Durchgang um 2 Bytes zu niedrig berechnet.

4.4.3 Übersicht über die Adressierungsarten

Tabelle 4-2 zeigt eine Übersicht aller im M68000 realisierten Adressierungsarten. Die verschiedenen Adressierungsarten, die in den nachfolgenden Abschnitten detailliert und anhand von Beispielen erläutert werden, kann man in drei Gruppen einteilen:

- mit Angabe eines Registers im Feld Effektive Adresse
- ohne Angabe eines Registers im Feld Effektive Adresse
- ohne Feld Effektive Adresse

Die Varianten der ersten Gruppe sind im Modusfeld durch die Bitmuster 000 bis 110 unterschieden; die der zweiten Gruppe haben gemeinsam das Bitmu-

7 Eine Kurzadresse wird vom Prozessor automatisch auf intern 32 bit erweitert, von denen die oberen 8 nicht auf den Adressenbus ausgegeben werden (s. 4.4.11 *Adressierungsart Absolut kurz*).

ster 111 im Modusfeld. Sie sind durch das Bitmuster im Registerfeld unterscheidbar, das natürlich keinen Bezug mehr hat zu einem Register mit gleich codierter Nummer. Die letzte Gruppe ergibt sich aus den führenden Bits des 1. Befehlswortes oder durch sonst unbenutzte Bitmuster des Operationswortes.

	Adressierungsart	Modusfeld	Registerfeld	Anzahl der erforderlichen Erweiterungsworte
	Datenregister direkt**	000	D-Reg.-Nr.	0
	Adreßregister direkt**	001	A-Reg.-Nr.	0
	Adreßregister indirekt##	010	A-Reg.-Nr.	0
	Adreßregister indirekt mit Postinkrement##	011	A-Reg.-Nr.	0
	Adreßregister indirekt mit Predekrement##	100	A-Reg.-Nr.	0
	Adreßregister indirekt mit 16 bit-Adreßdistanz##	101	A-Reg.-Nr.	1
*	Adreßregister indirekt mit Index und 8 bit-Adreßdistanz##	110	A-Reg.-Nr.	1
	Absolut kurz##	111	000	1
	Absolut lang##	111	001	2
	Programmzählerrelativ mit 16 bit-Adreßdistanz##	111	010	1
	Programmzählerrelativ mit Index und 8 bit-Adreßdistanz##	111	011	1
	Unmittelbar##	111	100	1 oder 2
#	Unmittelbar schnell	-	-	0
	Implizit	-	-	0

Tabelle 4-2: Adressierungsarten; A-Reg.-Nr. - Nummer des Adreßregisters; D-Reg.-Nr. - Nummer des Datenregisters; * - durch Effektive Adresse-Feld bestimmt; ** - Registeroperand; # - nicht durch Effektive Adresse-Feld bestimmt; ## - Speicheroperand

4.4.4 Adressierungsart Datenregister direkt

Der Operand befindet sich im Datenregister Dn

Adreßberechnung	: EA = Dn	
Assemblersyntax[8]	: Dn	
Modusfeld	: 000	
Registerfeld	: n,	n ∈ {0,1,..7}

Datenregister n

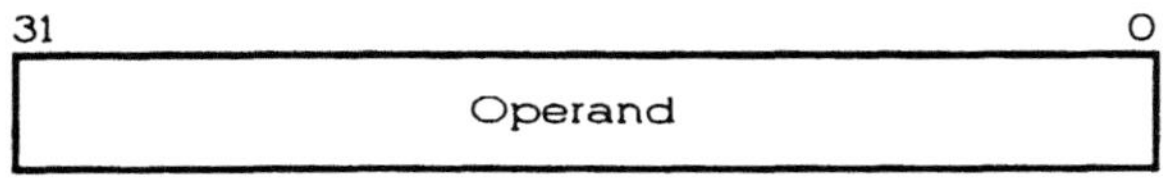

Die Operandenlänge ist ohne Einfluß auf die Adreßbestimmung; sie wird durch weitere Bits an anderer Stelle des Befehlswortes bestimmt.

Beispiel[9]:

```
007C1A          4284  CLR.L D4       Lösche Langwort in D4
```

Bild 4-28 zeigt die Inhalte der relevanten Prozessorregister und Speicherplätze vor und nach Ausführung der Instruktion.

Vor Ausführung des Befehls:

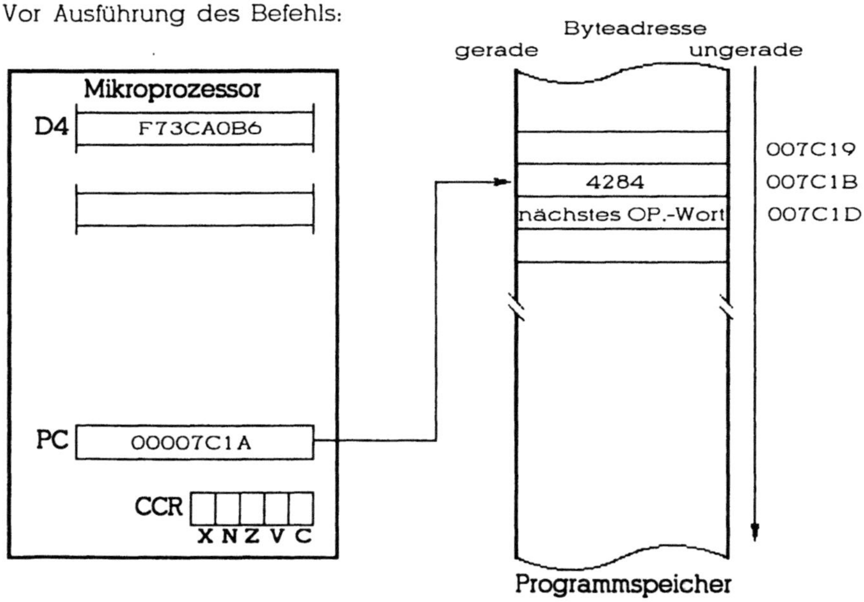

Teil von Bild 4-28

8 Die Assemblersyntax gibt für jede Adressierungsart eine vereinbarte Schreibweise an, die in der Quelle verwendet werden muß, um den richtigen Code zu erzeugen.

9 Die Listenanordnung der Beispiele stimmt mit Bild 3-9 überein.

Nach Ausführung des Befehls:

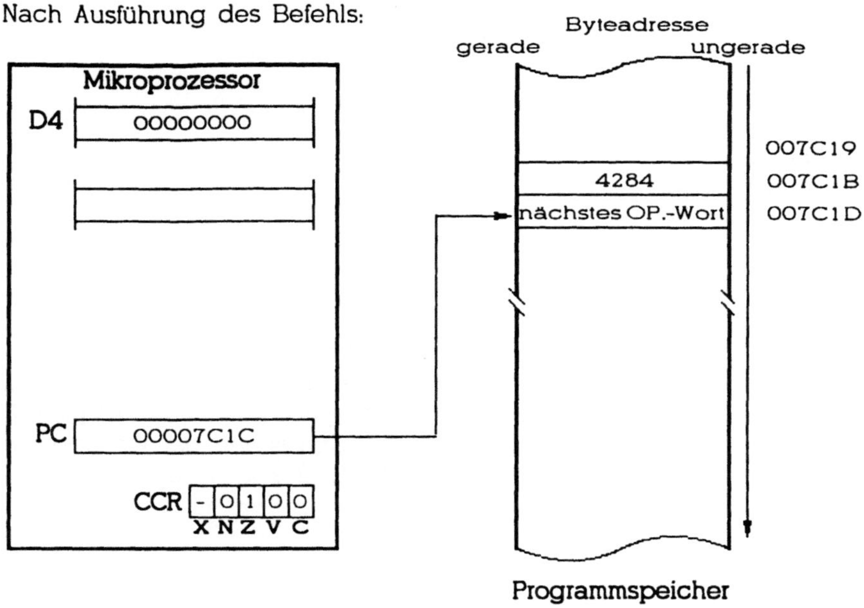

Bild 4-28: Beispiel Adressierungsart Datenregister direkt; das Bedingungscoderegister ist der Vollständigkeit halber angegeben; es ist funktionsspezifisch, hängt von den Operanden und der Operation ab, und hat mit der Adressierungsart nichts zu tun; das Zeichen - im CCR bedeutet, daß das X-Bit durch den Befehl bei beliebigen Operanden nicht beeinflußt wird

4.4.5 Adressierungsart Adreßregister direkt

Der Operand befindet sich im Adreßregister An

Adreßberechnung	: EA = An	
Assemblersyntax	: An	
Modusfeld	: 001	
Registerfeld	: n,	n ∊ {0,1,..7}

Adreßregister n	Operand

Die Operandengröße ist ohne Einfluß auf die Adreßbestimmung. Sie wird an anderer Stelle des Befehlswortes festgelegt. **Bytezugriffe sind nicht möglich!** Ist das Zielregister ein Adreßregister, so werden die Operanden bei Wortoperationen zuvor vorzeichenexpandiert (Bit 15 wird in die Bits 16-31 kopiert, s. 4.4.11 *Adressierungsart Absolut kurz*).

Beispiel (**Bild 4-29**):

000970	9E4A	SUB A2,D7	Subtrahiere den Operanden in A2 von dem in D7 und speichere das Ergebnis in D7! Der Quelloperand A2 belegt das Feld Effektive Adresse.

Vor Ausführung des Befehls:

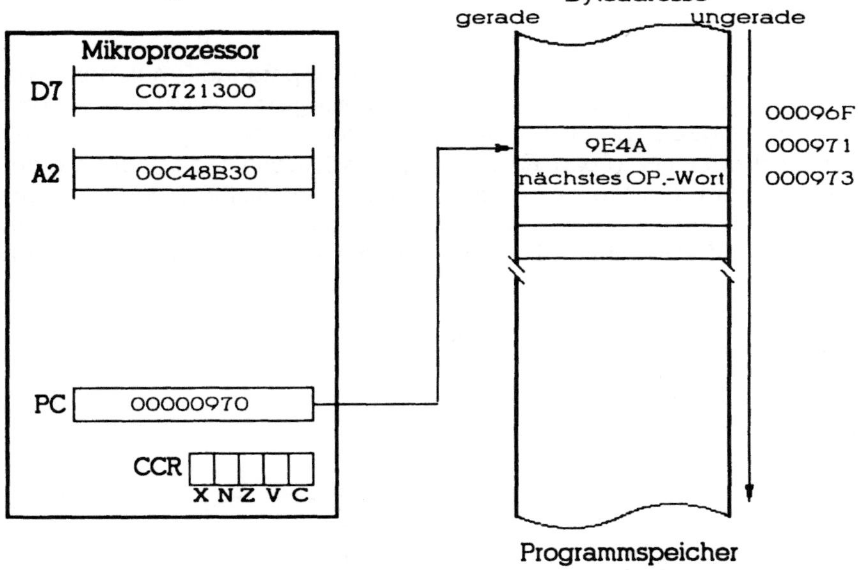

Nach Ausführung des Befehls:

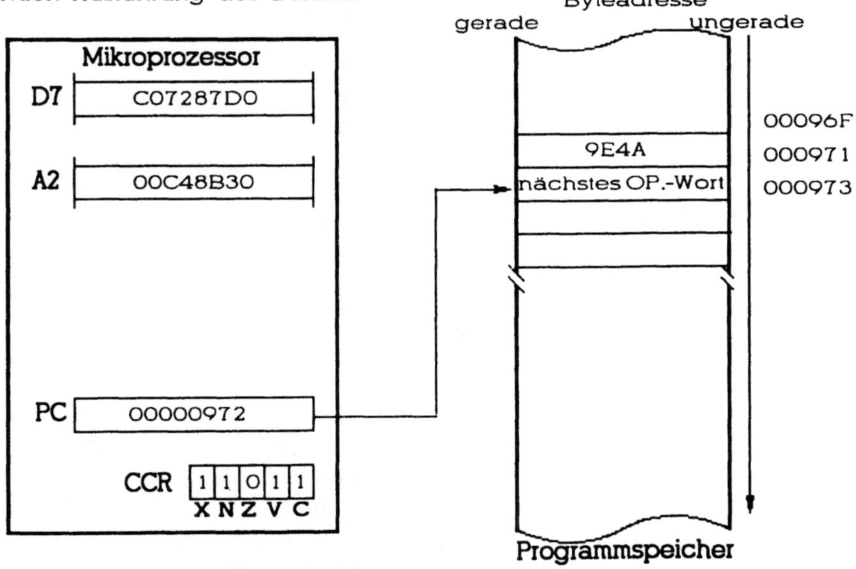

Bild 4-29: Beispiel Adressierungsart Adreßregister direkt; das Bedingungscoderegister ist der Vollständigkeit halber angegeben; es ist funktionsspezifisch und hat mit der Adressierungsart nichts zu tun[10]

10 Bei einem Beispiel mit einem Adreßregister als Zielregister bliebe der Inhalt des CCR unverändert! Ausnahme: CMPA-Befehl (*Compare Address*).

4.4.6 Adressierungsart Adreßregister indirekt

Das Adreßregister enthält die Speicheradresse des Operanden. Auf den Operanden wird auf dem Umweg über die im Adreßregister enthaltene Adresse zugegriffen, also **indirekt**. Sie muß durch einen vorangehenden Befehl [MOVEA (*MOVE Address*) oder LEA (*Load Effective Address*)] dorthin gebracht worden sein. Speicheradressen in Prozessorregistern sind programmgesteuert veränderbar, so daß Adreßkalkulationen möglich werden, ohne den Code zu ändern. **Ein indirekter Zugriff wird allgemein durch runde Klammern zum Ausdruck gebracht.**

Adreßberechnung	: EA = (An), siehe **Bild 4-30**
Assemblersyntax	: (An)
Modusfeld	: 010
Registerfeld	: n, $n \in \{0,1,..7\}$

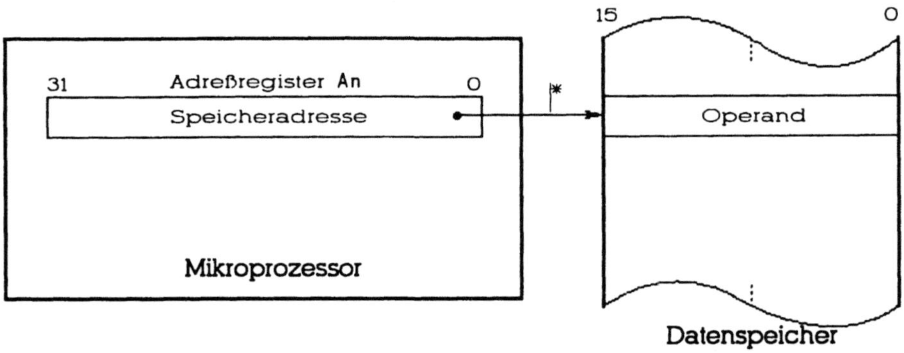

Bild 4-30: Adressierungsart Adreßregister indirekt; * - über den Adressenbus wird nur A23 - A1 geführt, A0 wird zusätzlich über $\overline{LDS}$, $\overline{UDS}$ codiert, das führende Byte wird unterdrückt, s. Abschnitt 4.8; der Operand kann ein Byte, Wort oder Langwort sein

Beispiel (**Bild 4-31**):

0C3788	D214	ADD.B (A4),D1	Addiere das durch den Inhalt von Adreßregister A4 spezifizierte Byte zum Inhalt von Datenregister D1, Bit 7-0 und speichere das Ergebnis wieder dort ab!

Vor Ausführung des Befehls:

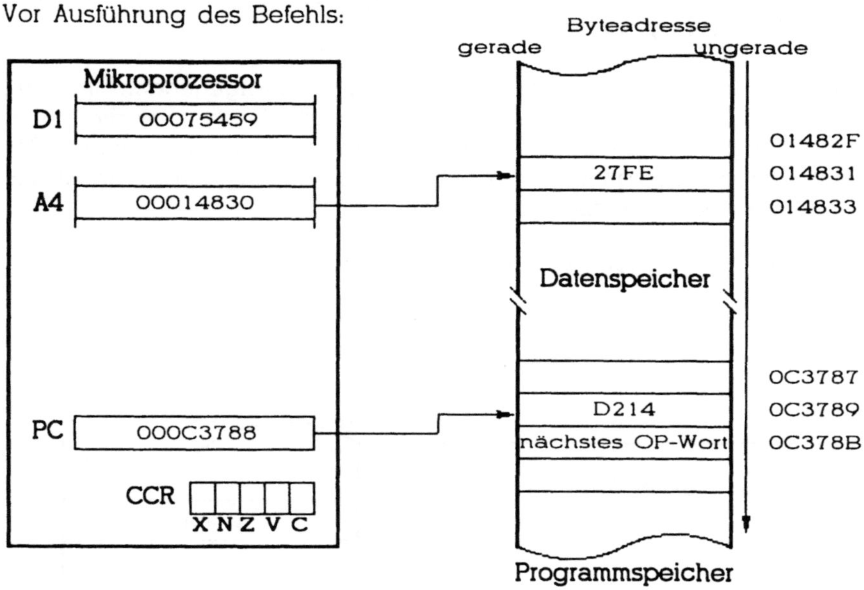

Nach Ausführung des Befehls:

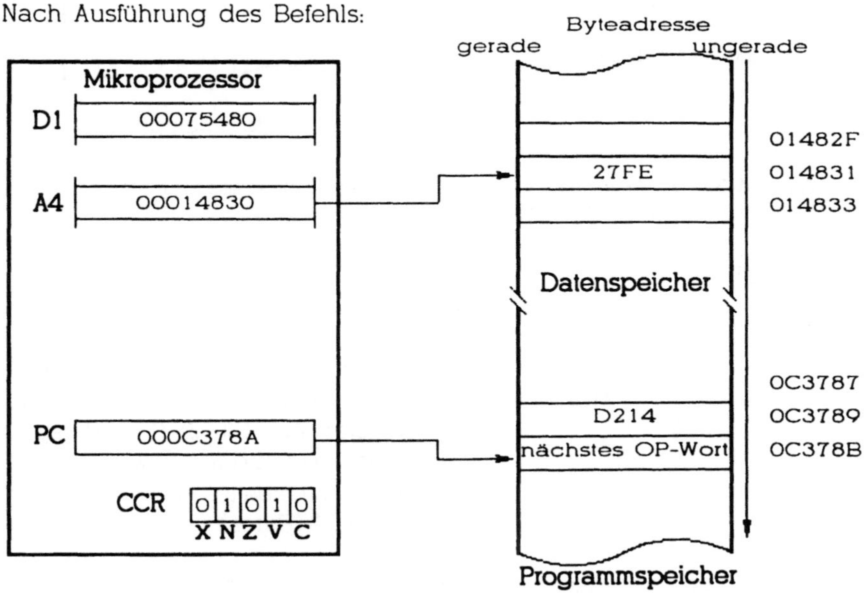

Bild 4-31: Beispiel Adressierungsart Adreßregister indirekt; CCR - siehe Bild 4-28

4.4.7 Adressierungsart Adreßregister indirekt mit Postinkrement

Diese Adressierungsart unterscheidet sich von der vorangehenden insofern, als der Inhalt des Adreßregisters **nach** Ausführung des Befehls um die durch die Operandenlänge vorgegebene Anzahl von Bytes erhöht wird (**Bild 4-32**). Sie ist damit sehr gut geeignet für die Schleifenbearbeitung einer Tabelle mit Elementen gleicher Größe (Anzahl von Bytes).

Adreßberechnung	: EA = (An), An = An + N,	N ∊ {1,2,4}	(Operandengröße)
Assemblersyntax	: (An)+		
Modusfeld	: 011		
Registerfeld	: n,	n ∊ {0,1,..7}	

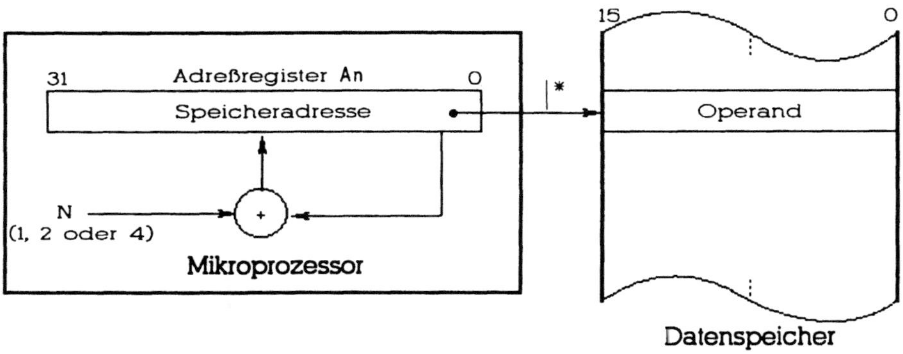

Bild 4-32: Adressierungsart Adreßregister indirekt mit Postinkrement; * - s. Bild 4-30

Beispiel (**Bild 4-33**):

0C3788	D29C	ADD.L (A4)+,D1	Addiere das durch den Inhalt von Adreßregister A4 spezifizierte Langwort zum Inhalt von Datenregister D1, Bit 31-0 und speichere das Ergebnis wieder dort ab! Inkrementiere anschließend A4 um 4 (Bytes)!

Weitere Anwendungen sind im folgenden Abschnitt 4.4.8 *Adressierungsart Adreßregister indirekt mit Predekrement* angegeben.

Vor Ausführung des Befehls:

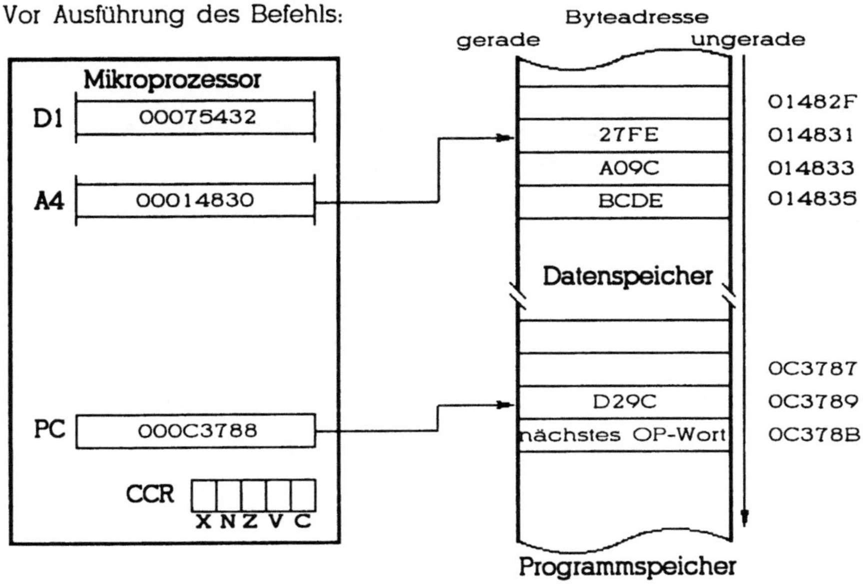

Nach Ausführung des Befehls:

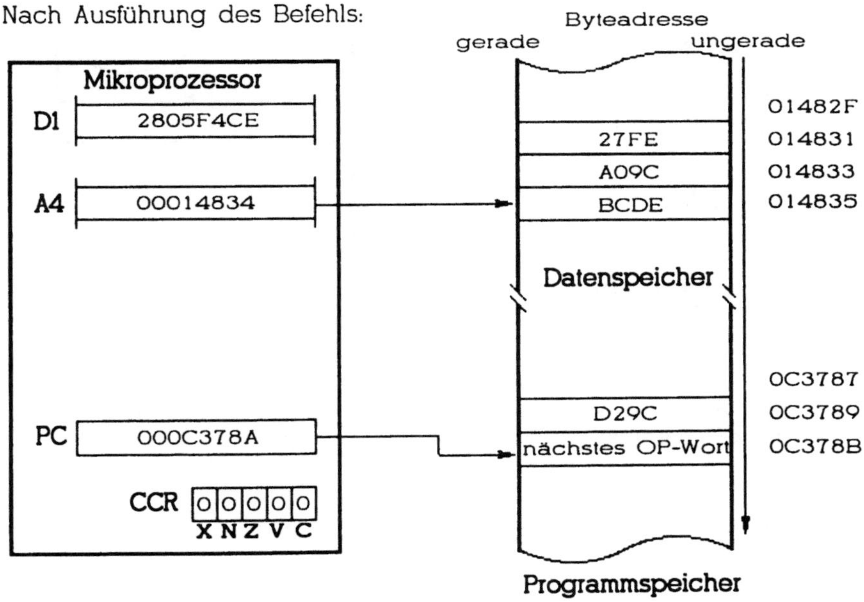

Bild 4-33: Beispiel Adressierungsart Adreßregister indirekt mit Postinkrement; CCR - s. Bild 4-28

Für n = 7, also bei Datenzugriff auf den Systemstapel, wird der Stapelzeiger auch bei Byteoperationen um 2 (Bytes) inkrementiert. Dies stellt sicher, daß

nachfolgendes Speichern der Rückkehradresse eines Unterprogramms (2 Wortoperationen) an einer geraden Adresse beginnt.

4.4.8 Adressierungsart Adreßregister indirekt mit Predekrement

Sie unterscheidet sich von der vorangehenden nur dadurch, daß die der Operandenlänge entsprechende Anzahl von Bytes zuerst vom Inhalt des Adreßregisters abgezogen und auf die sich dann ergebende Operandenadresse zugegriffen wird (**Bild 4-34**). Die Stapelzeiger A7 und A7' werden abweichend hiervon auch bei Byteoperationen um jeweils 2 (Bytes) dekrementiert, um für nachfolgende unerwartete Wortoperationen infolge eines UP-Aufrufs oder einer Unterbrechungsanforderung eine gerade Adresse zu gewährleisten.

Adreßberechnung	: An = An - N, EA = (An)	N ∊ {1,2,4} (Operandengröße)
Assemblersyntax	: -(An)	
Modusfeld	: 100	
Registerfeld	: n, n ∊ {0,1,..7}	

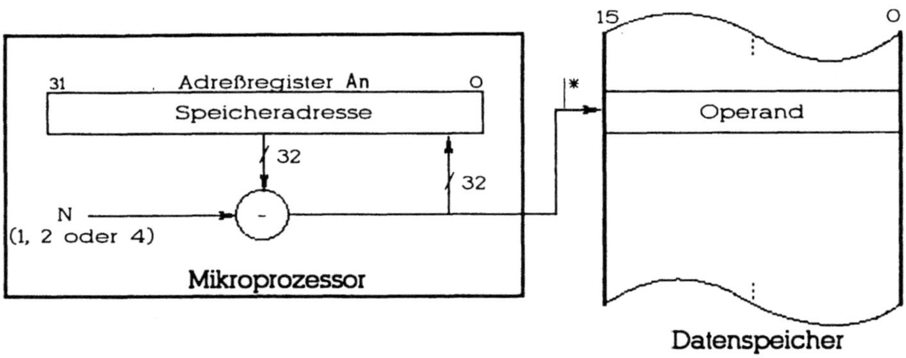

Bild 4-34: Adressierungsart Adreßregister indirekt mit Predekrement; * - siehe Bild 4-30

Beispiel (**Bild 4-35**):

074300	C263	AND -(A3),D1	bitweise UND-Verknüpfung der unteren 16 bit von D1 mit dem durch [A3] - 2 spezifizierten Operanden.

Vor Ausführung des Befehls:

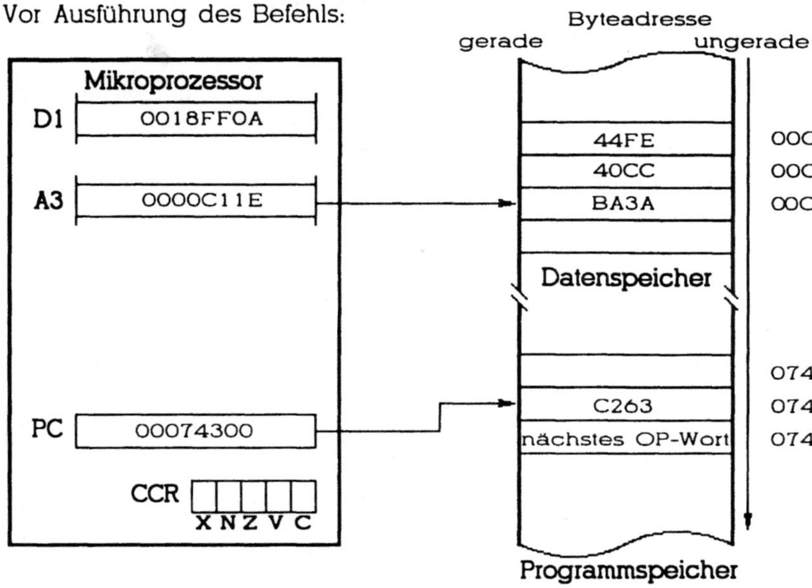

Nach Ausführung des Befehls:

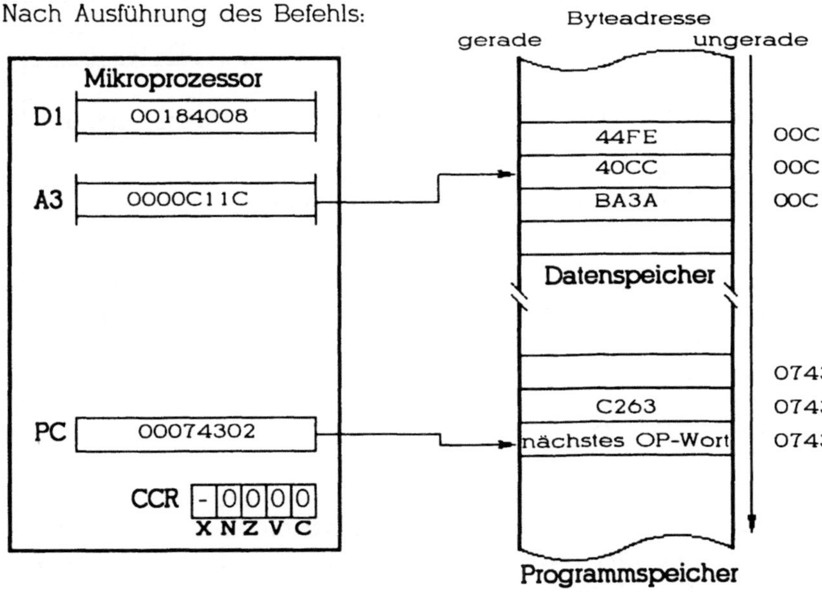

Bild 4-35 Beispiel Adressierungsart Adreßregister indirekt mit Predekrement; CCR - siehe Bild 4-28

Anwendungen der Adressierungsarten Adreßregister indirekt mit Postinkrement bzw. Predekrement

Neben dem Zugriff auf aufeinanderfolgende Elemente eines Datenfeldes innerhalb einer Schleife können diese Adressierungsarten auch zur Realisierung von Stapeln und dynamischen, d. h. während des Programmablaufs sich ändernden, Pufferbereichen angewandt werden.

Software LIFO (*Last In, First Out*, **Bild 4-36**)

Durch Schreiben mit `(An)+` wird ein Stapel mit steigenden Adressen auf- und durch anschließendes Lesen mit `-(An)` wieder abgebaut. Der zuletzt geschriebene Wert wird zuerst gelesen.

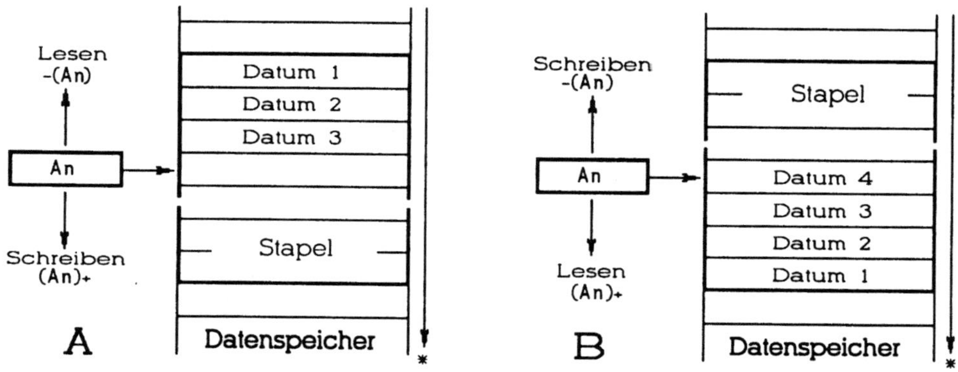

Bild 4-36: **A** - LIFO-Stapel mit steigenden Adressen; **B** - LIFO-Stapel mit abnehmenden Adressen; * - Richtung zunehmender Speicheradressen

Bild 4-36 A zeigt, wie durch Schreiben mit der Adressierungsart `(An)+` und Lesen mit `-(An)` ein Stapel mit zunehmenden Adressen aufgebaut wird; Bild 4-36 B zeigt einen Stapel, der wie der Systemstapel mit abnehmenden Adressen aufgebaut wird [Schreiben mit `-(An)` und Lesen mit `(An)+`].

Software FIFO (*First In, First Out*)

Die Daten werden mit derselben Adressierungsart [`-(An) oder (An)+`] auf den Stapel geschrieben und von dort geholt. Es muß sichergestellt sein, daß der Lesezeiger den Schreibzeiger nicht *überholt* (undefinierter Bereich). **Bild 4-37** zeigt ein FIFO, das zu steigenden Adressen hin aufgebaut wird. Mit etwas Softwareaufwand läßt sich ein solcher Stapel zyklisch betreiben, wenn Datenzufluß und -abfluß dies erlauben. Der Lesezeiger darf den Schreibzeiger nicht überholen und beim zyklischen Umlauf der Schreibzeiger den Lesezeiger nicht erreichen (Überschreiben noch nicht abgeholter Daten).

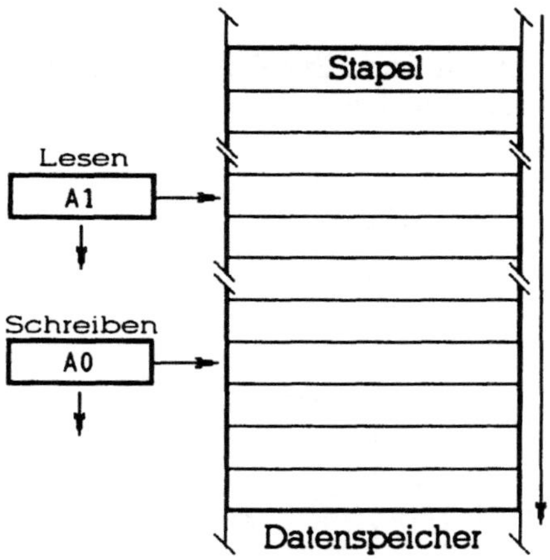

Bild 4-37: Software-FIFO; Schreiben und Lesen erfolgt mit der Adressierungsart (An)+, also zu steigenden Adressen hin

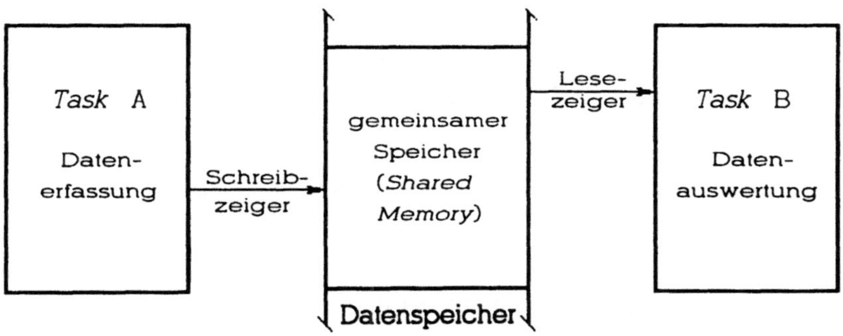

Bild 4-38: FIFO als Pufferspeicher bei der *Intertask*kommunikation

Eine typische Anwendung gibt es bei der *Intertask*kommunikation (**Bild 4-38**), bei der Daten zwischen verschiedenen *Tasks* über einen gemeinsamen Speicher ausgetauscht werden. Es möge ein Meßproblem vorliegen, bei dem die Meßdaten unregelmäßig anfallen, so daß nicht sichergestellt werden kann, daß die Auswertung eines erfaßten Wertes abgeschlossen ist, bevor der nächste anfällt und übernommen werden muß. Das Problem wird dadurch gelöst, daß die gesamte Aufgabe auf zwei *Tasks* verteilt wird: *Task* A erfaßt die Meßwerte, und B wertet sie aus. A schreibt die Meßdaten in den gemeinsam benutzbaren Speicher (*Shared Memory*), B liest sie zu einem späteren Zeitpunkt und wertet sie aus. Immer wenn A nicht aktiv ist, kann B einen oder mehrere Werte übernehmen und auswerten[11].

11 *Task* B bekommt zusätzlich den Zeiger von *Task* A übermittelt (in Bild 4-38 nicht eingezeichnet), der ihr angibt, bis zu welcher Adresse Meßdaten vorliegen.

4.4.9 Adressierungsart Adreßregister indirekt mit Adreßdistanz d_{16}

Befehle mit dieser Adressierungsart erfordern **ein Erweiterungswort** mit dem vorzeichenbehafteten Distanzwert d_{16}, der zum Inhalt des Adreßregisters addiert wird bevor der indirekte Operandenzugriff erfolgt.

Adreßberechnung	: EA = (An) + d_{16},	siehe **Bild 4-39**
Assemblersyntax	: d_{16}(An) oder (d_{16},An)	
Modusfeld	: 101	
Registerfeld	: n,	n ∈ {0,1,..7}

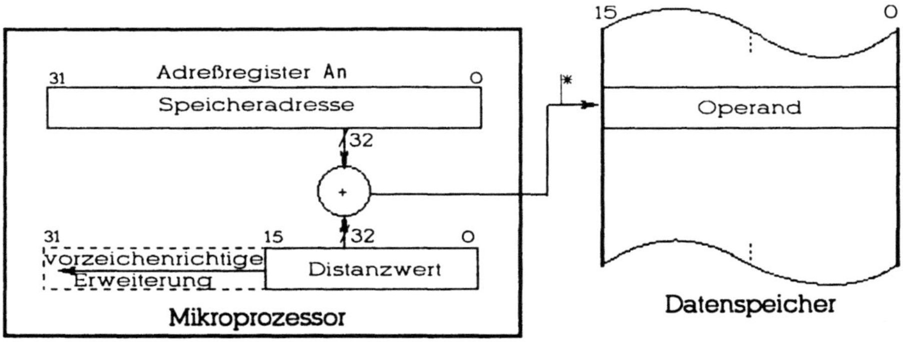

Bild 4-39: Adressierungsart Adreßregister indirekt mit Adreßdistanz; * - siehe Bild 4-30

Der Distanzwert wird im Mikroprozessor zwischengespeichert und **vor der Addition vorzeichenrichtig auf 32 bit erweitert.** Die Adressierungsart erlaubt eine elegante Bearbeitung von geordneten Parametertabellen (z. B. die Registerprogrammierung von E/A-Bausteinen). Der Distanzwert liegt im Codebereich und ist damit ablaufinvariant.

Beispiel (**Bild 4-40**):

0003AA	44A9 FFFA	NEG.L -6(A1)	Addiere zur Adresse in A1 den Distanzwert -6; bilde das Zweierkomplement des Langwortoperanden, dessen MSB an der auf diese Weise spezifizierten Adresse liegt.

Adreß- und Wertberechnung: \$4BB0 - \$6 = \$4BAA,

0007CAAD	:	0000	0000	0000	0111	1100	1010	1010	1101
2' Compl.	:	1111	1111	1111	1000	0011	0101	0101	0011
hexadezimal	:	F	F	F	8	3	5	5	3

Vor Ausführung des Befehls:

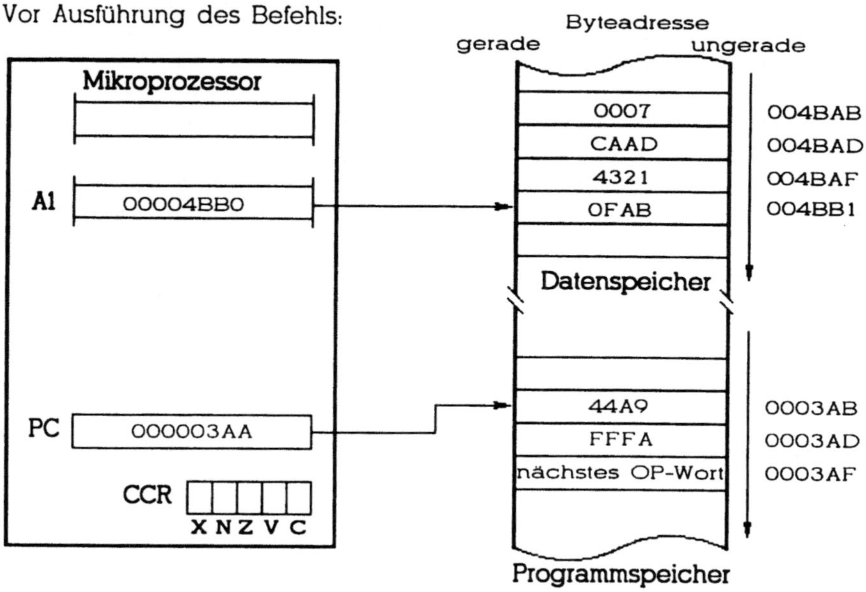

Nach Ausführung des Befehls:

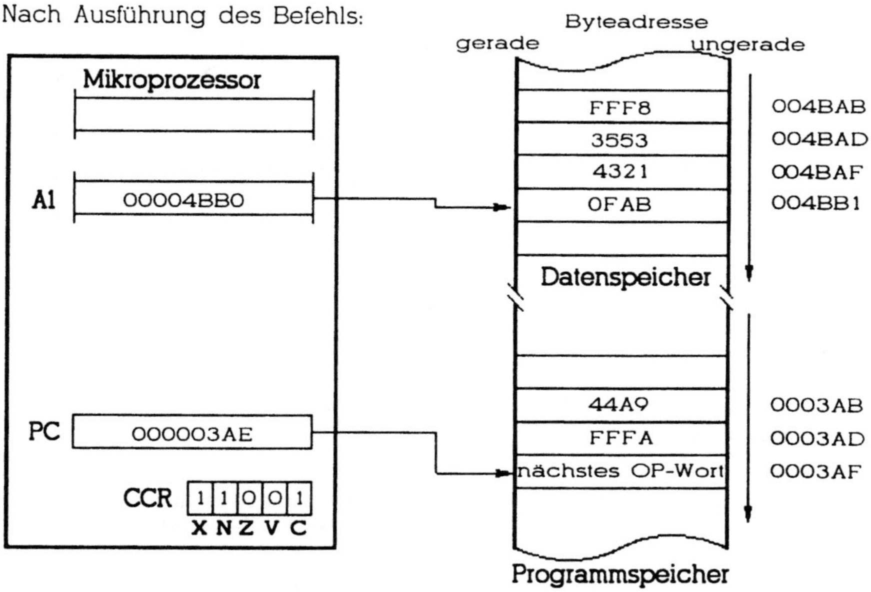

Bild 4-40: Beispiel Adressierungsart Adreßregister indirekt mit Adreßdistanz d_{16}; CCR - siehe Bild 4-28

4.4.10 Adressierungsart Adreßregister indirekt mit Adreßdistanz d_8 und Indexregister

Die Effektive Adresse wird ermittelt, indem zum Inhalt des Adreßregisters die vorzeichenbehaftete 8 bit-Distanz d_8 und der Inhalt des Indexregisters addiert werden (**Bild 4-41**). Die Adressierungsart kann zur Bearbeitung von Tabellen herangezogen werden, wenn die 16 bit-Distanz der zuvor beschriebenen nicht ausreicht; in diesem Fall wird man die Distanz zu Null wählen.

Ein Vorteil des Indexregisters gegenüber der Adreßdistanz liegt darin, daß es durch Instruktionen verändert werden kann. Es gestattet damit den Zugriff auf verschiedene Elemente eines Datenfeldes unter Beibehaltung der Anfangsadresse (d. i. die des ersten Elementes).

Adreßberechnung	: EA = (An) + d_8 + Rm, m, n $\in$ {0,1,..7} R = A oder D
Assemblersyntax	: d_8(An,Rm.W) oder (d_8,An,Rm.W) bzw. d_8(An,Rm.L) oder (d_8,An,Rm.L)
Modusfeld	: 110
Registerfeld	: n n $\in$ {0,1,..7}

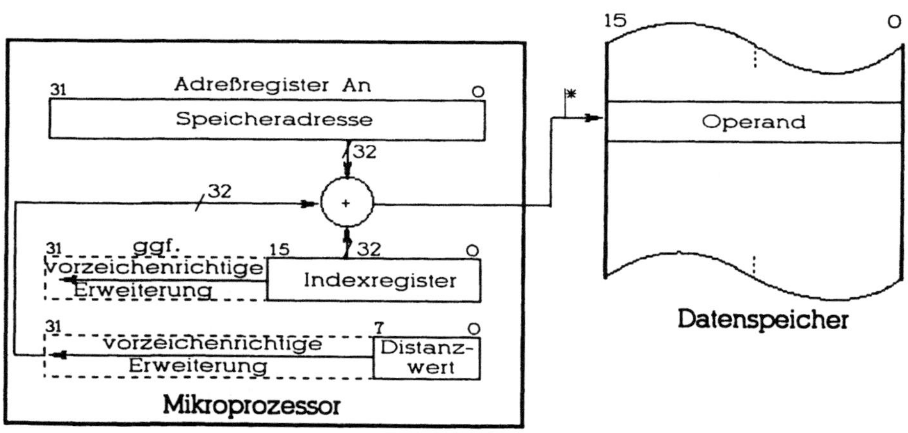

Bild 4-41: Adressierungsart Adreßregister indirekt mit Adreßdistanz d_8 und Indexregister; * - siehe Bild 4-30

Es wird ein Erweiterungswort benötigt, das gemäß **Bild 4-42** aufgebaut ist. Ein Befehl, bei dem ein Operand mit dieser Adressierungsart ermittelt wird, ändert weder den Inhalt des Adreß- noch den des Indexregisters; die Vorzeichenexpansionen werden an anderer Stelle des Prozessors durchgeführt. Der Adreßdistanzwert bleibt während der gesamten Laufzeit des Programms unverändert.

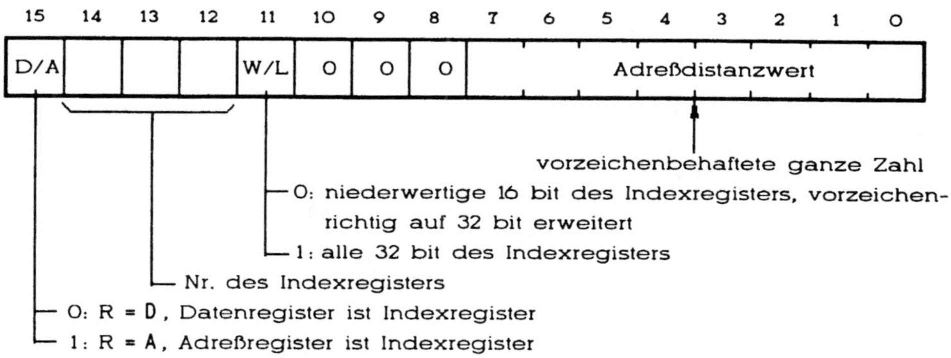

Bild 4-42: Erweiterungswort der Adressierungsart Adreßregister indirekt mit Indexregister und Adreßdistanz d_8

<u>Beispiel in FORTRAN:</u>

```
      DIMENSION FELD (2000)
      INTEGER*2 FELD
            |
      DO 200 L = K, KEND            (Schleife)
            |
200   FELD (25+3*L) = . . . . . . (Ausdruck)
```

Inhalt des Indexregisters

Die Nummer des Elementes besteht aus dem konstanten Teil **25** und dem variablen Teil **3*L**. Da es sich um 2 Byte-Daten handelt, wird bei der Adressierung im Assemblerprogramm die **25** durch eine Adreßdistanz 50 berücksichtigt. **3*L** wird in einem Indexregister berechnet. Die Adresse des Elementes ist die Summe der Adresse des ersten Elementes von **FELD** (z. B. in Register **A2**), des Inhalts des Indexregisters (z. B. **D4**) und des Distanzwertes 50.

Als weiteres Beispiel werde der Zugriff auf ein Feld (Array) vom Typ **RECORD** in einem PASCAL-Programm gezeigt (**Bild 4-43**). Die Personalabteilung eines Unternehmens führt eine Liste der Mitarbeiter. Jeder Mitarbeiter wird namentlich erfaßt und mit einer Reihe von Attributen versehen: Geburtsdatum, Wohnort, Straße, Hausnummer, Konfession, Krankenkasse, Position, Gehalt, Tarifgehalt.

Der Compiler wird hieraus einen Array von **RECORD**s der Mitarbeiter erzeugen. Der Zugriff, z. B. bei der jährlichen Änderung des Gehalts und Tarifgehalts, erfolgt, indem in einem **A**-Register der Zeiger auf den Listenanfang und im Indexregister der Zeiger vom Listenanfang auf den Mitarbeiter-**RECORD** abgelegt wird; die einzelnen Attribute werden als Adreßdistanz zum RECORD-Anfang festgesetzt (Bild 43 B, **Bild 4-44**).

```
TYPE
BYTEINTEG = 0 . . 10;
Mitarbeiter = RECORD
              Name:          PACKED ARRAY  [1..16] OF CHAR;
              Geb_Datum:     ARRAY [1..2]  OF INTEGER;
              Wohnort:       PACKED ARRAY [1..16] OF CHAR;
              Straße:        PACKED ARRAY [1..16] OF CHAR;
              Haus:          INTEGER;
              Konfession, Krankenkasse, Position: BYTEINTEG;
              Gehalt, Tarifgehalt: INTEGER;
              END;   {*RECORD*}
VAR
Mitarbeiter_list:            ARRAY [1..100] OF Mitarbeiter;
```

A

Name	:	d_8 = 0	
Geburts_datum	:	d_8 = 16	
Wohnort	:	d_8 = 20	
Straße	:	d_8 = 36	
Haus	:	d_8 = 52	
Konfession	:	d_8 = 54	
Krankenkasse	:	d_8 = 55	
Position	:	d_8 = 56	
Gehalt	:	d_8 = 58	(gerade Wortadresse)
Tarifgehalt	:	d_8 = 60	

B

Bild 4-43: Datenstruktur ARRAY OF RECORD; **A** - PASCAL-Programm; **B** - Adreßdistanzen im RECORD bei 2 Byte-Integerwerten

Der einzelne RECORD ist also 62 Bytes lang. Die Liste (**Bild 4-45**) ist Teil eines **Assemblerprogramms**, mit dem eine Gehaltsänderung bei einer solchen Datenstruktur realisiert werden kann. Das neue Gehalt von Mitarbeiter 34 stehe in D2. A0 enthalte den Zeiger auf den Listenanfang, A1 den Index zum RECORD des Mitarbeiters (33*62=2046).

Adreßberechnung (siehe Bild 4-44)

	\$ 84444	Listenanfangsadresse
+	\$ 7FE	Indexregister (= 2046 dez.)
+	\$ 3A	Attributdistanz in Bytes (= 58 dez.)
	\$ 84C7C	Effektive Adresse

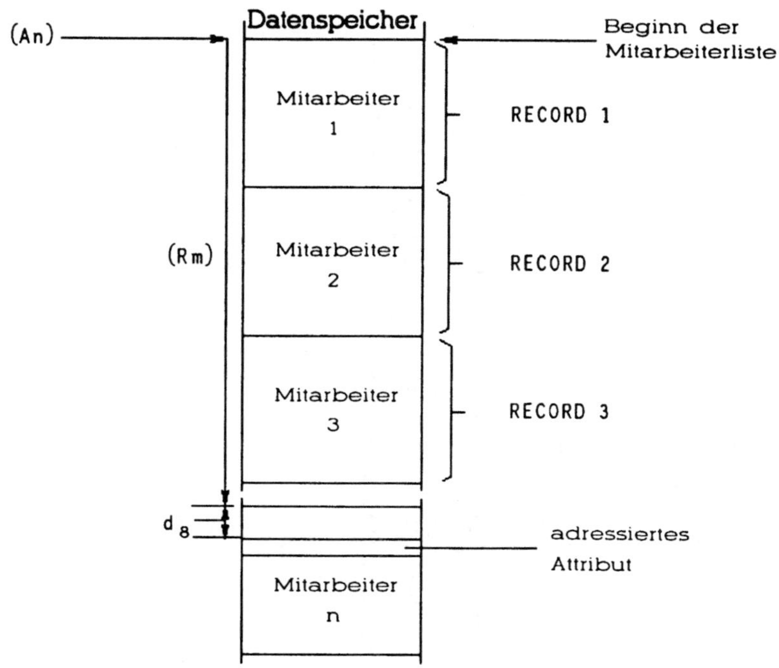

Bild 4-44: Datenstruktur ARRAY OF RECORDS; An = A0, Rm = D1.L, d_8 = Gehalt

Bild 4-46 zeigt die relevanten Prozessorregister und Speicherinhalte vor und nach der Ausführung des Befehls MOVE D2,GEHALT(A0,D1.L).

```
00F2F2                                       ORG $00F2F2      Programmanfang

                      *                      Definition des RECORDs (Auszug)
        =0000         NAME                   EQU 0            Adreßdistanzen definieren (in Bytes)
        =0010         GEBURTS_DATUM          EQU 16
        =0014         WOHNORT                EQU 20
        =003A         GEHALT                 EQU 58
        =003C         TARIFGEHALT            EQU 60
        =00084444     ARRAY_OF_RECORDS EQU $84444             Anfangsadresse des RECORD-Feldes,
                      *                                       Listenanfang
        =003E         RECORD_LAENGE          EQU 62           Länge eines Mitarbeiterdatensatzes

00F2F2 207C 0008 4444 NEU_GEHALT             MOVEA.L #ARRAY_OF_RECORDS,A0 Listenanfangsadresse laden
00F2F8 323C 0022                             MOVE    #34,D1   Mitarbeiternummer → Indexregister
00F2FC 5341                                  SUBQ    #1,D1    Korrektur für Zugriff
00F2FE C2FC 003E                             MULU    #RECORD_LAENGE,D1 Index auf Beginn des Mitarbei-
                      *                                                 ter-RECORDs berechnen
00F302 3182 183A                             MOVE    D2,GEHALT(A0,D1.L) Gehalt → Mitarbeiter-RECORD
00F306 4E71                                  NOP

                                             END
```

Bild 4-45: Assemblerliste RECORD-Verarbeitung

Vor Ausführung des Befehls:

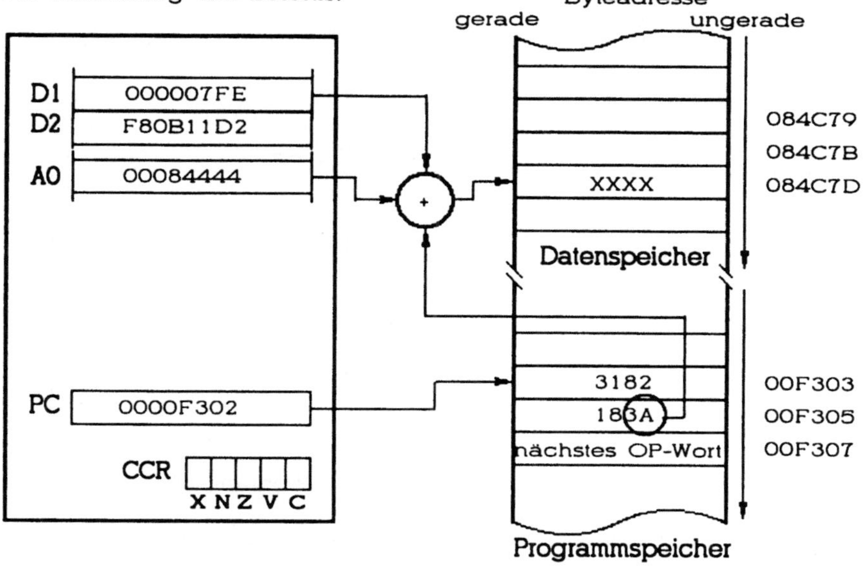

Nach Ausführung des Befehls:

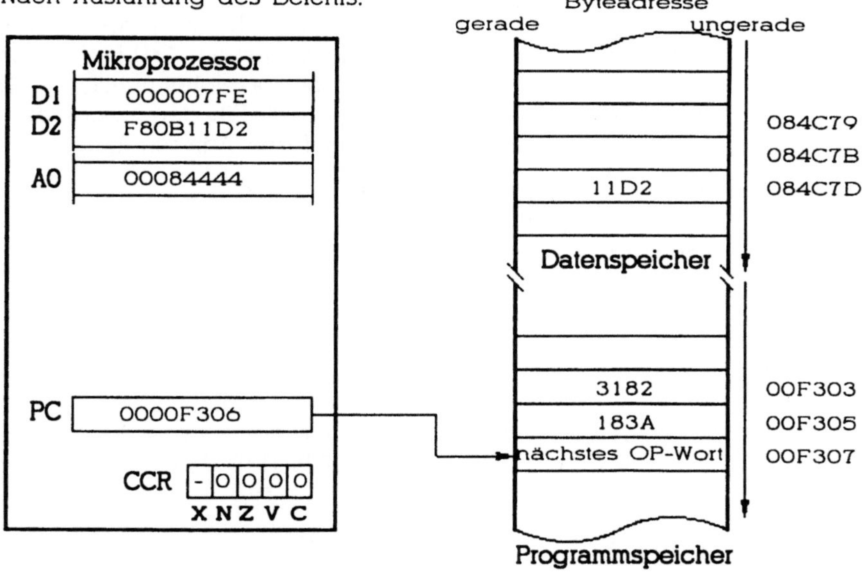

Bild 4-46: Beispiel Adressierungsart Adreßregister indirekt mit Adreßdistanz d_8 und Indexregister; CCR siehe Bild 4-28

4.4.11 Adressierungsart Absolut kurz

Adreßberechnung : EA ist in einem weiteren Befehlswort gegeben (Bild 4-47)
Assemblersyntax : XX.W oder (XX.W)
Modefeld : 111
Registerfeld : 000

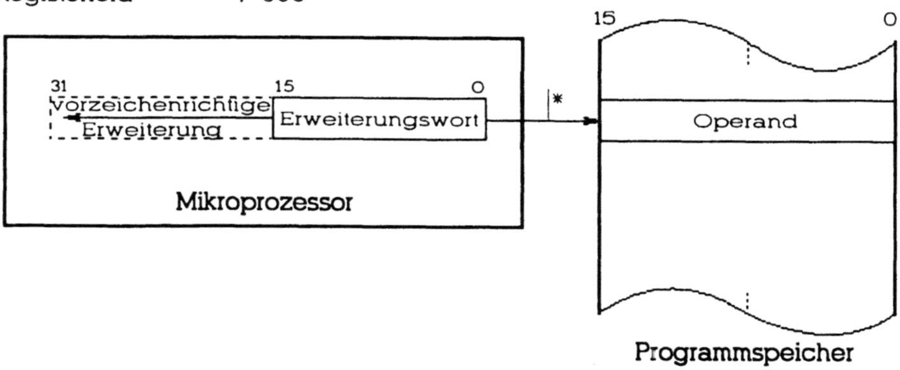

Bild 4-47: Adressierungsart Absolut kurz; * - siehe Bild 4-30; das Erweiterungswort wird in das Operandenadreßregister (Bild 2-15) geladen und das Vorzeichen expandiert

Bei dieser und der folgenden Adressierungsart wird kein Register mehr benötigt. Sie erfordert ein Erweiterungswort für den Befehl, das die 16 bit-Adresse des Operanden enthält. Die Adresse wird im Prozessor vorzeichenrichtig auf 32 bit erweitert, indem Bit 15 in die Bits 16 bis 31 kopiert wird. Für den Operandenzugriff legt er aber nur die unteren 24 bit hiervon auf den Adressenbus.

Beispiel: Der Befehl %0010111000111000 ($2E38)
%0011101101101111 ($3B6F)
(MOVE.L OPE.W,D7 mit Kurzadresse von OPE = $3B6F)
veranlaßt den Prozessor, die Adresse

Bitnummer
23 15 0
000000000111011011011 1 1 (1), Bit 0: s. 4.8.1 *Der Asynchrone Bus*

auf den Adressenbus (24 bit) zu legen, um den Operanden zu holen. Bei einer Kurzadresse OPD.W = 1111101101101111 ($FB6F) wird

Bitnummer
23 15 0
111111111111101101101111(1) ($FFFB6F)

auf den Adressenbus gelegt.

Dies hat zur Folge, daß Operanden, deren Adresse mit 16 bit eingelesen wurde, aus den unteren 32 kBytes des adressierbaren Speicherbereiches angesprochen werden, falls Bit 15 eine 0 enthält, und aus den oberen 32 kBytes, falls Bit 15 eine 1 enthält (**Bild 4-48**).

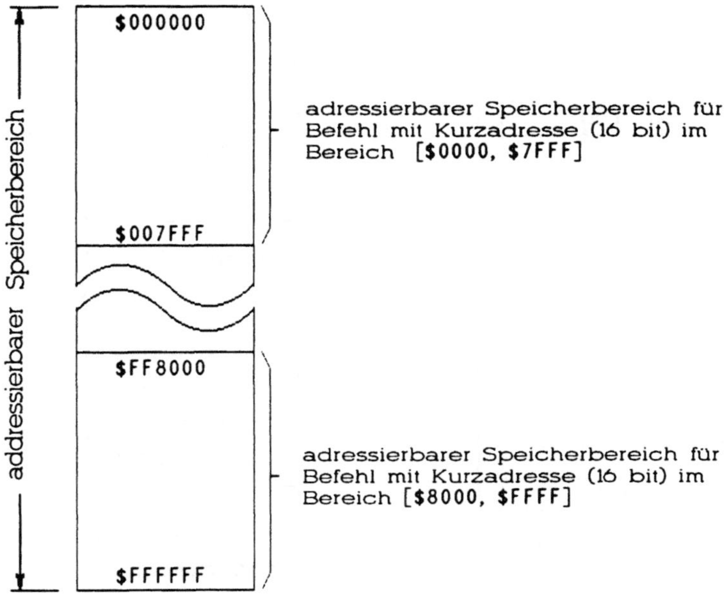

Bild 4-48: Speicherzugriff bei Kurzadresse (16 bit) des Speicheroperanden

Beispiel (**Bild 4-49**):

```
                                Platz  EQU  $FF80AA

0CCCC6      31C480AA            MOVE D4,Platz.W  transportiere [D4] ⟶ Platz
                        *                        (2 Bytes)
```

Die Spezifikation `.W` beim Operanden braucht bei manchen Assemblern nicht angegeben zu werden, wenn er erkennen kann, daß die Adresse mit einem Befehlswort spezifiziert werden kann. Statt des Symbols `Platz.W` kann man auch die absolute Adresse angeben, also `MOVE D4,$FF80AA`. **Beim Programmieren sollte man die Angabe absoluter Adressen allerdings immer vermeiden und stattdessen Symbole über die EQU-, DC- oder DS-Pseudoinstruktion einführen**; dies ist sehr viel günstiger für spätere Modifikationen des Programms.

Vor Ausführung des Befehls:

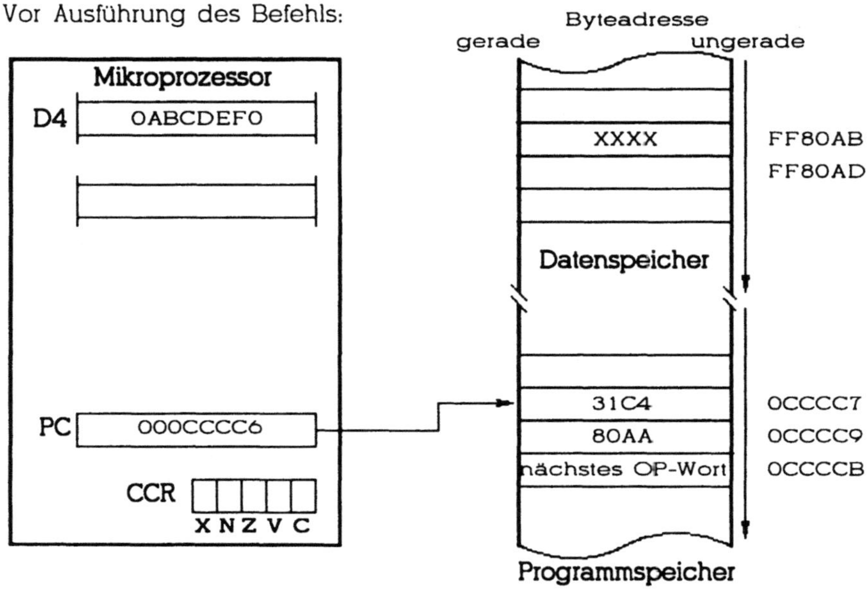

Nach Ausführung des Befehls:

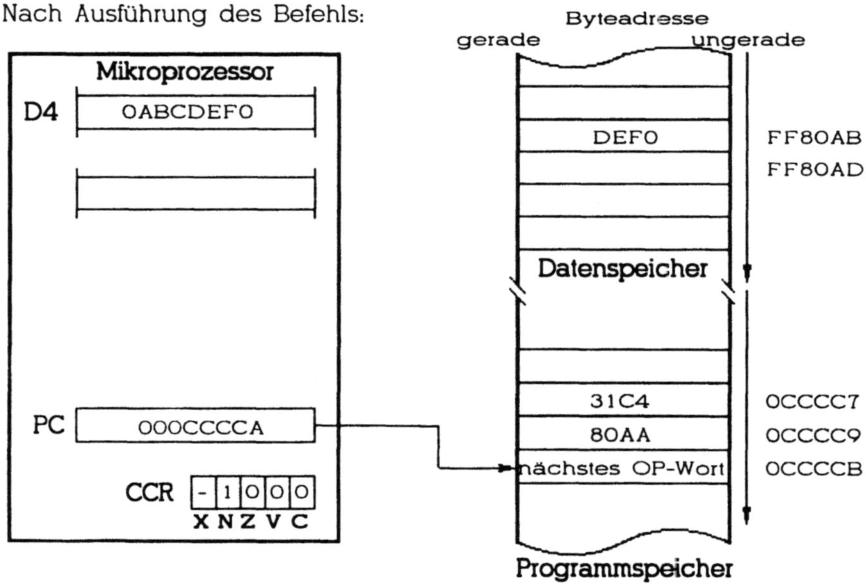

Bild 4-49: Beispiel Adressierungsart Absolut kurz; CCR siehe Bild 4-28

4.4.12 Adressierungsart Absolut lang

Sie unterscheidet sich von der Adressierungsart kurz insofern, als dem 1. Befehlswort eine 32 bit-Adresse folgt, für die zwei Erweiterungsworte erforderlich sind (**Bild 4-50**).

Adreßberechnung	: EA ist in zwei weiteren Befehlsworten gegeben
Assemblersyntax	: `XXX.L` oder `(XXX.L)`
Modusfeld	: 111
Registerfeld	: 001

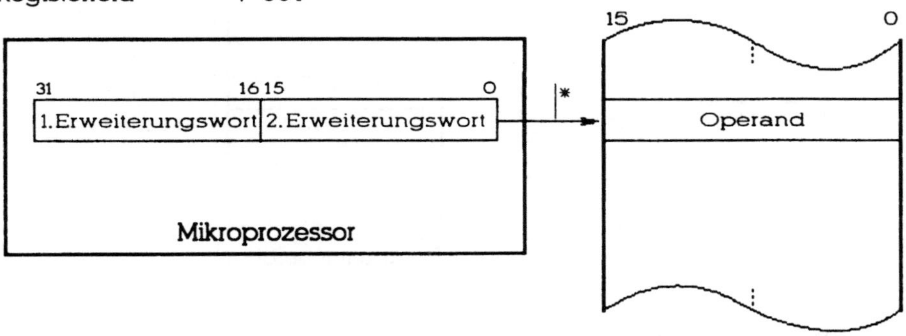

Bild 4-50: Adressierungsart Absolut lang; * - siehe Bild 4-30; die Erweiterungsworte werden ins Operandenadreßregister geladen (Bild 2-15)

Beispiel (**Bild 4-51**):

```
                        OUTPUT EQU $ 7C38A

0423A2 23C20007               MOVE.L D2,OUTPUT.L   transportiere [D2] ⟶ OUTPUT
       C38A
```

Die Spezifikation `.L` beim Operanden braucht nicht angegeben zu werden, wenn der Assembler erkennen kann, daß für die Adresse ein Langwort erforderlich ist (im Beispiel genügt also `MOVE.L D2,OUTPUT`). Trifft er in einer Zeile auf einen noch unbekannten symbolischen Operanden mit absoluter Adressierung, so nimmt er eine Langwortadresse an. **Beim Programmieren sollte man die Angabe absoluter Adressen immer vermeiden und stattdessen Symbole über die EQU-, DS- oder DC-Pseudoinstruktion einführen.** Sprungmarken innerhalb des Programms werden vom Assembler berechnet; ihre absolute Adresse sollte der Programmierer niemals festlegen.

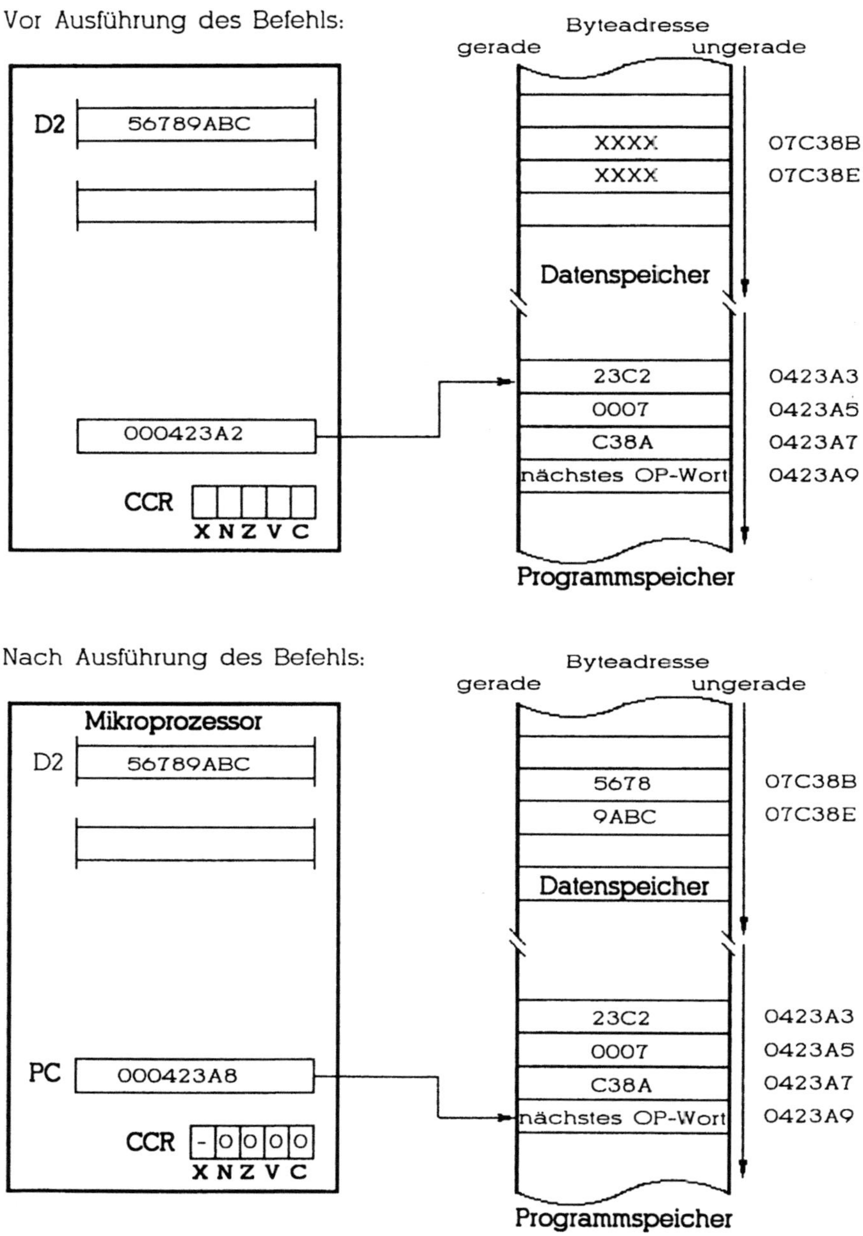

Bild 4-51: Beispiel Adressierungsart Absolut lang; CCR siehe Bild 4-28

4.4.13 Adressierungsart Programmzählerrelativ mit Adreßdistanz d_{16}

Sie hat große Ähnlichkeit mit der Adressierungsart Adreßregister indirekt mit Adreßdistanz, sie ist aber für Zieloperanden nicht erlaubt! Hier wird der Inhalt des **Programmzählers** als Referenz genommen und die Distanz zum Operanden angegeben. Der Mikroprozessor liest das 1. Befehlswort und interpretiert es. Der PC zeigt dabei wegen der automatischen Inkrementierung auf das Erweiterungswort, dessen Adresse als Bezug für die Distanzberechnung herangezogen wird.

Adreßberechnung	: EA = (PC) + d_{16}, **Bild 4-52**
Assemblersyntax	: d_{16}(PC) oder (d_{16},PC)
Modusfeld	: 111
Registerfeld	: 010

Es ist ein Erweiterungswort für den Distanzwert erforderlich. Er wird vom Assembler relativ zur Adresse im PC berechnet, bei der Ausführung im Mikroprozessor zwischengespeichert und **vor der Addition vorzeichenrichtig auf 32 bit erweitert.**

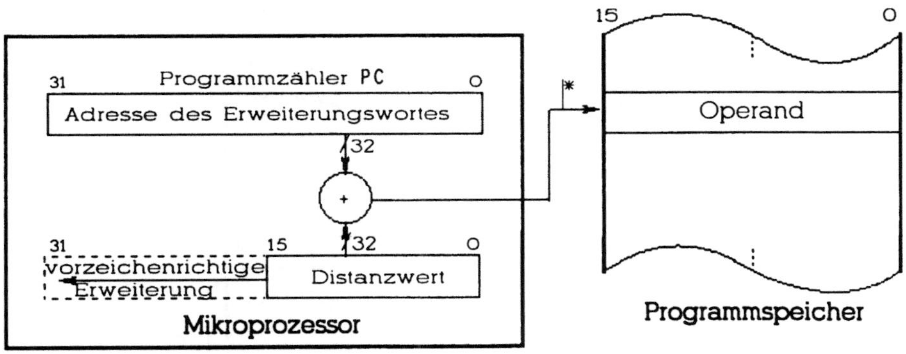

Bild 4-52: Adressierungsart Programmzählerrelativ mit Adreßdistanz d_{16} * - siehe Bild 4-30

Beispiel (**Bild 4-53**):

```
0FA372      947A5008          SUB MALTA(PC),D2  [D2] - [MALTA] --> D2
  |            |                        |
0FF37C      0030        MALTA  DC.W 48
```

Erweiterungswort: $0FF37C - ($0FA372 + $2) = $5008

Der Assembler nimmt den in der Symboltabelle eingetragenen Wert für MALTA, berechnet die Differenz zum momentanen internen Zähler und trägt diese in das Erweiterungswort ein. Der Programmierer braucht die Distanz nicht selbst zu berechnen, es genügt, die symbolische Adresse anzugeben. An der Schreibweise des Operanden erkennt der Assembler, daß er eine Distanz berech-

Vor Ausführung des Befehls:

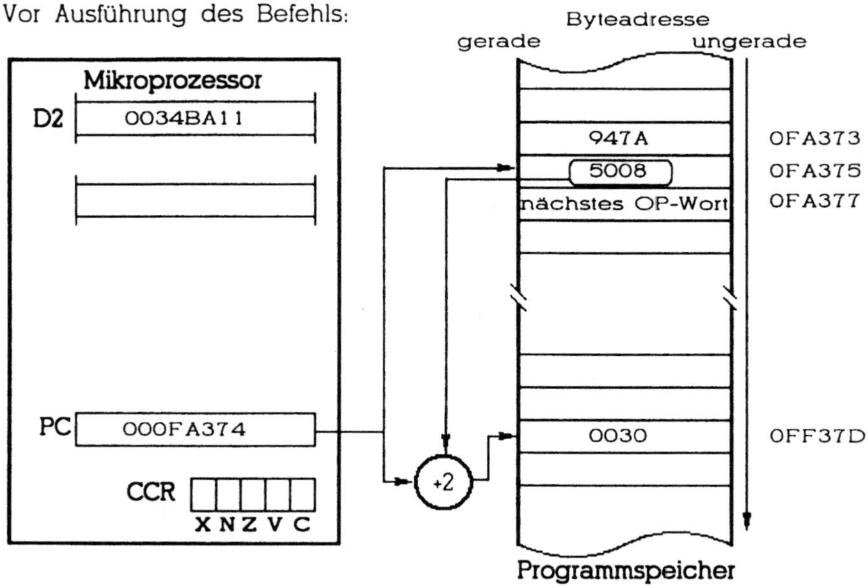

Nach Ausführung des Befehls:

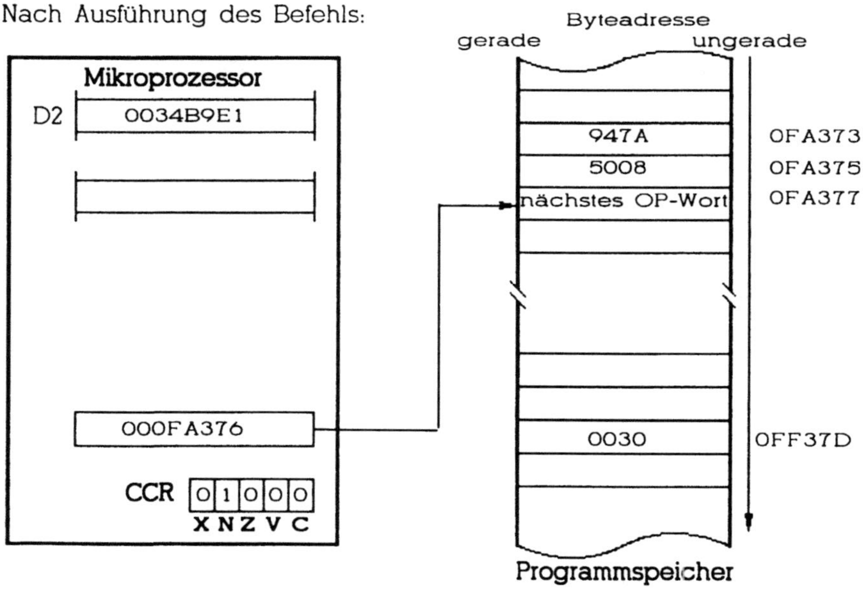

Bild 4-63: Beispiel Adressierungsart Programmzählerrelativ mit Adreßdistanz d_{16}; CCR siehe Bild 4-28; +2 im Kreis des oberen Bildes weist darauf hin, daß die Distanz zur Adresse des 2. Befehlswortes angegeben ist, auf dem der PC noch nicht steht

nen und in den Code eintragen muß. Bleibt die Adreßdistanz PC - MALTA gleich, so kann der Befehl an beliebiger Stelle im Speicher stehen (Wortgrenze beachten!) und wird identisch ausgeführt, er ist von der Position unabhängig.

Die Adressierungsart kann zur Erzeugung von **positionsunabhängigem Code** (PIC, *Position Independent Code*) eingesetzt werden, also von Code, der in allen Speicherbereichen ohne erneutes Assemblieren der Quelle oder andere Maßnahmen zur Adressenanpassung (s. 4.7 *Verschiebbarer Code*) direkt ausführbar ist.

4.4.14 Adressierungsart Programmzählerrelativ mit Adreßdistanz d_8 und Indexregister

Die Effektive Adresse ergibt sich aus der Speicheradresse im PC plus Adreßdistanz plus Indexregisterinhalt; sie ist nur bei Quelloperanden erlaubt. Das zur näheren Spezifizierung des Befehls und der 8 bit-Adreßdistanz erforderliche Erweiterungswort ist identisch mit dem der Adressierungsart *Adreßregister indirekt mit Adreßdistanz d_8 und Indexregister* (Bild 4-42).

Adreßberechnung	: EA = (PC) + d_8 + (Rm),	m ∈ {0,1,..7}
		R = A oder D (**Bild 4-54**)
Assemblersyntax	: d_8(PC,Rm.W) oder (d_8,PC,Rm.W)	
	bzw. d_8(PC,Rm.L) oder (d_8,PC,Rm.L)	
Modusfeld	: 111	
Registerfeld	: 011	

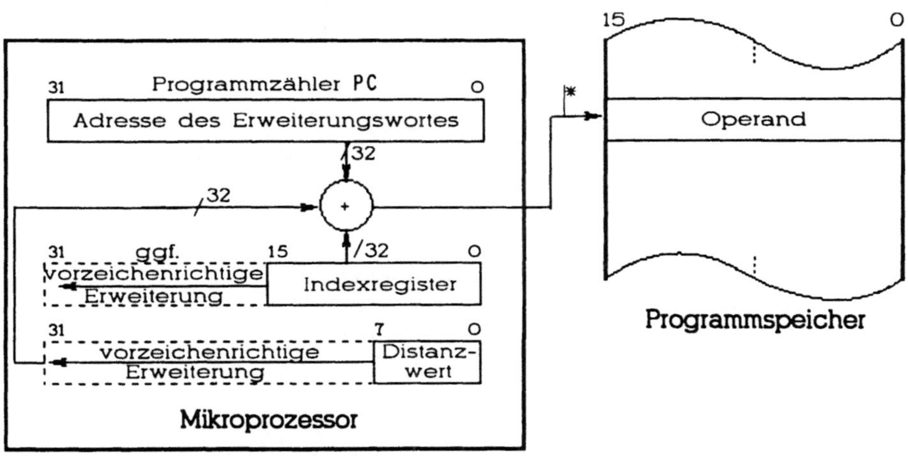

Bild 4-54; Adressierungsart Programmzählerrelativ mit Adreßdistanz d_8 und Indexregister; * - siehe Bild 4-28

Der Inhalt des höherwertigen Wortes des Indexregisters wird bei .W-Spezifikation nicht geändert; die Vorzeichenexpansion erfolgt nicht im Indexregister selbst!

Beispiel:

In einer Tabelle sind die Anfangsadressen von Datenfeldern gegeben. D1 enthalte die Nummer des Feldes, dessen Anfangsadresse nach A0 geladen werden soll. Aus Datenfeld2 soll das 87. Element nach D3 geladen werden (Feld mit Bytegrößen).

Vor dem ASL-Befehl sind folgende Registerinhalte definiert:

[D1] = 2 Datenfeld2-Adresse in TABTOP soll ermittelt werden
[D2] = $57 Elementenummer 87 im Feld

```
         ASL.W     #2,D1                 Nummer des Datenfeldes,
*                                        4 Bytes pro Langwortadresse
  ①      MOVEA.L   TABTOP(PC,D1.W),A0
         MOVE.B    0(A0,D4.W),D3         Holen des durch D4.W bestimmten
*                                        Wortelementes
                   |

TABTOP②  DC.L         Datenfeld0         (Datenfelder selbst sind vorher de-
*        DC.L         Datenfeld1         finiert, z.B. durch EQU, DS oder DC)
         DC.L         Datenfeld2
         DC.L         Datenfeld3
                   |
         DC.L         Datenfeldn          n < 31, wegen d8  (mit Vorzeichen)
```

Für angenommene Programmcodeadressen $80B4 bei ① und $80C8 bei ② ergeben sich die Adreßdistanz $80C8 - ($80B4 + 2) = $12 und der folgende Maschinencode:

```
0080B2   E541                          ASL.W #2,D1
0080B4   207B1012                      MOVEA.L TABTOP(PC,D1.W),A0
0080B8   16304000                      MOVE.B 0(A0,D4.W),D3
                  |

0080C8   0046ABC0       TABTOP         DC.L Datenfeld0
0080CC   0036C40A                      DC.L Datenfeld1
0080D0   00043ABC                      DC.L Datenfeld2
                  |
```

Nach dem ASL-Befehl enthält das niederwertigere Wort von D1 eine 8. Prozessorregister und Speicherinhalte vor und nach Ausführung des Befehls ① sind in **Bild 4-55** dargestellt. Nach der Befehlsausführung steht die Startadresse von Datenfeld2 in A0. Das CCR bleibt unbeeinflußt, da ein Adreßregister Zielregister ist.

Vor Ausführung des Befehls:

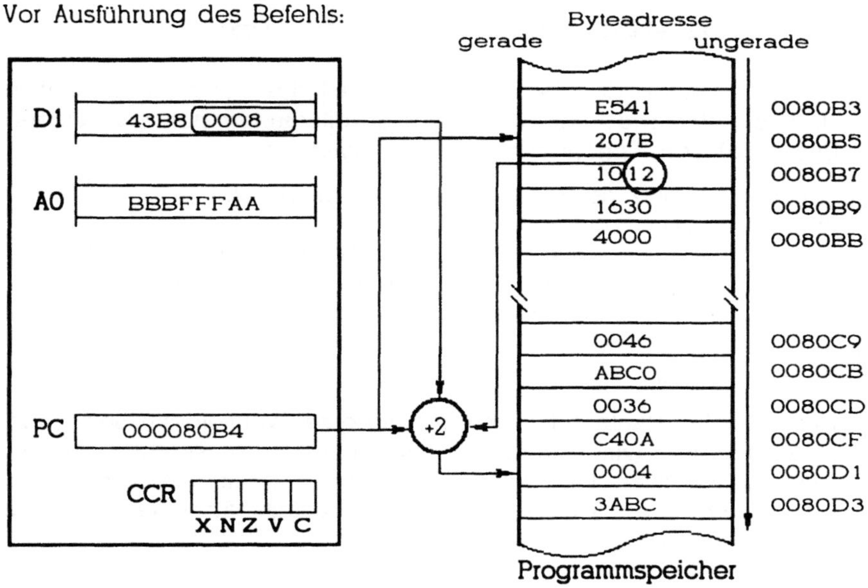

Nach Ausführung des Befehls:

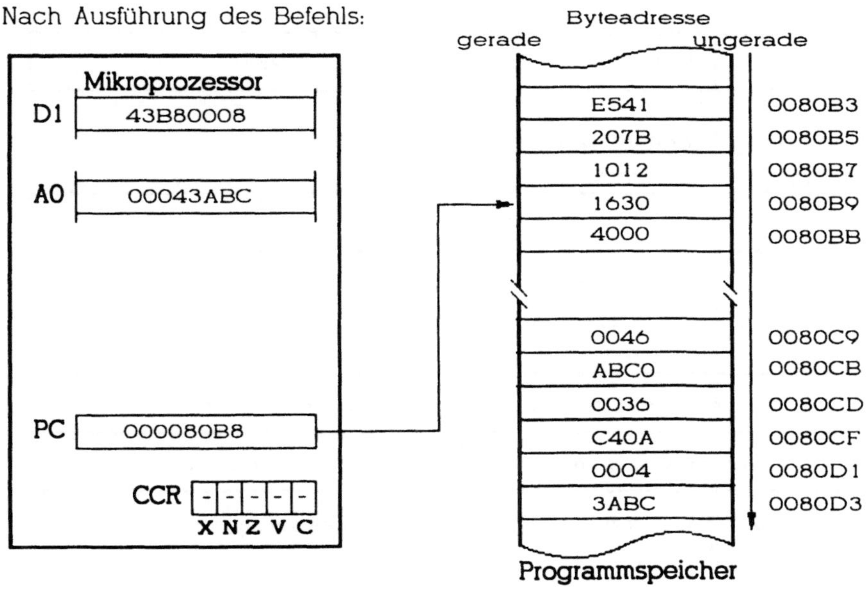

Bild 4-55: Beispiel Adressierungsart Programmzählerrelativ mit Adreßdistanz d_8 und Indexregister; CCR siehe Bild 4-28; +2 im Kreis des oberen Bildes weist darauf hin, daß die Distanz zur Adresse des 2. Befehlswortes angegeben ist, auf dem der PC noch nicht steht

4.4.15 Adressierungsart Unmittelbar

Hier ist der Operand direkt gegeben, d. h. er ist Teil des Befehls und steht in einem (Wortlänge) oder zwei (Langwortlänge) Erweiterungsworten zum Operationswort (**Bild 4-56**). Man spricht auch von der *Immediate*-Adressierung.

Adreßberechnung	: keine, der Operand ist selbst gegeben
Assemblersyntax	: `#XXXX` oder `#⟨Datum⟩`, `XXXX` steht für ein Symbol, dessen Wert übernommen wird; `⟨Datum⟩` steht für direkte Wertangaben (hex, dez, oct, bin, asc).
Modusfeld	: 111
Registerfeld	: 100

`⟨Datum⟩` kann eine Konstante oder absolute Adresse (vermeiden!) sein; wird der Wert `XXXX` aus der Symboltabelle übernommen, so wurde er entweder durch die Pseudoinstruktion `EQU` definiert oder vom Assembler beim ersten Durchgang berechnet. Das Symbol `XXXX` kann ebenfalls für eine Konstante oder eine Adresse stehen.

Byteoperation (1 Erweiterungswort):

15	14	13	12	11	10	9	8	7	6	5	4	3	2	1	0
0	0	0	0	0	0	0	0	Byte							

Wortoperation (1 Erweiterungswort):

15	14	13	12	11	10	9	8	7	6	5	4	3	2	1	0
Wort															

Langwortoperation (2 Erweiterungsworte):

15	14	13	12	11	10	9	8	7	6	5	4	3	2	1	0
höherwertiges Wort bei Langwortoperationen															
niederwertigeres Wort bei Langwortoperationen															

Bild 4-56: Erweiterungswort(e) bei Adressierungsart Unmittelbar

Beispiel (**Bild 4-57**):

`00A34C 0A0200D4 EORI.B #$D4,D2`	bitweise Exklusivoder-Verknüpfung des Inhalts des niederwertigsten Bytes von `D2` mit `$D4` = %11010100

Das #-Zeichen dient der Unterscheidung von Operanden, die unmittelbar gegeben sind, und von Speicheroperanden.

Beispiel: Durch `BLOCK EQU $000FCA3A` wird ein Symboltabelleneintrag erzeugt, der dem Symbol `BLOCK` den Wert `$000FCA3A` zuweist. Trifft der Assembler auf den Befehl

`MOVE.L BLOCK,D0,`

so sieht er `BLOCK` als Symbol für einen Speicherplatz und entsprechend den Tabelleneintrag als Adresse an und erzeugt den Code

`2039 000F CA3A,`

der den **Inhalt** von `$000FCA3A` nach `D0` transportiert. Trifft er dagegen auf den Befehl

`MOVE.L #BLOCK,D0,`

so erzeugt er den Code

`203C 000F CA3A,`

der den **Wert** `$000FCA3A` selbst nach `D0` bringt. Man sieht, daß in diesem Fall der Symboltabelleneintrag keine Adresse repräsentieren muß. Wäre bei diesen Beispielen der Eintrag ungerade, also z. B. `$000FCA3B`, so ergäbe sich im ersten Fall ein Adreßfehler, im zweiten dagegen nicht!

Vor Ausführung des Befehls:

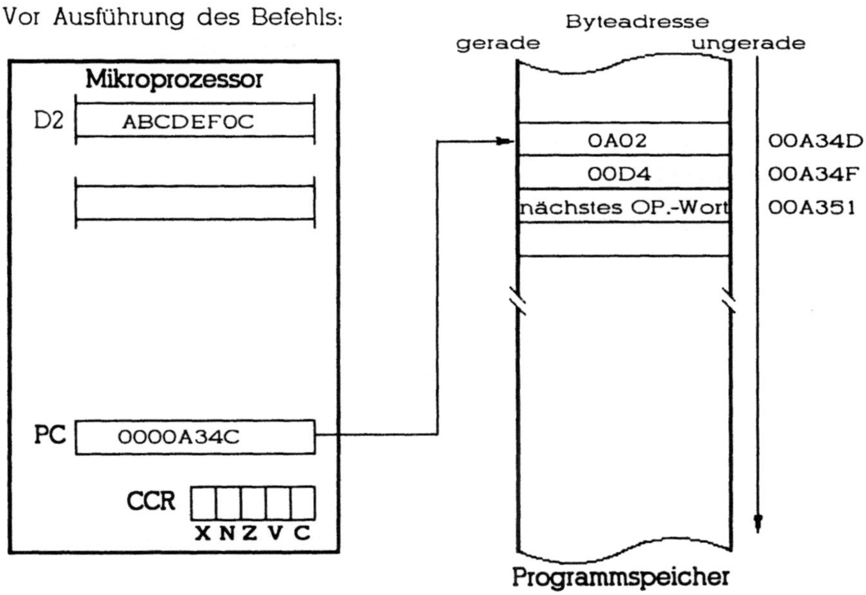

Bildlegende s. nächste Seite!

Nach Ausführung des Befehls:

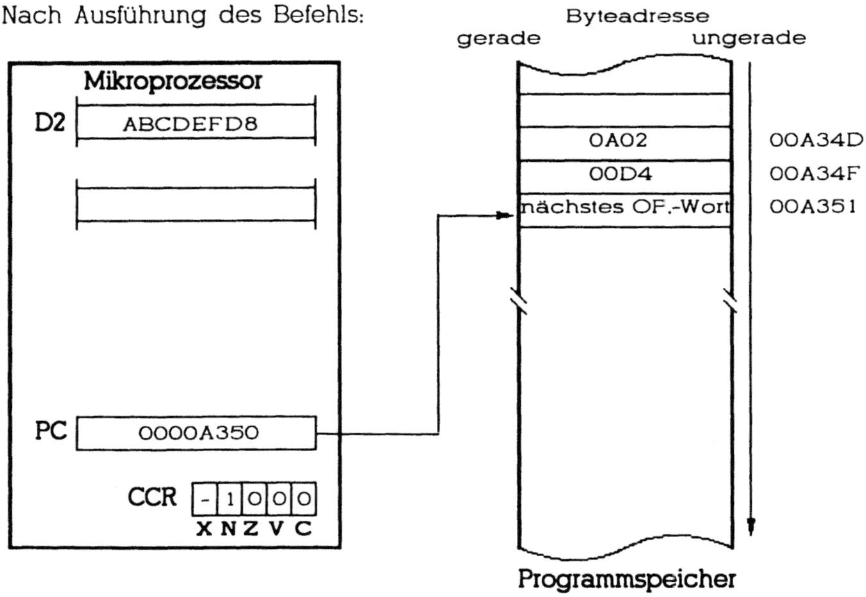

Bild 4-57: Beispiel Adressierungsart Unmittelbar; CCR - siehe Bild 4-28

4.4.16 Adressierungsart Unmittelbar schnell

Bei dieser Adressierungsart (*Immediate Quick*) wird kein Feld Effektive Adresse belegt. Der Operand ergibt sich aus dem Befehlswort selbst, und der Zahlenwert ist auf den Bereich 1 bis 8 begrenzt. Hierzu sind drei bit erforderlich, die folgendermaßen codiert sind:

000	≙	8
001	≙	1
010	≙	2
|		|
111	≙	7

0 selbst ist nicht erforderlich, und negative Operanden sind nicht zugelassen.

Beispiel (**Bild 4-58**):

```
00BBBC          5088   ADDQ.L   #8,A0
```

Befehl kennt nur Langwortoperation, wenn Adreßregister Ziel ist!

Vor Ausführung des Befehls:

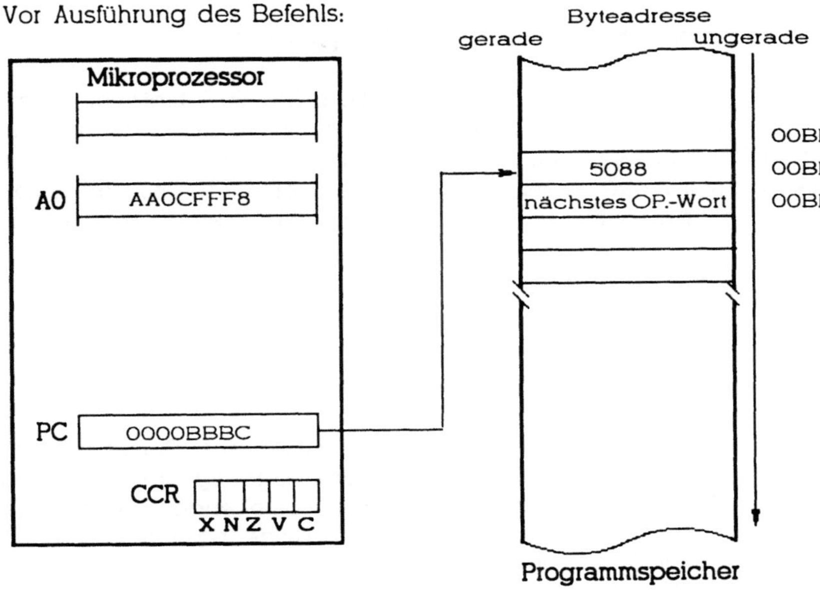

Nach Ausführung des Befehls:

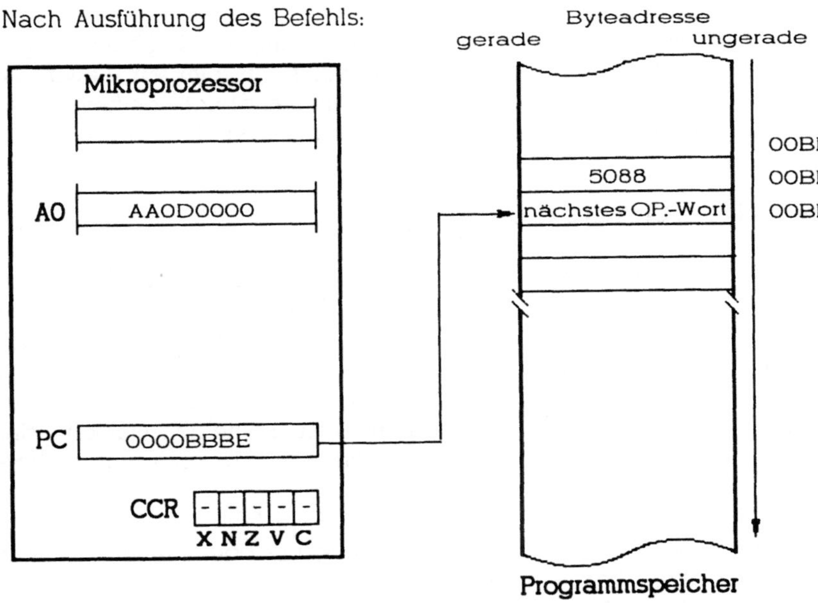

Bild 4-58: Beispiel Adressierungsart Unmittelbar schnell; CCR - siehe Bild 4-28

4.4.17 Adressierungsart Implizit

Hier wird ebenfalls kein Effektive Adresse-Feld benötigt. Von impliziter Adressierung wird gesprochen, wenn die prozessorinternen Registe `PC`, `SR`, `USP`, `SSP`, `CCR` unmittelbar angesprochen sind. Die Adressierung von `A7` im Feld Effektive Adresse zählt nicht hierzu; `USP` ist der verdeckte Anwenderstapelzeiger bei `S = 1`. Bei der Behandlung einzelner Befehle werden wir hierauf noch eingehen.

Beispiel: `MOVE.L USP,A6`

4.5 Ausgewählte Befehle

Zum Programmieren nimmt man sich am besten immer das Prozessorhandbuch des Herstellers [4] mit der detaillierten Beschreibung der einzelnen Befehle zu Hilfe (in Englisch). Im Anhang des vorliegenden Buches ist ebenfalls eine ausführliche Beschreibung enthalten. Beide beschreiben jeden Befehl und seinen Einfluß auf die Register vollständig. **Bei den beliebten Kurzfassungen fallen Einzelheiten der Befehle meistens weg; sie sind nicht zu empfehlen.**

In diesem Abschnitt wird auf Besonderheiten von einigen Befehlen hingewiesen; sie werden anhand von Beispielen erläutert. In einigen Fällen ist dies unerläßlich, da die formale Beschreibung im Handbuch einfach nicht die Möglichkeiten erkennen läßt, die mit dem Befehl verbunden sind.

4.5.1 Bedingungscodes

Die bisherigen Programmbeispiele waren so aufgebaut, daß die Befehle in der Reihenfolge, wie sie im Programmspeicher stehen, nacheinander ausgeführt wurden. Die einzigen Ausnahmen gab es beim Unterprogrammaufruf, der den Programmablauf zu einer anderen Stelle des Speichers verzweigte. Dort wurde wieder Befehl für Befehl abgearbeitet, bis mit `RTS` wieder zum UP-Aufruf zurückverzweigt wurde (Bild 4-8). Das Programm hat keine Möglichkeit, die Verzweigung nicht auszuführen. Es handelt sich um ein **unbedingte Verzweigungen.**

Programme, die in dieser Weise ablaufen, die also keine oder nur unbedingte Verzweigungen enthalten, kommen nur sehr selten vor. Fast alle enthalten Befehle oder Unterroutinen, die nur dann durchlaufen oder erneut durchlaufen werden, wenn bestimmte Bedingungen erfüllt sind (**bedingte Verzweigung**).

Im Beispiel **Bild 4-59** wird eine Banküberweisung vom Konto durchgeführt. Es wird zunächst geprüft, ob der Kunde nach der Abbuchung in die *roten*

Zahlen gerät. Ist dies nicht der Fall, so werden die Überweisung ausgeführt und der Vorgang beendet. Ergibt sich ein negativer Kontostand, so wird geprüft, ob der vom Kreditinstitut eingeräumte Dispositionskredit überschritten wird. Trifft dies nicht zu, so wird die Überweisung ebenfalls durchgeführt; andernfalls wird eine Meldung an den Bediener ausgegeben und eine Entscheidung abgefragt. Je nach Eingabe wird dann entweder überwiesen oder die Abbuchung rückgängig gemacht, und in beiden Fällen wird der Vorgang abgeschlossen.

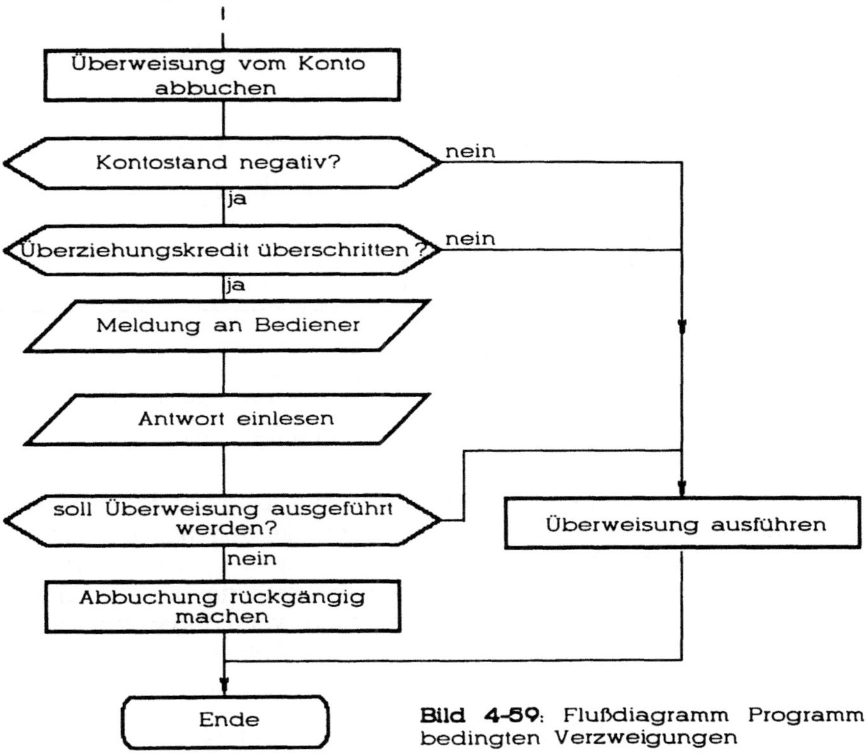

Bild 4-59: Flußdiagramm Programm mit bedingten Verzweigungen

Die bedingte Verzweigung führt der Prozessor in Abhängigkeit von den Bits des CCR aus. Im Beispiel wird nach der Abbuchung das N-Bit gesetzt oder gelöscht sein. Die Anweisung BMI (*Branch on MInus*) führt zu einer Programmverzweigung (PC wird geändert), wenn die N-Flagge = 1 ist; der Folgebefehl wird dagegen dann ausgeführt, wenn das N-Bit nicht gesetzt (= 0) ist.

Die Flaggen des CCR werden mit Ausnahme des Erweiterungsbits zur Formulierung von einfachen oder komplexen Bedingungen herangezogen. Die Programmverzweigung wird nur durchgeführt, wenn die Bedingung wahr ist. **Tabelle 4-3** zeigt die einzelnen Bedingungen, ihre in den Assemblerbefehlen enthaltene Mnemonik und gibt die Beziehung an, die ausgewertet wird.

Mnemonik	Bedingung	ausgewertete logische Beziehung
EQ	*EQual*	Z
NE	*Not Equal*	$\overline{Z}$
PL	*PLus*	$\overline{N}$
MI	*MInus*	N
CC (HS)	*Carry Clear (High or Same)*	$\overline{C}$
CS (LO)	*Carry Set (LOw)*	C
HI	*HIgh*	$\overline{C} \cdot \overline{Z} = \overline{C + Z}$
LS	*Low or Same*	$C + Z$
*VC	*OVerflow Clear*	$\overline{V}$
*VS	*OVerflow Set*	V
*GE	*Greater or Equal*	$N \cdot V + \overline{N} \cdot \overline{V} = N \odot V$
*LT	*Less Than*	
*GT	*Greater Than*	$N \cdot V \cdot \overline{Z} + \overline{N} \cdot \overline{V} \cdot \overline{Z}$
*LE	*Less or Equal*	$Z + N \cdot \overline{V} + \overline{N} \cdot V$
**T	*True*	1
**F	*False*	0

Tabelle 4-3: Bedingungscodes; * - nur bei vorzeichenbehafteten Operationen von Bedeutung; ** - nicht bei *Branch*-Befehlen (Programmverzweigungen), T und F richten sich nicht nach Flaggen, und können nicht in einer **bedingten** Verzweigung vorkommen

Die Bedeutung der Bedingungen, bei denen nur eine Flagge ausgewertet wird, ist offensichtlich. Werden zwei oder mehr Flaggen ausgewertet, ergibt sich die Frage: Worauf beziehen sich *High, Low or Same, Greater Than* usw.? **Bei der Festlegung dieser Begriffe geht man davon aus, daß eine Subtraktion durch eine SUB- oder CMP-Anweisung vorangegangen ist.** Beide beeinflussen das CCR in gleicher Weise, beim CMP-Befehl bleibt das Zielregister unverändert.

M - S = D (Minuend - Subtrahend = Differenz)

Die Bezeichnungen geben an, welche Relation der Minuend zum Subtrahenden hat.

HS	:	$M \geq S$	M, S *vorzeichenlos*
HI	:	$M > S$	
LS	:	$M \leq S$	
LO	:	$M < S$	
GE	:	$M \geq S$	M, S vorzeichenbehaftet
LT	:	$M < S$	
GT	:	$M > S$	
LE	:	$M \leq S$	

Es sei aber darauf hingewiesen, daß die Bedingung unabhängig vom jeweils vorangegangenen Befehl ausgewertet wird; es wird nicht überprüft, ob eine Subtraktion oder ein Vergleich ausgeführt wurde, sondern der aktuelle Stand des CCR herangezogen.

Wir wollen bei zwei ausgewählten Bedingungscodes (LT und HI) prüfen, ob die o. a. Relationen von Minuend zu Subtrahend zutreffen. Für die relevanten Flaggen ergeben sich nach [4] für CMP- und SUB-Befehle die folgenden Setzbedingungen (s. Tabelle A-3):

$$N = D_m \qquad (m = \textit{most significant} \text{ Bit, } D = \text{Differenz})$$
$$Z = \overline{D}_m \cdot \overline{D}_{m-1} \cdots \overline{D}_1 \cdot \overline{D}_0$$
$$V = \overline{S}_m \cdot M_m \cdot \overline{D}_m + S_m \cdot \overline{M}_m \cdot D_m \qquad (M = \text{Minuend, } S = \text{Subtrahend})$$
$$C = S_m \cdot \overline{M}_m + D_m \cdot \overline{M}_m + S_m \cdot D_m \qquad \textbf{(4.1)}$$

Hinweis: **C, V und Z werden für andere Befehle nach anderen Regeln gesetzt** (Tabelle A-3)!

Beim Setzen/Löschen des Übertragsbits wird von *vorzeichenlosen* Operanden ausgegangen; es wird nach folgender Wahrheitstabelle bestimmt, die aus o. a. Gleichung erstellt wurde:

$D_m, M_m, S_m = 1 \quad : \quad 2^{n-1} \leq D, M, S \leq 2^n - 1$ (n bit-Zahlen)
$D_m, M_m, S_m = 0 \quad : \quad 0 \leq D, M, S < 2^{n-1}$

M_m	S_m	D_m	C	Übertragsbit ist gesetzt, weil
0	0	0	0	
0	0	1	1	→ die Differenz zweier positiver Zahlen $< 2^{n-1}$ nicht $\geq 2^{n-1}$ sein kann
0	1	0	1	→ ähnliche Bedingungen formulierbar
0	1	1	1	→ ähnliche Bedingungen formulierbar
1	0	0	0	
1	0	1	0	
1	1	0	0	
1	1	1	1	→ Differenz zweier Zahlen M, S mit $2^{n-1} \leq M, S \leq 2^n - 1$ liegt nicht im Bereich $2^{n-1} \leq D \leq 2^n - 1$

Zahlenbeispiele für die Bedingung HI:

Die Bedingung ist wahr, wenn M > S ist.

1. M = 136, S = 45 M: % 10001000
S: - % 00101101

$\overline{C} \cdot \overline{Z} = 1$ **(M > S)** D: % 01011011 ⟶ C = 0, [N = 0,] Z = 0

2. M = 136, S = 132 M: % 10001000
S: - % 10000100

$\overline{C} \cdot \overline{Z} = 1$ (M > S) D: % 00000100 ⟶ C = 0, [N = 0,] Z = 0

3. M = 3, S = 5 M: % 00000011
S: - % 00000101 ①: Entlehnwert

$\overline{C} \cdot \overline{Z} = 0$ (M < S) D: % ①11111110 ⟶ C = 1, [N = 1,] Z = 0

4. M = 255, S = 255 M: % 11111111
S: - % 11111111

$\overline{C} \cdot \overline{Z} = 0$ (M = S) D: % 00000000 ⟶ C = 0, [N = 0,] Z = 1

Bei Auswertung der Bereichsüberschreitungsflagge geht man von vorzeichenbehafteten Größen aus; für sie ergibt sich aus Gl. (4.1) die folgende Wahrheitstabelle ($\overline{D}_m$, $\overline{M}_m$, $\overline{S}_m$ $\hat{=}$ MSB = 0 : positives Vorzeichen, D_m, M_m, S_m $\hat{=}$ MSB = 1 : negatives Vorzeichen):

M_m	S_m	D_m	V
0	0	0	0
0	0	1	0
0	1	0	0
0	1	1	1
1	0	0	1
1	0	1	0
1	1	0	0
1	1	1	0

Bereichsüberschreitung, weil:
(Zeile 0 1 1 1 →) positive Zahl - negative Zahl : negatives Ergebnis,
(Zeile 1 0 0 1 →) negative Zahl - positive Zahl : positives Ergebnis,
und das ist nicht möglich

Die ausgewertete Boole'sche Beziehung N ⊕ V für die Bedingung LT erfaßt auch den Fall der Bereichsüberschreitung, was man daran sehen kann, daß für V = 1 N ⊕ V auch wahr werden kann.

Zahlenbeispiele für die Bedingung LT:

1. M = 45, S = 90 M: %00101101
S: - %01011010 ①: Erweiterungsflagge C = 1
D: %①11010011 ⟶ [C = 1,] V = 0, N = 1 [,Z = 0]

N ⊕ V = 1, also M < S

2. M = - 90, S = - 45 M: %10100110
S: -%11010011
D: %①11010011 ⟶ [C = 1,] V = 0, N = 1 [,Z = 0]

N ⊕ V = 1, also M < S

3. M = - 45, S = 120 M: %11010011
S: -%01111000

D: %01011011 ⟶ [C = 0,] V = 1, N = 0 [,Z = 0]

N ⊕ V = 1, **also M < S**

Ebenso läßt sich für die anderen Bedingungen, die eine Verknüpfung von mehreren Flaggen auswerten, herleiten, daß sich die Formulierung aus einer Subtraktion ergibt.

4.5.2 Bedingte Verzweigung

Der Befehl Bcc (*Branch if Condition Code is true*) wertet das CCR aus und führt zu einer Verzweigung, wenn die Bedingung wahr ist. Ist sie nicht erfüllt, wird der nächste Befehl ausgeführt. cc wird ersetzt durch die in der Tabelle in **Bild 4-60** angegebenen Mnemoniks. Es können alle Mnemoniks der Tabelle 4-3 außer T und F eingesetzt werden. F ist sinnlos, da nie verzweigt würde; T führt (bedingungslos) immer zu einer Verzweigung und erhält daher eine andere Bezeichnung: BRA (*BRanch Always*).

Befehlsformat:

0	1	1	0	Bed.-Codierung	8 bit-Adreßdistanz
16 bit-Adreßdistanz, falls 8 bit-Adreßdistanz = 0					

Mnemonik	Bedingung	Codierung
HI	*High*	0010
LS	*Low or Same*	0011
CC (HS)	*Carry Clear oder High or Same*	0100
CS (LO)	*Carry Set oder Low*	0101
NE	*Not Equal*	0110
EQ	*Equal*	0111
*VC	*Overflow Clear*	1000
*VS	*Overflow Set*	1001
PL	*Plus*	1010
MI	*Minus*	1011
*GE	*Greater or Equal*	1100
*LT	*Less Than*	1101
*GT	*Greater Than*	1110
*LE	*Less or Equal*	1111

Bild 4-60: Befehlsformat und Bedingungscodes von Bcc; * - für vorzeichenbehaftete Größen

Der Befehl kennt nur die Adressierungsart Programmzählerrelativ. Die Adreßdistanz kann 8 oder 16 bit groß sein (vorzeichenbehaftet). Bei der Interpretation eines Befehlswortes steht der PC schon auf dem nächsten Wort. Die Adresse des auf das Bcc-Operationswort folgenden Befehlswortes ist Bezug für die Berechnung. Eine 8 bit-Distanz steht auf den Bits 7-0 des Bcc-Befehlswortes. Sind sie gleich Null, so erkennt der Prozessor, daß er zur Ausführung noch ein weiteres Wort mit dem 16 bit-Distanzwert benötigt. Daraus ergibt sich, daß eine 8 bit-Verzweigung zum unmittelbar folgenden Befehl nicht möglich ist; er würde als 16-bit Adreßdistanz interpretiert.

Auch hier genügt, ähnlich wie bei den im EA-Feld angegebenen PC-relativen Adressierungsarten mit Adreßdistanz die Angabe des symbolischen Operanden (hier der Sprungmarke); die (meisten) Assembler berechnen die Adreßdistanz und tragen sie in den Code ein.

Rückwärtsbezüge, die sich mit 8 bit darstellen lassen, erkennt der Assembler und wählt automatisch den kürzeren Code. Für Vorwärtsbezüge nimmt er eine 16-bit Distanz an. Man kann ihm aber durch die Ergänzung .S (*short*) zum Befehl mitteilen, daß er eine 8 bit-Distanz einsetzen soll (Beispiel BPL.S FRITZ); dies bedeutet, daß der ganze nachfolgende Programmcode an um 2 Byte niedrigeren Adressen liegt. Die Angabe .S wird vom Assembler im zweiten Durchgang auf Realisierbarkeit geprüft und ggf. eine Fehlermeldung erzeugt.

Die Programmliste **Bild 4-62** gibt eine Realisierung des Flußdiagramms Bild 4-59 wieder. Die kundenspezifischen Größen sind in einer Tabelle abgelegt (Datenstruktur RECORD, **Bild 4-61**).

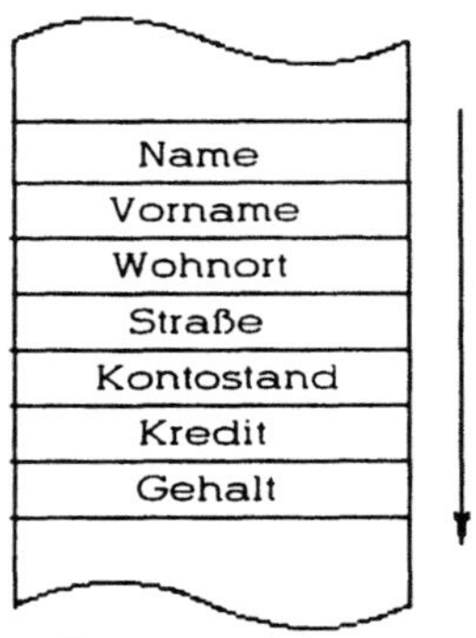

Datenspeicher

Bild 4-61: RECORD Kundendaten zum Bild 4-59; die einzelnen Attribute können mehrere Bytes oder Worte umfassen

Die Adreßdistanzen der Attribute sind relativ zum RECORD-Anfang angegeben. Sie sind für alle Kunden gültig. Zu Beginn des Programmausschnitts stehe der Buchungswert in D3 und die Kundenadresse in A0 bereit. Beide Parameter werden vom aufrufenden Programm vor dem JSR ABBUCH bereitgestellt. EQUR ist eine Pseudoinstruktion, mit der einem Register ein symbolischer Name zugewiesen werden kann. Für MOVE.L KONTO(KUNDE),D1 erzeugt der Assembler denselben Code wie für MOVE.L KONTO(A0),D1. Die Kontobewegung wird in einem Unterprogramm durchgeführt. Die Rückkehr ins aufrufende Programm (RTS) erfolgt bei Ablehnung mit Z = 1 und bei Durchführung der Überweisung mit Z = 0. Z werde durch EINGABE gesetzt. Die ohne Ergänzung angegebene Anweisung BEQ zeigt, daß der Assembler bei Vorwärtsbezug automatisch ein Erweiterungswort hinzufügt, da er die Distanz in dieser Zeile noch nicht berechnen kann; er wäre mit einer 8 bit-Distanz ausgekommen.

```
0A8000                      3         ORG $A8000
       =0011                4 VORNAME EQU     17      Recordspezifikation
       =0019                5 WOHNORT EQU     25
       =0028                6 STRASSE EQU     40
       =0038                7 KONTO   EQU     56      4 Byte ganze Zahlen
       =003C                8 KREDIT  EQU     60      dto.
       =0040                9 GEHALT  EQU     64      dto.
                           10
       =000C7804           11 AUSGABE EQU $C7804      Ausgaberoutine des Systems
       =000C740A           12 EINGABE EQU $C740A      Eingaberoutine des Systems
                           13
       =0-Ar               14 KUNDE   EQUR A0         Registersymbol für Kundenadresse
                           15
       =0-Dr               16 BUCHUNG EQUR D0         Registersymbol für Buchungswert
                           17
0A8000 2228 0038           18 ABBUCH  MOVE.L KONTO(KUNDE),D1  Kontostand holen
0A8004 9280                19         SUB.L  BUCHUNG,D1       neuen Stand berechnen
0A8006 2401                20         MOVE.L D1,D2            Kopie anlegen, CCR beeinflussen!
0A8008 6A16                21         BPL.S  GENUG
0A800A D2A8 003C           22         ADD.L  KREDIT(KUNDE),D1 > 0, dann alles o.k.
0A800E 6A10                23         BPL.S  GENUG
0A8010 4EB9 000C 7804      24         JSR    AUSGABE          Abfrage beim Schalterpersonal
0A8016 4EB9 000C 740A      25         JSR    EINGABE          Z-Bit des CCR = 0 bei Rückkehr, dann
0A801C 6700 000A           26         BEQ    ENDE             keine Überweisung, Kontostand bleibt
                           27
0A8020 2142 0038           28 GENUG   MOVE.L D2,KONTO(KUNDE)  neuer Kontostand
0A8024 003C 0002           29         ORI    #2,CCR           Z-Bit setzen: Überweisung erfolgt
                           30
0A8028 4E75                31 ENDE    RTS
                           32
                           33         END
```

Bild 4-62: Assemblerliste Abbuchung

4.5.3 Befehle ADDX (*ADD with EXtend*) und SUBX (*SUBtract with EXtend*)

Beim Rechnen mit mehrfacher Genauigkeit muß bei der Operation mit den höherwertigen Operandenteilen der Übertrag (bzw. Entlehnwert) der niederwertigeren Teile im X-Bit des CCR einbezogen werden. Hierfür haben die *Designer* des M68000 separate Befehle implementiert.

Gäbe es nur einen Befehl für das Rechnen mit einfacher und mehrfacher Genauigkeit wie bei einfacheren Prozessoren, so müßte er eine Übertragsverarbeitung durchführen. Beim Rechnen mit den niederwertigsten Operandenteilen oder beim Rechnen mit einfacher Genauigkeit muß dann jedesmal das Übertragungsbit **zuvor** gelöscht werden.

Die Besonderheit der Befehle ADDX und SUBX liegt in der Art, in der die Nullflagge erzeugt wird:

$$Z := Z \cdot \overline{R}_m \cdot \overline{R}_{m-1} \cdot \cdot \cdot \overline{R}_1 \cdot \overline{R}_0, \qquad R = \text{Resultat} \tag{4.2}$$

Vor Beginn der mehrstelligen Operation wird das Z-Bit durch einen separaten Befehl gesetzt. Eine andere Möglichkeit ist die, den niederwertigsten Zieloperanden durch die normalen Befehle ADD bzw. SUB zu berechnen, wobei das Z-Bit ergebnisabhängig korrekt gesetzt wird (**Bild 4-63**). Wird bei einer der nachfolgenden mehrstelligen Operationen ein Zwischenergebnis ≠ 0, so wird Z gelöscht; es bleibt gelöscht, so daß Z am Ende angibt, ob das gesamte mehrstellige Ergebnis = 0 ist oder nicht. Bemerkenswert ist darüber hinaus, daß bei diesen Befehlen kein Effektive Adresse-Feld existiert. Es sind für beide Operanden nur die Adressierungsarten *Datenregister direkt* oder *Adreßregister indirekt mit Predekrement* zugelassen.

Beispiel: Subtraktion von zwei 64 bit-Zahlen

```
          MOVEA.L  #MINUEND+4,A0     Zeiger auf LS-Langwort setzen
          MOVEA.L  #SUBTRAHEND+4,A1  dto.
          SUB.L    (A1),(A0)         niederwerigste 4 Bytes, Z-Bit wird gesetzt
*                                    wenn Differenz = 0
          SUBX.L   -(A1),-(A0)       höcherwertige 4 Bytes subtrahieren,
*                                    Minuend wird überschrieben
          BEQ.S    ALLES_NULL
          NOP                        Programmcode, falls Differenz ungleich
          NOP                        Null

ALLES_NULL NOP                       Programmcode, falls Differenz = 0
          NOP

MINUEND DS.L 2                             64 bit-Variable
SUBTRAHEND DC.L $01234567,$89ABCDEF        64 bit-Konstante
```

Bild 4-63: Assemblerprogramm Subtraktion zweier 64 bit-Zahlen (Auszug)

4.5.4 Befehle LSL (*Logical Shift Left*) und LSR (*Logical Shift Right*)

Diese beiden Befehle gehen von einem **logischen Bitmuster** des Operanden aus, also nicht von einem vorzeichenbehafteten Zahlenwert. Die Bereichsüberschreitungsflagge V wird immer gelöscht. Bei LSR wird eine 0 in das MSB und das LSB wird in das C- und X-Bit geschoben, bei LSL wird eine 0 in das LSB und das MSB in das C- und X-Bit geschoben (**Bild 4-64**). LSL und LSR sollten grundsätzlich nicht auf vorzeichenbehaftete Operanden angewandt werden, hierfür sind die im folgenden Abschnitt beschriebenen Instruktionen ASL und ASR besser geeignet.

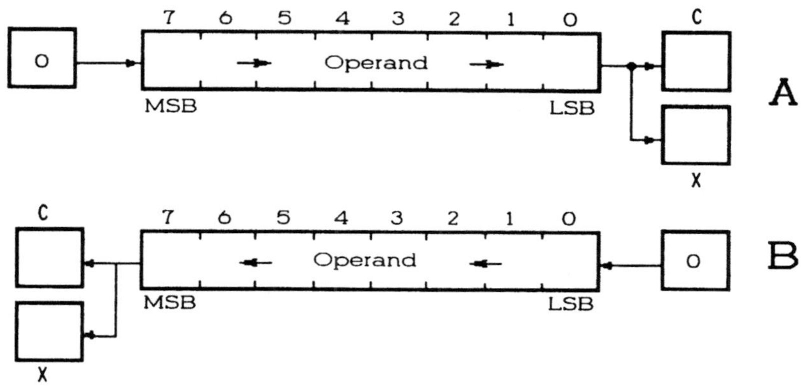

Bild 4-64: Logische Schiebebefehle (hier bei Byteoperanden); **A** - LSR; **B** - LSL

Die Anzahl der Stellen, um die geschoben werden kann, ist bei Datenregisteroperanden entweder ≤ 8 (unmittelbare Angabe), oder sie steht in einem anderen Datenregister (Schiebezähler = Registerinhalt modulo 64). Bei Speicheroperanden kann nur um eine Stelle geschoben werden.

4.5.5 Befehle ASL (*Arithmetic Shift Left*) und ASR (*Arithmetic Shift Right*)

Diese beiden Befehle sind geeignet für das schnelle Multiplizieren und Dividieren ganzer vorzeichenbehafteter Zahlen mit/durch 2. Teilen durch 2 bedeutet, den Registerinhalt um ein Bit nach rechts, Multiplizieren mit 2 bedeutet, ihn um ein Bit nach links schieben. Wie bei LSL und LSR kann je nach Adressierungsart um eine oder mehrere Stellen geschoben werden. Wird um mehrere Stellen geschoben, so wird mit einer Potenz von 2 multipliziert bzw. durch sie dividiert. Das LSB geht beim Befehl ASR ins C- und X-Bit. Das MSB wird in sich selbst kopiert, um das Vorzeichen zu erhalten (**Bild 4-65 A**).

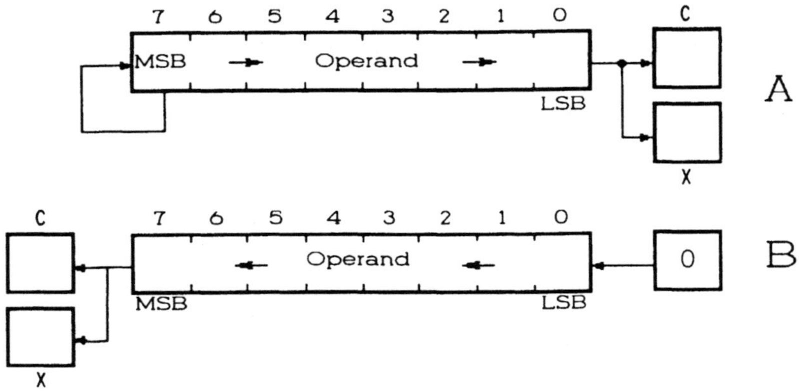

Bild 4-65: Arithmetische Schiebeoperationen (hier bei Byteoperanden); **A** - ASR-Befehl; **B** - ASL-Befehl

Beispiele: 96 : 2 = %01100000 : %10
= %00110000 = 48 dezimal,
C = X = 0

-111: 2 = %10010001 : %10
= %11001000 = - 56 dezimal,
C = X = 1

Vorsicht: Wird eine 1 ausgeschoben, so ist das Ergebnis immer zur nächst kleineren Zahl gerundet. (5 : 2 ⟶ 2, -7 : 2 ⟶ -4)

Würde das Vorzeichenbit nicht in sich selbst kopiert, so würde der ASR-Befehl bei einem negativen Operanden zu einem positives Ergebnis führen.

Beim *Arithmetic Shift Left* wird von rechts eine Null in das LSB geschoben. Fehler treten auf, wenn das MSB seinen logischen Zustand ändert (Vorzeichenwechsel). In diesem Fall wird das *Overflow-Flag* gesetzt, so daß man den Fehler durch einen entsprechenden Test erkennen kann. Es bleibt auch gesetzt, wenn beim Schieben um mehrere Stellen zwischendurch ein Vorzeichenwechsel auftritt und das Vorzeichen des Ergebnisses wieder richtig ist.

Beispiele: 27•2 = %00011011 * %10 Byteoperation
= %00110110 = 54 dezimal
C = X = 0, Ergebnis korrekt

27 • 2^5 (5 Stellen nach links schieben) Wortoperation
= %0000000000011011 • %100000
= %0000001101100000
C = X = 0, V = 0, Ergebnis korrekt

$27 \cdot 2^{13}$ (13 Stellen nach links schieben) Wortoperation
= %0110000000000000 (**Bild 4-66**)
C = X = 1, V = 1, Vorzeichenbit korrekt, Ergebnis falsch (Bereichsüberschreitung)

Es ist zwar korrekt nach links geschoben worden, das Ergebnis ist jedoch **arithmetisch** falsch. V = 1 signalisiert die Bereichsüberschreitung, die per Programm ausgewertet werden kann. Die Anzahl der Stellen, um die geschoben werden kann, ist bei Datenregisteroperanden entweder ≤ 8 (unmittelbare Angabe), oder sie steht in einem anderen Datenregister (Schiebezähler = Registerinhalt modulo 64). Bei Speicheroperanden kann nur um eine Stelle geschoben werden.

```
ENDE      EQU     $78450    externe Rückkehradresse

ANFANG    MOVE.B  SHIFT_CNT(PC),D1   Schiebezähler holen
          MOVE.W  WERT(PC),D0        Operanden holen
          ASL     D1,D0              [D0] wird geschoben
          BVS     OVERFLOW

WEITER    NOP                        Programmcode, wenn kein Fehler
          NOP
          JMP     ENDE               BRA ENDE nicht möglich, Distanz zu groß

OVERFLOW NOP                         Programmcode bei Bereichsüberschreitung
          NOP
          JMP     ENDE               s. o.

SHIFT_CNT DC.B    13                 Schiebewert
WERT      DC.B    27
```

Bild 4-66: Bereichsüberschreitung beim ASL-Befehl

4.5.6 Befehl DBcc (Prüfe Bedingung, dekrementiere und verzweige)

Bei den Befehlen DBcc Dn,<MARKEA> (*Decrement and Branch if Condition is false*) handelt es sich um Schleifenprimitive, mit deren Hilfe Hochsprachenschleifen vom Typ

```
DO <MARKEF>     I = 1, N        (FORTRAN) oder

REPEAT                          (PASCAL)
    {Programmteil}
UNTIL   Bedingung {erfüllt}
```

sehr effektiv in Assembler realisiert werden können. Bemerkenswert ist der Ablauf (**Bild 4-67**): Es wird zuerst geprüft, ob die Bedingung erfüllt ist; falls ja, wird nicht verzweigt, sondern der folgende Befehl ausgeführt. Ist die Bedingung nicht erfüllt, werden die unteren 16 Bit des Schleifenzählers im Datenregister Dn dekrementiert. Wird dessen Inhalt dabei = -1 ($FFFF), so wird der Folgebefehl ebenfalls ausgeführt, andernfalls wird zum Schleifenbeginn MARKEA, dessen Adresse PC-relativ im Erweiterungswort steht, verzweigt. **Die Bedingung, die im Befehl angegeben ist, steht in keinem Zusammenhang mit dem Schleifenzähler**; sie bezieht sich auf einen vorangehenden Befehl und kann zum Schleifenabbruch benutzt werden (REPEAT... UNTIL {BEDINGUNG} erfüllt).

Das Dekrementieren des Schleifenzählers beeinflußt das CCR nicht! Man kann daher nach Verlassen der Schleife durch Abfragen des CCR feststellen, ob sie vorzeitig abgebrochen oder bis zu Ende durchlaufen wurde.

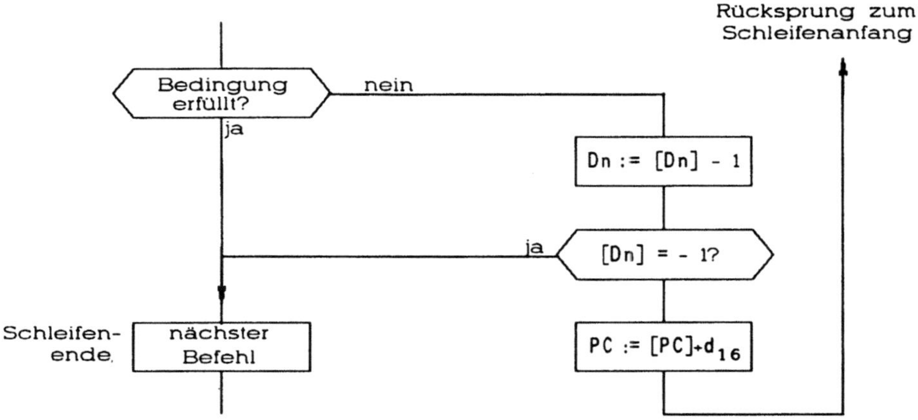

Bild 4-67: Flußdiagramm Befehl DBcc

Da beide Ausstiegsbedingungen den nächsten Befehl zur Ausführung bringen, wird DBcc am **Schleifenende** eingesetzt und damit d_{16} negativ. Der maximale Schleifenindex ist $FFFF = 65536 dezimal. Ein Konflikt mit der Prüfung auf - 1 ergibt sich nicht, da zuvor dekrementiert wird. Ein möglicher Anfangswert $FFFF wäre schon zu $FFFE verändert.

Im Beispiel **Bild 4-68** werden die Elemente einer Tabelle in einer Schleife mit Abbruchbedingung aufsummiert. Als Schleifenzähler wird D0 eingesetzt, die Adresse des ersten Elementes wird in das Adreßregister A0 geladen, und der Zugriff auf aufeinanderfolgende Elemente erfolgt mit der Adressierungsart Adreßregister indirekt mit Postinkrement. Da die Ausstiegsinstruktion DBVS am Ende steht und auf -1 abfragt, muß der Zähler zu Beginn dekrementiert werden. Zu beachten ist, daß eine mögliche Änderung der Tabellengröße nur an einer Stelle einfließt. Alles übrige erledigt der Assembler. Für eine Schleife mit einer sicher eintretenden Abbruchbedingung setzt man den Index auf $FFFF.

Bei einer Schleife ohne Abbruchbedingung setzt man den Befehl DBF bzw.

DBRA ein. Eine Bedingung ist dann nie erfüllt, der Entscheidungsblock in Bild 4-67 hat im Prinzip nur den Ausgang *nein*.

```
         ORG      $8000     Beispiel Schleife mit Abbruchbedingung
*                           Befehl DBVS

Maxwert  EQU      4000      max. 4000 Tabellenwerte
*
*        vorangehender Programmcode
*
         MOVE     #Maxwert-1,D0     Schleifenzähler setzen
         CLR.L    D1                Akkumulator löschen
         MOVEA.L  #Werte,A0         indirekten Zugriff vorbereiten

Addition ADD.L    (A0)+,D1          Schleifenanfang
         DBVS     D0,Addition       Abbruch bei Schleifenende oder
*                                   Bereichsüberschreitung (=Fehler!)
*                                   Schleifenende

         BVS      error             ggf. Fehlerbearbeitung
noerror  MOVE.L   D1,Ergebnis       Resultat speichern
*
*                 weiterer Programmcode
*

error    NOP                        Fehlerbehandlungs-Programmcode
*
*

         ORG      $C0000            Anfangsadresse Datenbereich
Werte    DS.L     Maxwert           Speicherplatz für Tabelle
*                                   (= 4*Maxwert Bytes)
Ergebnis DS.L     1                 Speicherplatz für Ergebnis

         END
```

Bild 4-68: Schleife mit Abbruchbedingung

Für das folgende Beispiel **Bild 4-69** einer Schleife ohne Abbruchbedingung wird die Aufgabe aus Bild 4-68 abgewandelt:

- die Tabellenwerte seien 16 bit lang
- das Ergebnis sei 32 bit lang

Vor der Addition wird der aktuelle 1. Summand vorzeichenrichtig auf 32 bit erweitert. Eine Bereichsüberschreitung ist damit ausgeschlossen. Der Einstieg in die Schleife erfolgt am Ende, der Schleifenzähler wird nach dem unbedingten Sprung zum Befehl DBF dekrementiert; dies erspart, ihn zuvor um 1 zu vermindern wie im vorangehenden Beispiel.

```
        ORG     $F000   Beispiel Schleife ohne Abbruchbedingung
*                       Befehl DBF

Maxwert EQU     4000    max. 4000 Tabellenwerte
*
*       vorangehender Programmcode
*
        MOVE    #Maxwert,D0       Indexzähler setzen
        CLR.L   D1                Akkumulator löschen
        MOVEA.L #Werte,A0         indirekten Zugriff vorbereiten
        BRA     loopend           ⟶ Schleifeneinstieg am Ende!

Addition MOVE.W   (A0)+,D2        Summanden laden (Wort!)
        EXT.L   D2                Erweiterung auf 32 bit
        ADD.L   D2,D1             32 bit-Summe
loopend DBF     D0,Addition       Schleifeneinstieg, Schleifenende

        MOVE.L  D1,Ergebnis       Resultat speichern
*
*               weiterer Programmcode
*
        ORG     $C6D60            Anfangsadresse Datenbereich
Werte   DS.W    Maxwert           Speicherplatz für Tabelle
*                                 (= 2*Maxwert Bytes)
Ergebnis DS.L   1                 Speicherplatz für Ergebnis

        END
```

Bild 4-69: Schleife ohne Abbruchbedingung

4.5.7 Unterprogramme und Parameterübergabe, Befehle BSR, JSR und RTS

Unterprogramme werden definiert, um

- abgeschlossene Programmteile aus Gründen der Übersichtlichkeit aus dem Programmcode herauszunehmen
- Funktionen, die mehrfach benötigt werden, nur einmal schreiben zu müssen
- Funktionen, die in verschiedenen Programmen benötigt nicht immer wieder neu schreiben zu müssen; sie werden in UP-Bibliotheken zusammengefaßt (z. B. mathematische Routinen für Sinus- oder Besselfunktion, Mittelwertbildung oder Grafikroutinen wie Kreis, Fläche füllen usw.)

In den meisten Fällen ist neben dem UP-Aufruf eine Parameterübergabe erforderlich; hier bieten sich der Stapel oder einzelne Register an. JSR (*Jump to Subroutine*) verzweigt gemäß Zielangabe im Effektive Adresse-Feld (s. Anhang), BSR (*Branch to Subroutine*) führt eine PC-relative Verzweigung über eine vorzeichenbehaftete Adreßdistanz von 8 bzw. 16 bit durch. Ist der Inhalt d_8 des Distanzfeldes im Operationswort (Bit 7-0) = 0, so ist ein Erweiterungswort für d_{16} erforderlich, wie bei den Bcc-Instruktionen (Bild 4-60). Der **Distanzwert** wird bezogen auf die Adresse des BSR-Operationswortes +2 also bei d_8 = 0 auf die Adresse des Erweiterungswortes, sonst auf die Adresse des nächsten Befehls.

Als **Rückkehradresse** wird in beiden Fällen sowie bei einem Aufruf mit JSR die Adresse des Operationswortes des Folgebefehls auf den Systemstapel geschoben; dies ist für eine vom Aufruf unabhängige Rückkehr mit RTS erforderlich.

Parameterübergabe

In den meisten Fällen benötigen Unterprogramme Parameter, um ihre Aufgaben zu erledigen. Das aufrufende Programm stellt Eingabeparameter zur Verfügung, das UP führt bestimmte Funktionen aus, oder es berechnet Werte, die als Rückgabeparameter zur Verfügung gestellt werden.

Man unterscheidet zwei Formen der Parameterübergabe:

- Wertübergabe (*Call by Value*): Es wird der Wert einer Variablen übergeben.
- Adressenübergabe (*Call by Reference*): Es wird die Speicheradresse einer Variablen übergeben, nicht ihr Wert.

Beide Varianten sollen anhand von Programmauszügen in FORTRAN erläutert werden.

Adressenübergabe:

```
DIMENSION VARA(20)
REAL VARA, VARB
        I
        I
CALL UPROG (VARA, VARB)
        I                              Bereich des aufrufenden
        I                              Programms
END

SUBROUTINE UPROG (AWERT, BWERT)
DIMENSION AWERT(1)
REAL AWERT, BWERT
        I
AWERT (12) = 312.
BWERT = AWERT (1) + 3.1415927          Bereich des Unterpro-
        I                              gramms (Unterprogramm-
RETURN                                 ebene)
END
```

Bild 4-70: Unterprogrammaufruf (FORTRAN) mit Übergabe der Parameteradresse (*Call by Reference*)

Übergabe der Parameteradresse bedeutet, daß aufrufendes Programm und UP beim Zugriff auf die Variable auf dieselbe Speicheradresse zugreifen, Änderungen des Wertes einer Variablen im Unterprogramm werden auch im aufrufenden Programm wirksam; dies gilt auch über mehrere UP-Ebenen hinweg, wenn die Adresse weitergegeben wurde! In obigem Beispiel sind VARA(12) und VARB nach Rückkehr verändert.

Bevorzugte Anwendungsgebiete der Aufrufmethode *Call by Reference*:

- Datenfelder des aufrufenden Programms werden im UP geändert
- Datenfelder des aufrufenden Programms werden im UP benötigt, aber nicht geändert; die Übergabe der Adresse (des ersten Elementes) erspart das Kopieren des gesamten Feldes in den Datenbereich des UP und damit sowohl Speicherplatz als auch Zeit
- Rückgabeparameter werden im aufrufenden Programm benötigt, der UP-Aufruf hat in jedem Fall eine Änderung im Datenbereich des aufrufenden Programms zur Folge

Wertübergabe:

```
DIMENSION TABELLE (200)
REAL TABELLE
          |
DO 225 KONRAD = 23, 2, -3
          |
CALL SUBBI (TABELLE, (KONRAD))          Bereich des aufrufenden
          |                             Programms
END

SUBROUTINE SUBBI (FELD, (WERT))
DIMENSION FELD (1)
REAL FELD
INTEGER*2 WERT
          |
FELD (3*WERT) = PI**2                   Bereich des Unterprogramms
          |                             (Unterprogrammebene)
RETURN
END
```

Bild 4-71: Unterprogrammaufruf (FORTRAN) mit Parameterübergabe als Wert (*Call by Value*)

Der Parameter KONRAD wird hier nach der Methode *Call by Value* übergeben[12], d. h. es wird eine **Kopie** der Variablen erstellt und an das UP übergeben. Es kann damit arbeiten, kann aber in keinem Fall die Variable im aufrufenden Programm ändern, da ihm dessen dortige Adresse nicht bekannt ist.

Bevorzugtes Anwendungsgebiet der Aufrufmethode *Call by Value* sind Variable, die im UP benötigt, aber nicht verändert werden. Bei Feldern verzichtet man allerdings meistens auf die Sicherheit dieser Methode zugunsten von geringerem Speicherplatzbedarf und kürzerer Laufzeit. Schleifenzählerstände, die im UP benötigt werden, sollten grundsätzlich nur als Wert übermittelt werden; ihre Veränderung in einem fremden Programmteil ist immer unerwünscht.

12 Die zusätzlichen Klammern bei den aktuellen und formalen Parametern teilen dem Compiler die gewünschte Wertübergabe mit, er muß entsprechenden Programmcode generieren. Andere Methoden der Kennzeichnung von Werteparametern sind ebenfalls üblich, z. B. %VAL( ).

```
        ORG.L $F000            Beispiel Parameterübergabe
*                              über Prozessorregister
*
*             vorangehender Programmcode
*
        MOVE.B  BCD_VAL,D0     zu konvertierende BCD-Zahl
        BSR.S   CONVERT
        NOP                    weiterer Programmcode

CONVERT:
****************************************************************
*       Eingabeparameter : D0 enthält BCD-Wert                 *
*                             und bleibt unverändert           *
*       Rückgabeparameter: D1 enthält BCD-Ziffern im ASCII-Code *
*                             auf BIT 0 - 15 (Wertrückgabe)    *
****************************************************************
NIBBLE  EQU     4
ASCII   EQU     $30            für Konvertierung in ASCII
        CLR.W   D1             Rückgaberegister
        MOVE.B  D0,D1          [D0] bleibt unverändert
        LSL.W   #NIBBLE,D1     höherwertige Ziffer ──→ MSByte
        LSR.B   #NIBBLE,D1     beide Zeichen auf den unteren 4
*                              Bit des jeweiligen Bytes
        ADD.W   #ASCII+$100*ASCII,D1 Konvertierung in ASCII
        RTS

BCD_VAL DS.B 1                 Platz für 2 BCD-Ziffern

        END
```

Bild 4-72: Beispiel Registerparameter

Neben den grundsätzlichen Methoden der Parameterübergabe gibt es unterschiedliche Realisierungsmöglichkeiten[13]:

- Parameterübergabe über **Prozessorregister** nach folgendem Schema:

  Aufrufendes Programm:
  - Parameter in Register laden (Werte und/oder Adressen)
  - Unterprogramm aufrufen

  Unterprogramm:
  - Retten der Inhalte lokal, d. h. nur innerhalb des Unterprogramms, benötigter sonstiger (Arbeits-) Register
  - Programmcode zur Lösung der UP-Aufgabe
  - Restaurieren der früheren Inhalte der nur lokal benötigten Register
  - Rückkehr mit `RTS`.

- Parameterübergabe über den **Systemstapel** nach folgendem Schema:

  Aufrufendes Programm:
  - Parameter in Register laden (Werte und/oder Adressen)
  - UP aufrufen
  - evtl. Rückgabe**werte** vom Stapel nehmen
  - Stapelzeiger korrigieren

  Unterprogramm: wie bei Registerparametern.

13 Es sind auch andere Methoden gebräuchlich, die in M68000-Systemen nicht zu häufig eingesetzt werden.

Beide Möglichkeiten können auch gemeinsam angewandt werden. Sie werden in den folgenden beiden Beispielen einzeln beschrieben.

Im Programmausschnitt **Bild 4-72** werden Parameter in Registern übergeben. Im LSByte von D0 werden 2 BCD-Ziffern bereitgestellt (Wertübergabe). Nach Rückkehr stehen in D1 die entsprechenden ASCII-Zeichen im LS*Word* (Wertrückgabe). Das aufrufende Programm weiß, daß D1 überschrieben wird.

Im Beispiel mit Stapelparametern (**Bild 4-73**) soll die folgende Gleichung ausgewertet werden:

ERGEB (I) := TABELLE (I) * 64 + FELD (I)

TABELLE möge ein Wort-*Array* sein, ERGEB und FELD seien Langwort-*Arrays*. Eine FORTRAN-Lösung könnte z. B. folgendermaßen aussehen:

```
DIMENSION FELD(300), TABELLE(300), ERGEB(300)
INTEGER*2 TABELLE
INTEGER*4 ERGEB, FELD
    I
    I
CALL RECHNE (TABELLE, FELD, (I), ERGEB)
    I
    I
END

SUBROUTINE RECHNE (FELD1, FELD2, (INDEX), FELD3)
DIMENSION FELD1(1),FELD2(1), FELD3(1)
INTEGER*2 FELD1, INDEX
INTEGER*4 FELD2, FELD3
    I
FELD3(INDEX) = FELD1(INDEX) * 64 + FELD2(INDEX)
    I
END
```

Die Angaben in der DIMENSION-Anweisung des UPs signalisieren dem Compiler, daß es sich bei den formalen Parametern FELD1, FELD2, FELD3 um eindimensionale Felder handelt. Da die aktuellen Parameter nach der Methode *Call by Reference* aufgerufen werden, wird im UP kein Speicherplatz reserviert!

In der Assemblerlösung Bild 4-73 wird der Befehl MOVEM (*Move Multiple Registers*, s. Anhang) eingesetzt, um zu Beginn die innerhalb des UPs benötigten Arbeitsregister auf den Stapel zu retten (**Bild 4-74**) und vor Rückkehr wieder zurückzuholen.

Dieses etwas umfangreichere Beispiel zeigt, wie die Adressierungsart *Adreßregister indirekt mit Adreßdistanz und Indexregister* ausgenutzt wird, um innerhalb des UPs auf das Element mit derselben Nummer I in drei verschiedenen Arrays zuzugreifen. Als Parameter wurden die Anfangsadressen der *Arrays* und die Elementnummer übergeben. Zu beachten ist, daß 1. ein Index 0 auf

```
0FC000                             ORG      $FC000         Parameterübergabe über Systemstapel

                          *******************************************************************
                          *        CALL RECHNE (TABELLE,FELD,(I),ERGEB)                      *
                          *                                                                  *
                          *        Hinweis: Parameter I: Wertübergabe                        *
                          *                 sonstige Parameter: Übergabe der Adresse         *
                          *******************************************************************

0FC000 2E7C 000C AF10              MOVEA.L #TOPSTACK,SP    Stapelzeiger initialisieren

0FC006 4E71                        NOP                     vorangehende Rechnung
0FC008 4E71                        NOP

                          *        Parameter bereitstellen

0FC00A 2F3C 000C AAAA              MOVE.L #TABELLE,-(SP)    Adresse 1. Parameter (1. Element)
0FC010 2F3C 000C AABE              MOVE.L #FELD,-(SP)       Adresse 2. Parameter (1. Element)
0FC016 3F39 000C AB0E              MOVE I,-(SP)             Elementnr.
0FC01C 2F3C 000C AAE6              MOVE.L #ERGEB,-(SP)      Adresse Ergebnis (1. Element)
0FC022 4EB9 000F C032              JSR RECHNE               UP-Aufruf
0FC028 DFFC 0000 000E              ADD.L #14,SP             Stapelzeigerkorrektur

0FC02E 4E71                        NOP                      weiterer Programmcode
0FC030 4E71                        NOP

0FC032                    RECHNE:

                          ****************************************************************
                          *        Unterprogramm RECHNE - Parameter über Stapel           *
                          *                                                               *
                          *        Funktion (PA = Parameter):                             *
                          *        PA4(I) := PA1(I)*64 + PA2(I)                           *
                          *                  PA1     : INTEGER*2 (Adreßübergabe)          *
                          *                  PA2, PA4: INTEGER*4 (Adreßübergabe)          *
                          *        I       := PA3    : INTEGER*2 (Wertübergabe)           *
                          ****************************************************************
```

s. nächste Seite

```
       =0040          FAKTOR   EQU 64                   1-Mal benötigte Konstante
0FC032 48E7 C080               MOVEM.L A0/D0/D1,-(SP)   Arbeitsregister retten
0FC036 302F 0014               MOVE    20(SP),D0        Elementnr. I ⟶ Indexregister
0FC03A 206F 001A               MOVEA.L 26(SP),A0        Adresse 1. Parameter
0FC03E 5340                    SUBQ.W  #1,D0            1. Element = Index 0
0FC040 E340                    ASL     #1,D0            Wortarray, I korrigieren
0FC042 3230 0000               MOVE    0(A0,D0.W),D1    1. Parameter laden
0FC046 C3FC 0040               MULS    #FAKTOR,D1
0FC04A E340                    ASL     #1,D0            Langwortarrays, I korrigieren
0FC04C 206F 0016               MOVEA.L 22(SP),A0        Adresse 2. Parameter
0FC050 D2B0 0000               ADD.L   0(A0,D0.W),D1    Ergebnis ausrechnen
0FC054 206F 0010               MOVEA.L 16(SP),A0        Adresse Ergebnis
0FC058 2181 0000               MOVE.L  D1,0(A0,D0.W)    Ergebnis speichern
0FC05C 4CDF 0103               MOVEM.L (SP)+,A0/D0/D1   Registerinhalte zurückholen
0FC060 4E75                    RTS

                      **************************************************************
                      *        Konstanten und Felder einschl. Anwenderstapel       *
                      **************************************************************

0CAAAA                         ORG     $CAAAA
0CAAAA 0000 0001 0002 0003    TABELLE DC.W 0,1,2,3,4,5,6,7,8,9
       0004 0005 0006 0007
       0008 0009
0CAABE 0000 0000 0000 0001    FELD     DC.L 0,1,2,3,4,5,6,7,8,9
       0000 0002 0000 0003
       0000 0004 0000 0005
       0000 0006 0000 0007
       0000 0008 0000 0009
0CAAE6=0028                   ERGEB    DS.L 10
0CAB0E=0002                   I        DS.W 1          reserviert für Index I

       =0100                  STACKL   EQU  $100       Stapellänge
0CAB10=0400                   STACK    DS.L STACKL     Stapel reservieren
       =000CAF10              TOPSTACK EQU *           Initialisierungswert Stapeladresse

                                       END
```

Bild 4-73: Beispiel Stapelparameter

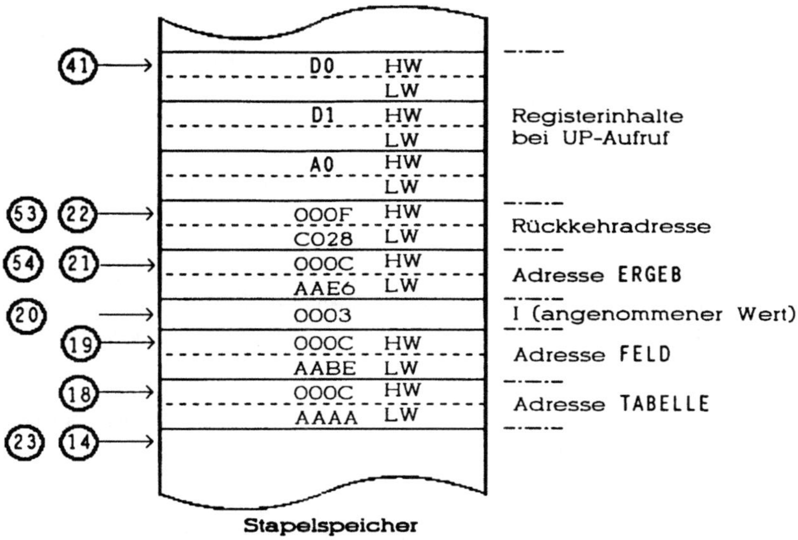

Bild 4-74: Stapelbelegung für das Programmbeispiel UP-Aufruf mit Parameterübergabe über Stapel; (n) - Position des Stapelzeigers **nach** Ausführung von Zeile n der vorangehenden Liste

das 1. Element zeigt und 2. der Inhalt des Indexregisters in Bytes angegeben werden muß, z. B. wird auf das 25. Element eines Wortfeldes mit [D0] = 48 und eines Langwortfeldes mit [D0] = 96 zugegriffen (Zeilen 45 und 48). Nach Rückkehr aus dem UP muß der Stapelzeiger um die für die Parameter benötigten Bytes erhöht werden. Durch Zeile 23 werden die 14 Bytes freigegeben.

Nicht günstig ist, daß sich bei einer Änderung der Registerliste, die sich im Verlauf der Programmentwicklung leicht ergibt, alle Adreßdistanzen ändern. Günstiger ist, die Adreßdistanzen der Parameter durch `EQU` in folgender Weise zu definieren: `PA4 EQU 16, PA3 EQU PA4+4, PA2 EQU PA4+6, PA1 EQU PA4+10` und diese symbolischen Distanzen einzusetzen. Zeile 42 lautet dann `MOVE PA3(SP),D0`. Bei einer Abwandlung der Registerliste im `MOVEM`-Befehl braucht dann nur die Definition von `PA4` modifiziert zu werden.

4.5.8 Befehle LEA (*Load Effective Address*) und PEA (*Push Effective Address*)

Bisher kennen wir den Begriff der Effektiven Adresse als Feld im 1. Wort der Befehle; es dient der Ermittlung der Speicheradresse des Operanden, auf den zugegriffen wird. Bei allen adreßregisterindirekten Adressierungsarten muß schon eine gültige Adresse für die Berechnung der Effektiven Adresse in einem Adreßregister stehen (z. B. die Startadresse eines Arrays). Die einfachste Möglichkeit, sie dorthin zu bekommen, besteht darin, eine MOVEA.L #SYMBOL,An-Operation durchzuführen. Sie hat Nachteile:

- es kann keine PC-relative Adresse ermittelt werden
- Indizierung, wie z. B. beim Zugriff auf eine Tabelle mit Adressen erforderlich, ist nicht möglich

Der Befehl LEA (*Load Effective Address*) läßt beides zu, und er wird immer eingesetzt, wenn erst **während der Programmausführung** die Effektive Adresse ermittelt (berechnet) werden kann. LEA lädt sie mit einer **Langwortoperation** in ein Adreßregister.

PEA (*Push Effective Adress*) führt ebenfalls immer eine **Langwortoperation** aus; die berechnete Effektive Adresse wird in der Adressierungsart *Adreßregister indirekt mit Predekrement* auf den Stapel geschoben. PEA ist damit besonders für UP-Aufrufe geeignet, bei denen Parameter**adressen** über den Stapel übergeben werden (*Call by Reference*)[14]. Eine mögliche Anwendung werde durch eine Abänderung Beispiels Bild 4-73 gezeigt. Es stehe nun ein UP RECHNE zur Verfügung, das die Gleichung

$$C = A * 64 + B$$

auswertet, wobei A eine 16 bit-Größe und B, C 32 bit-Größen seien. Das UP soll jetzt selbst keine Elementberechnung mehr durchführen, es muß dafür gesorgt werden, daß die korrekten Elementadressen schon übergeben werden.

Der Aufruf und das UP in dem angegebenen FORTRAN-Programm lauten dann:

```
CALL RECHNE (TABELLE(I), FELD(I), ERGEB(I))

SUBROUTINE RECHNE (A,B,C)
INTEGER*2 A
INTEGER*4 B,C
C = A * 64 + B
END
```

Die Liste **Bild 4-75** zeigt die Realisierung als Maschinenprogramm. Es ist positionsunabhängig geschrieben, also in jedem Adreßbereich lauffähig. Programm- und Datenbereich sind hier einmal nicht voneinander getrennt. LEA wird zur Initialisierung des programmspezifischen Anwenderstapels und zur Stapelzeigerkorrektur nach Rückkehr in das aufrufende Programm eingesetzt. Mit PEA werden die Elementadressen, die hier index- und programmzählerabhängig sind, als Parameter auf den Stapel gebracht. MOVEM.L (*Move Multiple Registers*) rettet mit einem Befehl die beiden im UP benötigten Register A0 und D0 auf den Stapel und holt sie vor dem RTS-Befehl wieder zurück.

14 LEA ist in gleicher Weise für Registerparameter geeignet.

```
        ORG     $10000

****************************************************************
*       Aufruf:   CALL RECHNE (TABELLE(I),FELD(I),ERGEB(I))    *
****************************************************************

        LEA TOPSTACK(PC),SP      Stapelzeiger initialisieren
        NOP                      vorangehende Rechnung

*       Parameter bereitstellen (Adressen!! der Elemente)

        MOVE I(PC),D0            Elementnr.
        SUBQ.W #1,D0             1. Element: Index 0!
        ASL #1,D0                Wortarray
        PEA TABELLE(PC,D0.W)     Adresse 1. Parameter
        ASL #1,D0                Langwortarray
        PEA FELD(PC,D0.W)        Adresse 2. Parameter
        PEA ERGEB(PC,D0.W)       Adresse Ergebnis
        BSR RECHNE
        LEA 12(SP),SP            Stapelzeigerkorrektur
        NOP                      Folgerechnung

RECHNE:
**********************************************************
*       Unterprogramm RECHNE                             *
*       FORTRAN: SUBROUTINE RECHNE (PA1,PA2,PA3)         *
*                                                        *
*       Funktion (PA = PARAMETER):                       *
*       PA3 := PA1*64 + PA2                              *
*               PA1      :        INTEGER*2              *
*               PA2, PA3:         INTEGER*4              *
**********************************************************

FAKTOR  EQU 64                   1-Mal benötigte Konstante
        MOVEM.L A0/D0,-(SP)      Arbeitsregister freimachen
        MOVEA.L 20(SP),A0        Adresse 1. Parameter
        MOVE (A0),D0             1. Parameter
        MULS #FAKTOR,D0
        MOVEA.L 16(SP),A0        Adresse 2. Parameter
        ADD.L (A0),D0            2. Parameter addieren
        MOVEA.L 12(SP),A0        Adresse Ergebnis
        MOVE.L D0,(A0)           Ergebnis speichern
        MOVEM.L (SP)+,A0/D0      Registerinhalte zurückholen
        RTS
*
*       Konstanten und Felder einschl. Anwenderstapel

TABELLE DC.W 0,1,2,3,4,5,6,7,8,9
FELD    DC.L 0,1,2,3,4,5,6,7,8,9

ERGEB   DS.L 10

STACKL  EQU     $100             Stapellänge
STACK   DS.L    STACKL           Stapel
TOPSTACK EQU    *                Initialisierungswert Anwenderstapel
I       DS.W 1                   Speicherplatz Index

        END
```

Bild 4-75: Erzeugung von Adreßreferenzen bei Stapelparametern

Innerhalb des UPs werden die Parameteradressen mit Hilfe der Adressierungsart *Adreßregister indirekt mit Adreßdistanz* vom Stapel nach A0 gebracht. Die Distanzwerte muß man sich anhand der Stapelbelegung **Bild 4-76** beim Programmieren überlegen!

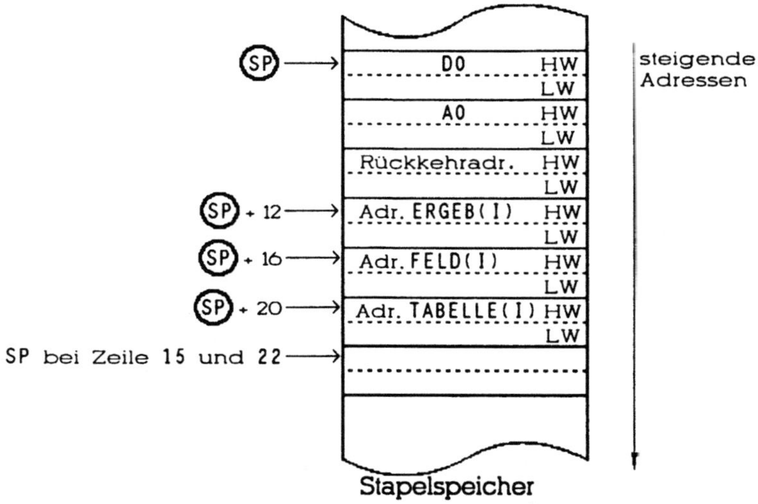

Bild 4-76: Stapelbelegung für den UP-Aufruf im vorangehenden Beispiel; (SP) - Stapelzeiger Zeile 37 bis 43

4.5.9 Befehle LINK und UNLK (*UNLinK*)

Befehl: LINK An,#<Anzahl Bytes>

Befehlsablauf (**Bild 4-77**):

① Stapelzeiger für den Inhalt von An um 4 Bytes dekrementieren
② Inhalt von An auf Stapel schreiben
③ Stapelzeiger in An kopieren (in Bild 4-77 nicht gezeichnet)
④ die angegebene Anzahl von Bytes zum Stapelzeiger vorzeichenerweitert addieren

Mit ④ wird auf dem Stapel Speicherbereich reserviert. Der Inhalt von An dient nach dem Aufruf als feste Bezugsadresse für diesen Bereich. In ihm können Variable definiert und mit der Adressierungsart *Adreßregister indirekt mit Adreßdistanz* angesprochen werden, wobei in An die Bezugsadresse steht. Der Distanzwert ergibt sich als Differenz der Variablenadresse zur Bezugsadresse. LINK An,#d kann ersetzt werden durch die Befehlsfolge

```
MOVE.L   An,-(SP)
MOVEA.L  SP,An
LEA      d(SP),SP
```

Da der Stapelzeiger für die Reservierung erniedrigt wird, muß d negativ sein!

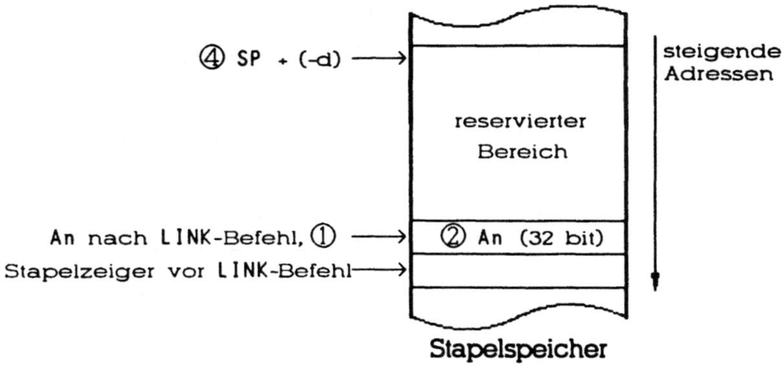

Bild 4-77: Stapeloperationen bei LINK An,#d

Beispiel:	LINK	A6,#-8	Reserviere 8 Bytes auf dem Stapel! Negatives Vorzeichen, da Stapel zu niedrigeren Adressen hin belegt wird! A6 wird mit dem Bezugszeiger geladen (**Bild 4-78**).
	UNLK	A6	Gib den reservierten Bereich auf dem Stapel wieder frei: Setze SP auf die in A6 stehende Adresse und hole anschließend dessen früheren Inhalt vom Stapel!

UNLK hebt die Wirkung von LINK auf. Es gibt den reservierten Speicherbereich wieder frei, so daß An und SP wieder dieselben Inhalte haben wie vor dem Aufruf von LINK. UNLK An kann ersetzt werden durch

```
MOVEA.L    An,SP
MOVEA.L    (SP)+,An
```

Nur das UP kennt den benötigten Speicherplatz, LINK/UNLK muß daher am Anfang bzw. Ende des UP ausgeführt werden. Die feste Bezugsadresse in An kann auch als Referenz für den Zugriff auf die Stapelparameter mit o. a. Adressierungsart dienen (s. Liste **Bild 4-80**).

Da UNLK den von LINK reservierten Speicherbereich wieder freigibt, kann das Befehlspaar für die dynamische Verwaltung von lokalen Variablen in Unterprogrammen eingesetzt werden. Lokale Variable sind nur in dem UP bekannt, in dem sie definiert werden. Nach Eintritt in das UP werden sie gesetzt, und nach Rückkehr in das aufrufende Programm sind sie nicht mehr bekannt. Dynamisch verwalten bedeutet, den benötigten Speicherplatz bei Bedarf belegen und dann wieder freigeben.

Vor Ausführung des Befehls:

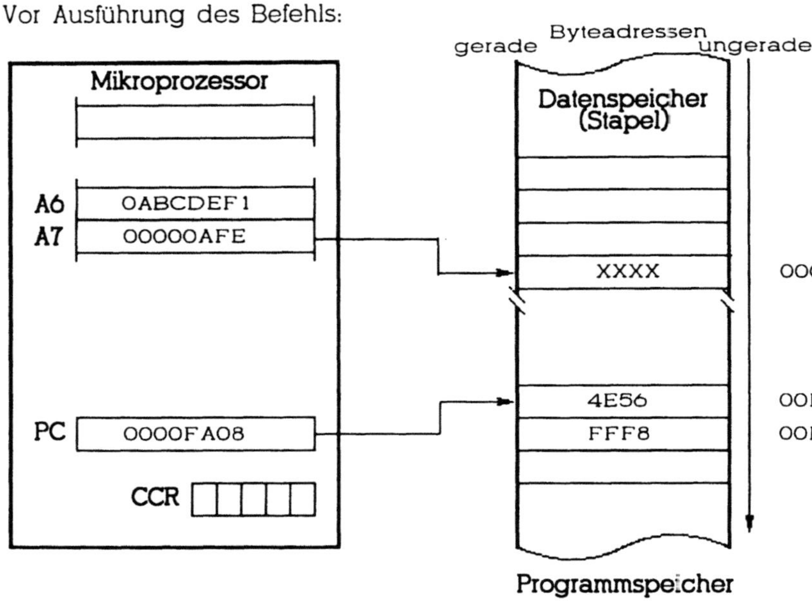

Nach Ausführung des Befehls:

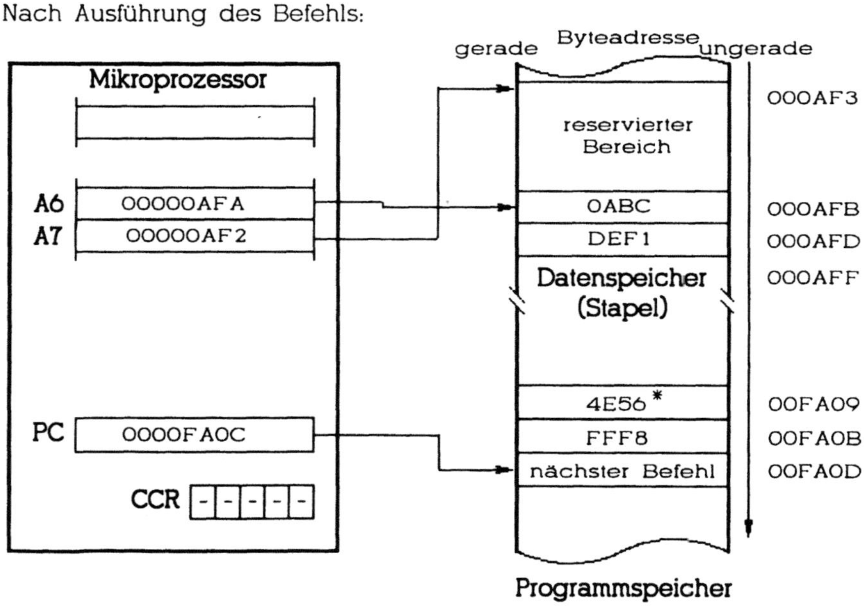

Bild 4-78: Beispiel Befehl LINK A6,#-8
* - Befehlscode

```
SUBROUTINE LINKDEMO ((A), (B), (C), (D), E)
IMPLIZIT INTEGER*4 A - M
G = A + 20 * B
H = C - 12 * D
E = G + H
END
```

Bild 4-79: FORTRAN-UP mit lokalen Variablen

G und H (**Bild 4-79**) sind lokale Variable, die erst zur Ablaufzeit (Runtime) im UP gesetzt werden und nach Rückkehr bedeutungslos sind. Die Liste **Bild 4-80** zeigt eine mögliche Assemblerrealisierung des Beispiels Bild 4-79 mit dem zugehörigen Aufruf.

```
        ORG.L $A0000
*************************************************************************
*      Beispiel für das Befehlspaar LINK/UNLK                           *
*                                                                       *
*      FORTRAN: CALL LINKDEMO ((P1),(P2),(P3),(P4),ER)                  *
*                                                                       *
*               UP - Aufruf mit 4 Parametern "Call by Value",           *
*                                  Ergebnis   "Call by Reference"       *
*                                                                       *
*               UP:   SUBROUTINE ((A),(B),(C),(D),E)                    *
*                     IMPLIZIT INTEGER*4 A-C, E-G                       *
*                     INTEGER*2 D                                       *
*                     F = A + 128 * B                                   *
*                     G = C - 12 * D                                    *
*                     E = F + G                                         *
*                     END                                               *
*************************************************************************
        LEA TOPSTACK(PC),SP     Stapelzeiger initialisieren
        NOP                     vorangehendes Programm
        NOP

        MOVE.L P1(PC),-(SP)     1. Parameter "Call by Value"
        MOVE.L P2(PC),-(SP)     2.     "                "
        MOVE.L P3(PC),-(SP)     3.     "                "
        MOVE   P4(PC),-(SP)     4.     "
        PEA    ER(PC)           Ergebnis     "Call by Reference"

        BSR LINKDEMO

        LEA 18(SP),SP           Stapelzeiger korrigieren

        NOP                     Folgeprogramm
        NOP

LINKDEMO:

**********************************************************************
RETANSA EQU 8                8 Bytes für Rückkehradresse und  A6

E       EQU RETANSA          Ergebnisadresse, Distanzwert zur Referenz-
D       EQU E+4                                 adresse in A6
C       EQU D+2
B       EQU C+4              A - E: formale Parameter (# Bytes auf Stapel
A       EQU B+4                  vor Rückkehradresse)

F       EQU -1*4             lokale Variable auf Stapel, #Bytes, bezogen
G       EQU -2*4                               auf Referenzadresse
**********************************************************************
```

```
         LINK     A6,#-8            2 lokale Langwortvariable (F und G)
         MOVEM.L  A0/D0,-(SP)       lokal benötigte Register retten

         MOVE.L   B(A6),D0          B holen
         ASL.L    #7,D0             D0 * 128
         ADD.L    A(A6),D0
         MOVE.L   D0,F(A6)          lokales Zwischenergebnis
         MOVE     D(A6),D0          Bits 31-15 bleiben unverändert
         MULS     #-12,D0
         ADD.L    C(A6),D0
         MOVE.L   D0,G(A6)
         MOVE.L   F(A6),D0          Zwischenergebnisse addieren
         ADD.L    G(A6),D0
         MOVEA.L  E(A6),A0          Ergebnisadresse aufrufendes Programm
         MOVE.L   D0,(A0)           Ergebnis speichern

         MOVEM.L  (SP)+,A0/D0       Registerinhalte zurückholen

         UNLK A6                    reservierten Bereich freigeben

         RTS

*        Daten im Programmbereich (PC-relatives Lesen möglich)

P1       DC.L 8                     Parameterwerte
P2       DC.L 40
P3       DC.L 30
P4       DC.W 50

ER       DS.L 1                     Ergebnis

STACKL   EQU 50                     Stapellänge
STACK    DS.L     STACKL            Stapel reservieren
TOPSTACK EQU *                      Initialisierungswert Stapelzeiger

         END
```

Bild 4-80: Assemblerquelle (Auszug) UP mit dynamisch verwalteten lokalen Variablen

Für das Beispiel LINKDEMO (Bild 4-80) ergibt sich nach der Registerrettung mit MOVEM.L A0/D0,-(SP) die Anwenderstapelbelegung **Bild 4-81**. Nach der Stapelzeigerkorrektur LEA 18(SP),SP wird kein Datenspeicherplatz mehr für das UP benötigt; das Ablegen von lokalen Variablen auf dem Speicher erlaubt also eine sehr effektive Speicherbenutzung. Die durch das Befehlspaar LINK/UNLK angebotene Reservierung von Speicherplatz auf dem *Stack* bietet den Vorteil, symbolische Namen für die Adreßdistanzen der *Stack*variablen **und** der Stapelparameter zur Bezugsadresse in An verwenden zu können.

Es ist sinnvoll, LINK vor der Rettung der Register durchzuführen, da dann RETANSA immer den Wert 8 hat (4 Bytes für geretteten Inhalt von A6 und 4 Bytes für die Rücksprungadresse), so daß die mit EQU angegebenen Distanzen sind unabhängig von der Anzahl der geretteten Arbeitsregister.

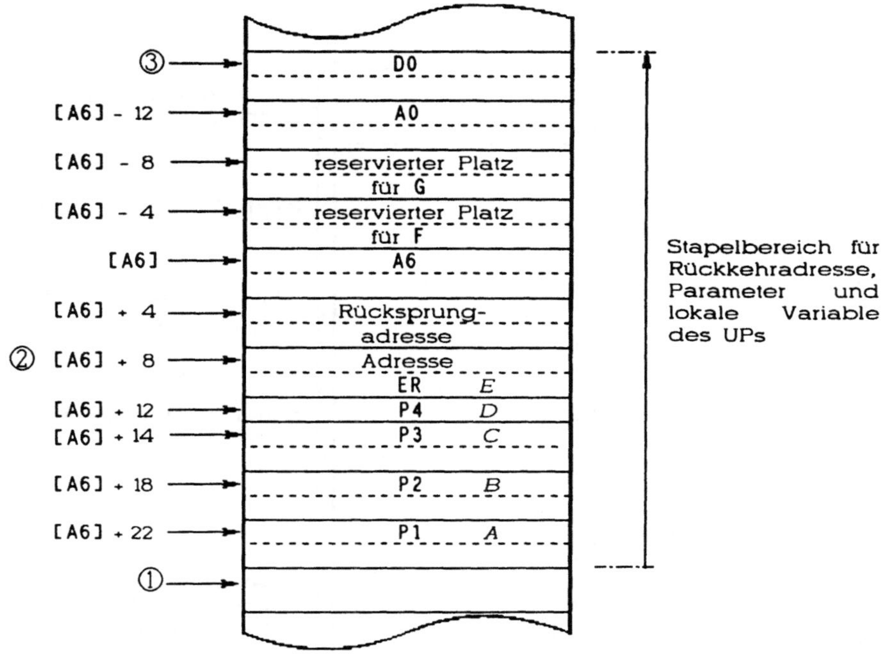

Bild 4-81: Stapelbelegung für Beispiel `LINKDEMO`; `[A6]` - Inhalt von `A6` nach der `LINK`-Anweisung; ① - Stapelzeiger vor Parameterübergabe und nach `LEA 18(SP),SP`; ② - nach `RTS`; ③ - nach `MOVEM.L A0/D0,-(SP)`; kursiv sind die Namen der formalen Parameter im UP

Bild 4-82 zeigt eine Stapelbelegung, die durch einen UP-Aufruf innerhalb eines UPs erzeugt wird, wobei beide Unterprogramme die Parameter über den Stapel zugewiesen bekommen und lokale Variable auf dem Stapel halten. Der gesamte für die erste UP-Ebene benötigte Speicherplatz auf dem Stapel bleibt erhalten während die zweite UP-Ebene bearbeitet wird. Nach Abschluß der zweiten Ebene läuft das UP der ersten in derselben lokalen Umgebung weiter, die ihm vor dem Aufruf zur Verfügung stand. Wird in beiden Ebenen dasselbe Adreßregister in der `LINK`-Anweisung angegeben, so steht im geretteten Register `An` in der Ebene 2 die Stapelbezugsadresse der Ebene 1. Nach der `UNLK`-Anweisung in Ebene 2 steht sie wieder in `An`, man kann also in allen Ebenen dasselbe Register verwenden!

Damit wird es möglich, daß ein Unterprogramm sich selbst aufruft. Abgesehen von erwünschten Änderungen, die über Parameteradressen (*Call by Reference*) erzielt werden, greift das UP der Ebene 2 nicht auf seine eigene Umgebung der Ebene 1 ein! Dank dieser Eigenschaft können **rekursive Strukturen** aufgebaut werden.

Wir wollen uns am Beispiel der Berechnung der Fakultät klarmachen, wie dies genutzt und mit dem Befehlspaar `LINK/UNLK` realisiert werden kann.

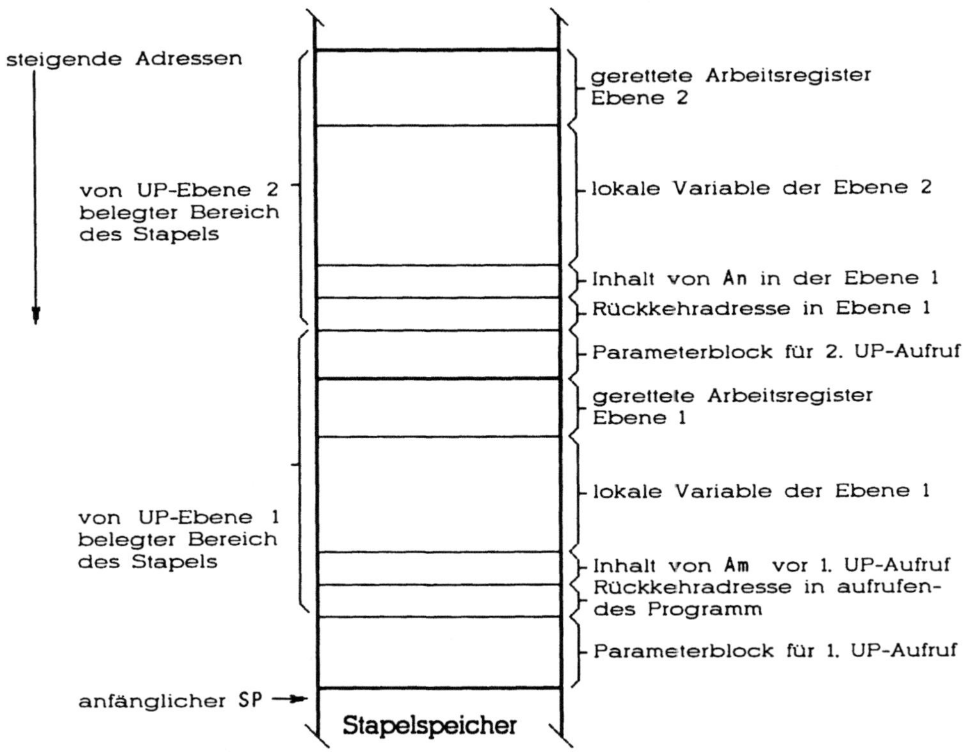

Bild 4-82: Stapelspeicherbelegung bei zwei Unterprogrammebenen, die beide lokale Variable halten und mit Stapelparametern aufgerufen werden

Die Fakultät von n ist definiert als das Produkt der ganzen Zahlen von 1 bis n:

$$n! = 1 \cdot 2 \cdot 3 \cdot \ldots\ldots \cdot n$$

Für den Fall, daß n Parameter ist, ist es naheliegend, das Produkt in einer Schleife zu berechnen.

```
           I
          FAK = 1
          DO 200 IFAK = 2,N
  200     FAK = FAK * IFAK
           I
```

Eine andere Methode ist die der Berechnung in einem **rekursiven Unterprogramm**: Wir führen n! zurück auf die Berechnung von (n-1)!:

$$n! = n \cdot (n-1)!$$

und ermitteln zunächst (n-1)! nach derselben Methode usw. Bei (n-1) = 1 ist das

Ende erreicht und wir können (2-1)! = 1! = 1 setzen. Eine Hochsprachenrealisierung (Auszug) sieht beispielsweise folgendermaßen aus[15]:

```
        I
CALL FAKULT (N, FAK)
        I
END

SUBROUTINE FAKULT (EN, FAKLT)
        I
IF (EN.EQ.1)
     THEN
          FAKLT = 1
          RETURN
     ELSE
          ENLOKAL = EN
          EN = EN - 1
          CALL FAKULT (EN, FAKLT)
          FAKLT = ENLOKAL * FAKLT
ENDIF
END
```

Bild 4-83: Rekursives UP zur Berechnung der Fakultät

Das Unterprogramm ruft sich selbst auf. `ENLOKAL` ist eine lokale Variable; sie bleibt in der Ebene erhalten, in der sie definiert wurde. Wird `ENLOKAL` durch sukzessive Aufrufe von `FAKULT` in mehreren Ebenen definiert, so gibt es entsprechend viele Variablen dieses Namens an verschiedenen Stellen im Speicher, die jeweils nur in der zugehörigen Ebene bekannt sind. Selbstverständlich müssen das Computersystem und der Compiler in der Lage sein, eine solche Struktur zu unterstützen!

Im Unterprogramm wird zunächst auf die Bedingung geprüft, die keinen weiteren Aufruf mehr zuläßt: Ist `EN` = 1, so ist per Definition 1! = 1 und eine weitere Berechnung in `FAKULT` nicht mehr erforderlich. Nach der Rückkehr in die aufrufende Ebene wird durch Multiplikation mit `ENLOKAL` = 2 2! bestimmt und in die nächste Ebene zurückgekehrt, usw.

```
+--------------------------------------------------+
| IF ( 3 = 1 )                                  ①  |
|    THEN   FAKLT = 1                              |
|    ELSE   Berechne 2!                            |
|      +-------------------------------------------+
|      | IF ( 2 = 1 )                           ②  |
|      |    THEN   FAKLT = 1                       |
|      |    ELSE   Berechne 1!                     |
|      |        +------------------------------+   |
|      |        | IF ( 1 = 1 )              ③  |   |
|      |        |    THEN   FAKLT = 1          |   |
|      |        |    ELSE .....                |   |
|      |        +------------------------------+   |
|      |    2! = 2 * 1!                            |
|      +-------------------------------------------+
|    3! = 3 * 2!                                   |
+--------------------------------------------------+
```

Bild 4-84: Grafische Darstellung der Fakultätsberechnung durch rekursiven Unterprogrammaufruf; ①, ②, ③ - Unterprogrammebenen

15 Nicht alle FORTRAN-Compiler lassen eine rekursive Struktur zu.

Es werden n Unterprogrammebenen gebildet, wobei die Rückkehr in die unterste Ebene, die zuerst aufgerufen wurde, zuletzt erfolgt. **Bild 4-84** zeigt eine grafische Darstellung der Fakultätberechnung für n = 3 [6].

An dem gezeigten Beispiel kann man die folgenden beiden Bedingungen für eine Problemlösung durch eine rekursive Struktur erkennen:

- Das Problem muß sich auf einen Vorgänger zurückführen lassen.
- Es muß ein Ausstieg definierbar sein, für den kein Vorgänger mehr benötigt wird.

Das Beispiel Fakultätsberechnung durch rekursiven Unterprogrammaufruf könnte zu der Vermutung Anlaß geben, hier handle es sich um ein kompliziertes Verfahren, das nur akademischen Wert besitze. Dies ist keineswegs der Fall, vielmehr gibt es eine Reihe von Problemen, deren Lösungen sich sehr viel einfacher rekursiv formulieren lassen als in konventioneller Weise.

In der folgenden Assemblerrealisierung **Bild 4-85** erfolgt der Unterprogrammaufruf mit der Adresse des Rückgabeparameters; das bedeutet, daß in allen UP-Ebenen der Wert an der im aufrufenden Programm definierten Adresse geändert wird. Das lokale `N` (`ENLOKAL`) wird als Wert übergeben und muß bis zur späteren Rückkehr aus der nächst höheren Ebene erhalten bleiben. Es wird mit Hilfe des Befehlspaares `LINK/UNLK` dynamisch auf dem Stapel verwaltet.

Das Programm läßt sich verkürzen, wenn

- `N` als Werteparameter auf dem Stapel übergeben wird; es bleibt dann ebenfalls unverändert und kann lokal verwendet werden, ohne daß zusätzlich mit `LINK` Speicher reserviert werden muß
- die Ergebnisadresse als Registerparameter bereitgestellt wird

Mit beiden Änderungen wird das UP kürzer, schneller und benötigt weniger Stapelspeicher. Bild 4-85 ist aber ein überschaubares Beispiel mit dynamischer Verwaltung von lokalen Variablen, das den prinzipiellen Aufbau erkennen läßt.

4.5.10 Befehl CHK (*CHecK Register against Bounds*)

Einer der häufigsten Fehler beim Programmieren ist der, durch falsche Indexberechnung die definierten Grenzen von *Arrays* zu überschreiten und in andere Bereiche (Programm oder Daten) zu schreiben.

```
      DIMENSION FELD (200)
      INTEGER*2 FELD
         I
      IMAX = 2 * K  + 25
      DO 225  LOOP1  = 1, IMAX, 1
225   FELD (LOOP1)   = 324 + B * C
```

```
****************************************************************
*       Berechnung der Fakultät für n  < 9,                     *
*       Obergrenze durch MULU-Befehl bestimmt                   *
****************************************************************

WORT    EQU 2                     2 Bytes
LWORT   EQU 4                     4 Bytes

        PEA N                     Adresse Argument auf Stapel
        PEA FAK                   dto. Adresse Rückgabeparameter
        BSR FAKULT
FERTIG  ADDQ.L #2*LWORT,SP        Stapelzeiger korrigieren

        NOP                       Folgeprogramm

FAKULT:
****************************************************************
*       rekursives Unterprogramm zur Berechnung der Fakultät    *
*                                                               *
*             MIT EN    = Argument , Adreßübergabe              *
*                 FAKLT = Rückgabeparameter, Adreßübergabe      *
****************************************************************

RETADR  EQU 4                     4 Bytes für Rückkehradresse
A6_ALT  EQU 4                     4 Bytes für Referenzregister
FAKLT   EQU RETADR+A6_ALT         Rückgabeparameteradresse
EN      EQU RETADR+A6_ALT+LWORT Eigabeparameteradresse
ENLOKAL EQU -WORT                 lokale Variable auf dem Stapel

        LINK A6,#-WORT            1 Wort für lokale Variable ENLOKAL
        MOVEM.L D0/A0-A1,-(SP)    Arbeitsregisterinhalte retten
        MOVEA.L FAKLT(A6),A0      Rückgabeparameteradresse ---> A0
        MOVEA.L EN(A6),A1         Argumentadresse ---> A1

        CMP #1,(A1)               auf Abschluß prüfen
        BNE.S GOON                Ende?
        MOVE.W #1,(A0)            ja
        BRA.S RETSUB              erster UP-Ausstieg

GOON    MOVE.W (A1),D0            Eingabeparameter holen und
        MOVE.W D0,ENLOKAL(A6)     lokal speichern
        SUBQ.W #1,D0              Faktor dekrementieren (I-1)!
        MOVE.W D0,(A1)            Argument setzen für nächsten Aufruf

        PEA (A1)                  Argumentadresse ---> Stapel
        PEA (A0)                  Rückgabeadresse ---> Stapel
        BSR FAKULT                nächster Aufruf
        ADDQ.L #2*LWORT,SP        Stapelzeiger korrigieren

        MOVE.W (A0),D0            (I-1)! ins Arbeitsregister
        MULU ENLOKAL(A6),D0       I*[(I-1)!] (FAKLT sei immer < 16 bit)
        MOVE.W D0,(A0)            (I!) zurückgeben

RETSUB  MOVEM.L (SP)+,D0/A0-A1    Arbeitsregisterinhalte wieder holen
        UNLK A6
        RTS

N       DS.W 1                    Argument
FAK     DS.W 1                    Ergebnis

        END
```

Bild 4-85: Assemblerquellenprogramm UP mit dynamischer Verwaltung lokaler Variabler

Wird durch einen Programmfehler `IMAX` > 200, so wird die *Array*grenze überschritten. `CHK` erlaubt die Prüfung des laufenden **Index** auf Überschreiten der Bereichsgrenzen.

```
CHK <EA>, Dn
```

<EA> : Effektive Adresse-Feld zeigt auf maximal möglichen Index, nicht auf die entsprechende Speicheradresse des zugehörigen Feldes

Dn : Register mit aktuellem Index für Zugriff

Falls $0 \leq$ `Dn` $\leq$ [<EA>], also bei legalem Zugriff, wird der Folgebefehl ausgeführt, andernfalls erfolgt eine Ausnahmebehandlung (siehe Abschnitt 4.9.3) . Da auf Assemblerebene üblicherweise mit dem Index 0 auf das erste Element zugegriffen wird, sind dort, verglichen mit der Hochsprache, die Indizes meist um 1 vermindert. (Es gibt auch Hochsprachen, die eine willkürliche Indizierung zulassen). In obigem Beispiel müßte unter <EA> der Wert 199 stehen.

4.6 Befehls- und Datenvorgriff

Startet der Prozessor mit der Ausführung eines Befehls, so hat er immer schon das Operationswort und ein weiteres Befehlswort gelesen. Dieses ist entweder das 2. Wort der aktuellen oder das Operationswort der nächsten Instruktion. Lesezyklen für nicht unmittelbare Speicheroperanden werden ausgeführt, sobald ihre Adresse ermittelt/berechnet ist, Schreibzyklen erfolgen, sobald der Operand verfügbar ist.

```
Adresse      Objektcode          Zeile Symbol    Befehl           Kommentar

008000                              1           ORG $8000
                                    2
       =00F50024                    3 RAUS      EQU      $F50024  Ausstieg
008000 7201                         4           MOVEQ.L  #1,D1
008002 3039 0000 8026               5           MOVE     INDEX,D0 Schleifenindex
008008 600E                         6           BRA.S    ENDLOOP
                                    7
00800A 4E71                         8 LOOP      NOP
00800C D3B9 0000 8028               9           ADD.L    D1,ABC
008012 23C1 0000 802C              10           MOVE.L   D1,DEFG
008018 51C8 FFF0                   11 ENDLOOP   DBRA     D0,LOOP
                                   12
00801C 4281                        13           CLR.L    D1
00801E 4240                        14           CLR.W    D0
008020 4EF9 00F5 0024              15           JMP      RAUS     Ausstieg
                                   16
008026 0005                        17 INDEX     DC.W 5   Schleifenindex
008028=0004                        18 ABC       DS.L 1   Zieloperand Addition
00802C=0004                        19 DEFG      DS.L 1   Zieloperand MOVE
                                   20
                                   21           END
```

Bild 4-86: Assemblerliste des Programmbeispiels zur Demonstration des Befehlsvorgriffs

In der Zeit, in der der Prozessor den Buszyklus für den Speicheroperanden noch nicht ausführen kann, weil entweder die Adresse oder, bei einem WRITE, der Operand selbst noch nicht bereitsteht, holt er das nächste Befehlswort (Befehlsvorgriff, *Instruction Prefetch*). Mehr als ein im Vorgriff geholtes Wort speichert der M68000 allerdings nicht. Kann der Buszyklus für den Speicheroperanden dann noch nicht durchgeführt werden, weil die Ausführung des aktuellen Befehls zu lange dauert, bleibt der Bus inaktiv.

Der Vorgriff läßt sich für Befehlsworte sehr viel leichter realisieren als für Speicheroperanden. Abgesehen von Verzweigungen werden die Befehlsworte sukzessive von aufeinanderfolgenden Adressen geholt, während die Zugriffe auf Speicheroperanden von den Befehlen abhängen und mit nicht vorhersehbaren Adressen erfolgen.

Zeile	FFF CCC 210	$R/\overline{W}$	D15-D0 (hex.)	A23-A0 (hex.)	Bemerkungen
1	110	1	7201	008000	1. Befehlswort MOVEQ.L #1,D1
2	110	1	3039	008002	1. Befehlswort MOVE.W INDEX,D0
3	110	1	0000	008004	2. Befehlswort MOVE.W INDEX,D0
4	110	1	8026	008006	3. Befehlswort MOVE.W INDEX,D0
5	110	1	600E	008008	1. Befehlswort BRA.S ENDLOOP
6	101	1	0005	008026	Quelloperand INDEX holen
7	110	1	4E71	00800A	1. Befehlswort NOP
8	110	1	51C8	008018	1. Befehlswort DBRA D0,LOOP
9	110	1	FFF0	00801A	2. Befehlswort DBRA D0,LOOP
10	110	1	4E71	00800A	1. Befehlswort NOP
11	110	1	D3B9	00800C	1. Befehlswort ADD.L D1,ABC
12	110	1	0000	00800E	2. Befehlswort ADD.L D1,ABC
13	110	1	8028	008010	3. Befehlswort ADD.L D1,ABC
14	110	1	23C1	008012	1. Befehlswort MOVE.L D1,DEFG
15	101	1	0000	008028	Zieloperand HW ADD.L D1,ABC lesen
16	101	1	0005	00802A	Zieloperand LW ADD.L D1,ABC lesen
17	110	1	0000	008014	2. Befehlswort MOVE.L D1,DEFG
18	101	0	0006	00802A	Zieloperand LW ADD.L D1,ABC schreiben
19	101	0	0000	008028	Zieloperand HW ADD.L D1,ABC schreiben
20	110	1	802C	008016	3. Befehlswort MOVE.L D1,DEFG
21	110	0	51C8	008018	1. Befehlswort DBRA D0,LOOP
22	101	0	0000	00802C	Zieloperand HW MOVE.L D1,DEFG schreiben
23	101	1	0001	00802E	Zieloperand LW MOVE.L D1,DEFG schreiben
24	110	1	FFF0	00801A	2. Befehlswort DBRA D0,LOOP
25	110	1	4E71	00800A	1. Befehlswort NOP
			⋮		⋮
26	110	1	FFF0	00801A	2. Befehlswort DBRA D0,LOOP
27	110	1	4E71	00800A	1. Befehlswort NOP (trotz Schleifenausstieg!)
28	110	1	4281	00801C	1. Befehlswort CLR.L D1
29	110	1	4240	00801E	1. Befehlswort CLR.W D0
30	110	1	4EF9	008020	1. Befehlswort JMP RAUS
			⋮		⋮

Bild 4-87: Beispiel Befehlsvorgriff; Auszug aus dem Busverkehr, mit Logikanalysator gemessen

Bild 4-86 zeigt ein kurzes Programm mit dem hexadezimalen Objektcode und **Bild 4-87** einen Listenauszug des Busverkehrs, der mit Hilfe eines Logikanalysators ermittelt wurde.

In Zeile 5 des Meßprotokolls wird zuerst das Operationswort von `BRA.S ENDLOOP` geholt, bevor der Operand `INDEX` des vorangehenden Befehls `MOVE.W INDEX,D0` gelesen wird. Bei der Interpretation von `BRA.S ENDLOOP` (ein Wort) ist die Instruktion `NOP` schon im Prozessor, obwohl sie **nicht** benötigt wird (Zeile 7).

Beim `DBRA`-Befehl wird die Verzweigung bevorzugt behandelt. Der untere Teil von Bild 4-87 enthält den Schleifenausstieg; obwohl nicht verzweigt wird, wird der `NOP`-Befehl noch einmal geholt (Zeile 27)!

Bei `ADD.L D1,ABC` wird nach dem Hereinholen des vollständigen Befehls vor dem Lesezugriff auf den Zieloperanden noch das Operationswort von `MOVE.L D1,DEFG` geholt (Zeile 14). Da für die Addition Zeit benötigt wird, holt der Prozessor zunächst das zweite Wort von `MOVE.L D1,DEFG` (Zeile 17) und transportiert erst dann den Zieloperanden (in der Reihenfolge LW, HW!) zum Speicher (Zeilen 18, 19).

Der genaue Ablauf der Befehle ist mit dem Mikrocode des Steuerwerks unmittelbar verknüpft, also auch der Vorgriff auf die Befehlsworte. Der Mikrocode ist Änderungen unterworfen; Herstellerangaben über den *Prefetch*-Mechanismus sind in früheren Datenblättern kaum, im neuesten [4] überhaupt nicht mehr enthalten. Eine große Hilfe bei der Analyse des Busverkehrs sind die Informationen auf der $R/\overline{W}$- (Spalte 3) und den *Function Code*-Leitungen (Spalte 2). FC2 = 1 zeigt, daß alle Befehle im Überwachungsmodus ablaufen.

Wie schon angedeutet, ist ein Operandenvorgriff sehr viel schwerer effektiv zu realisieren. Hiervon gibt es eine Ausnahme: Der Befehl `MOVEM [.L] [EA], Registerliste` (`EA` = Effektive Adresse) erzeugt eine längere Sequenz von Lesezugriffen auf Speicheroperanden mit **aufeinanderfolgenden** Adressen. Bei dieser Instruktion hat man daher auch einen Daten-*Prefetch* implementiert; er wirkt sich auf dem Bus in der Weise aus, daß ein Datenwort mehr gelesen wird als erforderlich.

4.7 Verschiebbarer Code

Bei den bisherigen Programmbeispielen wurde davon ausgegangen, daß der Assembler absoluten Code erzeugt. Dies ist der Fall, wenn der Programmierer durch `ORG`-Anweisungen festlegt, an welchen Adressen Programmcode und Daten liegen. Einzige Ausnahme hiervon war der positionsunabhängige Code (s. 4.4.13 und 4.4.14), der keine absoluten Adressen enthält und der ohne Änderung an jeder Speicherstelle lauffähig ist.

Absoluten Code kann man jedoch nur in einigen Ausnahmefällen erzeugen. Wird ein Programm entwickelt, das auf verschiedenen gleichartigen Systemen laufen soll, so wird es aufgrund unterschiedlicher Konfigurationen der Systeme in verschiedenen Speicherbereichen zur Ausführung kommen. Die Adreßzuweisung kann also erst im Zielsystem erfolgen, beispielsweise beim Start des Programms.

In einem anderen Fall entwickelt man sich selbst eine Unterprogrammbibliothek für bestimmte immer wiederkehrende Funktionen. Um Zeit für den Assembler- oder Compilerlauf zu sparen, möchte man nicht die Quellen der benötigten UPs mit denen des aktuellen Programms zusammenfassen, sondern möchte deren Programmcode nur einmal erzeugen und bei Bedarf hinzuladen. Es ist offensichtlich, daß sie dabei an Adressen geladen werden, die zum Zeitpunkt der Erstellung nicht bekannt sein konnten.

Die einzelnen separat assemblierten bzw. compilierten Module eines Programms müssen also in einer Weise verfügbar sein, die es erlaubt, den Code im Adreßbereich zu verschieben. Nicht in allen Fällen kann man positionsunabhängigen Code schreiben; eine alternative Möglichkeit ist die, dem Assemblerlauf eine Ladephase folgen zu lassen, in der die Adressen für das Programm zum Zeitpunkt des Ablaufs endgültig festgelegt werden.

Der Assembler wird angewiesen, eine Datei mit verschiebbarem Code (relozierbarer Code, *Relocatable Code*) zu erzeugen, die alle Informationen für nachträgliche Adreßberechnungen enthält. Sie umfaßt zusätzlich noch Informationen, die gestatten, externe, also nicht im Modul enthaltene, Unterprogramme aufzurufen und auf externe Variablen zuzugreifen, die nicht als Parameter übergeben wurden. Compiler erzeugen fast ausschließlich relozierbaren Code.

Die Problematik soll am Beispiel `RECORD` Kundendaten aus Abschnitt 4.5.2 *Bedingte Verzweigung* erläutert werden, das hierfür modifiziert wird.

- Die Abbuchung wird in einem Unterprogramm `MONEY` durchgeführt, das auf die globale Kundendatei `KUND_DATEI` zugreift.
- Die globale Kundendatei wird extern bereitgestellt; es soll direkt auf sie zugegriffen werden, ihre Adresse wird nicht als Parameter übergeben. Ebenso sei `BUCHUNG` eine globale Variable.

Die Liste (**Bild4-87**) besteht aus den Teillisten mit dem Unterprogramm und den globalen Variablen. Sie sind durch getrennte Assemblerläufe erzeugt worden. Die Direktive `SECTION TEXT` weist den Assembler an, relozierbaren Programmcode zu erzeugen. In der ersten Spalte stehen die Adressen relativ zur fiktiven Adresse `0000 0000` der ersten ausführbaren Anweisung `LEA KUND_DATEI,A0` (Bezugsadresse innerhalb des Moduls).

A

```
0000'                     3         SECTION TEXT
0000'                     4 MONEY:
                          5 **********************************************
                          6 *       Unterprogramm Abbuchung von Konto      *
                          7 *       Eingabeparameter: D0 = Kundennummer    *
                          8 **********************************************
                          9 *                             Recorddefinitionen:
      =0044              10 REC_LEN EQU     68          Länge des Kundenrecords
      =0011              11 VORNAME EQU     17
      =0019              12 WOHNORT EQU     25
      =0028              13 STRASSE EQU     40
      =0038              14 KONTO   EQU     56          4 Byte ganze Zahlen
      =003C              15 KREDIT  EQU     60                 dto.
      =0040              16 GEHALT  EQU     64                 dto
                         17
                         18 *       Externe Adressen
                         19     XREF AUSGABE,EINGABE Aus-, Eingaberoutine
                         20     XREF BUCHUNG,KUND_DATEI   Globale Variable
                         21
0000'  41F9 0000 0000    22     LEA KUND_DATEI,A0
0006'  5340              23     SUBQ #1,D0
0008'  C0F8 0044         24     MULU REC_LEN,D0
000C'  2230 0838         25     MOVE.L KONTO(A0,D0.L),D1
0010'  92B9 0000 0000    26     SUB.L BUCHUNG,D1
0016'  2401              27     MOVE.L D1,D2
0018'  6A1A              28     BPL.S GENUG
001A'  D2B0 083C         29     ADD.L KREDIT(A0,D0.L),D1
001E'  4EF9 0000 0034    30     JMP GENUG
0024'  4EB9 0000 0000    31     JSR AUSGABE
002A'  4EB9 0000 0000    32     JSR EINGABE
0030'  6700 0006         33     BEQ ENDE
                         34
0034'  2182 0838         35 GENUG   MOVE.L D2,KONTO(A0,D0.L)
                         36
0038'  4E75              37 ENDE    RTS
                         38
                         39         END

Symbol                Definition  Wert     Referenzzeile(n)

AUSGABE                 ***EXTERNAL***       19    31
BUCHUNG                 ***EXTERNAL***       20    26
EINGABE                 ***EXTERNAL***       19    32
ENDE                      37      0038'      33
GEHALT                    16U     0040             (U = unused, unbenutzt)
GENUG                     35      0034'      28    30
KONTO                     14      0038       25    35
KREDIT                    15      003C       29
KUND_DATEI              ***EXTERNAL***       20    22
MONEY                      4U     0000'
REC_LEN                   10      0044       24
STRASSE                   13U     0028
VORNAME                   11U     0011
WOHNORT                   12U     0019
```

Bildlegende s. nächste Seite

B

```
0000'            1          SECTION DATA
                 2
      =0190      3 ANZ_KU   EQU 400               Anzahl der Kunden
      =0044      4 REC_L    EQU 68                Recordlänge
                 5
0000' =6A40      6 KUND_DATEI DS.B REC_L*ANZ_KU   Feld für Kundenrecords
6A40' =0002      7 BUCHUNG DS.W 1                 aktueller Buchungswert
                 8          XDEF KUND_DATEI       Startadr. extern verfügbar
                 9          XDEF BUCHUNG          Variable extern verfügbar
                10
                11          END
```

Symbol	Definition	Wert	Referenzzeile
ANZ_KU	3	0190	6
BUCHUNG	7	6A40'	9
KUND_DATEI	6	0000'	8
REC_L	4	0044	6

Bild 4-87: Assemblerlisten für die Erzeugung von Dateien mit relozierbarem Inhalt; **A** - Programmcode mit Symboltabelle; **B** - Nicht initialisierte Daten mit Symboltabelle; beide sind mit separaten Assembliervorgängen aus verschiedenen Quelldateien erzeugt worden

In Zeile `30` wurde statt einer `BRA.S GENUG`-Anweisung der Befehl `JMP GENUG` eingesetzt und damit ein absoluter Sprung erzwungen. Die Adresse, die der Marke `GENUG` später zugewiesen wird, ist noch nicht bekannt. Der Assembler trägt im 2. und 3. Befehlswort der `JMP`-Anweisung die relative Adresse innerhalb dieses Moduls ein (`$34`).

Vor der Programmausführung wird dem Modul in der Ladephase ein Speicherbereich zugewiesen und die Bezugsadresse festgelegt. Sie wird zur o. a. relativen Adresse addiert und das Ergebnis als Adresse von `GENUG` im 2. und 3. Befehlswort eingesetzt. Die Datei mit dem relozierbaren Code enthält einen Hinweis, aus dem hervorgeht, daß die Adreßumrechnung an genau dieser Stelle durchzuführen ist. Dies gilt für alle absoluten Adreßbezüge innerhalb eines Moduls (hier sind keine weiteren enthalten).

Die Pseudoinstruktion `XREF` definiert `AUSGABE`, `EINGABE`, `BUCHUNG` und `KUND_DATEI` als externe Größen. Der Assembler nimmt bei der Codeerzeugung jeweils eine Langwortadresse an; er kennt sie nicht und setzt an den entsprechenden Stellen `0000 0000` ein. In der Datei mit relozierbarem Inhalt werden sie mit Namen aufgeführt, und es wird vermerkt, daß die Adresse beim Zusammenbinden der einzelnen Module bereitgestellt werden muß. Ferner wird festgehalten, an welcher Stelle des Moduls welche externe Größe verwendet wird, damit in der Ladephase die korrekte Adresse eingetragen werden kann.

Die Direktive `SECTION DATA` zeigt dem Assembler an, daß Speicher für Variable reserviert werden soll. Eine relozierbare Datei enthält die Information, ob es sich um eine Programmcodedatei (mit `SECTION TEXT` erzeugt), eine Datei mit Nicht initialisierten Daten (mit `SECTION DATA` erzeugt) oder um eine Datei mit Initialisierten Daten (mit `SECTION BSS` generiert) handelt. Damit ist es möglich, die einzelnen Bereiche in verschiedene Adreßbereiche zu laden und z. B. den Programmcode und die Initialisierten Daten mit einem Schreibschutz zu versehen. Kommen alle drei `SECTION`-Anweisungen in einer Quelldatei vor, so erzeugt der Assembler eine relozierbare Datei mit drei separaten Bereichen.

Ebenso wie der relozierbare Programmcode beginnt der mit `SECTION DATA` deklarierte Bereich mit der Adresse `0000 0000`, `BUCHUNG` wird relativ zu dieser Adresse angegeben. Die Datenbereiche müssen nicht getrennt assembliert werden, alle drei Bereiche können auch innerhalb einer Quelle durch `SECTION TEXT`, `SECTION DATA` und `SECTION BSS` definiert werden; jeder beginnt wie bei separater Assemblierung bei der relozierbaren Adresse `0000 0000`. `XDEF` veranlaßt den Assembler, die angegebenen Variablen in der Datei mit Namen und relativer Adresse aufzulisten, damit andere Module darauf Bezug nehmen können.

Damit das Programmbeispiel auf dem Rechner zur Ausführung gelangen kann, müssen folgende Schritte durchgeführt werden:

- Das (hier nicht gezeigte) Hauptprogramm und die Unterprogramme `MONEY`, `AUSGABE` und `EINGABE` müssen zusammengebunden werden. Sie haben dann eine gemeinsame fiktive Startadresse und schließen im Adreßbereich unmittelbar aneinander an. Adreßbezüge werden hergestellt. `EINGABE` und `AUSGABE` können eigene Routinen oder Routinen des Systems sein.
- Existieren mehrere Bereiche mit Initialisierten und Nicht initialisierten Daten, so werden diese jeweils für sich zusammengebunden.
- Beide Aufgaben werden durch ein Systemprogramm gelöst, das **Binder** (***Linker*** oder ***Linkage Editor***) genannt wird. Es erzeugt eine Datei mit den jeweils für sich zusammengebundenen Bereichen mit Programmcode, Nicht initialisierten Daten und ggf. Initialisierten Daten. Jeder der drei hat eine relozierbare Startadresse, und alle Adreßbezüge innerhalb des Programms sind aufgelöst.
- Das Programm wird geladen: Jedem der drei Bereiche wird eine Anfangsadresse zugewiesen; Adreßbezüge des Programmteils auf Größen im bzw. in den Datenbereich(en) können damit aufgelöst, also gültige Adressen berechnet und im Objektcode eingetragen werden. Das Programm, das diese Aufgaben durchführt, heißt **Lader** (***Loader***). In einem *Multitasking*-System erstellt es auch den *Task*deskriptor.
- Das Programm muß gestartet werden.

Aus dem geschilderten Sachverhalt läßt sich erkennen, daß der Ladephase in den meisten Fällen die Phase des Zusammenbindens vorangeht. Werden das Binden der einzelnen Module und das Laden an die zur Ablaufzeit gültigen Adressen mit einem Programm durchgeführt, so spricht man von einem **Binder/Lader** (***Linking Loader***).

Dateien mit relozierbarem Inhalt sind spezifisch für alle gleichartigen Systeme eines Herstellers. Die Dateien von Systemen verschiedener Hersteller sind unterschiedlich strukturiert und nicht kompatibel, sofern es sich nicht um gleichartige Systeme handelt (wie bei IBM-kompatiblen Personal Computern verschiedener Fabrikate). Innerhalb des Systems erzeugen Assembler und Compiler Dateien gleicher Struktur, so daß die Module zusammengebunden werden können. Es sind allerdings noch weitere Voraussetzungen zu treffen wie z. B. einheitliche Parameterübergabe beim Unterprogrammaufruf.

4.8 Kommunikation mit Speicher und Peripherie über den Bus

Bisher wurden im Detail nur Softwareaspekte des M68000 behandelt. Zu Beginn dieses Kapitels 4 wurden zur Hardware die Gruppen der Signalleitungen und die Datenorganisation im Speicher angegeben. In diesem und den nachfolgenden Abschnitten werden die Signale beschrieben, die die Kommunikation des Prozessors mit den übrigen Komponenten des Mikrocomputers sicherstellen.

4.8.1 Taktsignal (CLCK)

In Kapitel 2 haben wir gesehen, daß jeder Befehl in einzelnen Schritten nacheinander in der MPU umgesetzt wird. Steuerlogik und Register benötigen hierzu ein Taktsignal, das von außen zugeführt und intern gepuffert wird. Es darf, wie bei den meisten Prozessoren, nicht unterbrochen werden. Eine untere Frequenzgrenze wird durch dynamische Strukturen des Bausteins, eine obere durch die verwendete Halbleitertechnologie vorgegeben. Das quasistatisches Austesten der Schaltung durch Einzelimpulse ist nicht möglich.

Der genaue zeitliche Verlauf (*Timing*) wird vom Hersteller vorgegeben und sollte immer, ebenso wie bei allen noch folgenden Signalen, eingehalten werden. Die Abhängigkeiten der Signale untereinander und deren Grenzwerte sind im Datenbuch [4] dokumentiert. Beim Entwurf einer Schaltung muß eine *Worst Case*-Betrachtung für jedes Signal die Einhaltung dieser Grenzwerte sicherstellen, um unliebsame Überraschungen beim Bausteinwechsel zu vermeiden.

CLCK ist ein TTL-kompatibles Signal, Symmetrie $t_{ch} = t_{cl}$ ist nicht erforderlich; sie ergibt sich allerdings aus den in **Bild 4-88** für die an der oberen Frequenzgrenze angegebenen Zeiten. Um die kurze Anstiegs- und Abfallzeit einzuhalten, kann man ein für Quarzoszillatoren vorgesehenen integrierten Schaltkreis verwenden (**Bild 4-89**).

A

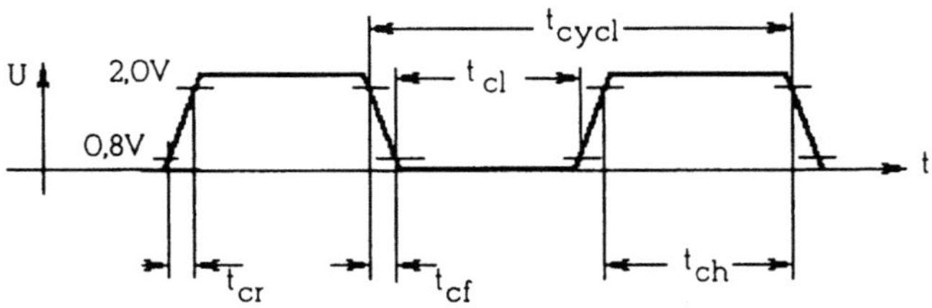

B

Betriebsfrequenz	f	min 4	max 10	MHz
Zykluszeit	t_{cycl}	100	250	nsec
Pulsbreite	t_{ch}	45	125	nsec
	t_{cl}	45	125	nsec
Anstiegszeit	t_{cr}	–	10	nsec
Abfallzeit	t_{cl}	–	10	nsec

Bild 4-88: Taktsignal; **A** - Signalverlauf; **B** - Zeiten

Ein solcher Schaltkreis erfordert minimalen zusätzlichen Bauteileaufwand, liefert auch das invertierte Signal $\overline{Q}_f$ und je ein Rechtecksignal der Frequenz f/2 und f/4, die häufig für andere Schaltkreise in Mikroprozessorsystemen benötigt werden. Die Ausgänge Q_f, $\overline{Q}_f$ sind mit Treibern versehen, und Laufzeitunterschiede vom internen Generator zu den einzelnen Ausgängen sind kompensiert.

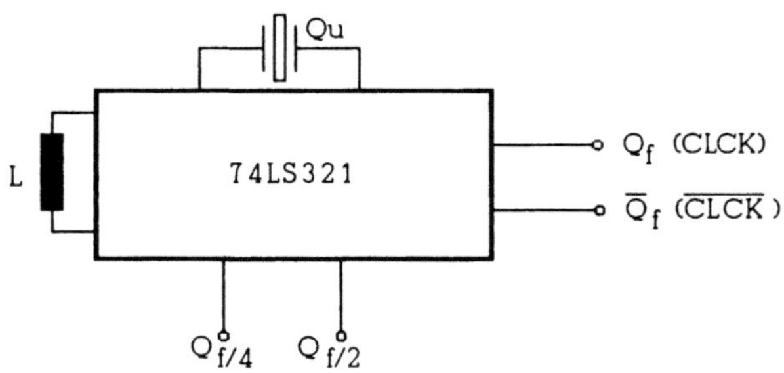

Bild 4-89: Schaltkreis zur Taktsignalerzeugung; L - Serieninduktivität; Qu - Quarz

4.8.2 Der Bus

Der Datenverkehr von der MPU zum Speicher oder zu Schnittstellenbausteinen wird über Daten- und Adressenbus abgewickelt. Über den Adressenbus wird die angesprochene Stelle ausgewählt. Sie legt gültige Daten auf (READ-Operation) oder übernimmt gültige Daten vom Datenbus (WRITE-Operation). Grundsätzlich unterscheidet man zwischen einem synchronen und einem asynchronen Datenverkehr, die am Beispiel der Prozessoren M6809 und M68000 beschrieben werden sollen.

Um für die nachfolgenden Kapitel eine einheitliche Bezeichnungsweise anzuwenden, werden folgende Begriffe definiert:

- *Busmaster*: Bei komplexen Systemen können mehrere Prozessoren oder DMA-*Controller* (Kap. 7) an einen Bus angeschlossen sein (Kap. 4.10). Zu jedem beliebigen Zeitpunkt darf nur einer aktiv sein, d. h. die Bussteuerung durchführen. Er ist *Busmaster*.
- *Slave*: Die vom *Master* adressierte Komponente (Speicher, E/A-Baustein u. a.), sie kann selbst keine Adressen auf den Adressenbus legen.

4.8.2.1 Der Synchrone Bus

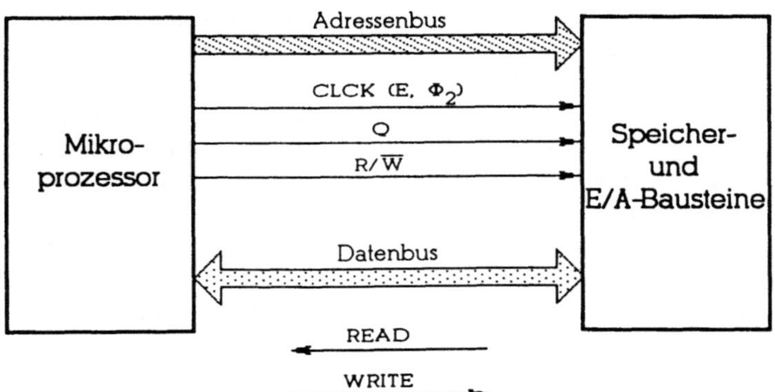

Bild 4-90: Synchrones Bussystem; E und Φ_2 sind andere übliche Bezeichnungen für das Taktsignal

Beim Synchronen Bussystem (**Bild 4-90**) besteht der **Lesezyklus** besteht aus 2 Phasen (**Bild 4-91**):

- Adressierungsphase: In ihr legt der Bus*master* die *Slave*adresse auf den Bus und setzt die Schreib/Leseleitung auf Lesen. Der *Slave* muß die anliegenden Adressen dekodieren und erkennen, daß er angesprochen ist.

- Datenübernahmephase: Der *Slave* legt die Daten der adressierten Speicherzelle auf den Datenbus, und der Prozessor übernimmt sie.

Die Phasen werden nach einem zeitlich festgelegten Rahmen durchgeführt. Bild 4-91 zeigt dies für den 8/16 bit-Prozessor M6809. Er hat auch die Möglichkeit, durch einen quasisynchronen Betrieb langsamere Peripherie einzubinden; sie wird hier außer acht gelassen.

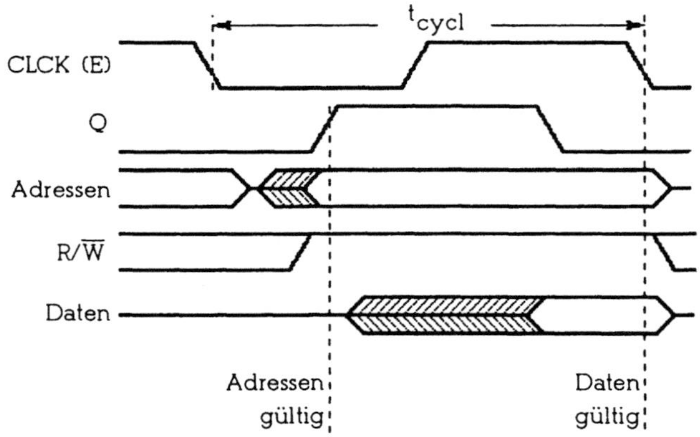

Bild 4-91: Buslesezyklus bei Synchronem Bus (Prozessor M6809); Q - Quadratursignal (um $\pi/4$ verschobenes Taktsignal), muß im System zusätzlich vorhanden sein; die Schraffur kennzeichnet den Bereich, indem die Signale gültig werden können

Der Prozessor gibt den zeitlichen Ablauf vor. Mit der steigenden Flanke von Q werden die Adressen für gültig erklärt, mit der fallenden Flanke des Taktsignals müssen gültige Daten auf dem Datenbus liegen. Hat der *Slave* diese zu diesem Zeitpunkt nicht bereitgestellt, so werden falsche Daten eingelesen.

Wird die Taktfrequenz erhöht (wobei evtl. der Prozessorbaustein getauscht werden muß), so muß der *Slave* in der Lage sein, innerhalb einer entsprechend kürzeren Zeit gültige Daten zur Verfügung zu stellen. In einem Synchronen Bussystem müssen alle *Slaves* innerhalb der durch den Takt vorgegebenen Zykluszeit gültige Antworten abgeben. Umgekehrt kann man sagen: Die Taktfrequenz in einem Synchronen Bussystem muß sich nach dem langsamsten *Slave* richten. Erhöht man die Taktfrequenz, so müssen alle *Slaves* des Systems mit der höheren Taktfrequenz arbeiten, werden also teurer. Dies gilt auch für *Slaves*, die nur selten angesprochen werden.

Der **Schreibzyklus** besteht ebenfalls aus 2 Phasen:

- Adressierungsphase: Der Busmaster legt die *Slave*adresse auf den Adressenbus und setzt die Schreib-/Leseleitung auf Schreiben. Der *Slave* dekodiert die Adressen, erkennt, daß er angesprochen ist, und erfährt anhand des Zustandes R/$\overline{W}$ = *low*, daß er Daten übernehmen soll.
- Datenübernahmephase: Der *Master* legt die Daten auf den Bus, und der *Slave* übernimmt sie.

Ebenso wie beim Lesezyklus des M6809 wird durch die Taktsignale CLCK und Q ein fester zeitlicher Rahmen vorgegeben (**Bild 4-92**): Mit der fallenden Flanke von CLCK müssen die Daten (spätestens) übernommen werden. Alle Bausteine, in die Daten eingeschrieben werden können (RAM, E/A-Bausteine), müssen in der Lage sein, dies zu tun, oder die Daten gehen verloren. Daraus ergibt sich, daß bei Erhöhen der Taktfrequenz des Systems alle *Slaves* die Daten in kürzerer Zeit übernehmen müssen.

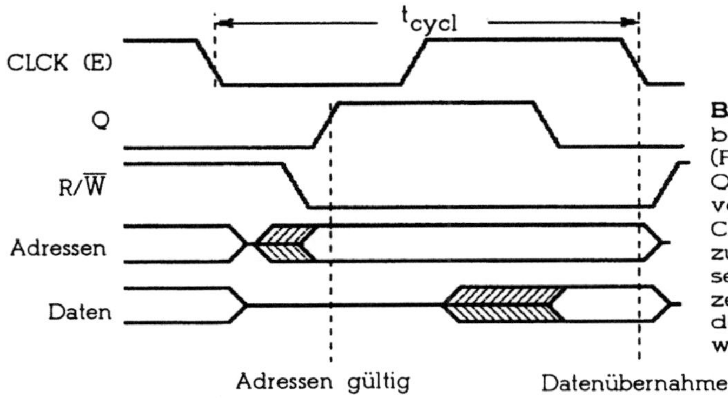

Bild 4-92: Schreibzyklus bei Synchronem Bus (Prozessor M6809); Q - Quadratursignal (um π/4 verschobenes Taktsignal CLCK), muß im System zusätzlich vorhanden sein; die Schraffur kennzeichnet den Bereich, in dem die Signale gültig werden können

4.8.2.2 Der Asynchrone Bus

Im Gegensatz zu Synchronen Bussystemen wird kein Taktsignal gefordert, das der Peripherie genau signalisiert, zu welchem Zeitpunkt Daten übernommen bzw. gültige Daten aufgelegt sein müssen. Die Übertragungssicherheit beim Asynchronen Bussystem wird durch ein **Quittungssignal** des *Slaves* erzielt, mit dem dieser anzeigt, daß er die Daten übernommen hat (WRITE) bzw. daß gültige Daten auf dem Datenbus liegen (READ).

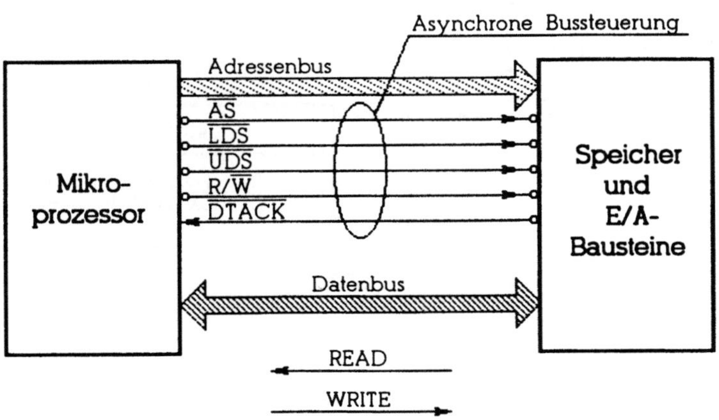

Bild 4-93: Asynchroner Bus

Alle Aktivitäten erfolgen unter der Kontrolle des Leitwerkes im Prozessor; dies zeigt sich darin, daß der Adressenbus und die meisten Signale der asynchronen Bussteuerung unidirektional von der MPU zum E/A-Baustein/Speicher gerichtet sind. Lediglich das Signal $\overline{\text{DTACK}}$ (*Data Transfer **ACK**nowledge*, **Bild 4-93**), das ebenfalls unidirektional ist, zeigt zur MPU; es ist das Quittungssignal des *Slaves*. Da der einzelne Transfer nur von einem *Slave* quittiert werden kann, werden die DTACK-Signale aller *Slaves* dem Prozessor über eine gemeinsame Leitung zugeführt (*Wired AND*-Verknüpfung, s. Bild 4-102).

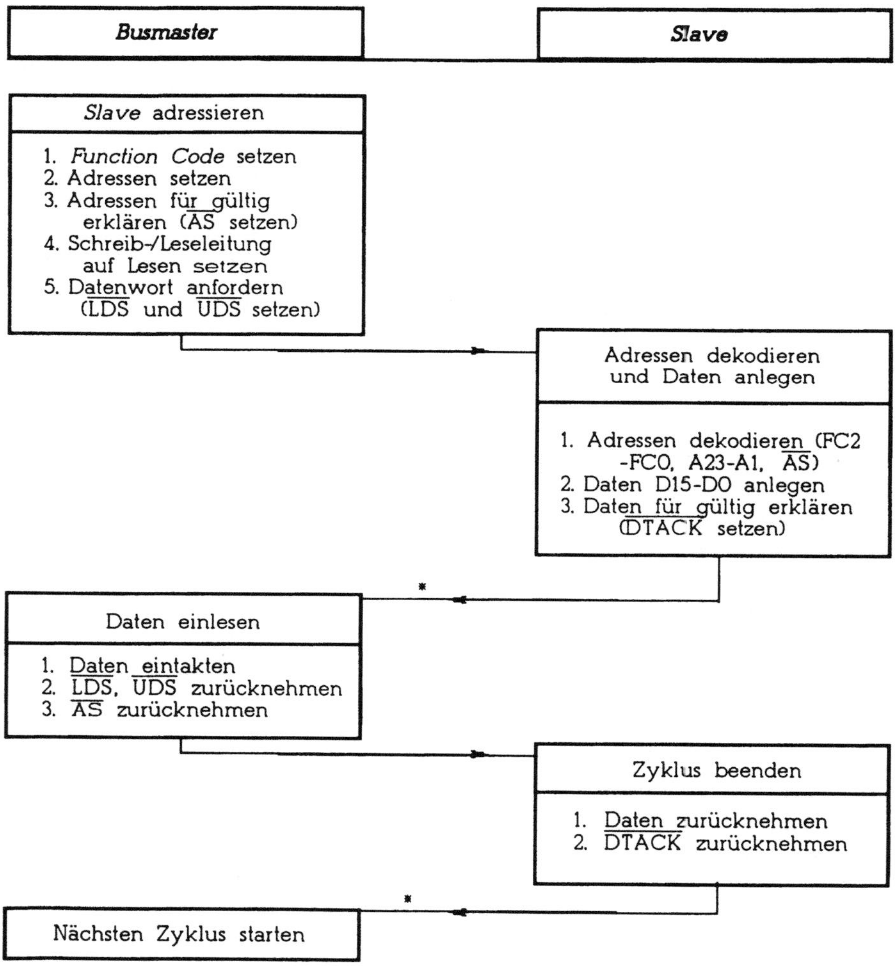

Bild 4-94: Wortlesezyklus des M68000 (Ablaufdiagramm); * - asynchrone Quittungen

Der wesentliche Vorteil des Asynchronen Busses liegt darin, daß *Slaves* unterschiedlicher Geschwindigkeiten am Bus angeschlossen sein können. Durch den Quittungsbetrieb wird sichergestellt, daß auch langsame *Slaves* mit einem schnellen Prozessor kommunizieren können. Selbstverständlich wird man die am häufigsten benutzten *Slaves* (Speicher) in der Geschwindigkeit so anpassen, daß die MPU nicht unnötig warten muß.

Beim Asynchronen Bus des M68000 läuft der **Lesezyklus** für ein Speicherwort nach dem Ablaufdiagramm **Bild 4-94** ab; das zugehörige Zeitliniendiagramm der Signale ist in **Bild 4-95** gezeigt. Bemerkenswert ist, daß ein Buslesezyklus (ebenso der Schreibzyklus) aus mindestens 8 Taktphasen (Halbzyklen) S0-S7 besteht. Im folgenden bedeutet *Setzen* im Zusammenhang mit einem *low*-aktiven Signal, daß es auf *Low* gesetzt wird, und *Zurücknehmen*, daß es auf *High* gesetzt wird.

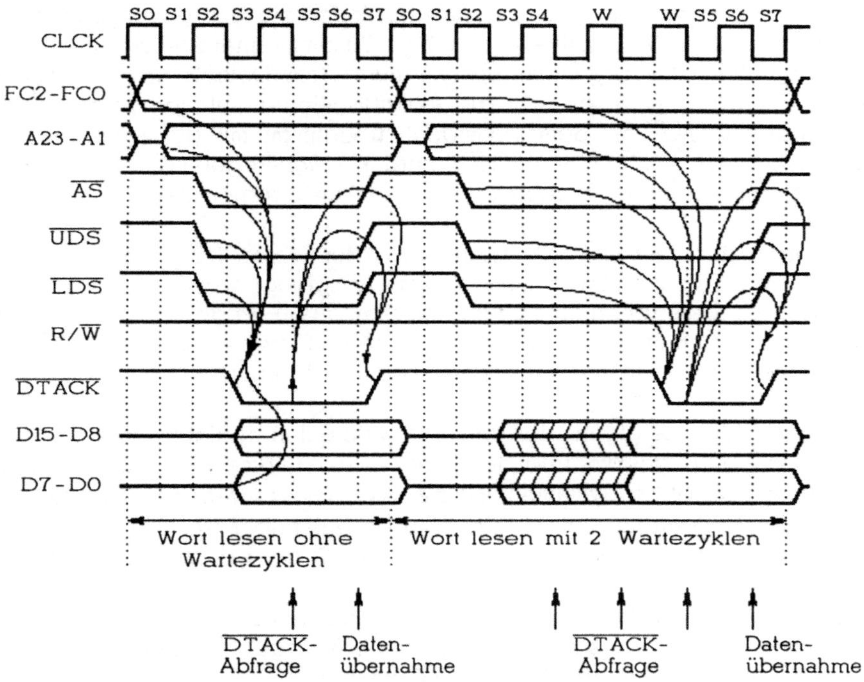

Bild 4-95: Buslesezyklen des M68000 - Zeitliniendiagramm für Zyklus ohne (links) und mit Wartephasen (rechts); FC2 - FC0 *Function Code* 2-0; A23 - A1 Adressen; $\overline{AS}$ *Address Strobe* (*low*-aktiv); $\overline{LDS}$, $\overline{UDS}$ - *Lower, Upper Data Strobe* (*low*-aktiv); R/$\overline{W}$ Schreib-/Lesesignal; $\overline{DTACK}$ - *Data Transfer Acknowledge* (*low*-aktiv); D15 - D0 Datenleitungen; S7-S0 prozessorinterne Taktphasen

Die MPU setzt die *Function Codes*[16], die Adressen und erklärt die Adressen durch das Signal $\overline{AS}$ = *low* (*Address Strobe*) für gültig. R/$\overline{W}$ = *high* signalisiert

16 Die *Function Code*-Leitungen signalisieren nach außen den Befehlszustand (Anwender/*Supervisor*) und die Art des Buszugriffs (s. 4.8.3 *Statusleitungen FC2-FC0*)

einen Lesezyklus, und mit $\overline{LDS}$, $\overline{UDS}$ = *low* wird der *Slave* aufgefordert, die Daten der adressierten Speicherzellen anzulegen. $\overline{UDS}$ wird gesetzt, wenn ein Byte an gerader Adresse gelesen werden soll, also wenn A0 = 0 ist und die Daten auf den Bits D15-D8 gelesen werden. $\overline{LDS}$ wird gesetzt, wenn ein Byte auf ungerader Adresse (A0 = 1) über D7-D0 übertragen werden soll. Bei einem Worttransfer werden beide gesetzt. $\overline{LDS}$ und $\overline{UDS}$ unterscheiden ebenso wie A0 zwischen gerader und ungerader Adresse, so daß der Adressenbus nur die Leitungen A23-A1 umfaßt. $\overline{LDS}$ bzw. $\overline{UDS}$ werden aber zeitlich etwas später als die Adreßleitungen gesetzt.

Damit geht die Aktivität auf den *Slave* über. Er legt die Daten auf den Bus und signalisiert die Gültigkeit durch $\overline{DTACK}$. die Reihenfolge kann auch umgekehrt sein, dann müssen die Daten aber innerhalb einer vorgegebenen Maximalzeit anliegen: Die exakten zeitlichen Zusammenhänge zwischen den einzelnen Signalen (das sog. *Timing*) muß man dem Datenbuch [4] entnehmen. Ist $\overline{DTACK}$ gültig (= *low*), geht die Aktivität wieder auf den *Master* über. Er synchronisiert $\overline{DTACK}$ mit dem Taktsignal, übernimmt mit der Flanke S6/S7 die Daten und setzt $\overline{AS}$, $\overline{LDS}$ und $\overline{UDS}$ zurück (*High*-Pegel). Die Daten werden also nicht mit einer der beiden $\overline{DTACK}$-Flanken übernommen.

Daraufhin nimmt der *Slave* $\overline{DTACK}$ zurück, und der *Master* kann den nächsten Zyklus beginnen. Die Schaltung muß also so ausgelegt werden, daß $\overline{DTACK}$ innerhalb der im Datenbuch angegebenen Zeit auf H-Pegel geht (z. B. 190 nsec nach der Rücknahme von $\overline{AS}$ beim 10 MHz-Prozessor M68000; $\overline{DTACK}$ kann also noch bis in den nächsten Zyklus gesetzt bleiben).

Das Signal $\overline{AS}$ = *low* zeigt an, daß ein Buszyklus durchgeführt wird. Es wird zu Beginn des Zyklus gesetzt, und durch seine Rücknahme wird der Abschluß nach außen angezeigt. In Systemen mit mehreren *Busmastern* (s. Kap. 4.10) ist von besonderer Bedeutung, daß für die übrigen erkennbar ist, ob die MPU einen Buszyklus durchführt. Die Verwendung von $\overline{AS}$ bei der Adressierung der *Slaves* stellt auch sicher, daß diese nicht zufällig angesprochen werden, wenn bei länger dauernden Instruktionen kein Buszyklus ausgeführt wird und sich undefinierte Adressen auf dem Adressenbus ergeben. Die Schaltungstechnik hierzu wird im Unterabschnitt 4.8.2.4 gezeigt.

Der rechte Teil von Bild 4-95 zeigt einen Wortlesezyklus mit Wartephasen. Bei der fallenden Flanke von S4 ist $\overline{DTACK}$ noch nicht gesetzt. Die MPU fügt einen Taktzyklus Wartezeit (W) ein und fragt bei der fallenden Flanke den logischen Zustand von $\overline{DTACK}$ erneut ab. Es werden so lange Wartezyklen eingefügt, bis $\overline{DTACK}$ als gesetzt erkannt wurde, und anschließend wird der Lesezyklus mit den noch fehlenden Taktphasen S5 bis S7 abgeschlossen. Wartephasen sind bei Schreibzyklen ebenso möglich; ihre Anzahl ist prinzipiell nicht begrenzt. Um einen Systemabsturz bei der Adressierung eines nicht vorhandenen *Slaves* zu verhindern, werden i. a. Schutzmaßnahmen etabliert, die ggf. für einen Zyklusabbruch sorgen (s. 4.8.8 *Busfehlerausnahme*).

Bild 4-96 zeigt die Unterschiede beim Lesen eines Bytes an gerader bzw. ungerader Adresse: Im Gegensatz zum Worttransfer, bei dem beide *Data Strobe*-Signale gesetzt werden, wird hier bei gerader Adresse nur $\overline{\text{UDS}}$, und bei ungerader nur $\overline{\text{LDS}}$ gesetzt.

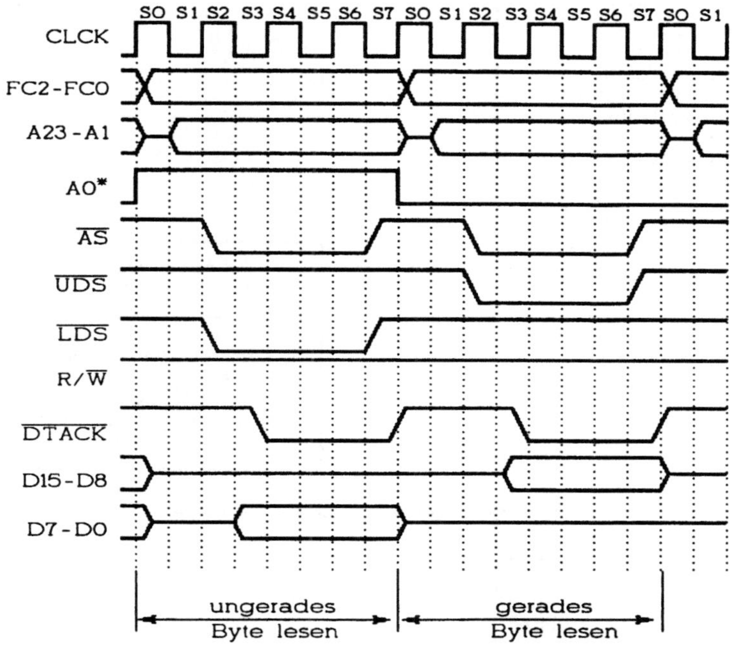

Bild 4-96: Lesezyklen für Bytes an ungerader und gerader Adresse; * - internes Signal, nicht herausgeführt

Wie beim Lesezyklus stellt der Asynchrone Bus auch beim **Schreibzyklus** sicher, daß *Slaves* unterschiedlicher Geschwindigkeiten im System sein können. **Bild 4-97** zeigt das entsprechende Ablaufdiagramm für einen Worttransfer. Die MPU setzt wieder die *Function Code*-Leitungen (s. Abschnitt 4.8.3 *Statusleitungen FC2 - FC0*), die Adreßleitungen A23 - A1 und erklärt die Adressen durch Setzen von $\overline{\text{AS}}$ für gültig (**Bild 4-98**). Die MPU bringt die Schreib-/Leseleitung auf Schreiben, und der *Slave* erkennt daraus, daß er Daten übernehmen soll. Anschließend legt sie die Daten auf die Leitungen D15-D0 und erklärt sie für gültig, indem sie $\overline{\text{LDS}}$ und $\overline{\text{UDS}}$ setzt. Die Aktivität geht jetzt auf den *Slave* über, der die Daten übernimmt und dies mit $\overline{\text{DTACK}}$ quittiert. Die MPU nimmt nach der Synchronisation des Quittungssignals mit dem Prozessortakt $\overline{\text{AS}}$, $\overline{\text{LDS}}$ und $\overline{\text{UDS}}$ zurück, versetzt den Datenbus in den hochohmigen Zustand und bringt die Schreib-/Leseleitung wieder in den Zustand *Lesen*. Der *Slave* erkennt den Abschluß am Zustand der *Strobe*-Signale und nimmt seinerseits $\overline{\text{DTACK}}$ zurück.

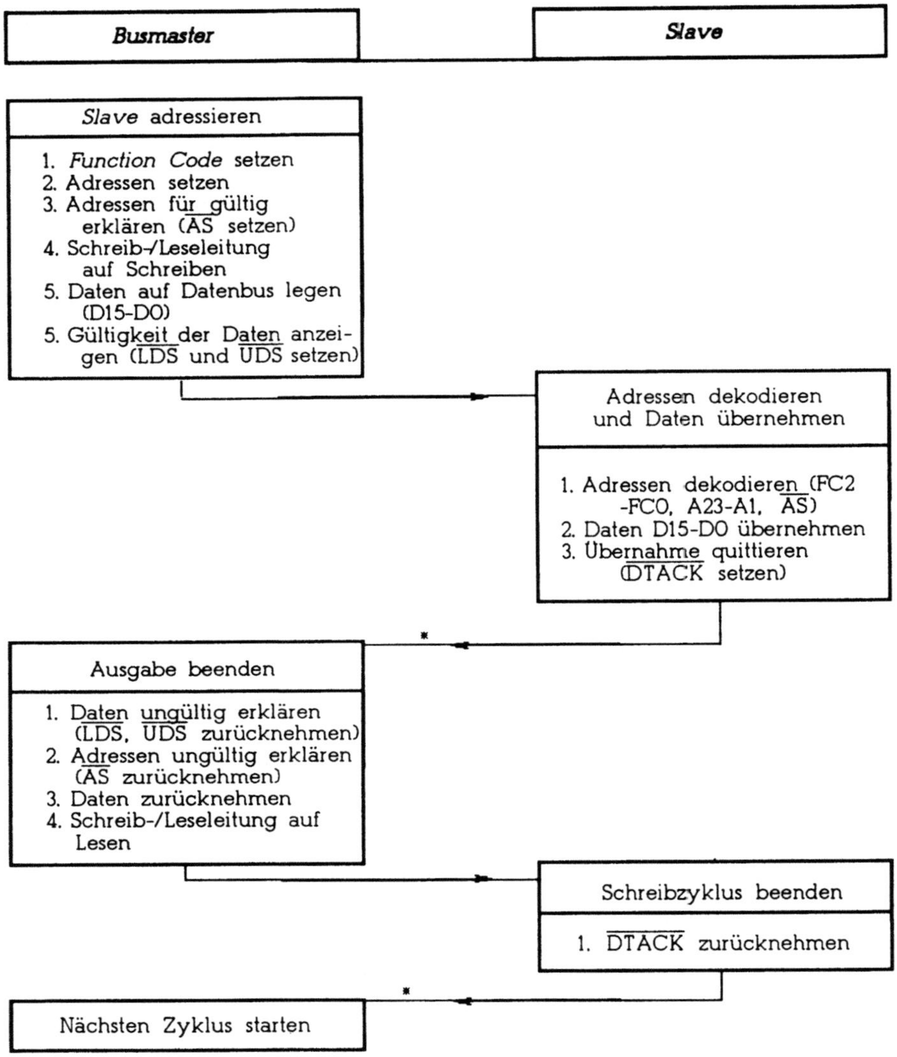

Bild 4-97: Wortschreibzyklus des M68000 (Ablaufdiagramm); * - asynchrone Quittungen

4.8.2.3 Bausteinauswahl und DTACK-Erzeugung

Speicher und E/A-Bausteine verfügen über eine begrenzte Anzahl von Speicherzellen. Sie sind so gestaltet, daß die Anzahl ihrer Adreßleitungen gerade ausreicht, diese Zellen zu selektieren. Beispielsweise wird ein 32 kByte EPROM über 15 und der Serielle Baustein Bild 2-5 mit 6 Registern über 3 Adreßeingänge verfügen.

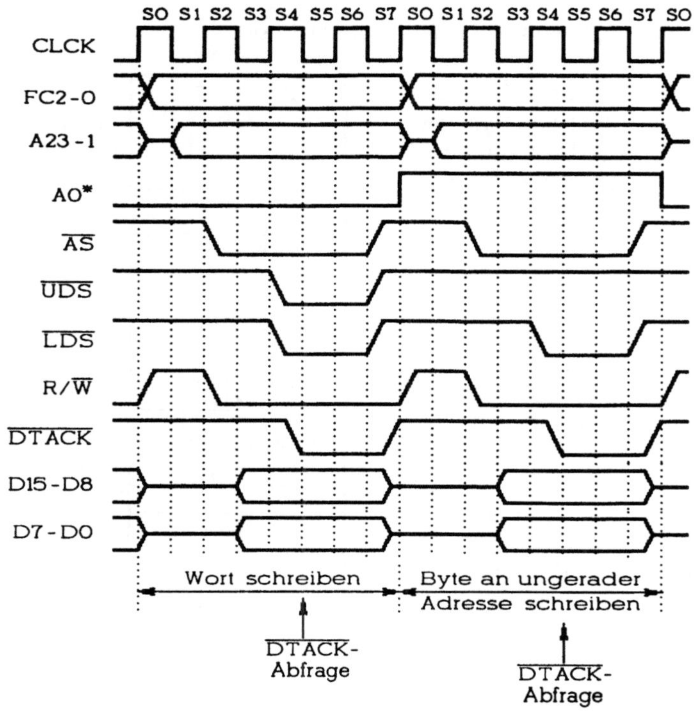

Bild 4-98: Schreibzyklen für ein Wort und ein Byte an ungerader Adresse; nach Herstellerunterlagen werden auch beim Schreiben eines Bytes alle Datenleitungen gesetzt; A0 - internes Signal, nicht nach außen geführt

Verbindet man die Adreßanschlüsse mit den niederwertigen Bits des Adressenbusses, so gibt es für das EPROM noch $2^{23-14} = 512$ verschiedene Adressen, unter denen jede Speicherzelle angesprochen werden kann, nämlich für jedes denkbare Bitmuster auf A23-A14. Speziell beim M68000 mit der festen Zuordnung der Bytes an geraden Adressen zu den Datenbits D15-D8 und denen an ungeraden Adressen zu D7-D0 ergibt sich die weitere Einschränkung, daß byteorganisierte Bausteine entweder nur an geraden oder nur an ungeraden Adressen angesprochen werden können, so daß für das EPROM eine Vieldeutigkeit von 256 möglichen Busadressen für die einzelne Zelle besteht.

Da jede Adresse aber nur einer Speicherzelle zugeordnet sein darf, müssen mehrere Bausteine durch Auswertung der höheren Adressenbits im Adreßraum gegeneinander abgegrenzt werden. Hierzu verfügen alle E/A- und Speicherbausteine in Mikroprozessorsystemen über mindestens einen sog. Bausteinauswahleingang (***Chip Select Input***). Eine Bausteinzelle ist nur selektiert, wenn er aktiv ist und die Zellenadresse an den Adreßeingängen anliegt. Hat er mehrere

Chip Select-Eingänge, so müssen zur Auswahl alle aktiviert sein, d. h. *low*-aktive auf *Low* und *high*-aktive auf *High* gesetzt sein.

Bild 4-99 zeigt den Speicherbelegungsplan eines kleinen Systems. Es besteht aus den RAM-Bereichen I und II zu je 64 kByte, einem EPROM-Breich von 128 kByte und den Adreßbereichen zweier E/A-Bausteine; der erste verfügt über 32 und der zweite über 64 Adressen. Alle Adressen, die nicht durch diese Komponenten belegt sind, dürfen während des Betriebs nicht selektiert, d. h. bei Buszyklen nicht angesprochen werden.

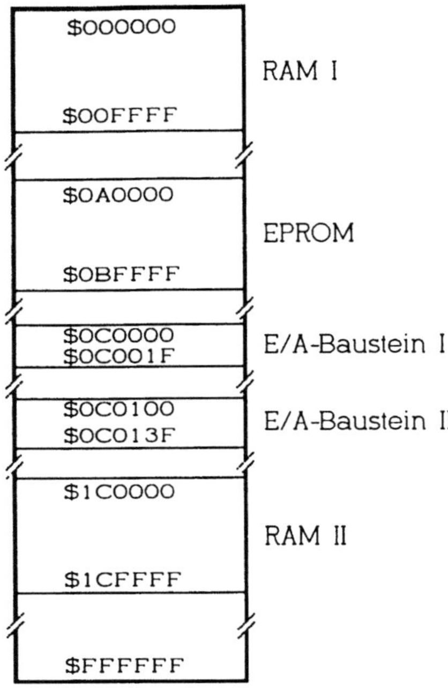

Bild 4-99: Speicherbelegung eines kleinen Systems mit je zwei RAM-Bereichen und E/A-Bausteinen und einem EPROM-Bereich

Der Hardware*designer* hat weitgehend freie Wahl in der Adreßzuordnung der einzelnen Komponenten in seinem System. Unter Berücksichtigung des von den einzelnen Bausteinen benötigten Speicherplatzes entwirft er den Plan für den vom Mikroprozessor ansprechbaren Adreßraum. Dabei sind Lücken zulässig und auch in fast allen Sytemen vorhanden (Bild 4-99). Der Belegungsplan dient zur Berechnung der Bausteinauswahlsignale und der zu ihrer Realisierung erforderlichen kombinatorischen Schaltungen, die damit **systemspezifisch** sind (Bausteinauswahl-, *Chip Select*-Logik, **Adreßdekoder** oder Dekoderschaltnetz).

Bild 4-100 zeigt einen Auszug mit RAM II, MPU, sowie die zugehörige DTACK- und *Chip Select*-Logik eines Sytems nach Bild 4-99. Die 32 kByte RAMs haben je einen *high*-aktiven und *low*-aktiven *Chip Select*-Eingang (CS0 bzw. CS1). Die Datenleitungen D7-D0 von RAM 1 sind busseitig mit D15-D8, die von RAM II mit D7-D0 verbunden, so daß RAM 1 nur Speicherzellen mit geraden und RAM 2 nur solche mit ungeraden Adressen enthalten kann. Aus diesem Grund wird der *low*-aktive Eingang CS1 von RAM 1 mit $\overline{\text{UDS}}$, und der von RAM 2 mit $\overline{\text{LDS}}$ verbunden.

Die Zuordung von geraden und ungeraden Adressen zu verschiedenen Bausteinen durch das $\overline{\text{UDS}}$- bzw. $\overline{\text{LDS}}$-Signal erlaubt, die Adreßanschlüsse A14-A0 der RAMs mit den Busleitungen A15-A1 zu verbinden. Die Bausteinauswahllogik bestimmt, wo im Adreßraum sich die 32 kByte des jeweiligen RAMs befinden. In der Schaltung wird der CS0-Eingang beider RAMs gleichzeitig bedient, sie werden also lediglich durch $\overline{UDS}$ und $\overline{LDS}$ am CS1-Eingang unterschieden, so daß sie 64 kByte zusammenhängend belegen. Die Bausteinauswahllogik erzeugt, wie allgemein üblich, gleich die Auswahlsignale für mehrere Komponenten des Systems.

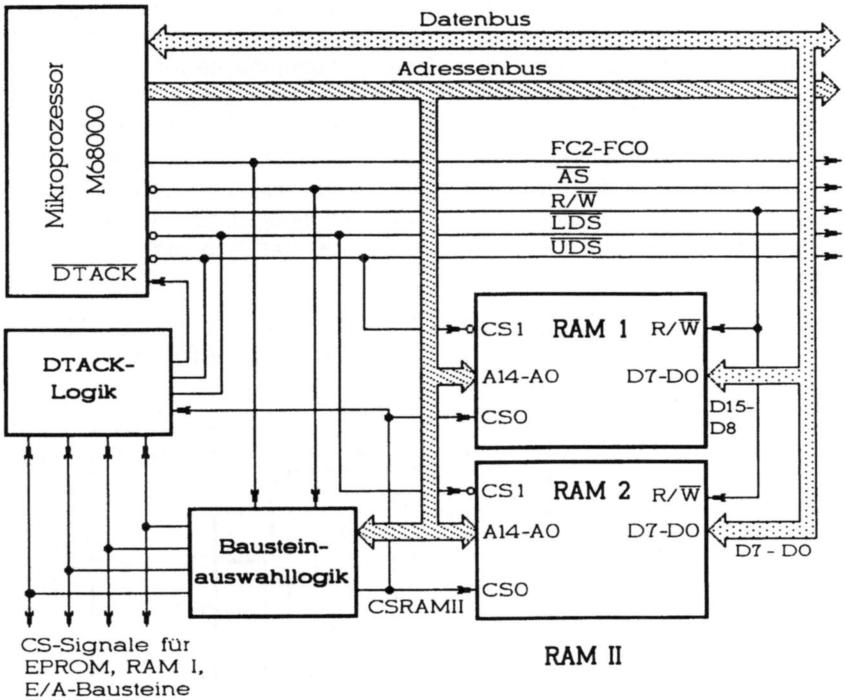

Bild 4-100: Byte- bzw. Wortauswahl im Speicher; CS0, CS1 - *Chip Select*-Eingänge

Die DTACK-Logik erzeugt das Quittungssignal für den Prozessor. Da die Verzögerung vom jeweiligen *Slave* abhängt, werden die Bausteinauswahlsignale als Eingänge benötigt.

4.8.2.4 Beispiel Dekodierung und DTACK-Logik

Für das RAM II in Bild 4-99 sollen die Dekodier- und die $\overline{DTACK}$-Logik entworfen werden. Es stehen 2 Bausteine zu 32 kBytes (256 kbit RAM) zur Verfügung. Die Bausteine haben 15 Adreßleitungen. Mit Hilfe der *Chip Select*-Eingänge muß dafür gesorgt werden, daß sie im Adreßbereich $1C0000 bis $1CFFFF angesprochen werden. Der Baustein 1 werde durch gerade, der Baustein 2 durch ungerade Adressen selektiert (Bild 4-100).

		A23	A16				A0
Endadresse	(binär)	0001	1100	1111	1111	1111	1111
Startadresse	(")	0001	1100	0000	0000	0000	0000

Die Bausteine werden für A23-A16 = \$1C angewählt. Beim Aufstellen der Gleichungen ergibt sich ein gewisses Problem mit den *low*-aktiven Signalen: $\overline{\text{AS}}$, $\overline{\text{UDS}}$, $\overline{\text{LDS}}$ sind wahr, wenn sie den niedrigen Signalpegel haben und nicht wahr beim elektrisch höheren Pegel. Definitionsgemäß liegen sie damit in negativer Logik vor. Signale in positiver und negativer Logik dürfen aber nicht in einer Boole'schen Gleichung gemeinsam auftreten[17]. Am besten geht man so vor, daß man sich zunächst nicht darum kümmert, ob ein Signal in positiver oder negativer Logik vorliegt, sondern nur mit den Begriffen *wahr* und *nicht wahr* arbeitet. AS bedeutet dann, daß *Address Strobe* gesetzt, also wahr, ist, und die Adressen gültig sind; $\overline{\text{A23}}$ bedeutet, daß A23 nicht wahr ist. Dann ergeben sich für die CS-Signale:

$$CS_u = \overline{A23} \cdot \overline{A22} \cdot \overline{A21} \cdot A20 \cdot A19 \cdot A18 \cdot \overline{A17} \cdot \overline{A16} \cdot AS \cdot LDS$$
$$CS_g = \overline{A23} \cdot \overline{A22} \cdot \overline{A21} \cdot A20 \cdot A19 \cdot A18 \cdot \overline{A17} \cdot \overline{A16} \cdot AS \cdot UDS$$

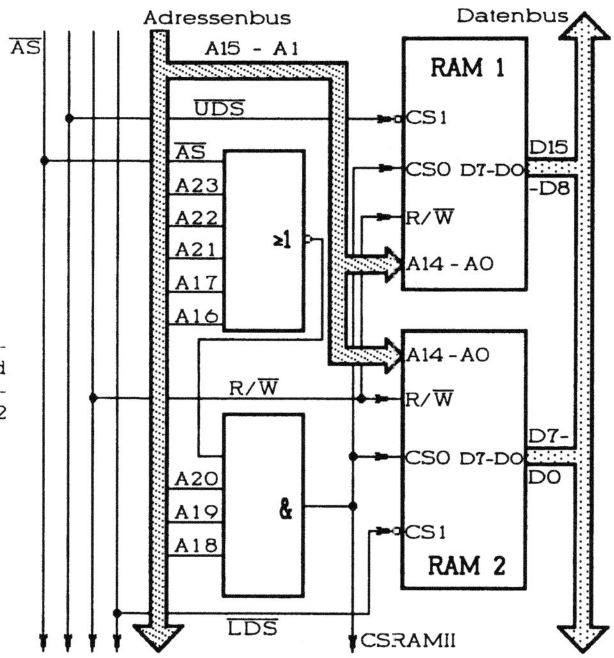

Bild 4-101: Bausteinauswahl für RAM II (Bild 4-99; RAM 1 - gerade Adressen; RAM 2 - ungerade Adressen

17 Die Beschreibung eines wahren Signals in negativer Logik durch einen Invertierungsstrich ist nicht ganz glücklich, denn der Invertierungsstrich macht vereinbarungsgemäß aus einem wahren ein nicht wahres Signal. Andere Hersteller kennzeichnen Signale in negativer Logik durch ein nachgestelltes N (ASN, LDSN, UDSN beim 68070). Wir wollen daher die Invertierungsstriche für *low*-aktive Signale nur da verwenden, wo der Hersteller sie eingeführt hat, und sie im übrigen in den Schaltungen durch einen Invertierungskreis am jeweiligen Ein- oder Ausgang kennzeichnen.

für den Baustein mit den Bytes an ungeraden bzw. geraden Adressen. CS_g bzw. CS_u sind hierbei die Signale, die **intern** (im Speicherbaustein) aus den Anschlußsignalen CS0 und CS1 die Bausteinauswahl für gültig erklären. Diese Beziehungen formen wir nun mit Hilfe der de Morgan'schen Regeln so um, daß die Signale in der Weise enthalten sind, wie sie physikalisch vorliegen. Signale, die negativer Logik genügen, werden dabei als *nicht wahr* deklariert, wenn sie tatsächlich *wahr* sind. Die RAM-Bausteine verfügen über die beiden CS-Eingänge CS0 und CS1, von denen der eine mit einem *High*-Signal und der andere mit einem *Low*-Signal angesteuert werden müssen. Sie sind intern konjunktiv verknüpft: $CS = CS0 \cdot \overline{CS1}$. Damit ergeben sich die folgenden Beziehungen und das Dekoderschaltnetz **Bild 4-101**.

$$\begin{aligned} CS_u &= \overline{(A23 + A22 + A21 + A17 + A16 + \overline{AS})} \cdot A20 \cdot A19 \cdot A18 \cdot \overline{LDS} \\ CS_g &= \overline{(A23 + A22 + A21 + A17 + A16 + \overline{AS})} \cdot A20 \cdot A19 \cdot A18 \cdot \overline{UDS} \end{aligned} \qquad \textbf{(4.3)}$$

An die Anschlüsse werden folgende Signale gelegt:

$$\begin{aligned} CS0 &= \overline{(A23 + A22 + A21 + A17 + A16 + \overline{AS})} \cdot A20 \cdot A19 \cdot A18 \text{ und} \\ CS1 &= \overline{LDS} \text{ bzw. } CS1 = \overline{UDS} \end{aligned}$$

Das $\overline{DTACK}$-Signal darf erst gesendet werden, wenn die Speicherbausteine gültige Daten angelegt haben (bzw. innerhalb einer zulässigen Maximalzeit anlegen), oder wenn sie die Daten übernommen haben, also erst nach einer gewissen Verzögerungszeit. Diese wollen wir synchron mit der einfachen oder doppelten Taktfrequenz des Prozessors erzeugen, um auch unter Berücksichtigung gewisser Signallaufzeiten immer mit möglichst wenig Wartezyklen auszukommen (**Bild 4-102**). Soll der Baustein ohne Wartezyklen ablaufen, muß man das $\overline{DTACK}$-Signal rein kombinatorisch erzeugen.

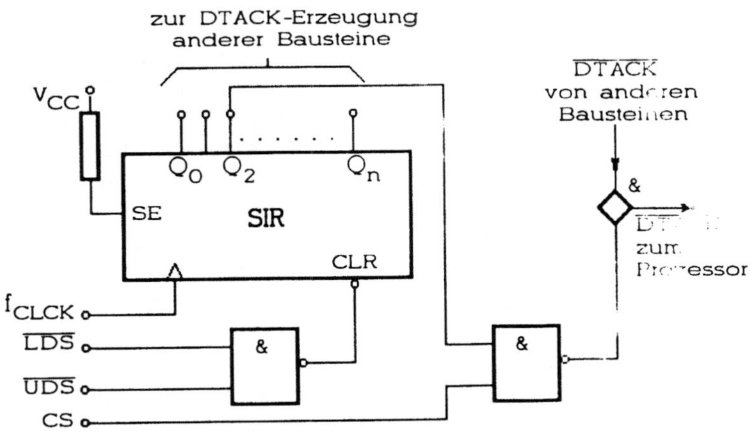

Bild 4-102: $\overline{DTACK}$-Erzeugung, CLR - *Clear*, CS - *Chip Select*, z. B. RAM II, SE - serieller Eingang, SIR - Schieberegister, ◇& - *Wired* AND-Verknüpfung

Im Ruhezustand ist das SIR gelöscht, da für $\overline{UDS}$, $\overline{LDS}$ = *high* ein *Low* am *low*-aktiven *Clear*-Eingang anliegt. Werden eins oder beide *Data Strobe*-Signale gesetzt (= *low*), so wird der CLR-Eingang *high*, und es werden 1-en vom SE her durch das SIR geschoben. Wird Q_2 = 1, so wird die $\overline{DTACK}$-Leitung über das angeschlossene NAND für die selektierten Bausteine RAM II *low*, also gesetzt. Da viele *Slaves* dem Prozessor über dieselbe Leitung quittieren müssen, wird für $\overline{DTACK}$ eine *Wired AND*-Verbindung realisiert.

Will man vermeiden, daß beim Schreiben in ein EPROM ein Quittungssignal abgegeben wird, so darf man das CS-Signal entweder nur bei R/$\overline{W}$ = 1 erzeugen, oder man muß $\overline{DTACK}$ unterdrücken, indem man das rechte NAND von Bild 4-102 zusätzlich mit R/$\overline{W}$ ansteuert. Dekoderschaltnetz und DTACK-Logik können gemeinsam in einem PLD (***P**rogrammable **L**ogic **D**evice,* Programmierbarer Logikbaustein) untergebracht werden.

4.8.2.5 Synchrone Buszyklen des M68000

Neben den in den vorangegangenen Abschnitten ausführlich beschriebenen asynchronen Buszyklen gibt es beim M68000 auch synchrone Schreib- und Lesezyklen. Sie waren anfangs erforderlich, um Peripheriebausteine aus dem Bereich der 8 bit-Prozessoren einsetzen zu können. Dies war bei der Einführung des M68000 unvermeidbar, da nicht gleichzeitig alle denkbaren Ein-/Ausgabe-Schaltkreise verfügbar waren, die kompatibel zum Asynchronen Bus des neuen Prozessors waren. Die Einbindung solcher Bausteine in 68000er-Systeme ist nicht sehr aufwendig, so daß auch Nachfolgetypen über die Möglichkeit verfügen, Synchrone Zyklen durchzuführen. Man ersparte sich die Entwicklung buskompatibler Bausteine für jede gewünschte E/A-Anwendung.

Die MPU leitet einen Buszyklus wie üblich ein; sie kann zu diesem Zeitpunkt nicht zwischen asynchronem und synchronem Betrieb unterscheiden. Der System*designer* hat berücksichtigt, daß die angesprochene Schnittstelle einen Synchronen Zyklus benötigt; er läßt dies dem Prozessor über eine (zusätzliche) Hardware mitteilen, die den Eingang $\overline{VPA}$ (***V**alid **P**eripheral **A**ddress*) auf *Low* setzt. Aus den Bildern 4-91 und 4-92 ist bekannt, daß der synchronen Peripherie die Gültigkeit der Adresse signalisiert und ein Taktsignal zur Verfügung gestellt werden muß. Es spielt eine wesentliche Rolle bei der Datenübernahme, seine positive Flanke darf erst um ein definiertes Zeitintervall später kommen als die Adressen gültig erklärt werden.

Der Prozessor erkennt an $\overline{VPA}$ = *low* den synchronen Betrieb und erklärt mit $\overline{VMA}$ = *low* (***V**alid **M**emory **A**ddress*) dem synchronen Baustein die Adresse für gültig (**Bild 4-103A**[18]). Das Taktsignal E des Prozessors bewirkt dann je nach Zustand von R/$\overline{W}$ die Schreib- oder Leseoperation. Schnittstellen-ICs arbeiten meistens bei Taktfrequenzen bis zu 2 MHz. Das synchrone Taktsignal E des

18 $\overline{VMA}$ entspricht damit einem invertierten Q-Signal der Bilder 4-91 und 4-92

A

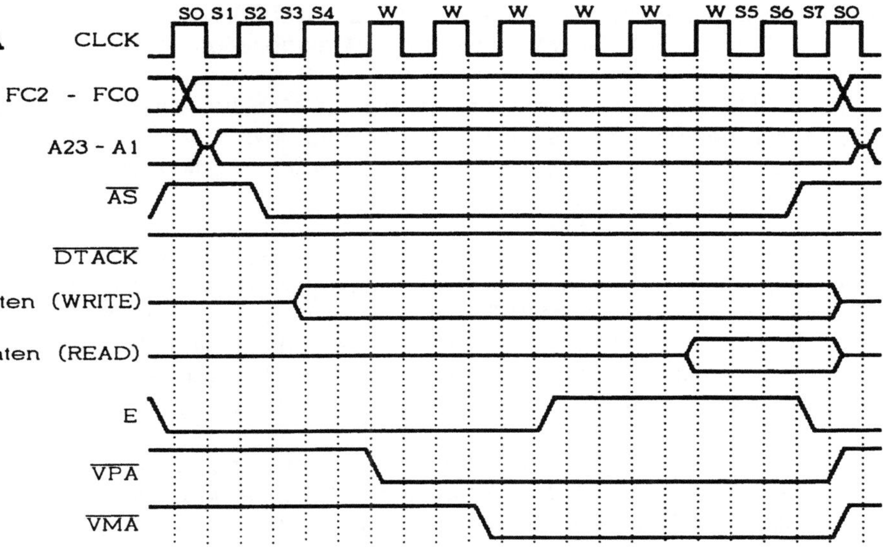

B

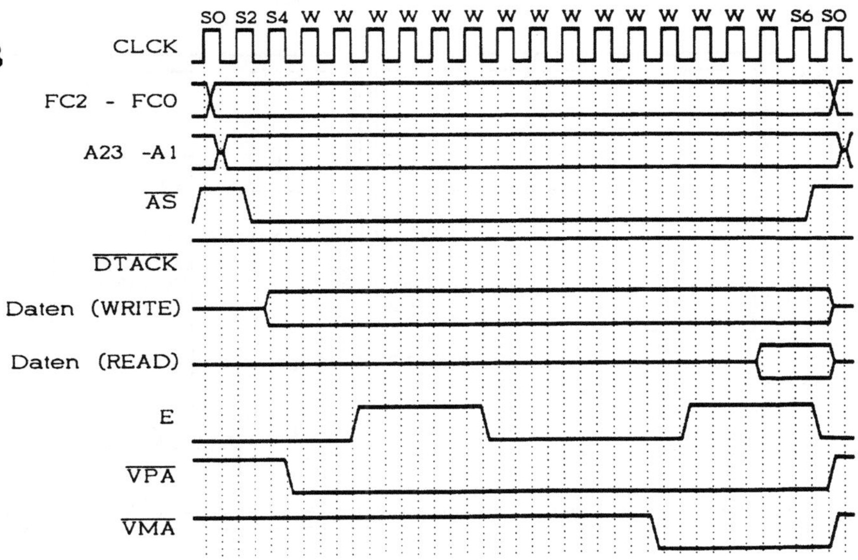

Bild 4-103: Synchrone Buszyklen des M68000; **A** - günstigster Fall; **B** - ungünstigster Fall; E - synchrones Taktsignal, aus dem Prozessortakt abgeleitet; das R/$\overline{W}$- und die *Data Strobe*-Signale sind aus Gründen der Übersichtlichkeit weggelassen

M68000 wird deshalb durch Frequenzteilung aus dem Prozessortakt hergeleitet $f_E = f_{CLCK}/10$, wobei ein Tastverhältnis von 35% eingehalten wird.

Das Signal $\overline{VMA}$ = *low*, das praktisch ein zweites Mal die Adressen für gültig erklärt, ist erforderlich, um das *Timing* gemäß Bild 4-91 bzw. 4-92 einzuhalten: Die Adressen dürfen am synchronen Baustein erst für gültig erklärt werden, wenn E = *low* ist. Berücksichtigt man ferner, daß

- $\overline{VMA}$ eine bestimmte Zeit auf *Low* liegen muß, bevor E auf *High* geht
- zwischen dem Erkennen des $\overline{VPA}$-Signals und dem Setzen des $\overline{VMA}$-Signals mindestens ein MPU-Taktzyklus + 70 nsec verstreichen
- E und die Taktzustände S0 bis S7 asynchron sind (E ergibt sich durch ein festes Teilungsverhältnis aus dem Prozessortakt, der Beginn von S0 hängt vom Verlauf der vorangehenden Buszyklen ab),

so kann man anhand der im Datenbuch [4] angegebenen Zeiten berechnen, daß die MPU zwischen 6 (**Bild 4-103 A**) und 15 (**Bild 4-103 B**) Wartezyklen bis zum Abschluß des Buszyklus einlegt. Ein Schaltungsbeispiel ist in **Bild 4-104** gezeigt. $\overline{VMA}$ wird dort für zwei synchron betriebene Bausteine verwendet, CS muß daher auch mit dem Auswahlsignal des Adreßdekoders verknüpft werden.

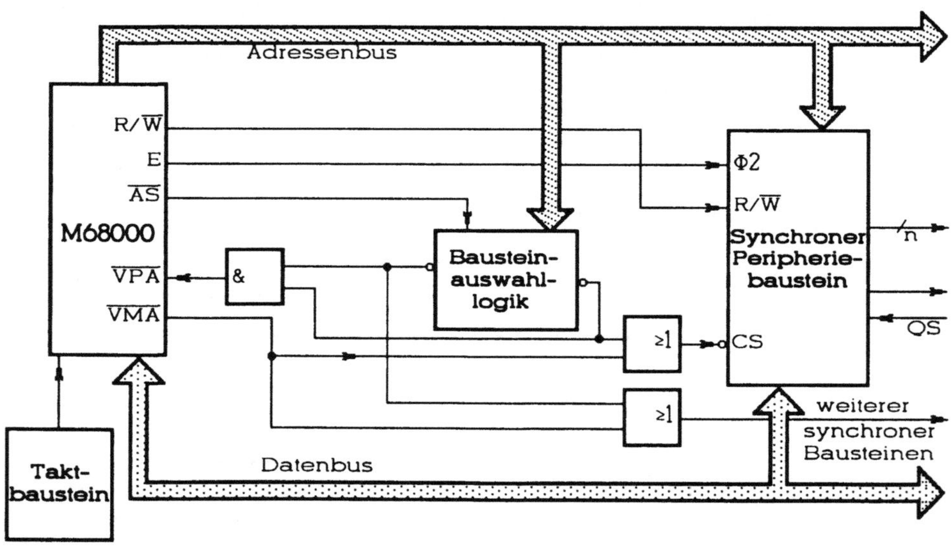

Bild 4-104: Schaltungsbeispiel zur Realisierung synchroner Buszyklen; QS - Quittungssignale für externe Peripherie

4.8.3 Statusleitungen FC2-FC0

Diese Leitungen (auch *Function Code*-Leitungen genannt) geben den Status (Anwender oder *Supervisor*) eines Befehls und die Art des Zugriffs (Daten oder Programm) wieder, mit der er einen Buszyklus ausführt. Sie sind gemäß **Tabelle 4-4** codiert. Der logische Zustand ist gültig, wenn $\overline{AS}$ = *low* ist.

FC2	FC1	FC0	Art des Buszyklus
0	0	0	reserviert (nicht definiert)
0	0	1	Anwender-Daten
0	1	0	Anwender-Programm
0	1	1	reserviert (nicht definiert)
1	0	0	reserviert (nicht definiert)
1	0	1	*Supervisor*-Daten
1	1	0	*Supervisor*-Programm
1	1	1	*Supervisor-Interrupt*quittierungszyklus

Tabelle 4-4: Bedeutung der Statusleitungen

FC2 unterscheidet Anwender-/*Supervisor*modus. Das Codewort 7 (*Interrupt*quittierungszyklus) wird bei der *Interrupt*behandlung (s. 4.9.5 *Unterbrechungsausnahme*) noch ausführlich erläutert. Der MPU-extern verfügbare Status der verschiedenen Buszyklustypen gestattet, für Anwender und *Supervisor* jeweils Programm- und Datenspeicher separat auszudekodieren und damit gegenseitig abzugrenzen und zu schützen: Fehlerhafte Anwenderprogramme können weder den Systemdatenbereich noch den eigenen Programmcode überschreiben.

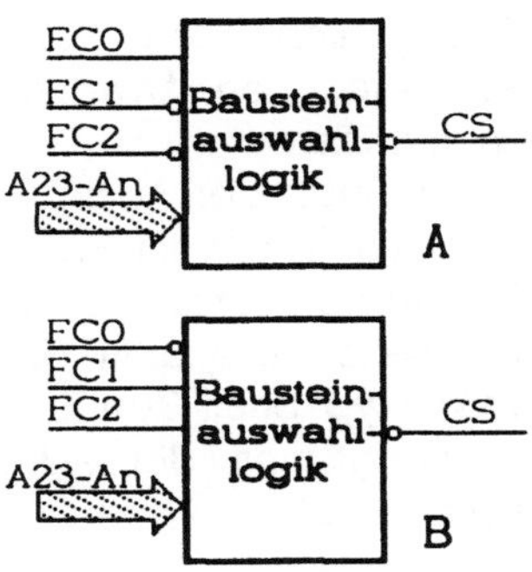

Bild 4-105: Beispiele für die Ausgrenzung von Adreßräumen; CS wird nur aktiv, wenn zusätzlich zur korrekten Adresse auf A23 - An
A - ein Befehl im Modus Anwender einen Datenzugriff durchführt, **B** - im Befehlsmodus *Supervisor* ein Befehlswort oder Daten in der Adressierungsart *PC-relativ* zum Prozessor übertragen werden (Tab. 4-6)

Eine so strenge Ausgrenzung wie in **Bild 4-105** ist in der Praxis nicht möglich. Anwenderprogramme und ihre initialisierten Daten müssen geladen werden und sind während der Ladephase Überwachungsdaten. Systemprogramme sind während der Ladephase ebenfalls Überwachungsdaten. Der Bereich, in den beide geladen werden darf daher nicht gegen *Supervisor Daten* abgegrenzt (ausdekodiert) werden. (Ausnahme: Programme werden per DMA geladen, und die *Function Code*-Ausgänge des DMA-*Controllers* sind programmierbar). **Tabelle 4-6** zeigt ein Beispiel für eine mögliche Ausdekodierung zum gegenseitigen Schutz der Bereiche (kein Laden per DMA-*Controller*). Dem Betriebssystem (*Supervisor*-Befehlsmodus) muß man den Zugriff zu allen Bereichen ermöglichen.

Speicherbereich	erwünschte Zugriffsmöglichkeit	*Function Codes* FC2	FC1	FC0
Anwender-Daten	Anwender-Daten	C	0	1
	Supervisor-Daten	1	0	1
Anwender-Programm	Anwender-Programm	C	1	0
	Supervisor-Daten	1	0	1
Supervisor-Daten	*Supervisor*-Daten	1	0	1
Supervisor-Programm	*Supervisor*-Programm	1	1	0
	Supervisor-Daten	1	0	1

Tabelle 4-5: Beispiele zusätzlicher Adreßdekodierung mit den *Function Code*-Leitungen

Für das Beispiel Bild 4-99/4-100 ergeben sich für den Fall Anwender-Daten und die Codes aus der Tabelle 4-5 folgende Gleichungen

$$CS_u = \overline{(A23 + A22 + A21 + A17 + A16 + FC1 + \overline{AS})} \cdot A20 \cdot A19 \cdot A18 \cdot FC0 \cdot \overline{\overline{LDS}}$$
$$CS_g = \overline{(A23 + A22 + A21 + A17 + A16 + FC1 + \overline{AS})} \cdot A20 \cdot A19 \cdot A18 \cdot FC0 \cdot \overline{\overline{UDS}} \quad (4.4)$$

Die Erweiterung mit FC1 bzw. FC0 beschränkt den Zugriff auf Anwender- und *Supervisor*-Daten (**Bild 4-106**).

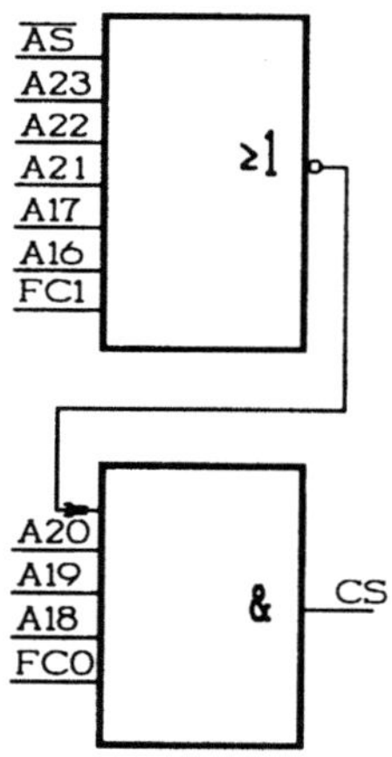

Bild 4-106: Adreßdekodierung mit *Function Code*-Leitungen für Beispiel Bild 4-100

Die genannten Schutzmöglichkeiten mit den *Function Code* -Leitungen sind vergleichsweise einfach und erlauben in einer *Multitasking*-Umgebung **nicht** den Schutz von z. B. mehreren geladenen Anwenderprogrammen gegeneinander.

Die Klassifizierung der Buszyklen nach Daten- und Programmzugriff wird vom Prozessor bestimmt. Befehlsworte werden grundsätzlich in Programmzyklen aus dem Speicher geholt. Der Zyklustyp beim Zugriff auf Speicheroperanden hängt von der Adressierungsart ab (**Tabelle 4-6**).

Da `JSR` und `JMP` zu ausführbaren Anweisungen im Programmcode verzweigen, werden ihre Zugriffe zur Verzweigungsadresse immer als Programmzyklus durchgeführt. Programmzählerrelative Operanden werden grundsätzlich in der Programmsektion vermutet und daher in einen Programmzyklus geholt.

Da der Programmcode nicht durch das Programm selbst geändert werden soll, sind für die `PC`-relativen Adressierungsarten nur Lesezyklen zugelassen; dies wird implizit dadurch erreicht, daß sie nur für das Effektive Adresse-Feld der Quelle 1 zugelassen sind. (Eine weitere, wohlüberlegte Schutzmaßnahme der M68000-*Designer*!)

Adressierungsart	Buszyklus	Ausnahme
Adreßregister indirekt	Daten	JSR, JMP
Adreßregister indirekt mit Postinkrement	Daten	–
Adreßregister indirekt mit Predekrement	Daten	–
Adreßregister indirekt mit Adreßdistanz	Daten	JSR, JMP
Adreßregister indirekt mit Adreßdistanz und Index	Daten	JSR, JMP
Absolut kurz	Daten	JSR, JMP
Absolut lang	Daten	JSR, JMP
Programmzählerrelativ mit Adreßdistanz	Programm	s. Text
Programmzählerrelativ mit Adreßdistanz und Index	Programm	s. Text
Unmittelbar	Programm	

Tabelle 4-6: Buszykluszuordnung bei den verschiedenen Adressierungsarten

4.9 Ausnahmeverarbeitung

Der Prozessor befindet sich in einem der folgenden Betriebszustände (**Prozessorzustände, Bild 4-107**):

- Befehlsbearbeitung (Normal)
- Halt
- Ausnahme

Es handelt sich um Hardware-Betriebszustände, die nicht mit dem Anwender/Überwachungsmodus zu verwechseln sind. Im Zustand **Befehlsbearbeitung** arbeitet der Prozessor Befehl für Befehl ab; dies kann sowohl im Anwender- als auch im Überwachungsmodus geschehen. Auch der STOP-Befehl wird im Normalmodus ausgeführt, und der Prozessor verbleibt hierin.

In den Zustand **Halt** kommt der Prozessor nur nach einem schweren Systemfehler, bei dem anzunehmen ist, daß er durch Softwaremaßnahmen nicht zu beheben ist (s. Abschnitt 4.9.11). Der Prozessor wird inaktiv, d. h. er versetzt Daten- und Adressenbus in den hochohmigen Zustand; es werden keine Buszugriffe mehr durchgeführt, so daß Speicherinhalte erhalten bleiben. Der Prozessor benutzt den $\overline{\text{HALT}}$-Anschluß als Ausgang, setzt ihn auf *Low* und zeigt damit diesen besonderen Zustand nach außen an. Er kommt nur aus ihm heraus, wenn der $\overline{\text{RESET}}$- und der $\overline{\text{HALT}}$-Anschluß gleichzeitig für mindestens 10 Taktzyklen auf *Low* gesetzt werden.

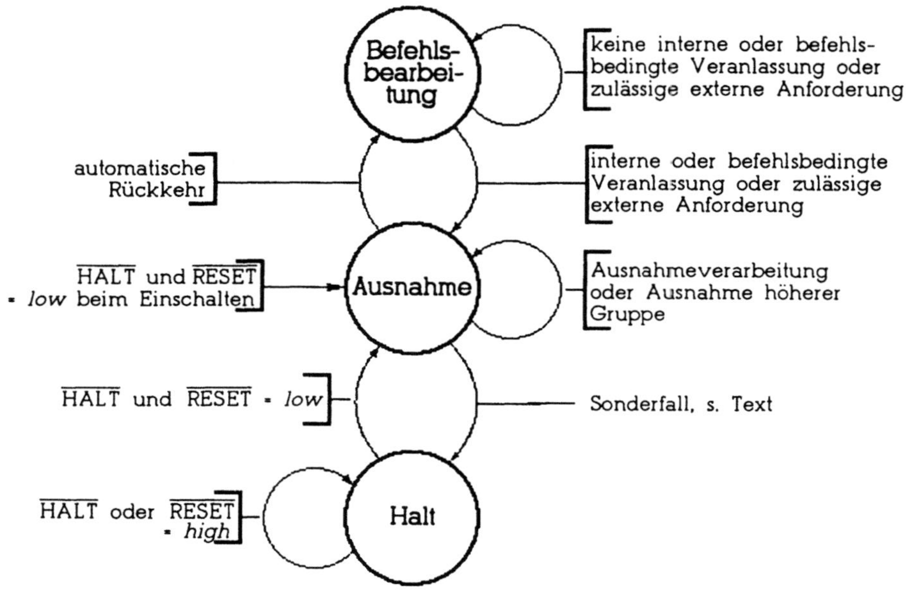

Bild 4-107: Prozessorzustandsdiagramm

Der Übergang in den **Ausnahmezustand** erfolgt

- durch eine externe Anforderung über eine oder mehrere Eingangsleitungen
- aufgrund eines inneren Fehlerzustandes oder
- der Prozessor erkennt aus dem Befehl, daß der normale Programmablauf unterbrochen werden muß.

Als Ausnahme bezeichnet man den **zeitlich begrenzten** Zustand, in dem der Prozessor

- die minimal erforderliche Umgebung rettet (PC und SR)
- die Adresse des ersten Befehls der Verarbeitungsroutine ermittelt
- die beiden ersten Befehlsworte der Verarbeitungsroutine holt.

Zu dem Zeitpunkt, zu dem er mit der Ausführung des ersten Befehls beginnt (aufgrund des Befehlsvorgriffs hat er dann 2 Befehlsworte gelesen, s. Kap. 4.6), kehrt er automatisch aus dem Ausnahmezustand in den Zustand Befehlsbearbeitung zurück. Die Ausnahmeverarbeitungsroutine (**A**usnahme**S**ervice**R**outine ASR, *Exception Handler*) reagiert in der vorgesehenen Weise, sie führt Befehle zur systemgerechten Behandlung der Ursache aus. **Befehle werden während des Ausnahmezustandes nicht ausgeführt!** Die Haltefunktion des Zustandes Ausnahme wird in 4.9.10 *Gleichzeitiges Auftreten mehrerer Ausnahmen behandelt.*

Bild 4-108 zeigt die Situation, in der ein Übergang zur ASR durch eine externe Unterbrechungsanforderung erzwungen wird (in diesem Fall ist die ASR eine *Interrupt*serviceroutine ISR). Eine *Task* werde Befehl für Befehl abgearbeitet. Zu einem beliebigen, unbestimmten Zeitpunkt wird sie unterbrochen, weil für eine andere *Task* eine Eingabe von einem peripheren Gerät in den E/A-*Controller* gemacht wurde, die in den Speicher übernommen werden soll. Um die derzeit aktive *Task* später an der unterbrochenen Stelle weiterlaufen lassen zu können, werden die von ihr im Prozessor enthaltenen Informationen (PC-, SR-, Daten- und Adreßregisterinhalte) gerettet[19] und die ASR gestartet. Das Retten der Daten- und Adreßregisterinhalte überläßt man der ASR (Befehl MOVEM.L), die zur Zeitersparnis i. a. nur die Inhalte der von ihr tatsächlich benutzten Register rettet.

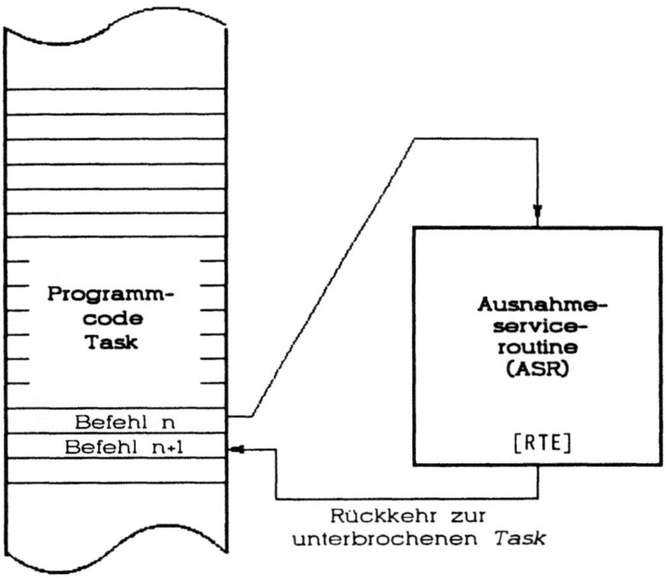

Bild 4-108: Unterbrechung einer *Task*

Bild 4-109 zeigt die Anordnung der geretteten Register auf dem Überwachungsstapel und unterscheidet zwischen denen, die durch den Prozessor automatisch während der Ausnahme und denen, die in der ASR durch eine Instruktion gerettet werden, also im Prozessorzustand Befehlsbearbeitung. Am Ende restauriert die ASR die Umgebung der unterbrochenen *Task*, indem sie die Register der MPU wieder in den früheren Zustand bringt. MOVEM holt die von der ASR, RTE die vom Prozessor geretteten Registerinhalte zurück. Bei den übrigen Ausnahmen kann in einigen Fällen (Fehler, aber auch andere) die Rückkehr unterbleiben; bei der *Reset*-Ausnahme ist sie ausgeschlossen.

Tritt während des Ausnahmezustandes eine weitere Ausnahmeanforderung auf (dies kann dann nicht durch eine Anweisung geschehen), so wird sie je nach Bedeutung unmittelbar oder nach Rückkehr in den Zustand Befehlsbearbeitung bedient (s. 4.9.6 *Zusammentreffen mehrerer Unterbrechungsanforderungen* und 4.9.10 *Gleichzeitiges Auftreten mehrerer Ausnahmen*).

19 Siehe auch 4.3.3.2 *Überwachungsbit*.

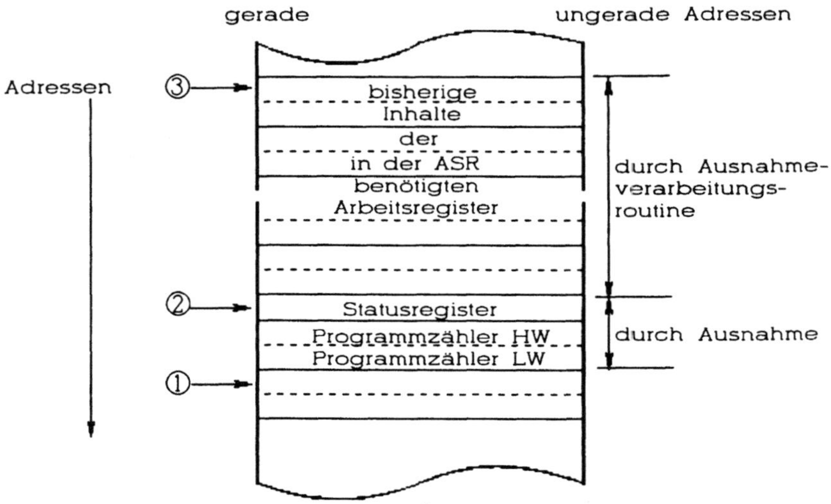

Bild 4-109: Belegung des Überwachungsstapels durch Ausnahme und Ausnahmeserviceroutine; ① - Stapelzeiger vor Beginn der Ausnahme und nach Abschluß der ASR mit RTE; ② - Stapelzeiger nach Abschluß der Ausnahme; ③ - Stapelzeiger während der ASR (zwischen dem Retten und dem Zurückholen der bisherigen Inhalte der Arbeitsregister)

Tabelle 4-7 enthält die möglichen Ausnahmen; **sie werden vom Prozessor unterschieden und erlauben dadurch eine individuelle Behandlung durch den Systemprogrammierer.**

Quellenort	Art der Ausnahme
externe Anforderung (Anschluß)	*Reset*, Busfehler, Unterbrechungsanforderung
vom Prozessor selbst erkannte Anforderung	*Trace*-Modus (T-Bit im Statusregister gesetzt) Adreßfehler durch Befehl erzeugte Ausnahmen: TRAP (Falle), geforderter Übergang ins System zur *Resourcen*zuteilung, Serviceanford. TRAPV (Fehlerbehandlung einer Bereichsüberschreitung) CHK (Fehlerbehandlung bei Überschreitung der Grenzen eines *Arrays*) Privilegverletzung (nicht zulässiger Befehl in einem Anwenderprogramm) nicht implementierter Befehl (**$F** oder **$A** auf Bit 15-12 des 1. Befehlswortes) falscher Befehl (einer der übrigen, nicht definierten Befehle)

Tabelle 4-7: Quellen für Ausnahmeanforderungen

Individuelle Behandlung bedeutet, daß je nach Art der Ausnahme verschiedene Programme bzw. Routinen durchlaufen werden müssen: Während z. B. eine

Falscher Befehl-Ausnahme dazu führen muß, daß das System die *Task* abbricht, wird die **TRAP**-Ausnahme in vielen Fällen nur zu einem vorübergehenden *Task*wechsel führen (Anforderung von Serviceleistung durch das Betriebssystem).

Da der Prozessor die Ausnahmen unterscheidet und die Bearbeitungsroutinen des Betriebssystems an verschiedenen Stellen im Speicher stehen, muß er den Weg zur spezifischen ASR finden. Dies geschieht in folgenden Schritten:

- Bestimmung der **Vektornummer**; jede Ausnahme hat eine zugeordnete 8 bit-Vektornummer
- Bestimmung der zur Vektornummer gehörenden **Vektoradresse**; dies ist die Speicheradresse, unter der der **Vektor** zu finden ist, der auf die Adresse des ersten Befehls der ASR zeigt; sie ergibt sich durch Multiplikation der Vektornummer mit 4 und anschließender Erweiterung auf 32 bit
- Vektor in den Programmzähler **PC** des Prozessors laden, holen der ersten beiden Befehlsworte und Start der ASR.

Tabelle 4-8 zeigt die Vektortabelle mit Ausnahmevektornummern und -adressen sowie deren Zuordnung. Sie belegt beim M68000 das erste kByte des Adreßraums. Will man die Vektortabelle dynamisch verwalten, also während des Betriebes ändern, so muß sie im RAM stehen. Unter dieser Voraussetzung gibt es also eine Einschränkung bez. der Freiheit des Systementwicklers in der Aufteilung des Adreßraums (Kap. 4.8.2.3 *Bausteinauswahl und DTACK-Erzeugung*). Eine dynamische Verwaltung ist insbesondere bei *Multitasking*-Systemen sehr vorteilhaft: Es können mehrere für eine Ausnahme spezifische Routinen (ASRs) im Speicher gehalten werden, zwischen denen durch Änderung des Vektors sehr schnell gewechselt werden kann.

Tab. 4-8 läßt neben den als *reserviert, nicht zugeordnet* bezeichneten Vektornummern[20] drei Fälle erkennen:

- Vektornummern, die der Prozessor aufgrund der Ausnahme selbst bestimmt (0-14, 24, 32-47)
- Vektornummern, die der Prozessor von außen über einen Buslesezyklus hereinholen muß (15, 64-255). Er erkennt die Art der Ausnahme und weiß, daß er die Nummer nicht selbst zur Verfügung stellen kann, sondern daß er sie von außen lesen muß; es handelt sich um die Vektornummern für Unterbrechungsanforderungen von E/A-Bausteinen, die kompatibel zum Asynchronen Bus des M68000 sind und die eine solche bereitstellen können
- Vektornummern für die Behandlung der Unterbrechungsanforderungen von (synchronen) Peripheriebausteinen, die selbst keine Vektornummer abgeben können; für jede der sieben möglichen Prioritätsebenen gibt es eine **Autovektornummer**, also eine vom Prozessor für diese Ebene selbst erzeugte Nummer. Im Gegensatz zur ersten Gruppe muß dem Prozessor von außen mitgeteilt werden, daß er selbst die Nummer bestimmen soll.

20 Die meisten von ihnen sind für weitere Ausnahmen der Nachfolgeprozessoren M68010, M68020, M68030 und M68040 vorgesehen.

Vektor-nummer	Adresse dezim.	hexad.	Speicher-bereich	Zuordung
0	0	000	SP	Reset: Start-Systemstapelzeiger
[1]	4	004	SP	Reset: Start-Programmzähler
2	8	008	SD	Busfehler
3	12	00C	SD	Adreßfehler
4	16	010	SD	Falscher Befehl
5	20	014	SD	Division durch Null
6	24	018	SD	CHK-Befehl zeigt Überschreitung von Arraygrenzen an
7	28	01C	SD	TRAPV-Befehl bei V=1
8	32	020	SD	Privilegverletzung durch Befehl
9	36	024	SD	*Trace* (Einzelbefehlbearbeitung)
10	40	028	SD	Opcode 1010-Emulator
11	44	02C	SD	Opcode 1111-Emulator
12	48	030	SD	reserviert
13	52	034	SD	reserviert
14	56	038	SD	reserviert
15	60	03C	SD	nicht initialisierter IRQ-Vektor
16 bis 23	64 … 92	040 … 050	SD	reserviert
24	96	060	SD	nicht lokalisierbarer *Interrupt*
25	100	064	SD	Ebene 1 Autovektor*interrupt*
26	104	068	SD	Ebene 2 Autovektor*interrupt*
27	108	06C	SD	Ebene 3 Autovektor*interrupt*
28	112	070	SD	Ebene 4 Autovektor*interrupt*
29	116	074	SD	Ebene 5 Autovektor*interrupt*
30	120	078	SD	Ebene 6 Autovektor*interrupt*
31	124	07C	SD	Ebene 7 Autovektor*interrupt*
32 bis 47	128 … 188	080 … 0BC	SD	TRAP-Befehlsvektoren
48 bis 63	192 … 252	0C0 … 0FC	SD	reserviert
64 bis 255	256 … 1020	100 … 3FC	SD	*Interrupt*vektoren für extern bereitgestellte Vektornummern (Nicht-Autovektoren)

Tabelle 4-8: Ausnahmevektoren, -vektoradressen und -nummern; SD - *Supervisor*-Datenbereich; SP - *Supervisor*-Programmbereich (beides sind Codierungen der *Function Code*-Leitungen)

Die drei Fälle und eine Reihe der einzelnen Ausnahmen werden in den folgenden Abschnitten vertieft behandelt.

Vektornummern und Vektoradressen

Tab. 4-8 kann aufgrund des definierten Zusammenhangs zwischen Vektornummer und -adresse vermuten lassen, man brauche nur die Vektoradresse für den Zugriff auf den Vektor selbst. Die folgende Überlegung zeigt, daß es gute Gründe für die zusätzliche Einführung der Vektornummer gibt.

Für externe *Interrupts* gibt es 7 Prioritätsstufen. In komplexen Systemen hat man i. a. mehr als 7 *Interrupt*quellen, so daß man diese nicht einfach durch verschiedene Prioritäten unterscheiden kann; mehrere Quellen müssen derselben Prioritätsebene zugewiesen werden. **Bild 4-110** zeigt ein System mit n E/A-Bausteinen, die einen *Interrupt* der Ebene 5 auslösen können.

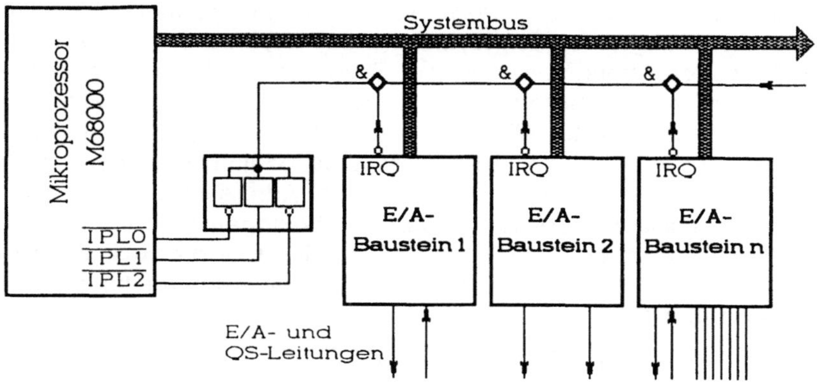

Bild 4-110: Prozessor mit mehreren E/A-Bausteinen von gleicher *Interrupt*priorität; QS - Quittungssignale

Die einzelnen Quellen haben verschiedene *Interrupt*serviceroutinen (ISRs), einige (besonders Multifunktionsbausteine) benötigen sogar mehrere. Man hat daher vielen E/A-Bausteinen die Möglichkeit gegeben, dem Prozessor mitzuteilen, von welcher Routine sie bedient werden möchten. Die Übermittlung des Vektors selbst würde bei den meist nur über 1 Byte des Datenbusses ansprechbaren Bausteinen 4 Buszyklen beanspruchen. Um den Vorgang zu verkürzen, wird statt des 4 Byte-Vektors nur die 1 Byte-Vektornummer übertragen.

Da die ISRs an nicht festlegbaren Adressen liegen, kann man keine direkte Beziehung zwischen der Nummer und dem Vektor angeben, sondern muß den Umweg über die Vektoradressen gehen, die sich wie angegeben berechnen lassen.

Mit der Systeminitialisierung (in vielen Fällen auch später) werden das Vektorregister des E/A-Bausteins mit der Vektornummer und die zugehörige Vektoradresse im RAM mit dem Vektor auf die ISR programmiert. Bei einer Unterbrechungsausnahme weiß der Prozessor, daß er versuchen muß, die Vektornummer aus dem anfordernden Baustein zu lesen. Er führt einen speziellen Buslesezyklus, den sog. **Unterbrechungserkennungszyklus** (*Interrupt **ACK**nowledge Cycle*, IACK-Zyklus) aus und fordert den Baustein auf, die Vektornummer auf D7-D0 zu legen. Der Prozessor liest sie und bestimmt daraus **intern** die Vektoradresse, unter der er den Vektor auf die ISR findet. Abschnitt 4.9.6 *Zusammentreffen mehrerer Unterbrechungsanforderungen* behandelt das Problem, daß IRQs gleicher Prioritätsebene von mehreren E/A-Bausteinen zusammentreffen.

Bild 4-111 zeigt an einem Beispiel den Weg vom anfordernden Baustein zur ISR. Das Vektorregister des E/A-Bausteins wurde zuvor (z. B. in der Initialisierungsphase nach dem *Reset*) mit der gewünschten Vektornummer **$41** programmiert und die Adresse des 1. ausführbaren Befehls der ISR in die zugehörige Vektoradresse gemäß Tabelle 4-8 geladen.

Nachdem der vom Baustein gemeldete IRQ erkannt wurde, wickelt der Prozessor den Unterbrechungserkennungszyklus mit ihm ab, wobei die Vektornummer **$41** zum Prozessor übertragen wird ①. Dieser ermittelt die Vektoradresse **$00000104**, indem er die Vektornummer mit 4 multipliziert bzw. zweimal nach links schiebt und die Bits A31-A10 zu Null setzt. (Dies ergibt sich aus der Tatsache, daß die Tabelle bei der Adresse **$000000** beginnt und jeder Vektor 4 Bytes lang ist). Die Vektoradresse wird auf den Adressenbus gelegt ② und die Startadresse **$000AC43A** der ISR in den **PC** übertragen ③. Er liest die beiden ersten Befehlsworte **$48E7 FFFE** der ISR ④; damit ist die Ausnahme beendet, der Prozessor kehrt zurück in den Zustand Befehlsbearbeitung und führt die erste Anweisung aus.

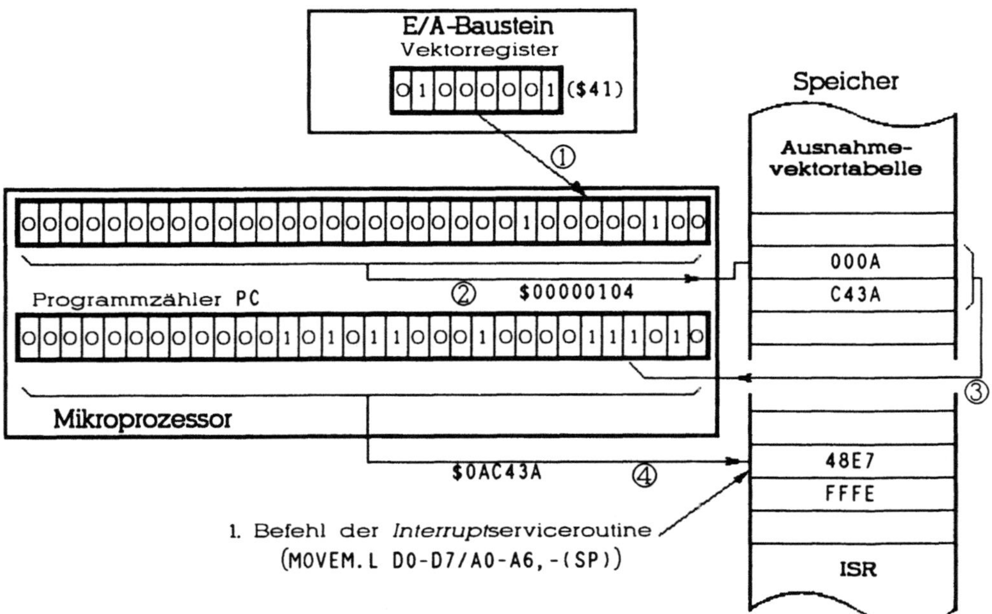

Bild 4-111: Ermittlung der Adresse der *Interrupt*serviceroutine

Bei allen anderen Ausnahmen wird keine externe Vektornummer erzeugt; sie wird intern gebildet und dann nach derselben Methode verfahren. Da der gesamte Ablauf bei instruktionsbedingten Ausnahmen einfacher ist, werden diese zuerst im Detail behandelt. Bei der **TRAP**-Anweisung wird die Vektornummer aus der im Befehl enthaltenen **TRAP**-Nummer berechnet

Vektornummer = **TRAP**-Nummer + 32.

Das Diagramm **Bild 4-112** zeigt den Ablauf von Ausnahmeverarbeitung und ASR grafisch. Jede Ausnahme setzt den Prozessor in den Überwachungsmodus (S ⟶ 1) und löscht den *Trace*-Modus (T ⟶ 0). Da die Umgebung des unterbrochenen Programms auf den Überwachungsstapel geschrieben werden muß, ist eine interne Zwischenspeicherung des Statusregisters erforderlich, bevor es durch S = 1 und T = 0 verändert wird (1. Schritt).

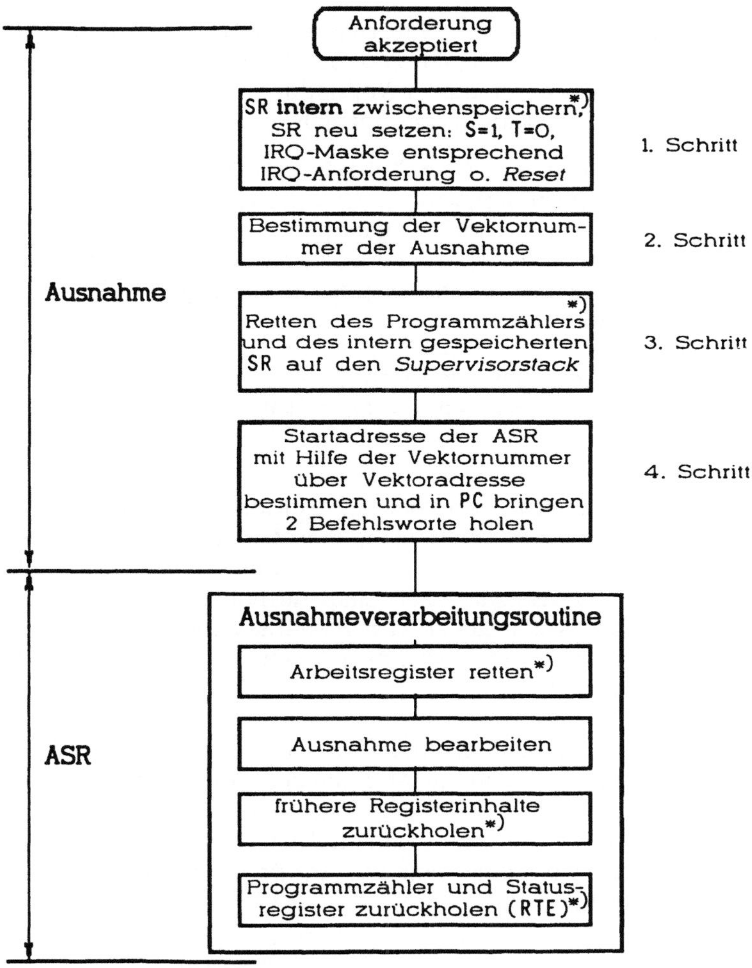

Bild 4-112: Flußdiagramm Ausnahmeverarbeitung;
* - nicht bei *Reset*

Das durch *Reset* unterbrochene Programm wird nicht fortgeführt, es entfällt die Zwischenspeicherung des SR. Im zweiten Schritt wird die Vektornummer intern gebildet oder, bei Unterbrechungsausnahmen, von außen gelesen. Im dritten werden PC und SR auf den Überwachungsstapel gerettet (Bild 4-109). Im vierten Schritt wird der Vektor in den PC geladen und die beiden ersten Befehlsworte werden geholt; damit ist die Ausnahme beendet und der Prozessor kehrt zur Bearbeitung der Instruktionen der ASR in den Zustand Befehlsbearbeitung zurück.

4.9.1 TRAP-Ausnahme

Wie schon erwähnt, handelt es sich um eine programmgesteuerte, d. h. durch einen Befehl erzeugte, Ausnahme; für sie sind die Vektornummern 32 bis 47 vorgesehen. Die TRAP-Ausnahme tritt auf in Verbindung mit der TRAP-Instruktion, die eingesetzt wird, um Dienstleistungen anzufordern, wie z. B.:

- Übergang in den *Trace*-Modus (das T-Bit im SR-Register kann nur im Überwachungsmodus gesetzt werden)
- Durchführung einer Ein- oder einer Ausgabe
- Anforderung von Speicher (nicht zu verwechseln mit der Reservierung von Speicher auf dem Stapel durch die LINK-Anweisung)
- Start einer anderen *Task*
- Warten auf ein Ereignis
- Beenden der eigenen oder einer fremden *Task*
- Fehlerbehandlung bei Bereichsüberschreitung TRAPV

und andere mehr.

Da die Serviceleistung vom Betriebssystem angefordert wird, ist ein Übergang in den Überwachungsmodus erforderlich; die Modifikation des S-Bits im SR ist dem Anwender verboten (priviligierte Instruktionen, s. 4.3.3 *Systembyte des Statusregisters*). Der TRAP-Befehl leitet eine Ausnahme und ermöglicht damit den Übergang an bestimmte Stellen des Betriebssystems über definierte Vektornummern und -adressen. Die Vektoren müssen natürlich vorher vom System korrekt gesetzt worden sein.

Die Anweisung TRAP #n läßt nur 16 Vektornummern n ([0, 15]) zu; da die Anzahl verschiedener Serviceanforderungen aber häufig größer ist, werden sie zu Gruppen zusammengefaßt, denen jeweils eine TRAP-Nummer zugeordnet wird. Die nähere Spezifikation der gewünschten Dienstleistung erfolgt durch Parameter, die, wie bei Unterprogrammaufrufen, in Registern und/oder über den Stapel übergeben werden.

Beispiel für eine solche Zusammenfassung (ATARI-Computer mit TOS-Betriebssystem):

TRAP #1	: GEMDOS	(Dateiverwaltung)
TRAP #2	: GEM	(Grafische Benutzeroberfläche)
TRAP #13	: BIOS	(*Basic Input Output System*)
TRAP #14	: XBIOS	(*Extended Basic Input Output System*)

Der Ablauf der befehlsbedingten Ausnahmen ist etwas einfacher als in Bild 4-112 dargestellt (**Bild 4-113**), es entfällt das Setzen der IRQ-Maske. Im 3.

Schritt werden die Rückkehradresse (d. i. die der folgenden Instruktion) und der Statusregisterinhalt zu diesem Zeitpunkt in der in Bild 4-109 gezeigten Reihenfolge auf den Überwachungsstapelspeicher geschrieben.

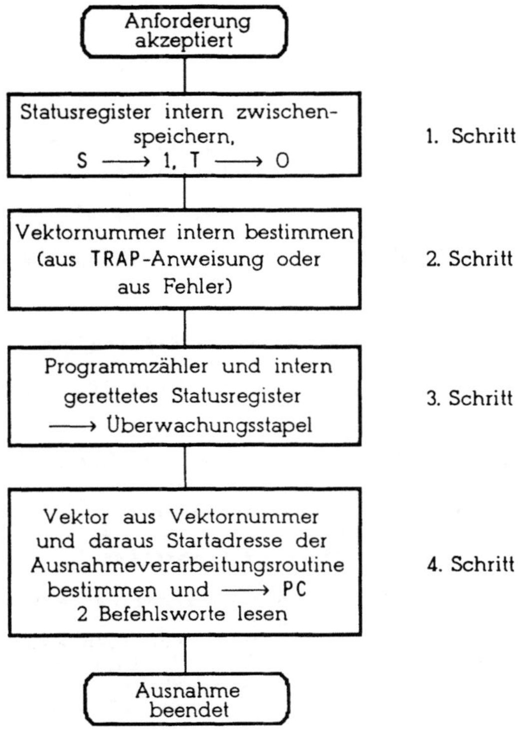

Bild 4-113: Flußdiagramm bei instruktionsbedingten Ausnahmen

Zu Beginn der Ausnahmeverarbeitungsroutine wird der Überwachungsstapelzeiger aktiv. Ein besonderes Problem ergibt sich bei Parametern, die vom Anwenderprogramm auf den eigenen Stapel geschrieben wurden. Sie müssen unter Verwendung des Anwenderstapelzeigers in der Routine verfügbar gemacht werden.

Hierzu wird der (verdeckte) `USP` (*User Stack Pointer*) im Überwachungsmodus in eins der anderen Adreßregister kopiert wird (s. Bild 4-11 *Programmiermodell*). Für diese spezielle Operation wird der im Zusammenhang mit dem *Task*deskriptor schon erwähnte priviligierte Befehl `MOVE USP,An` (Langwortoperation) eingesetzt.

```
*****************************************************************
*                                                               *
*       Beispiel für einen TRAP #4-Aufruf mit Stapelparametern  *
*                                                               *
*****************************************************************
*                  .
*                  .                Anwenderprogramm
*                  .
*                  .
        PEA     PARA1               Parameter 1: Call by Reference
        MOVE.W  #$25,-(SP)          Parameter 2: 25 (Call by Value)
        TRAP    #4                  Systemaufruf
        ADDQ.L  #6,SP               Anwenderstapelzeiger korrigieren
*                  .
*                  .
*       Programmende (spezieller TRAP-Aufruf, hier wegggelassen)
PARA1   DS.B    100                 Feld mit 100 Bytes
```

Die TRAP-**Routine steht an ganz anderer Stelle im Bereich** ***Supervisor***-Programm:

```
****************************************
*       TRAP-Handler für TRAP #4       *
****************************************
PARAM1  EQU     2           Adreßdistanz Parameter auf Anwenderstapel
PARAM2  EQU     0           dto.
        LINK    A5,#-4      4 Bytes für lokaleVariable reservieren
        MOVEM.L D0/D1/A0/A6,-(SP) Arbeitsregister ——> Systemstapel
        MOVE USP,A6         Anwenderstapelzeiger aus dem
*                           "vedeckten" A7 holen
        MOVE.W PARAM2(A6),D0    2. Parameter
        MOVEA.L PARAM1(A6),A0   Parameter (Adresse) ——> A0
*                  .
*                  .        Code der TRAP-Routine
*                  .
        MOVEM.L (SP)+,D0/D1/A0/A6 Arbeitsregister zurückholen
        UNLK    A5                und reservierten Bereich freigeben
        RTE
```

Bild 4-114: Beispiel TRAP-Aufruf mit Stapelparameter

Der TRAP-Aufruf geschieht in fast identischer Weise wie ein Unterprogrammaufruf:

- Parameter bereitstellen (Register und/oder Stapel)
- TRAP-Aufruf
- Stapelzeiger korrigieren, falls der Stapel zur Parameterübergabe benutzt wurde.

Die TRAP-Routine liegt im Systembereich und hat folgende Struktur:

- Reservierung von Speicher für lokale Variable mit LINK-Befehl (falls erforderlich)
- Arbeitsregisterinhalte retten
- bei Stapelparametern: USP in anderes Adreßregister kopieren (s. Beispiel)
- Programmcode
- frühere Arbeitsregisterinhalte zurückholen
- ggf. Speicherplatz freigeben (UNLK)
- Rückkehr ins anfordernde Programm (RTE).

Die Liste in **Bild 4-114** zeigt ein Beispiel mit Aufruf und einen Auszug der TRAP-Serviceroutine (TRAP-*Server*, TRAP-*Handler*). Als Parameter werden eine Adresse und ein Wert über den Anwenderstapel bereitgestellt.

In **Bild 4-115** sind die beiden Stapel im interessierenden Bereich mit den gespeicherten Daten dargestellt. Die Zeilennummern markieren die Position der Stapelzeiger in der jeweiligen Programmzeile (vor Ausführung des Befehls).

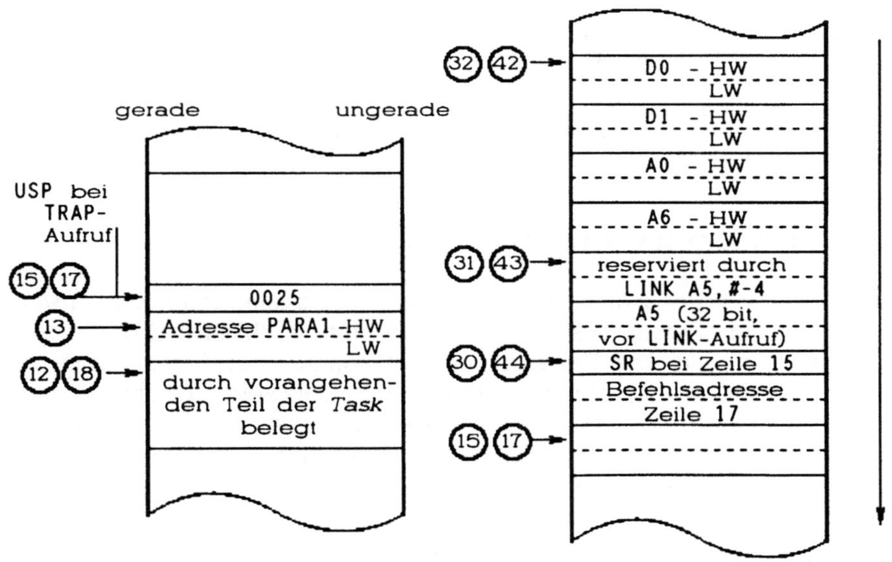

Bild 4-115: Stapelinhalte und -zeiger beim Beispiel TRAP-Aufruf aus Anwenderprogramm mit Stapelparametern; (n) - Zeigerposition **vor** Ausführung von Zeile n

TRAP-*Handler* sind nicht nur zur Serviceleistung für Anwenderprogramme gedacht, auch das Betriebssystem bedient sich ihrer bei Bedarf. Benötigt z. B. ein Systemmodul mehr Speicher, so wird es in den meisten Fällen denselben TRAP aufrufen wie eine Anwender*task*, ebenso wenn z. B. eine Ausgabe durchgeführt werden soll.

Erfolgt der Aufruf aus einem Systemprogramm (S = 1), so findet kein Wechsel des Stapelzeigers statt. Die Parameter stehen nicht auf einem Anwender-, sondern dem Systemstapel. Der TRAP-*Handler* muß sie von einer anderen Stelle holen, er muß also zwischen beiden Fällen unterscheiden. Er prüft das S-Bit des vom Prozessor automatisch geretteten SR und schafft sich in einem Adreßregister eine Referenzadresse für den Zugriff auf die Stapelparameter. Erfolgte der Aufruf aus einem Anwenderprogramm, so wird der USP dorthin kopiert, sonst die entsprechende Adresse des Systemstapels, also die des zuletzt übergebenen Parameters. Die folgende Liste zeigt den entsprechend modifizierten Auszug des vorangegangenen Beispiels.

```
PARAM1   EQU      2            Adreßdistanz Parameter auf Anwenderstapel
PARAM2   EQU      0            dto.
         LINK     A5,#-4       4 Bytes reservieren
         MOVEM.L  D0/D1/A0/A6,-(SP) Arbeitsregister ——> Systemstapel
         MOVE USP,A6           Anwenderstapelzeiger aus dem "verdeckten"
*                              Anwender-SP holen
         BTST.B   #5,4(A5)     war Aufruf im Überwachungsmodus erfolgt?
         BEQ.S    RESTCODE
         LEA      10(A5),A6    ja, A5(alt), PC und SR belegen 10 Byte
*                              USP-Kopie wird überschrieben
RESTCODE MOVE.W PARAM2(A6),D0     2. Parameter
         MOVEA.L PARAM1(A6),A0    Parameter (Adresse) ——> A0
```

Bild 4-116: Zugriff der TRAP-Serviceroutine auf die Stapelparameter; Aufruf kann im Anwender- oder Überwachungsmodus erfolgen

4.9.2 Privilegverletzungsausnahme

Die Privilegverletzungsausnahme (Vektornummer 8) tritt ein, wenn ein Anwenderprogramm einen Befehl ausführen will, der nur im Überwachungsmodus ausgeführt werden darf. Der Prozessor erkennt anhand des Befehls und des gelöschten S-Bits im SR die Fehlerbedingung[21] und verzweigt zur entsprechenden Ausnahmebehandlungsroutine. Der Ablauf ist identisch mit dem in Bild 4-113 gezeigten; es wird der Programmzählerstand des 1. Befehlswortes der verursachenden Instruktion gerettet.

4.9.3 Weitere befehlsbedingte Ausnahmen

Befehle, die im Befehlssatz nicht enthalten sind, können nicht ausgeführt werden. Sie werden als Fehler erkannt und führen zu einer der Ausnahmen mit den Vektornummern 4, 10 oder 11. Die Ausnahme wird wie bei TRAP-Anweisungen behandelt (Bild 4-113).

Bei einem Befehlswort mit dem Bitmuster 1010 auf den Bits 15-12 (LINE A-Befehle) wird die Vektornummer 10, bei 1111 (LINE F-Befehle) die Nr. 11, und bei

21 Siehe auch 4.3.3.2 *Überwachungsbit*

allen übrigen die Nummer 4 erzeugt. Die beiden ersten werden zur Emulation (Nachbildung) verwandt: Beim M68020 aus derselben Prozessorfamilie sind LINE F-Befehle Coprozessorinstruktionen und damit zulässig, sie erzeugen keine Ausnahme, und veranlassen das Steuerwerk, den Coprozessor (Gleitkommaprozessor 68881/68882 [s. Kap. 6] oder Speicherverwaltungsbaustein 68851) über eine spezielle Coprozessorschnittstelle so anzusprechen, daß er die im Befehl spezifizierte Aufgabe ausführt. Die Coprozessorschnittstelle tut nichts anderes, als spezielle Schreib- und Leseoperationen über den normalen Bus mit dem Coprozessor durchzuführen; sie ist eine Erweiterung des Steuerwerks und verfügt nicht über zusätzliche Anschlüsse.

Der M68000 verfügt nicht über diese Schnittstelle. Da die Coprozessorbefehle bei ihm eine spezielle Ausnahme erzeugen, kann er mit Coprozessoren zusammenarbeiten, indem in der LINE F-ASR der Befehl analysiert wird und die spezifischen Buszyklen durch einzelne Instruktionen realisiert werden (Emulation der Schnittstelle). Steht kein Gleitkommaprozessor zur Verfügung, so können statt der Schnittstelle auch die Befehle selbst emuliert werden, indem sie durch eine mehr oder weniger lange Folge von Instruktionen des Befehlssatzes des M68000 realisiert werden. Der Speicherverwaltungsbaustein 68851 kann natürlich nicht nachgebildet werden: Er muß im System vorhanden sein, da an ihn gerichtete Befehle in die Speicherverwaltung eingreifen und damit das System umkonfigurieren; die Emulation der Schnittstelle ist bei MMU-Instruktionen im Prinzip ebenfalls möglich.

Alle anderen nichtimplementierten Befehle werden als *Nichtzulässige Instruktionen* bezeichnet. Sie erzeugen die Vektornummer 4. Bei einigen behält sich der Hersteller eine Verwendung in anderen Prozessoren der gleichen Typenreihe vor [4].

Die Ausnahme *Division durch Null* (Vektornummer 5) wird eingeleitet, wenn die Befehle DIVS oder DIVU mit einem Divisorwert 0 ausgeführt werden sollen (s. Anhang).

Die Ausnahme *Feldgrenzenüberschreitung* (Vektornummer 6) wird eingeleitet, wenn bei der Ausführung der Instruktion CHK festgestellt wird, daß der Index für den Zugriff auf das aktuelle Element außerhalb der zulässigen Grenzen liegt (s. 4.5.10 *Befehl CHK (Check Register against Bounds)*).

Die drei Ausnahmen dieses Abschnitts werden wie TRAP-*Exceptions* behandelt (Bild 4-113).

4.9.4 *Reset*-Ausnahme

Die *Reset*-Ausnahme (Vektornummer 0) wird durch ein *Low*-Signal, das **gleichzeitig** am $\overline{RESET}$- und am $\overline{HALT}$-Eingang des Prozessors anliegt, erzeugt. Sie ist die *Exception* mit der höchsten Priorität, die alle anderen möglichen Ausnahmen abbricht. Sie wird immer extern angefordert, und zwar:

- Beim Einschalten des Rechners, wenn das Betriebssystem in den Speicher geladen und alle Resourcen in einen definierten Anfangszustand gebracht werden müssen (Kaltstart, Initialisierung des Gesamtsystems, also Hard- und Software). Das *Low*-Signal muß für mindestens 100 msec an beiden Eingängen anliegen.
- Nach einem Systemabsturz durch Softwarefehler, wenn der ordnungsgemäße Zustand mit den verfügbaren ASRs und Hilfsprogrammen nicht mehr herzustellen ist. (Sollte nicht vorkommen, leider aber nicht gerade selten.)[22]
- Wenn in einem im Prinzip funktionsfähigen System eine doppelte Busfehlerausnahme (s. 4.9.11) oder Bus- und Adreßfehlerausnahme in unmittelbarer Folge (d. h. **während** der einen die andere) auftreten und der Prozessor in den Halt-Zustand geht (meist Hardwarefehler); er zeigt dies an, indem er den bidirektionalen $\overline{HALT}$-Anschluß auf *Low* legt.

Die *Reset*-Ausnahme bewirkt immer einen vollständigen Neustart. Es ist daher nicht erforderlich, irgendwelche Registerinhalte zu retten. Da während der Initialisierung der externen Hardware innerhalb der *Reset*-ASR *Interrupts* von nicht initialisierter (oder falsch programmierter) Peripherie nicht zulässig sind, wird durch die Ausnahme die *Interrupt*maske im SR auf den höchsten Wert (7) gesetzt.

Normale Peripherie*interrupts* sollten durch die Schaltung immer auf einer niedrigeren Priorität gehalten werden, da Unterbrechungsanforderungen der Ebene 7 nicht maskiert, d. h. unterdrückt bzw. zurückgestellt, werden können. Sie würden somit die Initialisierungsphase der *Reset*-ASR unterbrechen; in ungünstigen Fällen könnte es vorkommen, daß das Betriebssystem nicht zu laden wäre. Für die Ausnahme gilt das Diagramm **Bild 4-117**.

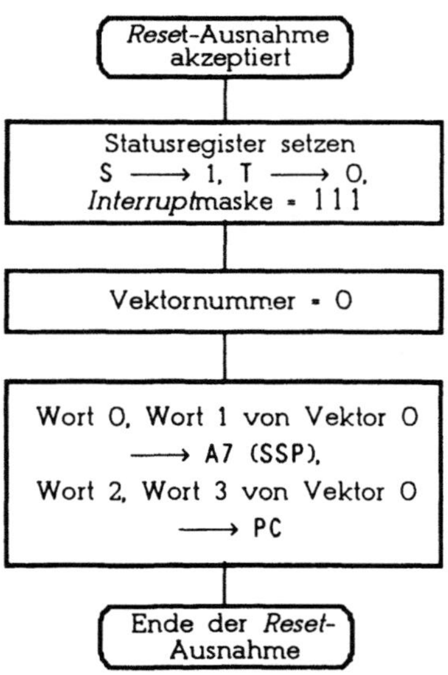

Bild 4-117: Diagramm der *Reset*-Ausnahme

22 In diesem und dem folgenden Fall hat die Betriebsspannung schon vorher angelegen, und es genügt ein *Low*-Signal von 10 Taktzyklen Dauer an $\overline{HALT}$ und $\overline{RESET}$.

Abweichend von allen übrigen Ausnahmen gehören zur Vektornummer 0 zwei Vektoren: Der erste (Vektoradresse $000000) dient zum Initialisieren des Überwachungsstapelzeigers, der zweite (Vektoradresse $000004) zeigt auf den Beginn der ASR. Nach dem Einschalten, ebenso wie nach einem Systemabsturz, muß der SSP (*Supervisor Stack Pointer*) neu definiert werden.

Um trotz der 4 Worte die einfache interne Konvertierung von Vektornummer zu Vektoradresse (Multiplikation mit 4) beibehalten zu können, entfällt die Vektornummer 1, sie ist nicht definiert.

Reset-Vektor (4 Worte) und *Reset*-Ausnahmeroutine müssen in einem Festwertspeicher (ROM, PROM, EPROM) stehen (**Bild 4-118**). Bei plattengestützten Systemen wird nach einer minimalen Initialisierung (z. B. des Platten*controllers*) das System von der Platte in den RAM-Bereich geladen und dann die Programmkontrolle an den zugeladenen Teil abgegeben. Das Bild zeigt die Speicherauszüge eines Computers mit einem EPROM- und eines anderen mit einem plattengestützten Betriebssystem mit den Bereichen für *Reset*-ASR, Überwachungsstapel und Vektoren.

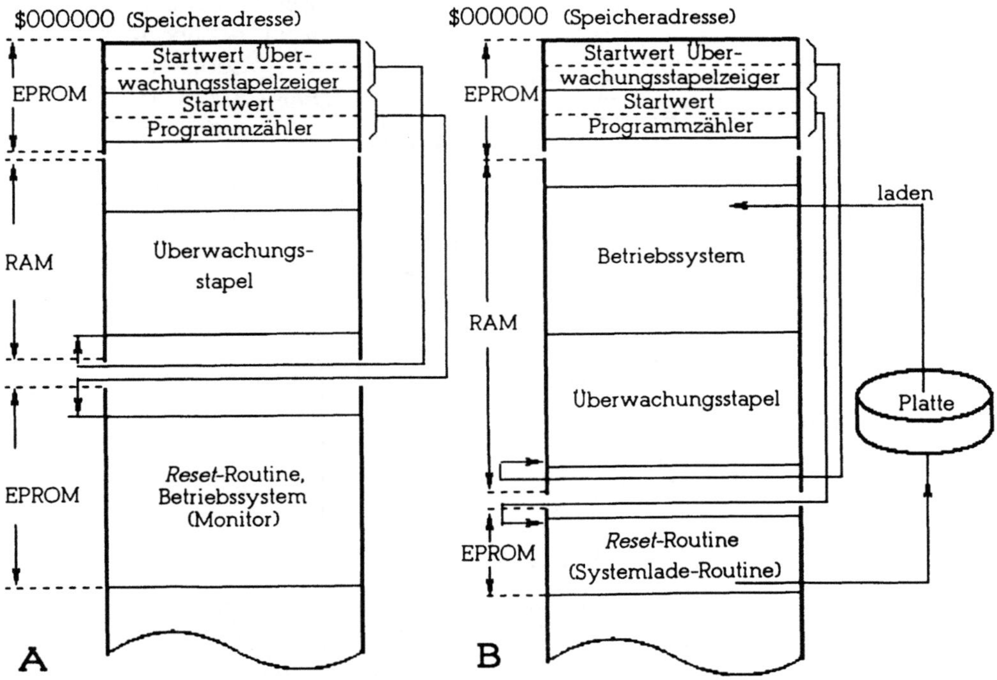

Bild 4-118: Vektoren und Speicherbereiche beim Systemstart; **A** - EPROM-System; **B** - plattengestütztes System

Es weist auf ein spezielles Problem hin: Der *Reset*-Vektor muß im (EP-)ROM-Bereich liegen, die übrigen Vektoren müssen für eine dynamische Veränderung durch das System (während des Betriebes) im RAM-Bereich gespeichert sein. Alle Vektoren liegen aber an aufeinanderfolgenden Adressen. Da die Bausteine entweder RAMs oder (EP-)ROMs sind und immer einige kByte umfassen, können *Reset*- und andere Vektoren nicht in einem Baustein gemeinsam untergebracht werden.

Eine Lösung für dieses Problem besteht darin, für die Zeit der Ausnahme durch eine Hardware eine Adreßtransformation vorzunehmen, die die Vektoradressen auf EPROM-Adressen abbildet [7]. Auf den unteren Adressen (z. B. 32 kByte) liegt grundsätzlich ein RAM-Bereich für die Ausnahmevektoren. Der (EP-)ROM-Bereich mit dem *Reset*-Vektor liegt an einer höheren Adresse. Das manuell über den *Reset*-Taster oder das durch die Einschalterkennungslogik erzeugte $\overline{\text{RESET}}$-Signal bewirkt hardwaremäßig die Veränderung einer oder mehrerer Adreßleitungen in der Weise, daß die *Chip-Select*-Logik gültige EPROM-Adressen erkennt, wenn die Bytes \$000000-\$000007 ausgelesen werden. Das Zurückschalten der Adressen sollte programmgesteuert, also von der Taktfrequenz unabhängig, durchgeführt werden; der entsprechende Befehl sollte gleich zu Beginn der *Reset*-ASR ausgeführt werden.

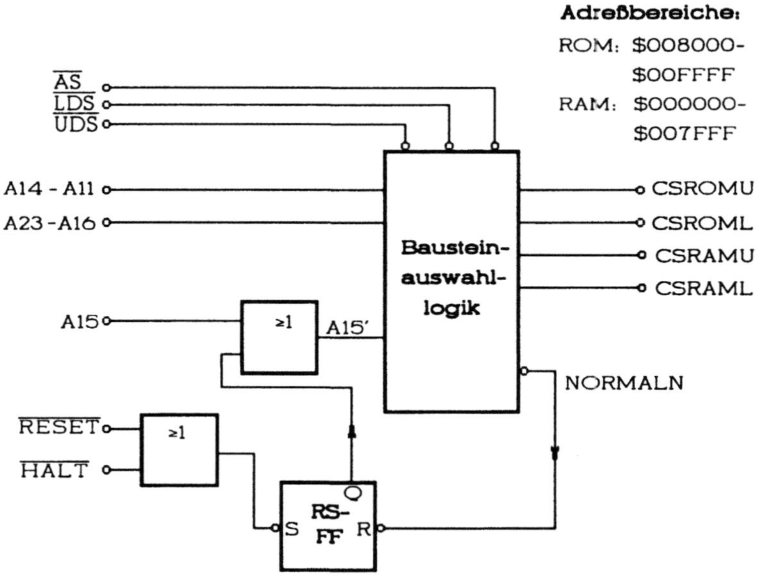

Bild 4-119: Umschaltlogik zum Lesen des *Reset*-Vektors aus dem (EP-) ROM; CSROMU - *Chipselect*signal ROM, HB; CSROML - dto., LB; CSRAMU - *Chipselect*signal RAM, HB; CSRAML - dto., LB; NORMALN - Rückschaltsignal auf Normalbetrieb ohne Adressentransformation

Bild 4-119 zeigt eine Realisierung. Bei einem Kaltstart werden $\overline{\text{RESET}}$ und $\overline{\text{HALT}}$ auf *Low* gelegt, so daß das RS-Flipflop gesetzt und A15' zu 1 wird. Statt der Adressen \$000000-\$000007 liegen damit die Adressen \$008000-\$008007

an der Bausteinauswahllogik an, so daß das (EP-)ROM angesprochen ist und Überwachungsstapelzeiger und Startadresse der *Reset*-Routine auf den Datenbus legt.

Die *Reset*-Routine muß im (EP-)ROM liegen; dadurch wird mit Beginn der Befehlsbearbeitung A15 = 1, so daß ein Rücksetzen des RS-FFs zu diesem Zeitpunkt keine Änderung am Eingang A15' und damit auch an den Ausgängen des Dekodernetzes hervorruft (logisches ODER-Element). NORMALN ist das Signal, das zu Beginn der ASR per Befehl gesetzt werden muß, um A15' = A15 zu erhalten und damit den Zugriff auf das RAM zu ermöglichen. Dieser Befehl muß auf eine Adresse zugreifen, für die folgende Bedingungen gelten:

- Bit 15 muß gesetzt sein, A15 darf während des Buszyklusses den Zustand nicht ändern
- es dürfen nicht die Adressen der (EP-)ROM-Zellen mit den *Reset*-Vektoren sein; schon beim Vektorzugriff auf das RAM würde umgeschaltet und danach würde versucht, die restlichen Worte der Vektoren von dort zu holen
- die angesprochene Adresse sollte in einem Teil des (EP-)ROMs liegen, der im normalen Betrieb nicht benutzt wird, um ein Flattern am R-Eingang des RS-FFs zu vermeiden (ist zwar im Prinzip zulässig, aber nicht schön).
- Die Operation muß ein $\overline{\text{DTACK}}$-Signal erzeugen (in Bild 4-119 weggelassen).

Beispiel: Der Bereich $00F000 - $00FFFF sei **unbenutztes** EPROM.

NORMAL = $00F000 ... $00FFFF oder

$$\text{NORMALN} = \overline{\overline{A23}\cdot\overline{A22}\cdot\overline{A21}\cdot\overline{A20}\cdot\overline{A19}\cdot\overline{A18}\cdot\overline{A17}\cdot\overline{A16}\cdot A15\cdot A14\cdot A13\cdot A12}$$

Der Routinenauszug

```
           ORG $008000
NORMAL     EQU $00F400          EPROM-Adresse mit Bit 15 = 1
SSPOINTER  DC.L TOPSTACKSS      muß im RAM definiert sein!
           DC.L RESETKALT
                 |
                 |
RESETKALT  TST  NORMAL
                 |
```

am Anfang des EPROMs bewirkt während des Zugriffs auf `NORMAL` die Umschaltung und läßt die ASR korrekt ablaufen.

Die *Reset*-Ausnahme ist nicht zu verwechseln mit dem RESET-Befehl (s. Anhang), der den $\overline{\text{RESET}}$-Anschluß als **Ausgang** anspricht und auf *Low* legt; er bewirkt ein Rücksetzen der peripheren Bausteine ohne den Prozessorstatus und -inhalt zu verändern. Der Prozessor wird nur durch gleichzeitiges Anlegen des *Low*-Signals an den $\overline{\text{RESET}}$- und $\overline{\text{HALT}}$-Eingängen neu initialisiert. Da er während der RESET-Instruktion den Eingang nicht abfragt, sollte man auch diesen Sonderfall berücksichtigen und für einen System*reset* die Dauer des *Low*-Signals an beiden Eingängen um die Ausführungszeit des Befehls vergrößern (Gesamtdauer 131 Taktzyklen statt der zuvor angegebenen 10).

4.9.5 Unterbrechungsausnahme

Unterbrechungen werden stets von außen angefordert. Sie kommen immer zu einem Zeitpunkt, der für die *Task*, der der Prozessor zugeteilt ist, nicht vorhersehbar ist.

In Abschnitt 4.3.3 wurde das Konzept der Prozessorzuteilung nach Prioritäten für Unterbrechungsanforderungen vorgestellt, wobei höchstens 7 Anforderungen verschiedener Priorität existierten. Wir wollen diese Einschränkung zunächst beibehalten und eine einzelne Unterbrechung detailliert betrachten und erst dann Lösungsmethoden für das gleichzeitige Auftreten mehrerer Unterbrechungsanforderungen gleicher Prioritätsebene behandeln.

Zuvor sei noch einmal kurz wiederholt: Die Unterbrechungsanforderungen der niedrigeren Stufen (1 bis 6) sind maskierbar: IRQs niedrigerer oder gleicher Priorität werden nicht bedient, bevor die laufende ISR beendet ist (RTE-Befehl), oder die Maske im Statusregister durch priviligierten Befehl auf eine niedrigere Prioritätsebene gesetzt wird.

Eine ISR, die unter einer Maske Stufe 7 abläuft, wird durch eine erneute Anforderung dieser Stufe unterbrochen. Stufe 7 ist also nicht maskiert, jeder neue Übergang auf Stufe 7 an den Anschlüssen $\overline{IPL2}$ - $\overline{IPL0}$ (Flanke!) führt zu einer erneuten Unterbrechung. Die Prioritätsebene 7 sollte deshalb nur für **Systemnotfunktionen** benutzt werden, die nicht durch eine normale E/A-Unterbrechungsanforderung gestört werden dürfen. Typische Einsatzbeispiele für Ebene 7 sind *Reset* (automatisch) und Stromversorgungsausfall.

Eine Unterbrechungsanforderung wird während eines Busszyklus erkannt, wenn sie mindestens 10 nsec vor der fallenden Flanke der Phase S4 oder der letzten Wartephase W anliegt. **Der laufende Befehl wird zu Ende bearbeitet, bevor der Prozessor in den Ausnahmezustand geht.**

4.9.5.1 Nichtautovektorielle Unterbrechung

Hat der Prozessor die Anforderung akzeptiert, so weiß er zunächst nur, daß ein Peripheriebaustein die normale Befehlsbearbeitung unterbrechen und bedient werden möchte. Er weiß noch nicht,

- welcher Baustein sich gemeldet hat und
- von welcher Routine die Anforderung bedient werden soll.

Da Unterbrechungsanforderungen ja nicht immer unmittelbar bearbeitet werden, muß der Prozessor nach außen signalisieren, daß er den *Interrupt* erkannt

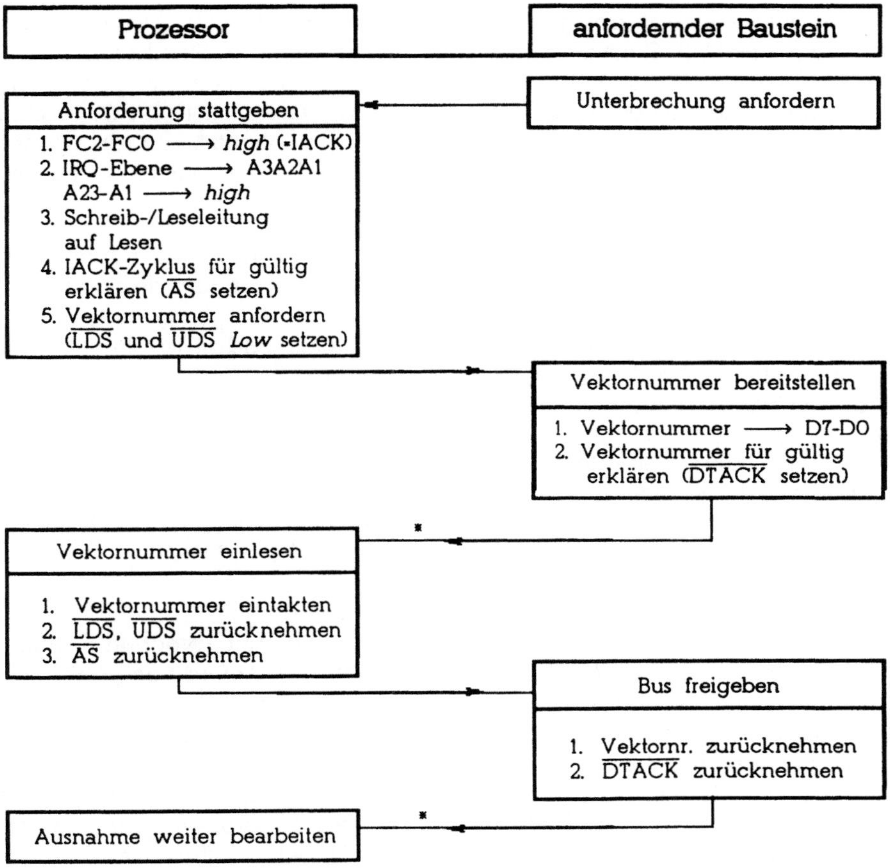

Bild 4-120: Ablaufdiagramm Vektornummerermittlung bei Nichtautovektor*interrupt*; * - asynchrone Quittung

hat und bedienen will. Er führt einen speziellen Buszyklus aus, der Unterbrechungserkennungszyklus (*Interrupt **ACK**nowledge Cycle*, IACK-Zyklus) genannt wird und folgende Merkmale hat (**Bild 4-120**):

- Die *Function Code*-Leitungen werden zu FC2-FC0 = %111 gesetzt.
- Die Prioritätsebene der akzeptierten Anforderung wird auf A3-A1 ausgegeben (also z. B. %101 für Ebene 5). In einem System nach Bild 4-21 können mehrere Bausteine gleichzeitig eine Anforderung verschiedener Priorität stellen. Da der einzelne Baustein nichts von den Anforderungen anderer E/A-*Controller* weiß, muß er vom Prozessor gezielt angesprochen und zur Abgabe seiner Vektornummer aufgefordert werden. Dies ge-

schieht durch die Anzeige der Prioritätsebene auf A3-A1. Der Fall, daß mehrere IRQs gleicher Prioritätsebene angefordert werden, wird in 4.9.6 *Zusammentreffen mehrerer Unterbrechungsanforderungen* behandelt.

- A23-A4 wird auf *High* gesetzt. In M68000-Systemen ist der Zustand dieser Leitungen im IACK-Zyklus ohne Bedeutung, wenn die Statusleitungen in der Bausteinauswahllogik ausgewertet werden. In Systemen mit den 32 bit-Prozessoren M68020 oder M68030 werden Buszyklen mit FC2-FC0 = %111 auch zur Kommunikation mit den Coprozessoren benutzt. Zur Unterscheidung von den IACK-Zyklen steht dann auf A31-A4 die Information, die den einzelnen Coprozessor selektiert.

Durch den IACK-Zyklus erkennt der Baustein, daß seine Anforderung vom Prozessor akzeptiert wurde und daß seine Vektornummer angefordert wurde.

Weitere Einzelheiten gehen aus dem Ablaufdiagramm Bild 4-120 hervor: Der Baustein fordert die Unterbrechung an. Nach einiger Zeit leitet der Prozessor den IACK-Zyklus ein indem er FC2-FC0 = %111 setzt, die Priorität auf A3-A1 abbildet, A23-A4 und R/$\overline{W}$ auf *High* setzt und den Zyklus für gültig erklärt ($\overline{AS}$ = *low*). Mit $\overline{LDS}$, $\overline{UDS}$ = *low* fordert er die Vektornummer an; beide *Data Strobe*signale werden gesetzt, obwohl nur von D7-D0 gelesen wird. Der IACK-Zyklus wird frühestens nach Abschluß des laufenden Befehls durchgeführt. Die Bearbeitung von Unterbrechungsanforderungen höherer Priorität sowie Bus- oder Adreßfehlerausnahmen können ihn verzögern.

Bild 4-121 zeigt das Flußdiagramm der Nichtautovektorunterbrechung. Nachdem der Prozessor durch Vergleich der Priorität der Anforderung mit dem Wert der Maske im SR entschieden hat, den *Interrupt* zu bedienen, rettet er zunächst das SR in einem internen Register (weder in Bild 4-11 noch Bild 2-15 enthalten). Er setzt das S-Bit = 1, um Zugriff auf den Überwachungsstapel zu erhalten und die ISR im *Supervisor*-Modus bearbeiten zu können, sowie das T-Bit = 0 (kein *Tracen* der ISR) [8]. Zusätzlich wird zu diesem Zeitpunkt das niederwertige Wort der Rückkehradresse auf den Stapel geschrieben.

Es folgt der beschriebene IACK-Zyklus mit dem Einlesen der Vektornummer ($41 im Beispiel Bild 4-111), das Retten des zwischengespeicherten SR und des höherwertigen Wortes der Rückkehradresse auf den Überwachungsstapel. Die Reihenfolge der Schreibzyklen sowie die Aufteilung in zwei Schritte haben prozessorinterne Gründe und ergeben sich aus dem Mikrocode des Steuerwerks. Anschließend werden die Vektoradresse (**$00000104** in o. a. Beispiel) gebildet, der Vektor in zwei Lesezyklen zum **PC** übertragen (**$000AC43A** im Beispiel) und das Operationswort des ersten Befehls der ISR (**$48E7**) und ein weiteres Befehlswort geholt. Damit ist die Unterbrechungsausnahme beendet und der Prozessor beginnt mit der Befehlsbearbeitung der ISR (Prozessorzustand Befehlsbearbeitung).

Wichtig: Sofern der Baustein nicht automatisch die *Interrupt*anforderung mit dem IACK-Zyklus zurücknimmt, muß die ISR dies per Befehl veranlassen. Andernfalls liegt der *Interrupt* nach dem RTE noch an und löst erneut eine Unterbrechungsanforderung aus.

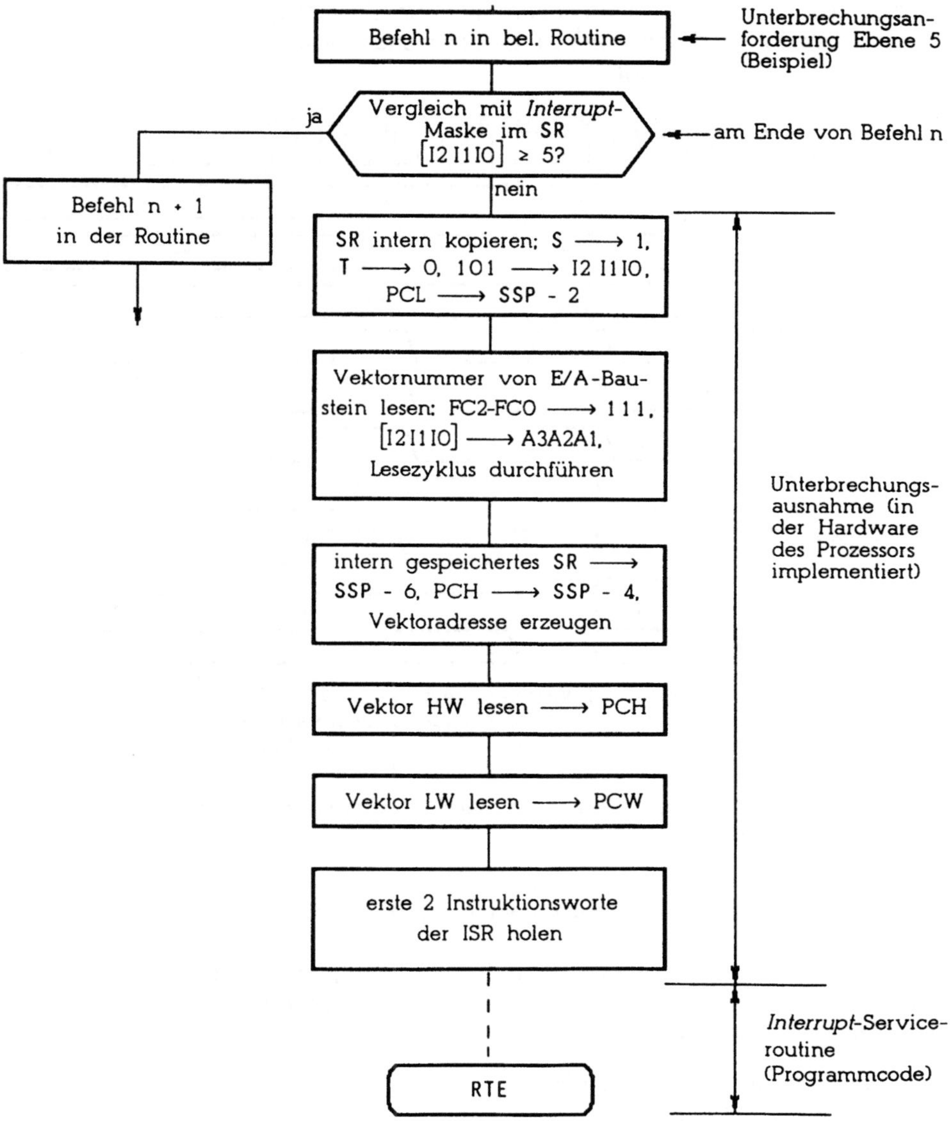

Bild 4-121: Flußdiagramm für Nichtautovektorunterbrechung; SSP - Überwachungsstapelzeiger bei Eintritt der Unterbrechungsausnahme; PCL, PCH Programmzähler *Low Word, High Word* [8]

Bild 4-122 zeigt die ersten 4 Buszyklen einer Nichtautovektorunterbrechungsausnahme. Zunächst wird das niederwertige Wort der Rückkehradresse auf den Überwachungsstapel geschrieben, dann die Vektornummer vom E/A-Baustein ermittelt und anschließend werden das intern gerettete SR der unterbrochenen Routine und das höherwertige Wort der Rückkehradresse auf den Überwachungsstapel geschrieben. Nicht enthalten sind die Buslesezyklen zur Ermittlung des Vektors der ISR und ihres ersten Befehlswortes, sowie zusätzliche Taktzyklen, die der Prozessor benötigt.

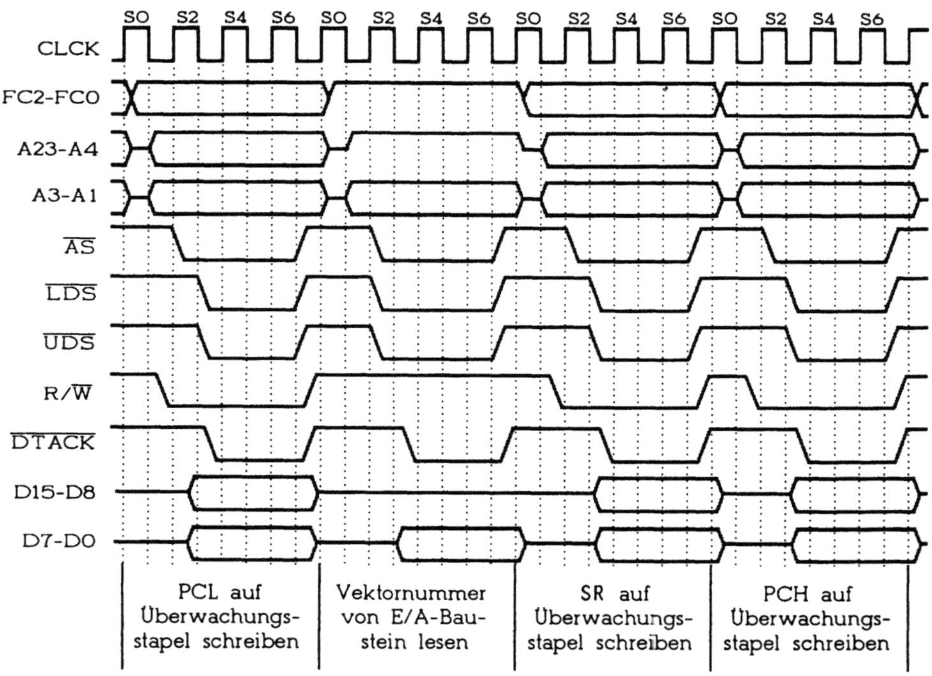

Bild 4-122: Buszyklen der Nichtautovektorunterbrechungsausnahme

4.9.5.2 Beispiel Nichtautovektorielle Unterbrechung

Der einfache Ein-/Ausgabebaustein Bild 2-5 möge Unterbrechungsanforderungen stellen können. Das Modell wird hierzu gemäß **Bild 4-123** um einige Anschlüsse und Register erweitert:

- ein Vektorregister VEK_REG
- ein Register INT_REG
- einen *Interrupt Request*-Anschluß IRQ
- einen *Interrupt Acknowledge*-Anschluß IACK
- einen DTACK-Anschluß
- einen *Reset*-Anschluß RES

- zwei Bausteinauswahlanschlüsse CS1 und CS2
- acht Datenleitungen D7-D0
- vier Registerauswahlleitungen R3-R0.

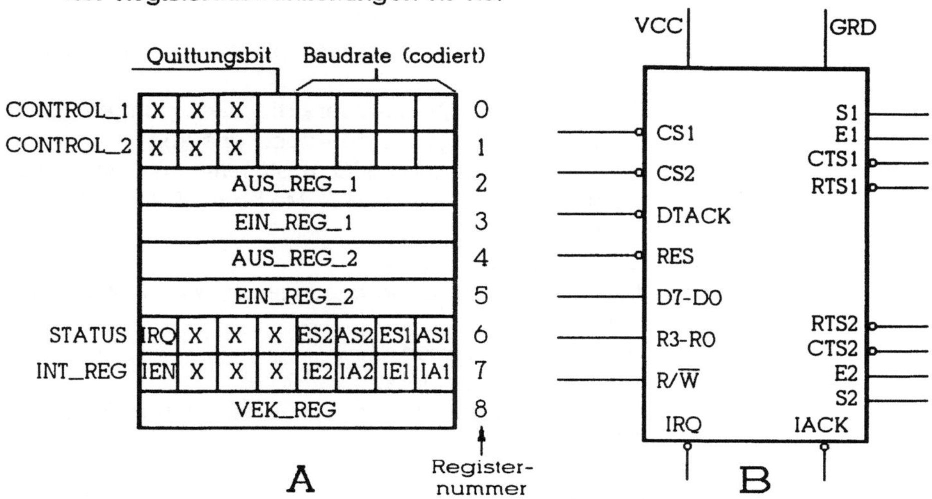

Bild 4-123: Erweiterter Serieller E/A-Baustein; **A** - Registermodell; **B** - Anschlüsse; X - unbenutztes Bit; die übrigen Bezeichnungen sind im Text erläutert

Im einzelnen haben die Register folgende Bedeutung:

CONTROL_1,2: Steuerung Kanal 1,2; Bedeutung der Bits wie in 2.3 *Datenein-/-ausgabe* beschrieben

AUS_REG_1,2: Ausgaberegister Kanal 1,2; Bedeutung wie in 2.3 beschrieben

EIN_REG_1,2 : Eingaberegister Kanal 1,2; Bedeutung wie in 2.3 beschrieben

STATUS : Statusregister; es zeigt den Status der Ein-/Ausgabeoperationen des Bausteins an

ES1, ES2: Eingabestatusbit Kanal 1,2
- = 1, wenn ein Zeichen (Byte) über die Empfangsleitung eingegeben wurde und im Eingaberegister verfügbar ist
- = 0, wenn kein Zeichen verfügbar ist, weil entweder keins eingegeben wurde oder das Zeichen über den Systembus ausgelesen wurde

AS1, AS2: Ausgabestatusbit Kanal 1,2
- = 1, wenn das Zeichen in AUS_REG_1,2 seriell über den Anschluß S1 bzw. S2 ausgegeben wurde
- = 0, wenn ein Zeichen über den Systembus in das entsprechende Ausgaberegister geschrieben wurde

IRQ : *Interrupt Request*-Bit
- = 1: über den IRQ-Anschluß wird gerade eine Unterbrechungsanforderung gestellt
- = 0: es wird keine Anforderung gestellt

Der Inhalt des Registers STATUS kann per Befehl gelöscht werden.

INT_REG : *Interrupt*-Register; es bestimmt, in welchen Fällen eine Unterbrechungsanforderung ausgelöst wird

IEN : *Interrupt Enable*-Bit; es bestimmt, ob der Baustein einen IRQ auslösen darf
= 1: Baustein darf IRQs auslösen; die Bedingungen, unter denen das erfolgt, werden noch erläutert
= 0: Baustein darf keinen IRQ auslösen; eine Ein- oder Ausgabe ist nur nach der Methode Aktives Warten möglich

IA1,2 : *Interrupt* Kanal 1,2 Ausgabe
= 1: IRQ zugelassen; er wird ausgelöst, wenn AS1,2 und IEN = 1 sind
= 0: kein IRQ zugelassen

IE1,2 : *Interrupt* Kanal 1,2 Eingabe
= 1: IRQ zugelassen; er wird ausgelöst, wenn ES1,2 und IEN = 1 sind
= 0: kein IRQ zugelassen

VEK_REG : Vektorregister; es heißt so, obwohl es nur die **Vektornummer**, die im IACK-Zyklus dem Prozessor zur Verfügung gestellt wird, enthält, und nicht den Vektor selbst. Da für vier *Interrupt*quellen (jeweils Ein- und Ausgabe auf beiden Kanälen) nur eine Vektornummer zur Verfügung gestellt werden kann, ist es Aufgabe der ISR, anhand des Statusregisterinhalts die Quelle herauszufinden und den Baustein entsprechend zu bedienen.

Ein *Interrupt* wird ausgelöst, wenn das IRQ-Bit im Statusregister gesetzt wird; hierfür gilt die Boole'sche Gleichung:

$$IRQ = IEN \cdot (AS1 \cdot IA1 + AS2 \cdot IA2 + ES1 \cdot IE1 + ES2 \cdot IE2) \quad \textbf{(4.5)}$$

Neben den peripherieseitigen Anschlüssen für Sende-, Empfangs- und Quittungssignale verfüge der Baustein über zwei *Chip Select*-Eingänge, den IRQ-Ausgang, den IACK-Eingang (alle *low*-aktiv), die Registerauswahleingänge R3-R0 (4 Anschlüsse zur Auswahl eines von 9 Registern). VCC und GRD dienen der Stromversorgung, DTACK (*low*-aktiv) gibt das busseitige Quittungssignal ab, ein *Low* am RES-Eingang löscht den Inhalt aller Register, so daß der Baustein weder Daten zur Peripherie übertragen noch Unterbrechungsanforderungen stellen kann.

Wir wollen den Baustein für eine Eingabe auf Kanal 1 mit 19200 Baud und Quittungsbetrieb und eine Ausgabe auf Kanal 2 mit 9600 Baud ohne Quittungsbetrieb programmieren. In beiden Fällen möge ein IRQ zugelassen sein. Weiter werde festgelegt:

- Bausteinadresse (Adresse des Registers 0) = **$CB001**
- Vektornummer = **$41**.

Da der IACK-Zyklus in der zuvor beschriebenen Weise durchgeführt werden soll, müssen die Datenleitungen mit D7-D0 des Systembusses verbunden werden; wenn man R3-R0 mit A4-A1 des Systembusses verbindet, liegen die Register an aufeinanderfolgenden ungeraden Adressen. Für 8 bit-Bausteine gibt es auch den Befehl MOVEP, der für jeden Bytetransfer die Adresse um 2 inkrementiert, s. Anhang.

```
***************************************************************
*                    Initialisierungsteil                     *
*      Eingabe Kanal 1 19200 Baud mit  Quittungssignal        *
*      Ausgabe Kanal 2  9600 Baud ohne Quittungssignal        *
***************************************************************

SER_EA     EQU   $CB001   Bausteinadresse
CONTROL_1  EQU   0*2      Steuerregister Kanal 1
CONTROL_2  EQU   1*2      Steuerregister Kanal 2
AUS_REG_1  EQU   2*2      Ausgaberegister Kanal 1
EIN_REG_1  EQU   3*2      Eingangsregister Kanal 1
AUS_REG_2  EQU   4*2      Ausgaberegister Kanal 2
EIN_REG_2  EQU   5*2      Eingangsregister Kanal 2
STATUS     EQU   6*2      Statusregister
INT_REG    EQU   7*2      Interruptsteuerregister
VEK_REG    EQU   8*2      Vektorregister

VEK_NR     EQU   $41      Vektornummer

INIT_ANF LEA SER_EA,A0
         MOVE.B  #%10111,CONTROL_1(A0)   19200 Baud, Quittung
         MOVE.B  #%0110,CONTROL_2(A0)    9600 Baud, keine Quittung
         CLR.B   STATUS(A0)              Vorsichtsmaßnahme
         MOVE.B  #VEK_NR,VEK_REG(A0)     Vektornummer laden
         MOVE.L  #ISR_SERIELL,4*VEK_NR   Vektor ──→ Vektoradresse
         MOVE.B  #%10000110,INT_REG(A0)  Interrupts zulassen
         RTS
```

Bild 4-124: Programmierung des Seriellen E/A-Bausteins - Initialisierung (eine Quelle mit Bild 4-125)

Im Initialisierungsteil (**Bild 4-124**) werden die Steuerregister nach Aufgabenstellung gesetzt. Das Statusbyte wird vorsichtshalber gelöscht, damit beim abschließenden Setzen der Bits des *Interrupt*-Registers keine Unterbrechungsanforderung aufgrund vorangegangener Ein-/Ausgaben ausgelöst wird. Nach der Übertragung der Vektornummer in das Vektorregister und des Vektors in die Vektoradresse werden mit der letzten Instruktion (abgesehen von RTS) des Initialisierungsteils die *Interrupts* zugelassen.

Bild 4-125 zeigt den Eingabeteil der ISR. Das eingelesene Zeichen wird mit Hilfe des Zeigers INDEX in die Tabelle ASC_TAB übertragen. Vor Abschluß der ISR wird INDEX für den nächsten Eingabe-*Interrupt* dieser Schnittstelle inkrementiert. Der BTST-Befehl prüft den Status des Eingaberegisters von Kanal 1. Damit wird er vorrangig vor der Ausgabe mit Kanal 2 behandelt. Sind sowohl ES1 als auch AS2 gesetzt, so wird zunächst die Eingabe behandelt und mit RTE beendet. Das IRQ-Bit bleibt aber wegen AS2 = 1 weiter gesetzt (s. Gl. 4.5), so daß sofort die Unterbrechung zur Behandlung der Ausgabe angefordert wird.

```
*****************************************************************
*                 Interruptserviceroutine (ISR)                 *
*                 nur die Eingabe ist realisiert!               *
*****************************************************************

ISR_SERIELL MOVEM.L A1/A0/D0,-(SP) Arbeitsregisterinhalte retten
        LEA     SER_EA,A0          Bausteinadresse holen
        BTST    #1,STATUS(A0)      Eingabe Kanal 1?
        BEQ.S   AUSGABE
        LEA     ASC_TAB,A1         Tabellenadresse
        MOVE.W  INDEX,D0           Index für Tabellenzugriff
        MOVE.B  EIN_REG_1(A0),0(A1,D0.W) Daten in Speicher, löscht IRQ
        ADDQ.W  #1,INDEX           für nächsten Interrupt
        BRA.S   RETURN             Ende Eingabe

AUSGABE NOP                        Programmcode Ausgabe

RETURN  MOVEM.L (SP)+,D0/A0/A1     Arbeitsregisterinhalte holen
        RTE

********************************************
*              Datenbereich                *
********************************************

INDEX   DS.W    1
ASC_TAB DS.B    400
```

Bild 4-125: *Interrupt*-Serviceroutine für den Seriellen E/A-Baustein, die Symbole sind wie in Bild 4-124 definiert

Das angegebene Beispiel ist sehr einfach; Ein-/Ausgaben mit Hilfe von Unterbrechungsanforderungen werden sehr viel eleganter mit tabellengesteuerten Treibern für die einzelnen Geräte durchgeführt. Kapitel 8 *Datenein-/-ausgabe* enthält zwei solche Beispiele für den hier behandelten Baustein.

Bild 4-126 zeigt einen Schaltungsauszug mit zwei E/A-Bausteinen (ein serieller, ein paralleler), die eine Vektornummer zur Verfügung stellen können und Unterbrechungen verschiedener Ebenen erzeugen. Der Prioritätsencoder (Funktion in 4.3.3.3 *Interruptmaskenbits* beschrieben) selektiert bei gleichzeitiger Anforderung von beiden Bausteinen den der höheren Prioritätsebene 4, also den Parallelbaustein.

Ebenso wie beim normalen Busverkehr (READ/WRITE) müssen die Bausteine im IACK-Zyklus selektiert werden; andernfalls könnten bei gleichzeitiger Anforderung beide ihre Vektornummer auf den Datenbus legen.

Der 3 zu 8-Dekoder setzt den Ausgang auf *Low*, dessen Code auf A3-A1 anliegt. Damit dieses Signal nur während des IACK-Zyklus abgegeben wird, sind die Aktivierungseingänge E1 mit den FC-Leitungen über das Dreifach-NAND und E2 mit $\overline{AS}$ verbunden. Der E/A-Baustein erkennt durch das Eingangssignal IACK = *low*, daß seine Anforderung akzeptiert wurde; er legt die (zuvor) programmierte Vektornummer auf den Datenbus und erklärt sie mit $\overline{DTACK}$ für gültig. Der Buslesezyklus wird wie üblich beendet. **Während des IACK-Zyklus wird der Baustein nicht über den CS-Anschluß selektiert!**

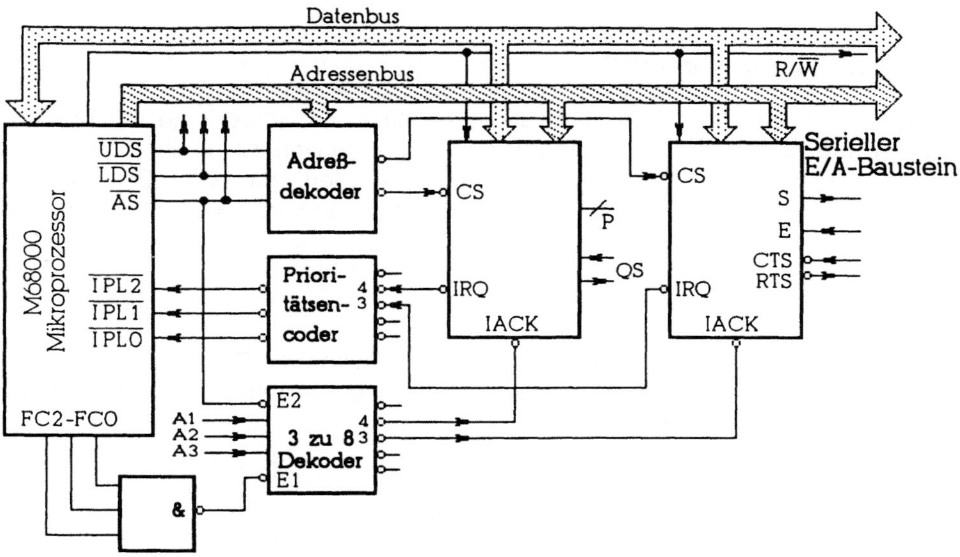

Bild 4-126: Schaltungsbeispiel (Auszug) für 2 E/A-Bausteine mit Vektor*interrupt* in verschiedenen Prioritätsebenen; CTS, RTS - Quittungssignalanschlüsse; E1, E2 - *Enable*eingänge; QS - Quittungssignalleitungen; P - Parallelein-/-ausgänge; S - serieller Ausgang; E - serieller Eingang; $\overline{DTACK}$-Anschlüsse und -Leitung sind weggelassen

Vorteile der Nichtautovektoriellen Unterbrechung (sog. Vektor*interrupt*):

- Es können mehrere Bausteine auf einer Prioritätsebene Unterbrechungen anfordern (s. 4.9.6 *Zusammentreffen mehrerer Unterbrechungsanforderungen*) und durch verschiedene ISRs bedient werden.
- Das System kann für einen Ein-/Ausgabebaustein mehrere ISRs zur Verfügung stellen. Je nach Aufgabe werden seine Steuer- und das Vektorregister geladen.
- Der Anwender kann gerätespezifische ISRs schreiben und spezielle Funktionen anfordern, die in der Standardeinstellung des Systems nicht vorgesehen, vom Baustein und dem angeschlossenen Gerät aber möglich sind. Dies widerspricht nur scheinbar der Forderung, daß das System die *Resourcen* verwalten soll: Es wird ihm mitgeteilt, welche Routine für welche

E/A-Schnittstelle zur Verfügung steht. Da die Ein-/Ausgabe ebenfalls vom System angefordert wird, kann es die abweichende Programmierung und ISR für jeweils eine Ein- bzw. Ausgabe aktivieren. Nach Abschluß oder bei Programmabsturz wird der Normalzustand der Schnittstelle wieder hergestellt.

Falls der Baustein nur eine Vektornummer abgeben kann, aber über mehrere IRQ-Quellen verfügt, muß die auslösende Quelle per *Software-Polling* ermittelt werden (s. 4.9.6).

4.9.5.3 Anwender-ISR

Es gibt Systeme, die es dem Anwender ermöglichen, selbst eine ISR bereitzustellen, die genau auf seine Applikation zugeschnitten ist. In ihr können Betriebsmodi des Peripheriebausteins genutzt werden, die vom System nicht unterstützt werden. Insbesondere bei der Ansteuerung von Meßaufbauten über parallele Schnittstellen kann es sich als nützlich erweisen, wenn man selbst unmittelbaren Zugriff auf alle Bits der Schnittstelle hat.

Es sind folgende Schritte erforderlich:

- Umlenkung des Ausnahmevektors auf die Anwender-ISR,
- Zugriff auf den Baustein zur Programmierung (anwendungsspezifische Initialisierung) und für E/A-Operationen,
- Freigabe des Vektors nach Abschluß.

```
****************************************************
*          Beispiel Umlenken eines Vektors         *
****************************************************

ISR_VEK_NR EQU $54       Vektornummer
SETEXC     EQU 5         Parameter "Vektorumlenken" des TRAP-Aufrufs

ISR_ANWD   EQU $7800     Adresse der Anwender-ISR

UMLENK  MOVE.L #ISR_ANWD,-(SP)  Parameter: Startadresse der ISR
        MOVE.W #ISR_VEK_NR,-(SP)           Vektornummer
        MOVE.W #SETEXC,-(SP)    Funktion : Vektor umlenken
        TRAP   #13              BIOS-TRAPhandler des ATARI-TOS
        ADDQ.L #8,SP            Stapelzeiger korrigieren
        MOVE.L A0,ALT_VEKTOR    bisherigen Vektor retten für
*                               spätere Rückgabe
        RTS
ALT_VEKTOR DS.L 1               Speicherplatz für bisherigen Vektor
```

Bild 4-127: Umlenken eines Ausnahmevektors

Die Liste in **Bild 4-127** zeigt die Realisierung des ersten Schrittes auf einem ATARI-Rechner mit TOS-Betriebssystem. Das Umlenken des Vektors ist eine Aufgabe des Betriebssystems, die über den TRAP-*Handler* 13 (*Basic Input Output System*) angefordert wird. SETEXC (*Set Exception Vector*) ist der Parameter für diese Funktion, Vektornummer und Startadresse sind Parameter zur Funktion. Der bisherige Vektor muß für die spätere Freigabe vom Anwender gerettet werden.

Die ISR zur Bearbeitung der einzelnen Unterbrechungsanforderungen kann prinzipiell so aufgebaut sein wie in dem einfachen Beispiel im vorangegangenen Abschnitt gezeigt. Die Freigabe des Vektors muß wieder mit einem TRAP-Aufruf erfolgen.

Bei näherer Betrachtung zeigt sich, daß dieses Verfahren für eine *Multitasking*-Umgebung zu unsicher ist: Die ISR wird im Überwachungsmodus bearbeitet; der Anwender hat temporär vollen Systemzugriff (Hard- und Software).

Systeme, in denen Sicherheit eine hohe Priorität hat, lassen häufig nicht zu, daß der Anwender ISRs (oder auch TRAP-*Handler*) bereitstellt. Sie gestatten dann aber häufig, (fast) alle Varianten der Schnittstellenprogrammierung anzufordern, die der Bausteinhersteller vorgesehen hat (TRAP-Aufruf mit entsprechenden Parametern).

Es sind aber auch Systeme möglich, die Anwender-ISRs zulassen und dennoch sicher sind:

- Der Baustein muß für die Dauer der Umlenkung in den Adreßbereich des Anwenders abgebildet werden (MMU).
- Die ISR darf bei Eintritt einer Unterbrechungsausnahme nicht unmittelbar über die Vektoradresse *angesprungen* werden. Der unter der Vektoradresse gespeicherte Vektor führt zu einer Systemroutine, die das S-Bit des SR löscht und die ISR im Anwendermodus aufruft. An deren Ende muß die Kontrolle an das System zurückgegeben werden (TRAP), das den *Interrupt* mit RTE abschließt.

4.9.5.4 Autovektorielle Unterbrechung

Nicht alle E/A-Bausteine sind in der Lage, Vektornummern zur Verfügung zu stellen. In diesen Fällen wird die ISR über einen vom Prozessor bereitgestellten Autovektor gestartet. Jede Prioritätsebene verfügt über einen Autovektor (Nummern 25 bis 31 in Tabelle 4-8).

Beim Einleiten des IACK-Zyklus weiß der Prozessor noch nicht, ob vom Anforderer eine Vektornummer zur Verfügung gestellt wird. Da dies von der Hardware, nämlich dem eingesetzten Baustein, abhängt, muß die externe Schaltung dem Prozessor mitteilen, ob er die Vektornummern über den Datenbus erhält, oder ob er sie intern anhand der Prioritätsebene automatisch erzeugen muß. Ist eine automatische Vektornummererzeugung erforderlich, so wird dem Prozessor während des IACK-Zyklus statt des $\overline{\text{DTACK}}$-Signals vom E/A-Baustein das $\overline{\text{VPA}}$-Signal (*Valid Peripheral Address*) von einer Zusatzschaltung zur Verfügung gestellt.

An $\overline{VPA}$ = *low* erkennt er, daß sich ein Synchroner Baustein gemeldet hat, der keine Vektornummer liefern kann. Er beendet selbst den Buszyklus, wie in 4.8.2.5 *Synchrone Buszyklen des M68000* beschrieben, ohne allerdings eine Vektornummer vom Datenbus zu lesen (**Bild 4-128**), erzeugt intern die der Unterbrechungsebene zugeordnete Nummer und holt sich die Startadresse der ISR über die zugeordnete Vektoradresse (Autovektor).

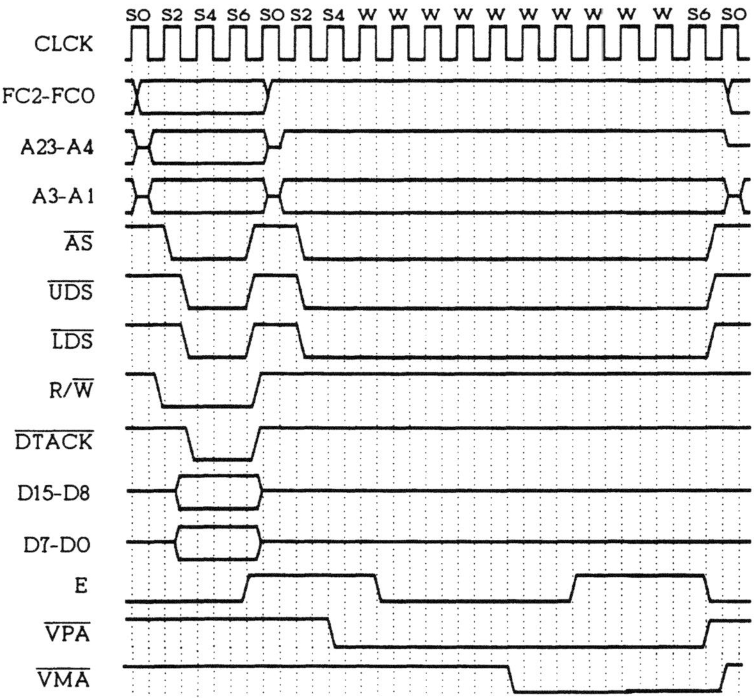

Bild 4-128: IACK-Zyklus bei Autovektor

Die Schaltung **Bild 4-129** zeigt einen Synchronen Peripherie*controller* in einem System mit dem M68000. Der Prozessor muß sowohl den normalen Datenverkehr bei Synchronen Buszyklen abwickeln als auch die Vektornummer zur Verfügung stellen.

$\overline{VPA}$ wird aktiviert (= *low*), wenn

- der *Controller* in einem normalen Schreib- oder Lesezyklus adressiert ist (der Adressendekoder wertet die Adreßbits, $\overline{AS}$ und FC2-FC0 = 101 [Systemdatenbereich] aus)
- während des IACK-Zyklus FC2-FC0 = 111, A3-A1 = 100 (Prioritätsebene) und A23-A4 alle logisch 1 sind.

Es werden 2 Ausgänge am Adressendekoder benötigt; der Baustein muß während des IACK-Zyklus inaktiv bleiben, CS0 darf in dieser Phase nicht gesetzt werden.

Hinweis: Der *Interupt-Request* des E/A-*Controllers* muß per Software in der ISR gelöscht werden, sonst wird nach dem RTE sofort wieder angefordert.

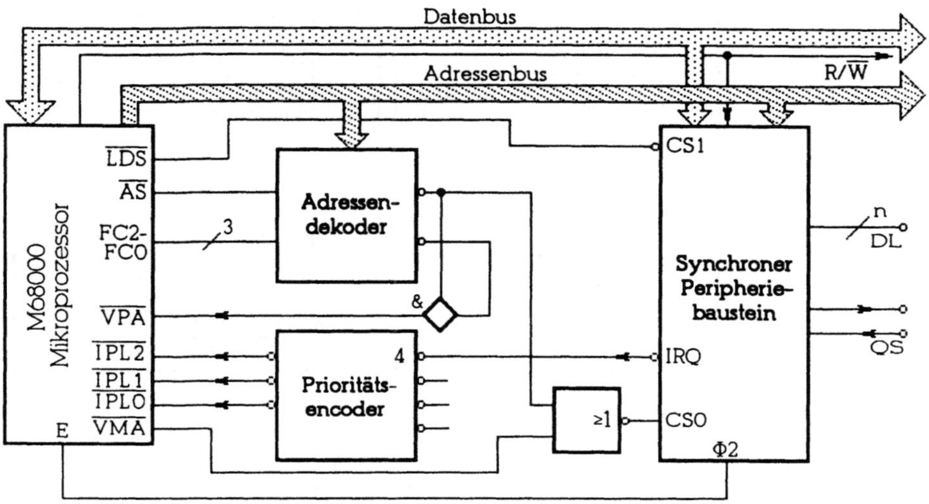

Bild 4-129: Schaltungsbeispiel Synchroner Peripherie-*controller* ohne vektoriellen *Interrupt*; QS - Quittungssignalleitungen; DL - Datenleitungen

4.9.6 Zusammentreffen mehrerer Unterbrechungsanforderungen

Da die einzelnen Unterbrechungsanforderungen unabhängig voneinander sind, kommt es vor, daß mehrere gleichzeitig gestellt werden. In diesem Fall muß gewährleistet sein, daß die Verarbeitung in einer definierten Reihenfolge durchgeführt wird. Liegen weniger als 8 Anforderungsquellen vor, so kann man jeder Quelle eine Ebene zuordnen; der Prozessor verarbeitet dann nach Prioritäten. Hiervon sind wir im vorangegangenen Abschnitt ausgegangen.

Liegen (viel) mehr als 7 Quellen vor, so werden die Anforderungen ebenfalls prioritätsgesteuert bearbeitet. Man muß dann die (internen) Ebenen um Mechanismen erweitern (per Hard- und/oder Software), die innerhalb einer Ebene weitere Prioritäten setzen.

Bild 4-130 zeigt eine komplexes System mit extern vektorisierten Anforderungen und Autovektor-*Interrupts*. In einer Ebene sind nur Anforderungen einer Gruppe vertreten. Ebene 1 bedient nur *Controller* mit Autovektoranforderung, Ebene 6 nur solche mit vektorisierten (Nichtautovektor-) *Interrupts*. Die übrigen werden aus Gründen der Übersichtlichkeit nicht betrachtet.

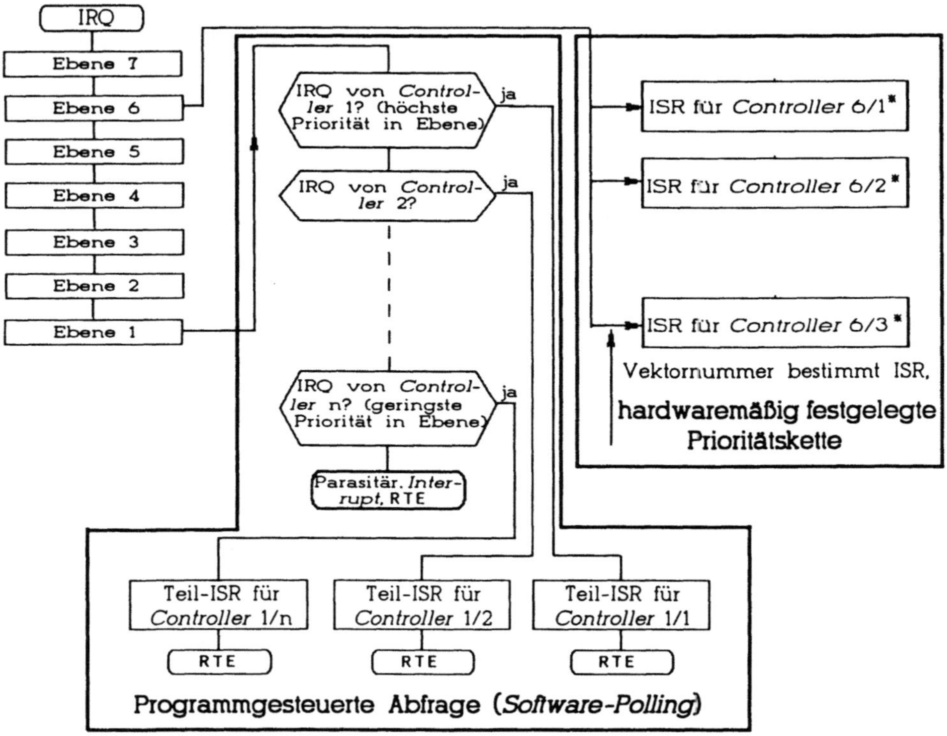

Bild 4-130: System mit mehreren externen Vektor- oder mit mehreren Autovektorunterbrechungsanforderungen je Ebene; * - schließt mit RTE ab; *Controller* 1/2 - *Controller* 2 der Ebene 1

Wir nehmen an, es läge eine Unterbrechungsanforderung der Ebene 1 vor, also eine Autovektoranforderung. Der Prozessor hat hierfür nur einen Vektor (Autovektor Ebene 1, Nummer 25) mit der Adresse der ISR zur Verfügung. Da mehrere Bausteine Anforderungen in dieser Ebene stellen können, wird in der ISR durch programmgesteuertes Abfragen der einzelnen Quellen (***Software-Polling***) der Verursacher festgestellt. Man hat ihn lokalisiert, wenn die Abfrage zeigt, daß sein *Interrupt*-Bit im Statusregister (beispielsweise Bit IRQ in Bild 4-123 A) gesetzt ist. Die ISR verzweigt dann in den hierfür vorgesehenen Programmteil (Teil-ISR für den speziellen *Controller*), der mit RTE abschließt.

Die programmgesteuerte Abfrage der einzelnen Bausteine erfordert eine Reihe von Befehlen und Datentransporten. Die Reihenfolge der Abfrage bestimmt die Priorität (**durch Software festgelegte Priorität**), für die Lokalisierung des letzten Bausteins werden erheblich mehr Befehle und Buszyklen benötigt als für den ersten. Die Reaktionszeit wird umso größer, je weiter der Baustein in der Abfragekette vom Anfang weg liegt. Dies ist ein gravierender Nachteil, der den System*designer* veranlaßt, *Software-Polling* zu vermeiden. Im Prinzip werden synchrone Bausteine nicht verwendet, wenn gleichwertige *Controller* mit Vektorregister verfügbar sind. Ist der Einsatz aber aufgrund spezieller Eigenschaften erforderlich, so wird man bestrebt sein, ihn allein in einer Ebene anzusiedeln, um das *Polling* zu vermeiden.

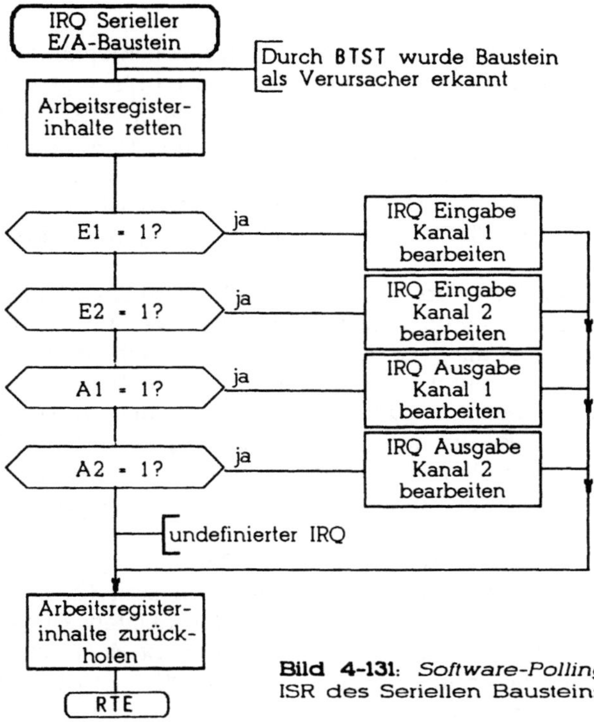

Bild 4-131: *Software-Polling* innerhalb der ISR des Seriellen Bausteins

Hat der einzelne im *Software-Polling* betriebene Baustein selbst mehrere mögliche *Interrupt*-Quellen, so muß innerhalb der ISR, ebenfalls durch programmgesteuerte Abfrage, ermittelt werden, welche die Anforderung ausgelöst hat. **Bild 4-131** zeigt das grobe Flußdiagramm für einen Baustein ähnlich dem in Bild 4-123, der aber im Gegensatz zu diesem keine Vektornummer abgeben kann und nicht über einen IACK-Eingang verfügt. Innerhalb des Bausteins ist die Prioritätsfolge E1, E2, A1, A2. Vorsichtshalber ist auch der Fall abgehandelt, daß das IRQ-Bit gesetzt ist, obwohl kein Ein- oder Ausgabestatusbit = 1 ist; dies kann im Prinzip nicht vorkommen (s. Gl. 4.5).

Im rechten Teil von Bild 4-130 sind mehrere E/A-Bausteine vertreten, die einen vektorisierten *Interrupt* der Prioritätsebene 6 anmelden können. Im IACK-Zyklus geben sie **verschiedene Vektornummern** ab, die über die Vektortabelle im RAM zu den verschiedenen ISRs führen.

Ein Baustein nach Bild 4-123 mit mehreren *Interrupt*-Quellen, der nur eine Vektornummer bereitstellen kann, muß innerhalb der ISR ebenfalls ein *Software-Polling* durchführen, um den Verursacher festzustellen. Es gibt aber auch Bausteine, die mehrere Vektornummern zur Verfügung stellen können.

Hardwaremäßig festgelegte Prioritätskette

Bild 4-126 zeigt eine Schaltung zur Behandlung von Nichtautovektor-*Interrupts* in verschiedenen Prioritätsebenen. Dort wird das Problem gleichzeitiger Anforderungen mit Hilfe des Prioritätsencoders gelöst. Durch Auswertung des Codes der akzeptierten Prioritätsebene auf den Adreßleitungen A3-A1 wird bei gleichzeitiger Anforderung nur dem Baustein mit der höheren Priorität die Berechtigung ($\overline{\text{IACK}}$ = *low*) zugeteilt. Das gezeigte Verfahren ist nicht anwendbar bei mehreren vektorisierten (Nichtautovektor-) Anforderungen in **einer** Ebene.

Auch in diesem Fall leitet der Prozessor nach dem Eintreffen einer Anforderung die Ausnahme ein; er hat damit alles getan, was für die Anforderung innerhalb einer Ebene möglich ist. Eine weitere Unterscheidung zwischen mehreren Anforderern kann nur prozessorextern erfolgen (Hardware). Würde man die Bausteine einer Ebene mit derselben $\overline{\text{IACK}}$-Leitung verbinden, so fühlten sich alle, die einen *Interrupt* angemeldet haben, gleichzeitig aufgefordert, die Vektornummer bereitzustellen. Die Hardware muß sicherstellen, daß nur ein Baustein angesprochen wird, der den IACK-Zyklus korrekt abschließt.

Bild 4-132 zeigt eine Lösungsmöglichkeit mit Bausteinen, die für eine hardwaremäßige Verkettung (*Daisy Chaining*) vorgesehen sind (z. B. der Peripherie*controller* 68901). Sie verfügen über je einen *low*-aktiven Eingang IAIN (*Interrupt* ***A****cknowledge* ***IN***) und Ausgang IAOUT (*Interrupt* ***A****cknowledge* ***OUT***), die nach Art einer Kette verknüpft werden, indem IAOUT mit dem IAIN des nächsten Bausteins verbunden wird. Das IAIN des ersten Bausteins der Kette wird auf *Low* gelegt, der Ausgang IAOUT des letzten bleibt offen (nur 2 sind gezeichnet). IAOUT liegt normalerweise auf *High*. IACK liegt an allen Bausteinen an und ermöglicht jedem, den IACK-Zyklus abzuschließen.

Baustein 1 hat die höchste Priorität. Hat er die Unterbrechungsanforderung ausgelöst, so legt er die Vektornummer auf den Datenbus und quittiert mit DTACK. IAOUT bleibt *high* und schließt damit alle nachfolgenden Bausteine der Kette aus. Hat er selbst keine Anforderung gestellt, so setzt er IAOUT = *low*. Bis zum Abschluß des Zyklus (IACK = *nicht wahr*, *high* am Ausgang IACK4 der CS- und IACK-Logik) bleibt IAOUT = *low*, der Baustein behält unabhängig von einer zwischenzeitlich eintretenden *Interrupt*-Kondition den Zustand bei und bricht bei abgegebener Priorität nicht mehr in den laufenden Zyklus ein.

Bedingt durch die Durchlaufzeiten der Kette werden die Quellen im Prinzip ebenfalls seriell abgefragt, wenn auch wesentlich schneller als per Software. Das in Bild 4-130 gezeigte Diagramm ist für die Hardwareseite insofern nicht ganz korrekt. Es gilt aber für das Beispiel in **Bild 4-133**, in dem eine parallele Quellenauswertung erfolgt (eine ähnliche Schaltung ist in [7] zu finden).

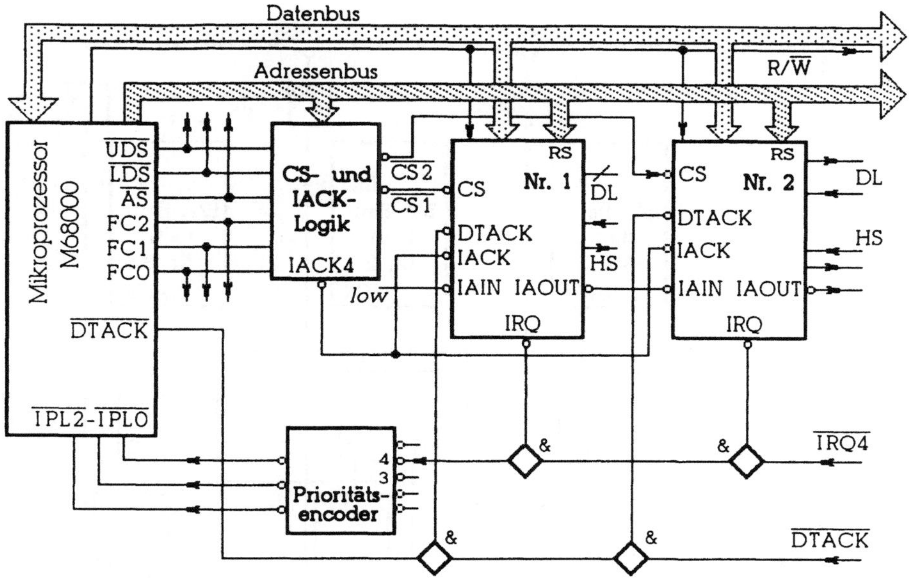

Bild 4-132: *Daisy Chain*-Prioritätskette; Nr. 1, 2 - E/A-Baustein 1, 2; DL - Datenleitungen; HS - Quittungssignale

Es zeigt eine Schaltung, die ein *Daisy Chaining* für buskompatible E/A-Bausteine ohne IAIN/IAOUT-Anschlüsse ermöglicht. Solange kein IACK-Zyklus ausgeführt wird. werden die D-Flipflops gesetzt und kein E/A-Baustein erhält ein IACK-Signal. Ein IRQ von Baustein Nr. 1 legt den D-Eingang der Flipflops und damit der IACK-Eingänge von Baustein Nr. 2 und 3, nach dem Takt durch IACK6 ⟶ *low* auf *High*. Ein möglicherweise von diesen angemeldeter IRQ wird damit im laufenden IACK-Zyklus nicht quittiert. Baustein Nr. 1 hat Priorität vor Nr. 2 und 3, ebenso hat Nr. 2 Priorität vor Nr. 3. Haben die drei Gatter vor den D-Eingängen der Flipflops gleiche Laufzeit, so wird der Zustand der IRQ-Leitungen der drei Bausteine zu exakt demselben Zeitpunkt ausgewertet.

Hinweis: Die Schaltung ist nicht ganz sicher. Erfolgen IRQ eines Bausteins mit höherer Priorität und IACK für einen vorangegangenen IRQ eines Bausteins mit niedrigerer Priorität **asynchron**, so kann der Fall eintreten, daß die *Setup Time* und die *Hold Time* der Flipflops nicht eingehalten werden. Die Flipflops können in den **metastabilen Zustand** kommen, und es nicht vorhersehbar, ob der Ausgang Q *high* oder *low* wird. Dann kann der Fall eintreten, daß beiden Bausteinen das IACK-Signal zugeführt wird und beide ihre Vektornummer auf den Datenbus legen. Die Schaltung ist aber einsetzbar, wenn die *Con-*

troller mit dem Prozessortakt in der Weise phasenstarr gekoppelt sind, daß IRQ nicht zu Zeiten gesetzt wird, die zu Problemen mit der *Setup*- bzw. *Hold Time* führen.

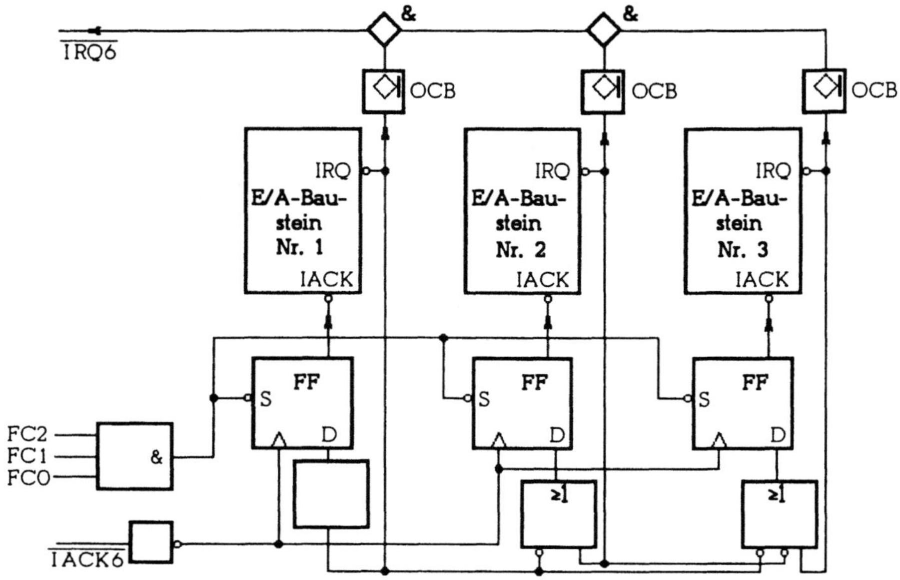

Bild 4-133: *Daisy Chain* für E/A-Bausteine ohne Verkettungsein- und -ausgang; FF - Flipflop; OCB - *Open Collector Buffer*; ◇& *Wired* AND; die übrigen Anschlüsse der E/A-Bausteine sind weggelassen

Einer kleinen Erörterung ist die Frage wert, bis zu welchem Zeitpunkt Unterbrechungsanforderungen höherer Priorität innerhalb einer Ebene noch berücksichtigt werden.

- Beim reinen *Software-Polling* wird ein Baustein, dessen Statusbyte bei der Abfrage IRQ = 0 zeigt, nicht mehr berücksichtigt, bis die Hardwarepriorität des Prozessors herabgesetzt wird.
- Beim *Daisy Chaining* mit Bausteinen, die über einen IAIN- und IAOUT-Anschluß verfügen, wird der IRQ eines Bausteins, der den IACK-Zyklus abgegeben hat, auch erst nach der Herabsetzung der Prozessorpriorität akzeptiert.
- Bei der Schaltung nach Bild 4-133 muß, wie beschrieben, die *Setup Time* der Flipflops eingehalten werden. Bis zu diesem Zeitpunkt darf ein Baustein höherer Priorität in den IACK-Zyklus seiner Ebene einbrechen und ihn für sich übernehmen. Bis zum Abschluß der *Hold Time* darf keine Änderung am D-Eingang der Flipflops erfolgen, und Anforderungen, die danach eintreffen, werden, wie zuvor, erst nach Herabsetzung der Hardwarepriorität des Prozessors angenommen.

In allen drei Fällen kann ein IRQ höherer Priorität, aber gleicher Prioritätsebene, den eingeleiteten IACK-Zyklus bis zu einem bestimmten Zeitpunkt übernehmen. Eine danach auftretende Anforderung höherer Priorität in dieser Ebene wird erst nach Herabsetzen der Hardwarepriorität, i. a. also nach Abschluß der laufenden ISR mit RTE, bedient!

4.9.7 Nicht initialisierte Unterbrechungsanforderung

Die Vektornummer, mit der ein Baustein den IACK-Zyklus quittiert, muß zuvor per Instruktion in das Bausteinvektorregister geschrieben werden, z. B. während der Initialisierungsphase des Systems.

Nach einem *Reset* steht das Vektorregister von E/A-Bausteinen, die buskompatibel zum M68000 sind, auf der Nummer $0F. Wird sie in einem IACK-Zyklus abgegeben, so wird dies als Fehler angesehen und führt zur Ausnahme *Nicht initialisierter Interrupt* (Vektornummer 15), für die das System eine Routine zur Verfügung stellen muß. Diese sich nach dem Einschalten ergebende Vektornummer sollte also immer geändert werden, bevor der Baustein den ersten IRQ auslöst.

4.9.8 Busfehlerausnahme

Bisher wurde stillschweigend die Voraussetzung gemacht, daß der Datentransfer zwischen Prozessor und Speicher oder E/A-Baustein ordnungsgemäß abläuft. Der Quittungsbetrieb auf dem Asynchronen Bus läßt aber die Möglichkeit zu, daß der angesprochene Baustein nicht antwortet, also das Quittungssignal $\overline{\text{DTACK}}$ nicht zur Verfügung stellt. Solche Fehler werden Busfehler genannt. Beispiele:

- Die angesprochene Adresse ist nicht belegt.
- Die angesprochene Adresse ist durch Dekodierung von der Verwendung ausgeschlossen, z. B. wenn ein Anwender auf Adressen zugreifen will, die mit Hilfe der *Function Code*-Leitungen dem System zugewiesen sind.
- Ein PROM gibt kein $\overline{\text{DTACK}}$ auf eine WRITE-Anweisung.

In Bild 4-95 wurde gezeigt, daß der Prozessor bis zum Eintreffen des Quittungssignals Wartezyklen einlegt. Der Busfehler wird durch ein Zeitglied (*Timer*, auch *Watchdog Timer* in diesem Zusammenhang) ausgelöst, das zu Beginn eines jeden Buszyklus gestartet wird. Es legt den $\overline{\text{BERR}}$-Eingang des Prozessors auf *Low*, wenn es nicht innerhalb einer festgelegten Zeitspanne durch das Quittungssignal $\overline{\text{DTACK}}$ zurückgesetzt wird und signalisiert ihm damit von außen, daß er den Zyklus beenden soll (Rücknahme der *Strobe*-Signale). Der Prozessor leitet die Busfehlerausnahme ein (Vektornr. 2), die zur Busfehler-ASR führt, die den Fehler beheben muß. **Bild 4-134** zeigt eine Schaltung, in der ein Zähler zur Auslösung eingesetzt wird; in der Praxis verbirgt sich hinter dem Zähler eine etwas aufwendigere Schaltung mit einem programmierbaren Register zur Speicherung des *Timeout*-Wertes.

Durch $\overline{AS}$ ⟶ *low* ($\overline{DTACK}$ ist *high* zu diesem Zeitpunkt) wird der CLR-Eingang *high* und somit der Zähler freigegeben. Wird $\overline{DTACK}$ gesetzt, bevor der programmierte Stand erreicht ist, so wird CLR *low* und der Zähler zurückgesetzt; es wird kein Busfehler ausgelöst. Trifft kein Quittungssignal ein ($\overline{DTACK}$ bleibt *high*), so erreicht der Zähler irgendwann den vorprogrammierten Stand und löst über seinen Ausgang Q das Busfehlersignal aus.

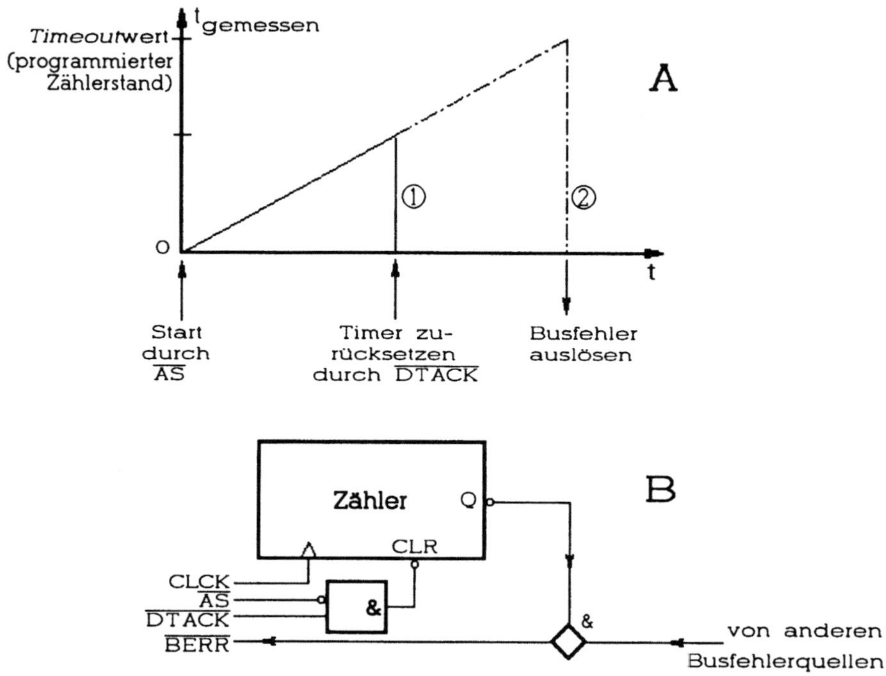

Bild 4-134: Busfehlererzeugung durch Zeitglied; **A** - zeitlicher Verlauf; ① Normalfall, kein Fehler; ② - Fehler durch *Timeout*; **B** - Realisierung; CLR - *Clear*-Eingang; Anschlüsse zur Programmierung sind nicht eingezeichnet

Fehlerhafte Speicherzugriffe können bei der Hereinnahme des ersten oder der weiteren Befehlsworte sowie beim Lesen oder Schreiben der Daten erfolgen. Der einzelne Befehl kann bis zu 5 Worte umfassen. Bei jedem Wort kann der Fehler auftreten, also auch innerhalb eines Befehls. Da angenommen werden muß, daß dieser nicht ordnungsgemäß abgeschlossen werden kann, muß die Busfehlerausnahme **während des Befehls** eingeleitet werden. Busfehler können auch auftreten, wenn **während einer Ausnahme**[23] Prozessorregister auf den

23 Im Zustandsdiagramm Bild 4-107 gekennzeichnet durch die Haltefunktion *Ausnahme höherer Gruppe* des Zustandes Ausnahme

Stapel geschrieben werden oder wenn im IACK-Zyklus die Vektornummer geholt wird, also zu Zeitpunkten, zu denen keine Befehle ausgeführt werden. Dies erfordert eine weitergehende Sicherung der Prozessorumgebung (**Bild 4-135**) als bei den bisher behandelten Ausnahmen.

Beim Befehl TAS (s. Anhang) wird ein Bit im Speicher modifiziert, es sind ein Lese- und ein Schreibzyklus erforderlich; um den Fehler beheben zu können, muß die Busfehlerroutine feststellen können, ob das Bit schon geändert wurde oder nicht. Sie muß also wissen, welcher der beiden Buszyklen fehlerhaft war.

15 14 13 12 11 10 9 8 7 6 5	4	3	2 1 0
	R/$\overline{W}$	**I/N**	***Function-Code***
Zugriffsadresse – höherwertiges Wort			
niederwertiges Wort			
Instruktionsregister			
Statusregister			
Programmzähler – höherwertiges Wort			
niederwertiges Wort			

Bild 4-135: Vom Prozessor automatisch auf den Überwachungsstapel gerettete Umgebung bei einem Bus- oder Adreßfehler (Stapelrahmen); I/N - Instruktion (0) oder nicht (1); R/$\overline{W}$ - READ (1) oder WRITE (0)

Nach Eintreten der Ausnahme wird der laufende Buszyklus abgebrochen: Die MPU ergänzt die fehlenden Phasen und nimmt die *Strobe*-Signale zurück (**Bild 4-136**). Die momentanen Werte von PC und SR werden wie üblich gerettet. (Der PC braucht hierbei nicht auf ein 1. Befehlswort zu zeigen!); darüber hinaus werden

- der Instruktionsregisterinhalt (1. Wort der Instruktion, die den Fehler verursacht hat, bzw. momentaner Inhalt des IR, falls I/N = 1 ist)
- die auslösende Adresse und
- nähere Informationen über die Art des Buszyklus (READ/WRITE, Instruktionsbearbeitung oder nicht, logischer Zustand der Statusleitungen)

gerettet. Als Instruktion wird in diesem Zusammenhang angesehen, wenn der Prozessor sich im Zustand Befehlsbearbeitung oder in der einer Gruppe 2-Ausnahme (s. 4.9.10 *Gleichzeitiges Auftreten mehrerer Ausnahmen*) befindet.

Die Fehlerbehandlungsroutine analysiert die geretteten Daten, um die Adresse des Befehlswortes herauszufinden (I/N-Bit = 0). In den meisten Fällen liegen Programmierfehler vor, die vom System nicht zu beheben sind. Der BERR-*Handler* wird eine Meldung über Adresse und Befehl ausgeben, den Stapel bereinigen und den Prozessor an das Betriebssystem zurückgeben, das den von der *Task* belegten Speicherplatz wieder freigibt.

Wurde der Fehler nicht während einer Instruktionsbearbeitung verursacht (I/N = 1), so muß versucht werden, ihn mit Hilfe der Zugriffsadresse, des *Function Codes* und des R/$\overline{W}$-Bits genau zu analysieren und zu beheben. In jedem Fall müssen vor dem RTE die, verglichen mit anderen Ausnahmen, zusätzlichen Worte vom Stapel genommen werden.

Das Zeitliniendiagramm (Bild 4-136, ①) zeigt, daß das Retten der prozessorinternen Informationen erst beginnt, nachdem das $\overline{BERR}$-Signal wieder auf *High* gesetzt wurde. $\overline{BERR}$ wird von der MPU zeitgleich mit $\overline{DTACK}$ abgefragt. Sind beide gesetzt, wird die Busfehlerausnahme eingeleitet, kommt $\overline{BERR}$ erst später, so wird der Zyklus nicht mehr als fehlerhaft erkannt.

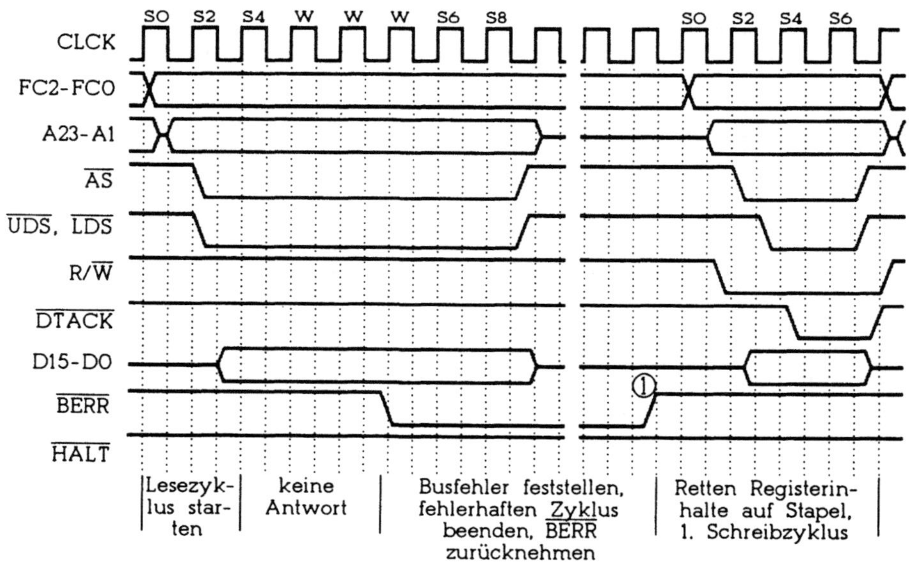

Bild 4-136: Zeitliniendiagramm Busfehler; ① - s. Text

Die Busfehlerausnahme wird aber nicht nur für den Abbruch von Zyklen benötigt, bei denen das Quittungssignal nicht eintrifft. Sie kann auch in den folgenden Fällen eingesetzt werden:

- Ein Speicher mit Paritätsprüfung meldet einen Fehler.
- Ein Speicher mit Fehlerkorrektur (ECC, *Error Correction Code*) meldet einen nicht behebbaren Fehler.
  In beiden Fällen können Schwierigkeiten auftreten, wenn man einen Speicher **ohne Wartezyklen**, aber mit Paritätsprüfung oder Fehlerkorrektur, bauen will. Nach dem Lesen aus dem RAM wird für diese Zusatzfunktionen zusätzliche Zeit benötigt, bevor feststeht, ob der Zyklus fehlerhaft wird.
- In einem System mit virtueller Speicherverwaltung erkennt die MMU, daß die angesprochene Adresse momentan nicht verfügbar ist, so daß das

entsprechende Programmcode- oder Datensegment erst geladen werden muß. Hierauf wird im folgenden eingegangen. In *Multitasking*-Systemen kann auch versucht worden sein, auf den Bereich anderer *Tasks* zuzugreifen.

Bild 4-137 zeigt ein System mit einer MMU (*Memory Management Unit)* und einem Speicher, der über eine Paritätsprüfung verfügt. Die Hardware, die einen Paritätsfehler feststellt, löst einen Busfehler aus. Die MMU sei in diesem Beispiel zur Verwaltung eines virtuellen Speichersystems eingesetzt. Die Adressen am Prozessor sind logische Adressen des Anwenderprogramms oder physikalische Adressen der E/A-Bausteine. Ein System mit virtueller Speicherverwaltung liegt vor, wenn der gesamte Programmcode- und Datenbereich einer *Task* nicht im Arbeitsspeicher präsent sein muß. Dies ist z. B. der Fall, wenn die genannten Bereiche größer sind als der physikalisch vorhandene AS. In *Multitasking*-Systemen gibt es weitere Gründe für eine virtuelle Speicherverwaltung; da die Verhältnisse in diesem Fall außerordentlich kompliziert werden können, wollen wir nicht weiter darauf eingehen.

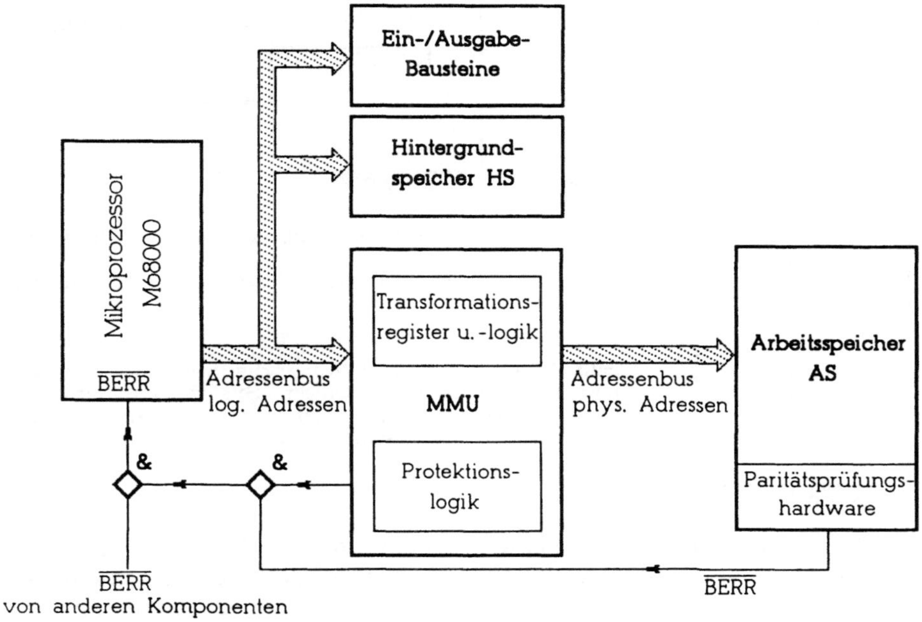

Bild 4-137: Mikroprozessorsystem mit virtuellem Speicher; Datenbus und alle Leitungen des Steuerbusses (außer $\overline{BERR}$) sind nicht eingezeichnet

Bild 4-138 zeigt ein Anwenderprogramm, das 4 MByte ($3E8000) in einem System beansprucht, das nur 1 MByte ($FA000) zur Verfügung stellen kann; am unteren Ende des Adreßbereiches mögen noch weiter 128 kByte ($20000) vom

System belegt sein[24]. Ein solches Programm kann nur bearbeitet werden, wenn der gerade nicht benötigte Teil im Hintergrundspeicher HS bereitgehalten wird.

In dem herausgegriffenen ersten Zustand belegt der Programmcode-/Datenbereich mit den logischen Adressen $C000 - $106000 (= 1MByte) die physikalischen Adressen $20000 - $11A000 (= 1 MByte). Die Transformationsregister der MMU rechnen jede einzelne logische Adresse in eine physikalische Adresse um, in diesem Fall gilt

physikalische Adresse = logische Adresse + $14000

Die Protektionslogik der MMU prüft bei jedem Zugriff, ob die logische Adresse außerhalb des o. a. Bereiches liegt. Erfolgt ein Zugriff auf eine solche Adresse, also z. B. durch `JSR $16CA04`, so meldet sie dem Prozessor über den $\overline{BERR}$-Eingang, daß der Befehl nicht ausgeführt werden kann, weil die gewünschte Programmadresse nicht im AS enthalten ist.

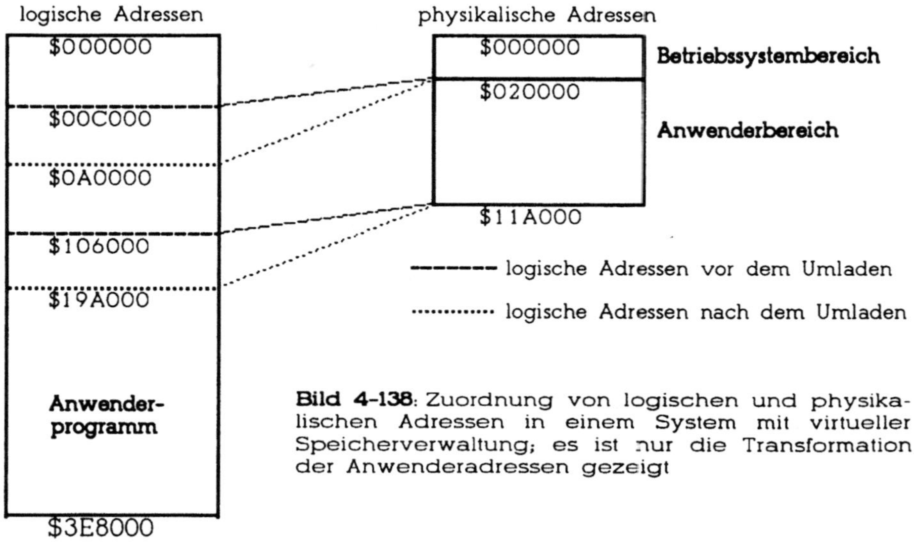

Bild 4-138: Zuordnung von logischen und physikalischen Adressen in einem System mit virtueller Speicherverwaltung; es ist nur die Transformation der Anwenderadressen gezeigt

Der BERR-*Handler* muß das Problem analysieren, und das System veranlassen, den entsprechenden Codeteil aus dem HS in den AS zu laden und dann den Befehl auszuführen. In Bild 4-138 befindet sich nach dem Umladen der logische Adreßbereich $0A0000-$19A000, der das Unterprogramm enthält, im AS. Auf die Gesichtspunkte, nach denen der logische Adreßbereich der nachzuladenden Segmente festgelegt wird, wollen wir nicht eingehen.

Man erkennt an diesem Beispiel, daß der $\overline{BERR}$-Eingang nicht nur zur Behandlung einfacher Zugriffsfehler verwendet (kein DTACK), sondern daß er

24 Die Adressentransformation dieses Teils wollen wir hier nicht betrachten. Ebenso sei dafür gesorgt, daß die MMU beim Ansprechen der E/A-Bausteine und des Hintergrundspeichers durch das System kein $\overline{BERR}$-Signal erzeugt.

auch gezielt für Zwecke der Betriebsmittelverwaltung eingesetzt wird. Da in realen Systemen die Verhältnisse noch sehr viel komplizierter sind, (Trennung von Daten- und Programmcodebereichen, System- und Anwenderstapel müssen immer verfügbar sein, durch den Programmablauf modifizierte Datensegmente müssen auf den HS zurückgeschrieben werden, *Multitasking*-Umgebung usw.) gehört die Programmierung einer funktionierenden Busfehlerroutine und ihre Einbindung in das Betriebssystem zu den schwierigsten Aufgaben in einem M68000-System. Die Nachfolgeprozessoren M68010, M68020 und M68030 schreiben bei Busfehlern noch mehr Informationen auf den Stapel, erleichtern damit die Analyse und unterstützen die Verwaltung eines virtuellen Speichers besser.

In einigen Fällen genügt es, den Buszyklus zu wiederholen. Um dies möglichst schnell verwirklichen zu können, wurde hardwaremäßig der *Re-Run*-Zyklus vorgesehen, für den ein spezielles Zeitliniendiagramm gilt [4]: Gleichzeitig mit dem $\overline{\text{BERR}}$- wird der $\overline{\text{HALT}}$-Anschluß auf *Low* gelegt. Wenn $\overline{\text{HALT}}$ mindestens einen Taktzyklus vor $\overline{\text{BERR}}$ wieder auf *High* geht, wiederholt der Prozessor automatisch den fehlerhaften Buszyklus (Wiederholung, keine Weiterführung!).

4.9.9 Adreßfehlerausnahme

Adreßfehler erkennt der Prozessor, wenn ein Wortzugriff (READ oder WRITE, Daten oder Programm) oder ein Langwortzugriff auf eine ungerade Adresse durchgeführt werden soll. Er erzeugt die Vektornummer 3 und leitet die Adreßfehlerausnahme ein. Der Zugriffsfehler kann ebenfalls innerhalb eines Befehlszyklus oder während einer Ausnahme auftreten, so daß zur Fehlerbehandlung der gleiche erweiterte Stapelrahmen gilt wie bei der Busfehlerausnahme (Bild 4-135). Man kann den Adreßfehler als intern erzeugten Busfehler ansehen, bei dem statt der Vektornummer 2 die Nummer 3 erzeugt wird.

4.9.10 Gleichzeitiges Auftreten mehrerer Ausnahmen

Ausnahmezustände wurden bisher im wesentlichen als Einzelereignisse behandelt. Es sei noch einmal daran erinnert, daß eine Ausnahme zu dem Zeitpunkt endet, zu dem der Prozessor in den Zustand Befehlsbearbeitung zurückkehrt, indem er die erste Anweisung der ASR ausführt. Lediglich bei Unterbrechungsanforderungen haben wir bisher Fälle betrachtet, in denen zu einem Zeitpunkt mehr als eine Anforderung auftrat.

IRQs gleicher Prioritätsebene werden nacheinander bearbeitet; sie werden entweder durch *Software Polling* oder durch externe Hardware unterschieden. IRQs verschiedener Prioritätsebenen werden erst wieder unterschieden, wenn der Prozessor in den Zustand Befehlsbearbeitung zurückgekehrt ist. In diesem wird für eine neu auftretende Anforderung höherer Prioritätsebene als die aktuelle Hardwarepriorität des Prozessors eine Ausnahme eingeleitet (s. 4.3.3.3 *Interruptmaskenbits*). **Während einer Ausnahme wird keine weitere Unterbrechungsanforderung bedient, auch keine höherer Ebene!**

Gruppe	Ausnahme	Verarbeitungsbeginn
0	*Reset* Adreßfehler Busfehler	innerhalb von 2 Taktzyklen
1	*Trace*	s. Text
	Unterbrechungs-anforderung	vor Ausführung der nächsten Instruktion
	* Illegale Instruktion * Nicht implementierter Befehl * Privilegverletzung	
2	# TRAP, TRAPV, CHK # Division durch Null	wird durch die Bearbeitung des entsprechenden Befehls eingeleitet

Tabelle 4-9: Gruppeneinteilung und Prioritäten der Ausnahmen; * - untereinander gleichwertig, sie erzeugen eine Ausnahme, wenn sie als nächste auszuführende Anweisung erkannt werden; # - untereinander gleichwertig

Es sind aber einige Fälle denkbar, in denen **während einer Ausnahme** eine andere eingeleitet wird, z. B. wenn der Vektor einer Unterbrechungsanforderung auf eine ungerade Adresse zeigt: Der Vektor muß auf einen Befehl zeigen, der an einer Wortgrenze beginnt, so daß der Prozessor einen Adreßfehler erkennt. Zwei weitere Beispiele wurden in 4.9.3 *Busfehler-Ausnahme* angegeben. **Tabelle 4-9** zeigt die Einteilung der Ausnahmen in Gruppen und Prioritäten. Die Priorisierung der Ausnahmen erlaubt, sie in der Reihenfolge der Bedeutung für das Gesamtsystem zu bearbeiten. In dem o. a. Beispiel kann die Unterbrechungsausnahme nicht korrekt behandelt werden, die Adreßfehlerausnahme muß vorrangig ablaufen.

Die Einteilung in Gruppen erfolgt nach dem **Zeitpunkt**, zu dem die Ausnahme eingeleitet wird. In den Gruppen 2 und 3 wird sie durch den Befehl selbst begonnen: `TRAP #4` führt zu einer `TRAP`-*Exception*, eine Division durch Null bei den Befehlen `DIVS` oder `DIVU` erzwingt eine entsprechende Ausnahme. Da zu einem Zeitpunkt nur ein Befehl ausgeführt werden kann, sind alle Ausnahmen innerhalb dieser Gruppe untereinander gleichwertig.

In Gruppe 1 wird die Ausnahme vor Ausführung des nächsten Befehls eingeleitet. Eine Privilegverletzung oder ein Nicht implementierter oder Illegaler Befehl werden erkannt, bevor mit der Bearbeitung begonnen wird. Da zu einem Zeitpunkt nur ein Befehl ausgeführt werden kann, sind auch diese drei Ausnahmen untereinander gleichwertig. Innerhalb der Gruppe 1 hat die *Trace*-

Ausnahme Priorität vor der Unterbrechungsanforderungsausnahme und diese Priorität vor den zuvor genannten[25].

Das in den **Bildern 4-139** (Programmliste), **4-140** (Buszyklen) und **4-141** (Stapelbelegung) dargestellte Beispiel zeigt detailliert den Busverkehr und die Stapelbelegung für den Fall, daß während der Bearbeitung des Befehls `SUB.L D0,WERT` eine Unterbrechungsanforderung der Ebene 4 gestellt wird.

Zur meßtechnischen Erfassung der Details wurde eine spezielle Hardware gebaut, die beim Zugriff auf das 3. Befehlswort von `SUB.L D0,WERT` den IRQ auslöst und die im IACK-Zyklus die Vektornummer `$40` bereitstellen kann. Vor der Bearbeitung des Befehls sind *Trace*- und IRQ-Vektor geladen. Die erste Anweisung des *Trace-Handlers* rettet Registerinhalte, die *Interrupt*-Serviceroutine hat nur die Aufgabe, die Anforderung zu löschen, damit nach dem `RTE` nicht erneut ausgelöst wird; auf weitere Funktionen wurde bei beiden verzichtet, um den Ablauf überschaubar zu halten.

Adresse Befehl Symbol Befehl Kommentar

```
00304C 287C A4A4 A4A4                 MOVEA.L #$A4A4A4A4,A4
*                            .
*                            .        Anwenderprogramm

003052 203C 1234 5678                 MOVE.L #$12345678,D0
003058 91B9 0000 332E        AUSL     SUB.L D0,WERT     <——IRQ
00305E 223C D1D1 D1D1                 MOVE.L #$D1D1D1D1,D1
003064 263C D3D3 D3D3                 MOVE.L #$D3D3D3D3,D3


0031AE                       ISR:
*************************************************************
*        Interrupt-Serviceroutine für Vektor Nr. $40        *
*************************************************************
0031AE 2F0C                           MOVE.L A4,-(SP) Reg. retten
0031B0 49F9 0000 8000                 LEA     AUSLOES1,A4
0031B6 4254                           CLR.W   (A4)   Interrupt löschen
0031B8 285F                           MOVE.L (SP)+,A4
0031BA 4E73                           RTE

                             TRACE:
*************************************************************
*              Trace-Ausnahme-Serviceroutine                *
*************************************************************
003316 48F9 7FFF 0000 33FA            MOVEM.L D0-D7/A0-A6,REG_SAVE
00331E 23EF 0004 0000 3436            MOVE.L  4(SP),REG_SAVE+15*4
003326 33D7 0000 343A                 MOVE.W  (SP),REG_SAVE+16*4
00332C 4E73                           RTE

00332E 0000 0002             WERT     DS.L 1
0033FA=0044                  REG_SAVE DS.L 17   temporärer Speicher
```

Bild 4-134: Gleichzeitiges Auftreten von *Trace*- und Unterbrechungsanforderung - Programmliste

25 Der Zustand des T-Bits zu Beginn einer Befehlsbearbeitung entscheidet darüber, ob die *Trace*-Ausnahme am Ende des laufenden Befehls eingeleitet wird; daraus ergibt sich zeitlich der Vorrang vor den übrigen Ausnahmen dieser Gruppe.

Mit Hilfe eines Logikanalysators wurden alle Buszyklen erfaßt. Der Zyklus, bei dem zum ersten Mal die Anforderung erkannt wurde, hat die Zeilennummer 0, frühere haben negative, spätere haben positive Zeilennummern. Die Interpretation des Protokolls wird durch die *Prefetch*-Zyklen (s. 4.6 *Befehls- und Datenvorgriff*) erschwert. Sie sind auch der Grund dafür, daß die Unterbrechungsauslösung nicht beim Zugriff auf das Operationswort, sondern erst beim Zugriff auf das 3. Befehlswort erfolgen soll, also zu einem Zeitpunkt, zu dem die Befehlsbearbeitung mit Sicherheit begonnen hat.

In Zeile -08 wird das RTE des *Trace-Handlers* vor der Rückkehr zum Befehl SUB.L D0,WERT geholt. 1 Wort *Prefetch* (Zeile -07) wird nicht verwendet. Das Stapel-SR zeigt an, daß die Befehle anschließend im Anwendermodus bearbeitet werden und das T-Bit gesetzt ist. Die *Function-Codes* zeigen die Art der Buszyklen an, also auch FC2 = 0 (S = 0!) beim Zugriff auf das 1. Befehlswort der Subtraktionsanweisung. Nach dem Laden des 3. Befehlswortes (Zeile -01) wird der IRQ ausgelöst und während des *Prefetchs* auf das Operationswort von MOVE.L #$D1D1D1D1,D1 (Zeile 00) erkannt.

Der SUB.L D0,WERT-Befehl ist aber noch nicht abgeschlossen; es folgt noch das Lesen des Zieloperanden WERT (Zeilen 01,02), der *Prefetch* des 2. Wortes von MOVE.L #$D1D1D1D1,D1 (Zeile 03), sowie das Zurückschreiben des Zieloperanden WERT (Zeilen 04,05). Damit ist der Subtraktionsbefehl abgeschlossen, und die *Trace*-Ausnahme wird eingeleitet. Die Adresse $00305E der MOVE-Anweisung, sowie das Statusregister werden gerettet, die in den beiden *Prefetch*-Zyklen (Zeilen 00 und 03) geholten Befehlsworte werden nicht ausgeführt.

Zeile	Function-code (bin)	Prioritätsebene (dez)	Busadressen (hex)	Datenbus (hex)	R/W	Bemerkungen
-14	101	0	003438	0002	0	
-13	110	0	003326	33D7	1	
-12	110	0	003328	0000	1	
-11	101	0	0006AE	8000	1	
-10	110	0	00332A	343A	1	
-09	101	0	00343A	8000	0	
-08	110	0	00332C	4E73	1	RTE *Trace-Handler*
-07	110	0	00332E	0000	1	1 Wort *Prefetch*
-06	101	0	0006AE	8000	1	SR für SUB.L D0,WERT vom SS
-05	101	0	0006B0	0000	1	PC HW dto.
-04	101	0	0006B2	3058	1	PC LW dto.
-03	010	0	003058	91B9	1	SUB.L D0,WERT, 1. Befehlswort
-02	010	0	00305A	0000	1	2. Befehlswort
-01	010	0	00305C	332E	1	3. Befehlswort
						IRQ ausgelöst
00	010	4	00305E	223C	1	MOVE.L #$D1D1D1D1,D1 *Prefetch* 1. BW
01	001	4	00332E	0000	1	HW Zieloperand WERT lesen
02	001	4	003330	0002	1	LW dto.
03	010	4	003060	D1D1	1	MOVE.L #$D1D1D1D1,D1 *Prefetch* 2. BW
04	001	4	003330	A98A	0	HW Zieloperand WERT schreiben
05	001	4	00332E	EDCB	0	LW dto.

⟶ nächste Seite

Zeile	Function-code (bin)	Prioritätsebene (dez)	Busadressen (hex)	Datenbus (hex)	R/W	Bemerkungen
						SUB.L D0,WERT-Befehl beendet, ***Trace*-Ausnahme beginnt**
06	101	4	0006B2	305E	0	MOVE.L #$D1..D1,D1 Adrs. LW ⟶ SS
07	101	4	0006AE	8019	0	SR ⟶ SS
08	101	4	0006B0	0000	0	Adrs. HW ⟶ SS
09	101	4	000024	0000	1	*Trace-Exception*-Vektor HW ⟶ PC
10	101	4	000026	3316	1	dto. LW
11	110	4	003316	48F9	1	MOVEM.L (*Trace-Handler*) 1. BW *Prefetch*
12	110	4	003318	7FFF	1	dto. 2. BW
						***Trace*-Ausnahme beendet, Unterbrechungsausnahme beginnt, es wurde keine Anweisung des *Trace-Handlers* ausgeführt!**
13	101	4	0006AC	3316	0	LW *Trace-Exception*-Vektor ⟶ SS
14	111	4	FFFFF8	FF40	1	**IACK-Zyklus**, Vektornummer $40
15	101	4	0006A8	2019	0	SR bei Beginn des *Trace-Handlers*
16	101	4	0006AA	0000	0	HW *Trace-Exception*-Vektor ⟶ SS
17	101	4	000100	0000	1	IRQ-Ausnahmevektor HW ⟶ PC
18	101	4	000102	31AE	1	dto. LW
19	110	4	0031AE	2F0C	1	MOVE.L A4,-(SP) Befehlswort holen
20	110	4	0031B0	49F9	1	LEA AUSLOES,A4 1. BW holen
						Unterbrechungsausnahme beendet, Beginn der *Interrupt*-Serviceroutine, Befehlsbearbeitung
21	110	4	0031B2	0000	1	LEA AUSLOES,A4 2. BW holen
22	101	4	0006A6	A4A4	0	Arbeitsregister A4 LW ⟶ SS
23	101	4	0006A4	A4A4	0	dto. HW
24	110	4	0031B4	8000	1	LEA AUSLOES,A4 3. BW holen
25	110	4	0031B6	4254	1	CLR (A4) Befehlswort holen
26	110	4	0031B8	285F	1	MOVE.L (SP)+,A4 Befehlswort holen
27	110	4	0031BA	4E73	1	RTE ISR
28	101	4	008000	8020	1	Zieloperand CLR (A4) lesen
29	101	4	008000	0000	0	Zieloperand CLR (A4) schreiben
30	101	0	0006A4	A4A4	1	Arbeitsregister HW zurückholen
31	101	0	0006A6	A4A4	1	dto. LW
32	110	0	0031BC	0000	1	1 Befehlswort *Prefetch*
33	101	0	0006A8	2019	1	SR für *Trace-Handler* von SS
34	101	0	0006AA	0000	1	*Trace*-Ausnahmevektor HW von SS
35	101	0	0006AC	3316	1	dto. LW
						Ende ISR, Beginn *Trace-Handler*
36	110	0	003316	48F9	1	MOVEM.L D0-D7/A0-A6,-(SP) 1. BW
37	110	0	003318	7FFF	1	dto. 2. BW
38	110	0	00331A	0000	1	dto. 3. BW
39	110	0	00331C	33FA	1	dto. 4. BW

Bild 4-140: Buszyklen für das Beispiel Bild 4-139, Anforderung während der Ausführung von SUB.L D0, WERT; BW - Befehlswort; SS - Überwachungsstapel

Der *Trace*-Vektor wird zum PC transferiert (Zeilen 09, 10), und die beiden ersten Befehlsworte des *Trace-Handlers* werden geholt, aber nicht ausgeführt (*Prefetch*, Zeilen 11, 12). Der Prozessor hat die *Trace*-Ausnahme damit beendet, ist in den Zustand Befehlsbearbeitung zurückgekehrt und leitet jetzt **vor**

Ausführung eines Befehls die Unterbrechungsausnahme ein. Er rettet den *Trace*-Vektor und den Statusregisterinhalt (T-Bit = 0, S-Bit = 1 jetzt!) auf den Stapel und führt den IACK-Zyklus durch, wobei er die Vektornummer **$40** liest (Zeilennummern **13-16** in der in Bild 4-121 gezeigten Reihenfolge).

Anschließend werden der Vektor und die ersten beiden Befehlsworte der ISR geholt (Zeilen **17-20**) und mit deren Bearbeitung begonnen. In Zeile **29** wird die Anforderung gelöscht. Auch bei der ISR wird noch ein *Prefetch* auf das auf **RTE** folgende Befehlswort (Zeile **32**) durchgeführt, bevor in die *Trace*-Routine zurückgekehrt wird.

Das Beispiel zeigt deutlich, daß die *Trace*-Ausnahme Priorität hat, sie wird vor der Unterbrechungsausnahme eingeleitet; es läßt ebenso erkennen, daß die Ausnahme mit dem Zugriff auf den 1. Befehl des *Trace-Handlers* beendet ist. Damit wird die Unterbrechungsausnahme akzeptiert, eingeleitet und die ISR bearbeitet. Dies ist, systemtechnisch gesehen, auch die einzig sinnvolle Lösung: Unterbrechungsausnahmen müssen häufig innerhalb bestimmter Zeiten bearbeitet sein, oder es gehen Daten verloren. Würde der *Trace-Handler* zuerst ablaufen, könnte nicht garantiert werden, daß der IRQ innerhalb gewisser Zeiten bedient wird. Die Priorität der *Trace*-Ausnahme läßt sich auch anhand der Stapelbelegung Bild 4-141 erkennen.

Bild 4-141: Überwachungsstapelbelegung zum Beispiel Bild 4-139/Bild 4-140

	A4A4	0006A5	*Interrupt*-Serviceroutine
	A4A4	0006A7	
SR *Trace-Handler*, vor 1. Befehl	2019	0006A9	Unterbrechungsausnahme
Trace-Vektor HW	0000	0006AB	
Trace-Vektor LW	3316	0006AD	
SR Anwenderprogramm	8019	0006AF	*Trace*-Ausnahme
PC MOVE.L #$D1D1D1D1,D1 HW	0000	0006B1	
LW	305E	0006B3	

Aus der Tatsache, daß die Gruppe 1-Ausnahmen erst zu Beginn des nächsten Befehls eingeleitet werden, ergibt sich auch, daß Unterbrechungs**ausnahmen** von Unterbrechungsanforderungen höherer Priorität **nicht** unterbrochen werden. Tritt also während der Ausnahme für eine Unterbrechungsanforderung niedriger Prioritätsebene (z. B. 2) eine Anforderung höherer Prioritätsebene (z. B. 5) auf, so wird die begonnene Ausnahme beendet (zwei Befehlsworte der Ebene 2-ISR werden im *Prefetch* eingelesen), dann folgt unmittelbar die Ausnahme für die Anforderung höherer Prioritätsebene (5). Die ISR für die höhere Ebene wird zuerst abgearbeitet.

Ausnahmen der Gruppe 0 beginnen nicht synchron, d. h. zu Beginn der Befehlsausführung. Sie werden innerhalb von 2 Taktzyklen eingeleitet. Grund: Bus- und Adreßfehler können **während der Ausnahmeverarbeitung** auftreten **oder** ergeben sich im Zusammenhang mit Buslese- und -schreibzyklen **während einer Befehlsausführung**. Der Befehl selbst ist dann in irgendeiner Weise fehlerbehaftet und kann in der vorliegenden Form nicht ausgeführt werden; aus diesem Grund brechen beide Ausnahmen den laufenden Befehl oder die Ausnahme niedrigerer Priorität ab.

4.9.11 Gruppe 0-Ausnahme während einer Gruppe 0-Ausnahme

Während einer Busfehlerausnahme kann ein weiterer Busfehler auftreten, wenn z. B. die Speicherlogik kein $\overline{DTACK}$ liefert und dadurch der Vektor nicht gelesen werden kann und der *Watchdog Timer* das $\overline{BERR}$-Signal auslöst.

In diesem Fall nimmt der Prozessor einen katastrophalen, nicht durch Software behebbaren Fehler an und geht in den Betriebszustand *Halt*. Wie schon erwähnt, tut der Prozessor in diesem Zustand nichts; Adressen- und Datenbus sind im hochohmigen Zustand, so daß kein Schaden in der Software angerichtet werden kann (undefiniertes Überschreiben von RAM- und E/A-Bausteinzellen als Fehlerfolge). Nur die Notbremse in Gestalt des *Reset*-Knopfes bringt den Prozessor wieder in den Normalzustand.

Generell kann gesagt werden:

Tritt während einer Busfehler-, Adreßfehler- oder *Reset*-Ausnahme ein weiterer Bus- oder Adreßfehler auf, so geht der Prozessor in den Zustand *Halt*. Er wird angezeigt, indem der $\overline{HALT}$-Anschluß als Ausgang definiert und auf *Low* gelegt wird (Sonderfall in Bild 4-107).

4.9.12 Undefinierter *Interrupt*

Die Ausnahme Undefinierter *Interrupt* (Vektornummer 24) tritt auf, wenn während des IACK-Zyklus weder das Signal $\overline{DTACK}$ noch das Signal $\overline{VMA}$ angelegt und ein Busfehler ausgelöst wird. Es ist der gelegentlich durch Störimpulse hervorgerufene Fall, daß eine Unterbrechungsanforderung erkannt, die Ausnahme eingeleitet, die Anforderung der Vektornummer aber nicht quittiert wird.

4.10 Buszuteilung

In vielen Systemen gibt es neben dem Prozessor weitere Bausteine oder -gruppen, die die Bussteuerung übernehmen können (Adressen anlegen, $\overline{AS}$-, $\overline{LDS}$-, $\overline{UDS}$- und FC-Signale abgeben und $\overline{DTACK}$ verarbeiten).

In den bisher besprochenen kleinen Systemen erfolgt der Datentransport von z. B. der Peripherie in den Speicher in 2 Schritten:

- Transport des Datums von der Peripherie (E/A-Baustein) in den Prozessor,
- Transport des Datums aus dem Prozessor zur gewünschten Zieladresse.

Selbst wenn beide Schritte mit einer Anweisung durchgeführt werden (`MOVE Quelladresse,Zieladresse`), wird das Datum durch den Prozessor geführt. Für ein einziges Wort (oder Byte) werden dann 7 Buszyklen benötigt (s. Kap. 7 *Direkter Speicherzugriff*). Für die Übertragung einer größeren Anzahl von Daten ist es daher effektiver,

- den Prozessor vom Systembus abzukoppeln
- die Bussteuerung einer speziellen Hardware zu übertragen, die den Transfer ohne Befehlsbearbeitung in einem oder zwei Buszyklen je Datum durchführt.

Eine solche Hardware ist der DMA-*Controller* (***D****irect* ***M****emory* ***A****ccess Controller*, Steuerbaustein für die Funktion Direkter Speicherzugriff); er wird in Kap. 7 noch ausführlich behandelt. Es können mehrere DMA-*Controller* (DMACs) und auch mehrere Prozessoren im System vorhanden sein; alle können den Bus anfordern, um *Master* zu werden.

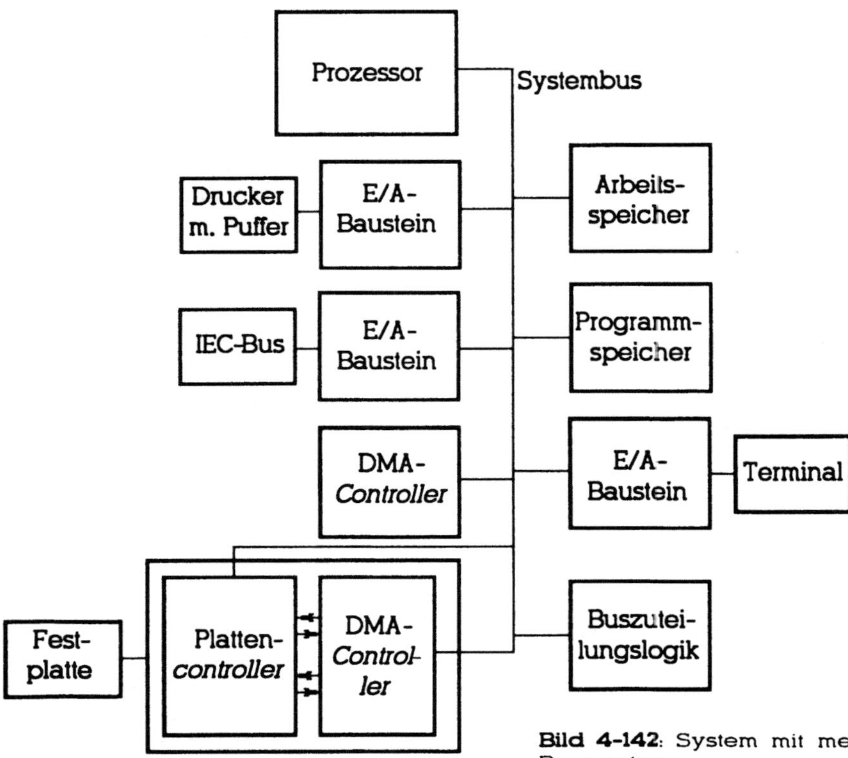

Bild 4-142: System mit mehreren Bus*mastern*

Bei mehreren *Mastern* muß eine zusätzliche Hardware die geordnete Zuteilung bei Mehrfachanforderungen übernehmen (entweder prioritätengesteuert oder zyklisch umlaufende Zuteilung). **Bild 4-142** zeigt ein System mit zwei DMACs, von denen einer nur am Bus angeschlossen ist; er kann wie der Prozessor, einen Transfer nur in zwei Buszyklen realisieren. Im ersten adressiert er die Quelle und übernimmt das Datum (Zwischenspeicherung), im zweiten adressiert er das Ziel und überträgt das Datum dorthin.

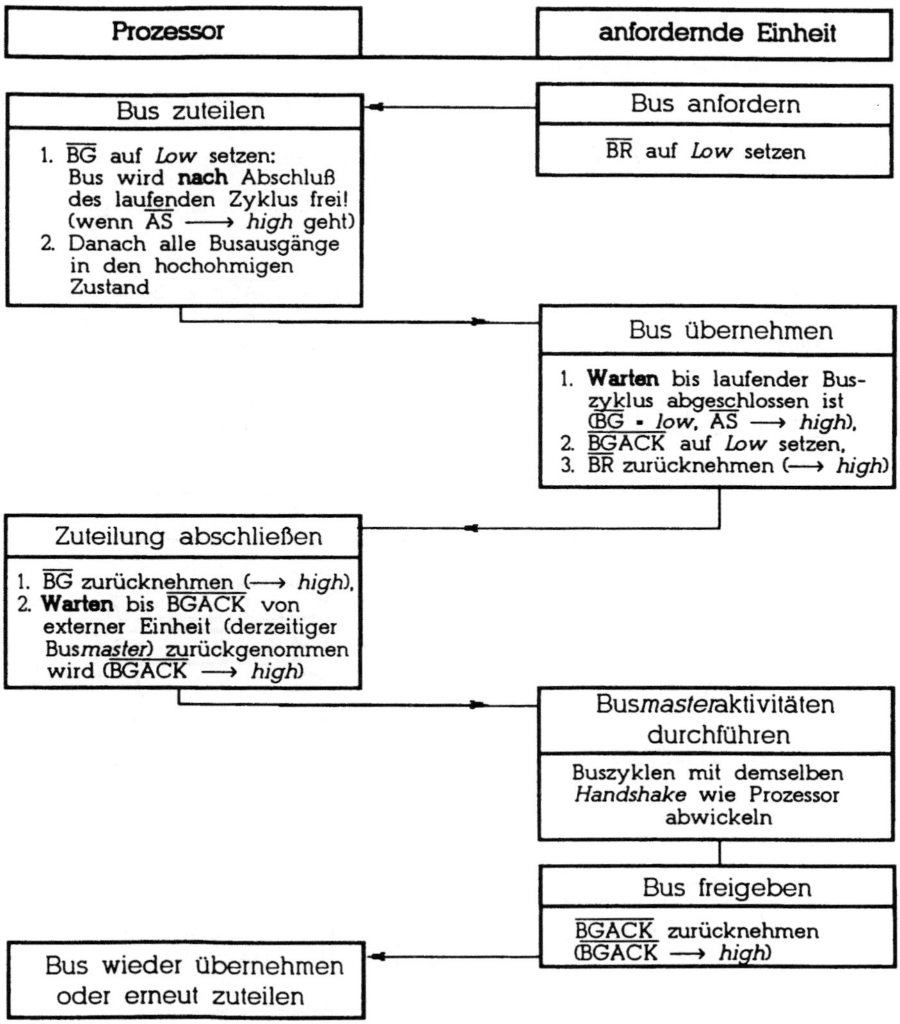

Bild 4-143: Ablaufdiagramm Buszuteilung

Der zweite DMAC ist direkt mit dem Platten*controller* verbunden; er hat unmittelbaren Zugriff auf ihn und braucht ihn nicht über den Systembus anzuspechen. Er muß nur die Quelle (Transfer zur Platte) **oder** das Ziel (Transfer von der Platte) adressieren, so daß die Übertagung in einem Zyklus erfolgen kann. Der Platten*controller* gibt die Daten direkt auf den Bus bzw. er übernimmt sie von dort. Bei gleichzeitigen Busanforderungen von beiden DMACs entscheidet die Buszuteilungslogik, wer den Bus übernimmt.

Die Übergabe des Systembusses vom Prozessor auf den Anforderer erfolgt natürlich mit einem vorgeschriebenen Protokoll, um Datenverluste zu vermeiden. Es kommt ein 3 Leiter-Quittungsbetrieb zur Anwendung (*Three Wire Handshake*), der über die Leitungen

- $\overline{BR}$ (***B**us **R**equest*, Busanforderung)
- $\overline{BG}$ (***B**us **G**rant*, Bus ist frei, wenn $\overline{AS}$ = *high* ist bzw. wird frei, sobald $\overline{AS}$ ⟶ *high* geht)
- $\overline{BGACK}$ (***B**us **G**rant **ACK**nowledge*, Busfreigabe erkannt)

abgewickelt wird. **Bild 4-143** zeigt das Ablaufdiagramm der Busübergabe.

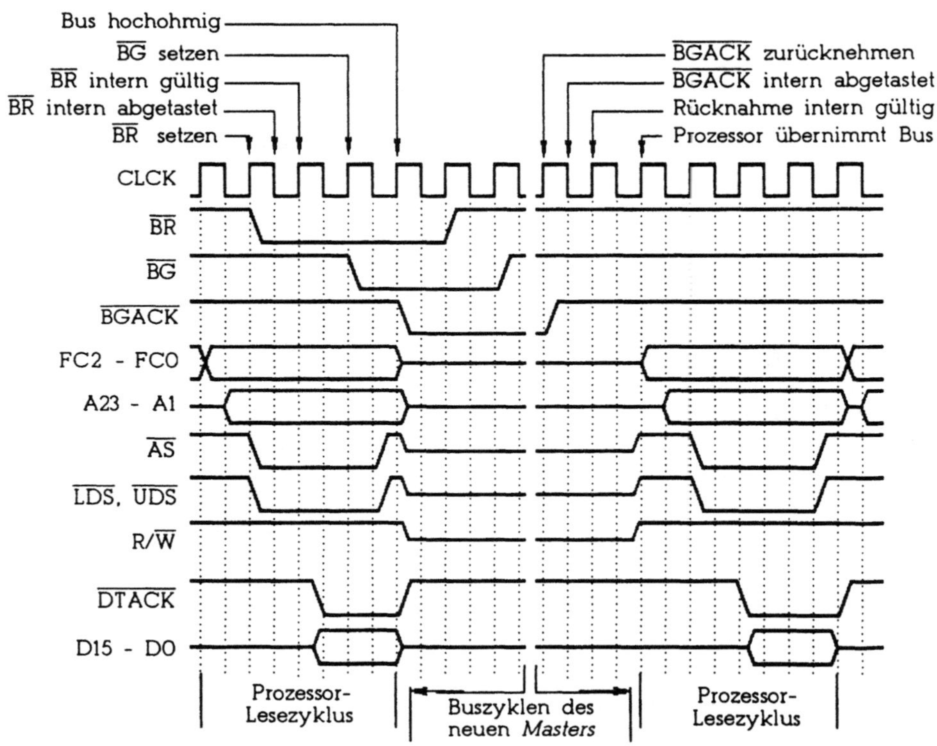

Bild 4-144: Zeitlicher Ablauf der Buszuteilung - Prozessor während der Anforderung aktiv (führt Buszyklus durch)

Die in den M680XX-Prozessoren enthaltene Logik gewährt dem Busanforderer grundsätzlich Priorität. Sie übergibt ihm den Bus mit Ablauf des aktuellen Zyklus ($\overline{AS}$ ⟶ *high*). $\overline{BG}$ wird unmittelbar nach der internen Synchronisation der Anforderung ($\overline{BR}$ = *low*) gesetzt (= *low*). Einzige Ausnahme: Der Prozessor hat intern entschieden, einen Buszyklus durchzuführen, aber $\overline{AS}$ noch nicht gesetzt. In diesem Fall wird $\overline{BG}$ verzögert bis $\overline{AS}$ gesetzt ist. **Der Bus wird auch während eines Ausnahmezustandes abgegeben!** Finden gerade keine Busaktivitäten statt, wie z. B. während der Bearbeitung einer `MULU`-Anweisung, so wird der Bus unmittelbar abgegeben.

Bild 4-144 zeigt das Zeitliniendiagramm für den Fall, daß $\overline{BR}$ während eines Buszyklus gesetzt wird. Der Prozessor signalisiert noch während des laufenden Zyklus die Bereitschaft zur Abgabe ($\overline{BG}$ = *low*). Der Anforderer übernimmt mit $\overline{AS}$ = *high* den Bus und wird neuer *Master*. Er setzt $\overline{BGACK}$ so lange (= *low*), bis er ihn wieder abgeben will. Nach $\overline{BGACK}$ = *high* übernimmt der Prozessor wieder, oder, falls $\overline{BR}$ = *low* ist, teilt er den Bus dem neuen Anforderer zu.

Wird $\overline{BR}$ wieder *high* bevor ein $\overline{BGACK}$ empfangen wird (= *low*), so wird von einer fehlerhaften Anforderung ausgegangen, und der Prozessor übernimmt wieder den Bus (Störimpulse auf der $\overline{BR}$-Leitung).

Wichtig:

- *Interrupt*anforderungen werden zurückgestellt bis die MPU wieder aktiv ist.
- Befehlsbedingte Ausnahmen (`TRAP`, `CHK`, `DIV`, Privilegverletzung) können nicht auftreten.
- Busfehler sind durch den aktiven *Master* verursacht; sie können von der MPU nicht bearbeitet werden, es fehlen die relevanten Informationen (Adresse, R/$\overline{W}$, Instruktion oder nicht). Es ist Aufgabe des (aktiven) *Masters*, selbst verursachte Busfehler zu erkennen, den Zyklus abzubrechen und die Kontrolle an die MPU zurückzugeben.
- Adreßfehler: Für sie gilt sinngemäß das gleiche wie für Busfehler.
- *Reset*: Diese Ausnahme wird über die $\overline{RESET}$- und $\overline{HALT}$-Leitungen erzeugt; dadurch werden auch die übrigen möglichen *Master* zurückgesetzt.

5 Halbleiterspeicher

Im 4. Kapitel wurde die Prozessorseite eines Mikrocomputersystems recht detailliert untersucht. In den Beispielen wurde erläutert, daß Befehle, und somit Programme, und Daten aus dem Speicher in den Prozessor geholt bzw. aus dem Prozessor in den Speicher geschrieben werden.

Speicher stellen keine einheitliche Komponente dar, sie sind vielmehr anwendungsbezogen verschieden und darüber hinaus einem sehr schnellen technologischen Wandel unterworfen.

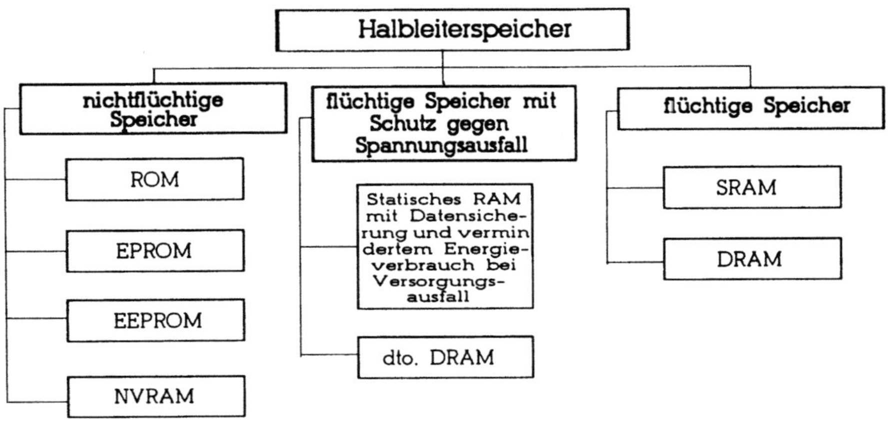

Bild 5-1: Halbleiterspeicher

Speicher, die direkt über den Adressenbus des Mikroprozessors ansprechbar sind, werden heute nur noch als Halbleiterspeicher realisiert. **Bild 5-1** zeigt eine Übersicht. Man unterscheidet:

- **Nichtflüchtige Speicher** (Abschnitt 5.1)
  Sie heißen so, weil die in ihnen gespeicherten Informationen durch das Abschalten der Stromversorgung nicht verloren gehen. Es handelt sich dabei vorwiegend um reine Lesespeicher. Sie erhalten ihre Information vor dem Einbau in den Computer. Man setzt sie ein für Programme, die nicht oder nur ganz selten geändert werden. Bei einer Änderung nimmt man in Kauf, den Rechner zu öffnen und die entsprechenden Bausteine auszuwechseln. Beispiele hierfür sind Betriebssysteme (oder -systemkerne) wie das ATARI TOS, RMS 68K (*Realtime Multitasking Software* 68K von Motorola), oder die gesamte Betriebssoftware von Meßgeräten wie Logikanalysator, Oszillograf o. ä. Andere Bausteine dieser Kategorie ermöglichen eine gelegentliche Änderung von Speicherzellen oder kleiner -bereiche im Gerät, wie beispielseise die Änderungen der Kommunikationsparameter eines Terminals oder das Abspeichern der kompletten Einstellparameter

von Meßgeräten. Ein Logikanalysator, mit dem der Datenverkehr auf dem Systembus eines Computers erfaßt werden soll, benötigt für die Aufnahme des Zeitverhaltens und die der Informationen für einen Disassembler völlig verschiedene Einstellparameter (*Setups*).

- **Flüchtige Speicher** (Abschnitt 5.2)
  Die in ihnen gespeicherte Information ist flüchtig, d. h. nach dem Abschalten der Stromversorgung verloren. Hieraus ergibt sich automatisch, daß sie in eingebautem Zustand beschrieben und ausgelesen werden. Der Prozessor kann ohne Einschränkung in jede der verfügbaren Speicherzellen schreiben oder von dort lesen; er hat praktisch einen wahlfreien Zugriff, weswegen diese Speicher *Random Access Memories* (RAM) genannt werden. RAMs sind typisch für den Arbeitsspeicher, in dem Daten temporär gespeichert werden.
- **Flüchtige Speicher mit Vorkehrungen zum Datenerhalt bei Ausfall der Spannungsversorgung** (Abschnitt 5.3)
  Sie benötigen einen zusätzlichen (externen) Spannungsausfalldetektor, eine (Puffer-)Batterie sowie zusätzliche Logik zur Sicherung des Inhalts während des Ein- bzw. Abschaltens der Stromversorgung. In der Haltephase, in der sie durch die Batterie versorgt werden, benötigen sie erheblich weniger Energie als im normalen Betrieb. Da sie kaum langsamer sind als die üblichen RAMs, dienen sie vor allem zum Wegspeichern größerer Datenblöcke während der Abschaltphase. Die durch einen Spannungsausfalldetektor gestartete *Power Fail Routine* rettet vor dem endgültigen Zusammenbruch der Versorgungsspannungen alle Systemparameter, die ein fehlerfreies (automatisches) Wiederanlaufen ermöglichen sollen, in diesen Speicherbereich.

5.1 Nichtflüchtige Halbleiterspeicher

5.1.1 *Read Only Memory* (ROM)

Wie der Name schon ausdrückt, handelt es sich hier um Speicherbausteine, die im Betrieb nur ausgelesen werden. Die Programmierung erfolgt beim *Chip*-Hersteller, der hierfür eine spezielle Maske erstellt. Wegen des Aufwandes werden ROMs erst bei hohen Stückzahlen wirtschaftlich (Großserienprodukte wie *Home*computer u. ä.).

Bild 5-2 zeigt den grundsätzlichen Aufbau eines ROMs. Sie sind byteweise organisiert und meist in der gezeigten 3 D-Struktur realisiert. Die Adressenleitungen (die Bezeichnungen A10-A0 beziehen sich auf den Baustein, nicht auf den Adressenbus des 68000-Systems) werden in 2 Gruppen aufgeteilt und bei Anliegen des Bausteinauswahlsignals CSN = *low* in Zeilen- (*Row*-) und Spalten- (*Column*-) -adresse dekodiert. Die 32 Spalten- und 32 Zeilenauswahlleitungen werden parallel jeder Bitebene zugeführt, so daß in jeder Ebene die gleiche Speicherzelle angesprochen wird. Die Ausgänge aller Zellen einer Ebene sind so verknüpft, daß die Information der selektierten Zelle zum Ausgangspuffer geführt wird. Wenn CSN und OEN gleichzeitig aktiv sind, wird das Ausgangssignal der Bitebenen auf den Datenbus gelegt. **Bild 5-3** zeigt das Zeitliniendiagramm.

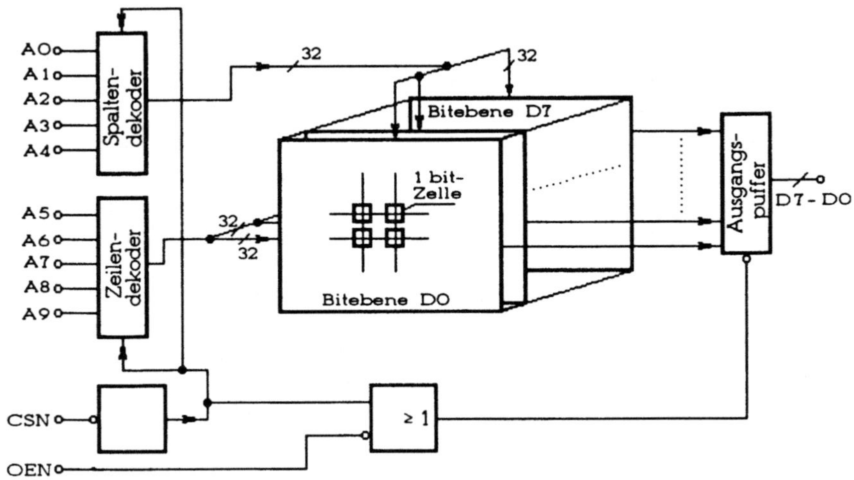

Bild 5-2: Struktur eines 1k • 8 ROMs; CSN - *Chipselect*; OEN - *Output Enable*

Alle Eingangssignale und alle internen Signale erfahren bestimmte, durch die realisierte Technologie beeinflußte Verzögerungen. Sie führen dazu, daß der Baustein nicht beliebig schnell ist. Jeder Hersteller gibt für sein Produkt Grenzwerte der Parameter an, die nicht unterschritten bzw. überschritten werden dürfen. Für die Auslegung eines Systems sind ausschließlich die garantierten Grenzwerte maßgebend, weil sonst nicht gewährleistet ist, daß die Schaltung nach einem Bausteinwechsel oder, in der Produktion, mit einer anderen Serie oder dem gleichen Produkt eines zweiten Herstellers, funktioniert. Sind für eine Zeit oder allgemeiner für einen Parameter zwei Grenzwerte angegeben, so ist beim Schaltungsentwurf immer der zu wählen, der ungünstig wirkt (*Worst Case*).

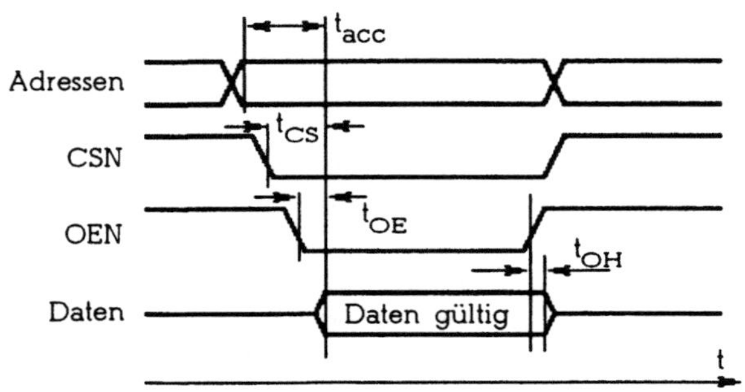

Bild 5-3: Zeitliniendiagramm eines ROMs; t_{acc} - Zugriffszeit (*ACCess Time*); t_{CS} - Zeit zwischen CSN gültig und Daten gültig; t_{OE} - Zeit zwischen OEN gültig und Daten gültig; t_{OH} - Haltezeit der Daten, s. Text

t_{acc} ist die Zugriffszeit; sie gibt die Durchlaufzeit zwischen dem Gültigwerden der Adressen am Baustein und dem Gültigwerden der Daten an den Ausgängen an. Entsprechend sind t_{CS} und t_{OE} die Durchlaufzeiten vom CSN- und OEN-Eingang zum Datenausgang. Gültige Daten liegen erst an, wenn die vom Hersteller garantierten Minimalwerte für t_{acc}, t_{CS}, **und** t_{OE} erreicht sind oder überschritten werden. Betrachtet man die Anordnung Bild 5-2, so erscheint verständlich, daß t_{acc} aufgrund des längeren Signalwegs der größte der drei Werte ist.

Bild 5-3 läßt vermuten, daß der Datenbus immer aus dem hochohmigen Zustand in den Zustand *Daten gültig* übergeht. Schwierigkeiten kann man sich jedoch einhandeln, wenn man einen Betrieb realisiert, bei dem OEN ständig auf *Low* liegt: Der Ausgangspuffer wird nach der Laufzeit des CSN-Signals durch das ODER-Gatter aktiv und schreibt die momentanen, noch ungültigen Informationen an seinen Eingängen auf den Bus. Erst kurze Zeit später, wenn die adressierten Zellen selektiert sind (t_{acc} und t_{cs} über die Dekoder eingehalten), werden gültige Daten bereitgestellt und auf den Bus geschaltet. Dadurch kann auf dem Datenbus ein nicht beabsichtigter Signalwechsel innerhalb sehr kurzer Zeit erzwungen werden, der zu hohen Stromspitzen und damit Störimpulsen führt.

t_{OH} (*Output Hold*) gibt die Zeit an, in der die Ausgangsdaten noch stabil anstehen, nachdem entweder CSN oder OEN auf *High* gesetzt werden.

5.1.2 Programmierbares *Read Only Memory* (PROM)

Es unterscheidet sich vom ROM hauptsächlich dadurch, daß es nicht bei der Fertigung mit Hilfe einer Maske hergestellt, sondern zu einem späteren Zeitpunkt mit Hilfe eines Programmiergerätes programmiert wird. Der Bausteinhersteller gibt hierfür genaue Spezifikationen der erforderlichen elektrischen Signale zum Einbrennen der Information an. Gleiche Bausteintypen verschiedener Hersteller, die im Betrieb gleiches Verhalten haben, unterscheiden sich häufig bez. der Programmiersignale!

PROMs sind meist bipolare Nurlesespeicher, die nur einmal programmiert werden können. Sie werden bevorzugt verwendet, wenn kurze Zugriffszeiten erforderlich sind (< 80 nsec), also im allgemeinen nicht für Programme, sondern eher in *Chip Select*-Logiken oder in sog. *Look Up-Tables*, z. B. zur Graustufenmanipulation im Ausgang eines Digitalen Bildrechners.

PROMs verfügen daher nicht über eine große Speicherkapazität. Gängige Größen sind:

512 • 4 bit,	1024 • 8 bit,
1024 • 4 bit,	2048 • 8 bit.

5.1.3 Löschbares PROM (EPROM, *Erasable* PROM)

Im Gegensatz zu den zuvor genannten ROMs sind solche in MOS-Technologie häufig löschbar. Die gespeicherte Information kann durch Bestrahlung mit ultraviolettem Licht wieder gelöscht werden, selektives Löschen einzelner Zellen ist nicht möglich. Die *Chips* verfügen über ein Quarzglasfenster über der Speichermatrix, durch das mit einer entsprechenden Lampe der Inhalt in 15-30 min gelöscht werden kann. Der Baustein ist dann bereit für eine neue Programmierung. Insgesamt sind einige Zehntausend Zyklen möglich. EPROMs verhalten sich in der Schaltung ähnlich wie ROMs und PROMs, so daß das Zeitliniendiagramm Bild 5-3 gilt. Sie haben aber längere Zugriffszeiten (> 100 nsec) als diese.

Aufgrund der in der MOS-Technologie möglichen hohen Integrationsdichte haben die einzelnen Bausteine i. a. eine höhere Kapazität als PROMs. Typische Größen sind:

8 k • 8 bit,	64 k • 8 bit,
16 k • 8 bit,	128 k • 8 bit (Megabit-*Chip*),
32 k • 8 bit,	64 k • 16 bit (Megabit-*Chip*).

Sie eignen sich daher gut dazu, Software permanent im adressierbaren Speicherbereich des Prozessors verfügbar zu halten, so daß sie nicht von einem Plattenlaufwerk geladen werden muß.

Um ein [E-(P-)] ROM in ein System mit dem 68000-Prozessor einzubinden, kann man ähnlich verfahren wie in Bild 4-100 für ein statisches RAM gezeigt. Die $R/\overline{W}$-Leitung entfällt; da auf den Programmbereich nur wortweise zugegriffen wird, braucht nicht zwischen geraden und ungeraden Byteadressen unterschieden zu werden (Vorsicht allerdings bei Initialisierten Daten von 8 bit!). CS1 entspricht dann dem OEN-Eingang. EPROMs gleichen Typs verschiedener Hersteller unterscheiden sich häufig in den vorgeschriebenen Programmiersignalen. Die Hersteller kennzeichnen daher bei den neueren Typen den Baustein. Die Kennzeichnung (*Silicon Signature*) kann vom Programmiergerät gelesen und mit dem vom Bediener vorgegebenen *Device Code* verglichen werden. Bei Abweichung wird der Programmiervorgang nicht durchgeführt.

5.1.4 Elektrisch löschbares PROM (EEPROM, *Electrically Erasable* PROM)

Es handelt sich um PROMs, deren Inhalt durch elektrische Signale gelöscht werden kann. Kennzeichen eines solchen Bauelementes sind [9, 10]:

- kann selektiv (byteweise) gelöscht bzw. überschrieben werden
- kann während des Programmiervorgangs in der Schaltung verbleiben
- ca. 10 msec zum Schreiben eines Bytes

- ca. 10 000 Programmierzyklen möglich
- internes Adreß- und Daten*latch* für den Programmiervorgang
- Rückmeldung nach Abschluß der Programmierung (NEC 68C64, 8K • 8bit), so daß während der WRITE-Operation im Baustein der Prozessor normal weiterarbeiten kann
- *Page Mode* WRITE, Programmieren in größeren Paketen (z. B. 32 Bytes) vielfach möglich.

EEPROMs werden zur Parameterspeicherung oder zur Programmspeicherung in komplexen Systemen eingesetzt.

Beispiel:

Ein mobiler Roboter soll an einem Tag das Programm *Halle fegen* und am anderen Tag das Programm *Kisten von A nach B transportieren* ausführen. Er wird dazu von außen über einen Steckeranschluß umprogrammiert.

Für Parameterspeicherung gibt es auch EEPROMs mit einem seriellen Eingang. Wegen der langen Übertragungs- und Programmierzeiten eignen sie sich nicht zum Retten von Datenblöcken bei Spannungsausfall.

5.1.5 Nichtflüchtiges RAM (NVRAM, *Non Volatile* RAM)

NVRAMs sind Speicherbausteine, die sowohl RAM- als auch EEPROM-Zellen enthalten; jeder RAM-Zelle ist eine EEPROM-Zelle zugeordnet (siehe aber auch 5.3 *Flüchtige Speicher mit Schutz gegen Spannungsausfall*). Sie arbeiten im Normalbetrieb als RAM. Zusätzliche Anschlüsse ermöglichen zwei besondere Funktionen:

- Der gesamte Inhalt des RAMs wird durch ein STORE-Signal in das EEPROM kopiert und damit nichtflüchtig gespeichert. Der Vorgang dauert etwa 10 msec [11, 12]. Es sind etwa 10 000-50 000 Programmierzyklen möglich.
- Der gesamte Inhalt des EEPROMs wird durch ein RECALL-Signal in das RAM kopiert; dieser Vorgang benötigt etwa 200 µsec [12].

NVRAMs dienen zum Retten der Betriebsparameter in Systemen mit Festprogramm- [(E-)P-] ROM, die eine größere Anzahl RAM-Zellen benötigen (**Bild 5-4**).

Die Versorgungsspannung wird dem Computer über einen Energiespeicher zugeführt (Pufferbatterie). Der Spannungsausfalldetektor verfügt über ein eigenes Netzteil und eine Elektronik, die den Ausfall relativ schnell feststellt (20-30 msec). Sie fordert eine Unterbrechung der höchsten Prioritätsebene an. Der Prozessor führt die Spannungsausfall-ISR (*Power Fail*-Routine) durch, an deren Ende das STORE-Signal zum NVRAM gesandt wird (evtl. noch $\overline{\text{HALT}}$ an den Prozessor oder die `STOP`-Anweisung). Der Energiespeicher muß so dimensioniert sein, daß während der Zeitdauer der ISR-Bearbeitung bis zum Abschluß des NVRAM-internen Speichervorgangs die zum sicheren Betrieb erforderliche Minimalspannung U_{Bmin} nicht unterschritten wird.

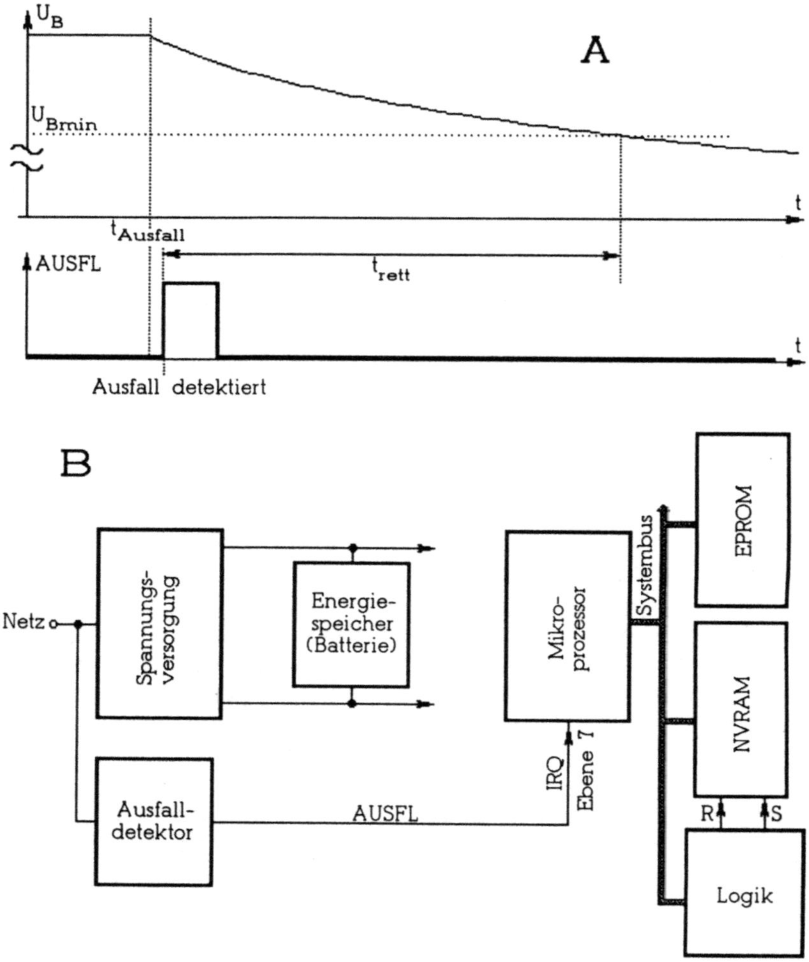

Bild 5-4: Datensicherung bei Spannungsausfall; **A** - Zeitliniendiagramm; **B** - Blockschaltbild mit NVRAM; AUSFL - Netzausfallsignal; R - RECALL-Signal; S - STORE-Signal; $t_{Ausfall}$ - Zeitpunkt des Ausfalls; t_{rett} - zur Rettung verfügbare Zeit; U_{Bmin} - minimale Versorgungsspannung für einwandfreie Systemfunktion

5.2 Flüchtige Halbleiterspeicher

Wie schon erwähnt, handelt es sich hier um die eigentlichen Arbeitsspeicher, deren Inhalt nach dem Abschalten der Stromversorgung verloren ist. Es werden ausschließlich RAMs verwendet, die bei den üblichen Systemen mit ständig wechselnden Programmen und mehreren Benutzern recht groß sein können (8-32 MByte).

5.2.1 Statisches RAM (SRAM)

Statische RAMs sind integrierte Schaltkreise, deren Information in Flipflops gespeichert ist (ca. 6 Transistoren pro Flipflop). Solange das Flipflop nicht umprogrammiert wird und die Spannung erhalten bleibt, bleibt auch der logische Zustand unverändert. Bei den Dynamischen RAMs, die im folgenden Abschnitt 5.2.2 behandelt werden, muß dagegen der Inhalt in regelmäßigen Abständen aufgefrischt werden. Gängige Speichergrößen sind:

2 k • 8 bit		64 k • 4 bit	(256 k-RAM)
4 k • 8 bit		256 k • 1 bit	"
8 k • 8 bit	(64 k-RAM)	128 k • 8 bit	(1 Mbit-RAM)
16 k • 4 bit	"	1024 k • 1 bit	"
32 k • 8 bit	(256 k-RAM)		

Es fällt auf, daß RAMs auch mit 1 bit *Breite* geliefert werden. Da der Gesamtspeicher so groß ist, bedeutet dies für den Systementwickler keine Einschränkung, es ist sogar günstiger, wie das folgende Beispiel eines 256 k • 16 bit-Speichers zeigt:

- Baustein mit 32 k • 8 bit
  Es werden 16 ICs benötigt, wobei 8 verschiedene CS-Signale erzeugt werden müssen (oberes und unteres Byte werden durch $\overline{UDS}$, $\overline{LDS}$ unterschieden, siehe Bild 4-100).
- Baustein mit 256 k • 1 bit
  Es werden ebenfalls 16 ICs benötigt, die mit einem gemeinsamen CS-Signal angesteuert werden können.

Für statische RAMs entscheidet man sich bei kleinen Systemen; man vermeidet den zusätzlichen Hardwareaufwand für die bei Dynamischen RAMs erforderliche Auffrischung, so daß sich insgesamt eine kostengünstigere Lösung ergibt.

5.2.2 Dynamisches RAM (DRAM)

Dynamische RAMs sind am weitesten verbreitet. Die einzelne Zelle besteht meist nur noch aus einem Transistor und einem Kondensator. Verglichen mit den statischen RAMs lassen sich höhere Packungsdichten bei niedrigeren Preisen erzielen. Gängige Kapazitäten sind:

64 k • 1 bit	1024 k • 1 bit
256 k • 1 bit	256 k • 4 bit.

4 Megabit-*Chips* sind inzwischen erhältlich, 16- und 64 Megabit-*Chips* befinden sich in der Entwicklung. Aus den zuvor schon erwähnten Gründen überwiegen hier die Bausteine mit 1 bit-Ausgang.

Bild 5-5 A zeigt eine einzelne Zelle, die aus einem selbstsperrenden N-Kanal MOSFET und dem Kondensator C_S als Informationsspeicher besteht. Da der Lade- und Entladevorgang von Bedeutung sind, wollen wir die prinzipielle Funktionsweise in beiden Fällen behandeln.

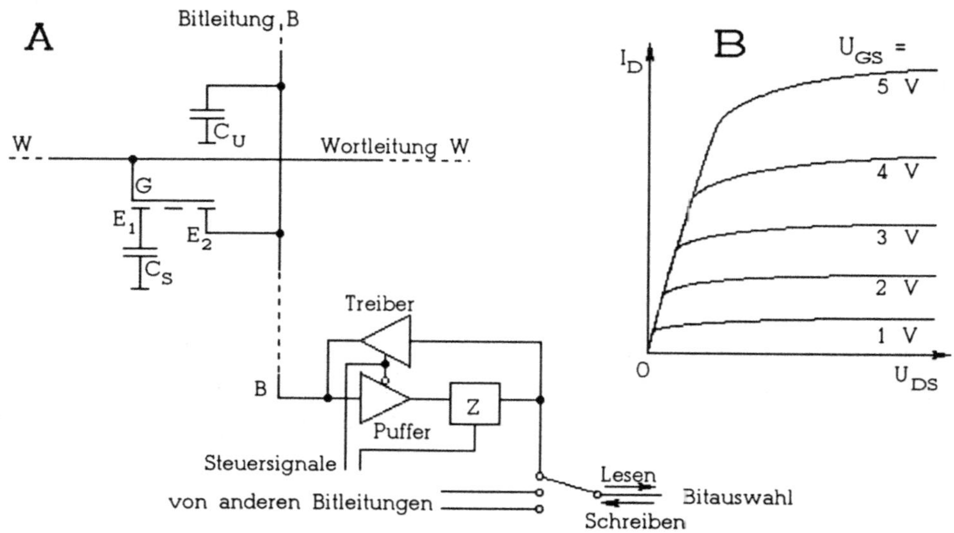

Bild 5-5: Dynamisches RAM; **A** - Speicherzelle; **B** - Kennlinie des selbstsperrenden N-Kanal MOSFETs; C_S - Speicherkondensator; C_U - Umladekondensator; E_1, E_2 - Elektrode 1, 2; G - *Gate*; I_D - *Drain*strom; U_{DS} - *Drain-Source*-Spannung; U_{GS} - *Gate-Source*-Spannung; Z - Zwischenspeicher für eine Zelle

1. **Schreibvorgang**:

Wir nehmen an, C_S sei entladen und mit einem Anschluß des Kanals des selbstsperrenden N-Kanal MOSFETs verbunden. Beim Laden wirken die Elektroden E1 als *Source* und E2 als *Drain*. Die Bitleitung werde über den Treiber auf die dem logischen Pegel entsprechende Spannung gesetzt. u_{GS} werde positiv, indem die Wortleitung entsprechend gesetzt wird, so daß der Transistor leitend und der Kondensator auf den *drain*seitigen Spannungswert aufgeladen wird; danach entspricht der logische Pegel an C_S dem der Bitleitung. **Bild 5-6** zeigt die Fälle mit niedrigem Signalpegel

$u_{B(L)}$ und mit hohem Signalpegel $u_{B(H)}$ an der Bitleitung. Die Spannung u_W der Wortleitung wird wieder zurückgenommen und der Transistor damit gesperrt. Der Kondensator wird nun langsam durch die Leckwiderstände entladen ($e^{-t/\tau}$-Funktion). Der Treiber zieht noch die Bitleitung, und damit die Spannung am Kondensator C_u, nach *Low* und wird dann ausgangsseitig hochohmig.

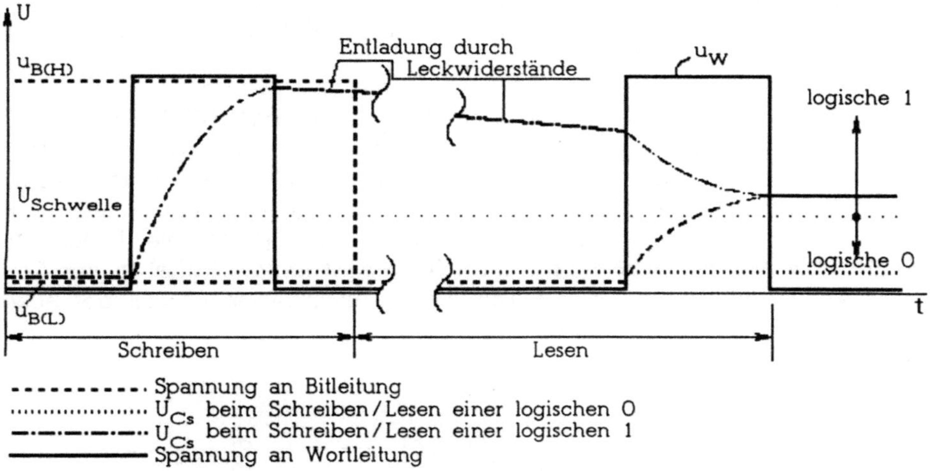

Bild 5-6: Zeitlicher Verlauf beim Laden/Entladen der Speicherkapazität C_S (Prinzip); $u_{B(H)}$ - Spannung der Bitleitung, *High*-Pegel; $u_{B(L)}$ - dto., *Low*-Pegel; u_W - Spannung der Wortleitung

2. Lesevorgang:
Für den Lesevorgang macht man sich zunutze, daß an einem (symmetrischen) Feldeffekttransistor *Source* und *Drain* vertauscht werden können; diese Möglichkeit wird hier genutzt und die Stromrichtung durch den Transistor umgekehrt. Beim Lesevorgang wirken E1 als *Drain* und E2 als *Source*. Ein *High*-Signal an der Wortleitung bewirkt, daß der Transistor leitend wird. Es findet ein Ladungsausgleich zwischen C_S und C_U statt; ein schwellensensitiver Pufferverstärker zeigt am Ausgang den logischen Pegel der Zelle an.

Der tatsächliche Ablauf ist wesentlich komplexer als diese Erläuterung angibt. Sie zeigt jedoch zwei wesentliche Punkte:

- Die Information wird durch die Entladung über die Leckwiderstände nach einiger Zeit zerstört.
- Lesen entlädt den Speicherkondensator C_S, zerstört also ebenfalls die Information.

Aus diesem Sachverhalt folgt, daß

- die Information in regelmäßigen Zeitabständen aufgefrischt werden muß (*Refresh*)
- jedem Lesen ein automatisches Wiedereinschreiben der Information folgen muß. Beide Erfordernisse bedeuten zusammen, daß eine gespeicherte Information nicht unverändert erhalten bleibt, sondern durch repetierende Maßnahmen regeneriert werden muß; dies führte zur Bezeichnung Dynamisches RAM.

Dynamische RAMs sind ebenfalls matrixförmig aufgebaut (**Bild 5-7**). Eine Zelle wird durch Reihen- und Spaltenadresse (*Row-, Column-Address*) selektiert. Die *Chips* erfordern zur Reduktion der Anzahl der Anschlüsse ein Multiplexen und damit Zwischenspeichern der Adressen. Der Multiplexer wählt nacheinander die Zeilen- und Spaltenadresse aus; sie werden durch die Eintaktsignale RASN (***R**ow **A**ddress **S**trobe*) und CASN (***C**olumn **A**ddress **S**trobe*) in das Zeilen- bzw. Spalten*latch* übernommen. Der Adressenmultiplexer ist Teil der äußeren Beschaltung.

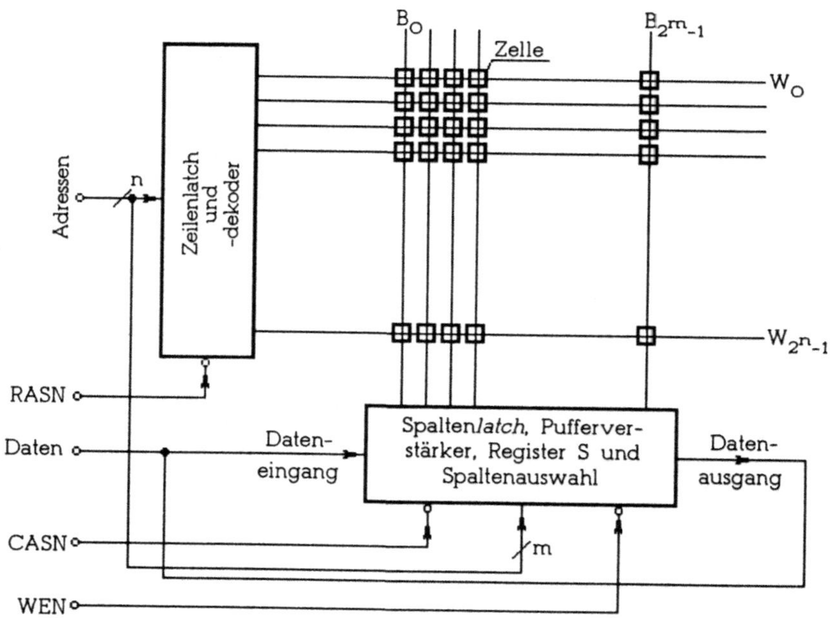

Bild 5-7: Erweitertes Blockschaltbild des Dynamischen RAMs (1 bit * 2^{n+m}); WEN - *Write Enable, low*-aktiv

Nach dem Setzen von RASN geben alle Speicherkondensatoren einer Zeile ihre Information auf die zugehörige Bitleitung. Die Pufferverstärker detektieren, wie zuvor beschrieben, je Spalte eine logische 0 oder 1 und schreiben sie in ein Register S. Damit sind zunächst die Inhalte der 2^m Speicherzellen einer ausgewählten Reihe zerstörend gelesen und in den 2^m Zwischenspeichern Z (Bild 5-5 A) des Registers S vorübergehend gespeichert. Bei einer Schreiboperation wird der Inhalt des durch die Spaltenadresse zusätzlich näher spezifierten Speichers Z von S entsprechend dem anliegenden Datum verändert. Dem Schreibvorgang geht also immer auch ein bausteininternes Lesen voraus. Beim Lesen wird der Inhalt der selektierten Zelle (steht in Z) auf den Datenausgang gelegt. In beiden Fällen wird anschließend der Inhalt des Registers parallel in die Speicherkapazitäten der ausgewählten Reihe (zurück-)geschrieben.

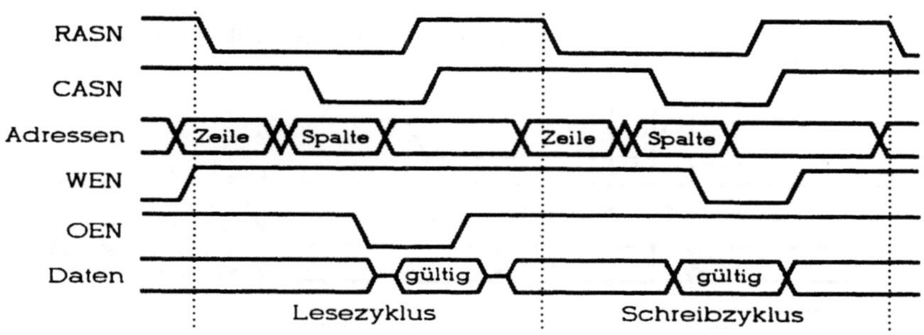

Bild 5-8: Lese- und Schreibzyklus eines DRAMs; CASN - *Column Address Strobe*; OEN - *Output Enable*; RASN - *Row Address Strobe*; WEN - *Write Enable*, alle *low*-aktiv

Bild 5-8 zeigt das Zeitliniendiagramm eines Lesezyklus und eines darauf folgenden Schreibzyklus. Die Manipulation des adressierten Bits erfolgt zeitlich nach dem zerstörenden Lesen; es genügt also, zunächst die Zeilenadresse anzulegen und zwischenzuspeichern und anschließend die Spaltenadresse bereitzuhalten. Das Bild läßt bei beiden Zyklen erkennen, daß zum Zeitpunkt der aktiven RASN-Flanke an den Adreßanschlüssen gültige Zeilenadressen und zu dem der aktiven CASN-Flanke gültige Spaltenadressen anliegen müssen. Das ist nur möglich, wenn zwischen Adressenbus des Systems und die Anschlüsse des DRAMs ein Multiplexer geschaltet wird.

Beim READ werden die Daten erst bereitgestellt, wenn auch das OEN-Signal aktiv ist; bei einer WRITE-Operation müssen mit der aktiven WEN-Flanke gültige Daten auf dem Datenbus anliegen. Das Zeitverhalten der DRAMs ist von Bausteintyp zu Bausteintyp im Detail verschieden. Manchmal bereitet es schon etwas Mühe, die *Timing*-Anforderungen von Prozessor und Speicherbausteinen mit Hilfe einer Schaltung aneinander anzupassen.

Der *Refresh* wird bei jedem Zyklus (Schreiben oder Lesen) durchgeführt. Da u. U. programmabhängig längere Zeit kein Zugriff erfolgt, muß durch zusätzliche externe Maßnahmen dafür gesorgt werden, daß automatische (programmunabhängige) *Refresh*zyklen den Inhalt erhalten. Eine typische *Refresh*zeit ist 2 msec, bei einigen Bausteintypen sind 4 und neuerdings auch 8 msec möglich.

Da jeweils alle Spalten parallel regeneriert werden, wird für einen reinen *Refresh* keine Spaltenadresse benötigt. Die einfachste Form der Wiederauffrischung ist daher der RASN-*Only Refresh* (**Bild 5-9**). Die externe Beschaltung des Bausteins muß einen separaten Adressenzähler zur Verfügung stellen, dessen Ausgänge zusätzlich mit dem Mikroprozessoradressenbus gemultiplext werden (**Bild 5-10**). Der Zähler bietet zyklisch alle Zeilenadressen an, so daß keine Daten verloren gehen. Der RASN-*Only Refresh* ist bei allen DRAMs möglich. Einige verfügen über einen zusätzlichen Eingang RFSHN, über den der *Refresh*-Puls statt des RASN-Signals zur Verfügung gestellt wird (RASN bleibt währenddessen *High*).

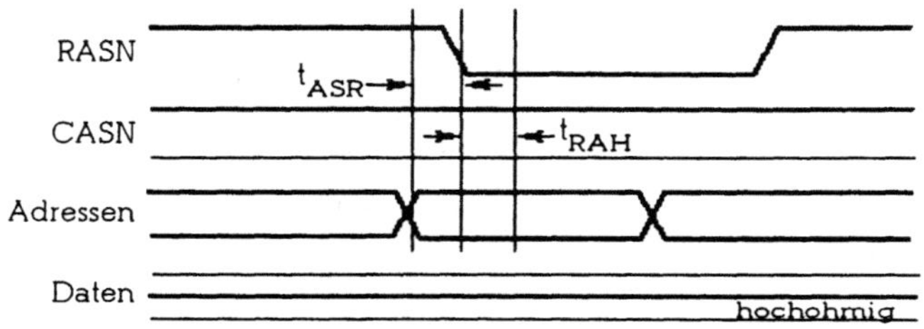

Bild 5-9: RASN-*Only Refresh*; t_{ASR} - ***R**ow **A**ddress **S**etup Time*; t_{RAH} - ***R**ow **A**ddress **H**old Time*

Andere Bausteine verfügen über interne Zähler für die *Refresh*adressen; sie werden entweder über den RFSHN-Eingang oder durch eine *CASN before RASN*-Signalfolge aktiviert und fortgezählt. Weitere Auffrischungstechniken sind der Literatur zu entnehmen [13].

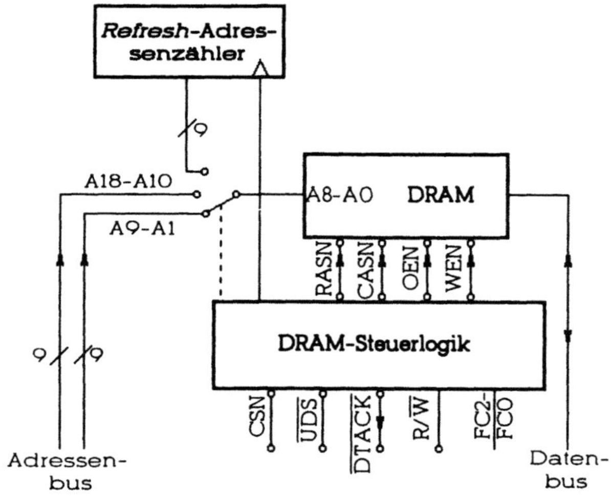

Bild 5-10: Adreßmultiplexer für DRAM mit RASN-*Only Refresh*; $\overline{LDS}$ ist ebenso möglich

Um dem Systemdesigner die Arbeit zu erleichtern, wurden Steuerbausteine für DRAMs entwickelt, die die *Refresh*steuerung, das Multiplexen und die Treiberfunktionen für eine große Anzahl von Speicher*chips* übernehmen. Wegen ihrer Größe (52/64 Anschlüsse) lohnt sich ihr Einsatz aber erst in Speichersystemen ab etwa 2 Mbyte; einige unterstützen zusätzlich fehlerkorrigierende Speicher.

5.3 Flüchtige Speicher mit Schutz gegen Spannungsausfall

Die in diesem Abschnitt besprochenen Speicherbausteine sind zwar grundsätzlich flüchtige Speicher (Statische RAMs), sie verfügen jedoch über interne Zusatzschaltungen, die bei Spannungsversorgungsausfall die Stromaufnahme erheblich reduzieren. Sie eignen sich daher sehr gut zum Sichern großer Datenmengen bis zur Wiederkehr der stabilen Spannung. Sie müssen durch externe Schaltungsmaßnahmen wie eine Pufferbatterie und den Spannungsausfalldetektor unterstützt werden. Bei kleineren Systemen kann zur Überbrückung kürzerer Ausfallzeiten (Stunden) auch ein sehr großer Pufferkondensator verwendet werden. Eine Energiebilanz unter Berücksichtigung der erwarteten maximalen Ausfallzeit führt hier zu einer angepaßten Lösung.

Beispiel: 256 k CMOS RAM (32 k • 8 bit) µPD 43256 C/GU (NEC)

Parameter	Symbol	min	typ	max	Einheit	Bedingung
Versorgungsspg.	V_{CC}	4,5	5,0	5,5	V	
Eingangsspg. H	V_{IH}	2,2	-	V_{CC}+0,5	V	
Eingangsspg. L	V_{IL}	-0,3	-	0,8	V	
Betriebsstrom	I_{CCA}			70	mA	aufeinanderfolgende Zyklen in kürzester Zeit
Stand by-Strom	I_{SB}			3	mA	$V_{CSN} = V_{IH}$
Data Retent. Spg.	V_{CCDR}	2	-	5,5	V	$V_{CSN} > V_{CC}$ - 0,2 V
Data " Strom	I_{CCDR}	-	1	50	µA	V_{CC} = 3 V, $V_{CSN} > V_{CC}$ - 0,2 V

Tabelle 5-1: Daten eines statischen CMOS-RAMs mit Datenerhaltungmodus

Das Beispiel **Tabelle 5-1** zeigt, daß im speziellen Datenerhaltungsmodus (*Data Retention Mode*) die Stromaufnahme auf typisch 1 µA zurückgeht, das ist weniger als 1/10 Promille des maximalen Betriebswertes! Darüber hinaus kann in dieser, durch $V_{CSN} > V_{CC}$ - 0,2 V gekennzeichneten Betriebsart V_{CC} in einem weiten Bereich schwanken und kommt damit der Forderung nach einer einfachen Notversorgungsquelle entgegen. Eine gewisses Problem ergibt sich dadurch, daß während des Ein- bzw. Abschaltens Adreß-, Daten- und Steuerleitungen des Systems vielfach undefinierte Zustände annehmen; dies führt bei $R/\overline{W}$ = *low* in dieser Phase zur Zerstörung der Daten.

Hieraus ergeben sich die Forderungen:

- Der Datenerhaltungsmodus muß eingeschaltet sein, bevor auf dem Systembus undefinierte Zustände entstehen.

- Der Datenerhaltungsmodus darf erst wieder abgeschaltet werden, wenn sich die Spannungspegel auf dem Systembus stabilisiert haben.

Bild 5-11 zeigt das vorgeschriebene Zeitliniendiagramm für den zuvor angegebenen Baustein. Es gilt in ähnlicher Weise auch für andere statische RAMs mit der genannten Betriebsart.

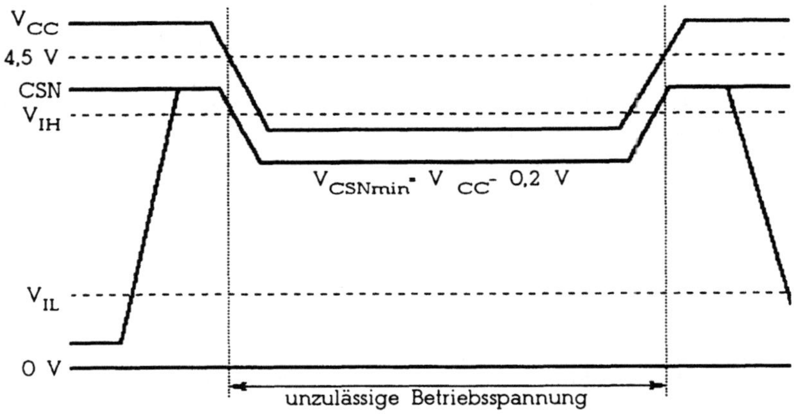

Bild 5-11: Zeitliniendiagramm Datenerhaltungsmodus; V_{CC} - Betriebsspannung; V_{IH} - Eingangsspannung *high*; V_{IL} - Eingangsspannung *low* ; V_{CSN} - Spannung am *Chip Select*-Eingang

Der Datenerhaltungsmodus liegt vor, wenn $V_{CSN} > V_{CC}$ - 0,2 V ist. Die externe Schaltung muß also dafür sorgen, daß

- $V_{CSN} >$ 4,3 V ist, wenn V_{CC} den Minimalwert von 4,5 V unterschreitet und
- $V_{CSN} > V_{CC}$ - 0,2 V bleibt, bis V_{CC} wieder den Minimalwert von 4,5 V erreicht hat.

Speziell für Speicher*chips* mit der angegebenen Betriebsart wurden Überwachungsbausteine entwickelt, die Signale mit korrektem zeitlichen Verlauf zur Verfügung stellen und die Umschaltung auf die Notversorgung vornehmen. Ein solches IC ist z. B. der Max 693 von MAXIM, der hier auszugsweise vorgestellt wird (**Bild 5-12**, [14]). Er kann folgende Funktionen realisieren:

- Erzeugung eines *Reset*-Signals zum Start des Prozessors
- Detektion eines Spannungsausfalls
- Erzeugung eines Signals zum Start einer *Power Fail*-Routine
- Sperren des *low*-aktiven CSN-Signals bevor die Versorgungsspannung unzulässige Werte annimmt
- Umschalten der Spannungsversorgung der RAMs auf Pufferbatterie oder -kondensator.

Nach dem Einschalten wird der *Reset*-Zähler für eine längere Zeit zurückgesetzt; 50 msec nach Freigabe geht der RESETN-Ausgang auf *High*. Eine Komparatorschaltung setzt den Zähler auf 0 und damit den RESETN-Ausgang auf

Low, wenn die Versorgungsspannung den Wert von etwa 4,6 V unterschreitet. Sie gibt ihn wieder frei, wenn V_{CC} > 4,7 V wird, so daß 50 msec später RESETN wieder auf *High* geht (**Bild 5-13**).

Die Hysterese verhindert ein unbeabsichtigtes *Flattern* am Komparatorausgang beim langsamen Spannungszusammenbruch. Die Zeit von 50 msec ist so bemessen, daß der nachgeschaltete Prozessor nicht freigegeben wird, wenn V_{CC} während der Spannungsspitzen des gleichgerichteten Signals kurzzeitig den Wert von 4,7 V überschreitet.

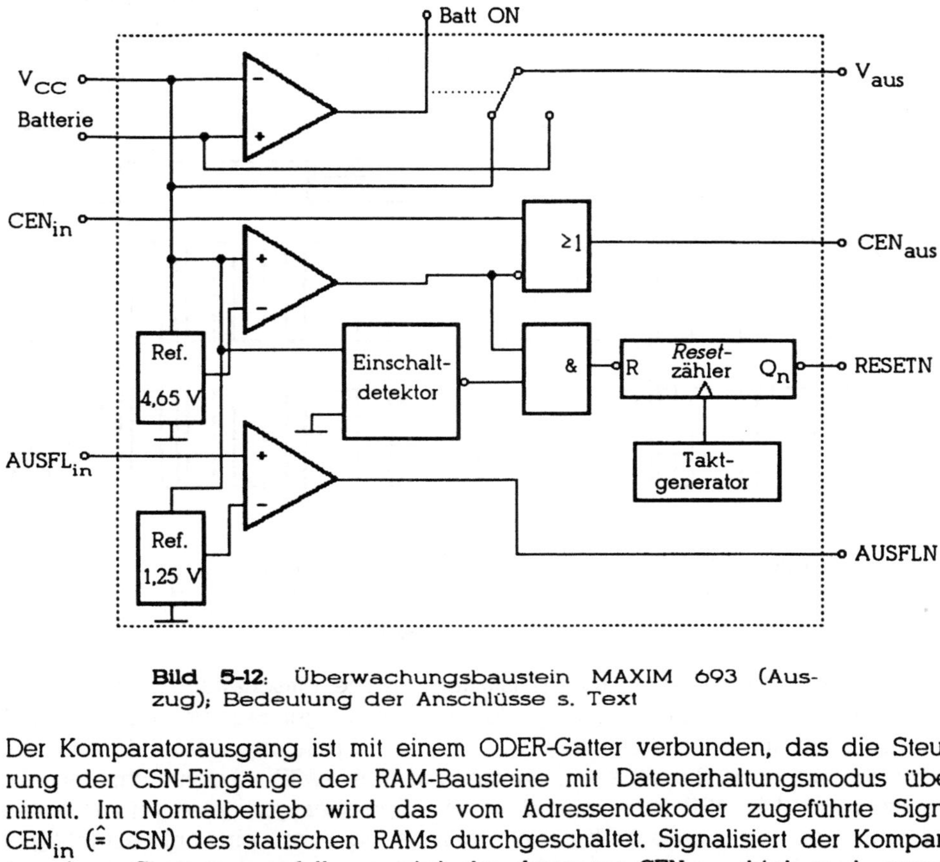

Bild 5-12: Überwachungsbaustein MAXIM 693 (Auszug); Bedeutung der Anschlüsse s. Text

Der Komparatorausgang ist mit einem ODER-Gatter verbunden, das die Steuerung der CSN-Eingänge der RAM-Bausteine mit Datenerhaltungsmodus übernimmt. Im Normalbetrieb wird das vom Adressendekoder zugeführte Signal CEN_{in} (≙ CSN) des statischen RAMs durchgeschaltet. Signalisiert der Komparator einen Spanungsausfall, so wird der Ausgang CEN_{aus} *high* und erzeugt damit im Speicherchip die o. a. Betriebsart, sobald $V_{cc} < V_{CENaus} + 0{,}2$ V wird. Beim Einsatz in M68000-Systemen muß beachtet werden, daß bei einem *Reset* der Buszustand für maximal 4 Taktzyklen nicht definiert ist [4]. Die Stromversorgung des Überwachungsbausteins selbst wird in dieser Phase von der Batterie übernommen; der Eigenverbrauch sinkt auf etwa 1 µA. Der *High*-Pegel von CEN_{aus} wird durch die Batteriespannung bestimmt.

Um den Prozessor frühzeitig, also eine ausreichend lange Zeit, vor dem endgültigen Spannungsausfall und der plötzlichen Deaktivierung der Speicherbausteine Gelegenheit zur Rettung wichtiger Daten für den Wiederanlauf zu geben, wurde ein separater Eingang $AUSFL_{in}$ vorgesehen; er wird über einen Spannungsteiler an die nicht stabilisierte Versorgungsspannung gelegt. Spannungsausfälle werden dadurch frühzeitig detektiert und am AUSFLN-Ausgang angezeigt. AUSFLN muß so angeschlossen werden, daß ein nicht maskierbarer *Interrupt* ausgelöst wird, der zur Spannungsausfallroutine führt.

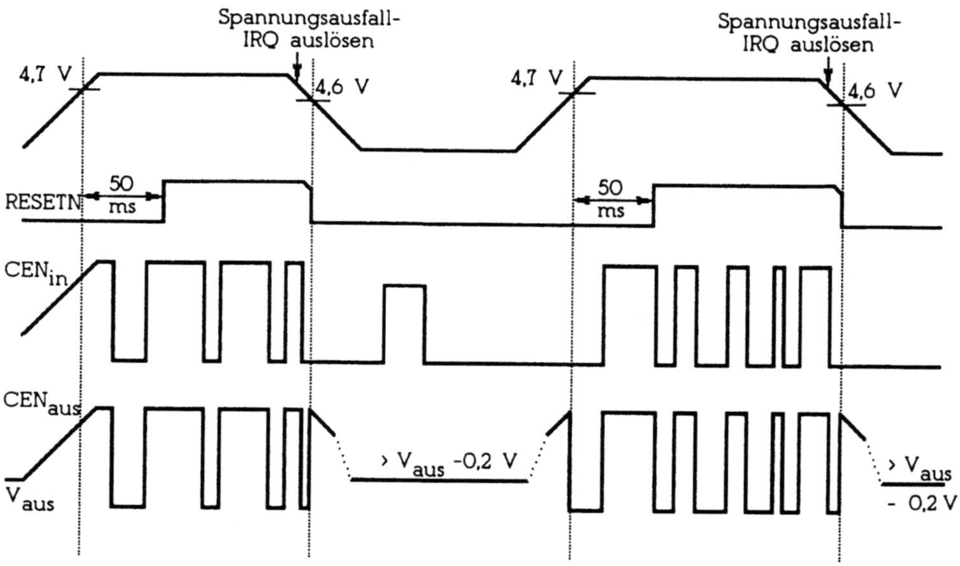

Bild 5-13: Verlauf einiger Signale des Überwachungsbausteins bei Spannungsausfall; zusätzlich sind Zeitpunkte markiert, bei denen die Spannungsausfallroutine durch ASFLN = *low* gestartet werden sollte

Ferner verfügt der Baustein über Hilfsmittel, die die Umschaltung von V_{CC} auf Batterie durchführen. **Bild 5-13** zeigt den Verlauf einiger Signale und **Bild 5-14** den Baustein in einer Schaltung. Nach einem Spannungsausfall kommt der Prozessor nur über die *Reset*-Ausnahme und *Reset*-ASR in den normalen Betriebszustand. Die ASR muß anhand von im Speicher geretteten Informationen erkennen, ob ein normaler Kaltstart vorliegt, oder ob ein unbeabsichtigter Ausfall vorgelegen hat und der Betrieb an der unterbrochenen Stelle fortgeführt werden soll. In diesem Fall muß (fast) der komplette Systemzustand zum Zeitpunkt des Ausfalls reaktiviert werden; dies ist in komplexen Systemen keine einfache Aufgabe!

Nachdem Speicher mit Datenerhaltungsmodus und entsprechende Schutzschaltungen verfügbar waren, wurden Speicher*chips* mit integrierter Schutzschaltung einschließlich Lithiumbatterie entwickelt. Der Typ DS1245Y von *Dal-*

las Semiconductor ist ein 128 k • 8 bit Statisches RAM [15]. Sinkt die Versorgungsspannung unter 4,37 V ab, unterbricht die Schutzschaltung die internen Verbindungen zu den Eingängen und etabliert damit einen Schreibschutz. Sinkt die Spannung unter 3 V, so wird auf die Batterie umgeschaltet, die die Versorgung übernimmt. Da das RAM sich hier schon im *Data Retention Mode* befindet, ist der Energieverbrauch sehr gering. Der Hersteller garantiert eine kumulative Haltezeit von 5 Jahren.

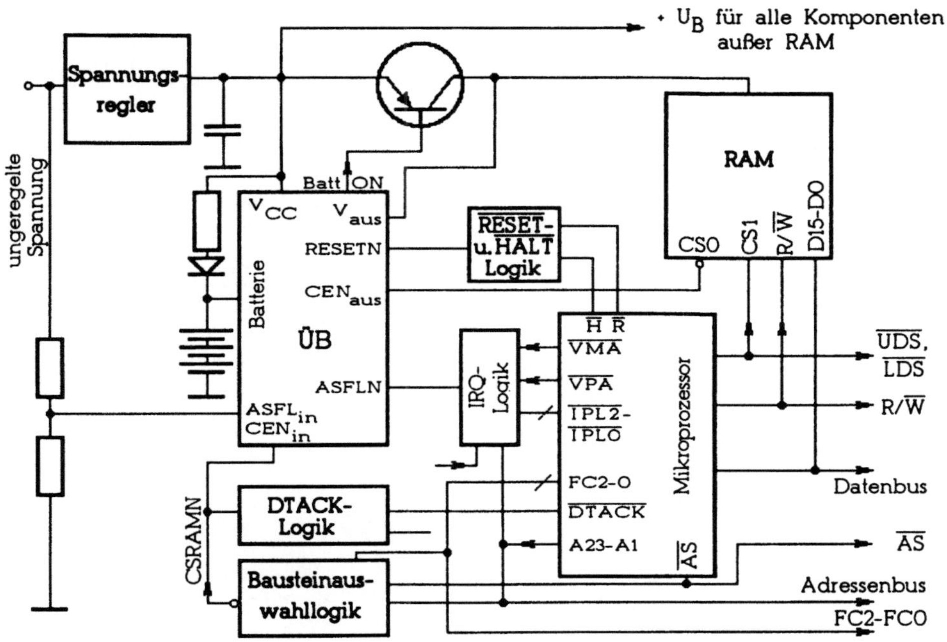

Bild 5-14: Schaltung mit Überwachungsbaustein (Auszug); ÜB - Überwachungsbaustein

Durch besondere Maßnahmen kann die Batterie auch abgeschaltet werden (in diesem Zustand werden die *Chips* geliefert); sie wird wieder eingeschaltet, wenn die Versorgungsspannung 4,5 V überschreitet. Der angegebene Typ verfügt sogar über zwei interne Batterien, die Schutzschaltung wählt die mit der höheren Spannung aus; fällt eine aus, wird automatisch auf die andere umgeschaltet.

Es handelt sich bei diesen Bausteinen ohne Zweifel um Nichtflüchtige RAMs; im Gegensatz zu den unter 5.1.5 genannten NVRAMs enthalten sie jedoch kein zusätzliches EEPROM.

Den Datenerhaltungsmodus gibt es nur für statische RAMs. Bei dynamischen RAMs darf das Auffrischen nicht für längere Zeit unterbrochen werden. Es gibt inzwischen jedoch CHMOS-DRAMs, die unter Berücksichtigung besonderer Randbedingungen bez. der *Refresh*signale ebenfalls mit deutlich niedrigerem Stromverbrauch betrieben werden könen. Allerdings erreicht man nicht die günstigen Werte wie bei den statischen RAMs.

6 Gleitkommacoprozessor 68881

Gleitkommacoprozessoren sind Hardwarerealisierungen von Gleitkommasoftwarepaketen. Nach der Definition von

- Datenformaten,
- Rundungsverfahren und
- Minimalfunktionen

eines solchen Paketes wurden auch Prozessoren entwickelt, die den IEEE-Standard P754 (s. Kap. 1.2.2 *Gleitkommadarstellung*) und einige Erweiterungen enthalten.

Für die 68000-er Serie wurden der 68881 und der 68882 entwickelt; sie sind in erster Linie für die MPUs der oberen Leistungsklasse M68020 und M68030 entworfen. Der 68882 ermöglicht einen schnelleren Programmablauf aufgrund einiger konstruktiver Details. Ihre Erläuterung erfordert eine tiefergehende Beschreibung als sie hier dargeboten werden kann; im folgenden werden wir uns daher auf den 68881 beschränken.

Die genannten MPUs verfügen über ein Coprozessor*interface*; es erlaubt den Betrieb des externen Gleitkommaprozessors in einer Weise, in der der Programmierer die Register so ansprechen und die Funktionen so ausführen kann, als seien sie in der MPU implementiert. Er schreibt Coprozessorinstruktionen wie MPU-Befehle und braucht sich nicht darum zu kümmern, daß sie tatsächlich im Coprozessor bearbeitet werden und die Gleitkommaregister dort implementiert sind.

Das bedeutet, daß die MPU entsprechende Befehle analysieren und zum Coprozessor übertragen muß, ebenso muß sie externe Operanden bereitstellen, Ergebnisse übernehmen und Reaktionen (z. B. Fehlermeldungen, Ausnahmeanforderungen usw.) abfragen und auswerten. Am Ende dieses Kapitels wollen wir auch auf den Betrieb eines 68881 in einem M68000-System eingehen.

6.1 Befehlssatz

Folgende Befehlsgruppen sind im FPCP (*Floating Point CoProzessor*) implementiert [16]:

- Datentransport zwischen FPCP und MPU oder Speicher (beide Richtungen)
- Retten/Zurückholen mehrerer Registerinhalte
- Operationen mit einem Operanden
- Operationen mit zwei Operanden
- bedingtes Setzen, Verzweigen und Einleiten einer Ausnahmebehandlung
- sonstige Operationen.

Datentransportbefehle

Bezeichnet man die 8 Datenregister des FPCP mit FP7-FP0, so läßt sich schreiben:

```
FMOVE.[y][1] <EA>, FPn  oder
FMOVE.[y]  FPn, <EA>  oder
FMOVE.X    FPm, FPn
```

<EA> bezeichnet die Effektive Adresse des (FPCP-) externen Operanden
.[y] spezifiert die Operandengröße (s. Tabelle 6-4)
.X Operandengröße: Erweiterte Genauigkeit (hierauf wird noch eingegangen)

Retten/Zurückholen mehrerer Registerinhalte

Der Befehl ist aufgebaut wie der MPU-Befehl MOVEM:

```
FMOVEM   <EA>,FP1-FP4/FP6
FMOVEM   FP0-FP7,<EA>
```

Operationen mit einem Operanden

Der Operand steht entweder in einem FPCP-Datenregister oder wird durch die Effektive Adresse-Auswertung der MPU zur Verfügung gestellt. Im zweiten Fall steht er also entweder in einem MPU-Register oder im Speicher.

```
FSIN.[y] <EA>,FPn
FSIN.X   FPm,FPn
FSIN.X   FPn
```

Das Ergebnis steht immer in einem FPCP-Datenregister. **Tabelle 6-1** enthält die implementierten Funktionen dieser Gruppe.

FABS	Absolutwert	FLOG10	Zehnerlogarithmus
FACOS	arc cosinus	FLOG2	Zweierlogarithmus
FASIN	arc sinus	FLOGN	natürlicher Logarithmus
FATAN	arc tangens	FLOGNP1	ln (x + 1)
FATANH	ar tang hyperbolicus	FNEG	negieren
FCOS	cosinus	FSIN	sinus
FCOSH	cos hyperbolicus	FSINCOS	sinus, cosinus gleichzeitig
FETOX	e^x	FSINH	sinus hyperbolicus
FETOXM1	$e^x - 1$	FSQRT	Quadratwurzel
FGETEXP	Exponent separieren	FTAN	tangens
FGETMAN	Mantisse separieren	FTANH	tangens hyperbolicus
FINT	ganzzahliger Anteil	FTENTOX	10^x
FINTRZ	ganzzahliger Anteil	FTST	Test, setzt Beding.-Codes
	(abgeschnitten)	FTWOTOX	2^x

Tabelle 6-1: Funktionen des 68881 mit einem Operanden

1 Die eckigen Klammern [ ] kennzeichnen entweder optionale Angaben oder stehen, in anderem Zusammenhang, für *Inhalt von . . .*

Operationen mit zwei Operanden

Hier gibt es, ähnlich wie in der MPU, eine verdeckte Zieladressierung: Operand 2 und Ziel belegen denselben Platz, der **immer** ein Datenregister des FPCP ist. Eine Effektive Adresse ist nur für den Quelloperanden zugelassen.

```
FMUL.[y]  <EA>,FPn
FMUL.X    FPm,FPn
```

Tabelle 6-2 enthält die im FPCP 68881 realisierten Funktionen mit zwei Operanden.

FADD	Addition	FREM	IEEE-Rest, s. Text
FCMP	Vergleich	FSCALE[2]	
FDIV	Division	FSGLDIV	Division, einfache Gen.
FMOD	Modulo Rest, s. Text	FSGLMUL	Multiplikation, "
FMUL	Multiplikation	FSUB	Subtraktion

Tabelle 6-2: Funktionen des 68881 mit zwei Operanden

Für die Funktion FMOD werden folgende Operationen ausgeführt:

- falls erforderlich: Quelloperand in das Format Erweiterte Genauigkeit konvertieren (s. 6.2 *Zusätzliche Datenformate*)
- A = [Quelle]/[Ziel] berechnen, Vorzeichen und die letzten 7 bit des Ergebnisses in das Quotientenbyte des FPSR (Bild 6-3) übertragen
- N = INT (A) berechnen, runden nach Null (INT = Integerfunktion)
- [FPn] - N • [Quelle] ⟶ FPn

Die Funktion FREM führt die gleichen Schritte durch, es wird lediglich zum nächsten ganzzahligen Wert gerundet.

Bedingtes Setzen, Verzweigen und Einleiten einer Ausnahmebehandlung

Bei einer bedingten Instruktion wertet der FPCP seine Statusbits aus und übermittelt der MPU das Ergebnis (wahr/falsch), die ihrerseits die weiteren Schritte einleitet (**Tabelle 6-3**, s. auch 6.3 *Befehlsbeispiele*, FDBEQ D3,ANF).

FBcc	bedingte Verzweigung
FDBcc	prüfe Bedingung, dekrementiere und verzweige
FScc	setze gemäß Bedingung
FTRAPcc	prüfe Bedingung und leite ggf. eine Ausnahmeverarbeitung ein.

Tabelle 6-3: Befehle mit Auswertung von Bedingungen

6.2 Zusätzliche Datenformate

Zusätzlich zu den in Kapitel 1 angegebenen Datenformaten kann der FPCP Gleitkommazahlen mit erweiterter Genauigkeit und Dezimalzahlen in wissenschaftlicher Notation in einem BCD-Format verarbeiten (BCD-Gleitkomma).

2 [FPn] * INT ($2^{[Quelle]}$) ⟶ FPn, Quelle ist der erste, FPn der zweite Operand

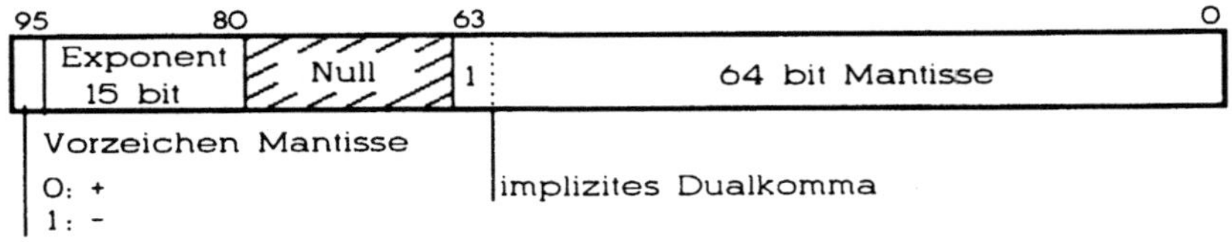

Bild 6-1: Datenformat Erweiterte Genauigkeit (*Extended Real*)

Der FPCP rechnet intern grundsätzlich mit dem Datenformat **Erweiterte Genauigkeit (Bild 6-1)**. Alle externen Operanden werden vor jeder Verarbeitung zunächst in dieses Format konvertiert. Ergebnisse werden erst unmittelbar vor der Ausgabe in das gewünschte Format konvertiert. Das Format Erweiterte Genauigkeit ist im Standard IEEE P754 nicht bis auf das einzelne Bit festgelegt, d. h. verschiedene Hersteller von Gleitkommasoftware oder -hardware können unterschiedliche Genauigkeiten realisieren. Den Wert des 15 bit-Exponentenfeldes erhält man, wie in 1.2.2 *Gleitkommadarstellung* für das Format Einfache Genauigkeit beschrieben, durch Addition einer Konstanten zum Exponenten, die hier 16384 beträgt.

Die einheitliche Behandlung aller Operanden mit der höchsten Genauigkeit verhindert eine unnötige Kumulation von Rundungsfehlern bei längeren Rechnungen. Das interne Format muß natürlich die Vorkommaeins enthalten. Die Bits 64-79 sind z. Zt. noch unbenutzt und für spätere Erweiterungen vorgesehen.

Beim Datenformat **BCD-Gleitkomma** (*Packed BCD Real*, **Bild 6-2**) werden die einzelnen Dezimalstellen BCD-codiert.

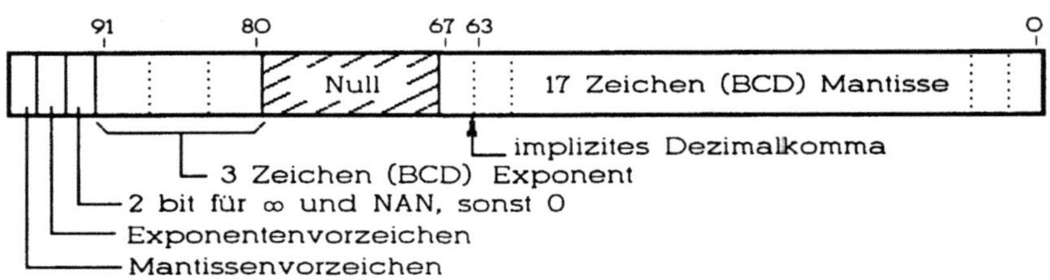

Bild 6-2: Datenformat BCD-Gleitkomma; NAN - ***Not A Number***, s. Kap. 1.2.2 *Gleitkommadarstellung*

Die verschiedenen Datenformate beeinflussen den Maschinencode und müssen infolgedessen dem Assembler durch eine entsprechende Ergänzung der Befehlsmnemonik angezeigt werden (**Tabelle 6-4**).

6.3 Befehlsbeispiele

`FMOVE.B (A1)+,FP3`

Transportiere das Byte, dessen Adresse in `A1` steht, in das Register Nr. `3` des FPCP! `A1` wird anschließend inkrementiert. Bevor das

Byte in FP3 geschrieben wird, wird es in das Datenformat Erweiterte Genauigkeit umgewandelt.

Datentyp	Befehlsergänzung
Byte	.B
Wort	.W
Langwort	.L
Einfache Genauigkeit	.S
Doppelte Genauigkeit	.D
Erweiterte Genauigkeit	.X
Gepackte BCD-Gleitkomma	.P

Tabelle 6-4: Befehlsergänzung für verschiedene Datenformate

`FSUB.L $A(PC,D1.W),FP0`

Subtrahiere vom Inhalt von FP0 die Integerzahl, die unter der durch $A(PC,D1.W) spezifierten Adresse zu finden ist! Das Langwort, das dort beginnt, wird in den FPCP übertragen und vor der Subtraktion in eine Gleitkommazahl mit dem Format Erweiterte Genauigkeit konvertiert. Die Differenz wird wieder in FP0 abgelegt (Format Erweiterte Genauigkeit).

`FMOVE.P FP7,-(A5)`

Das Format BCD-Gleitkomma erfordert 96 bit, also 12 Bytes. Der Inhalt von A5 wird zunächst um 12 dekrementiert, anschließend der Inhalt von FP7 (Erweiterte Genauigkeit) in das gewünschte Format konvertiert und ab dieser Adresse gespeichert.

`FDBEQ D3,ANF`

Der FPCP prüft die Bedingung und signalisiert der MPU, ob sie wahr ist oder nicht. Sie ist wahr, wenn das Ergebnis der vorangegangenen Gleitkommainstruktion gleich Null ist, dann wird der Folgebefehl ausgeführt. Ist sie nicht wahr, dekrementiert die MPU das Register D3. Ergibt sich dabei -1, so wird der Folgebefehl ebenfalls ausgeführt, andernfalls wird zur Marke ANF verzweigt (siehe auch 4.5.6 *Befehl DBcc* und Bild 4-67).

6.4 Programmiermodell des 68881

Das Programmiermodell (**Bild 6-3**) umfaßt 8 Gleitkommadatenregister FP7-FP0, das Steuerregister FPCR, das Statusregister FPSR und das Instruktionsadreßregister FPIAR.

Die Datenregister enthalten die 80 bit des Formats Erweiterte Genauigkeit. Die zusätzlichen, für spätere Anwendungen vorgesehenen 16 bit (Bild 6-1) sind für den Programmierer praktisch nicht vorhanden. Da intern immer mit dem o. a. Datenformat gearbeitet wird, gibt es auch keine weitere Unterteilung in andere Datenformate, wie wir dies z. B. von den Datenregistern der MPU her kennen.

Für den Programmierer in einem System mit einem M68020/030-Prozessor erscheint das Programmiermodell der MPU um die Register des Coprozessors erweitert; er spricht sie an wie MPU-Register. Es ist ebenso möglich, ein gemeinsames Registermodell für beide Prozessoren zu zeichnen.

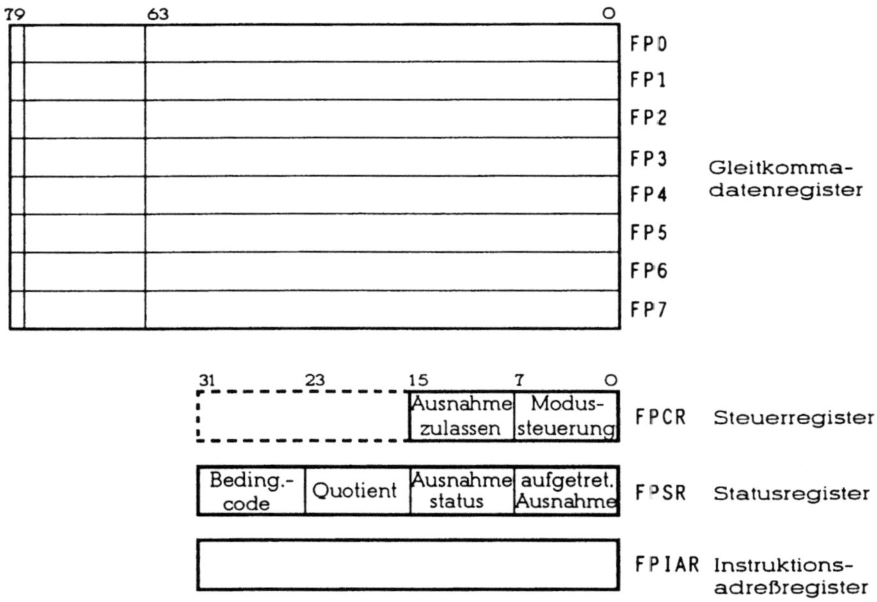

Bild 6-3: Programmiermodell des Gleitkommacoprozessors 68881; die Register sind dem Anwender zugänglich

6.4.1 Modussteuerbyte

Das Modussteuerbyte (MODE) wird herangezogen zur Steuerung des Rundungsverfahrens und der Rundungsgenauigkeit (**Bild 6-4**).

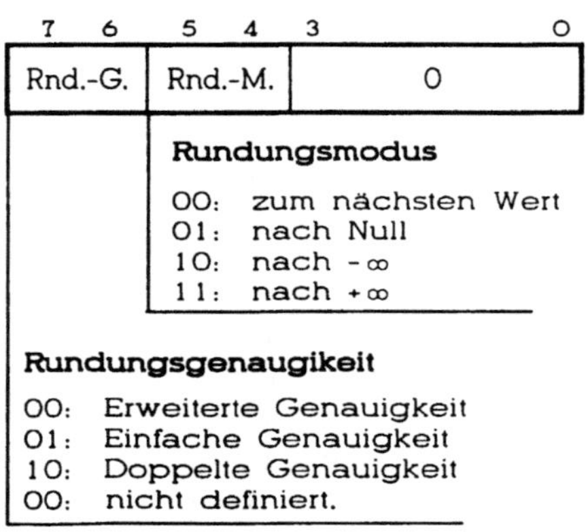

Bild 6-4: Modussteuerbyte MODE des FPCR

Beim IEEE-Standard ist dieses Byte mit **$00** beschrieben. Rundung zum nächsten Wert bedeutet, daß das exakte, nicht darstellbare Resultat zum nächstgelegenen darstellbaren Wert gerundet wird. Der Parameter Genauigkeit hat nur dann eine Bedeutung, wenn das Verhalten eines anderen Gleitkommaprozessors oder eines Softwarepaketes ohne das Datenformat Erweiterte Genauigkeit (bei IEEE nicht zwingend vorgeschrieben) nachgebildet werden soll. Der FPCP berechnet das Ergebnis im Format Erweiterte Genauigkeit und rundet dann auf 24 bit (Einfache Genauigkeit) bzw. 53 bit (Doppelte Genauigkeit). Bei einem Registeroperanden enthalten dann die niederwertigen Bits eine Null. Die ungenaueren Ergebnisse erfordern wegen der zusätzlich anfallenden Rundung eine längere Rechenzeit. Das Ergebnis jeder Einzeloperation ist identisch mit dem IEEE-Standard, und damit auch das Gesamtergebnis.

Portable Software muß auf verschiedenen Rechnern zu gleichen Resultaten führen. Entwickelt man Software für verschiedene Systeme, so darf man nicht von der größeren Genauigkeit des eigenen Systems ausgehen, sondern vom garantierten Standard. Das Modussteuerbyte bietet die Möglichkeit, diesen Standard und damit die möglicherweise geringere Genauigkeit anderer Rechner nachzubilden.

6.4.2 Byte Ausnahme zulassen

Das Byte *Ausnahme zulassen* (*Exception Enable Byte* **ENABLE**, **Bild 6-5**) legt fest, in welchen Fällen der FPCP der MPU die Einleitung einer Ausnahmeverarbeitung signalisieren soll. Im Verlauf der zu Beginn dieses Kapitels erwähnten Kommunikation zwischen MPU-seitigem Coprozessor*interface* und FPCP fordert dieser eine Ausnahmebehandlung an, wobei für jede mögliche Ausnahme eine andere Vektornummer übertragen wird[3]. Eine Anforderung erfolgt aber nur, wenn das jeweilige Bit im Byte **ENABLE** und im Byte **EXC** (s. 6.4.4) gesetzt sind. Da der Programmierer das Byte **ENABLE** beschreiben kann, kann er bestimmen, welche FPCP-Ausnahmen durch Routinen des Betriebssystems behandelt werden sollen (s. auch 6.4.5 *Byte Aufgetretene Ausnahmen*).

Eine Instruktion kann gleichzeitig mehrere Ausnahmebedingungen hervorrufen; in einem solchen Fall wird die Vektornummer der Ausnahme mit der höchsten Priorität übergeben (**BSUN** hat die höchste, **INEX1** die niedrigste Priorität). Die ASR muß, anders als bei E/A-Bausteinen, auch die übrigen, gleichzeitig aufgetretenen Ausnahmen behandeln, der FPCP fordert keine weiteren *Exceptions* mehr an.

Eine ungeordnete Bedingung liegt vor, wenn eine arithmetische Operation durchgeführt werden soll und mindestens ein Operand eine NAN (s. 1.2.2 *Gleitkommadarstellung*) ist. Ein nachfolgender Befehl aus der Gruppe **FBcc**, **FDBcc**, **FTRAPcc** setzt für eine Reihe von Bedingungen das **BSUN**-Bit im Statusregister.

3 Es sind Vektornummern, die in Tabelle 4-8 als *reserviert* bezeichnet sind.

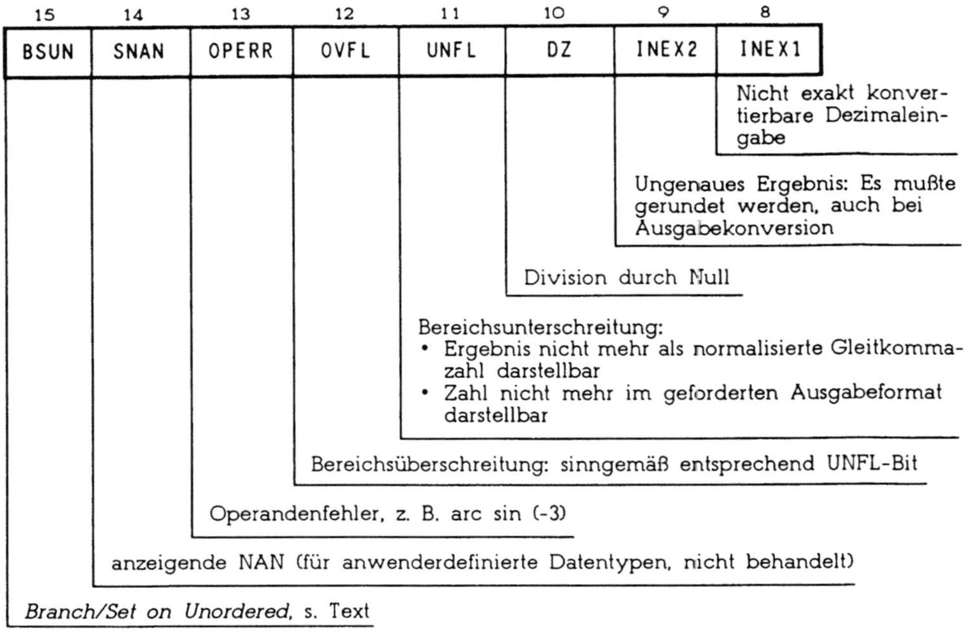

Bild 6-5: Byte *Ausnahme zulassen* (ENABLE), Byte *Ausnahme Status* (EXC); die Priorität steigt von Bit 7 ⟶ 15

6.4.3 Bedingungscodebyte des Statusregisters

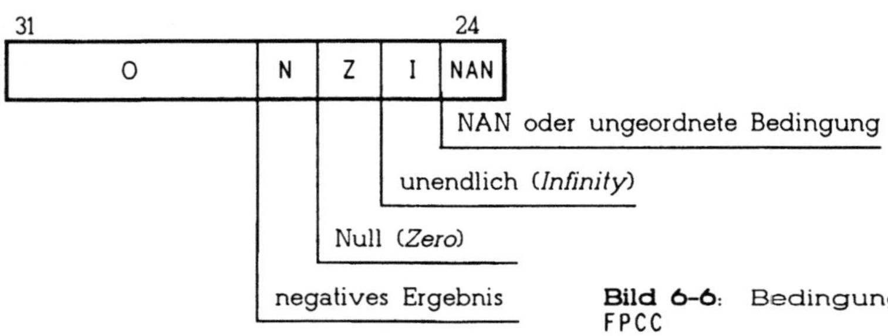

Bild 6-6: Bedingungscodebyte FPCC

Das Bedingungscodebyte FPCC (**Bild 6-6**) enthält 4 Flaggen, die abhängig vom Ergebnis einer arithmetischen Operation gesetzt werden. Sie werden **nicht** durch eine FMOVE-Anweisung beinflußt, wie dies beim CCR der MPU geschieht.

6.4.4 Ausnahmestatusbyte

Das Ausnahmestatusbyte EXC (*Exception Status Byte*, **Bild 6-5**) enthält an den gleichen Positionen wie das Byte ENABLE Bits gleichen Namens. Der FPCP veranlaßt die MPU, eine Ausnahmebehandlung einzuleiten, sobald bei gesetztem Bit von ENABLE das korrespondierende Bit des Statusbytes EXC gesetzt wird.

Die Priorität nimmt von Bit 15 nach Bit 8 ab. Über die Vektortabelle der MPU M68020/030 wird die ASR der Ausnahme mit der höchsten Priorität gestartet. Sie muß prüfen, ob weitere Anforderungen anliegen und ggf. verzweigen; der FPCP fordert selbst keine weiteren Ausnahmen an.

6.4.5 Byte Aufgetretene Ausnahmen

Das Byte *Aufgetretene Ausnahmen* (*Accrued Exception Byte* AEXC, **Bild 6-7**) zeigt an, ob eine oder mehrere Ausnahmen aufgetreten sind und spezifiziert sie ggf. näher. Sein Inhalt wird nur durch Löschen des Statusbytes gelöscht. Die Bits werden durch die Bits des Statusregisters gesetzt. Ein Bit wird durch ODER-Verknüpfung (+ Zeichen in Gl. 6.1), teilweise auch UND-Verknüpfung (• -Zeichen), mehrerer Statusbits gesetzt.

Ein gesetztes Bit des ENABLE-Bytes veranlaßt die Behandlung des spezifischen Fehlers durch eine ASR des Betriebssystems. Bei nicht gesetztem Bit kann mit Hilfe der Bits des AEXC-Bytes eine Fehlerbehandlung durch das Programm erfolgen. Der Programmierer entscheidet durch Setzen des ENABLE-Bytes, wo bestimmte Fehler von FPCP-Operationen behandelt werden.

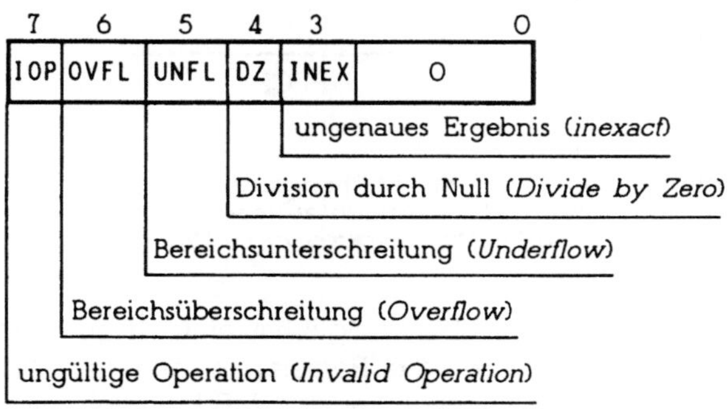

Bild 6-7: Byte *Aufgetretene Ausnahmen* AEXC

Man will häufig nicht nach jeder Gleitkommaoperation eine Ausnahme zulassen. Das Byte AEXC gestattet, nach einer vom Programm bestimmten Anzahl von Operationen zu prüfen, ob eine Ausnahmesituation aufgetreten ist. Da der Inhalt erst durch explizites Schreiben von 0 in die Statusbits gelöscht wird, bleibt eine einmal gesetzte Flagge bis zu diesem Zeitpunkt unverändert erhalten. Die einzelnen Bits werden nach folgenden Beziehungen gesetzt:

$$\begin{array}{lll} \text{AEXC (IOP)} & := & \text{AEXC (IOP)} + \text{EXC (BSUN} + \text{SNAN} + \text{OPERR)} \\ \text{AEXC (OVFL)} & := & \text{AEXC (OVFL)} + \text{EXC (OVFL)} \\ \text{AEXC (UNFL)} & := & \text{AEXC (UNFL)} + \text{EXC (UNFL} \cdot \text{INEX2)} \\ \text{AEXC (DZ)} & := & \text{AEXC (DZ)} + \text{EXC (DZ)} \\ \text{AEXC (INEX)} & := & \text{AEXC (INEX)} + \text{EXC (INEX1} + \text{INEX2} + \text{OVFL)} \end{array} \qquad (6.1)$$

6.4.6 Register für Adresse der Gleitkommainstruktion

In einem System mit M68020/030-Prozessor und FPCP können beide Prozessoren konkurrierend arbeiten. Dies bedeutet, daß dann beim Auftreten einer FPCP-*Exception* die Adresse der verursachenden Instruktion in der MPU nicht mehr verfügbar ist. Für die Gleitkommaoperationen, die Ausnahmen verursachen können, wird die Programmadresse in das Register **FPIAR** geschrieben. Wird eine ASR für den FPCP in der MPU gestartet, holt sie sich den Programmzählerstand aus dem **FPIAR**.

6.5 Coprozessorschnittstelle

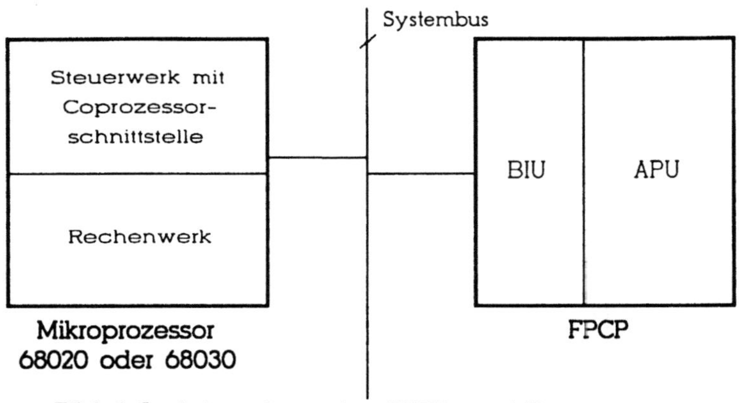

Bild 6-8: Ankopplung des FPCP an Mikroprozessoren mit Coprozessorschnittstelle; BIU - *Bus Interface Unit*, Busschnittstelle; APU - *Arithmetic Processing Unit*, Arithmetikeinheit

Um für den Programmierer den Einsatz des FPCP möglichst einfach zu gestalten, wurde ein Konzept gewählt, bei dem er die Register in gleicher Weise behandeln und ansprechen kann wie tatsächlich in der MPU implementierte Register. Dies geschieht, wie schon erwähnt, in der Weise, daß die MPU M68020/030 Gleitkommainstruktionen ebenso liest wie jeden anderen Befehl. Sie erkennt, daß sie die Anweisung nicht selbst behandeln kann und daß sie dem Coprozessor Befehlsworte und Operanden bereitstellen bzw. von ihm übernehmen und mögliche Fehlerereignisse behandeln muß.

Die einfachste Form, dies zu realisieren, wären zusätzliche Anschlüsse an der MPU, verbunden mit einer entsprechenden Erweiterung des Steuerwerks. Die Methode hat den Nachteil, daß zu den 114 Anschlüssen des 68020 noch ca. 35 weitere erforderlich wären. Ein einheitliches Coprozessorkonzept, das nicht nur für den FPCP, sondern auch für andere Prozessoren, wie z. B. eine MMU, gilt, erfordert, daß keine spezifische, sondern eine einheitliche Schnittstelle definiert ist, über die alle angesprochen werden. Um den Aufwand möglichst gering zu halten, hat man gänzlich auf weitere Prozessoranschlüsse verzichtet und MPU und Coprozessoren über den Systembus verbunden.

In der MPU wird das **Steuerwerk** um eine Coprozessorschnittstelle erweitert, im Coprozessor sorgt eine spezielle Busschnittstelle (BIU, ***Bus Interface Unit***) für die Ankopplung. Die BIU enthält einige Kommunikationsregister, die in Abschnitt 6.7 vorgestellt werden. Die Schnittstellen beider Prozessoren sind so aufeinander abgestimmt, daß alle erforderlichen Datentransfers, Statusmeldungen und Unterbrechungsanforderungen automatisch verwaltet werden, ohne daß der Programmierer davon etwas bemerkt. Die Schnittstelle ist also durch Software in den Steuerwerken und durch zusätzliche, bausteininterne Hardware realisiert.

Ablauf der Verarbeitung einer Gleitkommainstruktion:

- Die MPU erkennt einen FPCP-Befehl und leitet ihn an den Coprozessor weiter.
- Der FPCP übernimmt die Anweisung und ab diesem Zeitpunkt die Steuerung des weiteren Ablaufs. Hierzu zählen:
  - •• Bereitstellung oder Abnahme des Operanden von der MPU anfordern
  - •• Fehlerbehandlung anfordern (z. B. bei Division durch Null)
  - •• MPU auffordern, konkurrierend weiterzuarbeiten

6.6 Befehlsaufbau

Ein Gleitkommabefehl besteht aus Operationswort, FPCP-Kommandowort und ggf. bis zu 6 Erweiterungsworten (**Bild 6-9**).

15 ... 0
Operationswort
FPCP - Kommandowort
Erweiterungsworte: Eff.-Adresse, Adreßdistanz (0-6 Worte)

Bild 6-9: FPCP-Befehl

Am Operationswort, das ja wie jeder andere Befehl ins Instruktionsregister geladen wird, erkennt die MPU, daß ein Coprozessorbefehl vorliegt. Coprozessorbefehle sind sog. LINE F-Befehle, d. h., sie haben an den führenden Bits 15-12 das Bitmuster 1 1 1 1 ($F) stehen (**Bild 6-10**).

15	14	13	12	11 10 9	8 7 6	5 ... 0
1	1	1	1	Coprozessor-identifikation	Instruktions-typ	typenspezifische Ergänzung

Bild 6-10: Coprozessoroperationswort

Das Identifikationsfeld auf den Bits 11-9 erlaubt, 8 verschiedene Coprozessoren zu betreiben. Das Bitmuster 000 ist für den Speicherverwaltungsbaustein 68851, das Muster 001 für die Gleitkommacoprozessoren 68881/68882 vorgesehen; die Muster werden bei den entsprechenden Befehlen vom Assembler automatisch erzeugt. Das Feld Instruktionstyp unterteilt die FPCP-Befehle in Gruppen (**Tabelle 6-5**).

Code	Instruktionstyp
000	Allgemeine Instruktionen; Datentransport zwischen FPCP-Registern; Datentransport externer Operand ⟶ FPCP-Register und umgekehrt; arithmetische Befehle mit einem oder zwei Operanden.
001	Instruktionen, die von FPCP-Bedingungscodes abhängen (FDBcc. FTRAPcc)
010	FBcc.W PC-relative Verzweigung (16 bit), vom FPCP-Bedingungscoderegister abhängig
011	FBcc.L: dto., Langwort[4]
100	FSAVE: Retten des internen Zustandes des Coprozessors
101	FRESTORE: Zurückholen eines geretteten internen Zustandes
110	undefiniert, reserviert
111	undefiniert, reserviert

Tabelle 6-5: Instruktionstypen des FPCP 68881

Die detaillierte Behandlung aller Befehlstypen und Befehle führt über den Rahmen des Buches weit hinaus. **Es sollen nur einige Einzelheiten der Gruppe Allgemeine Instruktionen behandelt werden**. Für weitergehende Informationen sei auf [16-18] verwiesen.

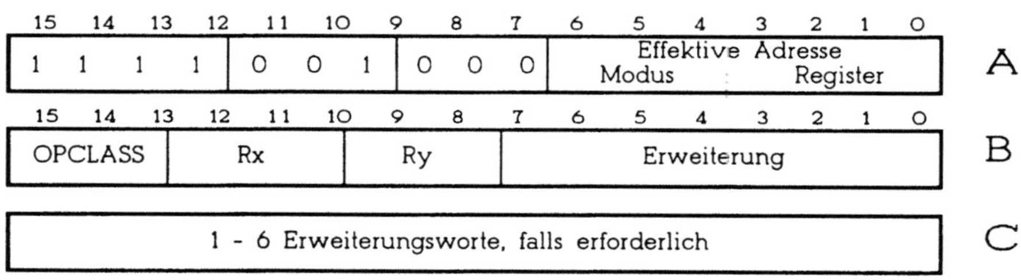

Bild 6-11: Befehlsformat Gruppe Allgemeine Instruktionen; **A** - Operationswort; **B** - FPCP-Kommandowort; **C** - ggf. Erweiterungsworte; Rx, Ry - Registerfelder, s. Text

Bild 6-11 zeigt das Befehlsformat. Das Operationswort ist ein MPU-Befehl: Die MPU erkennt, daß das nachfolgende Wort das Kommandowort für den Gleitkommacoprozessor ist und schreibt es in dessen Bus*interface*. Die Kommandoworte der verschiedenen Instruktionstypen werden in unterschiedliche Register der BUI geschrieben, so daß der FPCP sie unterscheiden kann, s. Abschnitt 6.7). Die Bestimmung der Effektiven Adresse von FPCP-externen Operanden ist Angelegenheit der MPU; aus diesem Grund ist das EA-Feld im Operationswort enthalten. Wenn der FPCP den Operanden anfordert bzw. übergeben will, weiß die MPU, von wo er zu holen bzw. wohin er zu transportieren ist. Das

4 Beim M68020/030 sind Langwortdistanzen bei allen *Branch*-Befehlen möglich.

Operationswort selbst wird **nicht** weitergereicht. Nach der Übertragung des Kommandowortes fragt die MPU den FPCP, ob weitere Worte geschickt werden können bzw. ob Worte übernommen werden sollen. Das Kommandowort ist typspezifisch. Für die ausgewählte Gruppe Allgemeine Instruktionen wird durch das OPCLASS-Feld eine weitere Gliederung in Untergruppen bzw. Instruktionsklassen durchgeführt (**Tabelle 6-6**).

Die Registerfelder Rx bzw. Ry enthalten bei Gleitkommaoperationen (außer FMOVEM *Move Multiple Floating Point Data Registers*) die Nummer des Gleitkommaregisters. Wird ein externer Operand als Quelle oder Ziel benötigt (OPCLASS = %010 bzw. %011), so wird das Datenformat in Rx gemäß **Tabelle 6-7** codiert. Die Codierung wird für die beiden folgenden Aufgaben benötigt:

- Der FPCP leitet daraus ab, wie die Operanden konvertiert werden sollen.
- Er leitet daraus ab, wieviele Bytes (Worte, Langworte) er von der MPU noch anfordern bzw. wieviele er abgeben muß.

OPCLASS	Rx	Ry	Instruktionsklasse
000	Quelle FPm	Ziel FPn	Erweiterungsfeld kennzeichnet Befehl (MOVE, ADD usw.)
001	-	-	undefiniert, reserviert
010	Code Quelldatenformat	Ziel FPn	Speicher ⟶ FPn; Erweiterungsfeld s. 000
010	111	Ziel FPn	FPCP-ROM-Konstante ⟶ FPn
011	Code Zieldatenformat	Quelle FPm	FPm ⟶ externes Ziel
100 ... 111			Transport mehrer Registerinhalte

Tabelle 6-6: Untergruppen des Typs Allgemeine Instruktionen

Im Erweiterungsfeld des Kommandowortes ist schließlich die auszuführende Instruktion spezifiert (**Tabelle 6-8**).

Rx	Befehls-ergänzung	Datenformat
000	L	Langwort Integer
001	S	Einfache Genauigkeit, Gleitkomma
010	X	Erweiterte Genauigkeit, Gleitkomma
011	P	BCD-Gleitkomma
100	W	Wort Integer
101	D	Doppelte Genauigkeit, Gleitkomma
110	B	Byte Integer

Tabelle 6-7: Codierung und Befehlsergänzung bei FPCP-externen Operanden

Bei FPCP-externen Operanden sind je nach Datenformat 1 bis 6 Erweiterungsworte erforderlich. Sie werden von der MPU bereitgestellt oder übernommen, wobei der FPCP den Transfer zwischen Mikroprozessor und Coprozessor steuert. Speicheroperanden werden in der MPU zwischengespeichert.

Feld (Hex)	Befehl	Feld (Hex)	Befehl	Feld (Hex)	Befehl
00	FMOVE ⟶ FPn	10	FETOX	20	FDIV
01	FINT	11	FTWOTOX	21	FMOD
02	FSINH	12	FTENTOX	22	FADD
03	FINTRZ	14	FLOGN	23	FMUL
04	FSQRT	15	FLOG10	24	FSGLDIV
06	FLOGNP1	16	FLOG2	25	FREM
08	FETOXM1	18	FABS	26	FSCALE
09	FTANH	19	FCOSH	27	FSGLMUL
0A	FATAN	1A	FNEG	28	FSUB
0C	FASIN	1C	FACOS	30-37	FSINCOS
0D	FATANH	1D	FCOS	38	FCMP
0E	FSIN	1E	FGETEXP	3A	FTST
0F	FTAN	1F	FGETMAN		

Tabelle 6-8: Codierung Erweiterungsfeld des FPCP-Kommandowortes; fehlende Codes sind teilweise redundant zu anderen oder für zukünftige Erweiterungen vorgesehen

6.7 Der Gleitkommaprozessor 68881 in M68020-Systemen

Bei der Definition des M68000 in der zweiten Hälfte der siebziger Jahre hatte man zwar schon gewisse Vorstellungen über zukünftige Ergänzungen, jedoch waren diese noch nicht im Detail spezifiert (z. B. LINE F-Befehle).

Absicht bei der Konzeption der M68020/030-Prozessoren war

- die MPU bei Bedarf um einen oder mehrere Copozessoren zu erweitern
- die Coprozessoren **transparent** für den Programmierer zu machen. Er sollte den Coprozessor als integralen Bestandteil des Mikroprozessors ansehen können und sich nicht darum kümmern müssen, daß beide physikalisch getrennt sind.

In Übereinstimmung mit dem Konzept der strengen Trennung einzelner Adreßbereiche (*Supervisor*-, Anwender-, Daten-, Programm-) hat man für diese neue Generation von MPUs einen **CPU-Adreßraum** aus dem *Function Code* 7 entwickelt.

Analog zum M68000 wird der *Interrupt Acknowledge*-Zyklus durch A31-A4 = log. 1 gekennzeichnet, und auf A3-A1 wird die *Interrupt*maske des SR abgebildet. Beim M68020/030 werden die Leitungen A19-A16 zur weiteren Unterscheidung der CPU-Adreßraumbuszyklen herangezogen (Typ-Feld). Das Bitmuster 1111 kennzeichnet den gewöhnlichen IACK-Zyklus. Andere Bitmuster sind gemäß **Tabelle 6-9** definiert, wobei die übrigen Adreßleitungen nicht auf 1 gesetzt sein müssen, sondern typspezifisch definiert sind. **Bild 6-12** zeigt die CPU-Adreßraumcodierung für den Typ Coprozessorkommunikation; auf die beiden übrigen in Tab. 6-9 definierten Typen wollen wir nicht eingehen.

CPU-Adreßraumtyp A19-A16	Bedeutung
0000	*Breakpoint Acknowledge* *)
0001	*Access Level Control* *)
0010	Coprozessor Kommunikation*)
1111	*Interrupt Acknowledge*

Tabelle 6-9: Codierung der CPU-Adreßraumtypen beim 68020/030; *) - 68020/030-spezifisch

Das Coprozessoridentifikationsfeld auf den Adreßleitungen A15-A13 spezifiert einen von 8 möglichen Coprozessoren. Es wird aus dem gleichnamigen Feld des Operationswortes (Bild 6-11) abgeleitet.

31 … 20	19 … 16	15 … 13	12 … 5	4 … 0
0	0010	CPID	0	CIR

Bild 6-12: CPU-Adreßraumcodierung für den Typ Coprozessorkommunikation (Adreßleitungen bei *Function Code* 7); CPID - Coprozessoridentifikation; CIR - Nummer des Coprozessor*interface*registers

Mit dem Typ 0010 erklärt die MPU, daß sie mit einem Coprozessor kommunizieren möchte. A15-A13 (CPID-Feld) sind identisch mit Bit 11-9 des Operationswortes, sie spezifizieren den Coprozessor (FPCP = 001); auf A4-A1 wird das gewünschte BIU-Register selektiert. **Bild 6-13** zeigt die Verbindungen zwischen MPU und FPCP. Der Bausteinauswahllogik wertet *Function Code*- und Adreßleitungen so aus, daß der Coprozessor nur im CPU-Adreßraum angesprochen wird. Damit erfolgt die Kommunikation mit den Coprozessoren **unabhängig** von anlagenspezifischen Systemadressen; erst dadurch kann sie voll in die Coprozessorschnittstelle integriert werden!

Das Taktsignal braucht nicht mit dem der MPU gekoppelt zu sein, so daß auch im Zusammenwirken von Prozessor und Coprozessor das Prinzip des asynchronen Datenverkehrs beibehalten wird. Die Kommunikations*interface*register (CIR) sind die einzigen Register, die über den Bus direkt angesprochen werden können. Sie sind **nicht** identisch mit im Programmiermodell angegebenen Registern.

Die Prozessoren M68020/030 sind 32 bit-Prozessoren mit 32 Datenleitungen. Wort- und Langwortoperanden brauchen nicht, wie beim M68000, an gerader Adresse zu beginnen. Daraus ergeben sich wesentliche Abweichungen in der Bussteuerung; sie sollen hier nur insoweit angesprochen werden, als sie für das Verständnis von **Bild 6-13** erforderlich sind. Leitet die MPU einen Buszyklus ein, so geht sie davon aus, daß der *Slave* ebenfalls über einen 32 bit-Datenbus verfügt. Über $\overline{DSACK0}$ und $\overline{DSACK1}$ quittiert der *Slave* und teilt gleichzeitig mit, ob er Daten auf 8, 16 oder 32 Datenleitungen übernimmt bzw. bereitstellt. Durch A0 und $\overline{SIZE}$ = *high* wird dem FPCP mitgeteilt, daß er mit einem 32 bit-Prozessor kommuniziert.

In Bild 6-13 fällt auf, daß der Coprozessor nicht an das *Interrupt*system des Hauptprozessors angeschlossen ist. Seine Ausnahmeanforderungen müssen also durch Frage/Antwort an die MPU weitergegeben und dort bedient werden. Datentransfers von/zu den Registern des Programmiermodells werden über die genannten Kommunikations*interface*register abgewickelt. Diese sind aber in einem 68020/030-System vom Programmierer nicht direkt anzusprechen. Coprozessor*interface* der MPU und Bus*interface* des Coprozessors sind in idealer Weise aufeinander abgestimmt, um das FPCP-Kommando (Gleitkommabefehl) vollständig und zeitlich koordiniert zu übergeben, Datentransportanforderungen des FPCP zu bedienen, Fehlermeldungen und Ausnahmebehandlungsanforderungen auszuwerten und an das MPU-Steuerwerk weiterzuleiten.

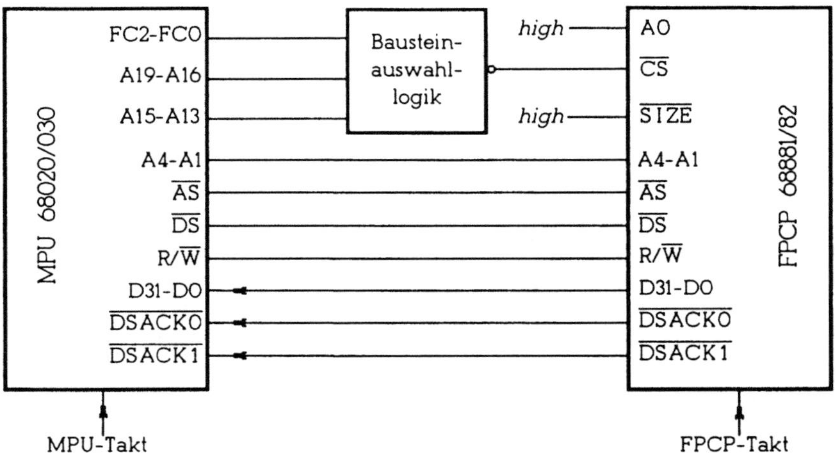

Bild 6-13: Anschluß FPCP an 68020/030

Adresse	31	0
\$00	RESPONSE	CONTROL
\$04	SAVE	RESTORE
\$08	reserviert	COMMAND
\$0C	reserviert	CONDITION
\$10	OPERAND	
\$14	REGISTER MASK	reserviert
\$18	INSTRUCTION ADDRESS	
\$1C	reserviert	

Bild 6-14: Kommunikations*interface*register CIR des FPCP

Die Kommunikations*interface*register (**Bild 6-14**) CIR sind einheitlich für verschiedene Coprozessortypen; dies resultiert aus dem Entwurfsziel, ein einheitliches Konzept für alle Coprozessoren zu schaffen und den MPU-seitigen Aufwand zu minimieren. Andererseits ergab sich daraus, daß nicht alle Register für jeden Coprozessortyp benötigt werden; Register, die der FPCP nicht benötigt, sind in Bild 6-14 als *reserviert* bezeichnet.

In das Register COMMAND wird beim Befehlstyp Allgemeine Instruktionen (Tab. 6-5 bis 6-7) das dem Operationswort folgende Kommandowort übertragen. Es übernimmt im Coprozessor eine gleichartige Funktion wie das Operationswort in der MPU: die Steuerung des Ablaufs der Befehlsverarbeitung innerhalb des FPCPs und des weiteren Verkehrs mit der Außenwelt. Externe Operanden werden in das Register OPERAND geschrieben bzw. von dort übernommen. Operanden oder Restoperanden, die kleiner als 32 bit sind, werden linksbündig, d. h. bündig mit Bit 31, übertragen.

Das Register RESPONSE wird verwendet, um instruktionsabhängig von der MPU weiteren Service anzufordern, ihr mitzuteilen, daß kein Service mehr erforderlich ist, oder sie zum Warten zu veranlassen. Eine Ausnahmebehandlung wird ebenfalls über dieses Register angemeldet.

Zum Register REGISTER MASK überträgt die MPU die Maske für einen *Multiple Register*-Transfer (nur das führende Byte wird benutzt). In das Register INSTRUCTION ADDRESS schreibt die MPU auf Anforderung des FPCP den Programmzählerstand der aktuellen Gleitkommainstruktion (PC-Bit im Register RESPONSE gesetzt, **Bild 6-15**). Er wird benötigt, wenn die MPU zwischenzeitlich weitergearbeitet hat (z. B. IRQ-Routine) und eine Ausnahmebehandlung für den Gleitkommacoprozessor ausführen soll. In das Register CONDITION schreibt die MPU Kommandoworte von Befehlen, die Bedingungscodes des FPCP auswerten.

Lesen des Registers SAVE veranlaßt den FPCP, seinen internen Zustand über die MPU zu retten. Das Register RESTORE wird benutzt, um dem FPCP mitzuteilen, daß ein zuvor geretter innerer Zustand (Umgebung) zurücktransferiert werden soll. Über das Register CONTROL wird dem FPCP angezeigt, daß entweder eine Ausnahmebehandlungsanforderung akzeptiert worden ist oder daß er die laufende Instruktion abbrechen soll.

6.8 Kommunikationsprotokoll

Im Prinzip wird folgende Sequenz zwischen MPU und FPCP abgewickelt:

- Wird von der MPU ein LINE F-Befehl als gültige Instruktion erkannt, so wird je nach gewünschter FPCP-Funktion
  - das Kommandowort ins Register COMMAND oder
  - eine Bedingungsinstruktion ins Register CONDITION oder

- • ein *Restore* FPCP-Umgebung ins Register RESTORE geschrieben oder
- • durch Lesen des Registers SAVE ein Wegspeichern des inneren FPCP-Zustandes veranlaßt.

• Die MPU liest die Antwort des Coprozessors aus dem Register RESPONSE. Sie kann einen der folgenden Fälle anzeigen:

- • Der FPCP ist noch beschäftigt; die MPU hat Gelegenheit, anliegende Unterbrechungsanforderungen zu bedienen und danach das Register RESPONSE erneut abzufragen. Auf diese Weise können MPU und FPCP für den weiteren Ablauf synchronisiert werden.
- • Eine Ausnahmebehandlung wird angefordert; der FPCP veranlaßt die MPU, zur zugehörigen Ausnahmeserviceroutine zu verzweigen. Die MPU akzeptiert die Anforderung, quittiert sie über das Register CONTROL und führt die Ausnahmebehandlung durch.
- • Der FPCP fordert eine andere Serviceleistung der MPU an, z. B. die Bereitstellung/Abnahme eines Operanden. Gleichzeitig kann verlangt werden, das Register RESPONSE nach erfolgter Serviceleistung erneut abzufragen.
- • Die MPU bekommt die Mitteilung, daß sie nicht weiter benötigt wird; sie kann die folgende Instruktion des Programms ausführen.

Die Antwort des FPCP im CIR RESPONSE bezeichnet man als Antwortprimitive (**Bild 6-15**). Jeder Instruktionstyp des FPCP hat eine oder mehrere spezifische Antwortprimitiven, deren detaillierte Behandlung über den Rahmen des Buches hinausgeht [16].

15	14	13	12 … 8	7 … 0
CA	PC	DR	Funktion	Parameter

Bild 6-15: Allgemeines Format der Antwortprimitiven, s. Text

Mit dem CA-**Bit** (*Come Again*) signalisiert der FPCP, daß die MPU erneut abfragen soll, um detaillierte Anweisungen oder Nachrichten zu empfangen. Mit dem PC-**Bit** (*Program Counter*) fordert er die sofortige Übertragung des Programmzählerinhaltes ins Register INSTRUCTION ADDRESS; es ist für den Anwender transparent, da sich eine Kopie im Programmiermodell (Bild 6-3, FPIAR) befindet. Das PC-Bit wird vom FPCP bei allen Allgemeinen Instruktionen gesetzt, für die eine Ausnahmebehandlung zugelassen wurde (Register ENABLE im Programmiermodell). Die MPU kann dann zeitgleich weiterarbeiten und bei einer Ausnahmeanforderung anhand des Registers INSTRUCTION ADDRESS feststellen, welche Instruktion sie verursacht hat. Das DR-**Bit** (*DiRection*) steuert die Richtung des Operandenflusses

DR = 1: Transfer FPCP ⟶ MPU
0: Transfer MPU ⟶ FPCP

Zu bemerken ist, daß die MPU selbst nur das Operationswort analysiert und je nach Befehlstyp eins der Register COMMAND, CONDITION, SAVE oder RESTORE anspricht. Der FPCP analysiert den Befehl und fordert von der MPU zusätzliche Daten an bzw. fordert sie auf, solche abzunehmen. Wir wollen die Möglichkeiten der MPU-Steuerung durch den FPCP anhand von 2 Antwortprimitiven untersuchen.

Nullprimitive (Bild 6-16)

Sie wird benutzt, um MPU und FPCP zu synchronisieren oder eine unabhängige Programm- bzw. Befehlsausführung beider Prozessoren zu veranlassen.

15	14	13	12	11	10	9	8	7	6	5	4	3	2	1	0
CA	PC	0	0	1	0	0	IA	0						PF	TF

Bild 6-16: Codierung des RESPONSE-CIR als Nullprimitive

CA	PC	IA	PF	TF	Bedeutung
0	0	0	0	x	FPCP-Antwort auf einen Befehl mit Bedingungsauswertung ergibt: Bedingung ist erfüllt/nicht erfüllt (TF = 1/0)
0	0	0	1	0	FPCP unbeschäftigt; Befehlseingabe möglich; MPU-Reaktion nicht erwartet
0	0	1	0	0	FPCP in Mitte- oder Endphase einer Verarbeitung; PF = 0: lfd. Instruktion nicht abgeschlossen, CA = 0 MPU braucht für lfd. Instruktion keine Antwortprimitive mehr zu erfragen, IA = 1 MPU kann anliegende *Interrupt*anforderungen bedienen, auch im *Trace*-Mode
0	1	1	0	0	Wie zuvor, nur muß MPU zunächst den PC-Stand ins Instruktionsadreßregister schreiben; diese Primitive erscheint nur als erste Antwort eines Dialogs.
1	0	1	0	0	FPCP führt eine Instruktion aus und fordert weiteren Service an, bevor die Folgeinstruktion ausgeführt werden kann; Unterbrechungsanforderungen können bedient werden; FPCP erwartet erneute Abfrage des RESPONSE-CIR
1	1	1	0	0	Wie zuvor, nur muß MPU zunächst den PC-Stand ins Instruktionsadreßregister schreiben (erste Antwort eines Dialogs)

Tabelle 6-10: Bedeutung der Nullprimitive-Codes

Drei Flaggen sind wie folgt definiert:

- **IA-Bit**: Es signalisiert, daß die MPU evtl. anliegende Unterbrechungsanforderungen von E/A-Bausteinen bedienen kann (IA = 1).
- **PF-Bit**: PF = 0: FPCP führt eine Instruktion aus. PF = 1: Coprozessor im Wartezustand, er ist bereit für die Aufnahme von Instruktionen.
- **TF-Bit** *(True/False)*: TF = 1/0 Ergebnis einer angeforderten Bedingungsauswertung (Tab. 6-5, Instruktionsgruppencodes 001, 010, 011) ist wahr/falsch.

Von den 32 möglichen Codierungen der insgesamt 5 bit sind nur 7 von Bedeutung (**Tabelle 6-10**).

Datenübertragungsprimitive (Bild 6-17)

15	14	13	12	11	10 9 8	7 6 5 4 3 2 1 0
CA	PC	DR	1	0	gültige Adressierungsgruppe	Länge

Bild 6-17: Datenübertragungsprimitive

Als zweites Beispiel für eine Antwortprimitive diene die Information im Register RESPONSE auf eine Instruktion mit Operandentransfer von/zu einem externen Register bzw. Speicherplatz. Mit CA = 1 wird die MPU aufgefordert, die im Längefeld spezifierte Anzahl von Bytes zu übertragen und dann erneut abzufragen. Das Feld Gültige Adressierungsgruppe klassifiziert zulässige Adressierungsarten für den Operanden. Die MPU prüft, ob die im Feld Effektive Adresse des Operationswortes spezifizierte Adressierungsart zu dieser Gruppe gehört. Ist das nicht der Fall, bricht sie die FPCP-Operation ab.

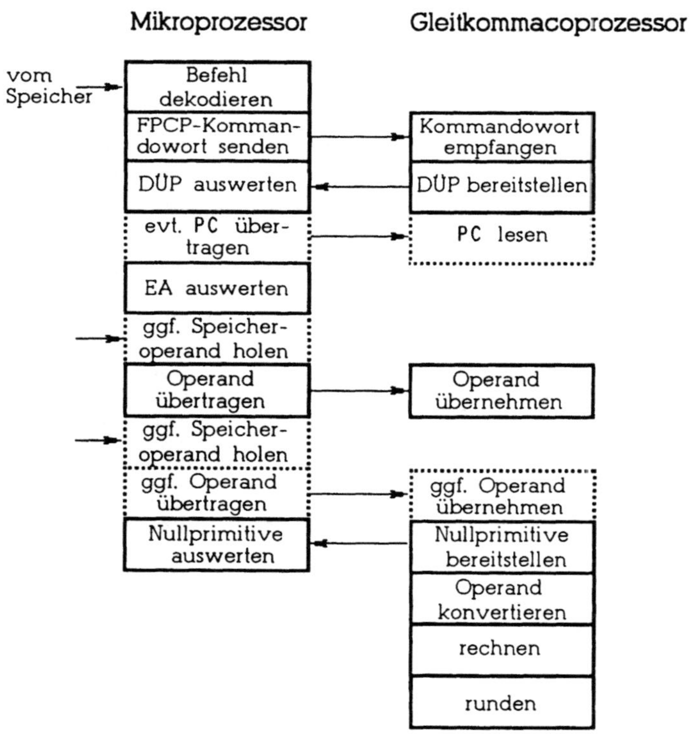

Bild 6-18: Dialog MPU-FPCP bei einem Befehl mit Operandentransfer von MPU bzw. Speicher zum FPCP; DÜP-Datenübertragungsprimitive (Adressierungsgruppe, Länge)

Die Steuerung der MPU mit der im Feld Länge angegebenen Anzahl von Operandenbytes ist ein Beispiel für die Steuerung der MPU durch den FPCP mit einer Information, die dieser zuvor im Kommandowort erhalten hat. Die MPU ermittelt die effektive Operandenadresse, wie im Operationswort angegeben, und stellt die im Längenfeld codierte Anzahl von Bytes zur Verfügung bzw. nimmt sie ab. **Bild 6-18** zeigt grafisch das Zusammenspiel zwischen MPU und FPCP.

6.9 Peripherer Prozessor

Wir haben gesehen, daß ein einheitliches Coprozessorkonzept entwickelt wurde, das

- unterschiedliche Coprozessoren gleich behandelt
- den Coprozessor als eine Erweiterung des Programmiermodells der MPU erscheinen läßt
- eine MPU mit einem speziellen Coprozessor*interface* erfordert, das alle zusätzlichen Datentransporte und Steuerungen mit dem Bus*interface* des Coprozessors abwickelt. Nur dadurch ist es möglich, daß der Anwender sich von der Programmierung her nicht darum zu kümmern braucht, daß zwei verschiedene, physikalisch getrennte, über denselben Systembus miteinander verkehrende, Prozessoren vorliegen.

Die Vorgänger 68000, 68008, 68010, 68012 verfügen nicht über das Coprozessor*interface*; die einzelnen Register des Bus*interfaces* (Bild 6-14) müssen direkt per MPU-Befehl angesprochen werden; der FPCP wird als peripherer Prozessor, ähnlich wie ein speicheradressierter E/A-Baustein, angesprochen.

Die Übergabe der einzelnen FPCP-Instruktionen, das Abfragen der Bus*interface*register und entsprechende MPU-seitige Programmverzweigungen müssen durch Software erzeugt werden. Dies bedeutet, daß der Betrieb eines Coprozessors in einem System mit einer der genannten einfacheren MPUs mit einem erheblichen zusätzlichen Programmieraufwand verbunden ist.

Bild 6-19 zeigt den Anschluß des 68881 an einen 68000-Prozessor. Man könnte ein Unterprogrammpaket für die einzelnen Funktionen (Gleitkommaprozessoroperationen) schreiben, in dem, getrennt für jeden Befehl, die einzelnen Befehls- und Operandentransfers durchgeführt, sowie eventuelle Statusinformationen und Anforderungen des FPCP ausgewertet und bedient werden.

Im Hinblick auf einen später möglicherweise erfolgenden Einsatz eines Programms mit Gleitkommainstruktionen auf einem Rechner mit MPU M68020/030 ist eine sogenannte **Emulation** (Nachbildung) des Coprozessor*interfaces* in einem LINE F-*Exception Handler* günstiger. Alle Coprozessorinstruktionen (auch die der Speicherverwaltungseinheit 68851) sind durch das Bitmuster 1111 ($F) auf den Bits 15-12 des Operationswortes gekennzeichnet. Während sie bei den MPUs mit Coprozessor*interface* in den Mikrocode der *Interface*behandlung des Steuerwerks verzweigen, rufen sie bei den übrigen Prozessoren eine LINE F-Ausnahme hervor. Man kann nun eine Ausnahmeverarbeitungsroutine schreiben, die genau das softwaremäßig vollzieht, was Prozessoren mit Coprozessorschnittstelle automatisch durchführen: Operationswort analysieren, Kommandowort in das richtige Kommunikations*interface*register schreiben, Antwort erfragen und auswerten usw.

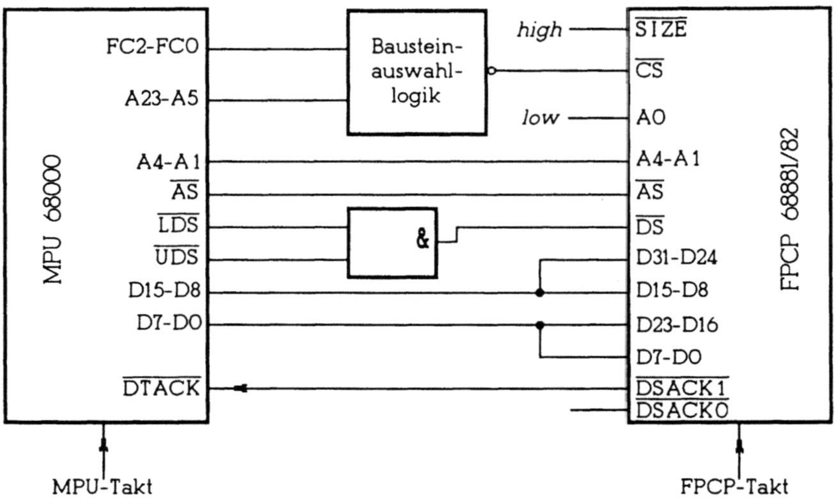

Bild 6-19: Anschluß eines FPCP an einen Mikroprozessor M68000

Man sagt auch: Die **Schnittstelle** wird durch Software emuliert. Sofern der Anwender die Emulationsroutinen nicht selbst schreiben muß, merkt er während der Programmausführung nichts davon, daß die Schnittstelle in seinem Prozessor physikalisch nicht vorhanden, sondern lediglich nachgebildet ist. (Wir wollen davon ausgehen, daß er nicht registriert, daß dafür mehr Zeit erforderlich ist).

Die Sequenz des Dialogs wurde besprochen, geht im Detail aus den MPU- und Coprozessorhandbüchern hervor und Softwarerealisierungen sind z. T. auch in der Literatur dokumentiert [19].

7 Direkter Speicherzugriff

Bisher haben wir zwei Methoden kennengelernt, nach denen in Mikroprozessorsystemen die Ein-/Ausgabe der Daten von bzw. zu einem peripheren Gerät durchgeführt wird. Bei beiden ist ein Ein-/Ausgabebaustein die Hardwareschnittstelle zwischen Mikroprozessorsystem und Gerät. Die beiden Methoden sind:

- **Aktives Warten** (*Busy Waiting, Wait for Flag*, s. Kap. 2.6.1 *Unterbrechungstechnik*). Hier wird innerhalb einer Programmschleife das Statusbyte des E/A-Bausteins fortwährend geprüft, um festzustellen, ob der nächste Wert übertragen werden soll. Liefert das Gerät die Daten schnell genug, oder nimmt es sie schnell genug ab, so handelt es sich um ein schnelles und sehr einfach zu programmierendes Verfahren (in größeren Systemen meist nicht zugelassen). Fallen die Datentransfers selten an, so verharrt der Prozessor lange Zeit sinnlos in einer Warteschleife.
- **Unterbrechungsanforderung** (*Interrupt Request*, IRQ-Methode, s. Kap. 2.6.1 *Unterbrechungstechnik* und Kap. 4.9.5 *Unterbrechungsausnahme*). Der E/A-Baustein meldet hardwaremäßig dem Prozessor über die IRQ-Leitungen den Abschluß der Übertragung eines einzelnen Wertes (Ausgabe) bzw. die Präsenz eines Datums (Eingabe). Um die Anforderung bedienen zu können, muß im Prozessor eine mehr oder weniger lange ISR durchlaufen werden. Ihre Bearbeitung nimmt eine nicht unerhebliche Zeit in Anspruch, so daß die IRQ-Methode für sehr schnelle Transfers nicht in Frage kommt. Bei großen Datenblöcken ergibt sich schon bei mittleren Übertragungsraten das Problem, daß das System durch die Bearbeitung der ISR *zugestopft* wird, da die Unterbrechungsanforderungen höhere Priorität haben als jede Anwender*task*.

Eine durchaus diskutable Mischung beider Varianten für mittlere bis hohe Übertragungsraten startet den Transfer eines Datenblocks mit einer Unterbrechungsanforderung und führt innerhalb der ISR eine Übertragung von mehreren Werten nach der Methode Aktives Warten durch; dies kann beispielsweise sinnvoll sein bei einem Gerät mit einer FIFO-gepufferten Schnittstelle. Die ISR wird verlassen, wenn die Warteschleife mehrmals durchlaufen wird, ohne daß eine Übertragung stattfindet.

Eine weitere Möglichkeit, einen Datenverkehr mit der Peripherie abzuwickeln, bieten sog. *Direct **M**emory **A**ccess **C**ontroller* (DMAC), also Bausteine, die einen Direkten Speicherzugriff ermöglichen; sie wurden in Kap. 4.10 *Buszuteilung* schon kurz vorgestellt, in diesem Kapitel wird ihre Funktion ausführlich beschrieben.

7.1 Grundsätzliche Funktion eines DMA-Bausteins

Wir wollen zunächst die folgende Schleife aus einem Programm, das Übertragungen nach der Methode Aktives Warten durchführt, analysieren:

```
EA_CONTR     EQU  $80000              8 bit-Baustein
EA_DAIN      EQU  EA_CONTR + 3*2      Eingangsregister
EA_STATUS    EQU  EA_CONTR + 4*2      Statusbyte
IN_BIT       EQU  3                   Eingabestatusbit

             LEA BLOCK,A0      Blockanfangsadresse holen
             MOVE BLOCKL,D1    Schleifenzähler setzen
             SUBQ #1,D1        und anpassen an DBRA-Befehl
*          Warteschleife
HOLE         BTST #IN_BIT,EA_STATUS  Datum in E/A-Baustein?        (20)
             BEQ HOLE                                              (10/8)
*          Übertragung
             MOVE.B EA_DAIN,(A0)+    ja, übertrage in Speicher      (20)
             DBRA D1,HOLE                                          (12/14)
             |                 Programmfortsetzung
BLOCKL       DC.W 3000
BLOCK        DS.B 3000
```

Bild 7-1: Übertragung eines Datenblocks nach der Methode Aktives Warten

Die in Klammern stehenden Zahlen am rechten Rand geben die Ausführungszeit der Instruktion in Taktzyklen an [4]. Bei den *Branch*befehlen steht zuerst der Wert für den Fall, daß die Verzweigung ausgeführt wird, dann der Wert bei Nichtverzweigung.

Zum Durchlaufen der Schleife sind also minimal 20 + 8 + 20 + 12 = 60 Taktzyklen erforderlich; dies ergibt z. B. für den 12,5 MHz-Prozessor eine Bearbeitungszeit von 4,8 µsec; die maximale Übertragungsrate liegt also bei etwa 208 kBytes/sec; sie wird erreicht, wenn das Eingabestatusbit bei jedem Bittest schon gesetzt ist.

Die meiste Zeit wird benötigt, um die Befehle der Schleife in den Prozessor zu holen und zu interpretieren; der eigentliche Transportbefehl `MOVE.B EA_DAIN,(A0)+` benötigt nur 20 Taktzyklen; von diesen werden wiederum 3 Buszyklen (=12 Taktzyklen) zum Lesen des Befehlswortes und der Langwortadresse benötigt[1]. Die wesentlichen Funktionen des kleinen Programmbeispiels sind:

- Setzen der Blockanfangsadresse (LEA)
- Setzen des Blocklängenzählers (Transferzählers) (MOVE,SUBQ)
- Warten auf Eingabe (BTST,BEQ)
- Byte in Speicher übertragen (MOVE)
- Schleifenzähler dekrementieren (DBRA)
- Prüfen auf Transferende (DBRA)

1 Etwas günstiger sind die Verhältnisse, wenn die EA_DAIN-Adresse nach A1 geladen und ein adreßregisterindirekter Zugriff gemacht wird.

Die beiden ersten Positionen kann man als Initialisierung ansehen, während die drei letzten für die fortlaufende Übertragung sorgen.

Der Steuerbaustein für den Direkten Speicherzugriff ist eine **Hardware**, die die zuletzt genannte Aufgabe übernimmt; hierzu muß sie über folgende Eigenschaften bzw. Funktionen verfügen:

- Systembusschnittstelle
- Schnittstelle zum Gerät bzw. dessen E/A-Baustein
- Adressenregister mit automatischer Inkrementierung nach jedem Datentransport
- Transferzähler
- Übertragungsendeerkennung

Durch Vergleich mit dem Programmbeispiel kann man erkennen, daß das Adressenregister dem Adreßregister `A0` und der Transferzähler dem Schleifenzähler `D1` entspricht.

Über die Systembusschnittstelle wird der DMA-*Controller* (Register, Zähler, ggf. seine eigene Geräteschnittstelle) programmiert und die Bussteuerung durchgeführt und werden Busanforderungen für den Beginn bzw. die Fortsetzung der Übertragung gemeldet. Am Ende der Übertragung (Transferzähler = 0, er zählt üblicherweise rückwärts) wird der Bus freigegeben und der Abschluß dem Prozessor über die *Interrupt*-Leitungen mitgeteilt.

Eine Übertragung mit Direktem Speicherzugriff besteht also aus den 3 Phasen:

- Initialisieren des DMA-*Controllers* und der Geräteschnittstelle
- Übertragung durch DMA
- Melden des Transferabschlusses

Bild 7-2 zeigt das Ablaufdiagramm eines normalen DMA-Transfers. Eine *Task* A, für die eine DMA-Übertragung durchgeführt werden soll, meldet dem System den gewünschten Betriebsmittelzugriff durch eine `TRAP`-Anweisung. Es versetzt die *Task* in den Zustand WARTEND (s. Bild 2-24), initialisiert die Übertragung, indem der DMAC und der E/A-Baustein entsprechend programmiert werden und teilt anschließend der *Task* an der Spitze der Warteschlange (Zustand LAUFBEREIT) den Prozessor zu. Der DMAC übernimmt den Bus und führt den Transfer aus.

Bei Übertragungsende, also wenn der Übertragungszähler im DMAC den Wert Null erreicht hat, wird der Bus freigegeben. Da die MPU daran allein noch nicht erkennen kann, daß die Übertragung beendet ist[2], wird der Abschluß über eine Unterbrechungsanforderung gemeldet. Die ISR lokalisiert den DMAC als Quelle und erkennt durch Überprüfen des Statusregisters die Ursache. Das System versetzt *Task* A, für die die Übertragung durchgeführt wurde, wieder in den Zustand LAUFBEREIT und nimmt sie damit in die Warteschlange auf.

2 In einigen Betriebsarten wird der Bus zwischen den Übertragungen der einzelnen Werte abgegeben und wieder angefordert, s. 7.4.2!

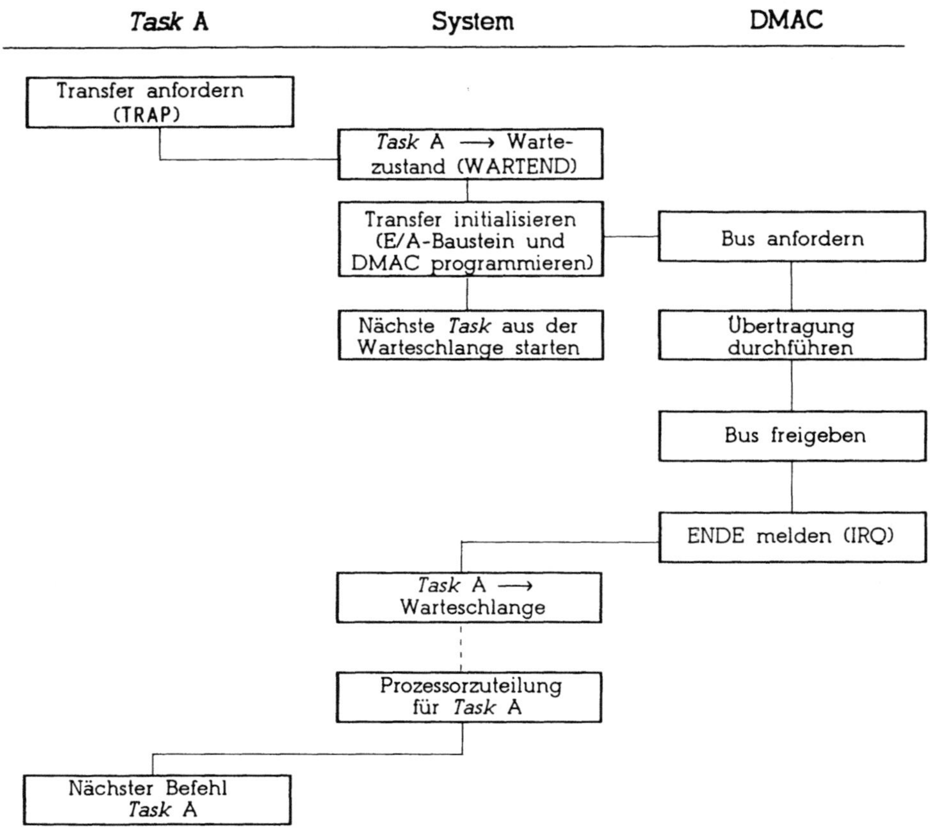

Bild 7-2: Ablaufdiagramm Übertragung durch Direkten Speicherzugriff

7.2 Übertragung in zwei Buszyklen (Transfer mit zwei Busadressen)

Ein Zweiadressentransfer liegt vor, wenn das einzelne Datum nicht direkt von der Quelle zum Ziel gebracht, sondern im DMAC zwischengespeichert wird. Die Eingabe eines Wertes erfolgt dann in folgenden Schritten (**Bild 7-3**):

- Der E/A-Baustein fordert über eine Steuerleitung ANF (**ANF**orderung) die Übertragung vom DMAC an.
- Der DMAC läßt sich den Bus zuteilen (falls er nicht schon Bus*master* ist, s. Kap. 4.10 *Buszuteilung*).
- Er legt die Adresse des Dateneingangsregisters des E/A-Bausteins auf den Adressenbus (Quelladresse).
- Er liest das Datum in einem normalen Buslesezyklus und speichert es in einem internen Register (Zwischenspeicher).

- Er legt die Zieladresse auf den Adressenbus und überträgt das Datum in einem normalen Schreibzyklus aus dem internen Register in den Speicher.
- Der DMAC inkrementiert den Inhalt seines Zieladreßregisters für die nächste Übertragung.

Bei einer Ausgabe erfolgt der Lesezyklus vom Speicher (mit automatischer Inkrementierung der Quelladresse) und der Schreibzyklus zum E/A-Baustein.

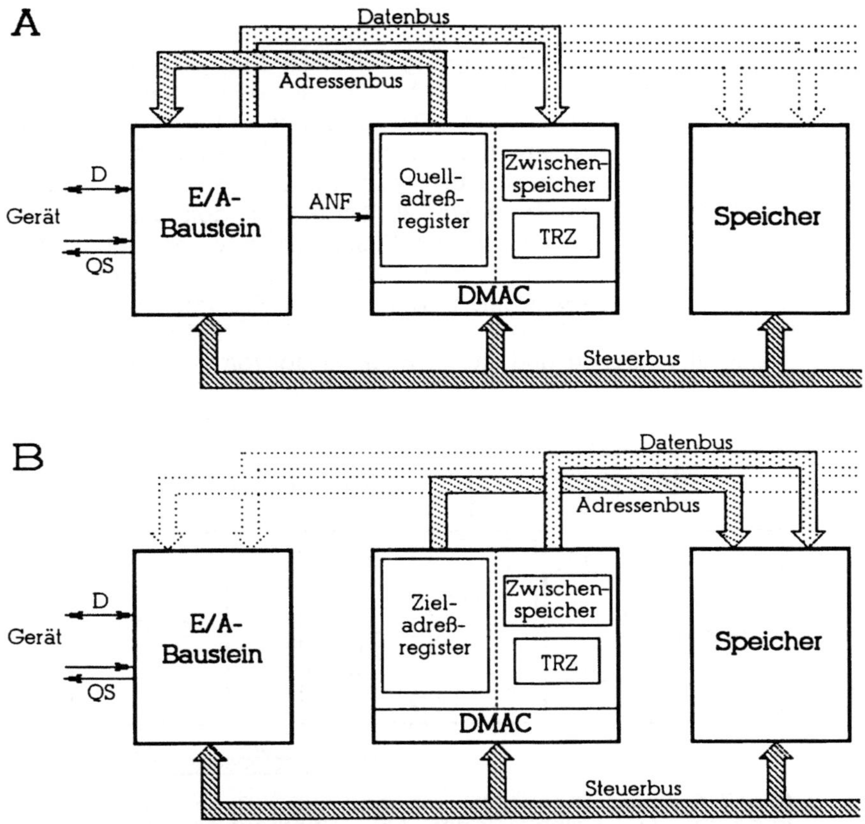

Bild 7-3: Zweiadressendatenübertragung; **A** - erster Buszyklus, E/A-Baustein ⟶ DMAC; **B** - zweiter Buszyklus, DMAC ⟶ Speicher: Quell- und Zieladreßregister sind verschiedene Register! TRZ - Transferzähler

Vorteile der Übertragung mit zwei Adressen:

- Es können häufig normale buskompatible E/A-Bausteine eingesetzt werden.
- Mit geringem zusätzlichem Aufwand läßt sich ein Speicher - Speicher-Transfer realisieren (Autoinkrement auch des zweiten Adreßregisters, automatische Abwicklung der Übertragung ohne externe Anforderung).

Nachteil der Übertragung mit zwei Adressen:

- Zeitlich werden, verglichen mit der Softwarerealisierung, nur die Zyklen zum Holen des Programmcodes sowie die Phasen zur Schleifenindexberechnung gespart.

7.3 Übertragung in einem Buszyklus (Einadreßtransfer)

Beim Einadreßtransfer wird die Übertragung in einem Buszyklus durchgeführt. Der E/A-Baustein ist über einen (internen) Puffer mit dem Datenbus verbunden (s. Platten*controller* in Bild 4-142). Die Steuerein- und -ausgänge sind nicht mit dem Systembus, sondern nur mit dem DMAC verbunden (Bild 7-4). Bei einer Eingabe fordert er von ihm über die ANF-Leitung eine Übertragung an. Falls der DMAC noch nicht Bus*master* ist, läßt er sich den Bus zuteilen. Ist er Bus*master*, leitet unter Einhaltung des Busprotokolls einen Schreibzyklus ein: Er adressiert die Speicherzelle und schaltet mit dem Übernahmesignal ÜS die Datenbustreiber des E/A-Bausteins in den aktiven Zustand. Damit liegt ein gültiges Datum bereit, er kann nach Eintreffen des $\overline{\text{DTACK}}$-Signals des Speichers den Zyklus abschließen und durch Rücknahme von ÜS die Daten vom Bus nehmen.

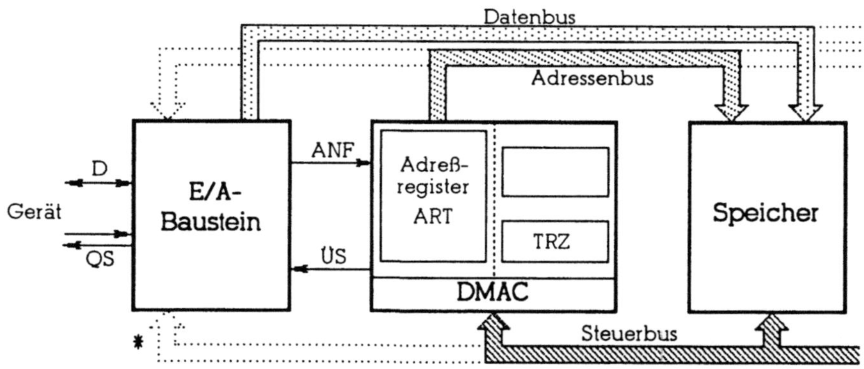

Bild 7-4: Einadreßdatenübertragung; ANF - Tranferanforderung; D - Datenleitungen; ÜS - Übernahmesignal; QS - Quittungssignale; TRZ - Transferzähler; * - ggf. zusätzliche Schnittstelle zum Programmieren

Es gibt viele Fälle, in denen der E/A-Baustein an seine Aufgabe angepaßt werden muß, beispielsweise zur Konfiguration der geräteseitigen Schnittstelle. In diesen Fällen verfügt er auch über einen normalen Anschluß an den Systembus, über den aber nur Programmier- und Statusinformationen gesendet und evtl. diesbez. IRQs gemeldet werden (in Bild 7-4 mit * gekennzeichnet).

Vorteil des Einadreßtransfers:

Es ist nur ein Buszyklus pro Übertragung erforderlich, also näherungsweise die doppelte Geschwindigkeit wie beim Zweiadressentransfer möglich.

Nachteil des Einadreßtransfers:

Es sind spezielle Steuersignale erforderlich, und damit E/A-Bausteine, die zusätzlich über entsprechende Anschlüsse verfügen. In einigen Fällen gibt es auch Bausteine, die ausschließlich für einen Einadreß-DMA-Transfer vorgesehen sind.

7.4 Anforderungen an einen vielseitigen DMA-Steuerbaustein

Ein kommerzieller DMAC muß, ähnlich wie ein E/A-Baustein, an sehr unterschiedliche Anforderungen angepaßt werden können, so z. B. an verschiedene, durch die **Geräteschittstelle** und den **Systembus** (Hardware) vorgegebene Bedingungen.

Das Betriebsmittel DMAC kann eingesetzt werden, um zu einer günstigeren Gesamtauslastung des **Systems** zu gelangen. Dies kann durch besondere Betriebsarten des DMAC unterstützt werden. In den folgenden Abschnitten sollen die Anforderungen, die sich aus diesen drei Einflußgrößen ergeben, näher untersucht werden.

7.4.1 Anforderungen durch Geräteschnittstellen

Je nach Funktion und Schnittstelle des peripheren Gerätes, für das die Übertragung durchgeführt werden soll, können einige der folgenden Anforderungen gestellt werden. **Sie schließen sich teilweise gegenseitig aus, viele sind nur im Einadreßmodus und der damit verbundenen engen Kopplung von DMA- und E/A-*Controller* möglich.** Nicht jeder DMAC-Typ genügt allen in diesem und den beiden folgenden Abschnitten 7.4.2 und 7.4.3 aufgezeigten Anforderungen.

- **Das Gerät gibt das START-Signal (Bild 7-5) für die Übertragung des ersten Wertes ab und leitet damit die Gesamtübertragung ein.** Diese Variante wird häufig eingesetzt bei weitgehend unabhängigen Geräten, von denen aber sicher ist, daß zu irgendeinem Zeitpunkt ein größerer Datenblock übertragen werden muß. Muß dies dann schnell erfolgen, so werden die DMAC-Register schon vorbereitet und der Transfer kann mit Eintreffen des START-Signals beginnen (DMAC aktiv). Andernfalls genügt es, wenn im System eine Unterbrechungsanforderung ausgelöst und der Anforderer ermittelt wird und anschließend die Register des DMAC initialisiert werden (DMA-*Controller* zuvor noch passiv).
- **Der Baustein erwartet vom DMAC das START-Signal für die Ein- oder Ausgabe.** Dies ist der Regelfall; er kommt insbesondere bei unselbständigen Peripherieeinheiten zur Anwendung, die sehr eng an das Mikroprozessorsy-

stem angebunden sind. Das (Betriebs-) System erkennt aus dem Programmablauf die Notwendigkeit, eine Übertragung durchzuführen, der DMAC und ggf. der Schnittstellenbaustein werden initialisiert und der Transfer beginnt.

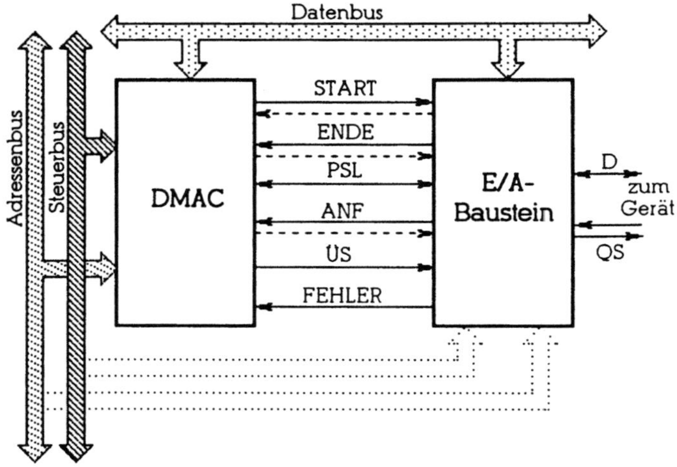

Bild 7-5: Mögliche Verbindungen zwischen DMAC und E/A-Baustein (Einadreßtransfer); PSL - **P**eripherie**S**teuer-**L**eitung; meistens ist nur eine Teilmenge realisiert; ÜS - Übernahmesignal

- **Die Geräteschnittstelle kann ein ENDE-Signal (Bild 7-5) abgeben, falls die Übertragung vorzeitig abgebrochen werden soll.** Nicht in jedem Fall ist die Länge des zu übertragenden Blocks im voraus bekannt (z. B. bei einem Terminal, das durch Blockübertragung mit dem Rechner kommuniziert). Der Übertragungszähler TRZ im DMAC (auch *Byte-* oder *Wordcount*register genannt) wird auf eine ausreichend hohe Zahl von Werten programmiert. Das Eintreffen des ENDE-Signals muß weitere Anforderungen des DMAC (falls er die Übertragung der einzelnen Werte anfordert) unterbinden, und ihn veranlassen, im Mikroprozessor einen *Interrupt* auszulösen. Die ISR bearbeitet dann die abgebrochene Übertragung.

- **Der DMAC kann eine laufende Blockübertragung durch ein ENDE-Signal an die Geräteschnittstelle abbrechen.** Ein Programmabbruch im MP-System muß auch zum Abbruch von laufenden Ein-/Ausgaben führen, die mit dem Programm verknüpft sind. Das ENDE-Signal des DMAC ermöglicht dem angeschlossenen Gerät eine definierte Fehlerbehandlung (z. B. Speichern der angeforderten, aber nicht abgenommenen Werte).

- **Das Gerät will grundsätzlich aufgefordert werden, einen Wert abzunehmen oder zur Verfügung zu stellen.** Bei einer Einadreß-READ-Operation (Speicher $\longrightarrow$ E/A-Baustein, **Bild 7-6**) legt der DMA-*Controller* die Speicheradresse auf den Bus und setzt $\overline{AS}$ und $\overline{LDS}$ bzw. $\overline{UDS}$ (oder beide). Mit ANF kann er dem Baustein anzeigen, daß eine Übertragung begonnen hat.

Der *Slave* (d. i. in diesem Fall der Speicher) zeigt die Präsenz eines gültigen Datums auf dem DB durch $\overline{DTACK}$ an. Der E/A-Baustein läßt mit PSL seine Bereitschaft zur Datenübernahme erkennen. Liegen $\overline{DTACK}$ und PSL an, so taktet der DMAC durch das ÜS-Signal das Datum in den Peripheriebaustein und beendet den Buszyklus wie üblich.

Bei einem Einadreß-WRITE (E/A-Baustein ⟶ Speicher) wird wie zuvor nach der Buszuteilung die Adressierung des Speichers durchgeführt und der E/A-Baustein durch ANF aufgefordert, das Datum bereitzustellen. Er zeigt die Präsenz des Datums durch PSL an, der DMAC schaltet es mit ÜS auf den Bus und signalisiert dem Speicher mit $\overline{UDS}$ oder $\overline{LDS}$ die Gültigkeit. Nach dem Eintreffen des $\overline{DTACK}$-Signals des Speichers beendet er den Buszyklus wie üblich und schaltet die Ausgangstreiber des E/A-Bausteins durch Rücknahme des ÜS-Signals in den hochohmigen Zustand.

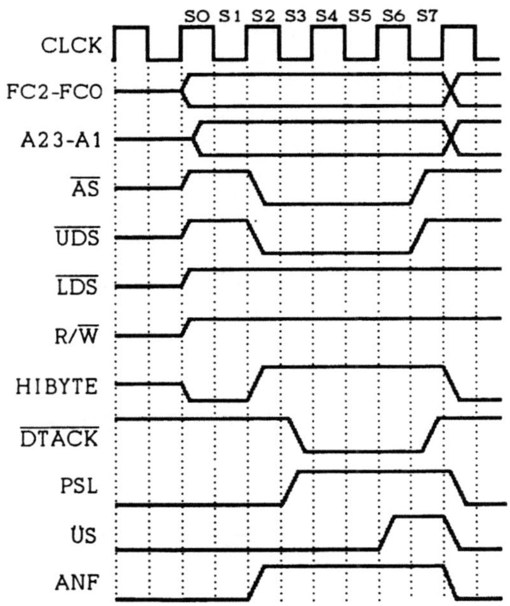

Bild 7-6: Zeitliniendiagramm[3] Einadreßtransfer - Ausgabe; DMAC ist gerade Bus*master* geworden; ANF ist ein Signal des DMAC; HIBYTE ermöglicht einen Datenübergang von D15-D8 auf D7-D0 mit Hilfe eines externen Pufferbausteins; PSL ist ein Signal des E/A-Bausteins

- **Das Gerät fordert die Übertragung der einzelnen Werte selbst an (ANF-Signal**, Bild 7-3). Falls der DMAC nicht schon *Master* ist, fordert er den Bus an (s. 7.4.2, *Burst*- und *Cycle Stealing*-Modus). Das ÜS-Signal schaltet bei einer Eingabe die Datenpuffer auf den Bus (Situation in Bild 7-4) und taktet bei einer Ausgabe das Datum in das Datenregister der Schnittstelle ein. Die Zeitspanne zwischen Anforderung und Datenübernahme ist systemabhängig, ein anderer *Master* kann den Bus steuern.

3 Das Zeitliniendiagramm ist in Anlehnung an den DMAC 68450 entworfen [20].

- **Die Geräteschnittstelle kann keinen Quittungsbetrieb realisieren, oder sie will es nicht, um durch Einsparen der für die Quittung erforderlichen Signallaufzeit die Übertragungsrate zu erhöhen.** Das PSL-Signal (Bild 7-6) wird nicht abgegeben, die Bereitschaft muß innerhalb einer bestimmten Zeitspanne gewährleistet sein; der DMAC fordert mit nur einem Signal den E/A-Baustein auf, ein Datum bereitzustellen oder abzunehmen (entspricht etwa dem ÜS-Signal in Bild 7-6). Der quittungslose Betrieb ist durchaus üblich, um höchste Übertragungsraten zu realisieren (Platten*controller*, Echtzeitmeßwerterfassung). Es müssen allerdings Schutzmaßnahmen getroffen werden, um Datenverlust infolge unterschiedlicher Geschwindigkeiten des Systembusses und des angeschlossenen Gerätes zu vermeiden (FIFO).

- **Das Gerät wünscht, über die Schnittstelle Fehlermeldungen abzugeben.** Beim Einadreßtransfer verfügt sie häufig nur über einen Zugang zum Datenbus des Systems (Bild 7-5). Fehler können dann nicht durch Kommunikation mit dem System direkt, sondern nur über den DMAC behandelt werden. Verfügt das Gerät dagegen über einen zusätzlichen Zugang zum Systembus, der nur für die Geräteprogrammierung und eine Statusabfrage eingesetzt wird, wie in Bild 7-5 mit punktierten Pfeilen gezeichnet, so kann eine Fehlerbehandlung darüber abgewickelt werden (Unterbrechungsanforderung). Bei Zweiadressentransfers hat die Geräteschnittstelle ohnehin eine Verbindung zum Systembus; die Fehlerbehandlung über den DMAC entfällt dann.

- **8 bit-Daten sollen von bzw. zu aufeinanderfolgenden Speicheradressen übertragen werden.** Bei Einadreßtransfers müssen die 8 bit der E/A-Schnittstelle mit Hilfe eines externen Multiplexers/Demultiplexers abwechselnd über D15-D8 und D7-D0 gesendet werden (Steuersignal HIBYTE in Bild 7-6).

- **16 bit-Daten sollen übertragen werden, das automatische Adresseninkrement muß dann 2 sein.**

7.4.2 Anforderungen durch den Systembus

Neben der Schnittstelle zum Ein-/Ausgabebaustein verfügt der DMA-Steuerbaustein auch über eine Schnittstelle zum Systembus. Der Bus stellt ebenfalls eine Reihe von Anforderungen, die erfüllt werden müssen:

- **Der DMAC muß kompatibel sein zum Systembus**, d. h., er muß ihn in der vom Mikroprozessor vorgesehenen Weise übernehmen (s. Kap. 4.10 *Buszuteilung*) und steuern. Der Datenverkehr mit Mikroprozessor, Speicher oder, beim Zweiadressentransfer, einem E/A-Steuerbaustein, muß mit dem festgelegten Busprotokoll erfolgen.

- **Schnell anfallende Daten müssen in einem Zug übertragen werden.** Ab einer bestimmten, von der Buszykluszeit abhängigen Übertragungsrate kann die zwischen den DMAC-gesteuerten Buszyklen liegende Zeit nicht mehr effektiv genutzt werden für MPU-Buszyklen, so daß der Block zusammenhängend übertragen wird (***Burst***-Modus, DMAC fordert hierbei meist den Transfer vom Gerät an). Der DMAC läßt sich den Bus zu Beginn zuteilen und gibt ihn erst nach Abschluß der Übertragung des letzten Datums ab.

- **Der Bus darf nicht für längere Zeit belegt werden.** Große Blöcke, die zu/von relativ langsamen Geräten übertragen werden, erfordern eine lange Zeit für den Transfer des gesamten Blocks. Es kann nicht toleriert werden, daß der DMAC während der gesamten Zeit ohne Unterbrechung Bus*master* bleibt. Langsamere Transfers müssen so durchgeführt werden, daß die Buszuteilung für jede einzelne Übertragung separat angefordert wird oder wenigstens nur dann, wenn das Gerät momentan Daten bereitstellt oder abzunehmen bereit ist. Ist es nicht für Übertragungen bereit, muß der Bus abgegeben werden. In der Zwischenzeit kann die MPU wieder selbst Buszyklen durchführen (normale Programmbearbeitung). Der DMAC nimmt sich jeweils einen oder mehrere Buszyklen, wenn er sie benötigt (***Cycle Stealing***-Modus). In dieser Betriebsart wird bei jeder einzelnen Busübernahme bzw. -abgabe das in 4.10 *Buszuteilung* beschriebene Protokoll mit den drei Leitungen $\overline{BR}$, $\overline{BG}$ und $\overline{BGACK}$ durchgeführt. Das Gerät bzw. der E/A-Baustein fordert die Übertragungen vom DMAC an.

- **Das Übertragungsende muß angezeigt werden.** Dies kann zwar im Prinzip nach der Methode Aktives Warten durch Abfragen eines Statusbits im DMAC geschehen, allgemein läßt man ihn jedoch eine Unterbrechungsanforderung auslösen.

- **Fehler im Transfer, die durch Gerätefehler verursacht oder vom DMAC selbst erkannt werden, müssen diesen veranlassen, den Bus freizugeben und eine Unterbrechungsanforderung zu stellen.** Sie kann unabhängig von ihrer Priorität nur dann bearbeitet werden, wenn die MPU Bus*master* ist. Da der M68000-Prozessor jedem externen Anforderer Priorität gibt, muß der DMAC den Bus bei einem Fehler in einem von ihm gesteuerten Transfer freigeben, damit die MPU das Problem lösen kann. Ein Fehler kann durch ein vorzeitiges ENDE-Signal oder einen separaten Anschluß wie in Bild 7-6 angezeigt werden. Bleibt das $\overline{DTACK}$-Signal aus, liegt ein fehlerhafter Buszyklus des DMAC vor.

7.4.3 Anforderungen durch das Betriebssystem

- **Intervall*burst*betrieb.** Ein reiner *Burst*betrieb kann bei großen Blöcken den Bus in unzulässiger Weise belegen; das System erhält erst nach Abschluß der Übertragung den Bus wieder zugeteilt. Eine günstige Mischung zwischen dem *Cycle Stealing*-Modus und dem *Burst*betrieb stellt der Intervall*burst*betrieb dar. Er stellt sicher, daß der Bus einen definierten (programmierbaren) Prozentsatz der Zeit garantiert der MPU zur Verfügung steht. Der Transfer wird unterteilt; nach einem gewissen Zeitintervall wird die Übertragung vom DMAC unterbrochen (nicht abgebrochen) und der Bus freigegeben. Die Zeit, in der der Bus für die MPU verfügbar ist, erkennt der DMAC am Pegel der $\overline{BGRNT}$-Leitung. Er kann unabhängig davon, ob noch andere DMACs Buszyklen durchführen, die eigenen Zugriffe so steuern, daß die MPU mit dem definierten Prozentsatz über den Bus verfügt.

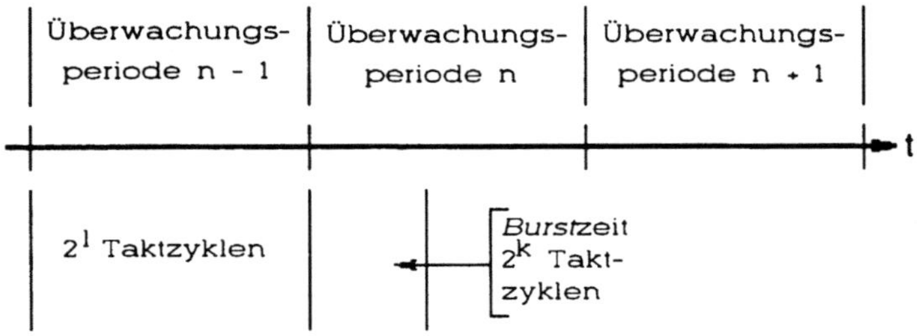

Bild 7-7: Intervall*burst*modus beim DMAC 68450

Beim DMA-Steuerbaustein 68450, der den Intervall*burst*betrieb zuläßt, wird die Zeit in gleichlange Überwachungsperioden von 2^l Zyklen des Taktsignals unterteilt **(Bild 7-7)**. In jeder Periode werden die Anzahl der Taktzyklen aller Bus*master* außer der MPU ermittelt ($\overline{BGRNT}$ = *low*). Innerhalb einer Periode wird der *Burst* nach 2^k Taktzyklen unterbrochen; dies gilt auch, wenn innerhalb der *Burst*zeit zunächst ein anderer Kanal des DMAC oder ein anderer Bus*master* für $t < 2^k$ Taktzyklen aktiv war. Ist zu Beginn einer Periode die Anzahl der in der vorangegangenen Periode ermittelten Taktzyklen mit $\overline{BGRNT}$ = *low* kleiner als 2^k, so wird ein neuer *Burst* mit einer Teilblockübertragung zugelassen, andernfalls nicht. Da andere Bus*master* möglicherweise im normalen *Burst*modus auf den Bus zugreifen, ist damit nicht sichergestellt, daß die MPU tatsächlich für den gewünschten Anteil von $2^{k-l} \cdot 100\%$ die Bussteuerung erhält. Der DMAC in der Intervallbetriebsart greift aber nicht zu, wenn dieser Anteil unterschritten wird. Dadurch kann die Bearbeitung des DMA-Kanals mit Intervall*burst*betrieb in einem Multi*master*system u. U. eine erhebliche Verzögerung erfahren. Perioden- und *Burst*dauer sind programmierbare Werte.

- **Speicher - Speicher-Übertragung**. Der Zweizyklenbetrieb, bei dem der DMAC für Quelle und Ziel unabhängige Adressen erzeugen kann, ermöglicht einen Speicher - Speicher-Transfer mit einer Zwischenspeicherung des einzelnen Datums im DMAC. Auf diese Weise lassen sich Umladevorgänge, wie z. B. das Kopieren eines Programmes für einen weiteren Benutzer, sehr schnell durchführen. Da in einigen Fällen eine Überlappung von Quell- und Zielbereich auftreten kann, muß für die Adreßzähler wahlweise auch das automatische Dekrementieren vorgesehen werden, damit die Übertragung an den höheren Adressen beginnen kann.

DMA-Steuerbausteine sind offensichtlich sehr vielseitig einsetzbare Schaltkreise. Ein DMAC ist beim Zweiadressentransfer in der Lage, verschiedene E/A-Bausteine zu bedienen. Beim Einzyklustransfer ist dies meist nur mit zusätzlicher Logik möglich, so daß man hierbei gern einen DMAC-Kanal für einen speziellen E/A-Baustein reserviert (s. Platten*controller* in Bild 4-142). Moderne DMACs, wie z. B. der 68450, verfügen über mehrere gleichwertige Kanäle, die unabhängig voneinander arbeiten, also auch einzeln programmierbar und an die angeschlossenen Geräteschnittstellen anpaßbar sind. So ist z. B. denkbar, daß der DMAC zu einem Zeitpunkt über einen Kanal eine Übertragung zum Plattenspeicher, über den zweiten einen Transfer zum Meßgerätebus, und über die beiden anderen Speicher - Speicher-Übertragungen durchführt, wobei bei dem ersten die Adressen inkrementiert und beim zweiten dekrementiert werden.

Ist der DMAC Bus*master*, und mehrere seiner Kanäle sind aktiv, so gibt er den Bus erst wieder frei, wenn keine weiteren Übertragungsanforderungen vorliegen. Eine Busfreigabe erfolgt auch, wenn nur noch ein Kanal mit Intervall*burst*betrieb aktiv ist und festgestellt wird, daß in der vorangegangenen Periode die *Burst*zeit überschritten war. Dieser Kanal gibt den Bus auch dann frei, wenn er ihn zunächst übernommen hatte und zu einem bestimmten Zeitpunkt feststellt, daß die zulässige *Burst*zeit in der aktuellen Periode überschritten ist.

In einer *Multitasking*umgebung kommt es häufig vor, daß ein Gerät nacheinander von verschiedenen *Tasks* angesprochen wird, um Übertragungen durchzuführen (beispielsweise Plattenlaufwerke, Drucker). Ein anderer Fall liegt vor, wenn ein Programm kontinuierlich Daten benötigt; hier können alternierend in 2 verschiedene Speicherbereiche Meßdaten blockweise per DMA übertragen werden (Wechselpufferbetrieb). Die Daten des einen Bereichs werden verarbeitet, während in den anderen neue Daten geschrieben werden. **In beiden Situationen kann im Prinzip nach Abschluß der einen Übertragung die nächste unmittelbar folgen.**

Eine sehr effektive Lösung besteht darin, einen Kanal des DMA-*Controllers* auf eine Betriebsart zu programmieren, die ihm gestattet, nach Ablauf der Übertragung des aktuellen Blocks den ENDE-IRQ abzugeben und zusätzlich das Adressenregister und den Übertragungszähler für den nächsten Block zu laden und dessen Übertragung zu starten. Um eine dadurch mögliche Blockierung des Gesamtsystems durch den DMAC zu vermeiden, ist diese Betriebsart nur mit zusätzlichen Maßnahmen gemeinsam mit dem *Burst*modus einsetzbar.

Es werden im Prinzip drei verschiedene Methoden der **Registernachladung** angewandt:

1. **Kontinuierlicher Betrieb (*Continuous Mode*), Transfersequenz mit identischer Blockspezifikation**

   Der DMAC verfügt über zwei weitere Register für die Adresse (ARTU) und die Anzahl der Übertragungen (TRZU). Beide werden durch die laufende

Übertragung nicht verändert (übertragungs**U**nabhängiger Teil, **Bild 7-8**). Wenn der Transferzähler TRZA im übertragungs**A**bhängigen Teil den Wert Null erreicht, werden die Inhalte von ARTU und TRZU in ARTA bzw. TRZA[4] kopiert, und damit wird der Transfer des nächsten Block gestartet. Das Blockende wird jeweils durch Unterbrechungsanforderung gemeldet. Der kontinuierliche Betrieb setzt voraus, daß die MPU zwischenzeitlich Bus*master* wird, um bei einer Eingabe die Daten zu verarbeiten oder bei einer Ausgabe das Feld mit neuen Daten zu füllen. Er setzt ferner zusätzliche Maßnahmen voraus, mit denen ein Datenverlust vermieden wird.

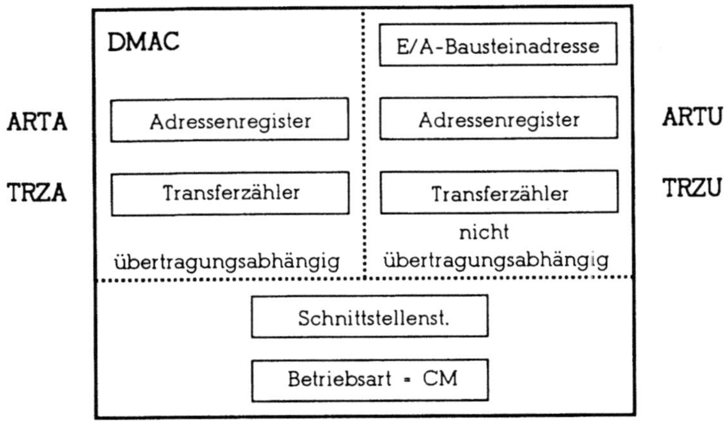

Bild 7-8: DMAC mit Registern ARTU, TRZU zum automatischen Wiederladen; CM - *Continuous Mode*; Schnittstellenst. - Register zur Steuerung der geräteseitigen Schnittstelle

2. Transfersequenzen mit verschieden spezifizierten Blöcken

Um die Anzahl der DMAC-Register zu begrenzen, werden die Übertragungsparameter der einzelnen aufeinanderfolgenden Blöcke eines Kanals des 68450 [20] im **Speicher** spezifiert (**Übertragungsdeskriptoren**). Es werden 2 Arten unterschieden, bei denen jeweils die Startadresse und die Anzahl der zu übertragenden Werte im Speicher abgelegt sind.

2.1 Die Übertragungsdeskriptoren stehen in einer zusammenhängenden Liste (***Sequential Array Chaining***, **Bild 7-9**). Die beiden Register im übertragungsunabhängigen Teil zeigen auf die Anfangsadresse des Deskriptorfeldes (ARTU) und geben die Anzahl der noch verbleibenden Deskriptoren an (Blockzähler BLZ). Vor Beginn der Übertragung eines Blocks holt sich der DMAC die Startadresse und die Anzahl der Werte aus dem Deskriptor, korrigiert den Wert in ARTU, so daß dessen Inhalt auf den nächsten Deskriptor zeigt, dekrementiert BLZ und aktiviert den Kanal. Der Abschluß des einzelnen Blocks wird per *Interrupt* gemeldet, anschließend werden die Parameter des nächsten Blocks automatisch

4 ARTA und TRZA entsprechen ART und TRZ in Bild 7-4.

aus dem Speicher geholt. Der Vorgang wird solange wiederholt, bis BLZ = 0 ist.

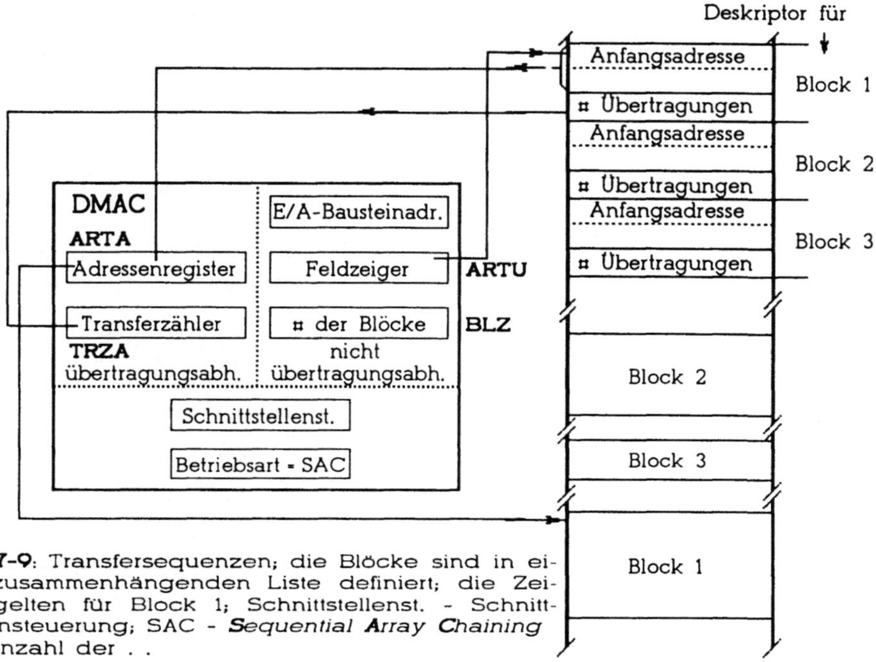

Bild 7-9: Transfersequenzen; die Blöcke sind in einer zusammenhängenden Liste definiert; die Zeiger gelten für Block 1; Schnittstellenst. - Schnittstellensteuerung; SAC - ***S**equential **A**rray **C**haining*
- Anzahl der . .

2.2 Die Übertragungsdeskriptoren stehen in einer verketteten Liste (***Linked Array Chaining*, Bild 7-10**). Im Adreßregister ARTU des transferunabhängigen Teils steht der Zeiger auf den Deskriptor des nächsten Blocks. Jeder Deskriptor außer dem letzten enthält einen Zeiger auf den nächsten Block. Die Deskriptoren brauchen dadurch nicht zusammenhängend im Speicher zu stehen. Sie enthalten wie zuvor Anfangsadresse und Anzahl der Übertragungen. Vor Beginn einer Übertragung werden Feldanfangsadresse und die Anzahl der zu übertragenden Werte nach ARTA bzw. TRZA und der Zeiger nach ARTU kopiert. Der Inhalt des Blockzählers BLZ ist ohne Bedeutung. Die Deskriptoradresse 0 wird als Listenende angesehen.

Die zuletzt genannte Betriebsart ermöglicht die dynamische Verwaltung eines DMA-Kanals: Die Liste kann bei aktivem Kanal vom System verändert und zusätzliche Übertragungen können angehängt werden.

Der schon erwähnte Fall der Meßdatenerfassung mit alternierenden Speicherbereichen läßt sich im Modus Verkettete Liste durch zwei Deskriptoren verwirklichen, deren Zeiger auf den jeweils anderen Deskriptor zeigen.

Alle Modi der Registernachladung sind für Transfers zu einem Gerät bei unveränderten Übertragungsbedingungen gedacht; nur Speicheradresse und Blocklänge werden verändert (außer im Kontinuierlichen Betrieb), alle anderen Übertragungsparameter bleiben unverändert.

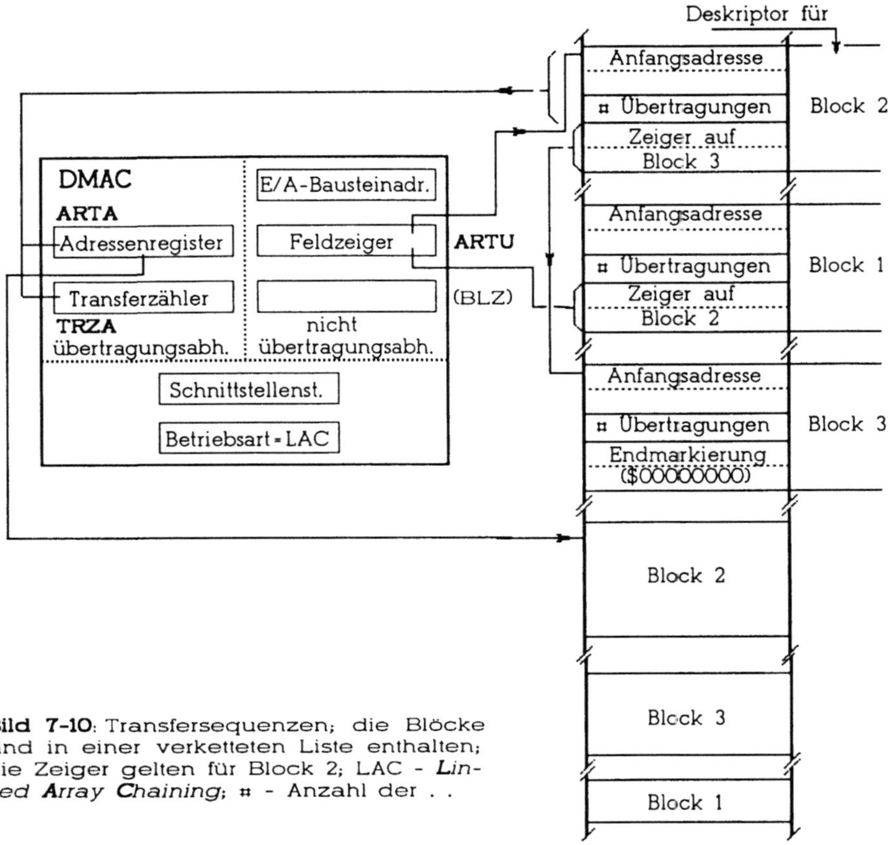

Bild 7-10: Transfersequenzen; die Blöcke sind in einer verketteten Liste enthalten; die Zeiger gelten für Block 2; LAC - *Linked Array Chaining*; # - Anzahl der . .

8 Datenein-/-ausgabe

Jeder Computer verfügt über mindestens eine Ein- und eine Ausgabemöglichkeit, ein Rechner ohne Bezug zur Außenwelt ist sinnlos.

In Kapitel 2 wurden solche Schnittstellen kurz vorgestellt, und in Kapitel 4 wurde der Datenverkehr zwischen Prozessor und Ein-/Ausgabeschnittstelle behandelt. Ein Schwerpunkt dieses Kapitels liegt auf der Verbindung zwischen dem Schnittstellenbaustein (auch E/A-Baustein oder E/A-*Controller* genannt) und dem bzw. den Peripheriegeräten und den Möglichkleiten, diese Verbindung durch geeignete Programmierung der Bausteine an die Erfordernisse anzupassen. Im zweiten Schwerpunkt wird die Einbindung des in Kap. 2 und 4 vorgestellten Seriellen Bausteins in eine *Multitasking*-Umgebung behandelt.

Bild 8-1: Mikroprozessorsystem mit Peripheriegeräten

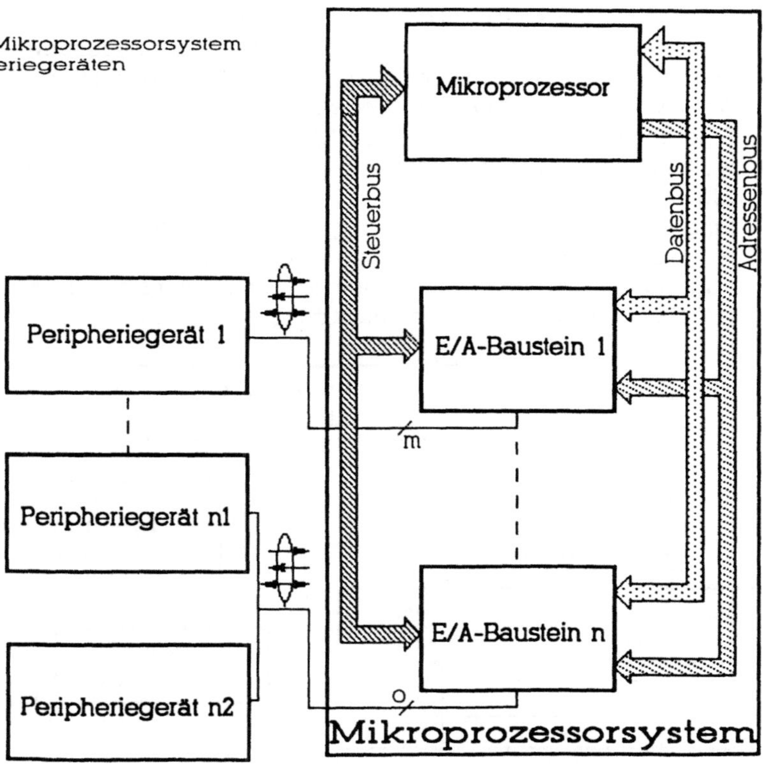

Bild 8-1 zeigt ein Mikroprozessorsystem mit zwei Ein-/Ausgabebausteinen, von denen der eine mit einem und der andere mit zwei Peripheriegeräten über mehrere Daten- und Quittungssignalleitungen verbunden ist. Der Arbeitsspeicher und weitere Einzelheiten sind nicht eingezeichnet. m und o kennzeich-

nen die Anzahl paralleler Leitungen, die entweder Eingänge oder Ausgänge oder, in anderen Fällen, auch abwechselnd das eine oder das andere sein können. Die häufig zusätzlich mitgeführten Leitungen für die Quittungssignale dienen der Sicherung des Datenverkehrs. Sind mehrere Peripheriegeräte über dieselben Leitungen mit derselben Schnittstelle des Computers verbunden (Baustein n), so müssen sie zusätzlich von ihm selektiert werden können. Mit einem solchen System sind die in **Bild 8-2** gezeigten Übertragungsvarianten möglich.

Die Übertragungsgeschwindigkeit gibt man bei parallelen Kanälen meist in Byte/sec und bei seriellen in bit/sec oder baud an; zusätzliche Informationen zur Abwicklung und Datensicherung werden hierbei einbezogen. Bitserielle Übertragungswege wählt man für

- einfache Verbindungen geringer bis mittlerer Übertragungsgeschwindigkeiten, besonders bei Übermittlung von ASCII-Zeichen (Text). Beispiele: Terminals, Drucker; es sind (meist) Mehrdrahtverbindungen.
- mittlere Übertragungswege für hohe Übertragungsgeschwindigkeiten. Sie werden für Rechner-Rechnerverbindungen eingesetzt (LAN, *Local Area Network*, ca. 10 Mbit/sec). Wegen des (teuren) Koaxialkabels wird eine Eindrahtverbindung[1] verwendet. LANs werden neuerdings auch mit Lichtwellenleitern aufgebaut und erreichen dann Geschwindigkeiten von etwa 100 Mbit/sec.
- lange Übertragungswege geringer Geschwindigkeit. Da hier das Kommunikationsnetz der Post benutzt werden muß, kommt nur die Eindrahtübertragung mit 300-4800 baud infrage. (Sonderdienste der Post wie DATEX-L, DATEX-P und ISDN nicht berücksichtigt.)

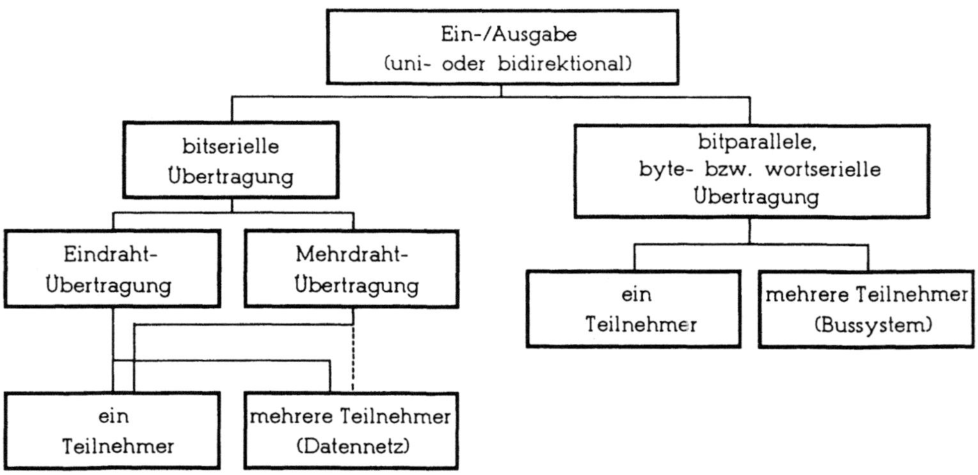

Bild 8-2: Einteilung der Übertragung zur Peripherie nach Anzahl der Teilnehmer und Übertragungsleitungen

1 Die Eindrahtverbindung besteht aus mindestens 2 Leitern (Hin- und Rückführung).

Bitparallele Übertragungswege erfordern einen hohen Kabelaufwand. Man wählt sie für schnelle Datenübertragungen zu räumlich unmittelbar benachbarten Geräten (Platte, Schnelldrucker, Plotter, Meßgeräte).

Eine parallele Ein- oder Ausgabe wird auch eingesetzt, wenn in einfachen Fällen Zustandsinformationen (z. B. Schalter, Ventil) erfaßt oder binäre Informationen (Alarmgeber, Ziffernanzeige) abgegeben werden. Dies ist dann der Fall, wenn für die gewünschte Funktion kein Teilnehmer mit eigener Schnittstelle zur Verfügung steht und die Funktion daher vom Mikroprozessorsystem selbst erledigt werden soll.

Von einer parallelen Eingabe spricht man auch, wenn die einzelnen Bits unabhängig voneinander sind und in keinem zeitlichen Zusammenhang stehen. Das ist insofern berechtigt, als für die Übermittlung zum Prozessor der Zustand zum Zeitpunkt der READ-Operation oder einer Taktsignalflanke erfaßt wird.

Bei der Kommunikation zwischen Mikroprozessorsystem und Peripherie oder auch zwischen mehreren Mikrocomputern können einige Probleme auftreten, die zum Datenverlust führen, wenn keine Schutzmaßnahmen getroffen werden:

Verbindung mit einem Teilnehmer

- Gerät ist nicht betriebsbereit und empfängt oder sendet nicht
- Gerät kann Daten nicht schnell genug abnehmen
- Gerät sendet Daten schneller als das Mikroprozessorsystem sie abnehmen kann

Die beiden zuletzt genannten Fälle treten immer dann auf, wenn die Weiterverarbeitung im Empfänger zu langsam ist, weil z. B. die entsprechende Routine zuviel Rechenzeit benötigt oder der entsprechende *Interrupt* zu niedrige Priorität hat und nachrangig, also zeitlich verzögert, bearbeitet wird.

Verbindung mit mehreren Teilnehmern

Zu den genannten Problemen können hier noch hinzukommen:

- Teilnehmer kommt nicht zum Zug, da Kanal durch andere blockiert ist
- nicht betriebsbereites Gerät setzt den gesamten Kanal außer Funktion (z. B. ein Ausgang zieht eine Leitung permanent auf *Low*)

Der Datenverkehr kann sowohl durch Software als auch durch Hardware gesichert werden (Hard- bzw. Software-*Handshake* bzw. -Quittungsbetrieb). Der *Softwarequittungsbetrieb* erfolgt durch Einblenden zusätzlicher, **vereinbarter** Zeichen in den Datenstrom. Beide Teilnehmer müssen die eingehenden Zeichen überprüfen. Ein Quittungsbetrieb für das einzelne Zeichen scheidet aus, da die (Nutz-) Datenrate halbiert würde; aus diesem Grund wird das Software*handshake* nur für Blocktransfers verwendet. (Korrekter ist es, von einer softwaregesteuerten Übertragung zu sprechen.)

Beim Hardwarequittungsbetrieb stehen parallel zum Datenpfad zusätzliche Leitungen zur Verfügung, mit denen die

- Betriebsbereitschaft
- Bereitschaft zur Übernahme von Daten
- Gültigkeit anliegender Daten

erklärt wird. Weitere Leitungen werden zur Selektion erforderlich, wenn der Baustein in einem Bussystem mit mehreren Geräten verbunden ist.

Neben der Übertragungssicherung durch Quittungsbetrieb, der vornehmlich der Anpassung unterschiedlicher Geschwindigkeiten dient, werden oft redundante Prüfbits übertragen. Sie erlauben es, Fehler in den Daten festzustellen (Beispiel: Unterbrechung einer Bitleitung bei paralleler Übertragung).

8.1 Speicheradressierte Ein-/Ausgabe

Die Entwicklung eines Schnittstellenbausteins ist mit erheblichem Aufwand verbunden. Aus diesem Grund achtet der Hersteller darauf, daß er einen möglichst universell verwendbaren Baustein auf den Markt bringt. Universell verwendbar bedeutet in diesem Zusammenhang: Er muß vom Anwender per Software so programmiert werden können, daß er eine große Anzahl verschiedener E/A-Aufgaben damit realisieren kann.

Beispiel:

Ein Ein-/Ausgabebaustein soll

- wahlweise 8 oder 16 bit Daten parallel ein- oder ausgeben können
- mit oder ohne Quittungsbetrieb arbeiten
- erlauben, die aktive Flanke für das Quittungssignal zu wählen
- für den einzelnen Anschluß die Festlegung von Ein- oder Ausgang zulassen
- eine Statusabfrage zulassen
- eine Unterbrechungsanforderung einleiten können

u. a. mehr. Für serielle Schnittstellenbausteine lassen sich ähnliche Wünsche zusammenstellen.

Der Hersteller löst das Problem, indem er eine Vielzahl dieser Möglichkeiten in seinem Baustein realisiert. Da sich die Anforderungen aber z. T. widersprechen, muß die gewünschte Konfiguration programmiert werden können. Hierzu gibt es, wie in Bild 4-123 für ein sehr einfaches Beispiel angedeutet, einige Register; der logische Zustand der einzelnen Bits konfiguriert den Baustein. Die Register werden prozessorseitig über den Systembus angesprochen (WRITE: Programmieren der Funktion oder Übergabe des auszugebenden Zeichens, READ: Statusabfrage oder Übernahme des von der Peripherie übermittelten Zeichens). Es ist daher üblich, Schnittstellenbausteine wie Speicher im System zu installieren und anzusprechen (*Memory Mapped I/O*, speicheradressierte Ein-/Ausgabe[2]). Verglichen mit einem Arbeitspeicher kann er zusätzlich an das *Interrupt*system und an einen DMA-*Controller* angeschlossen werden (**Bild 8-3**).

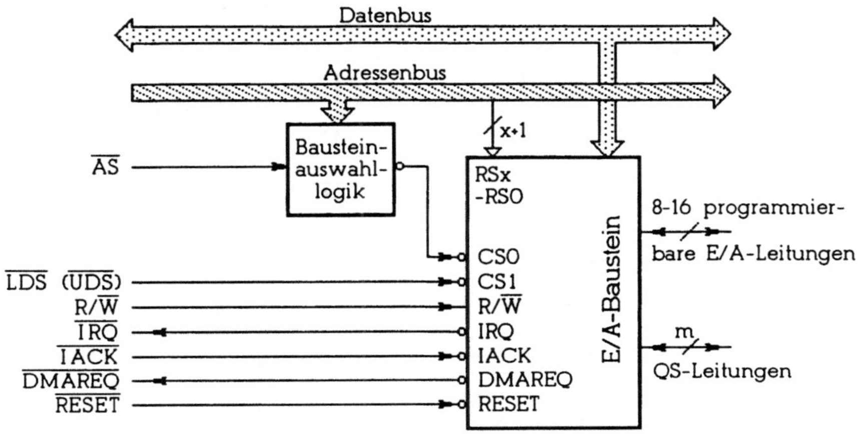

Bild 8-3: Anschluß eines Parallel E/A-Bausteins an den Systembus; RS - *Register Select*; QS - Quittungssignal; DMAREQ - DMA-Anforderung

Es sei darauf hingewiesen, daß man natürlich auch selbst E/A-Bausteine entwerfen kann; dies bietet sich für eine Parallelschnittstelle mit einer einzigen Funktion u. U. an (z. B. nur 8 bit Ausgabe ohne QS). Hierfür eignen sich wiederum PLDs; komplexere Funktionen können durch PLDs der zweiten Generation mit interner Busstruktur, wie z. B. die Familie 5CB/C von INTEL, realisiert werden.

8.2 Parallel E/A-Baustein mit Zeitgeber 68230

Dieser Baustein (*Parallel Interface Timer* PI/T) ist ein gutes Beispiel dafür, daß sehr viele unterschiedliche Funktionen mit einem einzigen IC möglich sind [21].

Er besteht eigentlich aus zwei verschiedenen Bausteinen, die logisch nichts miteinander zu tun haben: Parallelein-/-ausgabeteil und Zeitgeber (*Timer*). Als Zeitgeber bezeichnet man einen Schaltkreis, der z. B. nach einer programmierbaren Zeit einen Impuls abgibt oder der ein periodisches Rechtecksignal programmierbarer Dauer liefert. Das Blockschaltbild des 68230 (**Bild 8-4**) zeigt, daß sich beide Funktionen nur an den Doppelfunktionsanschlüssen überschneiden. Eine Wechselwirkung wird insofern vermieden, als jede Programmierung jeden Anschluß eindeutig zuordnet.

2 Es gibt auch Mikroprozessoren, die über zusätzliche Anschlüsse den Status E/A-Operation nach außen anzeigen (ähnlich den FC-Leitungen). Damit läßt sich ein separater Adreßraum definieren.

Der 68230 hat intern eine dynamische Struktur. Er benötigt daher ein ständig anliegendes Taktsignal; **ein Bezug zum Prozessortaktsignal ist nicht erforderlich.**

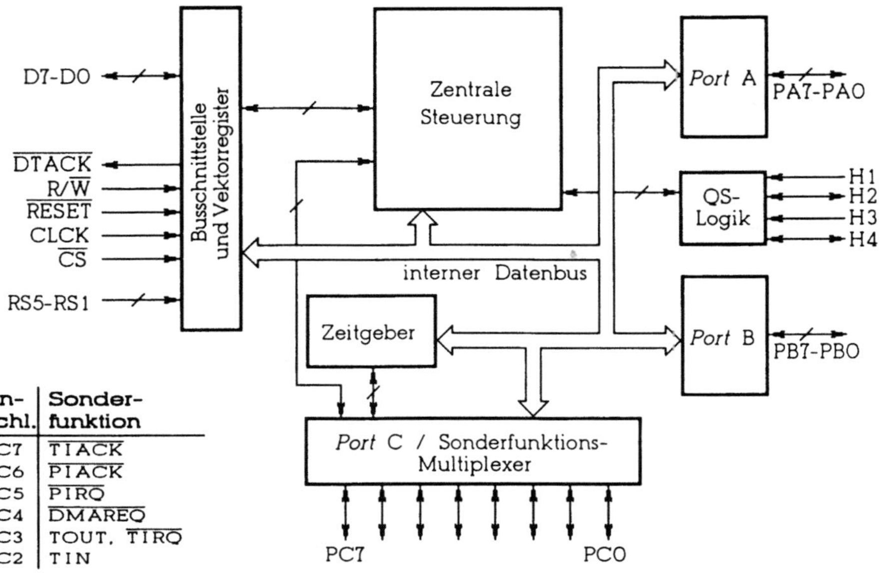

Anschl.	Sonderfunktion
PC7	$\overline{\text{TIACK}}$
PC6	$\overline{\text{PIACK}}$
PC5	$\overline{\text{PIRQ}}$
PC4	$\overline{\text{DMAREQ}}$
PC3	TOUT, $\overline{\text{TIRQ}}$
PC2	TIN

Bild 8-4: Blockdiagramm des 68230; QS - Quittungssignal; PA - *Port* A; PB - *Port* B; PC - *Port* C; $\overline{\text{PIACK}}$ - *Port* IACK; $\overline{\text{PIRQ}}$ - *Port* IRQ; $\overline{\text{TIACK}}$ - Zeitgeber IACK; TIN - Zeitgeber Eingang; TOUT - Zeitgeber Ausgang; $\overline{\text{TIRQ}}$ - Zeitgeber IRQ

Die Funktion Parallelein-/-ausgabe verfügt über drei 8 bit-Tore (meist *Port* genannt): *Port* A und *Port* B können im Quittungsbetrieb arbeiten (Signale H1-H4), *Port* C hat keine QS-Leitungen zur Verfügung. Bei entsprechender Programmierung können seine Anschlüsse PC7-PC2 mit Sonderfunktionen belegt werden, die teilweise auch dem Zeitgeber zuzuordnen sind (s. Tabelle in Bild 8-4).

8.2.1 Parallelein-/-ausgabe des 68230

8.2.1.1 Eingabequittungsbetrieb

Bild 8-5 A zeigt die Blockdarstellung einer Eingabe mit Doppelpuffer, bei der zwei Register hintereinandergeschaltet sind. Sie wirken ähnlich wie ein zweistufiges FIFO.

Verketteter Quittungsbetrieb (*Interlocked Handshake*, **Bild 8-5 C**):

Der 68230 legt H2 auf *Low* und zeigt damit an, daß er bereit ist für die Übernahme von Daten. Das Gerät legt daraufhin ein gültiges Datenbyte an PA7-PA0 ① und taktet es mit dem *High/Low*-Übergang des H1-Eingangs in das Eingaberegister 1 ②. Für die Daten sind *Setup*- und Haltezeiten vorgegeben. H2 wird auf *High* gesetzt ③, und damit dem Peripheriegerät angezeigt, daß momentan kein Datenbyte angenommen werden kann. H2 fällt erst wieder auf *Low*, wenn das Byte intern in das Register 2 weitergetaktet wurde und Register 1 wieder verfügbar ist ④. Die Präsenz eines Datums in einem der Eingaberegister wird dem System entweder über die DMA-Anforderungsleitung $\overline{\text{DMAREQ}}$ ⑦ oder die *Portinterrupt*-Leitung $\overline{\text{PIRQ}}$ mitgeteilt; der Signalverlauf ist nicht identisch, $\overline{\text{PIRQ}}$ wird erst zurückgenommen, wenn das entsprechende Statusbit durch das Auslesen des übermittelten Zeichens gelöscht wurde. Die Gegenwart eines Datums kann auch durch programmgesteuerte Abfrage vom Prozessor ermittelt werden.

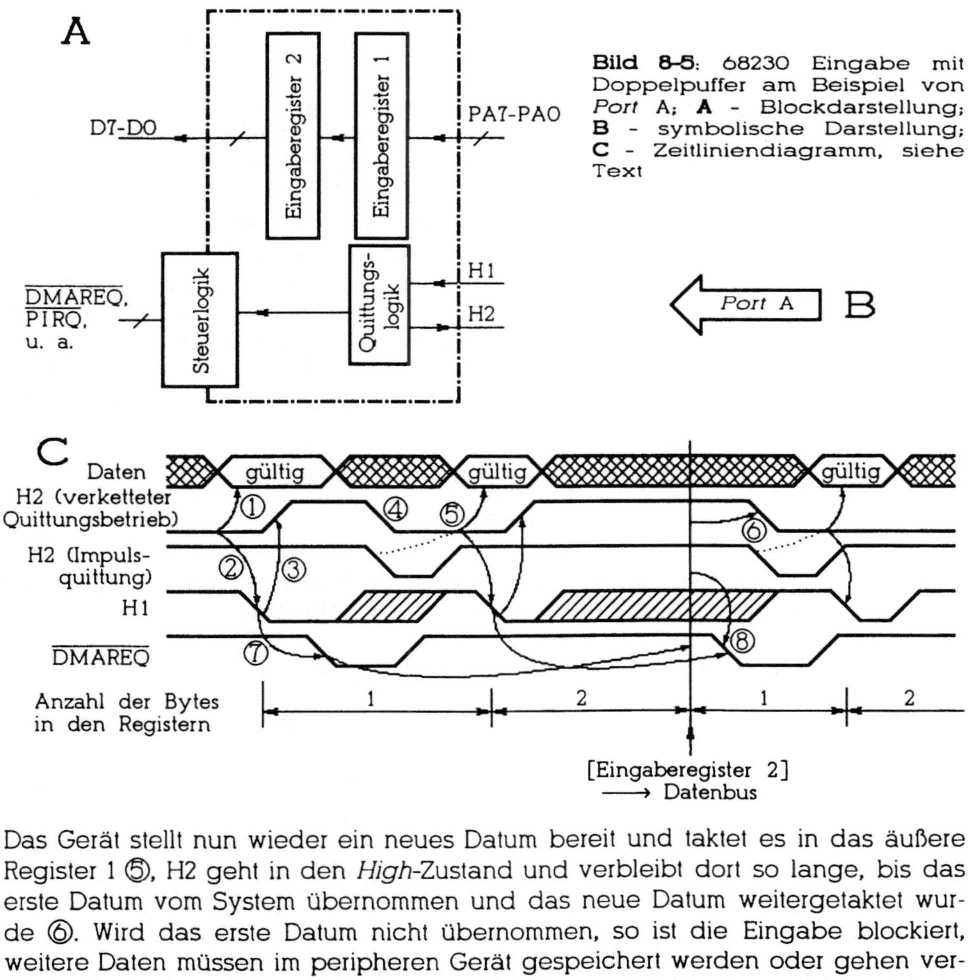

Bild 8-5: 68230 Eingabe mit Doppelpuffer am Beispiel von *Port* A; **A** - Blockdarstellung; **B** - symbolische Darstellung; **C** - Zeitliniendiagramm, siehe Text

Das Gerät stellt nun wieder ein neues Datum bereit und taktet es in das äußere Register 1 ⑤, H2 geht in den *High*-Zustand und verbleibt dort so lange, bis das erste Datum vom System übernommen und das neue Datum weitergetaktet wurde ⑥. Wird das erste Datum nicht übernommen, so ist die Eingabe blockiert, weitere Daten müssen im peripheren Gerät gespeichert werden oder gehen verloren. Nach dem Auslesen des ersten Zeichens wird für das zweite noch im Baustein enthaltene Zeichen erneut ein $\overline{\text{DMAREQ}}$- oder $\overline{\text{IRQ}}$-Signal ausgegeben.

Impulsquittung

Nicht ganz denselben Sicherheitsgrad bietet eine kurzzeitige Quittung durch einen Impuls von H2 (Impulsquittung, in Bild 8-5 C ebenfalls eingetragen). Hier teilt der 68230 durch einen kurzen Impuls die Bereitschaft zur Aufnahme neuer Daten mit, das Gerät kann den Zustand von H2 also nicht zu einem beliebigen Zeitpunkt abfragen. Da schon die fallende Flanke von H2 die Bereitschaft anzeigt, können neue Daten während der *Low*-Phase von H2 eingetaktet werden. Impulsquittung und verketteter Quittungsbetrieb sind für ein *Port* nicht gleichzeitig möglich.

Hinweise:

- Die Polaritäten von H1 und H2 können frei gewählt werden.
- Sind bei doppelt gepufferter Eingabe einige Anschlüsse des *Ports* als Ausgang deklariert, so können für diese keine Quittungsleitungen zur Verfügung gestellt werden (primäre Datenrichtung ist die Eingabe). Daten, die in das Ausgaberegister geschrieben werden, liegen an den Anschlüssen des Bausteins an bis sie überschrieben werden.
- *Port* B kann in genau derselben Weise betrieben werden; dann wird statt H1 das Signal H3 und statt H2 das Signal H4 verwendet.
- Port C kann nicht im Quittungsbetrieb bedient werden.
- H2/H4 können so programmiert werden, daß sie kein *Handshake* durchführen. H1, H3 takten dann die Daten nur ein (Prozessorsystem muß Daten schneller abnehmen als das Gerät sie liefert). H2/H4 sind dann entweder unabhängige Eingänge, die Unterbrechungsanforderungen stellen können, oder sie sind Ausgänge, die auf *Low* oder *High* gesetzt werden.

8.2.1.2. Ausgabequittungsbetrieb

Bei einer Ausgabe mit Quittungsbetrieb (primäre Datenrichtung Ausgabe) sind ebenfalls zwei Register hintereinandergeschaltet (**Bild 8-6**).

Verketteter Quittungsbetrieb (*Interlocked Handshake*)

Der Prozessor oder der DMA-*Controller* schreibt ein Datum in Ausgaberegister 1. Sobald es intern in Register 2 weitergetaktet wurde, liegen gültige Daten an ①. Dies wird dem Empfänger durch H2 mitgeteilt und vom System über $\overline{\text{DMAREQ}}$ oder $\overline{\text{PIRQ}}$ ein neues Datum angefordert ②. Das System schreibt dieses in das freie Register 1 ③. Der Empfänger übernimmt das erste Datum und signalisiert dies durch Aktivieren von H1 ④. Der 68230 erkennt die Übernahme und quittiert mit einer Rücknahme von H2 ⑤. Intern wird der Inhalt von Register 1 in Register 2 getaktet, so daß neue gültige Daten am *Port* anliegen. Dies wird dem Empfänger signalisiert ⑥, und es wird ein neues Datum vom System angefordert ⑦. Neue Daten werden immer erst angefordert, wenn Register 1 frei ist.

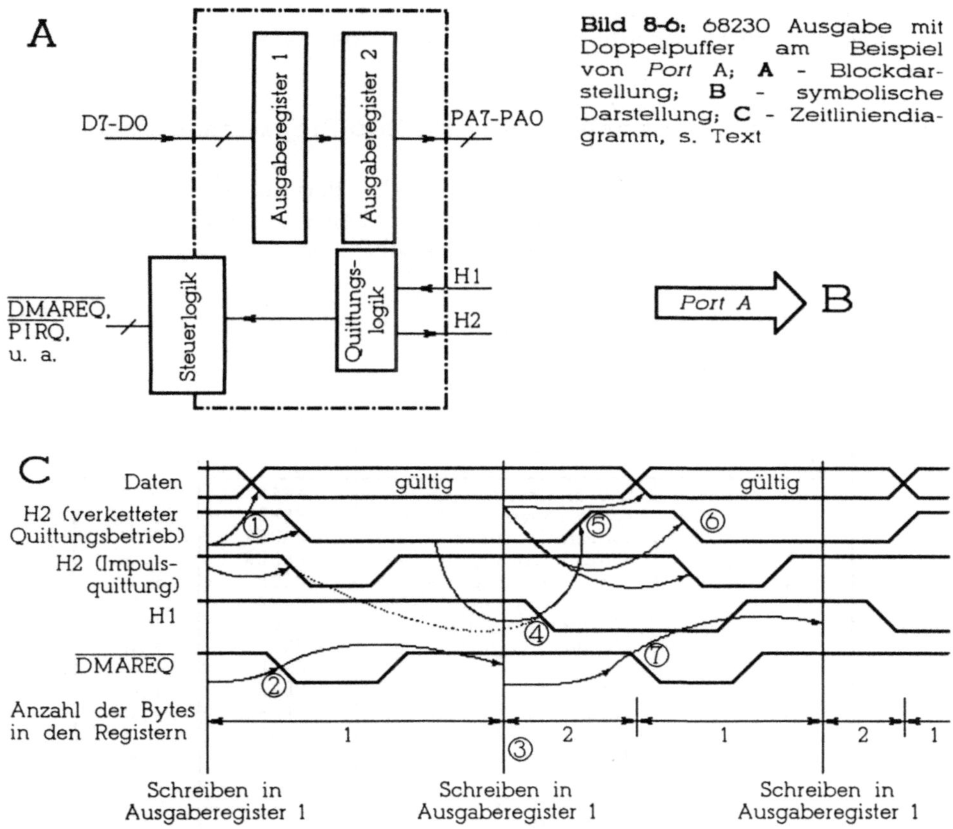

Bild 8-6: 68230 Ausgabe mit Doppelpuffer am Beispiel von *Port* A; **A** - Blockdarstellung; **B** - symbolische Darstellung; **C** - Zeitliniendiagramm, s. Text

Impulsquittung

Bei der Ausgabe wird dem Empfänger nur durch ein kurzes Impulssignal die Gültigkeit der Daten an den *Port*ausgängen angezeigt (Bild 8-6 C). Verketteter und Impulsquittungsbetrieb für ein *Port* sind nicht gleichzeitig möglich.

Hinweise:

- Die Polaritäten von H1 und H2 können frei gewählt werden.
- Zu einem Zeitpunkt ist an einem *Port* entweder eine doppelt gepufferte Eingabe **oder** eine doppelt gepufferte Ausgabe möglich.
- *Port* B kann in derselben Weise betrieben werden wie *Port* A; dann werden statt H1/H2 die Quittungssignalleitungen H3/H4 verwendet.
- H2/H4 können so programmiert werden, daß sie kein *Handshake* durchführen. Sie sind dann wahlweise unabhängige Eingänge, die Unterbrechungsanforderungen stellen können, oder Ausgänge, die auf *Low* oder *High* gesetzt werden können.
- Bei doppelt gepufferter Ausgabe sind die QS-Leitungen für die Ausgabe reserviert (primäre Datenrichtung). Sind Anschlüsse als Eingang definiert,

so können Daten dort nicht eingetaktet werden. Bei einem READ auf diesem *Port* wird der Zustand der Leitungen gelesen.

8.2.1.3 Die verschiedenen Modi und ihre Programmierung

Die gesamte Programmierung erfolgt über die Register des Bausteins. Zur Registeradressierung gibt es 5 *Register Select*-Leitungen RS5-RS1. RS5 unterscheidet zwischen der *Port*- und der Zeitgebersektion:

RS5 = 0 : *Port*sektion
RS5 = 1 : Zeitgebersektion

Registermodell der *Port*sektion

Reg.-Nr. (Hex)	Register	Abkürzung	Zugriff
0	*Port General Control* Register	PGCR	R,W
1	*Port Service Request* Register	PSRR	R,W
2	*Port* A Datenrichtungsregister	PADDR	R,W
3	*Port* B Datenrichtungsregister	PBDDR	R,W
4	*Port* C Datenrichtungsregister	PCDR	R,W
5	*Port Interrupt*vektorregister	PIVR	R,W
6	*Port* A *Control* Register	PACR	R,W
7	*Port* B *Control* Register	PBCR	R,W
8	*Port* A Datenregister	PADR	R,*
9	*Port* B Datenregister	PBDR	R,*
A	*Port* A Alternatives Register	PAAR	R,W
B	*Port* B Alternatives Register	PBAR	R,W
C	*Port* C Datenregister	PCDR	R,W
D	*Port* Statusregister	PSR	R,W
E F	nicht benutzte Register		R,W**

Tabelle 8-1: Registermodell der *Port*sektion des 68230
* - dieses Register kann in einigen Modi durch eine READ-Operation geändert werden; ** - READ und WRITE-Buszyklen werden normal durchgeführt

***Port General Control*-Register** PGCR **(Bild 8-7)**

Es steuert einige der übergeordneten Funktionen der Parallelein-/-ausgabe.

Als unidirektionaler Modus wird die bisher besprochene Betriebsart bezeichnet, bei der für jeden Anschluß die Funktion Eingang oder Ausgang festgelegt ist. Ein bidirektionaler Modus liegt vor, wenn die doppelt gepufferte Ein- oder Ausgabe **dynamisch** durch den Zustand der *Handshake*anschlüsse bestimmt wird (wird in 8.2.1.3.2 näher besprochen). Zu den meisten Modi gibt es Untermodi, die durch Bits in den *port*spezifischen Steuerregistern PACR, PBCR festgelegt werden.

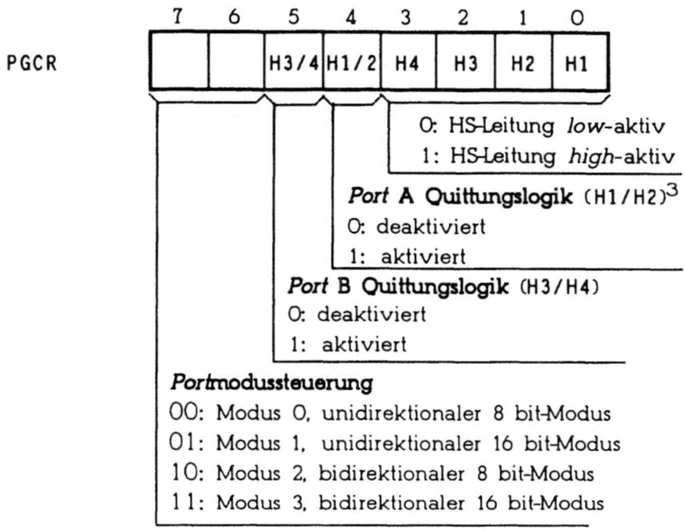

Bild 8-7: *Port General Control*-Register

Port Service Request-Register PSRR (Bild 8-8)

Dieses Register legt fest, wie die für das Peripheriegerät bestimmten bzw. von dort übermittelten Daten systemseitig behandelt werden. Systemseitiger Datentransfer für einen bestimmten *Port* wird entweder per DMA- (nur bei doppelt gepuffertem Betrieb) oder per Unterbrechungsanforderung verlangt. Sind beide Anforderungsarten nicht aktiviert, so muß der Prozessor durch Statusabfrage ermitteln, wann das nächste Datum übertragen werden kann.

Datenrichtungsregister [*Port* A (B) *Data Direction Register* PADDR (PBDDR)]

Mit diesen Registern kann der einzelne Anschluß im unidirektionalen Betrieb als Eingang oder Ausgang deklariert werden. Ein Anschluß wird durch eine logische 0 im korrespondierenden Bit des Datenrichtungsregisters zum Eingang und durch eine logische 1 zum Ausgang. Nach einem *Reset*-Signal sind alle Bits gelöscht, also alle Anschlüsse als Eingang deklariert.

Beispiel:

PADDR: %00111011 legt PA7, PA6 und PA2 als Eingang und PA5, PA4, PA3, PA1, PA0 als Ausgang fest.

3 Die Bits 4 und 5 sollten 0 sein (= kein Quittungsbetrieb), wenn die Bits 3-0 geändert werden (Programmierung in mehreren Schritten).

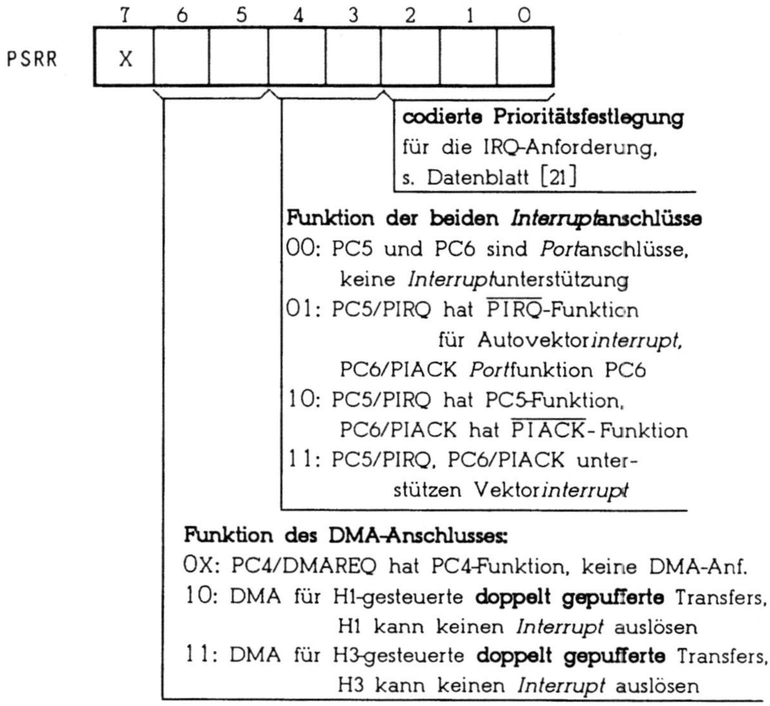

Bild 8-8: *Port Service Request*-Register

Port Interrupt Vektor-Register PIVR (Bild 8-9)

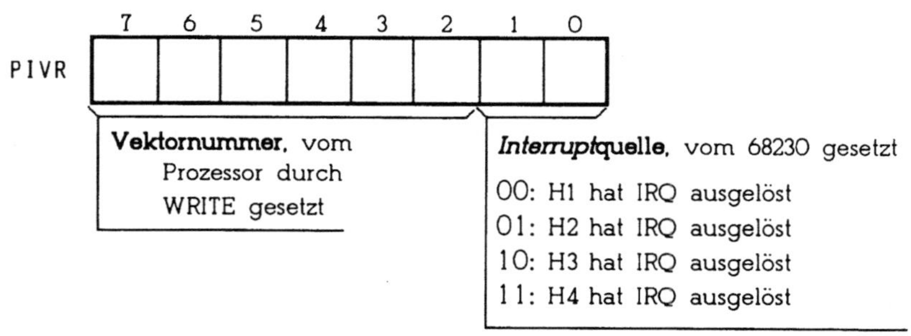

Bild 8-9: *Port Interrupt*-Vektorregister

In diesem Register steht die Vektornummer, die über die Vektortabelle der MPU zur ISR führt. Die führenden Bits 7 bis 2 werden mit einer WRITE-Anweisung durch Befehl programmiert, Bit 1 und 0 werden in Abhängigkeit von der Quelle automatisch gesetzt. Vier *Interrupt*quellen (H1-H4) sind möglich, so daß die *Port*sektion des 68230 also immer vier aufeinanderfolgende Vektornummern belegt.

Während eines IACK-Zyklus wird die zur auslösenden Quelle gehörende 8 bit-Vektornummer über den Datenbus zum Prozessor übertragen. Wurde nach einem *Reset* das PIVR noch nicht gesetzt, so wird die Vektornummer $0F ausgegeben (Nicht initialisierter *Interrupt*, der 68230 ist buskompatibel zum M68000).

Port Status-Register PSR (Bild 8-10)

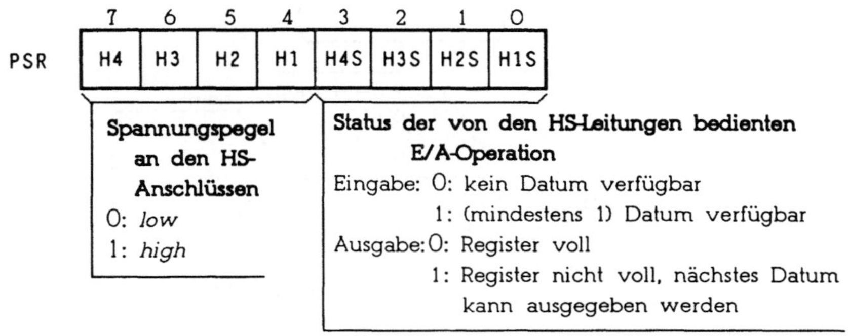

Bild 8-10: *Port*-Statusregister

Die Bits 7-4 geben Auskunft über den **momentanen** Spannungspegel (nicht logischen Zustand!) an den Quittungssignalleitungen, die Bits 3-0 kennzeichnen den Status der E/A-Operationen. Der Zustand der zuletzt genannten Bits muß ermittelt werden, wenn Ein- oder Ausgaben durch Aktives Warten realisiert werden sollen.

Port Control-Register PACR, PBCR (Bild 8-11)

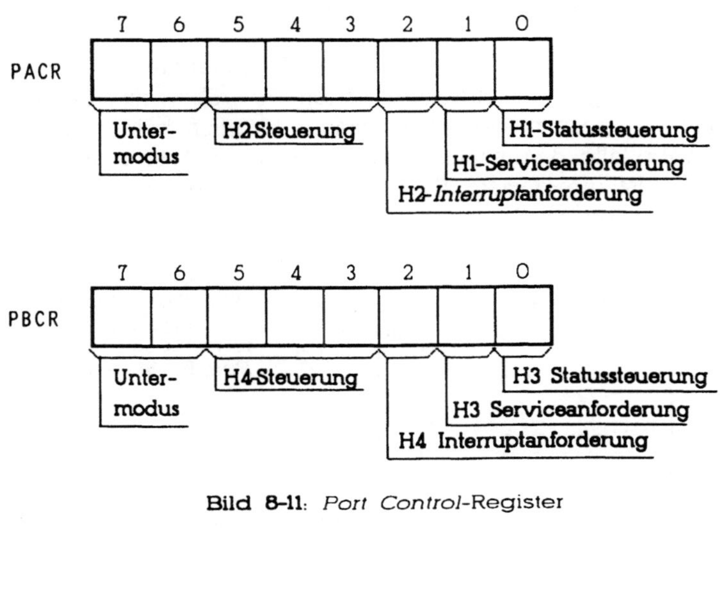

Bild 8-11: *Port Control*-Register

Die Bedeutung der möglichen Bitmuster in den einzelnen Feldern ist abhängig von der Betriebsart. Es sind eine Reihe von Modi und Submodi möglich, die nicht alle hier besprochen werden können [21].

Für die Festlegung des Datentransfers zwischen 68230 und dem Systembus mag das Flußdiagramm **Bild 8-13** eine Hilfe geben.

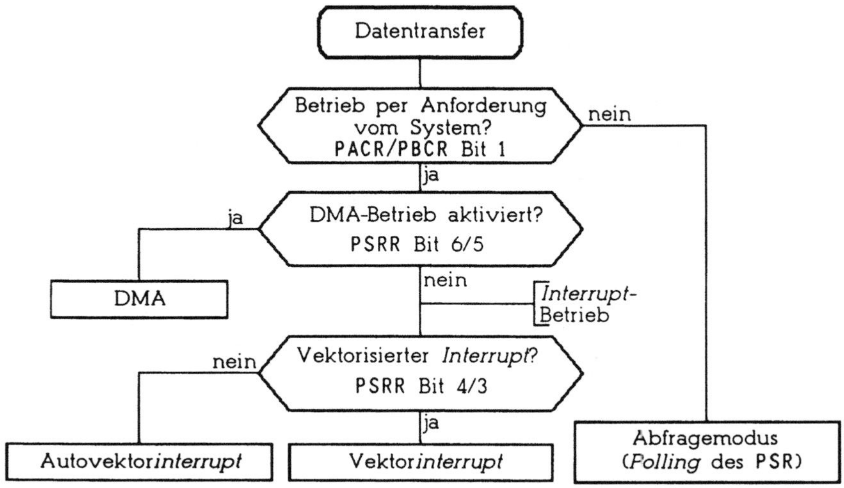

Bild 8-12: Datentransfermöglichkeiten zum Prozessor

8.2.1.3.1 Unidirektionaler 8 bit-Modus - doppelt gepufferte Eingabe, einfach gepufferte Ausgabe (Modus 0, Untermodus 00)

Bei dieser Betriebsart haben *Port* A und *Port* B getrennte Quittungssignalleitungen. Ein- und Ausgänge können für jeden *Port* über die Datenrichtungsregister unabhängig gesetzt werden; es macht natürlich keinen Sinn, für eine gepufferte Eingabe alle 8 Anschlüsse eines *Ports* als Ausgänge zu deklarieren. Die Eingabe ist die primäre Datenrichtung, nur für sie können die QS-Leitungen programmiert werden.

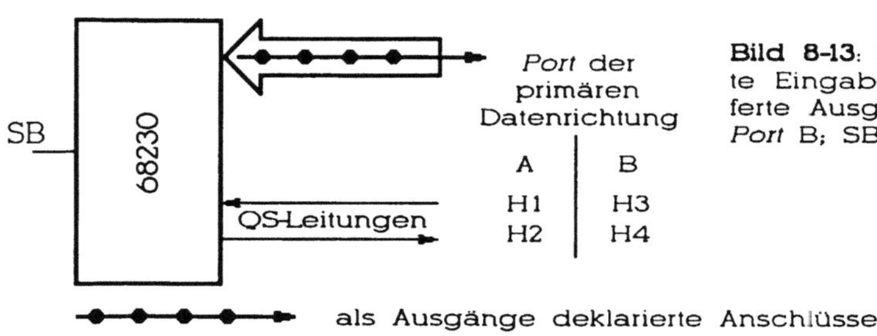

Bild 8-13: Doppelt gepufferte Eingabe, einfach gepufferte Ausgabe, *Port* A oder *Port* B; SB - Systembus

***Port Control* Register *Port* A** für den Fall Bild 8-13

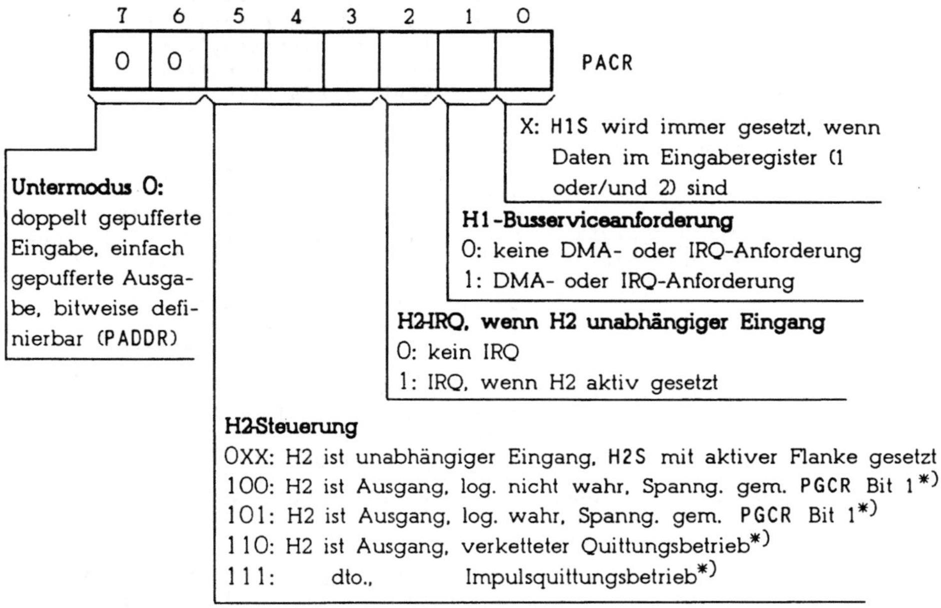

Bild 8-14: *Port Control* Register *Port* A; * - in diesen Fällen ist das Statusbit H2S immer gelöscht

Beispiel für *Port* A:

Bit 7-2 : Eingang, doppelt gepuffert
Bit 1,0 : Ausgang, einfach gepuffert
*Interrupt*betrieb mit IACK-Zyklus, Vektornummern 128-131
H1 höchste Priorität (PSRR Bit 2-0 = 000 [21])
H1 : *low*-aktiv wie in Bild 8-5
H2 : *low*-aktiv, verketteter Quittungsbetrieb

Es ergibt sich die folgende Programmierung (**Bild 8-15**):

PGCR	: 00010000
PSRR	: 00011000
PADDR	: 00000011
PIVR	: 10000000
PACR	: 00110010

Bild 8-16 zeigt ein Anwendungsbeispiel für doppelt gepufferte Eingabe und einfach gepufferte Ausgabe. Ein Datenerfassungssystem mit programmierbarer Konvertierungsrate ist mit *Port* A eines 68230 verbunden. Über PA1 und PA0 wird der Code für die Abtastrate bereitgestellt, über PA7-PA2 erfolgt die Eingabe der digitalisierten Meßwerte des A/D-Wandlers. Die Quittungssignale H1 und H2 steuern die Ausgabe der Daten aus dem zur Geschwindigkeitsanpassung zusätzlich im Gerät eingebauten FIFO.

```
PARALLEL_IO EQU $F0001          ungerade Adresse für IACK-Zyklus
PGCR      EQU 0                 Port General Control Register
PSRR      EQU 1                 Port Service Request Register
PADDR     EQU 2                 Port A Datenrichtungsregister
PIVR      EQU 5                 Port Interrupt-Vektorregister
PACR      EQU 6                 Port A Control Register

          LEA PARALLEL_IO.L,A1  Bausteinbasisadresse ——> A1
          MOVE.B #%00011000,PSRR*2(A1) Port Service Register:
*                               H1-IRQ, PC4 hat Portfunktion,
*                               Vektorinterrupt,
*                               Prioritätsfolge H1S,H2S,H3S,H4S
          MOVE.B #11,PADDR*2(A1) Port A Bit 0,1 Ausgänge, Bit 7-2 Eingänge
          MOVE.B #128,PIVR*2(A1) Vektornummern 128-131 für Ports
          MOVE.B #%00110010,PACR*2(A1) Port A:
*                               doppelt gepufferte Eingabe,
*                               einfach gepufferte Ausgabe,
*                               H2 verketteter Quittungsbetrieb,
*                               kein H2-IRQ, H1-IRQ freigeben
          MOVE.B #%00010000,PGCR*2(A1) Port General Control-Register:
*                               H1/H2 und Doppelpuffer freigeben,
*                               H3/H4 sperren,
*                               Handshakeleitungen low-aktiv
```

Bild 8-15: Programmierungsbeispiel E/A-Baustein 68230

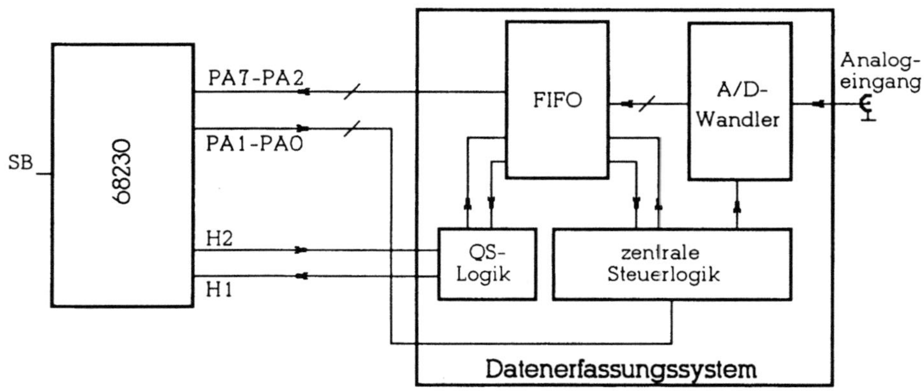

Bild 8-16: Datenerfassung mit dem 68230; Beispiel für doppelt gepufferte Eingabe, einfach gepufferte Ausgabe; SB - Systembus

8.2.1.3.2 Bidirektionaler 16 bit-Modus - doppelt gepufferte Eingabe, doppelt gepufferte Ausgabe (Modus 3)

Bei dieser Betriebsart sind die Anschlüsse nicht einzeln als Ein- oder Ausgang definierbar; PADDR und PBDDR sind ohne Bedeutung. Für Ein- **und** Ausgabe ist Quittungsbetrieb möglich. **Bild 8-17** zeigt einen Anwendungsfall.

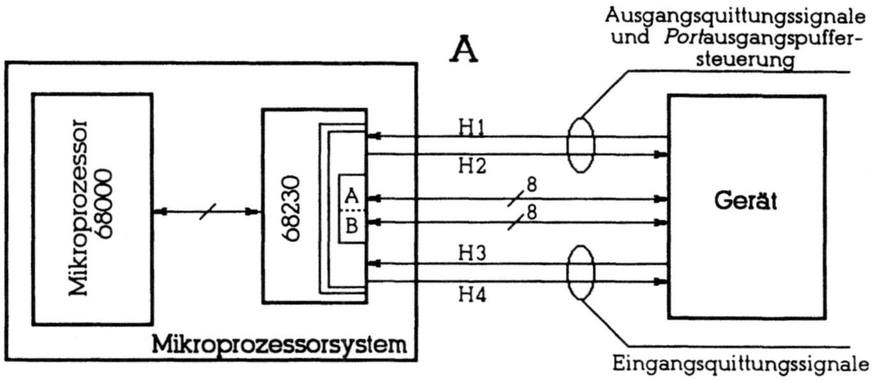

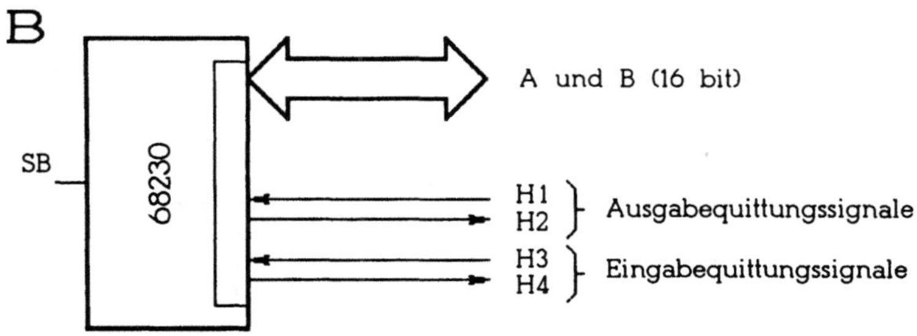

Bild 8-17: Bidirektionaler 16 bit-Betrieb (Modus 3); **A** - Verbindung Computer - Peripherie; **B** - symbolische Darstellung; SB - Systembus

Da die Daten in beiden Richtungen über dieselben Leitungen übertragen werden, ergeben sich folgende Probleme:

- Ausgabe und Eingabe müssen zeitlich getrennt sein
- auf einer Leitung darf zu einem beliebigen Zeitpunkt nur ein Ausgang aktiv sein

Der 68230 überläßt dem Peripheriegerät die **Richtungssteuerung**; er schreibt aber das Protokoll vor. Eingabe und Ausgabe werden über getrennte Quittungssignalpaare H3/H4 bzw. H1/H2 abgewickelt. Der logische Zustand des H1-Signals bestimmt den Zustand der Ausgangspuffer des 68230:

H1 gesetzt	: Ausgang hochohmig
H1 zurückgenommen	: Ausgang aktiv

Das bedeutet, daß bei gesetztem H1-Signal eine Eingabe und bei zurückgenommenen H1-Signal eine Ausgabe durchgeführt werden kann; für den Transfer ist dann noch das Quittungsprotokoll einzuhalten (**Bild 8-18**).

Weitere Probleme resultieren daraus, daß systembusseitig nur eine IRQ-Anforderungsleitung und 8 bit Datenbus zur Verfügung stehen. Ein- und Ausgabe können über den vektorisierten *Interrupt* unterschieden werden, oder man weist einer Richtung den DMA-Betrieb und der anderen den *Interrupt*betrieb zu.

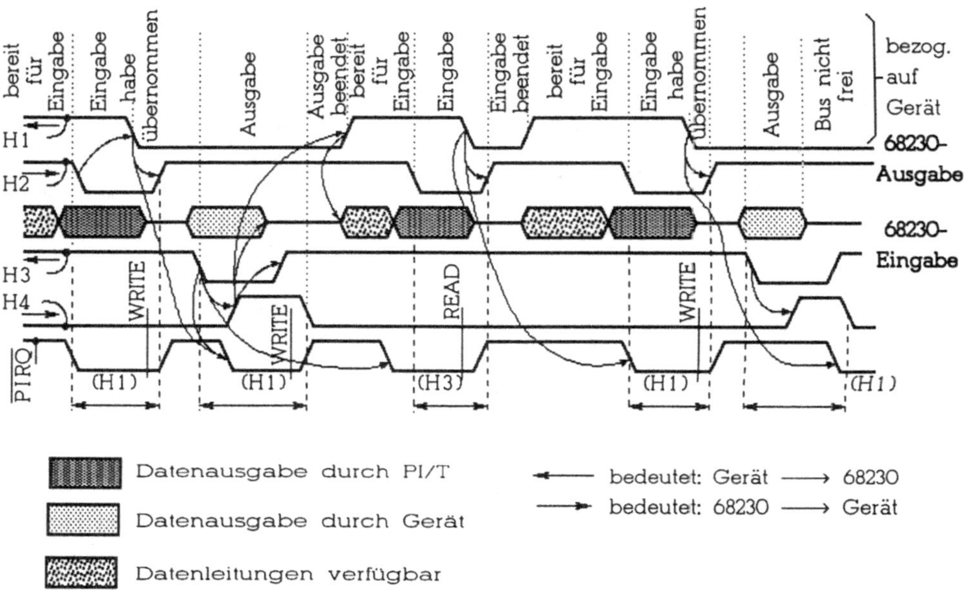

Bild 8-18: Zeitliniendiagramm bidirektionaler 16 bit-Datentransfer; READ, WRITE beziehen sich auf den Systembus

Beim 16 bit-Betrieb legt man i. a. Wert darauf, daß die Daten beider *Ports* gleichzeitig angelegt werden. Aus diesem Grund muß bei der Ausgabe zuerst die WRITE-Anweisung zum *Port* A durchgeführt werden; diese 8 bit werden intern temporär zwischengespeichert und bei der WRITE-Anweisung für *Port* B gemeinsam mit dessen Daten in die Ausgangsregister geschrieben. Beide Datenregister liegen an aufeinanderfolgenden Speicherplätzen, so daß mit einer `MOVEP.W`-Anweisung (s. Anhang) zuerst das höherwertige Byte nach *Port* A und dann das niederwertigere Byte nach *Port* B geladen werden können.

Status-, *Interrupt*- und Quittungssignalaktivitäten beziehen sich aus diesem Grund in dieser Betriebsart auf *Port* B-Daten. Beispiel: Es werden nacheinander 2 • 16 bit Daten eingegeben. H4 wird erst wieder gesetzt (*bereit für neue Daten*), wenn `PBDR` gelesen wurde.

Bild 8-18 zeigt ein Zeitliniendiagramm für die Betriebsart Bidirektionale 16 bit-Übertragung mit verkettetem Quittungsbetrieb bei Ein- und Ausgabe.

8.2.2 Zeitgebersektion des 68230

8.2.2.1 Funktionen

Folgende in Mikroprozessorsystemen häufig benötigte Zeitfunktionen sind im 68230 implementiert und können alternativ programmiert werden:

- **Erzeugung periodischer *Interrupts*** (siehe Bild 8-21), Signale TOUT, $\overline{\text{TIACK}}$). In Mehrbenutzer- und Echtzeitbetriebssystemen wird eine periodische *Interrupt*quelle benötigt. Sie kann eine mitlaufende Uhr setzen und startet den WV. Dieser überprüft, ob sich der Zustand der *Tasks* (siehe Bild 2-24) aufgrund der neuen Zeit geändert hat und die aktuelle Warteschlange korrigiert werden muß. Dieser Fall tritt ein, wenn im *Timesharing*-Betrieb die Prozessorzuteilungszeit für die *Task* im Zustand LAUFEND abgelaufen ist.

  Zeitgeber*interrupts* können ebenso wie *Portinterrupts* wahlweise vektorisiert oder im Autovektormodus bedient werden. Weitere programmierbare Parameter sind: Taktquelle (systembusseitige *Clock* oder externer Takteingang), sowie die Anzahl der Taktzyklen einer Periode und damit praktisch die Periodendauer eines Ausgangssignals.

- **Einzelner *Interrupt* nach programmierbarer Zeit**. Er kann eingesetzt werden, um die unzulässige Verzögerung eines Quittungssignals zu melden (*Timeout* eines Gerätes). Wird beispielsweise der Zeitgeber mit der Ausgabe eines Bytes gestartet und mit der Quittung innerhalb der durch sie gestarteten ISR zurückgesetzt, so erfolgt ein *Timeout Interrupt*, wenn nach der programmierten Zeit noch keine Quittung eingetroffen ist.

  Der interne Zähler zählt nach Abgabe der Unterbrechungsanforderung definiert weiter und ermöglicht damit in einem anderen Fall das Messen der *Interrupt*latenzzeit. Hierunter versteht man die Zeit zwischen dem Augenblick, in dem die *Interrupt*bedingung erfüllt ist und dem Moment, in dem die Anforderung bedient wird. Sie ist abhängig von den übrigen Aktivitäten im System.

- **Messen der Dauer eines von außen angelegten Impulses**

- **Zähler für externe Ereignisse**

- ***Watchdog-Timer* zur Erzeugung von Busfehlerausnahmen** (Bild 8-22). Zu Beginn eines Buszyklus ($\overline{\text{AS}} \longrightarrow$ *low*) wird der Inhalt eines vorprogrammierten Werteregisters (*Counter Preload*-Register CPR) in den Abwärtszähler übernommen (Bild 8-19). Hat er den Wert Null erreicht, so erzeugt er ein Signal, das zur BERR-Ausnahme herangezogen werden kann. Geht $\overline{\text{AS}}$ zuvor wieder auf *High* (Prozessor beendet Buszyklus nach empfangenem $\overline{\text{DTACK}}$ oder $\overline{\text{VPA}}$), so wird der Zähler angehalten.

8.2.2.2 Register der Zeitgebersektion

Die *Timer*-Sektion ist logisch getrennt von der *Port*-Sektion, die Programmierung ihrer Funktionen erfolgt daher durch andere Register. Alle Zeitgeberregister haben RS5 = 1.

Registernr. (hex.)	Bezeichnung	Abkürzung	
16	*Timer Control*-Register	TCR	
17	*Timer Interrupt*-Vektorregister	TIVR	
19	*Counter Preloadregister High*	CPRH	Werteregister H
20	*Counter Preloadregister Middle*	CPRM	Werteregister M
21	*Counter Preloadregister Low*	CPRL	Werteregister L
23	*Counter Register High*	CRH	Zähler HByte
24	*Counter Register Middle*	CRM	Zähler MByte
25	*Counter Register Low*	CRL	Zähler LByte
26	*Timer* Status Register	TSR	

Tabelle 8-2: Registermodell der Zeitgebersektion des 68230

8.2.2.3 Interne Struktur der Zeitgebersektion

Zentrales Element ist ein 24 bit-Zähler CR (*Counter Register*, **Bild 8-19**), der als Folge des systemseitigen 8 bit-Datenbusses logisch in 3 Zähler CPL, CPM, CPH zu je 8 bit aufgespalten ist. Er wird nur im **Abwärtszählmodus** betrieben und kann entweder vom anliegenden Taktsignal des Bausteins über einen 5 bit-Vorteiler oder von einer anderen externen Taktquelle am Anschluß PC2/TIN (*Timer INput*) mit oder ohne Vorteiler getaktet werden. Die Quelle wird von den Bits 2 und 1 des TCR (*Timer Control Register*) festgelegt. Bei einem Nulldurchgang (bezogen auf alle 24 bit) wird in Abhängigkeit von Bit 4 (ZDC, *Zero Detect Control*) entweder der Stand des Werteregisters parallel übernommen (ZDC = 0) oder zyklisch weitergezählt (über den Maximalwert $FFFFFF abwärts).

Der Zähler selbst darf nur im Haltmodus (TCR-Bit 0 *Timer Enable* = 0) gelesen werden, da sich sonst infolge eines durch einen Taktimpuls verursachten Zählerstandswechsels während des Auslesens undefinierte Zustände ergeben können. Die Bits 7-5 des TCR bestimmen die Betriebsart und damit auch die Funktionen der doppelt belegten Anschlüsse PC2, PC3 und PC7 von *Port* C.

Eine Zeit wird gemessen, indem man den Zeitgeber zu 2 verschiedenen Zeitpunkten in den Halt-Zustand bringt. Die Zählerstände werden gelesen, voneinander subtrahiert und mit der Periodendauer des am Zählereingang wirksamen Taktes multipliziert. Es ist zu beachten, daß der spätere Zeitpunkt als Folge des Rückwärtszählmodus einen niedrigeren Stand ergibt.

Alle Ereignisse, die der Zeitgeber hardwaremäßig nach außen meldet (IRQ,

Flanken des Rechtecksignals), werden durch einen Zählerwechsel von \$000001 ⟶ \$00000 hervorgerufen. Der Vorteiler wird bei jedem Halt-Zustand auf \$1F gesetzt.

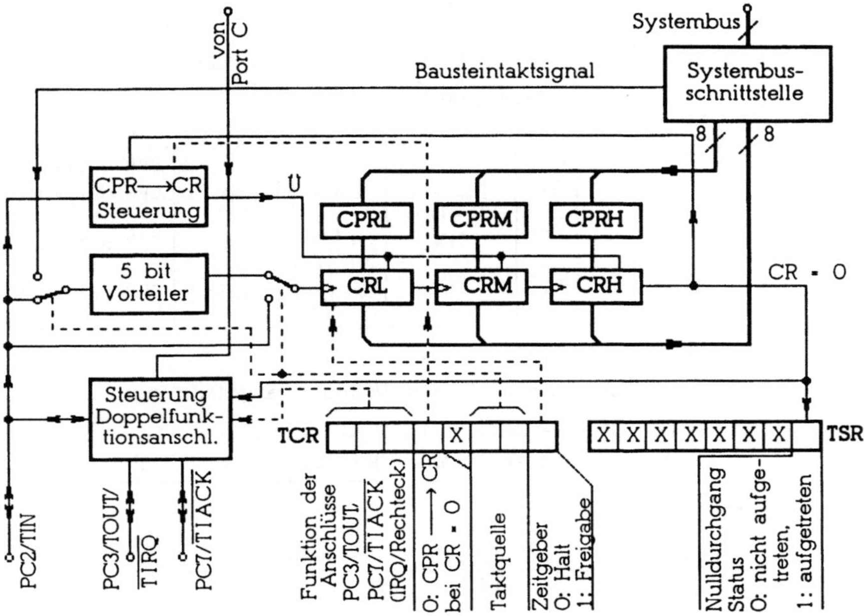

Bild 8-19: Schematische Darstellung der Zeitgebersektion; X - don't care

8.2.2.4 Das *Timer Control*-Register TCR

Im Gegensatz zur *Port*-Sektion werden alle Funktionen des Zeitgebers von einem einzigen Register, dem TCR, gesteuert.

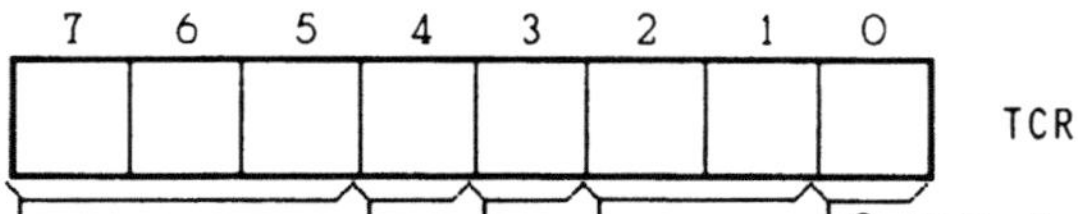

0: Zeitgeber gesperrt (HALT)
1: Zeitgeber freigegeben (RUN)

Taktsteuerung:

	PC2/TIN	Takt	Vorteiler	Ladefunktion
00:	PC2	CLCK ↓	ja	CPR o. zyklisch
01:	TIN: ext. RUN/HALT	CLCK ↓	ja	CPR o. zyklisch
10:	TIN	ext.↓, int. synchron.	ja	CPR o. zyklisch
11:	TIN	ext.↑, int. synchron.	nein	CPR o. zyklisch

unbenutzt

ZDS *(Zero Detect Control*, Nulldurchgangssteuerung):

0: CPR ⟶ Zähler bei 1. Takt nach ZDS = 1
1: zyklisches Weiterzählen \$000000 ⟶ \$FFFFFF

TOUT/TIACK - Steuerung:

	PC3/TOUT	PC7/TIACK	Bedeutung
00X	PC3	PC7	normale *Port* C - Funktion
01X	TOUT	PC7	Rechteck, Flanken bei ZDS = 0
100	TOUT (hochohmig)	$\overline{\text{TIACK}}$	da kein IRQ erzeugt wird, wird $\overline{\text{TIACK}}$ nicht beantwortet, reiner Abfragebetrieb
101	TOUT	$\overline{\text{TIACK}}$	Vektor*interrupt*
110	TOUT (hochohmig)	PC7	Abfragebetrieb des Zeitgebers
111	TOUT	PC7	Autovektor*interrupt*

Bild 8-20: *Timer Control* Register TCR

8.2.2.5 Periodische Unterbrechungsanforderungen

Wir wollen hier ein konkretes Beispiel behandeln:

- Zeitintervall zwischen je 2 Anforderungen t_0 = 10 msec
- Bausteintaktfrequenz 8 MHz

Es stehe kein separates externes Taktsignal niedriger Frequenz zur Verfügung, so daß das Taktsignal des Bausteins verwendet und über den Vorteiler geschickt werden muß. Am Eingang des Zählers CRL ergibt sich somit ein Signal der Periodendauer

$$t_1 = \frac{32}{8 * 10^6} = 4 \ \mu sec$$

$$n = \frac{10 \ msec}{4 \ \mu sec} = 2500 \text{ Perioden,}$$

also muß das Werteregister mit 2499 %111000011 = \$0001C3 geladen werden[4].

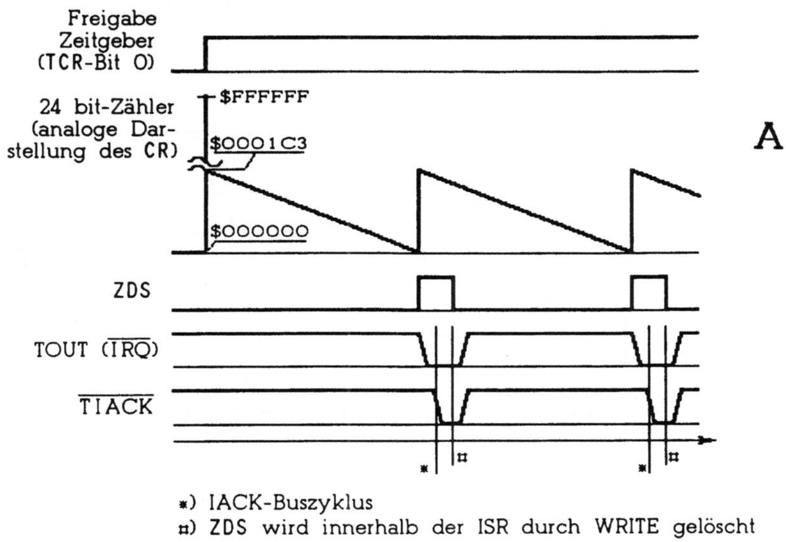

B

TCR	1	0	1	0	0	0	0	1	← wird **zuletzt** programmiert! (zuvor muß Bit 0 = 0 sein!)
CPLRH	0	0	0	0	0	0	0	0	
CPLRM	0	0	0	0	0	0	0	1	
CPLRL	1	1	0	0	0	0	1	1	
TIVR	1	1	0	0	0	0	0	0	← programmierte Vektornummer: 192

Bild 8-21: Periodische Unterbrechungsanforderung; **A** - Zeitliniendiagramm; **B** - Registerprogrammierung des Beispiels

8.2.2.6 *Watchdog Timer*

Die Funktion dieser Überwachungseinrichtung wurde schon erläutert. Geht das externe Steuerungssignal (Anschluß PC2/TIN) in den Zustand Zählen, wird der Inhalt der Werteregister CPR in den Zähler CR übernommen (24 bit, **Bild 8-22**). Er zählt abwärts, bis das Steuersignal in den Zustand Halt wechselt; der Zählerstand bleibt erhalten. Wechselt TIN nicht rechtzeitig in diesen Zustand, so wird bei entsprechender Beschaltung (TOUT mit $\overline{BERR}$ verbinden) beim Zählerstand 0 die Busfehlerausnahme ausgelöst. Da Busfehler einen vom Prozessor zugewiesenen Vektor haben, muß das TCR auf Autovektor-IACK-Zyklus programmiert werden.

4 Wert 2499 statt 2500 wegen TCR-Bit 4

In Kap. 4.9.8 *Busfehlerausnahme* wurde gezeigt, daß in einem System mit dem M68000 der Prozessor den fehlerhaften Buszyklus beendet indem er $\overline{AS}$ zurücknimmt. Der *Watchdog Timer* muß daraufhin das $\overline{BERR}$-Signal zurücknehmen, erst dann beginnt die MPU mit der Ausnahmeverarbeitung. Man kann diese Betriebsart des *Timers* hierfür einsetzen, wenn TIN über einen Inverter mit $\overline{AS}$ verbunden wird. Beim Übergang in den Haltzustand durch $\overline{AS}$ ⟶ *high* wird das ZDS-Bit gelöscht und $\overline{TOUT}$ zurückgenommen, so daß danach die Ausnahme eingeleitet werden kann.

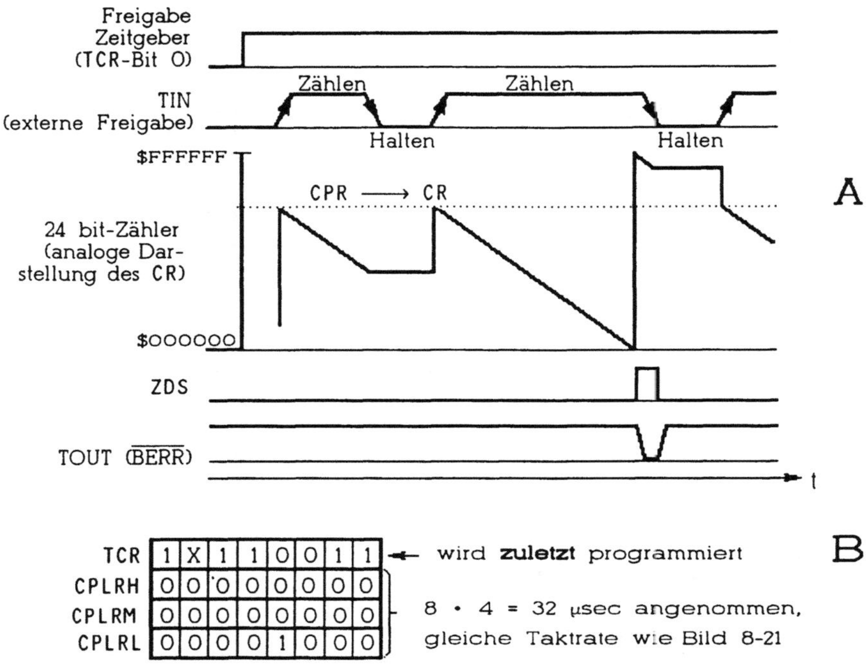

Bild 8-22: 68230 *Watchdog Timer*; **A** - Zeitliniendiagramm; **B** - Registerprogrammierung für eine Busfehlererzeugung nach 32 µsec bei 8 MHz Taktfrequenz

8.3 Serieller Schnittstellenbaustein

Die Datenein- und -ausgabe verläuft bei Seriellen Bausteinen busseitig genauso wie bei der Parallelein-/-ausgabe. Aktives Warten, Unterbrechungs- und DMA-Transferanforderungen sind die Methoden, nach denen Daten übermittelt werden. In diesem Abschnitt soll daher kein ausgewählter kommerzieller Baustein im Vordergrund stehen, sondern die systemseitige Behandlung einer Ausgabe. Wir bedienen uns dazu des hypothetischen Bausteins, der in Kap. 2 vorgestellt und in Abschnitt 4.9.5.2 *Beispiel Nichtautovektorielle Unterbrechung* erweitert wurde.

Dieser Weg hat den Vorteil, daß die Beispiele nicht um die Erläuterung und Programmierung der Sonderfunktionen eines bestimmten *Controllers* ergänzt werden müssen und wir uns auf die wesentlichen Funktionen konzentrieren können.

8.3.1 Datenausgabe nach der Methode Aktives Warten

In einem Unterprogramm AUSGABE werde der Inhalt eines Bytefeldes mit ASCII-Zeichen auf die Serielle Schnittstelle von Bild 4-123, Kanal 1, mit 9600 baud ohne Quittungsbetrieb ausgegeben. Für die Programmierung der Übertragungsparameter gelte die Tabelle in Bild 2-5. Die Parameter für das Unterprogramm seien wie folgt festgelegt:

- A2 Basisadresse des Seriellen Bausteins
- A3 Anfangsadresse des Bytefeldes
- A4 Endadresse des Bytefeldes

Als letztes Zeichen (Byte) werde zusätzlich ein *Carriage Return* (CR) hinterhergeschickt, das z. B. bei einem Datensichtgerät die Zeichenmarke (*Cursor*) wieder in die erste Spalte bringt. Die Funktion *Übertragungsparameter einstellen* wollen wir von der Ausgabe trennen und in einem Unterprogramm INIT behandeln.

Bild 8-23: Flußdiagramm des Unterprogramms AUSGABE

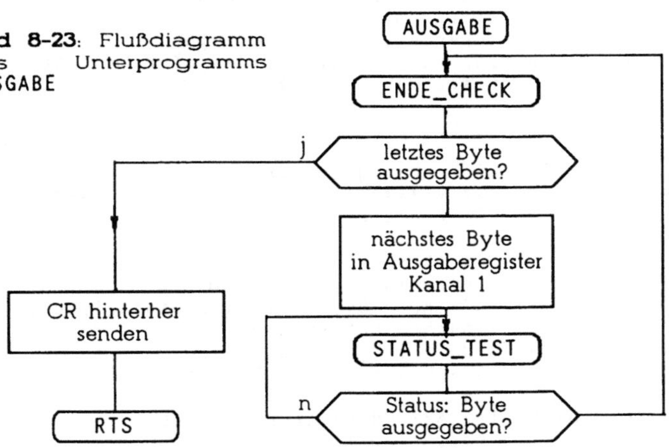

In der Lösung [**Bild 8-23** (Flußdiagramm) und **8-24** (Programmliste)] wird nach dem abschließenden CR sofort ins aufrufende Programm zurückgekehrt. Dies bedeutet, daß nach der Übertragung des CR das Statusbit gesetzt bleibt. Man kann das nur vermeiden, indem man eine weitere Warteschleife einfügt und dann mit einer BCLR AUSBIT(A2)-Anweisung das Statusbit löscht. Ein unmittelbares Löschen ohne zwischenzeitliches Warten führt nicht zum gewünschten Erfolg, da einige msec vergehen, bis das CR-Zeichen den Baustein verlassen hat und das Statusbit gesetzt wird.

```
EA_BAUSTEIN EQU $6D000   Basisadresse des Bausteins
CONTROL_1   EQU 0        Steuerregister Kanal 1
CONTROL_2   EQU 1        Steuerregister Kanal 2
AUS_REG1 EQU 2           Ausgaberegister Kanal 1
STATUS   EQU 6           Statusregister
AUS_BIT1 EQU 0           Ausgabebit Kanal 1 des Statusregisters

ANFANG  MOVEA.L #EA_BAUSTEIN,A2 Basisadresse EA_Baustein
        BSR INIT                Initialisierung

        LEA TEXT_FELD1(PC),A3   Textanfang (Adresse)
        MOVEA.L #TEXT_ENDE,A4   Textende   (Adresse)
        BSR AUSGABE
        NOP                     Programmfortsetzung

INIT:
*************************************************************
*       Unterprogramm initialisiert Seriellen Baustein      *
* IN:   A2: Basisadresse E/A-Baustein (bleibt unverändert)  *
* FKTN: - löschen Statusregister, Steuerregister Kanal 2    *
*       - setzen Steuerreg. Kanal 1 9600 baud, keine Quittung*
*************************************************************

        MOVE.B #%00110,2*CONTROL_1(A2) 9600 baud ohne Quittung
        CLR.B 2*CONTROL_2(A2)   kein E/A auf Kanal 2
        CLR.B 2*STATUS(A2)
        RTS

AUSGABE:
*************************************************************************
*       Ausgabe einer  ASCII-Zeichenkette an den Ein/Ausgabebaustein    *
*                   nach der Methode Aktives Warten                     *
*       Eingang:    A2 = Basisadresse des E/A-Bausteins                 *
*                   A3 = Startadresse des Bytefeldes (Zeichenkette)     *
*                   A4 = Endadresse der Bytefeldes                      *
*                                                                       *
*       Veränderung folgender Registerinhalte: A3,A4                    *
*                                                                       *
*       ein CR wird zum Schluß hinterher geschickt                      *
*************************************************************************
CR      EQU $0D                 Carriage Return

ENDE_CHK CMPA.L A3,A4           letztes Byte raus?
        BMI.S ENDE_AUSGABE      verzweige, falls nicht
        MOVE.B (A3)+,AUS_REG1*2(A2) nein Byte ——> Bausteinregister,
*                               löscht Statusbit
STATUS_TEST BTST #AUS_BIT1,2*STATUS(A2) Byte raus?
        BEQ STATUS_TEST         AUS_BIT = 0: Z = 1, wiederholen
        BRA ENDE_CHK            ja
ENDE_AUSGABE MOVE.B #CR,AUS_REG1*2(A2) CR hinterher, Statusbit
*                               bleibt gesetzt
        RTS

**************************************
*          Datenbereich              *
**************************************
TEXT_FELD1 DC.B 'Dies ist der Text'
TEXT_ENDE  EQU *-1
```

Bild 8-24: Beispiel Datenausgabe auf Seriellen Baustein nach der Methode Aktives Warten (Liste)

8.3.2 Datenausgabe durch einen tabellengesteuerten Treiber

Die im vorangehenden Beispiel angewandte Methode Aktives Warten ist in *Multitasking*systemen meist nicht anwendbar. Dort erfolgt die Übertragung zu peripheren Geräten mit Hilfe tabellengesteuerter Treiber, auf die der normale Benutzer allerdings nie direkt zugreift. Wir wollen uns aber dennoch mit ihnen befassen, die Funktion der beteiligten Module erläutern, und damit besser verstehen lernen, wie die Trennung der Programme vom Betriebsmittelzugriff in der Praxis vollzogen wird.

Die Anweisung `WRITE (LU) (IBLOCK (I), I = 1, 250)` in einem FORTRAN-Programm (*Task* A) bewirkt, daß 250 Werte des Feldes `IBLOCK` unformatiert (binär) ausgegeben werden. `LU` (*Logical Unit*) kennzeichnet durch eine Zahl ein bestimmtes Gerät im System. Die Zuordnung zwischen `LU` und Gerät bzw. E/A-Bausteinadresse und Kanal ist im Systembereich in Tabellenform abgelegt; wir wollen hierauf nicht näher eingehen. Da die Ausgabe auf einen Seriellen E/A-Baustein erfolgen soll, wollen wir der Einfachheit halber annehmen, daß im Datenfeld schon ASCII-Zeichen vorliegen, so daß keine Formatierung mehr vorgenommen werden muß.

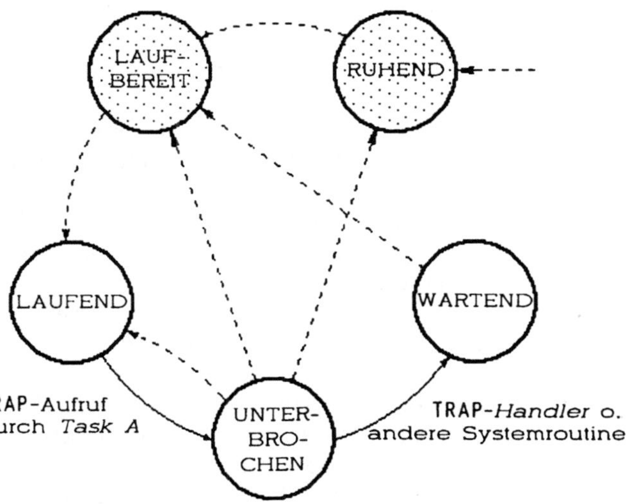

Bild 8-25: Relevante Zustände des aufrufenden Programms (*Task* A) beim Start der Ausgabe; punktiert gezeichnete Zustände sind in dieser Phase ohne Bedeutung

In 68000er Systemen mit einer konsequenten Trennung von *Resourcen*verwaltung und Anwenderbereich wird die `WRITE`-Anweisung in einen `TRAP`-Aufruf mit

Parameterübergabe umgewandelt. Die Parameter spezifizieren die E/A-Operation näher, hier sind dies:

- Ausgabe (Funktion)
- LU-Nummer (Gerätespezifikation)
- Binärdaten (Formatspezifikation)
- Feldadresse
- Feldlänge

Wir wollen ferner vereinfachend annehmen, daß die Programmierung des Bausteins, soweit sie unabhängig vom aktuellen Aufruf durchgeführt werden kann, schon zuvor erfolgt ist. Dies betrifft vor allem die Parameter, die sich normalerweise während des Betriebes nicht ändern, also Baudrate und Quittungsmodus.

Task A ruft mit dem TRAP-Befehl den Übergang in das Betriebssystem hervor (**Bild 8-25**) und kommt damit in den Zustand UNTERBROCHEN; der Prozessor wird automatisch dem TRAP-*Handler* zugewiesen. Dieser übernimmt folgende Aufgaben:

- Analyse der übergebenen Parameter. Er stellt hier fest, daß eine Ausgabe durchzuführen ist, auf welchem Gerät sie erfolgen soll, wieviele Werte zu übertragen sind, und wo sie stehen. Er prüft, ob ein zulässiges Gerät angegeben wurde.
- Er realisiert die Trennung des Programms vom Gerät. Die Ausgabe wird vollständig vom System übernommen, alle Werte sollen vom Betriebssystem übertragen werden und erst anschließend darf das Programm weiterlaufen.
- Er überträgt die Parameter bzw. daraus abgeleitete Größen in eine Tabelle (**E/A-Tabelle**). **Sie beschreibt die durchzuführende Aufgabe vollständig.**
- Er startet den geräte- bzw. baustein**typspezifischen Treiber**.
- Nach Rückkehr aus dem Initialisierungsteil des Treibers (wird anschließend erläutert) gibt er die Kontrolle an den Warteschlangenverwalter WV, der die Prozessorumgebung von *Task* A in ihren *Task*deskriptor rettet, sie in den Zustand WARTEND versetzt und der *Task* B an der Spitze der Warteschlange den Prozessor zuteilt (**Bild 8-26**).

Der Treiber ist die Softwareschnittstelle zwischen dem Betriebssystem und der Hardware; er überträgt die Daten aus dem Datenbereich von *Task* A zum Baustein und steuert die Ausgabe mit Hilfe der E/A-Tabelle. Bevor wir näher auf ihn eingehen, soll der Aufbau dieser Tabelle gezeigt werden.

Sie wird vom TRAP-*Handler* aufgrund der übergebenen Parameter erstellt und spezifiziert die Aufgabe für den Treiber. Sie dient gleichzeitig der Übermittlung von Nachrichten des Treibers an das System, also für Rückmeldungen.

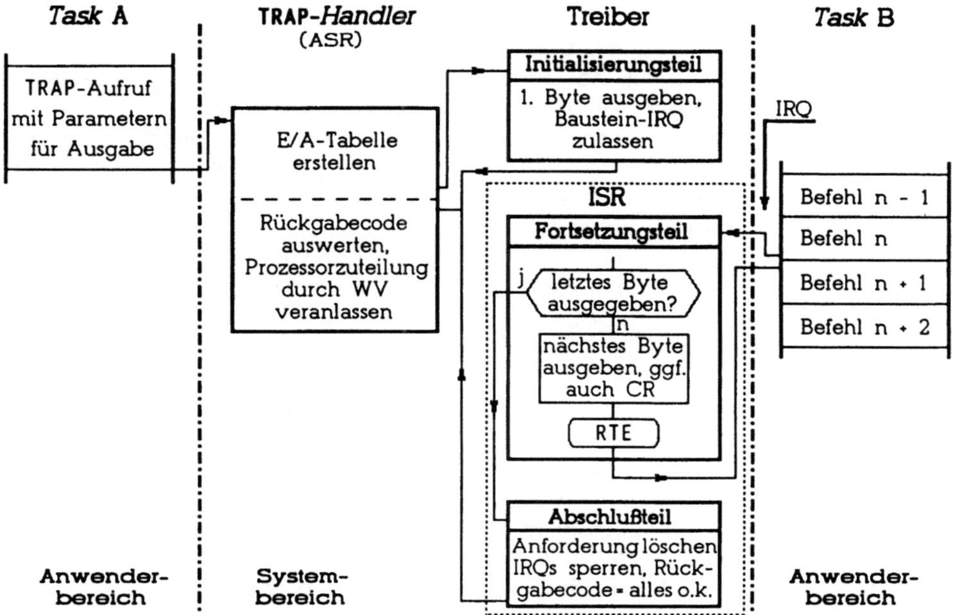

Bild 8-26: Ausgabe in einer *Multitasking*-Umgebung

Tabellen-adresse (hexad.)		
00	Bausteinadresse HW	
02	Bausteinadresse LW	
04		Funktion
06	Subfkt. Hardware	Subfkt. Software
08	Speicheradresse HW	
0A	Speicheradresse LW	
0C	Blocklänge in Bytes	
0E	Bytezähler	
10	Rückkehradresse HW	
12	Rückkehradresse LW	
14	Rückgabecode	

Bild 8-27: Ein-/Ausgabetabelle für einen Kanal des Bausteins von Bild 4-123

Im Einzelnen haben die Bytes und Worte folgende Bedeutung (**Bild 8-27**):

Bausteinadresse : Adresse des Bausteins, der die Ausgabe durchführen soll,
Funktion = 1: Eingabe
= 2: Ausgabe
= 3: Steuerfunktion wie in Subfunktion Hardware spezifiziert

Subfunktion Hardware: Hardwarekonfiguration gemäß codierter Tabelle (Bild 2-5); Baudrate und Quittungsmodus werden normalerweise nicht mit der einzelnen Ein- oder Ausgabe programmiert, sondern mit der angegebenen Steuerfunktion.

Subfunktion Software: Manche Geräte verlangen bestimmte Steuerzeichen, die der E/A-Baustein nicht automatisch liefert und die durch den Treiber ergänzt[5] werden müssen. In diesem Feld ist eine entsprechende Codierung enthalten:

Bit 0 : *Line Feed* Bit = 1: Am Ende einer Eingabe wird ein *Line Feed*-Zeichen (Zeilenvorschub) zum Gerät ausgegeben, sonst nicht.

Bit 4 : Car-Bit = 1: Eine Ausgabe wird durch ein *Carriage Return* (*Cursor* ⟶ 1. Spalte) erweitert, sonst nicht.

Bit 5 : Car Lf-Bit = 1: Eine Ausgabe wird durch *Carriage Return* und *Line Feed* erweitert, sonst nicht.

Es darf entweder Bit 4 oder Bit 5 gesetzt sein, die Bits 2, 3, 6, 7 sind ohne Bedeutung.

Speicheradresse: Feldanfangsadresse (die des ersten zu übertragenden Bytes)

Blocklänge : Anzahl der zu übertragenden Bytes

Bytezähler : aktueller Zähler der ausgegebenen Bytes, wird zu Beginn zu Null gesetzt und mit jedem ausgegebenen Byte inkrementiert

Rückkehradresse: Rückkehradresse zum aufrufenden TRAP-*Handler*

Rückgabecode = 0 kein Fehler, Aufruf konnte in Initialisierungsteil abgeschlossen werden

= 1 kein Fehler, normales Ende im Abschlußteil

= $F1 Fehler: Es wurde ein nicht ausführbarer Funktionscode angegeben.

Bedeutung des E/A-Treibers:

- Es handelt sich um ein Systemmodul, das den E/A-Baustein oder, allgemeiner gesagt, die Peripherie mit dem zugehörigen E/A-Baustein an das Betriebssystem anpaßt; er ist das *Interface* zwischen der peripheren Hardware und der Software.
- Er **allein** muß alle *controller*- und gerätespezifischen Eigenschaften kennen wie z. B. die Lage der einzelnen Register, die einzelnen Bits zur Steuerung von bestimmten Funktionen (Quittung, Baudrate, Modi usw.).
- Programme können Aufgaben auf einer höheren Ebene formulieren, eine Kenntnis der Bits und einzelner Register ist nicht erforderlich.
- Vor der Ausgabe des ersten Bytes muß er den Baustein für die laut E/A-Tabelle geforderte Aufgabe programmieren; man spricht auch vom *Initialisieren* und nennt diese vorbereitende Phase auch **Initialisierungsphase** (**Initialisierungsteil**, engl. ***Initialization Phase***, Bild 8-26). Beispiele hierfür sind die Programmierung auf Ausgabe, Eingabe, *Interrupt*-Betrieb.

5 Die Programmierung dieser Subfunktion erfolgt auch nicht mit der einzelnen Ein-/Ausgabe, sondern mit einem separaten Aufruf des TRAP-*Handlers*, der dieses Byte setzt.

- Bei einer Ausgabe muß schon während der Initialisierungsphase das erste Byte ausgegeben werden, da der *Interrupt* vom Baustein erst nach der Übertragung zum peripheren Gerät erzeugt wird.

- In einer zweiten Phase, auch **Fortsetzungsphase** (**Fortsetzungsteil**, engl. ***Continuation Phase***) genannt, werden dann die einzelnen *Interrupts* bearbeitet; sie entspricht damit der ISR. Der Unterbrechungsausnahmevektor zeigt auf die erste ausführbare Anweisung dieses Teils.
- In ihr wird geprüft, ob der *Interrupt* der Ausgabe des letzten Bytes vorliegt. Ist das der Fall, so wird in die Abschlußphase verzweigt.

- In der **Abschlußphase** (**Abschlußteil**, engl. ***Completion Phase***) müssen weitere Unterbrechungsanforderungen des E/A-Bausteins unterbunden werden.
- Fehler- oder Abschlußmeldungen werden an den TRAP-*Handler* zurückgegeben, der bei erfolgreichem Abschluß den WV veranlaßt, die *Task* wieder aus der Liste der *Tasks* im Zustand WARTEND herauszunehmen und sie in die Warteschlange einzureihen (Zustand LAUFBEREIT).

Die genannten Aufgaben gelten sinngemäß in gleicher Weise auch für eine Eingabe; kann der *Controller* Ein- und Ausgabe über denselben Kanal durchführen, so werden beide Funktionen i. a. von demselben Treiber behandelt, der dann eine Eingabe- und eine Ausgabesektion haben muß. Zu einem Zeitpunkt kann entweder eine Ein- oder eine Ausgabe aktiviert sein, so daß bei einem *Interrupt* aus der E/A-Tabelle eindeutig hervorgeht, welche Aufgabe zu lösen ist. Im Beispiel sind auch die Codesektionen der Steuerfunktion und der Eingabe angegeben, aber aus Gründen der Übersichtlichkeit wurden die Einzelheiten weggelassen. **Es sei betont, daß sich der Treiber in jeder Phase alle *task*spezifischen Größen sowie Adresse und Steuerfunktionen des Bausteins nur aus der E/A-Tabelle holt.**

Initialisierungsteil:

In dieser Sektion des Treibers erfolgt die Ausgabe des ersten Bytes, und *Interrupts* werden zugelassen. Wie zuvor erläutert, wird dann der Prozessor an den TRAP-*Handler* zurückgegeben. Der Initialisierungsteil werde durch eine JSR- oder BSR-Anweisung aufgerufen und mit RTS wieder verlassen.

Die Inhalte aller Daten- und Adreßregister seien beim Aufruf bedeutungslos und können verändert werden (Vereinbarung). Die Rückkehradresse zum TRAP-*Handler* wird für die spätere Rückkehr nach der Übertragung aller Werte in der E/A-Tabelle gespeichert (s. Bild 8-27).

Am Ende des Initialisierungsteils (**Bild 8-28**, Flußdiagramm und **Bild 8-29**, Liste) wird dem TRAP-*Handler* im Feld Rückgabecode der Tabelle mitgeteilt, ob der Transfer schon abgeschlossen werden konnte (Ausgabe von 0 Zeichen, ein IRQ kann nicht erzeugt werden). Fehler müssen eindeutig codiert im Rückgabecode angegeben werden. Als Registerparameter wird die Tabellenanfangsadresse in A0 zurückgegeben. Damit weiß der TRAP-*Handler*, welches Gerät sich zurückmeldet; er analysiert den Rückgabecode und wird im Normalfall, wie zuvor schon angegeben, die Systemkontrolle an den WV weitergeben. Dieser versetzt *Task* A, die die Ausgabe angefordert hat, in den Zustand WARTEND und eine andere (B) in den Zustand LAUFEND. **Damit ist A vom Betriebsmittelzugriff und vom Prozessor abgekoppelt.**

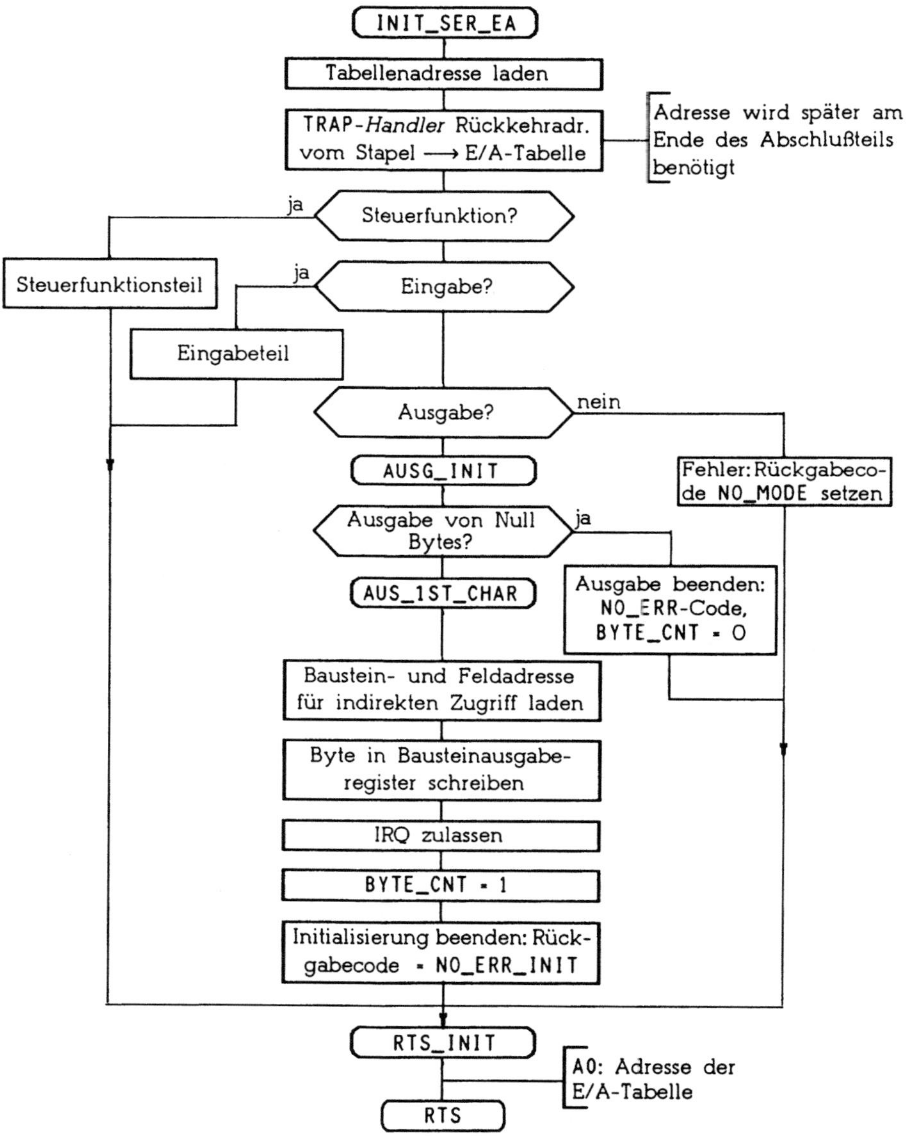

Bild 8-28: Flußdiagramm Initialisierungsteil des Treibers

Das Vektorregister des Bausteins wird mit der hier nicht behandelten Steuerfunktion gesetzt.

```
CAR_RET      EQU $0D      Carriage Return
L_F          EQU $0A      Zeilenvorschub

*******************************************************
*             EQUATES der Ein-/Ausgabetabelle          *
*******************************************************
SER_EA_TAB_1 EQU $700A  Adresse der Tabelle (Kanal 1) im
*                                    Systemdatenbereich
EA_ADR       EQU 0        Basisadresse des Bausteins
KANAL        EQU 4        Kanalnummer
FUNKTION     EQU 5        Funktion  (Codierung siehe weiter unten!)
SUB_FNK_HW   EQU 6        Unterfunktionen Hardware (       "      )
SUB_FNK_SW   EQU 7        Unterfunktionen Software (       "      )
MEM_ADR      EQU 8        Speicheradresse des Blockanfangs
BLOC_LAENG   EQU 12       Blocklänge in Bytes (Zeichen)
BYTE_CNT     EQU 14       Aktueller Bytezähler
RET_ADR      EQU 16       PC des aufrufenden TRAP-Handlers
RET_CODE     EQU 20       Rückgabecodes (Codierung siehe weiter unten)

*       Funktionen (Inhalt des Feldes FUNKTION):
EINGABE      EQU 1        Treiber soll eine Eingabe durchführen
AUSGABE      EQU 2        Treiber soll eine Ausgabe durchführen
CONTROL      EQU 3        Treiber soll eine Steuerfunktion durchführen,
*                         durch SUB_FNK_HW beschrieben

*       Subfunktionen (Bitnummern des Feldes SUB_FNK_SW)
*       die Subfunktion Hardware werde nicht bitweise gesetzt!

LINE_FEED    EQU 0        1: nach einer Eingabe wird ein LINE FEED-
*                            Zeichen zum Gerät übertragen,
*                         0: kein LINE FEED
CAR          EQU 4        1: eine Ausgabe wird durch ein Carriage
*                            Return erweitert
CAR_LF       EQU 5        1: eine Ausgabe wird durch ein Carriage
*                            Return und ein LINE FEED erweitert

*       Rückgabecodes
NO_ERR       EQU 0        kein Fehler, keine Initialisierung da
*                         Blocklänge 0
NO_ERR_CMP   EQU 1        kein Fehler, Abschluß über Completion Phase
NO_ERR_INIT  EQU 2        kein Fehler, korrekte Initialisierung
NO_MODE      EQU $F1      nicht implementierte Funktion

*****************************************************************
*       EQUATES für die Register des Seriellen E/A-Bausteins    *
*****************************************************************

CONTROL_1    EQU 0        Steuerung Kanal 1
CONTROL_2    EQU 1        Steuerung Kanal 2
AUS_REG_1    EQU 2        Ausgaberegister Kanal 1
EIN_REG_1    EQU 3        Eingaberegister Kanal 1
AUS_REG_2    EQU 4        Ausgaberegister Kanal 2
EIN_REG_2    EQU 5        Eingaberegister Kanal 2

STATUS       EQU 6        Statusbyte

IRQ          EQU 7        IRQ-Bit des Statusregisters
ES2          EQU 3        Eingabestatusbit Kanal 2
```

⟶ s. nächste Seite

```
AS2         EQU 2       Ausgabestatusbit Kanal 2
ES1         EQU 1       Eingabestatusbit Kanal 1
AS1         EQU 0       Ausgabestatusbit Kanal 1

INT_REG     EQU 7       Interrupt-Steuerregister

IEN         EQU 7       Baustein Interrupt Enable
IE2         EQU 3       Interrupt Enable Bit für Eingabe Kanal 2
IA2         EQU 2       Interrupt Enable Bit für Ausgabe Kanal 2
IE1         EQU 1       Interrupt Enable Bit für Eingabe Kanal 1
IA1         EQU 0       Interrupt Enable Bit für Ausgabe Kanal 1

VEK_NR      EQU 8       Vektorregister des Bausteins

INIT_SER_EA:
*******************************************************************
*                      Initialisierungsteil                       *
*     Der TRAP-Handler hat die E/A-Tabelle erstellt und gehe      *
*         davon aus, daß alle Register verändert werden           *
*******************************************************************

         LEA SER_EA_TAB_1,A0       Tabellenadresse Kanal 1 laden
         MOVE.L (SP),RET_ADR(A0)   Rückkehr-PC ——› Tabelle

         CMPI.B #CONTROL,FUNKTION(A0) Steueranweisung?
         BEQ.S CONT_SEKTION        Ja, ——› Controlsektion

         CMPI #EINGABE,FUNKTION(A0) Eingabe?
         BEQ.S EING_INIT           Ja, ——› Eingabesektion

         CMPI #AUSGABE,FUNKTION(A0) Ausgabe?
         BEQ.S AUSG_INIT           Ja, ——› Ausgabesektion

         MOVE.B #NO_MODE,RET_CODE(A0) Nein, Fehlerrückgabecode laden
         BRA.S  RTS_INIT           und Ende

AUSG_INIT:
*******************************************************************
*        Initialisierung einer Ausgabe                            *
*        1. Prüfen, ob mindestens ein Byte ausgegeben werden soll, *
*           falls nicht, abschließen (kein Fehler, RET_CODE = NO_ERR)*
*        2. Erstes Byte ins Ausgaberegister, Interrupt Enable     *
*           für Ausgabe Kanal 1 und Baustein setzen               *
*******************************************************************
         CMPI.W #0,BLOC_LAENG(A0) kein Byte ausgeben?
         BNE.S AUS_1ST_CHAR       verzweige zum Ausgeben
         MOVE.B #NO_ERR,RET_CODE(A0) Mitteilung, daß Ausgabe schon in
*                                 der Initialisierungsphase abgeschlos-
*                                 sen wird, Baustein wieder verfügbar
         CLR.W BYTE_CNT(A0)       Transmissionlog: 0 Byte ausgegeben
         BRA.S RTS_INIT           Ende

AUS_1ST_CHAR:
         MOVE.L EA_ADR(A0),A1     Bausteinadresse ——› A1
         MOVE.L MEM_ADR(A0),A2    Feldadresse ——› A2

         BSET #IA1,2*INT_REG(A1)  Interrupt Enable Bit für Ausgabe
*                                 Kanal 1 setzen
         BSET #IEN,2*INT_REG(A1)  Baustein Interrupt zulassen
         MOVE.B (A2),2*AUS_REG_1(A1) Byte ——› Bausteinregister
         MOVE.W #1,BYTE_CNT(A0)   Tabellenwert aktualisieren

```

——› s. nächste Seite

```
         MOVE.B #NO_ERR_INIT,RET_CODE(A0) Rückgabecode: Initialisie-
*                                  rung korrekt abgeschlossen

         BRA.S RTS_INIT            Initialisierung beendet

*        Ende Initialisierung der Ausgabe       *

EING_INIT NOP                      nicht behandelt
         BRA.S RTS_INIT

CONT_SEKTION NOP                   nicht behandelt
RTS_INIT RTS

*****************************************************************
*                    Ende der Initialisierung                   *
*                    Rückkehradresse gerettet                   *
*  A0: Adresse der E/A-Tabelle, TRAP-Handler kann auf richtige  *
*        Tabelle zugreifen und den Returncode auswerten         *
*  System kann bei korrekter Initialisierung bis zum Abschluß   *
*                der Ausgabe andere Tasks aktivieren            *
*****************************************************************
```

Bild 8-29: Deklarations- und Initialisierungsteil (Liste) des tabellengesteuerten Treibers

Fortsetzungsteil:

Die Fortsetzungsphase des Treibers ist der erste Teil der *Interrupt*serviceroutine auf dem durch LU festgelegten Kanal des Bausteins. Meldet der Baustein die erfolgte Übertragung eines Wertes zum Peripheriegerät durch eine Unterbrechungsanforderung an, so wird die aktive *Task* unterbrochen und über die Vektoradresse die Fortsetzungsphase des Treibers gestartet (Bild 8-26). Sie hat folgende Aufgaben:

- Sie prüft, ob das letzte Byte ausgegeben wurde und verzweigt ggf. zum Abschlußteil des Treibers.
- In allen anderen Fällen schreibt sie das nächste Byte ins Ausgaberegister des Bausteins und löscht damit gleichzeitig die Unterbrechungsanforderung.
- Sie beendet die ISR mit RTE; die unterbrochene *Task* wird wieder aktiv.

Der Fortsetzungsteil des Treibers kommuniziert nicht mit dem TRAP-*Handler*, er greift nur zu auf Operanden, die durch die E/A-Tabelle spezifiziert sind. Aus Gründen der Übersichtlichkeit wird nur das CAR-Bit der Subfunktion Software ausgewertet: Wird ein abschließendes CR gefordert, so wird es hinterher gesendet und BYTE_CNT erhöht, das damit größer wird als BLOC_LAENG, die Anzahl der auszugebenden Bytes. Beim anschließenden *Interrupt* wird hieran erkannt, daß alle Bytes einschließlich des CR übertragen sind. Es wird in den Abschlußteil verzweigt und BYTE_CNT dort wieder dekrementiert.

Bild 8-30 zeigt das Flußdiagramm und **Bild 8-31** die Liste des Fortsetzungsteils.

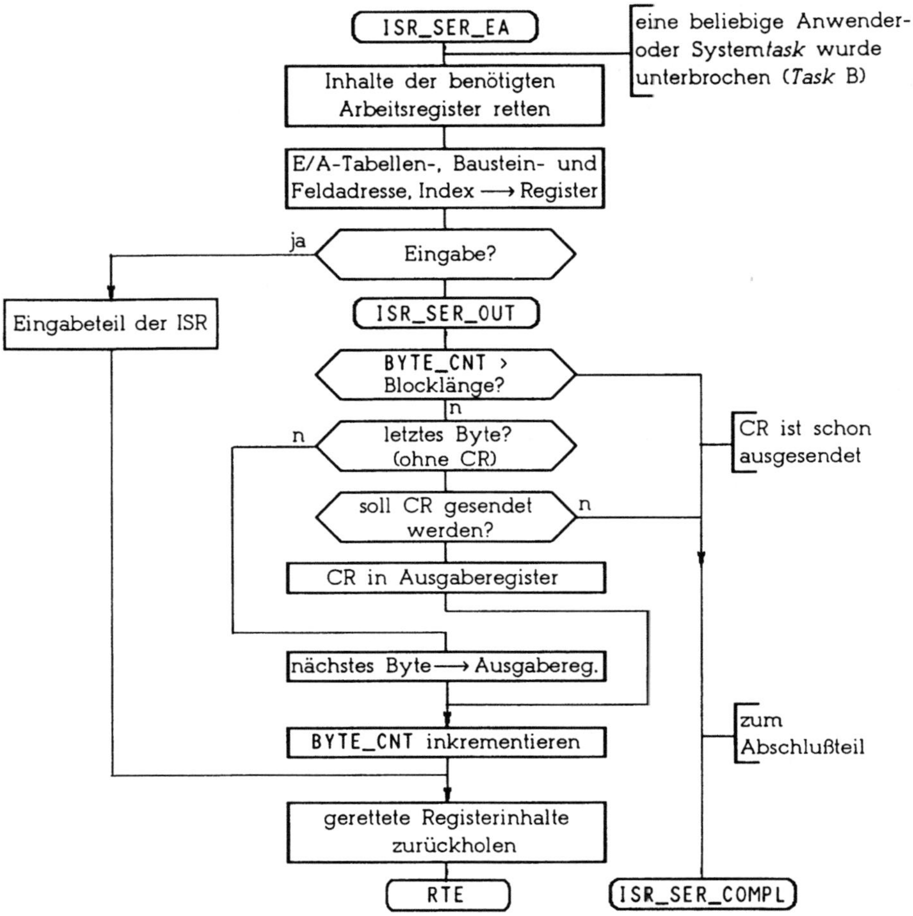

Bild 8-30: Flußdiagramm Fortsetzungsteil des Treibers

```
ISR_SER_EA:
*******************************************************************
*       Interruptserviceroutine für den seriellen E/A-Baustein    *
*                        Fortsetzungsteil                          *
*                        ================                          *
*                                                                  *
*       1. Prüfen, ob letztes Byte ausgegeben wurde, ggf.          *
*             in Abschlußteil verzweigen, sonst                    *
*       2. nächstes Byte bearbeiten, dann RTE                      *
*******************************************************************
        MOVEM.L D0/A2-A0,-(SP)  Registerinhalte retten
        MOVE.L SER_EA_TAB_1,A0  Tabellenadresse holen
        MOVE.L EA_ADR(A0),A1    Bausteinadresse holen
        MOVE.L MEM_ADR(A0),A2   Feldadresse holen
        MOVE.W BYTE_CNT(A0),D0  Index holen

        CMPI.B #EINGABE,FUNKTION(A0) Eingabe?
        BEQ.S ISR_SER_IN        Ja, verzweige
```

⟶ s. nächste Seite

```

ISR_SER_OUT CMP.W BLOC_LAENG(A0),D0
          BHI.S ISR_SER_COMPL       letztes Byte + CR gesendet?
          BNE.S NAE_ZEICH           letztes Byte?
          BTST.B #CAR,SUB_FNK_SW(A0) ja, soll CR hinterher?
          BEQ.S ISR_SER_COMPL       nein, ──→ Abschlußteil

          MOVE.B #CAR_RET,2*AUS_REG_1(A1) ja
          BRA.S RET_IRQ             normaler Abschluß in Fortsetzungs-
*                   teil bei CR, BYTE_CNT wird damit > BLOC_LAENG!
NAE_ZEICH MOVE.B 0(A2,D0.W),2*AUS_REG_1(A1) nächstes Byte ausge-
*                                   ben, IRQ wird gelöscht!
RET_IRQ ADDQ.W #1,D0                Index aktualisieren und ...
          MOVE.W D0,BYTE_CNT(A0)    .... in Tabelle bringen
          BRA.S RET_CONT
ISR_SER_IN NOP                      nicht behandelt
RET_CONT MOVEM.L (SP)+,A2-A0/D0 Registerinhalte zurückholen
          RTE                       und abschließen

****************************************
*          Ende Fortsetzungsteil       *
****************************************

```

Bild 8-31: Fortsetzungsteil (Liste) des tabellengesteuerten Treibers

Abschlußphase:

Sie hat die Aufgaben,

- die letzte Unterbrechungsanforderung, die den Abschluß der Übertragung des CR-Bytes anzeigt, zu löschen und
- zum TRAP-*Handler* zurückzukehren und ihm den Abschluß zu melden.

Bei der Rückkehr zum TRAP-*Handler* ergibt sich das Problem, daß einerseits eine *Task* unterbrochen wurde, deren Prozessorumgebung teilweise noch auf dem Stapel liegt und andererseits dem die Adresse der E/A-Tabelle übergeben werden muß. Der TRAP-*Handler* bedient viele Geräte, und da die Rückmeldung zu einem nicht vorhersehbaren Zeitpunkt erfolgt, benötigt er einen Parameter, der ihm angibt, welches Gerät sich meldet. **Bild 8-32** zeigt das Flußdiagramm und **Bild 8-33** die Programmliste des Abschlußteils des Treibers.

Der TRAP-*Handler* muß sowohl die Rückmeldung des Treibers als auch die *Task*parameter auswerten: Hat sie eine niedrigere Priorität als *Task* A, für die die Ausgabe durchgeführt wurde, so kann jetzt, nach Abschluß der Ausgabe, A wieder in den Zustand LAUFEND gebracht werden. Zum *Task*-Umschalten muß die Umgebung vom Stapel und aus dem Prozessor zum *Task*deskriptor transferiert werden. Eine einfachere Lösung ist, der unterbrochenen *Task* den Prozessor wieder zuzuteilen und *Task*wechsel nur bei *Interrupts* durch einen hierfür vorgesehenen Zeitgeber durchzuführen. Wir wollen hierauf nicht näher eingehen, sondern nur festhalten daß der TRAP-*Handler* wissen muß, wo Daten der unterbrochenen *Task* und wo die Adresse der E/A-Tabelle steht. Hierfür wird eine einheitliche Datenstruktur festgelegt, die für alle Treiber des Systems verbindlich ist.

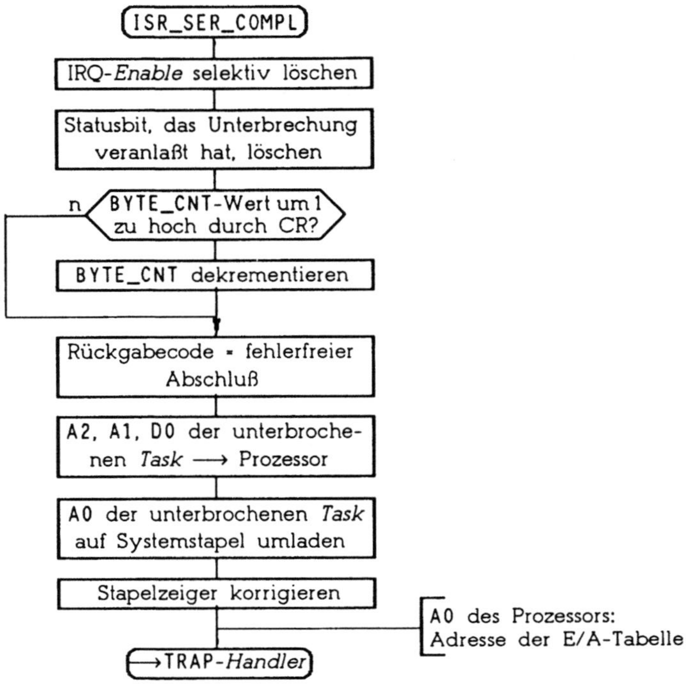

Bild 8-32: Flußdiagramm Abschlußteil des Treibers

```
ISR_SER_COMPL:
******************************************************************
*                    Abschlußteil des Treibers                   *
*                    =========================                   *
*                                                                *
*   Interruptanforderung löschen, Interrupt Enable Bit löschen,  *
*   gerettete Programmumgebung wiederherstellen,                 *
*   Rückgabecode = NO_ERR_CMP setzen                             *
******************************************************************


        BCLR #IA1,2*INT_REG(A1) IRQ-Enable selektiv löschen
        BCLR #IA1,2*STATUS(A1)  Anforderung definitiv löschen
        BTST.B #CAR,SUB_FNK_SW(A0) 1 Byte zuviel gezählt (CR)?
        BEQ.S CODE_SETZN        verzweige, falls nicht
        SUBQ.W #1,BYTE_CNT(A0)  ja, nicht berücksichtigen

CODE_SETZN MOVE.B #NO_ERR_CMP,RET_CODE(A0) Rückgabecode setzen

******************************************************************
*       Stapelbelegung jetzt:                                    *
*                                                                *
*               SP    : D0 unterbrochene Task                    *
*               SP+4  : A0      "        "                       *
*               SP+8  : A1      "        "                       *
*               SP+12 : A2      "        "                       *
*               SP+16 : SR      "        "                       *
*               SP+18 : PC      "        "                       *
```

⟶ s. nächste Seite

```
*****************************************************************
RETURN  MOVEM.L 8(SP),A2-A1     A2, A1 der Task ——> Prozessor
        MOVE.L 4(SP),12(SP)     A0 der Task auf dem Stapel umsetzen
        MOVE.L (SP),D0          D0 der Task ——> D0 Prozessor
        LEA 12(SP),SP           SSP korrigieren

        JMP RET_ADR(A0)         Rückkehr zum TRAP-Handler

*****************************************************************
*                         Ende des Abschlußteils                 *
*                         ======================                 *
*                                                                *
*       Stapelbelegung nach Rückkehr zum TRAP-Handler:           *
*       SP     : A0 der unterbrochenen Task                      *
*       SP+4   : SR  "           "       "                       *
*       SP+6   : PC  "           "       "                       *
*                                                                *
*       Prozessorregister nach Rückkehr zum TRAP-Handler:        *
*       A0: Adresse der E/A-Tabelle (Auswertung Rückgabecode!)   *
*       A1 - A6, D0 - D7 : Werte der unterbrochenen Task         *
*****************************************************************
        END
```

Bild 8-33: Abschlußteil (Liste) des tabellengesteuerten Treibers

Die E/A-Tabellenadresse werde in A0 übergeben, das A0 der unterbrochenen *Task* werde auf den Stapel gebracht, die anderen Adreß- und die Datenregister enthalten die Werte der unterbrochenen *Task* (**Bild 8-34**). Die Registerinhalte D0, A1 und A2 werden in die Prozessorregister zurückgeschrieben, A0 wird auf dem Stapel umkopiert.

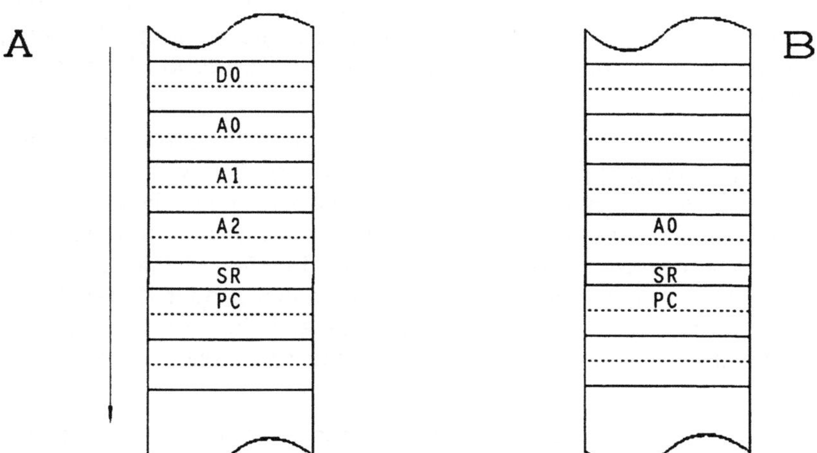

Bild 8-34: Stapelbelegungen im Abschlußteil; alle Registerinhalte gehören zur unterbrochenen *Task*; **A** - bei Eintritt in den Abschlußteil; **B** - bei Rückkehr vom Treiber zum TRAP-*Handler*

8.3.3 Modifizierter Treiber für alle E/A-Bausteine gleichen Typs im System

Der im vorigen Abschnitt vorgestellte Treiber für die Serielle Schnittstelle und die zugehörige E/A-Tabelle sollen mit folgender Zielsetzung erweitert bzw. geändert werden:

- Der Treiber soll sowohl für Kanal 1 als auch für Kanal 2 eingesetzt werden.
- Er soll alle Seriellen Schnittstellen des Systems mit gleichem E/A-Baustein bedienen.
- Er soll um die Steuersektion für die Subfunktion Hardware erweitert werden.

Aus dem ersten Befehl `LEA SER_EA_TAB_1,A0` (Bild 8-29, Zeile `85`) geht schon hervor, daß es sich um den Treiber für eine bestimmte Schnittstelle handelt: Die E/A-Tabellenadresse wird geladen, und damit ist die Bausteinadresse festgelegt, andere Bausteine können nicht bedient werden. Da der Treiber jetzt alle gleichartigen Schnittstellen des Systems bedienen soll, darf er diesen Befehl mit **bausteinspezifischem** (von der Adresse des Bausteins im System abhängigen) Code nicht mehr enthalten[6].

Da auf verschiedenen Bausteinen gleichzeitig E/A-Operationen für verschiedene *Tasks* aktiv sein können, muß jedem eine eigene E/A-Tabelle zugeordnet sein. Der `TRAP`-*Handler* startet den Treiber und übergibt ihm die Tabellenadresse als Parameter. Dies ist ohne weiteres möglich, da er aus den von der anfordernden *Task* übermittelten Parametern (`LU`-Nummer) weiß, welcher Kanal welcher Schnittstelle anzusprechen ist, er kann die Tabelle erstellen und ihre Adresse übergeben. Da der Baustein über zwei Kanäle verfügt, die auch gleichzeitig aktiv sein können, stellt sich die Frage, wie zwischen beiden unterschieden wird.

- Eine Lösung besteht darin, pro Schnittstelle eine E/A-Tabelle einzurichten und diese so zu erweitern, daß beide Kanäle bearbeitet werden können; sie müßte dann die meisten Felder doppelt haben, nämlich jeweils für jeden Kanal (Speicheradresse, Blocklänge usw.). Bei jeder Treiberaktivierung muß mitgeteilt werden, welchen Kanal sie betrifft. Ist ihm zu einem Zeitpunkt der Prozessor zugeteilt, so bedient er Kanal 1 **oder** Kanal 2.
- Eine andere Lösung besteht darin, für jeden Kanal jeder Schnittstelle eine separate E/A-Tabelle einzurichten. Diese Variante soll weiter verfolgt werden.

Da der Treiber beide Kanäle bedient und dementsprechend verschiedene Register oder Bits des Bausteins ansprechen muß, teilt ihm der `TRAP`-*Handler* beim Aufruf des Initialisierungsteils in beiden Fällen im Byte Kanal Nr (**Bild 8-35**) der erweiterten E/A-Tabelle den aktuellen Kanal mit, den er aus der `LU`-Nummer ermittelt hat.

6 Im Gegensatz hierzu steht der **typspezifische** Code, der für alle E/A-Bausteine gleichen Typs im System gilt.

Tabellenadresse (hexad.)		
00	Bausteinadresse HW	
02	Bausteinadresse LW	
04	Kanal Nr	Funktion
06	Subfktn Hardware	Subfktn Software
08	Speicheradresse HW	
0A	Speicheradresse LW	
0C	Blocklänge in Bytes	
0E	Bytezähler	
10	Rückkehradresse HW	
12	Rückkehradresse LW	
14	Rückgabecode	Vektornummer

Bild 8-35: Erweiterte E/A-Tabelle

Eine Schwierigkeit verbleibt noch: Die Fortsetzungsphase wurde im vorangehenden Abschnitt direkt über die Vektoradresse erreicht und dann mit der ersten Instruktion die E/A-Tabellenadresse geladen; bei einem bausteinadressen- und kanalunabhängigen Treiber muß die richtige E/A-Tabelle vor Eintritt in den Fortsetzungsteil ermittelt und ihre Adresse als Parameter übergeben werden.

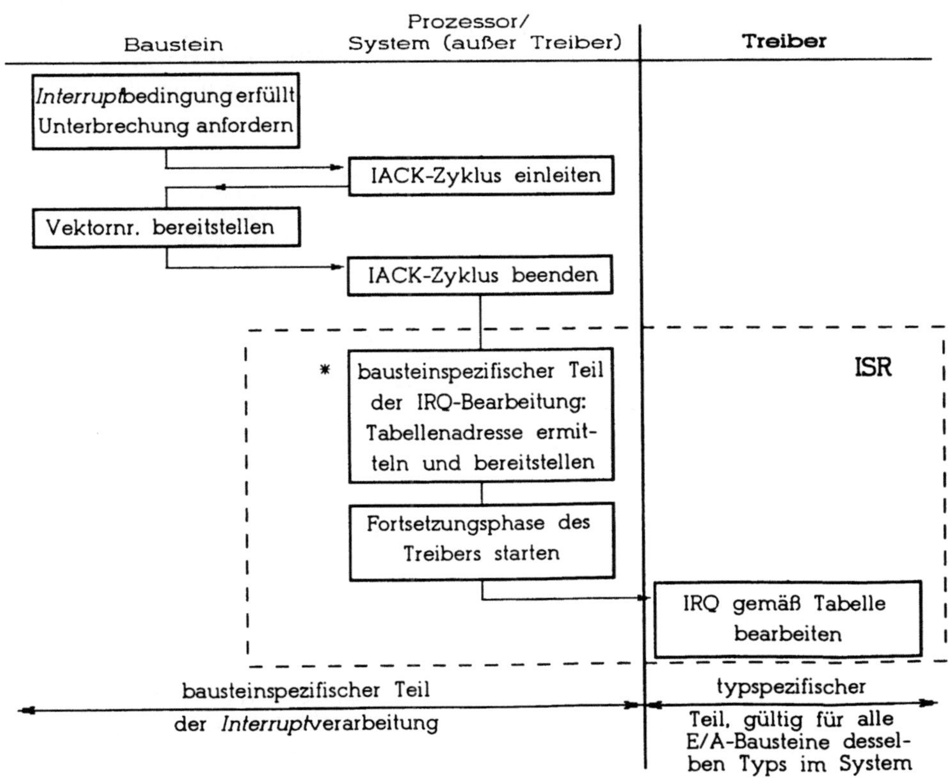

Bild 8-36: Übergang zum Fortsetzungsteil

Die ISRs der einzelnen E/A-Bausteine beginnen an verschiedenen Adressen, damit auf einfache Weise zwischen ihnen unterschieden werden kann. Eine ISR wird aufgeteilt in zwei Bereiche (**Bild 8-36**):

- Im ersten Teil wird die Adresse der für den auslösenden Kanal des Bausteins zuständigen E/A-Tabelle ermittelt. Er enthält den **unvermeidbaren** Anteil an Programmcode, der von der Adresse des Bausteins im System abhängt, und wird als nicht zum Treiber gehörend angesehen (**bausteinspezifischer Teil**). Zum Schluß wird der Treiber aufgerufen und die Tabellenadresse als Parameter übergeben.
- Im zweiten Teil stehen die Fortsetzungs- und Abschlußphase des Treibers. Beide enthalten nur Code, der mit den Daten der Tabelle arbeitet (**typspezifischer Teil**).

Der verwendete Baustein kann für beide Kanäle nur eine Vektornummer bereitstellen. Da beide aber gleichzeitig aktiv sein können und infolgedessen separate E/A-Tabellen haben, muß in dem mit * bezeichneten Feld (Bild 8-36) ein bausteininternes Software-*Polling* durchgeführt werden, um die IRQ-Quelle zu ermitteln. Das Flußdiagramm **Bild 8-37** zeigt den Fall, daß Kanal 1 Priorität eingeräumt wird; eine möglicherweise gleichzeitig gestellte Unterbrechungsanforderung für Kanal 2 wird nicht berücksichtigt. Die Realisierung dieses Teils steht am Ende der folgenden Programmliste (**Bild 8-38**). Nach der Beendigung der Kanal 1 *Interrupt*-Bearbeitung wird dann für Kanal 2 erneut ein IRQ gestellt.

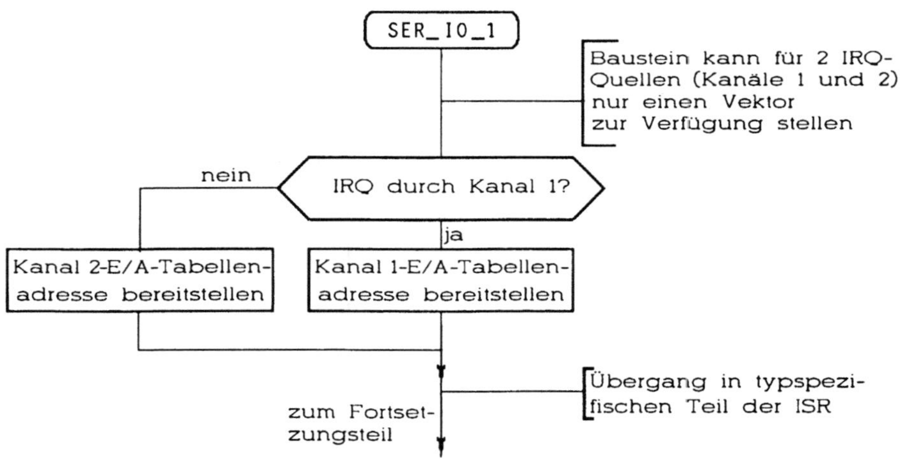

Bild 8-37: *Interruptserviceroutine*, bausteinspezifischer Teil

Für m gleiche Bausteine dieses Typs im System, die alle von demselben Treiber bedient werden sollen, gibt es also 2 • m E/A-Tabellen. SER_IO_1 ist der Beginn der ISR des Bausteins 1. Der kleine Programmteil (Bild 8-37) trifft für einen Baustein die Unterscheidung zwischen den Kanälen, er ist also für jeden Baustein gleichen Typs einmal vorhanden. ISR_SER_EA (**Bild 8-38**, Zeile 178) ist der Beginn des Treibers, der für alle diese Bausteine und jeweils beide Kanäle, sowohl für Ein- als auch für Ausgabe, gilt.

```
 5
 6 CAR_RET    EQU $0D       Carriage Return
 7 L_F        EQU $0A       Zeilenvorschub
 8
 9 *****************************************************
10 *            EQUATES der Ein-/Ausgabetabelle            *
11 *****************************************************
12 SER_IO_K1 EQU $700A      Adresse der E/A-Tabelle von Kanal 1
13 SER_IO_K2 EQU SER_IO_K1+$20     dto.                Kanal 2
14
15 EA_ADR      EQU 0        Basisadresse des Bausteins
16 KANAL       EQU 4        Kanalnummer
17 FUNKTION    EQU 5        Funktion  (Codierung siehe weiter unten!)
18 SUB_FNK_HW  EQU 6        Unterfunktionen Hardware (       "      )
19 SUB_FNK_SW  EQU 7        Unterfunktionen Software (       "      )
20 MEM_ADR     EQU 8        Speicheradresse des Blockanfangs
21 BLOC_LAENG  EQU 12       Blocklänge in Bytes (Zeichen)
22 BYTE_CNT    EQU 14       Aktueller Bytezähler
23 RET_ADR     EQU 16       PC des aufrufenden Programms
24 RET_CODE    EQU 20       Rückgabecodes (Codierung siehe weiter unten)
25 VEKTOR      EQU 21       Vektornummer
26
27
28 *        Funktionen (Inhalt des Feldes FUNKTION):
29 EINGABE     EQU 1        Treiber soll eine Eingabe durchführen
30 AUSGABE     EQU 2        Treiber soll eine Ausgabe durchführen
31 CONTROL     EQU 3        Treiber soll eine Steuerfunktion durchführen,
32 *                        durch SUB_FNK_HW  beschrieben
33
34 *        Subfunktionen (Bitnummern des Feldes SUB_FNK_SW)
35 *        Die Subfunktion Hardware werde nicht bitweise gesetzt!
36
37 LINE_FEED   EQU 0        1: nach einer Eingabe wird ein LINE FEED-Byte
38 *                           zum Gerät übertragen,
39 *                        0: kein LINE FEED
40 CAR         EQU 4        1: eine Ausgabe wird durch ein Carriage Return
41 *                           erweitert
42 CAR_LF      EQU 5        1: eine Ausgabe wird durch ein Carriage Return
43 *                           und ein LINE FEED erweitert
44
45 *        Rückgabecodes
46 NO_ERR      EQU 0        kein Fehler, keine Initialisierung da
47 *                        Blocklänge 0
48 NO_ERR_CMP  EQU 1        kein Fehler, Abschluß über Abschlußphase
49 NO_ERR_INIT EQU 2        kein Fehler, korrekte Initialisierung
50 NO_MODE     EQU $F1      nicht implementierte Anweisung
51
52
53 ***************************************************************
54 *        EQUATES für die Register des Seriellen E/A-Bausteins     *
55 ***************************************************************
56 SER_EA_1    EQU $789AD   Bausteinadresse, ungerade (Vektornummer,IACK)
57 KANAL_1     EQU 1        Kanal 1
58 KANAL_2     EQU 2        Kanal 2
59
```

⟶ s. nächste Seite

```
CONTROL_1  EQU 0         Steuerung Kanal 1
CONTROL_2  EQU 1         Steuerung Kanal 2
AUS_REG_1  EQU 2         Ausgaberegister Kanal 1
EIN_REG_1  EQU 3         Eingaberegister Kanal 1
AUS_REG_2  EQU 4         Ausgaberegister Kanal 2
EIN_REG_2  EQU 5         Eingaberegister Kanal 2

STATUS   EQU 6         Statusbyte

IRQ      EQU 7         IRQ-Bit des Statusregisters
ES2      EQU 3         Eingabestatusbit Kanal 2
AS2      EQU 2         Ausgabestatusbit Kanal 2
ES1      EQU 1         Eingabestatusbit Kanal 1
AS1      EQU 0         Ausgabestatusbit Kanal 1

INT_REG EQU 7          Interrupt Enable-Byte

IEN      EQU 7         Baustein Interrupt Enable
IE2      EQU 3         Interrupt Enable Bit für Eingabe Kanal 2
IA2      EQU 2         Interrupt Enable Bit für Ausgabe Kanal 2
IE1      EQU 1         Interrupt Enable Bit für Eingabe Kanal 1
IA1      EQU 0         Interrupt Enable Bit für Ausgabe Kanal 1

VEK_NR   EQU 8         Vektornummer

INIT_SER_EA:
*****************************************************************
*                      Initialisierungsteil                    *
*                      ====================                    *
*    Der aufrufende TRAPhandler habe die E/A-Tabelle erstellt und*
*    übergibt deren Adresse in A0. Er geht davon aus, daß alle  *
*              anderen Registerinhalte geändert werden          *
*****************************************************************

        MOVE.L (SP),RET_ADR(A0) Return-PC ⟶ Tabelle
        MOVE.L EA_ADR(A0),A1    Bausteinadresse ⟶ A1

        CMPI.B #CONTROL,FUNKTION(A0) Steueranweisung?
        BEQ.S CONT_SEKTION      Ja, ⟶ Controlsektion

        MOVE.L MEM_ADR(A0),A2   Feldadresse ⟶ A2
        CMPI #EINGABE,FUNKTION(A0) Eingabe?
        BEQ.S EING_INIT         Ja, ⟶ Eingabesektion

        CMPI #AUSGABE,FUNKTION(A0) Ausgabe?
        BEQ.S AUSG_INIT         Ja, ⟶ Ausgabesektion

        MOVE.B #NO_MODE,RET_CODE(A0) Nein, Fehlerrückgabecode laden
        BRA.S  RTS_INIT         und Ende

AUSG_INIT:
*****************************************************************
*       Initialisierung einer Ausgabe                           *
*       1. Prüfen, ob mindestens ein Byte ausgegeben werden soll, *
*          falls nicht, abschließen (kein Fehler, RET_CODE = NO_ERR)*
*       2. Erstes Byte ins Ausgaberegister, Interrupt Enable     *
*          für Ausgabe Kanal 1 bzw. 2 und Baustein setzen       *
*****************************************************************
        CMPI.W #0,BLOC_LAENG(A0) kein Byte ausgeben?
        BNE.S AUS_1ST_CHAR     verzweige, wenn Ausgabe
        MOVE.B #NO_ERR,RET_CODE(A0) Mitteilung, daß Ausgabe schon in
*                               der Initialisierungsphase abgeschlossen
*                               wird, Baustein wieder verfügbar
```

⟶ s. nächste Seite

```
         CLR.W BYTE_CNT(A0)    Transmissionlog: 0 Byte übertragen
         BRA.S RTS_INIT        Ende

AUS_1ST_CHAR:
*****************************************
*        Unterscheidung Kanal 1/2       *
*****************************************
         CMP.B #KANAL_1,KANAL(A0) Kanal 1?
         BNE.S AUS_I_K2
         MOVE.B (A2),2*AUS_REG_1(A1) ja, Byte ——> Bausteinregister
         BSET #IA1,2*INT_REG(A1) Interrupt Enable Bit Ausgabe
*                                Kanal 1 setzen
         BRA.S AUS
AUS_I_K2 MOVE.B (A2),2*AUS_REG_2(A1) Byte ——> Bausteinregister
         BSET #IA2,2*INT_REG(A1) Interrupt Enable Bit Ausgabe
*                                Kanal 2 setzen

AUS      BSET #IEN,2*INT_REG(A1) Baustein Interrupt zulassen
         MOVE.W #1,BYTE_CNT(A0)  Tabellenindex = 1 setzen
         MOVE.B #NO_ERR_INIT,RET_CODE(A0) Returncode: Initialisierung
*                                korrekt abgeschlossen

         BRA.S RTS_INIT          Initialisierung beendet

*        Ende Initialisierung der Ausgabe        *

EING_INIT NOP                    nicht behandelt
         BRA.S RTS_INIT

CONT_SEKTION:
*****************************************************************
*             Steuersektion des Initialisierungsteils           *
*        Es werden nur das Byte SUB_FNK_HW und die Vektor-      *
*        nummer zum Baustein übertragen. Der Vektor möge        *
*                  vom System gesetzt werden                    *
*****************************************************************
         CMP.B #KANAL_1,KANAL(A0) Kanal 1?
         BNE.S CONT_2            verzweige, wenn nicht
         MOVE.B SUB_FNK_HW(A0),CONTROL_1(A1) ja, Steuerbyte setzen
         BRA.S VEK_NR_SETZN
CONT_2   MOVE.B SUB_FNK_HW(A0),CONTROL_2(A1) Steuerbyte Kanal 2 setzen
VEK_NR_SETZN MOVE.B VEKTOR(A0),VEK_NR(A1)

RTS_INIT RTS

*****************************************************************
*                      Ende der Initialisierung                 *
*                     Rückkehradresse gerettet,                 *
*  A0: Adresse der E/A-Tabelle, TRAP-Handler kann auf richtige  *
*      Tabelle zugreifen und den Returncode auswerten           *
*  System kann bei korrekter Initialisierung bis zum Abschluß   *
*             der Ausgabe andere Tasks aktivieren               *
*****************************************************************

ISR_SER_EA:
*******************************************************************
*      Interruptserviceroutine für den seriellen E/A-Baustein     *
*                        Fortsetzungsteil                         *
*                        ================                         *
*    typspezifischer Teil; Register wurden im bausteinspezifi-    *
*   schen Teil gerettet; in A0 steht jetzt die Adresse der gülti- *
*                        gen E/A-Tabelle                          *
*                                                                 *
```

——> s. nächste Seite

```
*        1. Prüfen, ob letztes Byte ausgegeben wurde, ggf.          *
*           prüfen, ob CR gesendet werden soll und ggf. senden,     *
*           andernfalls in Abschlußteil verzweigen                  *
*        2. Falls CR schon gesendet wurde, ——→ Abschlußteil          *
*        3. andernfalls nächstes Byte bearbeiten, RTE               *
*********************************************************************
         MOVE.L EA_ADR(A0),A1    Bausteinadresse holen
         MOVE.L MEM_ADR(A0),A2   Feldadresse holen
         MOVE.W BYTE_CNT(A0),D0  Index holen

         CMPI.B #EINGABE,FUNKTION(A0) Eingabe?
         BEQ.S ISR_SER_IN        Ja, verzweige

ISR_SER_OUT CMP.W BLOC_LAENG(A0),D0 letztes Byte ausgegeben?
         BHI.S ISR_SER_COMPL     letztes Byte + CR gesendet?
         BNE.S NAE_ZEICH         letztes Byte weg?
         BTST.B #CAR,SUB_FNK_SW(A0) ja, soll CR hinterher?
         BEQ.S ISR_SER_COMPL     nein, zum Abschlußteil

***************************************************************
*        Unterscheidung Kanal 1/2 für abschließendes CR       *
***************************************************************
         CMP.B #KANAL_1,KANAL(A0) Kanal 1?
         BNE.S AUS_CR_K2         verzweige, wenn nicht
         MOVE.B #CAR_RET,2*AUS_REG_1(A1) ja, CR senden
         BRA.S RET_IRQ           normaler Abschluß in Fortsetzungs-
*                                teil, BYTE_CNT wird > BLOC_LAENG
AUS_CR_K2 MOVE.B #CAR_RET,2*AUS_REG_2(A1) CR Kanal 2
         BRA.S RET_IRQ

****************************************
*        Unterscheidung Kanal 1/2      *
****************************************
NAE_ZEICH CMP.B #KANAL_1,KANAL(A0) Kanal 1?
         BNE.S AUS_K_2           verzweige, wenn nicht
         MOVE.B 0(A2,D0.W),2*AUS_REG_1(A1) ja, nächstes Byte ausge-
*                                ben, IRQ wird gelöscht!
         BRA.S RET_IRQ
AUS_K_2 MOVE.B 0(A2,D0.W),2*AUS_REG_2(A1) dto., Kanal 2
RET_IRQ ADDQ.W #1,D0             Index aktualisieren und ...
         MOVE.W D0,BYTE_CNT(A0)  .... in Tabelle bringen
         BRA.S RESTOR
ISR_SER_IN NOP                   nicht behandelt
RESTOR  MOVEM.L (SP)+,A2-A0/D0   Registerinhalte zurückholen
         RTE                     und abschließen
*************************************
*         Ende Fortsetzungsteil     *
*************************************

ISR_SER_COMPL:
******************************************************************
*                     Abschlußteil des Treibers                  *
*                     ========================                   *
*    Interruptanforderung löschen, Interrupt Enable Bit löschen, *
*    gerettete Programmumgebung wiederherstellen,                *
*         Returncode = NO_ERR_CMP setzen                         *
******************************************************************
****************************************
*        Unterscheidung Kanal 1/2      *
****************************************
         CMP.B #KANAL_1,KANAL(A0) Ende eines Kanal 1 E/A?
         BNE.S ENDE_2            verzweige, wenn nicht
         BCLR #IA1,2*INT_REG(A1)  ja, IRQ-Enable selektiv löschen
```

```
           BCLR #IA1,2*STATUS(A1)    Anforderung definitiv löschen
           BRA.S ENDE
ENDE_2     BCLR #IA2,2*INT_REG(A1)   Ende Kanal 2 E/A
           BCLR #IA2,2*STATUS(A1)    Anforderung definitiv löschen

ENDE       BTST.B #CAR,SUB_FNK_SW(A0) 1 Byte zuviel gezählt?
           BEQ.S CODE_SETZN
           SUBQ.W #1,BYTE_CNT(A0)     ja, CR nicht mitzählen
CODE_SETZN MOVE.B #NO_ERR_CMP,RET_CODE(A0) Returncode setzen

*************************************************************
*          Stapelbelegung jetzt:                             *
*                                                            *
*                   SP    : D0 unterbrochene Task            *
*                   SP+4  : A0         "        "            *
*                   SP+8  : A1         "        "            *
*                   SP+12 : A2         "        "            *
*                   SP+16 : SR         "        "            *
*                   SP+18 : PC         "        "            *
*************************************************************
RETURN     MOVEM.L 8(SP),A2-A1      alten Statusregisterinhalt ---> SP
           MOVE.L 4(SP),12(SP)      A0 der Task auf dem Stapel umsetzen
           MOVE.L (SP),D0           D0 der Task ---> D0 Prozessor
           LEA 12(SP),SP            SSP korrigieren

           JMP RET_ADR(A0)          Rückkehr in TRAP-Handler
*****************************************************************
*                          Ende des Abschlußteils                *
*                          ======================                *
*                                                                *
*          Stapelbelegung nach Rückkehr zum TRAP-Handler:        *
*          SP      : A0 der unterbrochenen Task                  *
*          SP+4    : SR  "        "          "                   *
*          SP+6    : PC  "        "          "                   *
*                                                                *
*          Prozessorregister nach Rückkehr zum TRAP-Handler:     *
*          A0 : Adresse der E/A-Tabelle (Auswertung Rückgabecode!) *
*          A1 - A6, D0 - D7 : Werte der unterbrochenen Task      *
*****************************************************************


SER_IO_1:
*****************************************************************
*     bausteinspezifischer Teil der ISR, nicht Teil des Treibers *
*     ======================================================     *
*                                                                *
*     Die Adresse von SER_IO_1 ist bei der Vektoradresse abgelegt. *
*     Die Unterbrechungsausnahme des Bausteins führt auf den folgen-*
*     den Befehl. Da der Baustein nur einen Vektor zur Verfügung  *
*     stellen kann, wird ein Softwarepolling zur Kanalidentifizie- *
*     rung durchgeführt, die Adresse der zuständigen E/A-Tabelle  *
*     ermittelt und als Parameter in A0 übergeben                 *
*****************************************************************

           MOVEM.L D0/A2-A0,-(SP)   Registerinhalte retten
           LEA SER_EA_1,A0          Bausteinadresse holen
           MOVE.B 2*STATUS(A0),D0   Statusregister aus Baustein
           AND.B 2*INT_REG(A0),D0   nur zugelassene IRQs auswerten
           AND.B #%00000011,D0      Kanal 1 isolieren

```

---> s. nächste Seite

```
312           LEA SER_IO_K1,A0         Kanal 1 Tabellenadresse laden,
313 *                                  MPU Statusreg. bleibt unverändert
314           BNE.S GOTO_ISR_SER_EA    ok, wenn Kanal 1
315           LEA SER_IO_K2,A0         nein, Kanal 2
316 GOTO_ISR_SER_EA BRA ISR_SER_EA
317 *******************************************************************
318 *                 Ende des bausteinspezifischen Teils,            *
319 *      Adresse der Tabelle des anfordernden Kanals steht in A0    *
320 *******************************************************************
321           END
```

Bild 8-38: Liste des erweiterten Treibers

Abschließend sei noch auf folgende Eigenschaften der Ein-/Ausgabe mit tabellengesteuerten Treibern hingewiesen:

- **Sie sind wiedereintrittsfähig (*reentrant*).** Der Code ist nicht von der speziellen Aufgabe (Ein- oder Ausgabe) abhängig, alle abhängigen Daten stehen in der E/A-Tabelle, wovon es für jeden Baustein zwei gibt. Damit kann der Treiber, während ihm der Prozessor zugeteilt ist, durch die Anforderung eines anderen Bausteins gleichen Typs, aber höherer Prioritätsebene, unterbrochen und erneut gestartet werden. Beide Ein- oder Ausgaben werden fehlerfrei bearbeitet.
- **Sie geben im Bytezähler (BYTE_CNT-Wort in den Beispielen) der E/A-Tabelle die Anzahl der übertragenen Bytes zurück.** Da zusätzliche Zeichen (z. B. CR) hier nicht mitgezählt werden sollen, werden sie im Abschlußteil wieder abgezogen (Zeile 257 des Beispiels Erweiterter Treiber Bild 8-38). Mit Hilfe dieses Wortes kann der TRAP-*Handler* der aufrufenden *Task* bei einer Eingabe die Anzahl der übermittelten Zeichen angeben. Wird bei Treibern für komplexere E/A-Bausteine eine Ausgabe abgebrochen, weil z. B. das Gerät einen Fehler meldet, so kann der aufrufenden *Task* der Inhalt des Bytezählers, und damit die Anzahl der bis zum Fehlereintritt ausgegebenen Zeichen mitgeteilt werden.
- **Aufgrund der Tatsache, daß der Treiber als einziges Softwaremodul des gesamten Systems typspezifischen Code enthält, wird es möglich, eine Ein- oder Ausgabe auf ein anderes Gerät umzuleiten.**
  Beispiel: In einem System mit zwei Druckern LU = 6 und LU = 7 falle der erstere aus. *Tasks*, die in ihrem Programmcode angeben, daß auf LU = 6 ausgegeben werden soll, sind dann ohne besondere Maßnahmen nicht lauffähig. Der Systemverwalter kann jetzt die zu Anfang des Abschnitts 8.3 erwähnten Zuordnungstabellen so modifizieren, daß der TRAP-*Handler* bei jeder Ausgabe auf LU = 6 eine E/A-Tabelle für den Treiber des zweiten Druckers LU = 7 erstellt und ihn startet.
  Es ist nicht erforderlich, daß beide Drucker über eine typgleiche Schnittstelle angesprochen werden, beispielsweise kann der erste Drucker parallel über den IEC-Bus und der andere über eine Serielle Schnittstelle angesprochen werden. Mit Hilfe der Subfunktion Software kann auch eine Anpassung von Steuerzeichen vorgenommen werden: Kann der zweite

Drucker z. B. keine Tabulatorsprünge verarbeiten, so kann sein Treiber die für den ausgefallenen Drucker bestimmten Tabulatorzeichen durch eine Anzahl von Leertastenzeichen ersetzen.

9 Literatur

[1] Flik Th., Liebig H., 16-bit-Mikroprozessorsysteme, ISBN 3-540-13702-5, 2. Auflage 1985, S. 1

[2] Johnson S., Johnson T., Der Gleitkommacoprozessor 68881, Design und Elektronik Nr. 8, 1986, S. 92-97

[3] Neuschwander J., Struktur und Programmierung eines Mikroprozessorsystems, ISBN 3-486-20474-2, 1988

[4] M68000 8-/16-/32-Bit Microprocessors User's Manual, 6. Auflage ISBN 0-13-609249-7 (Prentice Hall) 1989

[5] Starnes Th. W., Design Philosophy Behind Motorola's MC68000 Part 1, Byte April 1983

[6] Goldschlager L., Lister A., Informatik - Eine moderne Einführung, München, Wien 1984, ISBN 3-446-13952-4

[7] Hilf W., Nausch A. M68000 Familie Teil 1 (ISBN-3-921803-16-0) und Teil 2 (ISBN-3-921803-30-6), München 1984

[8] MC 68000 16-/32-Bit Microprocessor, Motorola ADI 814R6, 1985 (Datenbuch)

[9] Baker S., Hofer R., EEPROMs vor dem Durchbruch, Elektronik Nr. 10, 1986, S. 66-70

[10] Moorwood A. P., E^2PROMs der 2. Generation, Elektronik Nr. 10, 1986, S. 72-79

[11] Siebert H. P., Nichtflüchtige Schreib-/Lese-Speicher, Elektronik Nr. 2, 1985, S. 73-79

[12] Orion J., EEPROM oder NVRAM?, Elektronik Nr. 11, 1985, S. 83-87

[13] Wiegemann A., Dynamische 64 k-RAMs, Elektronik Nr. 25, 1982, S. 43-56

[14] MAXIM 1989 Integrated Circuits Data Book

[15] Dallas Semiconductor, 1989 Product Data Book

[16] MC 68881/MC68882 Floating Point Coprocessor, User's Manual, Englewood Cliffs, 1987, ISBN 0-13-566 936-7

[17] MC 68020 32-Bit Microprocessor, User's Manual, 2. Aufl., Englewood Cliffs, 1985, ISBN 0-13-566 878-6

[18] MC 68030 Enhanced 32-Bit Microprocessor, User's Manual, Motorola 1987

[19] Harris S., Johnson T., Software Links Math Chip to 68000-Family, EDN 23, Januar 1986

[20] MC 68450 Direct Memory Access Controller (DMAC), Motorola ADI 1216, 1986 (Datenblatt)

[21] MC 68230 Parallel Interface/Timer (PI/T), Motorola ADI-860-R2, 1983 (Datenblatt)

A Anhang: Liste der Befehle des M68000

Die folgende **Tabelle A-1** zeigt Mnemonik, Bedingung, ausgewertete logische Beziehung und die Codierung bei den Befehlen `Bcc`, `DBcc` und `Scc`.

Mnemonik	Bedingung	ausgewertete log. Verknüpfung	Codierung
EQ	*Equal*	Z	0111
NE	*Not Equal*	$\overline{Z}$	0110
PL	*Plus*	$\overline{N}$	1010
MI	*Minus*	N	1011
CC (HS)	*Carry Clear (High or Same)*	$\overline{C}$	0100
CS (LO)	*Carry Set (Low)*	C	0101
HI	*High*	$\overline{C}\cdot\overline{Z} = \overline{C+Z}$	0010
LS	*Low or Same*	$C + Z$	0011
*VC	*Overflow Clear*	$\overline{V}$	1000
*VS	*Overflow Set*	V	1001
*GE	*Greater or Equal*	$N\cdot V + \overline{N}\cdot\overline{V} = N \odot V$	1100
*LT	*Less Than*	$N\cdot\overline{V} + \overline{N}\cdot V = N \oplus V$	1101
*GT	*Greater Than*	$N\cdot V\cdot\overline{Z} + \overline{N}\cdot\overline{V}\cdot\overline{Z}$	1110
*LE	*Less or Equal*	$Z + N\cdot\overline{V} + \overline{N}\cdot V$	1111
**T	*True*	1	0000
**F	*False*	0	0001

Tabelle A-1: Bedingungscodes; * - nur bei vorzeichenbehafteten Operationen von Bedeutung; ** - nicht bei bedingten Verzweigungen

Ein Effektive Adresse-Feld im Operationswort wird gemäß **Tabelle A-2** codiert. Die Bits des Bedingungscoderegisters `CCR` werden gemäß **Tabelle A-3** gesetzt.

Adressierungsart	Syntax	Modus-feld	Register-feld
Datenregister direkt	`Dn`	000	D-Reg.-Nr.
Adreßregister direkt	`An`	001	A-Reg.-Nr.
Adreßregister indirekt	`(An)`	010	A-Reg.-Nr.
Adreßregister indirekt mit Postinkrement	`(An)+`	011	A-Reg.-Nr.
Adreßregister indirekt mit Predekrement	`-(An)`	100	A-Reg.-Nr.
Adreßregister indirekt mit 16 bit-Adreßdistanz	`d(An)`	101	A-Reg-Nr.
Adreßregister indirekt mit Index und 8 bit-Adreßdistanz	`d(An,Xi)`	110	A-Reg.-Nr.
Programmzählerrelativ mit 16 bit-Adreßdistanz	`d(PC)`	111	010
Programmzählerrelativ mit Index und 8 bit-Adreßdistanz	`d(PC,Xi)`	111	011
Absolut kurz	abs. k.	111	000
Absolut lang	abs. l.	111	001
Unmittelbar	imm.	111	100

Tabelle A-2: Adressierungsarten, Syntax und Codierung im Effektive Adresse-Feld

Befehl	X	N	Z	V	C	befehlsspezifische Definition
ABCD	*	U	S	U	S	C = Dezimalübertrag $Z = Z \cdot \overline{Rm} \cdot .... \cdot \overline{R0}$
ADD, ADDI, ADDQ	*	*	*	S	S	$V = Sm \cdot Dm \cdot \overline{Rm} + \overline{Sm} \cdot \overline{Dm} \cdot Rm$ $C = Sm \cdot Dm + \overline{Rm} \cdot Dm + Sm \cdot \overline{Rm}$
ADDX	*	*	S	S	S	$V = Sm \cdot Dm \cdot \overline{Rm} + \overline{Sm} \cdot \overline{Dm} \cdot Rm$ $C = Sm \cdot Dm - \overline{Rm} \cdot Dm + Sm \cdot \overline{Rm}$ $Z = Z \cdot \overline{Rm} \cdot .... \cdot \overline{R0}$
AND, ANDI, EOR, EORI, MOVEQ, MOVE, OR, ORI, CLR, EXT, NOT, TAS, TST	–	*	*	0	0	
CHK	–	*	U	U	U	siehe Befehlsbeschreibung
SUB, SUBI, SUBQ	*	*	*	S	S	$V = \overline{Sm} \cdot Dm \cdot \overline{Rm} + Sm \cdot \overline{Dm} \cdot Rm$ $C = Sm \cdot \overline{Dm} + Rm \cdot \overline{Dm} + Sm \cdot Rm$
SUBX	*	*	S	S	S	$V = \overline{Sm} \cdot Dm \cdot \overline{Rm} + Sm \cdot \overline{Dm} \cdot Rm$ $C = Sm \cdot \overline{Dm} + Rm \cdot \overline{Dm} + Sm \cdot Rm$ $Z = Z \cdot \overline{Rm} \cdot .... \cdot \overline{R0}$
CMP, CMPI, CMPM	–	*	*	S	S	$V = \overline{Sm} \cdot Dm \cdot \overline{Rm} + Sm \cdot \overline{Dm} \cdot Rm$ $C = Sm \cdot \overline{Dm} + Rm \cdot \overline{Dm} + Sm \cdot Rm$
DIVS, DIVU	–	*	*	S	0	V = 1 bei Divisionsüberlauf
MULS, MULU	–	*	*	0	0	
SBCD, NBCD	*	U	S	U	S	C = Dezimalentlehnwert $Z = Z \cdot \overline{Rm} \cdot .... \cdot \overline{R0}$
NEG	*	*	*	S	S	$V = Dm \cdot Rm$, $C = Dm + Rm$
NEGX	*	*	S	S	S	$V = Dm \cdot Rm$, $C = Dm + Rm$ $Z = Z \cdot \overline{Rm} \cdot .... \cdot \overline{R0}$
BTST, BCHG, BSET, BCLR	–	–	S	–	–	$Z = \overline{Dn}$
ASL (r > 0)	*	*	*	S	S	$V = Dm \cdot (\overline{D_{m-1}} + ... + \overline{D_{m-r}}) +$ $\overline{Dm} \cdot (D_{m-1} + ... + D_{m-r})$ $C = D_{m-r+1}$
ASL (r = 0)	–	*	*	0	0	
LSL, ROXL	*	*	*	0	S	$C = D_{m-r+1}$
LSR (r = 0)	–	*	*	0	0	
ROXL (r = 0)	–	*	*	0	S	C = X
ROL (r > 0)	–	*	*	0	S	$C = D_{m-r+1}$
ROL (r = 0)	–	*	*	0	0	
ASR, LSR, ROXR(r>0)	*	*	*	0	S	$C = D_{r-1}$
ASR, LSR (r = 0)	–	*	*	0	0	
ROXR (r = 0)	–	*	*	0	S	C = X
ROR (r > 0)	–	*	*	0	S	$C = D_{r-1}$
ROR (r = 0)	–	*	*	0	0	

Tabelle A-3: Setzen der Bedingungscodes durch die Befehle

Bedeutung der in der Tabelle verwandten Symbole und Bezeichnungen:
- – unverändert, der Befehl beeinflußt dieses Bit nicht,
- U undefiniert, der Zustand kann nicht angegeben werden,
- * allgemeiner Fall: X = C, N = Rm, $Z = \overline{Rm} \cdot .... \cdot \overline{R0}$,
- S es gilt die in der rechten Spalte angegebene befehlsspezifische Definition,
- r Schiebe- oder Rotationszähler
- Dm werthöchstes Bit des Zieloperanden (*Destination Operand*),
- Rm werthöchstes Bit des Ergebnisses (*Result*),
- Sm werthöchstes Bit des Quelloperanden (*Source Operand*)

Zulässige Adressierungsarten im Effektive Adresse-Feld werden nach folgendem Schema angegeben:

Dn	An	(An)	(An)+	-(An)	d(An)	d(An,Xi)	abs.k.	abs. l.	d(PC)	d(PC,Xi)	imm.
j	n	j	j	j	j	j	j	j	n	n	n

Ein j (ja) bedeutet, daß die Adressierungsart möglich, und ein n (nein), daß sie nicht zulässig ist.

ABCD

Addiere dezimal mit Übertragsverarbeitung
(Add Decimal with Extend)

Assemblersyntax: ABCD Dy,Dx oder ABCD -(Ay),-(Ax)
Operandengröße: Byte
Operation: $(\text{Quelloperand})_{10} + (\text{Zieloperand})_{10} + X \longrightarrow \text{Ziel}$
Beschreibung: Die zweistelligen BCD-codierten Operanden werden einschließlich des Übertragsbits addiert. Der Befehl ist geeignet für mehrstellige Addition von BCD-Zahlen.
Bedingungscoderegister CCR: siehe Tabelle A-3, vor der Addition der niederwertigsten Stelle müssen X = 0 und Z = 1 gesetzt werden, siehe 4.5.3 *Befehle ADDX und SUBX*. Das Z-Bit zeigt dann nach einer mehrstelligen Addition, ob das Gesamtergebnis Null ist.
Befehlscodierung:

15	14	13	12	11 10 9	8	7	6	5	4	3	2 1 0
1	1	0	0	Register Ax/Dx	1	0	0	0	0	$\overline{R}$/M	Register Ay/Dy

$\overline{R}$/M = 0: Operanden stehen in Datenregistern
= 1: Operanden stehen im Arbeitsspeicher

ADD

Addiere dual *(Add Binary)*

Assemblersyntax: ADD <EA>,Dm oder ADD Dm,<EA>
Operandengröße: Byte, Wort, Langwort
Operation: Quelloperand + Zieloperand ⟶ Ziel
Beschreibung: Quelloperand und Zieloperand werden addiert und die Summe am Zielort abgelegt.
Bedingungscoderegister CCR: siehe Tabelle A-3
Befehlscodierung:

15	14	13	12	11 10 9	8 7 6	5 4 3	2 1 0
1	1	0	1	Register Dm	Befehls-variante	Effektive Adresse Modus	Register

Befehlsvariante-Feld:

Operation	Byte	Wort	Langwort
[Dm] + [<EA>] ⟶ Dm	000	001	010
[<EA>] + [Dm] ⟶ <EA>	100	101	110

Zulässige Adressierungsarten im Feld Effektive Adresse (Quelloperand):

Dn	An	(An)	(An)+	-(An)	d(An)	d(An,Xi)	abs. k.	abs. l.	d(PC)	d(PC,Xi)	imm.
j	*	j	j	j	j	j	j	j	j	j	j

* nur Wort- oder Langwortoperand

Zulässige Adressierungsarten im Feld Effektive Adresse (Zieloperand):

Dn	An	(An)	(An)+	-(An)	d(An)	d(An,Xi)	abs. k.	abs. l.	d(PC)	d(PC,Xi)	imm.
n	n	j	n	j	j	j	j	j	n	n	n

ADDA muß verwendet werden, wenn der Zieloperand in einem Adreßregister steht. Ein Zieldatenregister kann nicht durch das Effektive Adresse-Feld angegeben werden.

ADDA **Addiere Adresse,** *Add Address*

Assemblersyntax: ADDA <EA>,An
Operandengröße: Wort, Langwort
Operation: [<EA>] + [An] ⟶ An
Beschreibung: Quelloperand wird zum Inhalt des Adreßregisters addiert und das Resultat im Adreßregister gespeichert
Bedingungscoderegister CCR: **bleibt unverändert**
Befehlscodierung:

15	14	13	12	11 10 9	8 7 6	5 4 3	2 1 0
1	1	0	1	Register An	Befehls-variante	Effektive Adresse Modus	Register

Das Feld Befehlsvariante spezifiziert die Operandengröße:
011: Wortoperation, der Wortoperand wird zunächst vorzeichenerweitert und dann zu den 32 bit des Adreßregisters addiert.
111: Langwortoperation

Zulässige Adressierungsarten im Feld Effektive Adresse:

Dn	An	(An)	(An)+	-(An)	d(An)	d(An,Xi)	abs. k.	abs. l.	d(PC)	d(PC,Xi)	imm.
j	j	j	j	j	j	j	j	j	j	j	j

ADDI **Addiere unmittelbar,** *Add Immediate*

Assemblersyntax: ADDI #<Datum>,<EA>
Operandengröße: Byte, Wort, Langwort
Operation: <Datum> + [<EA>] ⟶ <EA>
Beschreibung: Addition des unmittelbaren Quelloperanden zum Zieloperanden, das Ergebnis wird am Zielort abgelegt. Der Operand muß mit der angegebenen Operandengröße darstellbar sein.

Bedingungscoderegister `CCR`: siehe Tabelle A-3
Befehlscodierung:

15	14	13	12	11	10	9	8	7	6	5	4	3	2	1	0
0	0	0	0	0	1	1	0	Größe		Effektive Adresse Modus			Register		
Wort- oder Langwortdatum								Byte-, Wort- oder Langwortdatum							
Langwortdatum															

Das Größefeld spezifiziert die Operandengröße: 00: Byte
01: Wort
10: Langwort

zulässige Adressierungsarten im Feld Effektive Adresse:

Dn	An	(An)	(An)+	-(An)	d(An)	d(An,Xi)	abs. k.	abs. l.	d(PC)	d(PC,Xi)	imm.
j	n	j	j	j	j	j	j	j	n	n	n

ADDQ

Addiere unmittelbar schnell (Konstante im Bereich 1 bis 8),
Add Quick

Assemblersyntax: `ADDQ #<Datum>,<EA>`
Operandengröße: Byte, Wort, Langwort
Operation: <Datum> + [<EA>] ⟶ <EA>
Beschreibung: Addition des unmittelbaren Quelloperanden zum Zieloperanden, das Ergebnis wird am Zielort abgelegt. Der Operand ist eine Konstante in [1, 8]. Bei einem Adreßregister als Ziel sind nur Wort- und Langwortoperation zulässig; bei einer Wortoperation wird die Addition mit dem niederwertigeren Wort von `An` durchgeführt und Bit 15 der Summe in die Bits 16 - 31 kopiert.
Bedingungscoderegister `CCR`: siehe Tabelle A-3; der Inhalt des `CCR` bleibt unverändert, wenn der Zieloperand in einem Adreßregister steht.
Befehlscodierung:

15	14	13	12	11	10	9	8	7	6	5	4	3	2	1	0
0	1	0	1	Datum			0	Größe		Effektive Adresse Modus			Register		

Datum: unmittelbarer Operand; 1 bis 7 sind dual codiert, 8 als 000
Das Größefeld spezifiziert die Operandengröße: 00: Byte
01: Wort
10: Langwort

Zulässige Adressierungsarten im Feld Effektive Adresse:

Dn	An	(An)	(An)+	-(An)	d(An)	d(An,Xi)	abs. k.	abs. l.	d(PC)	d(PC,Xi)	imm.
j	*	j	j	j	j	j	j	j	n	n	n

* - nur Wort- und Langwortoperation, siehe Beschreibung!

ADDX

Addiere dual mit Übertragsverarbeitung, *Add Extended*

Assemblersyntax: ADDX Dy,Dx oder ADDX -(Ay),-(Ax)
Operandengröße: Byte, Wort, Langwort
Operation: Quelloperand + Zieloperand + X ⟶ Ziel
Beschreibung: Quelloperand, Zieloperand und Übertragsbit werden addiert; die Summe wird am Zielort abgelegt. Es sind nur zwei Adressierungsarten zugelassen: **Datenregister direkt für zwei Registeroperanden** und **Adreßregister indirekt mit Predekrement für zwei Speicheroperanden.**
Bedingungscoderegister CCR: siehe Tabelle A-3. Setzt man das Z-Bit des CCR vor Beginn der mehrstelligen Addition, so ist die Gesamtsumme Null, wenn am Ende noch Z = 1 ist.
Befehlscodierung:

15	14	13	12	11 10 9	8	7 6	5	4	3	2 1 0
1	1	0	1	Register Dx/Ax	1	Größe	0	0	$\bar{R}$/M	Register Dy/Ay

Das Größefeld spezifiziert die Operandengröße:
00: Byte
01: Wort
10: Langwort

$\bar{R}$/M = 0: Operanden stehen in Datenregistern
= 1: Operanden stehen im Arbeitsspeicher

AND

bitweise logische UND-Verknüpfung, *AND Logical*

Assemblersyntax: AND <EA>,Dm oder AND Dm,<EA>
Operandengröße: Byte, Wort, Langwort
Operation: Quelloperand • Zieloperand ⟶ Ziel, • = log. UND
Beschreibung: Quell- und Zieloperand werden bitweise logisch UND-verknüpft und das Ergebnis am Zielort abgelegt.
Bedingungscoderegister CCR: siehe Tabelle A-3
Befehlscodierung:

15	14	13	12	11 10 9	8 7 6	5 4 3	2 1 0
1	1	0	0	Register Dm	Befehls-variante	Effektive Adresse Modus	Register

Feld Befehlsvariante: Operation	Byte	Wort	Langwort
[Dm] • [<EA>] ⟶ Dm	000	001	010
[<EA>] • [Dm] ⟶ <EA>	100	101	110

Zulässige Adressierungsarten im Feld Effektive Adresse (Quelloperand):

Dn	An	(An)	(An)+	-(An)	d(An)	d(An,Xi)	abs. k.	abs. l.	d(PC)	d(PC,Xi)	imm.
j	n	j	j	j	j	j	j	j	j	j	j

Zulässige Adressierungsarten im Feld Effektive Adresse (Zieloperand):

Dn	An	(An)	(An)+	-(An)	d(An)	d(An,Xi)	abs. k.	abs. l.	d(PC)	d(PC,Xi)	imm.
n	n	j	j	j	j	j	j	j	n	n	n

Bei unmittelbarem Quelloperanden wird besser ANDI benutzt; die meisten Assembler erzeugen den entsprechenden Code automatisch, wenn nur AND angegeben ist.

ANDI **bitweise logische UND-Verknüpfung mit unmittelbarem Operanden**, *AND Immediate*

Assemblersyntax: ANDI #<Datum>,<EA>
Operandengröße: Byte, Wort, Langwort
Operation: <Datum> • [<EA>] ——→ <EA> , • = log. UND
Beschreibung: bitweise UND-Verknüpfung des unmittelbaren mit dem Zieloperanden, speichern am Zielort
Bedingungscoderegister CCR: siehe Tabelle A-3
Befehlscodierung:

15	14	13	12	11	10	9	8	7	6	5	4	3	2	1	0
0	0	0	0	0	0	1	0	Größe		Effektive Adresse Modus			Register		
Wort- oder Langwortdatum								Byte-, Wort- oder Langwortdatum							
Langwortdatum															

Das Größefeld spezifiziert die Operandengröße:
00: Byte
01: Wort
10: Langwort

Zulässige Adressierungsarten im Feld Effektive Adresse:

Dn	An	(An)	(An)+	-(An)	d(An)	d(An,Xi)	abs. k.	abs. l.	d(PC)	d(PC,Xi)	imm.
j	n	j	j	j	j	j	j	j	n	n	n

ANDI to CCR **bitweise logische UND-Verknüpfung mit dem Inhalt des CCR**, *AND Immediate to Condition Codes*

Assemblersyntax: ANDI #<Datum>,CCR
Operandengröße: Byte
Operation: <Datum> • [CCR] ——→ CCR, • = log. UND
Beschreibung: bitweise UND-Verknüpfung des unmittelbaren Operanden mit dem Bedingungscoderegister, speichern im CCR; der Befehl dient zum Löschen von einem oder mehreren Bits des CCR
Bedingungscoderegister CCR:

C-Bit wird gelöscht, wenn Bit 0 von Datum = 0 ist, sonst unverändert
V-Bit wird gelöscht, wenn Bit 1 von Datum = 0 ist, sonst unverändert

Z-Bit wird gelöscht, wenn Bit 2 von Datum = 0 ist, sonst unverändert
N-Bit wird gelöscht, wenn Bit 3 von Datum = 0 ist, sonst unverändert
X-Bit wird gelöscht, wenn Bit 4 von Datum = 0 ist, sonst unverändert

Befehlscodierung:

15	14	13	12	11	10	9	8	7	6	5	4	3	2	1	0
0	0	0	0	0	0	1	0	0	0	1	1	1	1	0	0
0	0	0	0	0	0	0	0	unmittelbarer Byteoperand							

ANDI to SR bitweise logische UND-Verknüpfung mit dem Inhalt des Statusregisters (priviligierter Befehl),

AND Immediate to Status Register

Assemblersyntax: ANDI #<Datum>,SR

Operandengröße: Wort

Operation: <Datum> • [SR] ⟶ SR, bei Aufruf im Befehlsmodus S = 0 wird eine Privilegverletzungsausnahme eingeleitet, • = UND

Beschreibung: bitweise UND-Verknüpfung des unmittelbaren Operanden mit dem Statusregister, speichern im SR; der Befehl dient zum Löschen von einem oder mehreren Bits des Statusregisters, also zur Rückkehr aus dem *Trace*-Modus und dem Herabsetzen der Hardwarepriorität des Prozessors.

Statusregister SR:

C-Bit wird gelöscht, wenn Bit 0 von Datum = 0 ist, sonst unverändert
V-Bit wird gelöscht, wenn Bit 1 von Datum = 0 ist, sonst unverändert
Z-Bit wird gelöscht, wenn Bit 2 von Datum = 0 ist, sonst unverändert
N-Bit wird gelöscht, wenn Bit 3 von Datum = 0 ist, sonst unverändert
X-Bit wird gelöscht, wenn Bit 4 von Datum = 0 ist, sonst unverändert
I0-Bit wird gelöscht, wenn Bit 8 von Datum = 0 ist, sonst unverändert
I1-Bit wird gelöscht, wenn Bit 9 von Datum = 0 ist, sonst unverändert
I2-Bit wird gelöscht, wenn Bit 10 von Datum = 0 ist, sonst unverändert
S-Bit wird gelöscht, wenn Bit 13 von Datum = 0 ist, sonst unverändert
T-Bit wird gelöscht, wenn Bit 15 von Datum = 0 ist, sonst unverändert

Befehlscodierung:

15	14	13	12	11	10	9	8	7	6	5	4	3	2	1	0
0	0	0	0	0	0	1	0	0	1	1	1	1	1	0	0
unmittelbarer Wortoperand															

ASL, ASR Arithmetisches Schieben nach links bzw. rechts,

Arithmetic Shift

Assemblersyntax: ASL Dx,Dy oder ASL #<Datum>,Dy oder ASL <EA> bzw.
ASR Dx,Dy oder ASR #<Datum>,Dy oder ASR <EA>

Operandengröße: Byte, Wort, Langwort

Beschreibung: Der Zieloperand wird um die durch den Zähler (Quelloperand) gegebene Anzahl von Bits nach links bzw. rechts geschoben. Bei Speicheroperanden wird nur um eine Stelle geschoben, so daß der Quelloperand entfällt, und es sind nur Wortoperanden erlaubt. Der Befehl geht von vorzeichenbehaftetem Zieloperanden aus und weist Besonderheiten auf, die in 4.5.4 *Befehle ASL und ASR* beschrieben sind.

Bedingungscoderegister `CCR`: siehe Tabelle A-3

Befehlscodierung für Befehle mit Registeroperanden:

15	14	13	12	11	10	9	8	7	6	5	4	3	2	1	0
1	1	1	0	Zähler/ Register Dx			Ri	Größe		$\overline{U}$/R	0	0	Register Dy		

Das Zähler/Registerfeld gibt in Abhängigkeit vom $\overline{U}$/R-Bit den Schiebezähler unmittelbar <`Datum`> oder durch die Nummer seines Registers `Dx` an.

Ri = 1: Linksschiebeoperation
0: Rechtsschiebeoperation

Das Größefeld spezifiziert die Operandengröße: 00: Byte
01: Wort
10: Langwort

$\overline{U}$/R = 1: Schiebezähler (modulo 64) steht im Datenregister `Dx`
0: Schiebezähler ist unmittelbar gegeben

Befehlscodierung für Instruktionen mit Speicheroperanden:

15	14	13	12	11	10	9	8	7	6	5	4	3	2	1	0
1	1	1	0	0	0	0	Ri	1	1	Effektive Adresse Modus | Register					

Ri = 1: Linksschiebeoperation
0: Rechtsschiebeoperation

Zulässige Adressierungsarten im Feld Effektive Adresse:

Dn	An	(An)	(An)+	-(An)	d(An)	d(An,Xi)	abs.k.	abs.l.	d(PC)	d(PC,Xi)	imm.
n	n	j	j	j	j	j	j	j	n	n	n

Bcc verzweige, wenn Bedingung erfüllt, *Branch Conditionally*

Assemblersyntax: `Bcc` <`Marke`>

Sprungweite: 8 bit-, 16 bit-Adreßdistanz, vorzeichenbehaftet

Operation: Adresse des `Bcc`-Operationswortes + 2 + Adreßdistanz ⟶ `PC`

Beschreibung: Ist die Bedingung `cc` erfüllt, so wird die als Byte oder Wort gegebene Adreßdistanz vorzeichenexpandiert, zur Adresse des Operationswortes + 2 addiert und ergibt dann den neuen `PC`-Stand; andernfalls wird nicht verzweigt und der nächste Befehl ausgeführt. Der Assembler muß die in <`Marke`> angegebene symbolische Adresse in die relative Adreßdistanz umwandeln. Sie wird in Bytes angegeben und ist vorzeichenbehaftet, so daß Programmverzweigungen zu höheren und niedrigeren Adressen erfolgen können. Es sind alle Bedingungen nach Tab. A-1 außer `F` zugelassen; statt `BT` wird meistens `BRA` geschrieben. Die Befehlsgruppe ist in 4.5.2 *Bedingte Verzweigung* ausführlich erläutert.

Bedingungscoderegister `CCR`: bleibt unverändert

Befehlscodierung:

15	14	13	12	11	10	9	8	7	6	5	4	3	2	1	0
0	1	1	0	Bedingungs-code				8 bit-Adreßdistanz							
16 bit-Adreßdistanz, wenn 8 bit-Adreßdistanz = 0															

Im Feld Bedingungscode ist der Code gemäß Tab. A-1 enthalten. Da eine 8 bit-Adreßdistanz = 0 dazu führt, daß das folgende Wort als Erweiterungswort aufgefaßt wird, ist eine Verzweigung mit einem Distanzwert 0 nicht möglich.

BCHG

ermittle logischen Zustand eines Bits und komplementiere,
Test a Bit and Change

Assemblersyntax: `BCHG Dm,<EA>` oder `BCHG #<Datum>,<EA>`

Operandengröße: Langwort bei einem Registeroperanden, sonst Byte

Beschreibung: Das durch den ersten Operanden spezifizierte Bit des zweiten Operanden wird invertiert; das invertierte Bit wird in das Z-Bit des `CCR` kopiert. Ist der zweite Operand ein Speicheroperand, so wird dieser zunächst gelesen, in der MPU modifiziert und am Ende zurückgeschrieben.

Bedingungscoderegister `CCR`: Nur das Z-Bit wird gemäß Beschreibung beeinflußt, alle anderen Bits bleiben unverändert.

Befehlscodierung (Bitnummer im Datenregister `Dm` spezifiziert):

15	14	13	12	11	10	9	8	7	6	5	4	3	2	1	0
0	0	0	0	Register Dm			1	0	1	Effektive Adresse Modus			Register		

Befehlscodierung (Bitnummer durch unmittelbaren Operanden spezifiziert):

15	14	13	12	11	10	9	8	7	6	5	4	3	2	1	0
0	0	0	0	1	0	0	0	0	1	Effektive Adresse Modus			Register		
0	0	0	0	0	0	0	0	Bitnummer							

Zulässige Adressierungsarten im Feld Effektive Adresse:

Dn*	An	(An)	(An)+	-(An)	d(An)	d(An,Xi)	abs. k.	abs. l.	d(PC)	d(PC,Xi)	imm.
j	n	j	j	j	j	j	j	j	n	n	n

* - alle 32 Bit können modifiziert werden und die Bitnummer wird modulo 32 interpretiert. In allen anderen Fällen können nur die Bits des adressierten Bytes modifiziert werden, die Bitnummer wird modulo 8 interpretiert.

BCLR

ermittle logischen Zustand eines Bits und lösche es, *Test a Bit and Clear*

Assemblersyntax: `BCLR Dm,<EA>` oder `BCLR #<Datum>,<EA>`

Operandengröße: Langwort bei einem Registeroperanden, sonst Byte

Beschreibung: Das Komplement des durch den ersten Operanden spezifizierten Bits des zweiten Operanden wird in das Z-Bit des CCR geschrieben. Das Bit selbst wird gelöscht (=0). Bei einem Speicheroperanden wird das durch <EA> spezifizierte Byte gelesen, modifiziert und zurückgeschrieben.

Bedingungscoderegister CCR: Nur das Z-Bit wird gemäß Beschreibung beeinflußt, alle anderen bleiben unverändert.

Befehlscodierung (Bitnummer im Datenregister Dm spezifiziert):

15	14	13	12	11	10	9	8	7	6	5	4	3	2	1	0
										Effektive Adresse					
0	0	0	0	Register Dm			1	1	0	Modus			Register		

Befehlscodierung (Bitnummer durch unmittelbaren Operanden spezifiziert):

15	14	13	12	11	10	9	8	7	6	5	4	3	2	1	0
										Effektive Adresse					
0	0	0	0	1	0	0	0	1	0	Modus			Register		
0	0	0	0	0	0	0	0	Bitnummer							

Zulässige Adressierungsarten im Feld Effektive Adresse:

Dn*	An	(An)	(An)+	-(An)	d(An)	d(An,Xi)	abs. k.	abs. l.	d(PC)	d(PC,Xi)	imm.
j	n	j	j	j	j	j	j	j	n	n	n

* - alle 32 Bit können modifiziert werden und die Bitnummer wird modulo 32 interpretiert. In allen anderen Fällen können nur die Bits des adressierten Bytes modifiziert werden, die Bitnummer wird modulo 8 interpretiert.

BRA

verzweige immer, *Branch Always*

Assemblersyntax: `BRA <Marke>`

Sprungweite: 8 bit-, 16 bit-Adreßdistanz, vorzeichenbehaftet

Operation: Adresse des BRA-Operationswortes + 2 + Adreßdistanz ⟶ PC

Beschreibung: Der Befehl unterscheidet sich nur dadurch von der Gruppe Bcc, daß die Verzeigung immer ausgeführt wird. Die als Byte oder Wort gegebene Adreßdistanz wird vorzeichenexpandiert, zur Adresse des Operationswortes + 2 addiert und ergibt dann den neuen PC-Stand. Der Assembler muß die in <Marke> angegebene symbolische Adresse in die relative Adreßdistanz umwandeln. Die Adreßdistanz wird in Bytes angegeben; sie ist vorzeichenbehaftet, so daß Programmverzweigungen zu höheren und nierdrigeren Adressen erfolgen können.

Bedingungscoderegister `CCR`: bleibt unverändert
Befehlscodierung:

15	14	13	12	11	10	9	8	7	6	5	4	3	2	1	0
0	1	1	0	0	0	0	0	8 bit-Adreßdistanz							
16 bit-Adreßdistanz, wenn 8 bit-Adreßdistanz = 0															

Da eine 8 bit-Adreßdistanz = 0 dazu führt, daß das folgende Wort als Erweiterungswort aufgefaßt wird, ist eine Verzweigung mit einem Distanzwert 0 nicht möglich.

BSET **ermittle logischen Zustand eines Bits und setze es,** *Test a Bit and Set*

Assemblersyntax: `BSET Dm,<EA>` oder `BSET #<Datum>,<EA>`
Operandengröße: Langwort bei einem Registeroperanden, sonst Byte
Beschreibung: Das Komplement des durch den ersten Operanden spezifizierten Bits des zweiten Operanden wird in das Z-Bit des `CCR` geschrieben. Das Bit selbst wird gesetzt (=1). Bei einem Speicheroperanden wird das durch <EA> spezifizierte Byte gelesen, ggf. modifiziert, und zurückgeschrieben.
Bedingungscoderegister `CCR`: Nur das Z-Bit wird gemäß Beschreibung beeinflußt, alle anderen bleiben unverändert.
Befehlscodierung (Bitnummer im Datenregister `Dm` spezifiziert):

15	14	13	12	11	10	9	8	7	6	5	4	3	2	1	0
0	0	0	0	Register Dm			1	1	1	Effektive Adresse Modus			Register		

Befehlscodierung (Bitnummer durch unmittelbaren Operanden spezifiziert):

15	14	13	12	11	10	9	8	7	6	5	4	3	2	1	0
0	0	0	0	1	0	0	0	1	1	Effektive Adresse Modus			Register		
0	0	0	0	0	0	0	0	Bitnummer							

zulässige Adressierungsarten im Feld Effektive Adresse:

Dn*	An	(An)	(An)+	-(An)	d(An)	d(An,Xi)	abs.k.	abs.l.	d(PC)	d(PC,Xi)	imm.
j	n	j	j	j	j	j	j	j	n	n	n

* - alle 32 Bit können modifiziert werden und die Bitnummer wird modulo 32 interpretiert. In allen anderen Fällen können nur die Bits des adressierten Bytes modifiziert werden, die Bitnummer wird modulo 8 interpretiert.

BSR **verzweige in ein Unterprogramm,** *Branch to Subroutine*

Assemblersyntax: `BSR <Marke>`
Sprungweite: 8 bit-, 16 bit-Adreßdistanz, vorzeichenbehaftet

Beschreibung: PC des Folgebefehls ⟶ -(SP), (Adresse des BSR-Operationswortes + 2 + Adreßdistanz) ⟶ PC. Die als Byte oder Wort gegebene Adreßdistanz wird vorzeichenexpandiert, zur Adresse des Operationswortes + 2 addiert und ergibt dann den neuen PC-Stand, zu der das Programm verzweigt. Der Assembler muß die in <Marke> angegebene symbolische Adresse in die relative Adreßdistanz umwandeln. Die Adreßdistanz wird in Bytes angegeben; sie ist vorzeichenbehaftet, so daß Programmverzweigungen zu höheren und nierdrigeren Adressen erfolgen können.

Bedingungscoderegister CCR: bleibt unverändert

Befehlscodierung:

15	14	13	12	11	10	9	8	7 6 5 4 3 2 1 0
0	1	1	0	0	0	0	1	8 bit-Adreßdistanz
16 bit-Adreßdistanz, wenn 8 bit-Adreßdistanz = 0								

Da eine 8 bit-Adreßdistanz = 0 dazu führt, daß das folgende Wort als Erweiterungswort aufgefaßt wird, ist eine Verzweigung mit einem Distanzwert 0 nicht möglich.

BTST ermittle logischen Zustand eines Bits, *Test a Bit*

Assemblersyntax: BTST Dm,<EA> oder BTST #<Datum>,<EA>

Operandengröße: Langwort bei einem Registeroperanden, sonst Byte

Beschreibung: Das Komplement des durch den ersten Operanden spezifizierten Bits des zweiten Operanden wird in das Z-Bit des CCR geschrieben.

Bedingungscoderegister CCR: Nur das Z-Bit wird gemäß Beschreibung beeinflußt, alle anderen bleiben unverändert.

Befehlscodierung (Bitnummer im Datenregister Dm spezifiziert):

15	14	13	12	11 10 9	8	7	6	5 4 3	2 1 0
								Effektive Adresse	
0	0	0	0	Register Dm	0	1	1	Modus	Register

Zulässige Adressierungsarten im Feld Effektive Adresse:

Dn*	An	(An)	(An)+	-(An)	d(An)	d(An,Xi)	abs. k.	abs. l.	d(PC)	d(PC,Xi)	imm.
j	n	j	j	j	j	j	j	j	j	j	j

* - alle 32 Bit können modifiziert werden und die Bitnummer wird modulo 32 interpretiert. In allen anderen Fällen können nur die Bits des adressierten Bytes modifiziert werden, die Bitnummer wird modulo 8 interpretiert.

Befehlscodierung (Bitnummer durch unmittelbaren Operanden spezifiziert):

15	14	13	12	11	10	9	8	7	6	5	4	3	2	1	0
0	0	0	0	1	0	0	0	1	1	Effektive Adresse Modus | Register					
0	0	0	0	0	0	0	0	Bitnummer							

Zulässige Adressierungsarten im Feld Effektive Adresse:

Dn*	An	(An)	(An)+	-(An)	d(An)	d(An,Xi)	abs.k.	abs. l.	d(PC)	d(PC,Xi)	imm.
j	n	j	j	j	j	j	j	j	j	j	n

* - alle 32 Bit können modifiziert werden und die Bitnummer wird modulo 32 interpretiert. In allen anderen Fällen können nur die Bits des adressierten Bytes modifiziert werden, die Bitnummer wird modulo 8 interpretiert.

CHK **prüfe, ob Datenregister Grenzwerte einhält,** *Check a Register against Bounds*

Assemblersyntax: CHK <EA>,Dm
Operandengröße: Wort
Operation: wenn [Dm] < 0 oder [Dm] > [<EA>], dann CHK-Ausnahme
Beschreibung: siehe 4.5.10 *Befehl CHK*
Bedingungscoderegister CCR: siehe Tab. A-3, aber: N = 1, wenn [Dm] < 0 und = 0, wenn [Dm] > [<EA>], in allen anderen Fällen **undefiniert**
Befehlscodierung:

15	14	13	12	11	10	9	8	7	6	5	4	3	2	1	0
0	1	0	0	Register Dm			1	1	0	Effektive Adresse Modus | Register					

Das Registerfeld gibt das Datenregister an, dessen Inhalt geprüft wird. Das Feld Effektive Adresse gibt den Ort an, an dem der Wortoperand steht, mit dem der Inhalt des Datenregisters verglichen wird.

Zulässige Adressierungsarten im Feld Effektive Adresse:

Dn	An	(An)	(An)+	-(An)	d(An)	d(An,Xi)	abs.k.	abs. l.	d(PC)	d(PC,Xi)	imm.
j	n	j	j	j	j	j	j	j	j	j	j

CLR **setze Operanden zu Null,** *Clear an Operand*

Assemblersyntax: CLR <EA>
Operandengröße: Byte, Wort, Langwort
Operation: 0 ⟶ <EA>
Beschreibung: Alle Bits des Zieloperanden werden gelöscht, ein Speicheroperand wird zuerst gelesen, bevor ein Nulloperand geschrieben wird (von Bedeutung bei Analyse des Busverkehrs).

Bedingungscoderegister CCR: siehe Tab. A-3
Befehlscodierung:

15	14	13	12	11	10	9	8	7 6	5 4 3	2 1 0
0	1	0	0	0	0	1	0	Größe	Effektive Adresse Modus	Register

Das Größefeld spezifiziert die Operandengröße: 00: Byte
01: Wort
10: Langwort

Zulässige Adressierungsarten im Feld Effektive Adresse:

Dn	An	(An)	(An)+	-(An)	d(An)	d(An,Xi)	abs. k.	abs. l.	d(PC)	d(PC,Xi)	imm.
j	n	j	j	j	j	j	j	j	n	n	n

CMP **vergleiche,** *Compare*

Assemblersyntax: CMP <EA>,Dm
Operandengröße: Byte, Wort, Langwort
Operation: [Dm] - [<EA>], CCR wird beeinflußt
Beschreibung: Der Quelloperand wird vom Zieloperanden subtrahiert; die Bits des CCR werden abhängig vom Ergebnis gesetzt, der Zieloperand bleibt unverändert.
Bedingungscoderegister CCR: siehe Tabelle A-3
Befehlscodierung:

15	14	13	12	11 10 9	8 7 6	5 4 3	2 1 0
1	0	1	1	Register Dm	Befehls-variante	Effektive Adresse Modus	Register

Feld Befehlsvariante:	Operation	Byte	Wort	Langwort
	[Dm] - [<EA>]	000	001	010

Zulässige Adressierungsarten im Feld Effektive Adresse:

Dn	An	(An)	(An)+	-(An)	d(An)	d(An,Xi)	abs. k.	abs. l.	d(PC)	d(PC,Xi)	imm.
j	*	j	j	j	j	j	j	j	j	j	j

* nur Wort- oder Langwortoperand

Ist der Zielort ein Adreßregister, wird CMPA verwandt, bei beliebigem Zielort und unmittelbarem Quelloperanden wird CMPI, und beim Vergleich von zwei Speicheroperanden wird CMPM eingesetzt. Die Assembler erkennen an den Operanden, welcher Befehl richtig ist und erzeugen automatisch den richtigen Code, wenn nur CMP angegeben wird. Sie generieren also z. B. für CMP (A4)+,(A2)+ den Code von CMPM (A4)+,(A2)+.

CMPA **vergleiche Adressen,** *Compare Address*

Assemblersyntax: CMPA <EA>,Am
Operandengröße: Wort, Langwort

Operation: [Am] - [<EA>], CCR wird beeinflußt

Beschreibung: Der Quelloperand wird vom Zieloperanden subtrahiert; handelt es sich um einen Wortoperanden (Kurzadresse), so wird zuvor Bit 15 auf Bit 16-31 expandiert; die Bits des CCR werden abhängig vom Ergebnis gesetzt, der Zieloperand bleibt unverändert; **CMPA ist der einzige Befehl mit einem Zieloperanden im Adreßregister, bei dem das CCR verändert wird!**

Bedingungscoderegister CCR: siehe Tabelle A-3

Befehlscodierung:

15	14	13	12	11 10 9	8 7 6	5 4 3	2 1 0
1	0	1	1	Register Am	Befehls-variante	Effektive Adresse Modus	Register

Feld Befehlsvariante: spezifiziert die Operandengröße

011 : Wortoperation, der Quelloperand wird auf 32 bit vorzeichenexpandiert und dann die Differenz gebildet

111 : Langwortoperation

Zulässige Adressierungsarten im Feld Effektive Adresse:

Dn	An	(An)	(An)+	-(An)	d(An)	d(An,Xi)	abs. k.	abs. l.	d(PC)	d(PC,Xi)	imm.
j	j	j	j	j	j	j	j	j	j	j	j

CMPI

vergleiche mit unmittelbaren Operanden,
Compare Immediate

Assemblersyntax: CMPI #<Datum>,<EA>

Operandengröße: Byte, Wort, Langwort

Operation: [<EA>] - <Datum>, setzt CCR

Beschreibung: Der Quelloperand wird vom Zieloperanden subtrahiert; die Bits des CCR werden abhängig vom Ergebnis gesetzt, der Zieloperand bleibt unverändert.

Bedingungscoderegister CCR: siehe Tabelle A-3

Befehlscodierung:

15	14	13	12	11	10	9	8	7 6	5 4 3	2 1 0
0	0	0	0	1	1	0	0	Größe	Effektive Adresse Modus	Register
Wort- oder Langwortdatum								Byte-, Wort- oder Langwortdatum		
Langwortdatum										

Das Größefeld spezifiziert die Operandengröße:
00: Byte
01: Wort
10: Langwort

Zulässige Adressierungsarten im Feld Effektive Adresse:

Dn	An	(An)	(An)+	-(An)	d(An)	d(An,Xi)	abs. k.	abs. l.	d(PC)	d(PC,Xi)	imm.
j	n	j	j	j	j	j	j	j	j	j	n

CMPM

vergleiche zwei Speicheroperanden,
Compare Memory

Assemblersyntax: `CMPM (Ay)+,(Ax)+`
Operandengröße: Byte, Wort, Langwort
Operation: [Ax] - [Ay], inkrementiere Adreßregisterinhalte und setze CCR
Beschreibung: Der Quelloperand wird vom Zieloperanden subtrahiert; die Bits des CCR werden abhängig vom Ergebnis gesetzt, der Zieloperand bleibt unverändert; für beide Operanden ist nur die Adressierungsart Adreßregister indirekt mit Postinkrement zugelassen.
Bedingungscoderegister CCR: siehe Tabelle A-3
Befehlscodierung:

15	14	13	12	11 10 9	8	7 6	5	4	3	2 1 0
1	0	1	1	Register Ax	1	Größe	0	0	1	Register Ay

Das Größefeld spezifiziert die Operandengröße:
00: Byte
01: Wort
10: Langwort

DBcc

prüfe Bedingung, dekrementiere und verzweige,
Test Condition, Decrement and Branch

Assemblersyntax: `DBcc Dm,<Marke>`
Sprungweite: 16 bit-Adreßdistanz
Beschreibung: Die Befehlsgruppe ist in Abschnitt 4.5.6 *Befehl DBcc* ausführlich beschrieben.
Bedingungscoderegister CCR: unverändert
Befehlscodierung:

15	14	13	12	11 10 9 8	7	6	5	4	3	2 1 0
0	1	0	1	Bedingungs-code	1	1	0	0	1	Register Dn
Adreßdistanz in Bytes										

Das Feld Bedingungscode enthält den Code der ausgewerteten Bedingung, s. Tab. A-1. Die meisten Assembler akzeptieren statt DBF auch DBRA. DBT macht keinen Sinn und gibt es infolgedessen nicht. Der Assembler rechnet die symbolische Adresse <Marke> in die Adreßdistanz um.

DIVS

dividiere vorzeichenbehaftete Dualzahlen,
Signed Divide

Assemblersyntax: DIVS <EA>,Dm

Operandengröße: Wort

Operation: [Dm] / [<EA>] ⟶ Dm

Beschreibung: Die vorzeichenbehafteten Dualzahlen Zieloperand (32 bit) und Quelloperand (16 bit) werden dividiert. Der 16 bit-Quotient wird im niederwertigeren Wort und der 16 bit-Rest wird im höherwertigeren Wort des Zielregisters abgelegt. Solange der Rest nicht Null ergibt, hat er dasselbe Vorzeichen wie der Dividend. Ist der Quelloperand (Divisor) = 0, so wird die *Division durch Null*-Ausnahme eingeleitet.

Bedingungscoderegister CCR: siehe Tabelle A-3. Eine Bereichsüberschreitung wird festgestellt, wenn der Quotient größer als 16 bit (einschließlich Vorzeichen) wird; in diesem Fall bleiben die Operanden unverändert, Z- und N-Bit sind nicht definiert.

Befehlscodierung:

15	14	13	12	11 10 9	8	7	6	5 4 3	2 1 0
1	0	0	0	Register Dm	1	1	1	Effektive Adresse Modus	Register

Zulässige Adressierungsarten im Feld Effektive Adresse:

Dn	An	(An)	(An)+	-(An)	d(An)	d(An,Xi)	abs. k.	abs. l.	d(PC)	d(PC,Xi)	imm.
j	n	j	j	j	j	j	j	j	j	j	j

DIVU

dividiere *vorzeichenlose* Dualzahlen,
Unsigned Divide

Assemblersyntax: DIVU <EA>,Dm

Operandengröße: Wort

Operation: [Dm] / [<EA>] ⟶ Dm

Beschreibung: Die *vorzeichenlosen* Dualzahlen Zieloperand (32 bit) und Quelloperand (16 bit) werden dividiert. Der 16 bit-Quotient wird im niederwertigeren Wort und der 16 bit-Rest wird im höherwertigeren Wort des Zielregisters abgelegt. Ist der Quelloperand (Divisor) = 0, so wird die *Division durch Null*-Ausnahme eingeleitet.

Bedingungscoderegister CCR: siehe Tabelle A-3. Das N-Bit wird gesetzt, wenn das werthöchste Bit des Quotienten = 1 ist (kein Vorzeichenbit in diesem Fall!). Eine Bereichsüberschreitung wird festgestellt (V = 1), wenn der Quotient größer als 16 bit wird; in diesem Fall bleiben die Operanden unverändert, Z- und N-Bit sind nicht definiert. Obwohl nur *vorzeichenlose* Zahlen verarbeitet werden, kann eine nachfolgende Instruktion, die nur das V-Bit auswertet, durchaus sinnvoll sein.

Befehlscodierung:

15	14	13	12	11 10 9	8	7	6	5 4 3	2 1 0
1	0	0	0	Register Dm	0	1	1	Effektive Adresse Modus	Register

Zulässige Adressierungsarten im Feld Effektive Adresse:

Dn	An	(An)	(An)+	-(An)	d(An)	d(An,Xi)	abs. k.	abs. l.	d(PC)	d(PC,Xi)	imm.
j	n	j	j	j	j	j	j	j	j	j	j

EOR

bitweise Exklusiv ODER-Verknüpfung, *Exclusive OR Logical*

Assemblersyntax: EOR Dm,<EA>
Operandengröße: Byte, Wort, Langwort
Operation: [<EA>] ⊕ [Dm] ⟶ <EA>
Beschreibung: Quell- und Zieloperand werden bitweise logisch Exklusiv-ODER-verknüpft; das Ergebnis wird am Zielort abgelegt.
Bedingungscoderegister CCR: siehe Tabelle A-3
Befehlscodierung:

15	14	13	12	11 10 9	8 7 6	5 4 3	2 1 0
1	0	1	1	Register Dm	Befehls-variante	Effektive Adresse Modus	Register

Feld Befehlsvariante:	Operation	Byte	Wort	Langwort
	[<EA>] ⊕ [Dm] ⟶ <EA>	100	101	110

Zulässige Adressierungsarten im Feld Effektive Adresse:

Dn	An	(An)	(An)+	-(An)	d(An)	d(An,Xi)	abs. k.	abs. l.	d(PC)	d(PC,Xi)	imm.
j	n	j	j	j	j	j	j	j	n	n	n

Die Operation EOR Speicher,Dn ist nicht möglich! Bei unmittelbarem Quelloperanden EORI benutzen, die meisten Assembler konvertieren EOR #<Datum>,<EA> automatisch in den Code von EORI #<Datum>,<EA>.

EORI

bitweise Exklusiv ODER-Verknüpfung mit unmittelbaren Operanden, *Exclusive OR Immediate*

Assemblersyntax: EORI #<Datum>,<EA>
Operandengröße: Byte, Wort, Langwort
Operation: [<EA>] ⊕ <Datum> ⟶ <EA>
Beschreibung: Quell- und Zieloperand werden bitweise logisch Exklusiv-ODER-verknüpft; das Ergebnis wird am Zielort abgelegt.
Bedingungscoderegister CCR: siehe Tabelle A-3

Befehlscodierung:

15	14	13	12	11	10	9	8	7	6	5	4	3	2	1	0
0	0	0	0	1	0	1	0	Größe		Effektive Adresse Modus			Register		
Wort- oder Langwortdatum								Byte-, Wort- oder Langwortdatum							
Langwortdatum															

Das Größefeld spezifiziert die Operandengröße:
00: Byte
01: Wort
10: Langwort

Zulässige Adressierungsarten im Feld Effektive Adresse:

Dn	An	(An)	(An)+	-(An)	d(An)	d(An,Xi)	abs. k.	abs. l.	d(PC)	d(PC,Xi)	imm.
j	n	j	j	j	j	j	j	j	n	n	n

EORI to CCR **bitweise Exklusiv Oder-Verknüpfung eines unmittelbaren Operanden mit dem CCR,**

Exclusive OR Immediate to Condition Codes

Assemblersyntax: `EORI #<Datum>,CCR`
Operandengröße: Byte
Operation: [Datum] ⊕ [CCR] ⟶ CCR
Beschreibung: Quelloperand und CCR werden bitweise logisch Exklusiv-ODER-verknüpft und das Ergebnis im CCR abgelegt.
Bedingungscoderegister CCR:

C-Bit wird geändert, wenn Bit 0 von Datum = 1 ist, sonst unverändert
V-Bit wird geändert, wenn Bit 1 von Datum = 1 ist, sonst unverändert
Z-Bit wird geändert, wenn Bit 2 von Datum = 1 ist, sonst unverändert
N-Bit wird geändert, wenn Bit 3 von Datum = 1 ist, sonst unverändert
X-Bit wird geändert, wenn Bit 4 von Datum = 1 ist, sonst unverändert

Befehlscodierung:

15	14	13	12	11	10	9	8	7	6	5	4	3	2	1	0
0	0	0	0	1	0	1	0	0	0	1	1	1	1	0	0
0	0	0	0	0	0	0	0	unmittelbarer Byteoperand							

EORI to SR **bitweise Exklusiv Oder-Verknüpfung eines unmittelbaren Operanden mit dem SR (priviligierter Befehl),**

Exclusive OR Immediate to the Status Register

Assemblersyntax: `EORI #<Datum>,SR`
Operandengröße: Wort
Operation: Falls Befehlsmodus S = 1, <Datum> ⊕ [SR] ⟶ SR, sonst Privilegverletzungsausnahme

Beschreibung: Quelloperand und **SR** werden bitweise logisch Exklusiv-ODER-verknüpft und das Ergebnis im **SR** abgelegt.

Statusregister **SR**:

- **C**-Bit wird geändert, wenn Bit 0 von **Datum** = 1 ist, sonst unverändert
- **V**-Bit wird geändert, wenn Bit 1 von **Datum** = 1 ist, sonst unverändert
- **Z**-Bit wird geändert, wenn Bit 2 von **Datum** = 1 ist, sonst unverändert
- **N**-Bit wird geändert, wenn Bit 3 von **Datum** = 1 ist, sonst unverändert
- **X**-Bit wird geändert, wenn Bit 4 von **Datum** = 1 ist, sonst unverändert
- **I0**-Bit wird geändert, wenn Bit 8 von **Datum** = 1 ist, sonst unverändert
- **I1**-Bit wird geändert, wenn Bit 9 von **Datum** = 1 ist, sonst unverändert
- **I2**-Bit wird geändert, wenn Bit 10 von **Datum** = 1 ist, sonst unverändert
- **S**-Bit wird geändert, wenn Bit 13 von **Datum** = 1 ist, sonst unverändert
- **T**-Bit wird geändert, wenn Bit 15 von **Datum** = 1 ist, sonst unverändert

Befehlscodierung:

15	14	13	12	11	10	9	8	7	6	5	4	3	2	1	0
0	0	0	0	1	0	1	0	0	1	1	1	1	1	0	0
unmittelbarer Wortoperand															

EXG

tausche die Inhalte von Registern, *Exchange Registers*

Assemblersyntax: `EXG Rx,Ry`
Operandengröße: Langwort
Operation: Rx ⟷ Ry
Beschreibung: Es werden alle 32 bit der angegeben Register getauscht.
Bedingungscoderegister **CCR**: bleibt unverändert
Befehlscodierung:

15	14	13	12	11 10 9	8	7 6 5 4 3	2 1 0
1	0	1	1	Register Rx	1	Befehlsvariante	Register Ry

Registerfeld Rx: Datenregister bei Tausch zwischen Datenregistern und bei Tausch zwischen Daten- und Adreßregister
Registerfeld Ry: Adreßregister bei Tausch zwischen Adreßregistern und bei Tausch zwischen Daten- und Adreßregister

Feld Befehlsvariante:	Operation
01000	Tausch zwischen Datenregistern
01001	Tausch zwischen Adreßregistern
10001	Tausch zwischen Daten- und Adreßregister

EXT

erweitere Operandengröße einer vorzeichenbehafteten Dualzahl, *Sign Extend*

Assemblersyntax: `EXT Dm`
Operandengröße: Wort (Byte ⟶ Wort), Langwort (Wort ⟶ Langwort)

Beschreibung: Bei der Operandengröße Wort wird Bit 7 von Dm in Bit 8 bis 15 kopiert, bei der Operandengröße Langwort wird Bit 15 von Dm in Bit 16 bis 31 kopiert.

Bedingungscoderegister CCR: siehe Tabelle A-3

Befehlscodierung:

15	14	13	12	11	10	9	8	7	6	5	4	3	2	1	0
0	1	0	0	1	0	0	Befehls-variante			0	0	0	Register Dm		

Das Feld Befehlsvariante spezifiziert die Operandengröße:

010: Wortoperation, der Byteoperand wird vorzeichenerweitert
011: Langwortoperation, der Wortoperand wird vorzeichenerweitert

ILLEGAL **erzeuge Falscher Befehl-Ausnahme,** *Illegal Instruction*

Assemblersyntax: ILLEGAL

Operandengröße: entfällt

Operation: PC ⟶ -(SSP); SR ⟶ -(SSP); Falscher Befehl-Vektor ⟶ PC

Beschreibung: Das Bitmuster kann vom Assembler erzeugt werden und führt zur Falscher Befehl-Ausnahme; alle anderen nicht durch Befehle belegte Bitmuster sind für zukünftige Erweiterungen des Befehlssatzes vorgesehen und sollten nicht benutzt werden, um eine solche Ausnahme per Befehl zu erzwingen.

Bedingungscoderegister CCR: unverändert

Befehlscodierung:

15	14	13	12	11	10	9	8	7	6	5	4	3	2	1	0
0	1	0	0	1	0	1	0	1	1	1	1	1	1	0	0

JMP **springe,** *Jump*

Assemblersyntax: JMP <EA>

Operandengröße: entfällt

Operation: [<EA>] ⟶ PC

Beschreibung: Programmverzweigung zu der unter <EA> zu findenden Adresse, die Zieladresse ist Speicheroperand!

Bedingungscoderegister CCR: bleibt unverändert

Befehlscodierung:

15	14	13	12	11	10	9	8	7	6	5	4	3	2	1	0
0	1	0	0	1	1	1	0	1	1	Effektive Adresse Modus			Register		

Zulässige Adressierungsarten im Feld Effektive Adresse:

Dn	An	(An)	(An)+	-(An)	d(An)	d(An,Xi)	abs. k.	abs. l.	d(PC)	d(PC,Xi)	imm.
n	n	j	n	n	j	j	j	j	j	j	n

JSR

springe zu Unterprogramm, *Jump to Subroutine*

Assemblersyntax: JSR <EA>
Operandengröße: entfällt
Operation: PC ⟶ -(SP), [<EA>] ⟶ PC
Beschreibung: Die Adresse des auf die JSR-Instruktion folgenden Befehls wird auf den Stapel gebracht und zu der unter <EA> zu findenden Adresse verzweigt, die Zieladresse ist Speicheroperand!
Bedingungscoderegister CCR: bleibt unverändert
Befehlscodierung:

15	14	13	12	11	10	9	8	7	6	5 4 3	2 1 0
0	1	0	0	1	1	1	0	1	0	Effektive Adresse Modus	Register

Zulässige Adressierungsarten im Feld Effektive Adresse:

Dn	An	(An)	(An)+	-(An)	d(An)	d(An,Xi)	abs. k.	abs. l.	d(PC)	d(PC,Xi)	imm.
n	n	j	n	n	j	j	j	j	j	j	n

LEA

lade Effektive Adresse in Adreßregister,
Load Effective Address

Assemblersyntax: LEA <EA>,Am
Operandengröße: Langwort
Operation: <EA> ⟶ Am
Beschreibung: Die mit <EA> spezifizierte Adresse wird in Adreßregister Am geladen. Alle 32 bit werden beeinflußt! Der Befehl ist in Abschnitt 4.5.8 *Befehle LEA und PEA* näher beschrieben.
Bedingungscoderegister CCR: bleibt unverändert
Befehlscodierung:

15	14	13	12	11 10 9	8	7	6	5 4 3	2 1 0
0	1	0	0	Register Am	0	1	1	Effektive Adresse Modus	Register

Zulässige Adressierungsarten im Feld Effektive Adresse:

Dn	An	(An)	(An)+	-(An)	d(An)	d(An,Xi)	abs. k.	abs. l.	d(PC)	d(PC,Xi)	imm.
n	n	j	n	n	j	j	j	j	j	j	n

LINK

verkette und reserviere Stapelspeicher,
Link and Allocate

Assemblersyntax: `LINK Am,#<Anzahl>`
Operandengröße: entfällt
Operation: `Am ⟶ -(SP); SP ⟶ Am; SP + <Anzahl> ⟶ SP`
Beschreibung: s. Abschnitt 4.9.5 *Befehle LINK und UNLK*
Bedingungscoderegister `CCR`: bleibt unverändert
Befehlscodierung:

15	14	13	12	11	10	9	8	7	6	5	4	3	2	1	0
0	1	0	0	1	1	1	0	0	1	0	1	0	Register Am		
Anzahl zu reservierender Bytes (vorzeichenbehaftet)															

Bei Reservierung von Stapelspeicher für lokale Variable muß `<Anzahl>` einen negativen, geraden Wert haben.

LSL, LSR

schiebe logisch nach links oder rechts, *Logical Shift*

Assemblersyntax: `LSL Dx,Dy` oder `LSL #<Datum>,Dy` oder `LSL <EA>` bzw.
`LSR Dx,Dy` oder `LSR #<Datum>,Dy` oder `LSR <EA>`
Operandengröße: Byte, Wort, Langwort
Beschreibung: Der Zieloperand wird um die durch den Schiebezähler (Quelloperand) gegebene Anzahl von Bits geschoben. Bei Speicheroperanden wird nur um eine Stelle geschoben, so daß der Quelloperand entfällt, und es sind nur Wortoperanden erlaubt.

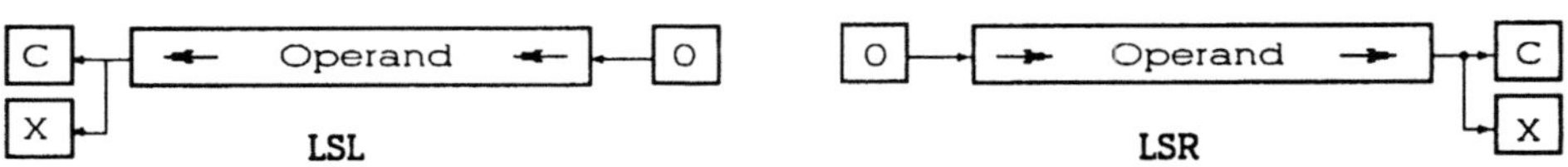

Bedingungscoderegister `CCR`: siehe Tabelle A-3
Befehlscodierung für Befehle mit Registeroperanden:

15	14	13	12	11	10	9	8	7	6	5	4	3	2	1	0
1	1	1	0	Zähler/ Register Dx			Ri	Größe		$\overline{U}$/R	0	1	Register Dy		

Das Zähler/Registerfeld gibt in Abhängigkeit vom $\overline{U}$/R-Bit den Schiebezähler unmittelbar (0: 8 Stellen, 1 bis 7: 1 bis 7 Stellen) oder durch die Nummer seines Registers an.

Ri = 1: Linksschiebeoperation
0: Rechtsschiebeoperation

Das Größefeld spezifiziert die Operandengröße: 00: Byte
01: Wort
10: Langwort

$\overline{U}$/R = 1: Schiebezähler steht im Datenregister Dx
0: Schiebezähler ist unmittelbar gegeben

Befehlscodierung für Instruktionen mit Speicheroperanden:

15	14	13	12	11	10	9	8	7	6	5	4	3	2	1	0
1	1	1	0	0	0	1	Ri	1	1	Effektive Adresse Modus			Register		

Ri = 1: Linksschiebeoperation
0: Rechtsschiebeoperation

Zulässige Adressierungsarten im Feld Effektive Adresse:

Dn	An	(An)	(An)+	-(An)	d(An)	d(An,Xi)	abs. k.	abs. l.	d(PC)	d(PC,Xi)	imm.
n	n	j	j	j	j	j	j	j	n	n	n

MOVE

kopiere Daten von der Quelle zum Ziel,
Move Data from Source to Destination

Assemblersyntax: MOVE <EA>,<EA>
Operandengröße: Byte, Wort, Langwort
Operation: [Quelle-<EA>] ⟶ Ziel-<EA>
Beschreibung: Der Inhalt der Quelle wird ins Ziel **kopiert.**
Bedingungscoderegister CCR: Es wird durch den Operanden beeinflußt, siehe Tabelle A-3.
Befehlscodierung:

15	14	13	12	11	10	9	8	7	6	5	4	3	2	1	0
0	0	Größe		Effektive Adresse Ziel Register			Modus			Effektive Adresse Quelle Modus			Register		

Das Größefeld spezifiziert die Operandengröße:
00: Byte
01: Wort
10: Langwort

Zulässige Adressierungsarten im Feld Effektive Adresse Quelle:

Dn	An	(An)	(An)+	-(An)	d(An)	d(An,Xi)	abs. k.	abs. l.	d(PC)	d(PC,Xi)	imm.
j	*	j	j	j	j	j	j	j	j	j	j

* - außer Byteoperation

Zulässige Adressierungsarten im Feld Effektive Adresse Ziel:

Dn	An	(An)	(An)+	-(An)	d(An)	d(An,Xi)	abs. k.	abs. l.	d(PC)	d(PC,Xi)	imm.
j	n	j	j	j	j	j	j	j	n	n	n

MOVEA wird bei einem Adreßregister als Zielort verwandt; der entsprechende Code wird von den meisten Assemblern automatisch erzeugt. Für unmittelbare Quelloperanden ⟶ Datenregister kann in einigen Fällen MOVEQ benutzt werden.

MOVE to CCR **kopiere Daten zum CCR,**

Move to Condition Codes

Assemblersyntax: MOVE <EA>,CCR

Operandengröße: **Wort**

Operation: [<EA>] ⟶ CCR

Beschreibung: Der Inhalt des Quelloperanden wird in das CCR kopiert. Bei Speicheroperanden wird ein **Wort** gelesen, aber lediglich das ungerade Byte wird verwendet und ins CCR kopiert, das gerade Byte bleibt unberücksichtigt.

Bedingungscoderegister CCR:

C-Bit wird gesetzt wie Bit 0 des Quelloperanden
V-Bit wird gesetzt wie Bit 1 des Quelloperanden
Z-Bit wird gesetzt wie Bit 2 des Quelloperanden
N-Bit wird gesetzt wie Bit 3 des Quelloperanden
X-Bit wird gesetzt wie Bit 4 des Quelloperanden

Befehlscodierung:

15	14	13	12	11	10	9	8	7	6	5 4 3	2 1 0
0	1	0	0	0	1	0	0	1	1	Effektive Adresse Modus	Register

Zulässige Adressierungsarten im Feld Effektive Adresse:

Dn	An	(An)	(An)+	-(An)	d(An)	d(An,Xi)	abs. k.	abs. l.	d(PC)	d(PC,Xi)	imm.
j	n	j	j	j	j	j	j	j	j	j	j

MOVE from SR **kopiere SR** *Move from the Status Register*

Assemblersyntax: MOVE SR,<EA>

Operandengröße: Wort

Operation: [SR] ⟶ <EA>

Beschreibung: Der Inhalt des Statusregisters wird in das Ziel kopiert.

Bedingungscoderegister CCR: unbeeinflußt

Befehlscodierung:

15	14	13	12	11	10	9	8	7	6	5 4 3	2 1 0
0	1	0	0	0	0	0	0	1	1	Effektive Adresse Modus	Register

Zulässige Adressierungsarten im Feld Effektive Adresse:

Dn	An	(An)	(An)+	-(An)	d(An)	d(An,Xi)	abs. k.	abs. l.	d(PC)	d(PC,Xi)	imm.
j	n	j	j	j	j	j	j	j	n	n	n

Bei Speicheroperanden wird der Zieloperand zuerst gelesen und anschließend der Inhalt des SR geschrieben (nur von Bedeutung bei der Analyse des Datenverkehrs auf dem Bus).

MOVE to SR

kopiere Daten zum SR (priviligierter Befehl), *Move to the Status Register*

Assemblersyntax: MOVE <EA>,SR

Operandengröße: Wort

Operation: falls Befehlsmodus S = 1, [<EA>] ⟶ SR, sonst Privilegverletzungsausnahme einleiten

Beschreibung: Der Inhalt des Quelloperanden wird in das SR kopiert. Alle Bits werden beeinflußt.

Statusregister SR:

C-Bit wird gesetzt wie Bit 0 des Quelloperanden
V-Bit wird gesetzt wie Bit 1 des Quelloperanden
Z-Bit wird gesetzt wie Bit 2 des Quelloperanden
N-Bit wird gesetzt wie Bit 3 des Quelloperanden
X-Bit wird gesetzt wie Bit 4 des Quelloperanden
I0-Bit wird gesetzt wie Bit 8 des Quelloperanden
I1-Bit wird gesetzt wie Bit 9 des Quelloperanden
I2-Bit wird gesetzt wie Bit 10 des Quelloperanden
S-Bit wird gesetzt wie Bit 13 des Quelloperanden
T-Bit wird gesetzt wie Bit 15 des Quelloperanden

Befehlscodierung:

15	14	13	12	11	10	9	8	7	6	5 4 3	2 1 0
0	1	0	0	0	1	1	0	1	1	Effektive Adresse Modus	Register

Zulässige Adressierungsarten im Feld Effektive Adresse:

Dn	An	(An)	(An)+	-(An)	d(An)	d(An,Xi)	abs. k.	abs. l.	d(PC)	d(PC,Xi)	imm.
j	n	j	j	j	j	j	j	j	j	j	j

MOVE USP

kopiere verdeckten Anwenderstapelzeiger (priviligierter Befehl), *Move User Stackpointer*

Assemblersyntax: MOVE USP,Am oder MOVE Am,USP

Operandengröße: Langwort

Operation: falls Befehlsmodus S = 1, [USP] ⟶ Am bzw. [Am] ⟶ USP, sonst Privilegverletzungsausnahme einleiten

Beschreibung: Der Inhalt des verdeckten Anwenderstapelzeigers wird in ein bzw. von einem Adreßregister kopiert.

Bedingungscoderegister CCR: bleibt unverändert

Befehlscodierung:

15	14	13	12	11	10	9	8	7	6	5	4	3	2 1 0
0	1	0	0	1	1	1	0	0	1	1	0	Ri	Register Am

Das Ri-Feld spezifiert die Richtung: 0 = [Am] ⟶ USP, 1 = [USP] ⟶ Am.

MOVEA kopiere in Adreßregister, *Move Address*

Assemblersyntax: `MOVEA <EA>,Am`
Operandengröße: Wort, Langwort
Operation: [<EA>] ⟶ Am
Beschreibung: Der Quelloperand wird ins Zieladreßregister kopiert. **Wortoperanden werden zuvor auf 32 bit vorzeichenrichtig erweitert.**
Bedingungscoderegister CCR: **bleibt unverändert**
Befehlscodierung:

15	14	13 12	11 10 9	8	7	6	5 4 3	2 1 0
0	0	Größe	Zielregister Am	0	0	1	Effektive Adresse Modus	Register

Das Größefeld spezifiziert die Operandengröße: 11: Wort
10: Langwort

Zulässige Adressierungsarten im Feld Effektive Adresse:

Dn	An	(An)	(An)+	-(An)	d(An)	d(An,Xi)	abs. k.	abs. l.	d(PC)	d(PC,Xi)	imm.
j	j	j	j	j	j	j	j	j	j	j	j

MOVEM kopiere mehrere Register, *Move Multiple Registers*

Assemblersyntax: `MOVEM <Registerliste>,<EA>` oder `MOVEM <EA>,<Registerliste>`
Operandengröße: Wort, Langwort
Operation: Registerinhalte ⟶ Speicher bzw. umgekehrt
Beschreibung: Dieser Befehl dient dazu, mehrere Daten- und/oder Adreßregisterinhalte mit einer Anweisung zu transportieren. Er ist insbesondere geeignet zum Retten der Prozessorumgebung bei Beginn einer Ausnahmebehandlung und zum Zurückholen an deren Ende. Die Register sind in einem Erweiterungswort spezifiziert, aus dem auch die Reihenfolge zu ersehen ist. **Zu beachten ist, daß bei einem Worttransfer vom Speicher zum Prozessor auch die Inhalte von Datenregistern vorzeichenerweitert und dann in das jeweilige Register geschrieben werden.**
Bedingungscoderegister CCR: bleibt unverändert
Befehlscodierung:

15	14	13	12	11	10	9	8	7	6	5 4 3	2 1 0
0	1	0	0	1	Ri	0	0	1	Gr	Effektive Adresse Modus	Register
Registerliste											

Ri = 0: Register ⟶ Speicher, = 1: Speicher ⟶ Register
Gr = 0: Wortübertragung, = 1: Langwortübertragung

Zulässige Adressierungsarten im Feld Effektive Adresse (Quelloperand, Ri = 1):

Dn	An	(An)	(An)+	-(An)	d(An)	d(An,Xi)	abs.k.	abs. l.	d(PC)	d(PC,Xi)	imm.
n	n	j	j	n	j	j	j	j	j	j	n

Registerliste (Bit = 1: wird übertragen, = 0: wird nicht übertragen)

15	14	13	12	11	10	9	8	7	6	5	4	3	2	1	0
A7	A6	A5	A4	A3	A2	A1	A0	D7	D6	D5	D4	D3	D2	D1	D0

Die Übertragung beginnt mit den Registern, die in der Liste an niederwertigen Bitpositionen stehen, und endet mit denen an den höherwertigen Bitpositionen. Werden also alle Register übertragen, so werden D0 zuerst und A7 zuletzt transferiert. Alle Registertransporte erfolgen von aufeinanderfolgenden Speicherplätzen, und das erste Wort ist durch ⟨EA⟩ spezifiziert. Nur bei (An)+ wird mit jedem Transport der Inhalt von An inkrementiert, in allen anderen Fällen bleiben die an ⟨EA⟩ beteiligten Registerinhalte unverändert, sofern sie nicht durch die zurückgeholten Daten überschrieben werden. Es wird ein Wort mehr gelesen als der Befehl zwingend vorschreibt; Grund hierfür ist der **Datenvorgriff** (s. Kap. 4.6 *Befehls- und Datenvorgriff*).

Zulässige Adressierungsarten im Feld Effektive Adresse (Zieloperand, Ri = 0):

Dn	An	(An)	(An)+	-(An)	d(An)	d(An,Xi)	abs.k.	abs. l.	d(PC)	d(PC,Xi)	imm.
n	n	j	n	j	j	j	j	j	n	n	n

Die Registerliste ist gleich aufgebaut wie beim Speicher ⟶ Registertransfer. **Lediglich bei -(An) ist sie in umgekehrter Reihenfolge aufgebaut**

15	14	13	12	11	10	9	8	7	6	5	4	3	2	1	0
D0	D1	D2	D3	D4	D5	D6	D7	A0	A1	A2	A3	A4	A5	A6	A7

Die Adressierungsarten -(An) und (An)+ sind damit geeignet zum Retten und Zurückholen von Registerinhalten auf einen Stapel/von einem Stapel.

MOVEP kopiere Daten eines E/A-Bausteins, *Move Peripheral Data*

Assemblersyntax: `MOVEP Dx,d(Ay)` oder `MOVEP d(Ay),Dx`
Operandengröße: Wort, Langwort
Operation: Registeroperand ⟶ Speicher bzw. Speicheroperanden ⟶ Register
Beschreibung: Es werden Daten zwischen einem Datenregister und aufeinanderfolgenden geraden oder ungeraden Bytes transportiert. Der Befehl ist für Datenbewegungen zwischen einem Datenregister und einem speicheradressierten 8 bit-Peripheriebaustein vorgesehen, der entweder nur gerade oder nur ungerade Adressen belegt.
Bedingungscoderegister CCR: bleibt unverändert

Befehlscodierung:

15	14	13	12	11 10 9	8 7 6	5	4	3	2 1 0
0	0	0	0	Datenregister Dx	Befehlsvariante	0	0	1	Adreßregister Ay
Adreßdistanz									

Adreßdistanz: vorzeichenbehaftete Anzahl der Bytes, die zu Ay zu addieren ist

Befehlsvariante:
- 100 : Worttransfer Speicher ⟶ Register
- 101 : Langworttransfer Speicher ⟶ Register
- 110 : Worttransfer Register ⟶ Speicher
- 111 : Langworttransfer Register ⟶ Speicher

Beispiel Langwortübertragung zu/von einer ungeraden Adresse:

Register Dy

31 … 24	23 … 16	15 … 8	7 … 0
A	B	C	D

Speicher (↓)

15 … 8	7 … 0
	A
	B
	C
	D

MOVEQ transportiere Zahl von 1 bis 8, *Move Quick*

Assemblersyntax: MOVEQ #<Datum>,Dm
Operandengröße: Langwort
Operation: <Datum> ⟶ Dm
Beschreibung: Der unmittelbare Byteoperand im Befehlswort wird vorzeichenrichtig auf 32 bit erweitert und ins Zieldatenregister geschrieben.
Bedingungscoderegister CCR: siehe Tabelle A-3
Befehlscodierung:

15	14	13	12	11 10 9	8	7 6 5 4 3 2 1 0
0	1	1	1	Register Dm	0	unmittelbares Datum

MULS multipliziere vorzeichenbehaftete Dualzahlen, *Signed Multiply*

Assemblersyntax: MULS <EA>,Dm
Operandengröße: Wort
Operation: [Dm] * [<EA>] ⟶ Dm

Beschreibung: Die vorzeichenbehafteten 16 bit-Dualzahlen werden multipliziert. Die niederwertigen 16 bit von Dm werden mit dem 16 bit-Faktor [<EA>] multipliziert. Das 32 bit-Produkt steht in Dm, der frühere Inhalt wird überschrieben.

Bedingungscoderegister CCR: siehe Tabelle A-3

Befehlscodierung:

15	14	13	12	11 10 9	8	7	6	5 4 3 2 1 0
1	1	0	0	Register Dm	1	1	1	Effektive Adresse Modus | Register

Zulässige Adressierungsarten im Feld Effektive Adresse:

Dn	An	(An)	(An)+	-(An)	d(An)	d(An,Xi)	abs.k.	abs. l.	d(PC)	d(PC,Xi)	imm.
j	n	j	j	j	j	j	j	j	j	j	j

MULU

multipliziere *vorzeichenlose* Dualzahlen,
Unsigned Multiply

Assemblersyntax: MULU <EA>,Dm

Operandengröße: Wort

Operation: [Dm] * [<EA>] ⟶ Dm

Beschreibung: Die *vorzeichenlosen* 16 bit-Dualzahlen werden multipliziert. Die niederwertigen 16 bit von Dm werden mit dem 16 bit-Faktor [<EA>] multipliziert. Das 32 bit-Produkt steht in Dm, der frühere Inhalt wird überschrieben.

Bedingungscoderegister CCR: siehe Tabelle A-3

Befehlscodierung:

15	14	13	12	11 10 9	8	7	6	5 4 3 2 1 0
1	1	0	0	Register Dm	0	1	1	Effektive Adresse Modus | Register

Zulässige Adressierungsarten im Feld Effektive Adresse:

Dn	An	(An)	(An)+	-(An)	d(An)	d(An,Xi)	abs.k.	abs. l.	d(PC)	d(PC,Xi)	imm.
j	n	j	j	j	j	j	j	j	j	j	j

NBCD

bilde Zehnerkomplement einer BCD-codierten Zahl,
Negate Decimal with Extend

Assemblersyntax: NBCD <EA>

Operandengröße: Byte

Operation: 0 - BCD-Zieloperand [<EA>] - X ⟶ <EA>

Beschreibung: Der BCD-Operand und das Entlehnbit werden von Null subtrahiert und am Zielort gespeichert. Ist X = 0, so wird das Zehnerkomplement, bei X = 1 wird das Neunerkomplement gebildet.

Bedingungscoderegister `CCR`: siehe Tabelle A-3. Vor einer mehrstelligen Operation wird `Z = 1` gesetzt; bleibt es gesetzt bis zum Abschluß, so ist das Gesamtergebnis Null, sonst nicht.

Befehlscodierung:

15	14	13	12	11	10	9	8	7	6	5 4 3	2 1 0
0	1	0	0	1	0	0	0	0	0	Effektive Adresse Modus	Register

Zulässige Adressierungsarten im Feld Effektive Adresse:

Dn	An	(An)	(An)+	-(An)	d(An)	d(An,Xi)	abs. k.	abs. l.	d(PC)	d(PC,Xi)	imm.
j	n	j	j	j	j	j	j	j	n	n	n

NEG **bilde Zweierkomplement einer Dualzahl,** *Negate*

Assemblersyntax: `NEG <EA>`
Operandengröße: Byte, Wort, Langwort
Operation: 0 - [<EA>] ⟶ <EA>
Beschreibung: Der Operand wird von Null subtrahiert und das Ergebnis am Zielort gespeichert. Der Befehl bildet das Zweierkomplement des Operanden.
Bedingungscoderegister `CCR`: siehe Tabelle A-3
Befehlscodierung:

15	14	13	12	11	10	9	8	7 6	5 4 3	2 1 0
0	1	0	0	0	1	0	0	Größe	Effektive Adresse Modus	Register

Das Größefeld spezifiziert die Operandengröße:
00: Byte
01: Wort
10: Langwort

Zulässige Adressierungsarten im Feld Effektive Adresse:

Dn	An	(An)	(An)+	-(An)	d(An)	d(An,Xi)	abs. k.	abs. l.	d(PC)	d(PC,Xi)	imm.
j	n	j	j	j	j	j	j	j	n	n	n

NEGX **bilde Zweierkomplement einer Dualzahl mit Übertragsverarbeitung,** *Negate with Extend*

Assemblersyntax: `NEGX <EA>`
Operandengröße: Byte, Wort, Langwort
Operation: 0 - [<EA>] - X ⟶ <EA>
Beschreibung: Der Operand und das Entlehnbit `X` werden von Null subtrahiert und das Ergebnis am Zielort gespeichert. Der Befehl bildet das Zweierkomplement des Operanden. Zur Erzeugung des Einerkomplementes verwendet man den Befehl `NOT`.

Bedingungscoderegister CCR: siehe Tabelle A-3. Vor einer mehrstelligen Operation werden X = 0 und Z = 1 gesetzt; bleibt Z bis zum Abschluß gesetzt, so ist das Gesamtergebnis Null, sonst nicht.
Befehlscodierung:

15	14	13	12	11	10	9	8	7	6	5	4	3	2	1	0
0	1	0	0	0	0	0	0	Größe		Effektive Adresse Modus			Register		

Das Größefeld spezifiziert die Operandengröße: 00: Byte
01: Wort
10: Langwort

Zulässige Adressierungsarten im Feld Effektive Adresse:

Dn	An	(An)	(An)+	-(An)	d(An)	d(An,Xi)	abs.k.	abs.l.	d(PC)	d(PC,Xi)	imm.
j	n	j	j	j	j	j	j	j	n	n	n

NOP **tue nichts,** *No Operation*

Assemblersyntax: NOP
Operandengröße: entfällt
Operation: keine
Beschreibung: Es wird keine Operation ausgeführt, lediglich der PC wird inkrementiert. Der Prozessor fährt fort mit der folgenden Instruktion.
Bedingungscoderegister CCR: unverändert
Befehlscodierung:

15	14	13	12	11	10	9	8	7	6	5	4	3	2	1	0
0	1	0	0	1	1	1	0	0	1	1	1	0	0	0	1

NOT **bilde Einerkomplement,** *Logical Complement*

Assemblersyntax: NOT <EA>
Operandengröße: Byte, Wort, Langwort
Beschreibung: Es wird das Einerkomplement des Operanden [<EA>] gebildet und am Zielort <EA> gespeichert.
Bedingungscoderegister CCR: siehe Tabelle A-3
Befehlscodierung:

15	14	13	12	11	10	9	8	7	6	5	4	3	2	1	0
0	1	0	0	0	1	1	0	Größe		Effektive Adresse Modus			Register		

Das Größefeld spezifiziert die Operandengröße: 00: Byte
01: Wort
10: Langwort

Zulässige Adressierungsarten im Feld Effektive Adresse:

Dn	An	(An)	(An)+	-(An)	d(An)	d(An,Xi)	abs.k.	abs.l.	d(PC)	d(PC,Xi)	imm.
j	n	j	j	j	j	j	j	j	n	n	n

OR

bitweise logische Oder-Verknüpfung, *Inclusive OR Logical*

Assemblersyntax: OR <EA>,Dm oder OR Dm,<EA>
Operandengröße: Byte, Wort, Langwort
Operation: Quelloperand + Zieloperand ⟶ Ziel, + = log. ODER
Beschreibung: Quell- und Zieloperand werden bitweise logisch ODER-verknüpft und das Ergebnis am Zielort abgelegt. *Adreßregister direkt*-Operanden sind nicht erlaubt.
Bedingungscoderegister CCR: siehe Tabelle A-3
Befehlscodierung:

15	14	13	12	11 10 9	8 7 6	5 4 3	2 1 0
1	0	0	0	Register Dm	Befehls-variante	Effektive Adresse Modus	Register

Feld Befehlsvariante:

Operation	Byte	Wort	Langwort
[Dm] + [<EA>] ⟶ Dn	000	001	010
[<EA>] + [Dm] ⟶ <EA>	100	101	110

Zulässige Adressierungsarten im Feld Effektive Adresse:

Dn	An	(An)	(An)+	-(An)	d(An)	d(An,Xi)	abs.k.	abs.l.	d(PC)	d(PC,Xi)	imm.
j	n	j	j	j	j	j	j	j	j	j	j

Zulässige Adressierungsarten im Feld Effektive Adresse:

Dn	An	(An)	(An)+	-(An)	d(An)	d(An,Xi)	abs.k.	abs.l.	d(PC)	d(PC,Xi)	imm.
n	n	j	j	j	j	j	j	j	n	n	n

Bei unmittelbarem Quelloperanden wird besser ORI benutzt; die meisten Assembler erzeugen den entsprechenden Code automatisch, wenn nur OR angegeben ist.

ORI

bitweise logische Oder-Verknüpfung mit unmittelbarem Operanden, *Inclusive OR Immediate*

Assemblersyntax: ORI #<Datum>,<EA>
Operandengröße: Byte, Wort, Langwort
Operation: <Datum> + [<EA>] ⟶ <EA>, + = log. ODER
Beschreibung: Unmittelbarer und Zieloperand werden bitweise logisch ODER-verknüpft und am Zielort gespeichert.
Bedingungscoderegister CCR: siehe Tabelle A-3

Befehlscodierung:

15	14	13	12	11	10	9	8	7	6	5	4	3	2	1	0
0	0	0	0	0	0	0	0	Größe		Effektive Adresse Modus			Register		
Wort- oder Langwortdatum								Byte-, Wort- oder Langwortdatum							
Langwortdatum															

Das Größefeld spezifiziert die Operandengröße:
00: Byte
01: Wort
10: Langwort

Zulässige Adressierungsarten im Feld Effektive Adresse:

Dn	An	(An)	(An)+	-(An)	d(An)	d(An,Xi)	abs. k.	abs. l.	d(PC)	d(PC,Xi)	imm.
j	n	j	j	j	j	j	j	j	n	n	n

ORI to CCR **setze Bits im CCR durch logische Oder-Verknüpfung mit unmittelbarem Operanden,**

Inclusive OR Immediate to Condition Codes

Assemblersyntax: ORI #<Datum>,CCR
Operandengröße: Byte
Operation: <Datum> + [CCR] ⟶ CCR, + = log. ODER
Beschreibung: Bitweise ODER-Verknüpfung von unmittelbarem Operanden und Bedingungscoderegister, speichern im CCR; der Befehl dient zum Setzen von einem oder mehreren Bits des Bedingungscoderegisters.

Bedingungscoderegister CCR:

C-Bit wird gesetzt, wenn Bit 0 von Datum = 1 ist, sonst unverändert
V-Bit wird gesetzt, wenn Bit 1 von Datum = 1 ist, sonst unverändert
Z-Bit wird gesetzt, wenn Bit 2 von Datum = 1 ist, sonst unverändert
N-Bit wird gesetzt, wenn Bit 3 von Datum = 1 ist, sonst unverändert
X-Bit wird gesetzt, wenn Bit 4 von Datum = 1 ist, sonst unverändert

Befehlscodierung:

15	14	13	12	11	10	9	8	7	6	5	4	3	2	1	0
0	0	0	0	0	0	0	0	0	0	1	1	1	1	0	0
0	0	0	0	0	0	0	0	unmittelbarer Byteoperand							

ORI to SR **setze Bits im SR durch logische Oder-Verknüpfung mit unmittelbarem Operanden (priviligierter Befehl),**

Inclusive OR Immediate to the Status Register

Assemblersyntax: ORI #<Datum>,SR
Operandengröße: Byte

Operation: falls Befehlsmodus S = 1, ⟨Datum⟩ + [SR] ⟶ SR, sonst Privilegverletzungsausnahme

Beschreibung: Unmittelbarer Operand und [SR] werden bitweise ODER-verknüpft und das Ergebnis im SR gespeichert; der Befehl dient zum Setzen von einem oder mehreren Bits des Statusregisters, also zum Übergang in den *Trace*-Modus und dem Verändern der Hardwarepriorität des Prozessors. Soll nur der Inhalt des CCR geändert werden, nimmt man besser ORI to CCR.

Statusregister SR:

C-Bit wird gesetzt, wenn Bit 0 von Datum = 1 ist, sonst unverändert
V-Bit wird gesetzt, wenn Bit 1 von Datum = 1 ist, sonst unverändert
Z-Bit wird gesetzt, wenn Bit 2 von Datum = 1 ist, sonst unverändert
N-Bit wird gesetzt, wenn Bit 3 von Datum = 1 ist, sonst unverändert
X-Bit wird gesetzt, wenn Bit 4 von Datum = 1 ist, sonst unverändert
I0-Bit wird gesetzt, wenn Bit 8 von Datum = 1 ist, sonst unverändert
I1-Bit wird gesetzt, wenn Bit 9 von Datum = 1 ist, sonst unverändert
I2-Bit wird gesetzt, wenn Bit 10 von Datum = 1 ist, sonst unverändert
S-Bit wird gesetzt, wenn Bit 13 von Datum = 1 ist, sonst unverändert
T-Bit wird gesetzt, wenn Bit 15 von Datum = 1 ist, sonst unverändert

Befehlscodierung:

15	14	13	12	11	10	9	8	7	6	5	4	3	2	1	0
0	0	0	0	0	0	0	0	0	1	1	1	1	1	0	0
unmittelbarer Wortoperand															

PEA

lege Effektive Adresse auf dem Stapel ab,
Push Effective Address

Assemblersyntax: PEA ⟨EA⟩

Operandengröße: Langwort

Operation: ⟨EA⟩ ⟶ -(SP)

Beschreibung: Die mit ⟨EA⟩ spezifizierte 32 bit-Adresse wird mit der Adressierungsart Adreßregister indirekt mit Predekrement auf den Systemstapel gebracht. Der Befehl ist in Abschnitt 4.5.8 *Befehle LEA und PEA* näher beschrieben.

Bedingungscoderegister CCR: bleibt unverändert

Befehlscodierung:

15	14	13	12	11	10	9	8	7	6	5	4	3	2	1	0
0	1	0	0	1	0	0	0	0	1	Effektive Adresse Modus			Register		

Zulässige Adressierungsarten im Feld Effektive Adresse:

Dn	An	(An)	(An)+	-(An)	d(An)	d(An,Xi)	abs. k.	abs. l.	d(PC)	d(PC,Xi)	imm.
n	n	j	n	n	j	j	j	j	j	j	n

RESET **setze $\overline{\text{RESET}}$-Anschluß auf *Low* (priviligierter Befehl),**

Reset External Devices

Assemblersyntax: `RESET`

Operandengröße: entfällt

Beschreibung: Falls Befehlsmodus `S` = 1, wird der $\overline{\text{RESET}}$-Anschluß als Ausgang benutzt und für 124 Taktzyklen auf *Low* gesetzt, um die gesamte Peripherie zurückzusetzen. Der Prozessorzustand bleibt unverändert, der Prozessor holt sich die nächste Instruktion und führt sie aus. Bei `S` = 0 wird eine Privilegverletzungsausnahme eingeleitet.

Bedingungscoderegister `CCR`: unverändert

Befehlscodierung:

15	14	13	12	11	10	9	8	7	6	5	4	3	2	1	0
0	1	0	0	1	1	1	0	0	1	1	1	0	0	0	0

ROL, ROR **rotiere nach links bzw. rechts,** *Rotate (without Extend)*

Assemblersyntax: `ROL Dx,Dy` oder `ROL #<Datum>,Dy` oder `ROL <EA>` bzw.
`ROR Dx,Dy` oder `ROR #<Datum>,Dy` oder `ROR <EA>`

Operandengröße: Byte, Wort, Langwort

Beschreibung: Der Zieloperand `Dy` wird um die durch den Zähler (Quelloperand) gegebene Anzahl von Bits rotiert. Bei Speicheroperanden wird nur um eine Stelle geschoben, so daß der Quelloperand entfällt, und es sind nur Wortoperanden erlaubt.

Bedingungscoderegister `CCR`: siehe Tabelle A-3

Befehlscodierung für Befehle mit Registeroperanden:

15	14	13	12	11	10	9	8	7	6	5	4	3	2	1	0
1	1	1	0	Zähler/ Register `Dx`			Ri	Größe		$\overline{\text{U}}$/R	1	1	Register `Dy`		

Das Zähler/Registerfeld gibt in Abhängigkeit vom $\overline{\text{U}}$/R-Bit den Rotationszähler unmittelbar (0: 8 Stellen, 1 bis 7: 1 bis 7 Stellen) oder durch die Nummer seines Registers an.

Ri = 1: Linksrotation
0: Rechtsrotation

$\overline{\text{U}}$/R = 1: Rotationszähler steht im Datenregister `Dx`
0: Rotationszähler ist unmittelbar gegeben

Das Größefeld spezifiziert die Operandengröße: 00: Byte
01: Wort
10: Langwort

Befehlscodierung für Instruktionen mit Speicheroperanden:

15	14	13	12	11	10	9	8	7	6	5 4 3	2 1 0
1	1	1	0	0	1	1	Ri	1	1	Effektive Adresse Modus	Register

Ri ist wie bei Registeroperanden definiert.

Zulässige Adressierungsarten im Feld Effektive Adresse:

Dn	An	(An)	(An)+	-(An)	d(An)	d(An,Xi)	abs. k.	abs. l.	d(PC)	d(PC,Xi)	imm.
n	n	j	j	j	j	j	j	j	n	n	n

ROXL, ROXR **rotiere nach links bzw. rechts mit Einbeziehung des X-Bits**, *Rotate with Extend*

Assemblersyntax: `ROXL Dx,Dy` oder `ROXL #<Datum>,Dy` oder `ROXL <EA>` bzw. `ROXR Dx,Dy` oder `ROXR #<Datum>,Dy` oder `ROXR <EA>`

Operandengröße: Byte, Wort, Langwort

Beschreibung: Der Zieloperand `Dy` wird um die durch den Zähler (Quelloperand) gegebene Anzahl von Bits rotiert; das `X`-Bit wird in die Rotation einbezogen. Bei Speicheroperanden wird nur um eine Stelle rotiert, so daß der Quelloperand entfällt, und es sind nur Wortoperanden erlaubt.

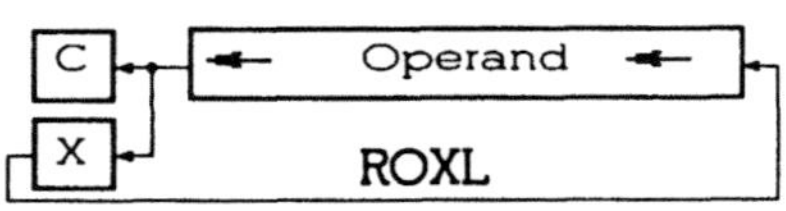

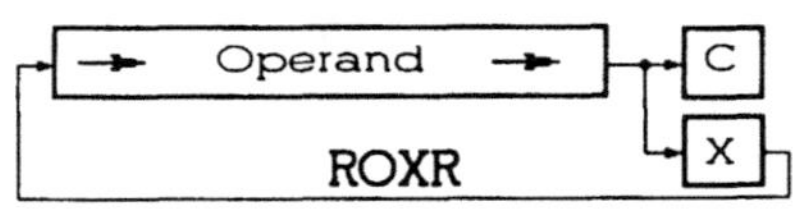

Bedingungscoderegister `CCR`: siehe Tabelle A-3

Befehlscodierung für Befehle mit Registeroperanden:

15	14	13	12	11 10 9	8	7 6	5	4	3	2 1 0
1	1	1	0	Zähler/ Register Dx	Ri	Größe	$\overline{U}$/R	1	0	Register Dy

Das Zähler/Registerfeld gibt in Abhängigkeit vom $\overline{U}$/R-Bit den Rotationszähler unmittelbar (0: 8 Stellen, 1 bis 7: 1 bis 7 Stellen) oder durch die Nummer seines Registers `Dx` an.

Ri = 1: Linksrotation
0: Rechtsrotation

$\overline{U}$/R = 1: Rotationszähler steht im Datenregister `Dx`
0: Rotationszähler ist unmittelbar gegeben

Das Größefeld spezifiziert die Operandengröße: 00: Byte
01: Wort
10: Langwort

Befehlscodierung für Instruktionen mit Speicheroperanden:

15	14	13	12	11	10	9	8	7	6	5 4 3	2 1 0
1	1	1	0	0	1	0	Ri	1	1	Effektive Adresse Modus	Register

Ri ist wie bei Registeroperanden definiert.

Zulässige Adressierungsarten im Feld Effektive Adresse:

Dn	An	(An)	(An)+	-(An)	d(An)	d(An,Xi)	abs. k.	abs. l.	d(PC)	d(PC,Xi)	imm.
n	n	j	j	j	j	j	j	j	n	n	n

RTE

kehre aus Ausnahmeserviceroutine zurück (priviligierter Befehl), *Return from Exception*

Assemblersyntax: RTE
Operandengröße: entfällt
Operation: falls Befehlsmodus S = 1, (SP)+ ⟶ SR, (SP)+ ⟶ PC, sonst Privilegverletzungsausnahme
Beschreibung: Statusregister und Programmzähler werden vom Stapel geholt und in den Prozessor übertragen; die bisherigen Inhalte dieser Register sind verloren.
Bedingungscoderegister CCR: verändert wie alle anderen Bits des Statusregisters gemäß Inhalt des vom SP geholten SR.
Befehlscodierung:

15	14	13	12	11	10	9	8	7	6	5	4	3	2	1	0
0	1	0	0	1	1	1	0	0	1	1	1	0	0	1	1

RTR

kehre zurück und restauriere CCR, *Return and Restore Condition Codes*

Assemblersyntax: RTR
Operandengröße: entfällt
Operation: (SP) ⟶ CCR, SP = [SP] + 2, (SP) ⟶ PC
Beschreibung: Bedingungscoderegister und Programmzähler werden vom Stapel geholt und in den Prozessor übertragen; die bisherigen Inhalte dieser Register sind verloren. Für das CCR wird ein **Wort** gelesen, aber nur das ungerade Byte verwendet!
Bedingungscoderegister CCR: verändert gemäß Inhalt des vom SP geholten CCR
Befehlscodierung:

15	14	13	12	11	10	9	8	7	6	5	4	3	2	1	0
0	1	0	0	1	1	1	0	0	1	1	1	0	1	1	1

RTS

kehre aus Unterprogramm zurück, *Return from Subroutine*

Assemblersyntax: RTS
Operandengröße: entfällt
Operation: (SP)+ ⟶ PC
Beschreibung: Der Programmzähler wird vom Stapel geholt und in den Prozessor übertragen; der bisherige Inhalt des PC ist verloren.

Bedingungscoderegister CCR: unverändert
Befehlscodierung:

15	14	13	12	11	10	9	8	7	6	5	4	3	2	1	0
0	1	0	0	1	1	1	0	0	1	1	1	0	1	0	1

SBCD

subtrahiere dezimal mit Übertragsverarbeitung,
Subtract Decimal with Extend

Assemblersyntax: SBCD Dy,Dx oder SBCD -(Ay),-(Ax)
Operandengröße: Byte
Operation: $(\text{Zieloperand})_{10}$ - $(\text{Quelloperand})_{10}$ - X ⟶ Ziel
Beschreibung: Der zweistellige BCD-codierte Quelloperand (Subtrahend) und das Entlehnbit werden vom zweistelligen BCD-codierten Zieloperanden (Minuend) subtrahiert; die Differenz wird am Zielort gespeichert. Der Befehl ist geeignet für mehrstellige Subtraktion von BCD-Zahlen.
Bedingungscoderegister CCR: siehe Tabelle A-3, vor der Subtraktion der niederwertigsten Stellen müssen X = 0 und Z = 1 gesetzt werden, siehe 4.5.3 *Befehle ADDX und SUBX*. Das Z-Bit zeigt nach einer mehrstelligen Subtraktion, ob das Gesamtergebnis Null ist.
Befehlscodierung:

15	14	13	12	11 10 9	8	7	6	5	4	3	2 1 0
1	0	0	0	Register Dy/Ay	1	0	0	0	0	$\overline{R}$/M	Register Dx/Ax

$\overline{R}$/M = 0: Operanden stehen in Datenregistern
= 1: Operanden stehen im Arbeitsspeicher

Scc

setze, wenn Bedingung cc erfüllt, sonst lösche,
Set According to Condition

Assemblersyntax: Scc <EA>
Operandengröße: Byte
Beschreibung: falls cc = wahr, %11111111 ⟶ <EA>, sonst %00000000 ⟶ <EA>
Bedingungscoderegister CCR: unverändert
Befehlscodierung:

15	14	13	12	11 10 9 8	7	6	5 4 3	2 1 0
							Effektive Adresse	
0	1	0	1	Bedingungscode	1	1	Modus	Register

Der Code der einzelnen Bedingungen ist in Tabelle A-1 angegeben.

Zulässige Adressierungsarten im Feld Effektive Adresse:

Dn	An	(An)	(An)+	-(An)	d(An)	d(An,Xi)	abs.k.	abs. l.	d(PC)	d(PC,Xi)	imm.
j	n	j	j	j	j	j	j	j	n	n	n

Speicheroperanden werden zuerst gelesen und dann überschrieben (von Bedeutung bei Analyse des Busverkehrs).

STOP

lade SR und führe keine Befehle mehr aus (priviligierter Befehl), *Load Status Register and Stop*

Assemblersyntax: `STOP #<Datum>`
Operandengröße: entfällt
Operation: falls Befehlsmodus `S = 1` ist, `<Datum>` ⟶ `SR` und `STOP`, sonst Privilegverletzungsausnahme
Beschreibung: Der unmittelbare Operand `<Datum>` wird ins `SR` kopiert, der `PC` auf den nächsten Befehl gesetzt und die weitere Befehlsverarbeitung unterbrochen. Der Prozessor kann nur noch über eine Ausnahme die Befehlsbearbeitung wieder aufnehmen. War aber zuvor `T = 1` gesetzt, so wird eine *Trace*ausnahme eingeleitet. Eine Unterbrechungsanforderung mit höherer Priorität als durch `<Datum>` vorgegeben leitet eine Ausnahme ein, eine mit niedrigerer Priorität wird ignoriert. Eine *Reset*-Anforderung wird bedient. Bus- und Adreßfehler können nicht auftreten.
Statusregister `SR`: gesetzt gemäß `<Datum>`
Befehlscodierung:

15	14	13	12	11	10	9	8	7	6	5	4	3	2	1	0
0	1	0	0	1	1	1	0	0	1	1	1	0	0	1	0
unmittelbares Datum															

SUB

subtrahiere dual, *Subtract Binary*

Assemblersyntax: `SUB <EA>,Dm` oder `SUB Dm,<EA>`
Operandengröße: Byte, Wort, Langwort
Operation: Zieloperand - Quelloperand ⟶ Ziel
Beschreibung: Der Quelloperand (Subtrahend) wird vom Zieloperanden (Minuend) subtrahiert und die Differenz am Zielort abgelegt.
Bedingungscoderegister `CCR`: siehe Tabelle A-3

Befehlscodierung:

15	14	13	12	11 10 9	8 7 6	5 4 3	2 1 0
1	0	0	1	Register Dm	Befehls-variante	Effektive Adresse Modus	Register

Feld Befehlsvariante:

Operation	Byte	Wort	Langwort
[Dm] + [<EA>] ⟶ Dm	000	001	010
[<EA>] + [Dm] ⟶ <EA>	100	101	110

Zulässige Adressierungsarten im Feld Effektive Adresse (Quelloperand):

Dn	An	(An)	(An)+	-(An)	d(An)	d(An,Xi)	abs. k.	abs. l.	d(PC)	d(PC,Xi)	imm.
j	*	j	j	j	j	j	j	j	j	j	j

* nur Wort- oder Langwortoperand

Zulässige Adressierungsarten im Feld Effektive Adresse (Zieloperand):

Dn	An	(An)	(An)+	-(An)	d(An)	d(An,Xi)	abs. k.	abs. l.	d(PC)	d(PC,Xi)	imm.
n	n	j	j	j	j	j	j	j	n	n	n

SUBA muß verwendet werden, wenn der Zieloperand in einem Adreßregister steht.

SUBA **subtrahiere Adresse,** *Subtract Address*

Assemblersyntax: SUBA <EA>,Am
Operandengröße: Wort, Langwort
Operation: [Am] - [<EA>] ⟶ Am
Beschreibung: Der Quelloperand (Subtrahend) wird vom Minuenden im Adreßregister Am subtrahiert und die Differenz in Am gespeichert.
Bedingungscoderegister CCR: **bleibt unverändert**
Befehlscodierung:

15	14	13	12	11 10 9	8 7 6	5 4 3	2 1 0
1	0	0	1	Register Am	Befehls-variante	Effektive Adresse Modus	Register

Das Feld Befehlsvariante spezifiziert die Operandengröße:

011: Wortoperation, der Wortoperand wird zunächst vorzeichenerweitert und dann von den 32 bit des Adreßregisters subtrahiert.
111: Langwortoperation

Zulässige Adressierungsarten im Feld Effektive Adresse:

Dn	An	(An)	(An)+	-(An)	d(An)	d(An,Xi)	abs. k.	abs. l.	d(PC)	d(PC,Xi)	imm.
j	j	j	j	j	j	j	j	j	j	j	j

SUBI **subtrahiere unmittelbaren Operanden**, *Subtract Immediate*

Assemblersyntax: `SUBI #<Datum>,<EA>`
Operandengröße: Byte, Wort, Langwort
Operation: [`<EA>`] - `#<Datum>` ⟶ `<EA>`
Beschreibung: Der unmittelbare Quelloperand wird vom Zieloperanden subtrahiert und das Ergebnis wird am Zielort abgelegt. Der Operand muß mit der angegebenen Operandengröße darstellbar sein.
Bedingungscoderegister `CCR`: siehe Tabelle A-3
Befehlscodierung:

15	14	13	12	11	10	9	8	7	6	5	4	3	2	1	0
0	0	0	0	0	1	0	0	Größe		Effektive Adresse Modus			Register		
Wort- oder Langwortdatum								Byte-, Wort- oder Langwortdatum							
Langwortdatum															

Das Größefeld spezifiziert die Operandengröße:
00: Byte
01: Wort
10: Langwort

Zulässige Adressierungsarten im Feld Effektive Adresse:

Dn	An	(An)	(An)+	-(An)	d(An)	d(An,Xi)	abs. k.	abs. l.	d(PC)	d(PC,Xi)	imm.
j	n	j	j	j	j	j	j	j	n	n	n

SUBQ **subtrahiere Zahl von 1 bis 8**, *Subtract Quick*

Assemblersyntax: `SUBQ #<Datum>,<EA>`
Operandengröße: Byte, Wort, Langwort
Operation: [`<EA>`] - `#<Datum>` ⟶ `<EA>`
Beschreibung: Subtraktion des unmittelbaren Quelloperanden vom Zieloperanden, das Ergebnis wird am Zielort abgelegt. Der Operand ist eine Konstante in [1, 8]. Bei einem Adreßregister als Ziel sind nur Wort- und Langwortoperation zulässig, bei einer Wortoperation wird Bit 15 des Adreßregisters in Bit 16 - 31 kopiert, also das ganze Register beeinflußt.
Bedingungscoderegister `CCR`: siehe Tabelle A-3; der Inhalt des `CCR` bleibt unverändert, wenn der Zieloperand in einem Adreßregister steht.
Befehlscodierung:

15	14	13	12	11	10	9	8	7	6	5	4	3	2	1	0
0	1	0	1	Datum			1	Größe		Effektive Adresse Modus			Register		

Daten: unmittelbarer Operand. 1 bis 7 sind dual codiert, 8 als 000

Das Feld Größe spezifiziert die Operandengröße: 00: Byte
01: Wort
10: Langwort

Zulässige Adressierungsarten im Feld Effektive Adresse:

Dn	An	(An)	(An)+	-(An)	d(An)	d(An,Xi)	abs. k.	abs. l.	d(PC)	d(PC,Xi)	imm.
j	*	j	j	j	j	j	j	j	n	n	n

* - nur Wort- und Langwortoperation

SUBX

subtrahiere dual mit Entlehnwertverarbeitung, *Subtract with Extend*

Assemblersyntax: `SUBX Dy,Dx` oder `SUBX -(Ay),-(Ax)`
Operandengröße: Byte, Wort, Langwort
Operation: Zieloperand - Quelloperand - X ⟶ Ziel
Beschreibung: Der Quelloperand und das Entlehnbit werden vom Zieloperanden subtrahiert; die Differenz wird am Zielort abgelegt. Es sind nur zwei Adressierungsarten zugelassen: **Datenregister direkt für zwei Registeroperanden** und **Adreßregister indirekt mit Predekrement für zwei Speicheroperanden.**
Bedingungscoderegister `CCR`: siehe Tabelle A-3. Vor Beginn einer mehrstelligen Subtraktion setzt man Z = 1 und X = 0. Ist die Gesamtdifferenz Null, so ist auch am Ende Z = 1.
Befehlscodierung:

15	14	13	12	11 10 9	8	7 6	5	4	3	2 1 0
1	0	0	1	Register Dy/Ay	1	Größe	0	0	R̄/M	Register Dx/Ax

Das Größefeld spezifiziert die Operandengröße: 00: Byte
01: Wort
10: Langwort

R̄/M - 0: Operanden stehen in Datenregistern
- 1: Operanden stehen im Arbeitsspeicher

SWAP

tausche Registerhälften, *Swap Register Halves*

Assemblersyntax: `SWAP Dm`
Operandengröße: Wort
Beschreibung: Das höher- und das niederwertigere Wort des Datenregisters `Dm` werden getauscht, also Bit 31..16 ⟶ Bit 15..0 und Bit 15..0 ⟶ Bit 31..16 gebracht.
Bedingungscoderegister `CCR`: siehe Tabelle A-3

Befehlscodierung:

15	14	13	12	11	10	9	8	7	6	5	4	3	2	1	0
0	1	0	0	1	0	0	0	0	1	0	0	0	Register Dm		

TAS

prüfe Operanden und setze Bit 7, *Test and Set an Operand*

Assemblersyntax: TAS <EA>
Operandengröße: Byte
Operation: Teste [<EA>], ⟶ CCR, 1 ⟶ Bit 7 von <EA>
Beschreibung: Z- und N-Bit des CCR werden abhängig vom Operanden gesetzt, V- und C-Bit werden immer gelöscht, X bleibt unverändert. Bit 7 des Operanden wird gesetzt. Lese- und Schreibzyklus auf dem Bus erfolgen ohne daß $\overline{AS}$ zwischen den Zyklen auf *High* geht. Dadurch ist dieser Befehl nicht unterbrechbar; er dient zur Koordinierung des Betriebsmittelzugriffs bei mehreren Prozessoren mit gemeinsamen *Resourcen*.
Bedingungscoderegister CCR: siehe Beschreibung
Befehlscodierung:

15	14	13	12	11	10	9	8	7	6	5	4	3	2	1	0
0	1	0	0	1	0	1	0	1	1	Effektive Adresse Modus			Register		

Zulässige Adressierungsarten im Feld Effektive Adresse:

Dn	An	(An)	(An)+	-(An)	d(An)	d(An,Xi)	abs. k.	abs. l.	d(PC)	d(PC,Xi)	imm.
j	n	j	j	j	j	j	j	j	n	n	n

TRAP

leite TRAP-Ausnahme ein, *Trap*

Assemblersyntax: TRAP #<Nummer>
Operandengröße: entfällt
Operation: 1 ⟶ S-Bit des SR, PC ⟶ -(SSP), SR ⟶ -(SSP), Vektor ⟶ PC
Beschreibung: <Nummer> + 32 ergibt die Vektornummer; aus ihr wird die Vektoradresse ermittelt und von dort der Vektor zum PC übertragen, siehe Abschnitt 4.9.1 *TRAP-Ausnahme*.
Bedingungscoderegister CCR: unverändert
Befehlscodierung:

15	14	13	12	11	10	9	8	7	6	5	4	3	2	1	0
0	1	0	0	1	1	1	0	0	1	0	0	TRAP-Nummer			

4 Bit des Feldes TRAP-Nummer lassen 16 verschiedene TRAPs zu.

TRAPV **leite TRAPV-Ausnahme ein, wenn V-Bit gesetzt ist,** *Trap on Overflow*

Assemblersyntax: TRAPV
Operandengröße: entfällt
Beschreibung: Falls das V-Bit des CCR = 1 ist wird die Ausnahme mit der Vektornummer 7 eingeleitet, andernfalls wird der nächste Befehl geholt und ausgeführt.
Bedingungscoderegister CCR: unverändert
Befehlscodierung:

15	14	13	12	11	10	9	8	7	6	5	4	3	2	1	0
0	1	0	0	1	1	1	0	0	1	1	1	0	1	1	0

TST **prüfe Operanden und setze CCR,** *Test an Operand*

Assemblersyntax: TST <EA>
Operandengröße: Byte, Wort, Langwort
Operation: Teste [<EA>], ⟶ CCR
Beschreibung: Z- und N-Bit des CCR werden abhängig vom Operanden gesetzt, V- und C-Bit werden immer gelöscht, X bleibt unverändert.
Bedingungscoderegister CCR: siehe Beschreibung
Befehlscodierung:

15	14	13	12	11	10	9	8	7	6	5	4	3	2	1	0
0	1	0	0	1	0	1	0	Größe		Effektive Adresse Modus			Register		

Das Größefeld spezifiziert die Operandengröße: 00: Byte
01: Wort
10: Langwort

Zulässige Adressierungsarten im Feld Effektive Adresse:

Dn	An	(An)	(An)+	-(An)	d(An)	d(An,Xi)	abs. k.	abs. l.	d(PC)	d(PC,Xi)	imm.
j	n	j	j	j	j	j	j	j	j	j	n

UNLK **gib reservierten Stapelbereich frei,** *Unlink*

Assemblersyntax: UNLK Am
Operandengröße: entfällt
Operation: [Am] ⟶ SP, (SP)+ ⟶ Am
Beschreibung: Der Befehl hebt eine mit LINK Am,#<Datum> vorgenommene Speicherplatzreservierung auf dem Stapel wieder auf. Am wird in das Stapelzeigerregister kopiert und vom Stapel ein Langwort nach Am übertragen. Der Befehl ist in Abschnitt 4.5.9 *Befehle LINK und UNLK* beschrieben.

Bedingungscoderegister CCR: unverändert
Befehlscodierung:

15	14	13	12	11	10	9	8	7	6	5	4	3	2	1	0
0	1	0	0	1	1	1	0	0	1	0	1	1	Register Am		

Anhang - Liste der Abkürzungen

A

ALU *Arithmetic Logical Unit*
AS Arbeitsspeicher
$\overline{\text{AS}}$ *Address Strobe*
ASR Ausnahme-Serviceroutine

B

BCD *Binary Coded Digit*
$\overline{\text{BERR}}$ *Bus Error*
$\overline{\text{BG}}$ *Bus Grant*
$\overline{\text{BGACK}}$ *Bus Grant Acknowledge*
BIU *Bus Interface Unit*
$\overline{\text{BR}}$ *Bus Request*

C

C *Carry-Flag*
CCR *Condition Code Register*
CIR *Communication Interface Register*
CLCK *Clock*
CPID Coprozessor *Identification*
CPU *Central Processing Unit*
CS *Chip Select*
CSN *Chip Select, low*-aktiv
CTS *Clear to Send*

D

DB Datenbus
DC *Define Constant*
DMAC *Direct Memory Access Controller*
DRAM Dynamisches RAM
DS *Define Storage*
DTACK *Data Transfer Acknowledge*

E

E/A- Ein-/Ausgabe-
EEPROM Elektrisch löschbares EPROM
EPROM löschbares PROM
EQU *Equate*
EQUR *Equate to Register*

F

FC *Function Code*
FIFO *First In, First Out*
FPCP *Floating Point Coprozessor*

H

HB höherwertiges Byte
HS Hintergrundspeicher
HW höherwertiges Wort

I

IACK *Interrupt Acknowledge*
IAIN *Interrupt Acknowledge In*
IAOUT *Interrupt Acknowledge Out*
IDB interner Datenbus
IEN *Interrupt Enable*
I/O- *Input/Output-*
IPL *Interrupt Priority Level*
IRQ *Interrupt Request*
ISR *Interrupt*-Serviceroutine

L

LAN *Local Area Network*
LB *Lower Byte*
$\overline{\text{LDS}}$ *Lower Data Strobe*
LIFO *Last in, First Out*
LSB *Least Significant Bit*
LSByte *Least Significant Byte*
LSD *Least Significant Digit*
LSWord *Least Significant Word*
LW *Lower Word*

M

MMU *Memory Management Unit*
MPU *Micro Processing Unit*
MSB *Most Significant Bit*
MSByte *Most Significant Byte*
MSD *Most Significant Digit*

N

N *Negative-Flag*
NAN *Not a Number*
NVRAM *Non Volatile RAM*

O

OE *Output Enable*
OEN *Output Enable, low*-aktiv
OPCODE *Operation Code*
ORG *Origin*

P

PC *Program Counter*
PIC *Position Independant Code*
PLD *Programmable Logic Device*
PROM *Programmable Read Only Memory*

Q

QS Quittungssignale

R

RAM *Random Access Memory*
ROM *Read Only Memory*
RTS *Request to Send*
R/$\overline{W}$ *READ/$\overline{WRITE}$*

S

SB Systembus
SR Statusregister
SRAM Statisches RAM
SSP *Supervisor Stack Pointer*

U

$\overline{UDS}$ *Upper Data Strobe*
UP Unterprogramm
USP *User Stack Pointer*

V

V *Overflow-Flag*
$\overline{VMA}$ *Valid Memory Address*
$\overline{VPA}$ *Valid Peripheral Address*

X

X *Extension-Flag*
XDEF *External Definition*
XREF *External Reference*

Z

Z *Zero-Flag*

Sachverzeichnis

A

B

C

F

G

H

I

M

N

O

R

S

T

X

Z

GPSR Compliance

The European Union's (EU) General Product Safety Regulation (GPSR) is a set of rules that requires consumer products to be safe and our obligations to ensure this.

If you have any concerns about our products, you can contact us on ProductSafety@springernature.com

In case Publisher is established outside the EU, the EU authorized representative is:

Springer Nature Customer Service Center GmbH
Europaplatz 3
69115 Heidelberg, Germany

Batch number: 10584556

Printed by Printforce, the Netherlands